龙芯中科简介

通用处理器是信息产业的基础部件，是电子设备的核心器件。通用处理器是关系到国家命运的战略产业之一，其发展直接关系到国家技术创新能力，关系到网络安全，是国家的核心利益所在。

“龙芯”是我国最早研制的高性能通用处理器系列，于 2001 年在中科院计算所开始研发，得到了中科院、863 计划、973 计划、核高基等大力支持，完成了十年的核心技术积累。2010 年，中国科学院和北京市政府共同牵头出资，龙芯中科技术有限公司（简称“龙芯中科”）正式成立，开始市场化运作，旨在将龙芯处理器的研发成果产业化。

龙芯中科面向国家信息化建设的需求，面向国际信息技术前沿，以创新发展为主题，以产业发展为主线，以体系建设为目标，坚持自主创新，掌握计算机软硬件的核心技术，为网络安全战略需求提供自主、安全、可靠的处理器，为信息产业及工业信息化的创新发展提供高性能、低成本、低功耗的处理器。

龙芯中科致力于龙芯系列 CPU 设计、生产、销售和服务。主要产品包括面向行业应用的“龙芯 1 号”小 CPU，面向工控和终端类应用的“龙芯 2 号”中 CPU，以及面向桌面与服务器类应用的“龙芯 3 号”大 CPU。目前，龙芯面向网络安全、办公与信息化、工控及物联网等领域与合作伙伴展开广泛的市场合作，并在政府、能源、金融、交通、教育、装备等行业领域取得了广泛应用。

龙芯中科坚持“为人民做龙芯”的核心理念，坚持实事求是的思想方法，坚持自力更生艰苦奋斗的工作作风，掌握高性能通用 CPU 的核心设计能力，具备完全自主知识产权。龙芯中科拥有高新技术企业、软件企业、国家规划布局内集成电路设计企业、高性能 CPU 北京工程实验室以及相关安全资质。目前，与龙芯开展合作的厂商达到上千家，下游开发人员达到数万人，基于龙芯 CPU 的自主信息产业体系正在逐步形成。

龙芯历程 ➔

2001

2001 年 5 月
在中科院计算所知识创新工程的支持下，龙芯课题组正式成立

2001 年 8 月
龙芯 1 号设计与验证系统成功启动 Linux 操作系统

2002

2002 年 8 月
我国首款通用 CPU 龙芯 1 号（代号 XIA50）流片成功

2003

2003 年 10 月
我国首款 64 位通用 CPU 龙芯 2B（代号 MZD110）流片成功

2004

2004 年 9 月
龙芯 2C（代号 DXP100）流片成功

2006

2006 年 3 月
我国首款主频超过 1GHz 的通用 CPU 龙芯 2E（代号 CZ70）流片成功

2007

2007 年 7 月
龙芯 2F（代号 PLA80）流片成功，龙芯 2F 为龙芯第一款产品芯片

2009

2009 年 9 月
我国首款四核 CPU 龙芯 3A（代号 PRC60）流片成功

2010

2010 年 4 月
由中国科学院和北京市共同牵头出资入股，成立龙芯中科技术有限公司，龙芯正式从研发走向产业化

2012

2012 年 10 月
八核 32 纳米龙芯 3B1500 流片成功

2013

2013 年 12 月
龙芯中科技术有限公司迁入位于海淀区中关村环保科技示范园龙芯产业园内

2015

2015 年 8 月
龙芯新一代高性能处理器架构 GS464E 发布

2015 年 11 月
发布第二代高性能处理器产品龙芯 3A2000/3B2000，实现量产并推广应用

2017

2017 年 4 月
龙芯最新处理器产品龙芯 3A3000/3B3000 实现量产并推广应用

2017 年 10 月
龙芯 7A1000 桥片流片成功

2019

办公及信息化应用全面展开，第三代处理器产品 3A4000/3B4000 成功推出

龙芯CPU产品

	Big CPU 桌面/服务器类	Middle CPU 终端/工控类	Small CPU 专用类
2015年之前	65nm,1GHz 4 GS464 core 16GFLOPS  LS3A1000 32nm,1.2GHz 8 GS464v core 150GFLOPS  LS3B1500 40nm,1.0GHz (800MHz) 4 GS464E core  LS3A/B2000 (LS3A1500-I)	90nm,800MHz GS464 core  LS2F0800 65nm,1GHz GS464 Core, SoC & NB/SB  LS2H1000 65nm,800MHz GS464 core  LS2I0800	 LS1A0300  LS1B0200 LS1C0300  LS1D MCU
2016	28nm, 1.5GHz 4 GS464E core   LS3A/B3000		LS1H MCU
2017	40nm, 3A配套桥片  LS7A1000	40nm,1.0GHz 2 GS264 core  LS2K1000	
2018			LS1C101
2019	28nm, 2.0GHz 4 GS464V core  LS3A4000/3B4000		LS1A0500
2020	28nm, 3A配套桥片  LS7A2000 12nm,2.5GHz 4/16 GS464V core LS3A5000/ LS3C5000	28nm,2.0GHz 2 GS264 core  LS2K2000	1D6 Application specific embedded SoCs

LOONGSON 龙芯

教育推广计划

龙芯高校计划：以培养计算机的系统能力为目标，教大学生如何造计算机而不是简单用计算机

- 龙芯高校开源计划 2.0
  - 提升开源 CPU IP 核的易用度
  - 开源 IP 核开发指导
  - 丰富开源 CPU IP 核的系列化
  - 开源 IP 核持续升级
  - 拓展开源 CPU IP 核的应用面
- 科研、产品开发合作、龙芯联合实验室
- 技术培训、论坛、合作课程、实验手册、教学改革
- 龙芯—教育部产学合作协同育人项目

“龙芯杯”全国大学生计算机系统能力培养大赛

配套实验平台

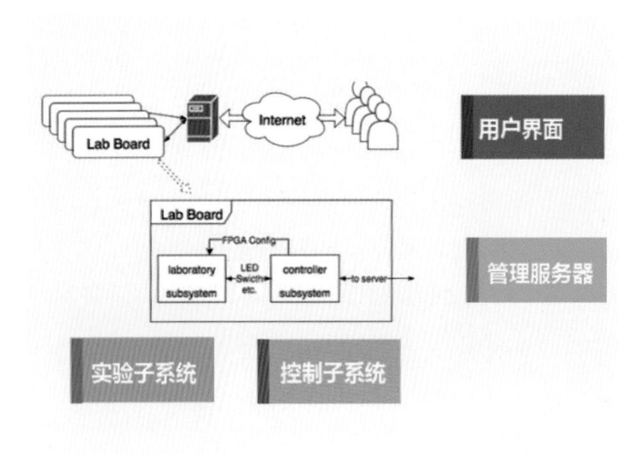

普及型系统能力培养实验平台

体系结构与 CPU 设计
教学实验平台

高性能—并行计算
教学实验平台

多功能操作系统
教学实验平台

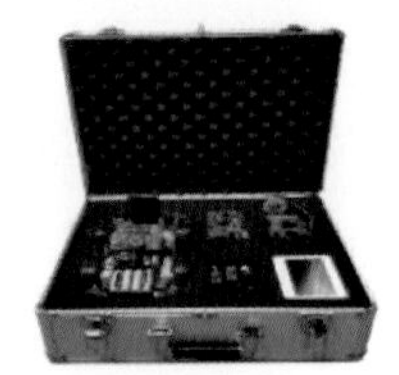

嵌入式综合
教学实验平台

龙芯普教计划：基于龙芯处理器，开展了广泛的中小学信息化教育应用

- 基于龙芯的教育电脑
- 基于龙芯的电子白板
- 龙芯版极域电子教室软件
- 龙芯版教学软件
- 省信息技术课教材（龙芯版）
- 龙芯 Steam 创客套件及教材
- 龙芯 Steam 教育实施方案
- 龙芯科技创新人才培养教育计划

生态培训计划

龙芯公司以人才培养作为生态建设的重点战略工作。为了满足产业大量出现的培训需求，龙芯公司建立生态培训体系，涵盖龙芯产品体系介绍、市场推广案例、产业链厂商介绍、编程开发环境、应用迁移问题与经验。

针对不同的群体受众，培训分为两个主题：（1）用户培训，面向龙芯电脑使用人员，培训内容主要是一般性的日常操作和使用方法。（2）技术培训，面向应用软件开发商、业务系统开发商、集成商、操作系统厂商、运维厂商、信息化用户单位，培训内容主要是在龙芯电脑上进行软件开发的方法，以及龙芯电脑的运营维护。龙芯公司率先提出“应用迁移”培训理念，从 2018 年至今，“龙芯应用迁移培训班”已举办 4 届，培训学员上千人。

市场对龙芯培训的需求

龙芯 CPU 的电脑产品已经广泛推向市场，成为信息化应用中心的重要基础平台，未来将会有大量用户使用龙芯电脑，应用软件开发商也会将大量应用迁移到龙芯电脑上。

终端用户的需求

举办龙芯培训，可以更好地提高终端用户对龙芯电脑的使用水平。

开发人员的需求

大量应用软件开发商基于龙芯电脑进行软件开发或者应用迁移，龙芯培训可以提高应用软件开发商在龙芯电脑上进行软件开发、应用迁移的技术能力。

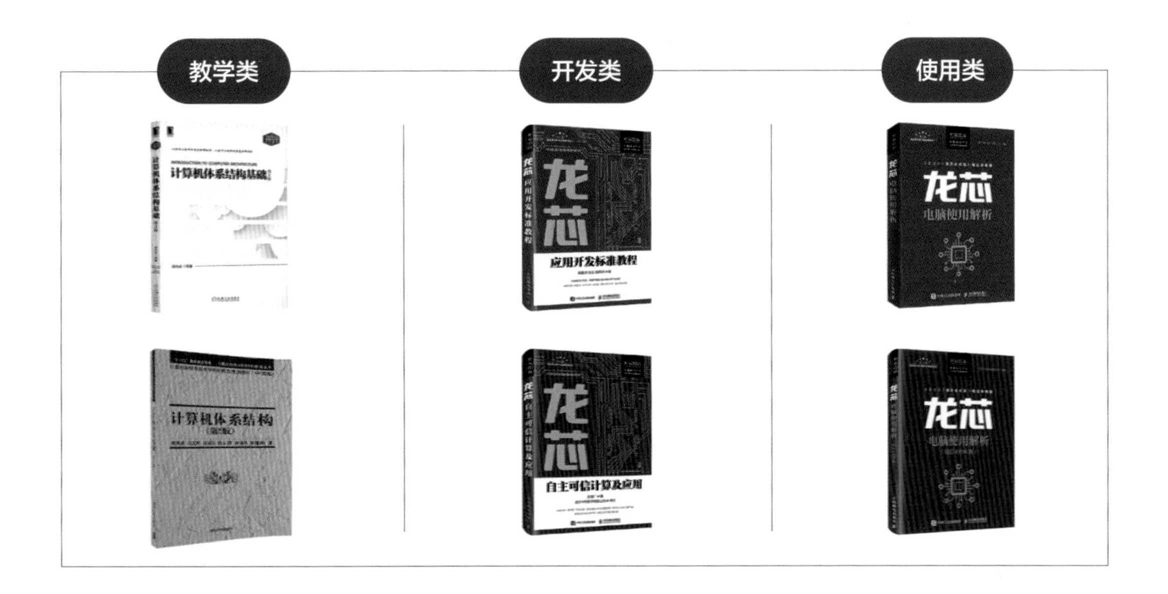

航天龙梦介绍

江苏航天龙梦信息技术有限公司（简称“航天龙梦”）成立于 2014 年，前身为 2004 年成立的龙芯产业化基地，位于江苏省常熟市。2016 年，正式加入中国航天科工集团，全面推动信息技术应用创新产业发展。

航天龙梦围绕基于国产 CPU 的硬件设计技术、核心软件技术、应用方案集成技术，做到了“基础硬件 - 核心软件 - 应用软件 - 解决方案”四位一体，取得了核心关键技术的积累，成功实现从研发到量产过程的创新技术应用成果转换。设立了国家级企业技术中心、国家级企业博士后工作站，承担了国家高技术产业发展项目、国家 863 计划、国家核高基科技重大专项等项目课题，是信息技术应用创新领先企业。

航天龙梦的国产 CPU 硬件主板、解决方案市场占有率在行业中遥遥领先，已被广泛应用于政府、教育、金融、交通等各个领域。放眼未来，航天龙梦将秉承着国家安全、国产自强、产业强国的高度使命，为产业生态创造价值，优化企业服务体系，致力于做国产 ODM 领军企业。

航天龙梦历程

2004

江苏梦兰集团与中科院计算所签订协议，成立龙芯产业化基地。

2009

承担江苏省 15 万台龙芯电脑的量产，龙芯产业化发展迈出关键一步。

2014

中科梦兰自主安全事业部孵化“龙芯梦兰”公司，专注于国产化事业，推进市场化运作。

2016

12 月 27 日，航天科工入资龙芯梦兰，以“创新发展、军民融合”为使命，在自主创新领域砥砺前行。

2019

航天龙梦落户于南京江宁开发区九龙湖总部园，进一步完善服务体系与业务体系。

航天龙梦正式成为信息技术应用创新工作委员会的会员单位。

国产化安全会议系统解决方案荣获由中国关键信息基础设施技术创新联盟颁发的优秀解决方案“龙门奖”。

航天龙梦产品介绍

龙芯终端

行业定制化产品

龙芯服务器

信息化解决方案

台式机（3A3000/3A4000）
30 多款

- 龙芯单路 CPU+7A 套片台式机 / 终端
  - U-ATX 通用终端
  - MATX 专用终端
  - 一体机终端

服务器（3B3000/3B4000）
10 多款

- 龙芯双路 CPU+7A 服务器
  - 双路通用服务器
  - 四路通用服务器

整体解决方案

安全会议系统

- 国内首创基于信息技术应用创新的会议应用整体解决方案。
- 在多款国产化处理器构建的软硬件平台完成适配优化工作，整体系统响应速度与 Wintel 产品架构相当。
- 拥有多项软件著作权和发明专利，软件功能从实战化出发，满足各领域对安全会议管理应用需求。

龙芯多功能计算机教室方案

- 定制化教育专用操作系统，满足教学使用。
- 课堂管控，可实现锁屏、同屏、文件分发、课堂测验、电子白板等课堂教学需求。
- 教育专用运维平台，可实现教室的远程更新和维护。
- 可实现教学要求的传感器、机器人等智能平台和模块在龙芯平台上的教学使用需求。

中国自主产权
芯片技术与应用丛书

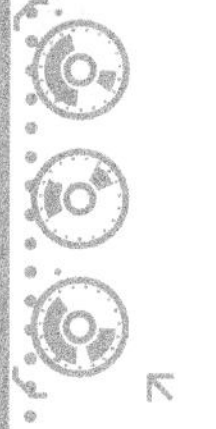

用“芯”探核

基于龙芯的Linux内核探索解析

陈华才 / 著

人 民 邮 电 出 版 社
北 京

图书在版编目（CIP）数据

用“芯”探核 : 基于龙芯的Linux内核探索解析 / 陈华才著. -- 北京 : 人民邮电出版社, 2020.8（2023.6重印）
（中国自主产权芯片技术与应用丛书）
ISBN 978-7-115-44492-9

Ⅰ. ①用… Ⅱ. ①陈… Ⅲ. ①Linux操作系统 Ⅳ. ①TP316.85

中国版本图书馆CIP数据核字(2020)第023209号

内 容 提 要

这是一本基于龙芯平台，结合 Linux-5.4.x 版本的内核源代码来解析 Linux 内核的书籍。本书首先介绍了有关龙芯处理器和 Linux 内核的基础知识，然后重点讲解了内核启动、异常与中断、内存管理、进程管理、显卡驱动、网卡驱动和电源管理这 7 大板块的内容。本书甚少涉及代码的细枝末节，而是重点关注代码实现的主干流程，并且创造性地引入了树形视图和链式视图这两种比流程图更好用的代码解析方法。

本书适合 Linux 系统相关的开发人员，特别是基于龙芯处理器做内核开发的技术人员学习参考。

◆ 著　　　　陈华才
责任编辑　俞　彬
责任印制　王　郁　马振武

◆ 人民邮电出版社出版发行　　北京市丰台区成寿寺路 11 号
邮编　100164　　电子邮件　315@ptpress.com.cn
网址　http://www.ptpress.com.cn
固安县铭成印刷有限公司印刷

◆ 开本：787×1092　1/16　　彩插：4
印张：36.75　　2020 年 8 月第 1 版
字数：920 千字　　2023 年 6 月河北第 4 次印刷

定价：118.00 元

读者服务热线：(010)81055410　印装质量热线：(010)81055316
反盗版热线：(010)81055315
广告经营许可证：京东市监广登字 20170147 号

专家推荐

Linux 操作系统内核结构复杂，硬件关联性强，开发难度较大。本书作者陈华才博士从龙芯 CPU 上运行的内核入手，深入浅出地分析了内核各个重要模块，并讲解了大量关联知识。他还分享了在内核代码中融会贯通、化繁为简的经验技巧，降低了开发者入门的门槛。相信本书能为从事国产自主创新网信生态构建的广大科技人员提供重要的、切合实际的帮助。

倪光南 / 中国工程院院士

Linux 内核开发是一件门槛比较高的事情，而国产 CPU 上的内核开发者还面临一个额外的困难：缺乏合适的参考书籍。这本基于龙芯平台的内核开发书籍的出版，恰逢其时。作者长期从事龙芯内核研究和实践，是官方 Linux 内核中龙芯支持代码的主要贡献者之一。扎实的理论功底和丰富的实践经验使得他能够在有限的篇幅里覆盖龙芯内核开发实践中必须掌握的内容和常见的难点。强烈推荐！

张福新 / 中科院计算所研究员、龙芯中科技术有限公司技术总监

此书不是针对 Linux 内核的全面描述，而是紧密结合龙芯 CPU 和 Linux 内核 5.4 版本来讲述操作系统内核知识，它很好地平衡了内容的广度和深度，并且兼具知识性与实用性，偶尔提到的方法论等，都体现出了作者在 Linux 内核方面深厚的知识积淀和丰富的实战经验。此书既适合作为学习 Linux 内核的初级教材，也适合作为掌握龙芯 CPU 配套 Linux 内核的参考书，并同样适合想要学习 Linux 内核知识的其他读者使用。非常高兴能看到这样一本定位清晰、特色鲜明的 Linux 内核书籍出版！

韩乃平 / 麒麟软件有限公司执行总裁

经过 20 多年的发展，Linux 操作系统已经成为全球操作系统中最重要的生态之一；龙芯作为国产 CPU 的优秀代表，Linux 操作系统也是其最主要的应用运行环境。随着国内信息产业中龙芯 CPU 和 Linux 操作系统的不断广泛应用，在相关体系架构、Linux 内核技术方面急需大量的高水平人才。但目前市面上关于 Linux 内核的书籍并不丰富，涉及龙芯的 Linux 内核资料更是非常缺乏。

本书由长期从事龙芯平台下Linux内核研发的技术专家，也是Linux 内核 MIPS 架构的重要贡献者亲自撰写，内容覆盖全面，讲解由浅入深。我认为，这是每一位有志于从事 Linux 内核研发，或者希望参与龙芯生态建设的技术人员都应读的书籍。

刘闻欢 / 统信软件技术有限公司总经理

首先，本书基于龙芯平台，不仅从系统开发角度展示了国产龙芯，也基于 MIPS 架构讲解了 Linux 内核开发。其次，作者来自龙芯产业化基地，工作涉猎芯片、系统和应用，讲解视野非常全面。再者，作者长期活跃于 Linux 内核社区，是国内少数长期坚持在一线的工程师。本书不仅剖析了内核启动、异常处理、进程调度、内存管理等常规知识，也讲解了显卡驱动、网卡驱动、电源管理等新技术。另外，龙芯已开放全系 Qemu 模拟器，读者可以通过 Linux Lab 边学边练，为以后实际参与龙芯平台开发打下坚实基础。

吴章金 /Linux Lab 开源项目作者、泰晓科技创始人、前魅族 Linux 部门技术总监

序 1

我很高兴看到这本基于龙芯的 Linux 内核书籍面世。随着龙芯生态不断发展壮大，口口相传的作坊模式已经不能满足相关产业对龙芯人才的需求，我们急需更多优秀开发人员把他们的经验凝聚成册，以服务日益庞大的开发者队伍。为此，近年来龙芯公司组织了一系列的书籍编写，逐步覆盖了龙芯体系结构设计、龙芯桌面及服务器使用 / 管理 / 应用开发、操作系统开发等内容。这本书将进一步丰富龙芯专业技术书籍的覆盖范围。

本书的作者陈华才是龙芯内核的主力开发人员之一。他十年如一日地投身于龙芯内核开发，解决了不计其数的问题，多次帮助龙芯 CPU 团队定位隐藏很深的芯片设计疑难问题，为龙芯发展做出了重要贡献。内核是操作系统乃至整个生态的核心支撑部件，它的质量和性能直接影响用户体验。同时，内核开发也是公认难度很高的技术活，以至于在市场上精通 Linux 内核开发的技术人员极度稀缺。像这样一本由资深开发人员撰写的书尤为难能可贵。

这本书和市面上已有的 Linux 内核书籍相比，最大的特点是紧密结合实践，贴近产业需求。书中涉及的电脑体系结构以及源代码都已经被实际应用在批量推广的龙芯产品上，读者容易找到相应的开发环境。在解析内核启动流程和各关键模块时，既有必要的原理解释，又重点突出了龙芯的具体实现，方便读者把原理和实际代码联系起来。例如，在解析 Cache 初始化代码的时候，它介绍了比较特殊的龙芯 V-Cache 设计，也说明了龙芯处理器用户手册上的相关名词对应内核代码的哪些内容。讲到异常与中断处理的时候，它就会交代清楚龙芯的中断和异常架构，以及和代码对应的中断路由等重要概念。更重要的是，由于作者对内核有很深刻的认识，他总是能够用简洁的语言交代清楚模块之间的关系和一段代码背后的本质内容，而不是让读者陷入太多的细节之中。对龙芯相关产业公司的内核技术人员来说，本书会显得非常贴心，在读者容易疑惑的地方会有详细解释，在简单的地方就不会赘述。

我期待本书能够帮助更多人掌握龙芯内核开发的技术，鼓励更多人加入龙芯生态建设的队伍。

胡伟武 / 龙芯中科技术有限公司董事长

序 2

经过多年的发展，开源软件已经逐渐深入人心并在各个方面大放异彩，尤其是以 Linux 内核为代表的开源基础软件。如今，Top500 超级计算机几乎全部使用 Linux，以 Redhat、SuSE 和 Oracle 为代表的企业版 Linux 已经占领了各种大中型服务器；以 Ubuntu、Deepin 为代表的桌面版 Linux 逐渐与 Windows 分庭抗礼；而移动设备更是基于 Linux 的 Android 系统的天下。

源于其庞大的体量，中国事实上已经拥有最大规模的 Linux 用户。然而，谈到对 Linux 操作系统尤其是 Linux 内核的贡献，中国却长期以来处于一种缺位的状态。这种缺位不仅体现在源代码开发的直接贡献上，也体现在有关 Linux 内核原创书籍资料的匮乏上。不过，令人可喜的是一切都在往好的方面发展。自从章文嵩、吴峰光等人带头贡献社区开始，近年来 Linux 内核里的中国开发者越来越多；而在书籍资料方面，这几年也有张天飞、余华兵等剖析 Linux 内核的原创新书出现。

龙芯 CPU 诞生于中科院计算所，是基于 MIPS 体系结构的一系列国产 CPU 的总称，具体包括龙芯 1 号、龙芯 2 号、龙芯 3 号三个子系列十多种型号。本书作者陈华才多年来参与龙芯版 Linux 内核的开发与维护，与上下游 CPU 厂商、操作系统厂商形成了良好的互动与反馈闭环。在他和他带领的团队的努力下，龙芯 CPU 得以快速成熟和产品化。不仅如此，他还在坚持与时俱进、紧跟上游的基础上，向内核社区贡献了大量的源代码。

授人以鱼不如授人以渔。信息产业的国产化任重而道远，绝不是少数几个“天才”人物就能解决的问题。因此，提高自身的研发水平固然重要，但更重要的是打通生态链的各个环节，让更多的人参与进来一起建设。陈华才博士在工作之余，倾注了大量的心血将自己的知识和见解提炼出来，完成了这本基于龙芯 CPU 的内核书籍。更加难能可贵的是，这本书基于最新的 5.x 内核，让读者不仅能够深刻掌握龙芯的机理，而且能够了解内核社区的最新动态。

《用“芯”探核：基于龙芯的 Linux 内核探索解析》是第一本基于国产 CPU 的内核书籍。借此机会，期待我们的计算机国产化事业蒸蒸日上。

金海 /CCF（中国计算机学会）副理事长，华中科技大学教授

前言

本书是一本基于龙芯平台，结合源代码来探索和解析 Linux 内核的书。

为什么写作本书

市面上解析 Linux 内核的经典书籍已有不少，国内原创的有《Linux 内核完全注释》《Linux 内核源代码情景分析》《边学边干　Linux 内核指导》；从国外引进的有《Linux 内核设计与实现》（*Linux Kernel Development*，简称 LKD）、《Linux 设备驱动程序》（*Linux Device Drivers*，简称 LDD）、《深入理解 Linux 内核》（*Understanding the Linux Kernel*，简称 ULK）和《深入 Linux 内核架构》（*Professional Linux Kernel Architecture*）。其中 LKD、LDD、ULK 和《Linux 内核源代码情景分析》这 4 本经典书籍曾经被称为 Linux 内核领域的“四库全书”。那么，为什么还要写作本书呢？

一方面，大多数已有书籍是基于 X86 或者 ARM 体系结构的，而本书基于 MIPS 家族的龙芯处理器平台；另一方面，大多数已有书籍基于 2.4 版本或者 2.6 版本的 Linux 内核，而本书基于新的 5.x 版本的 Linux 内核[1]。

其实，新书也是有的，尤其难能可贵的是还有原创新书。比如，2017 年问世了一本由张天飞（网名“笨叔叔”）编写的《奔跑吧　Linux 内核》。目前这本书得到了读者的广泛好评，可以说是第一本（小声地说一句，其实本书开始撰写的时间比它更早）基于 4.x 版本的内核书籍。2019 年又出版了一本由余华兵（我的校友）编写的《Linux 内核深度解析》，

1　最经典的《深入理解 Linux 内核》一共出了 3 版，其中第 3 版讲述的是 2.6.11 版本的 Linux 内核；2010 年出版的《深入 Linux 内核架构》讲述的是 2.6.24 版本的 Linux 内核，这两本书都是基于 X86 平台。

它也是基于 4.x 版本的内核。不过，这两本书专注于 ARM/ARM64 架构，主要篇幅在内存管理、进程管理和中断管理上面，不涉及设备驱动（但《Linux 内核深度解析》涉及文件系统）；而本书专注于 MIPS/ 龙芯架构，基于目前最新的 5.x 版本的内核（以 5.4 版本为主），而且对内核的覆盖也更为全面，除异常 / 中断处理、内存管理和进程管理之外还涉及设备驱动和电源管理。因此《奔跑吧 Linux 内核》《Linux 内核深度解析》和本书相比各有千秋。

本书的读者对象

如果你想对 Linux 内核的总体轮廓有个初步了解，请阅读《Linux 内核设计与实现》。

如果你想接触内核源代码，又不想迷失在浩瀚的代码海洋中，请阅读《Linux 内核完全注释》，这本书基于早期的 0.11 版本的 Linux 内核，虽然代码非常精简，但足以阐述各种操作系统原理。

如果你已经不再满足于“史前时代”的内核版本，想在相对现代的 Linux 内核上练练手脚，请阅读《边学边干 Linux 内核指导》。

如果你已经开始真正的内核开发，并且偏重于设备驱动的话，请阅读《Linux 设备驱动程序》。

如果以上书籍已经不能满足你，那么恭喜，你已经突破了第一重境界。从现在开始，可以阅读《深入理解 Linux 内核》了。这本书虽然比较艰深，但却是经典中的经典。在读此书之前，你看山是山，看水是水；在阅读此书的过程中，你将看山不是山，看水不是水；最后，当你历尽千辛万苦将此书学透之后，你将看山还是山，看水还是水。

等等，怎么没有提“四库全书”中的《Linux 内核源代码情景分析》一书？个人愚见，这是一本非常详细的工具书。你可以把它当字典用，但如果当成教程直接阅读，很容易迷失自我，“不识庐山真面目，只缘身在此山中”。

如果你需要 4.x、5.x 等新版本内核的源码解析，那么《奔跑吧 Linux 内核》《Linux 内核深度解析》和本书都适合你。《奔跑吧 Linux 内核》主要基于 4.0.0 版本的 Linux 内核；《Linux 内核深度解析》主要基于 4.12.0 版本的 Linux 内核；而本书绝大多数代码基于 5.4.0 版本的 Linux 内核。如果你基于龙芯处理器做内核开发，或者有兴趣将来从事这方面的工作，那么恭喜，本书非常适合你。

一直以来，从事龙芯内核开发工作的“标准教程”是《龙芯处理器用户手册》《MIPS 体系结构透视（第 2 版）》和《深入理解 Linux 内核（第 3 版）》。然而，《龙芯处理器用户手册》不涉及 Linux 内核；《MIPS 体系结构透视（第 2 版）》讲述的是传统的 MIPS 处理器，离真正的龙芯差距太大；而《深入理解 Linux 内核（第 3 版）》所使用的内核版本又过于陈旧。本书试图解决这些问题。

本书使用的 Linux 内核源代码的 Git 仓库建立在江苏航天龙梦信息技术有限公司（以下简称航天龙梦）的开发者网站上，读者可自行下载：http://dev.lemote.com:8000/cgit/linux-official.git/。

本书的内容概述

本书基于龙芯处理器和 Linux 内核。第 1 章概括性地介绍了龙芯处理器和 Linux 内核，同时还引入了一种快速而有效的代码阅读方法和一种开发健壮内核的方法。在此基础上，第 2 章将开始解析 Linux 内核在龙芯计算机上的启动过程。第 3 ~ 5 章分别介绍操作系统的 3 大核心功能：异常与中断处理、内存管理和进程管理。Linux 是包含设备驱动的一体化内核（或称宏内核，与之相对的是微内核），第 6 章和第 7 章将以显卡驱动与网卡驱动为例来进行原理说明。电源管理是操作系统中一个相对独立但又必不可少的功能组件，第 8 章将专门予以介绍。

如何学习本书

本书采用了循序渐进的写作方法，非常适合按顺序进行阅读。本书的大部分内容用于解析 Linux 内核源代码，因此读者需要一边看书一边对照阅读代码。

第 1 章的“基础知识”首先会对龙芯处理器和 Linux 内核进行概括性的介绍。虽然本书是一本解读源代码的书，但跟别的书籍不一样：我们较多地瞄准代码的主干流程，而较少地涉及细枝末节。因此，在第 1 章中，我们会给读者介绍一种快速而有效的代码阅读方法，称为“先观其大略，再咬文嚼字”，并且引入了“树形视图”和“链式视图”两种比流程图更有用的代码解析方法。从某种意义上说，学习内核是为了开发内核，因此这一章还会教读者如何开发和维护健壮的内核代码。

操作系统本质上是一个大程序，顺着程序的执行流程一起前进是自然而然的事情。因此，我们认为从启动过程开始研究Linux内核是一个比较好的切入点。在掌握基础知识以后，读者可以通过第 2 章学习和了解 Linux 内核在龙芯计算机上从上电开始的整个启动过程，并以此获得一个对龙芯处理器和 Linux 内核的宏观印象。

异常与中断处理、内存管理和进程管理是操作系统的 3 大核心功能，我们就在后续的 3 章中分别予以介绍。这 3 章遵循“从基础到上层”和“广度优先深度其次”的写作原则，读者既可根据编写顺序来阅读学习，也可根据个人兴趣自行安排阅读顺序。

由于 Linux 是一体化内核操作系统，因此设备驱动也放在内核层实现。设备驱动所涵盖的范围非常广泛，本书不可能面面俱到，因此只选取了两种常用的典型设备驱动——Radeon 显卡与 E1000E 网卡，来做举例性的原理说明。读者可根据自身需要进行选择性学习。

电源管理在操作系统内核中相对独立，因此与前面的章节没有太大的关联，读者掌握基础知识以后即可根据需要选择性阅读。

对自旋锁、信号量等各种并发与同步原语或者内核发展历史感兴趣的读者，可直接通过附录进行学习。

陈华才

2020 年 5 月

第 01 章　基础知识

第 02 章　内核启动解析

CONTENTS

目　录

第 03 章　异常与中断解析

第 04 章　内存管理解析

第 05 章　进程管理解析

第 06 章　显卡驱动解析

CONTENTS
目　录

第 07 章　网卡驱动解析

第 08 章　电源管理解析

附录 A　并发与同步原语

附录 B　Linux 内核大事记

后记

参考文献

第 01 章

基础知识

龙芯处理器是一系列基于 MIPS 架构，加入了大量扩展和优化的 CPU。基于龙芯 CPU 的计算机产品使用的操作系统主要是 Linux。本书用龙芯 /Linux 平台作为使用龙芯 CPU 和 Linux 操作系统的平台统称。本章是读者在阅读本书后续章节之前必须掌握的一些基础知识，包括对龙芯处理器和 Linux 内核的初步了解，对高效阅读源代码方法的熟练掌握，以及对内核社区常用的补丁文件格式的理解。为了让大家有机会成长为优秀的 Linux 内核开发人员，本章还介绍了开发 / 维护一个健壮性良好的内核应当遵循的一些原则与规范。

1.1 龙芯处理器简介

中央处理器（Central Processing Unit，CPU）分为复杂指令集计算机（Complex Instruction Set Computer，CISC）和精简指令集计算机（Reduced Instruction Set Computer，RISC）两大类。CISC 具有指令集复杂而庞大、指令字不等长、寻址方式复杂、计算指令操作数可以是内存等特征，典型代表有 X86。RISC 具有指令集精简而高效、指令字等长、寻址方式简明、计算指令操作数必须是寄存器等特征，典型代表有 ARM、MIPS 和 Power。CISC 和 RISC 各有优劣，在发展过程中也并非井水不犯河水，而是互相吸收对方的优点。X86 在内部早已实现 RISC 化（所谓微指令），而 RISC 也引入了单指令流多数据流（Single Instruction Multiple Data，SIMD）等功能比较强大但复杂的指令（所谓向量化）。

龙芯 CPU 属于无互锁流水阶段微型计算机（Microcomputer without Interlocked Pipeline Stage，MIPS）家族，是 RISC 精简指令集体系结构的一种，产品线包括龙芯 1 号（小 CPU）、龙芯 2 号（中 CPU）和龙芯 3 号（大 CPU）3 个系列。龙芯系列处理器由龙芯中科技术有限公司（以下简称龙芯中科）研发，产品以 32 位和 64 位单核及多核 CPU 为主，主要面向网络安全、高端嵌入式、个人电脑、服务器和高性能计算机等应用。

龙芯 1 号系列为 32 位处理器，采用 GS132（单发射 32 位）或 GS232（双发射 32 位）处理器核，实现了带有静态分支预测和阻塞 Cache 的乱序执行流水线，集成各种外围接口，形成面向特定应用的单片解决方案，主要应用于云终端、工业控制、数据采集、手持终端、网络安全、消费电子等领域。2011 年推出的龙芯 1A 和龙芯 1B 具有接口功能丰富、功耗低、性价比高、应用面广等特点。除了 SoC，龙芯 1A 还可以作为桥片（PCI 南桥）使用。2013 年和 2014 年相继推出的龙芯 1C 和龙芯 1D 分别针对指纹生物识别和超声波计量领域定制，具有成本低、功耗低、功能丰富、性能突出等特点。2015 年研制的龙芯 1H 则针对石油钻探领域随钻测井应用设计，目标工作温度高达 175℃。

龙芯 2 号系列处理器采用 GS264（双发射 64 位）或 GS464（四发射 64 位）高性能处理器核，实现了带有动态分支预测和非阻塞 Cache 的超标量乱序执行流水线，同时还使用浮点数据通路复用技术实现了定点的 SIMD 指令，集成各种外围接口，形成面向嵌入式计算机、工业控制、移动信息终端、汽车电子等应用的 64 位高性能低功耗 SoC 芯片。2006 年推出的龙芯 2E 是最早进行产业化的处理器，其主要产品是福珑迷你计算机。2008 年推出的龙芯 2F 经过近几年的产业化推广，目前已经实现规模应用，其产品包括福珑迷你计算机、逸珑上网本计算机以及梦珑一体机等。集成度更高的龙芯 2H 于 2013 年推出，可作为独立 SoC 芯片，也可作为龙芯 3 号的桥片使用。目标为安全、移动领域的龙芯 2K1000 于 2017 年量产。

龙芯 3 号系列处理器基于可伸缩的多核互联架构设计，在单个芯片上集成多个 GS464（四发射 64 位）、GS464E（增强型四发射 64 位）或 GS464V（带向量扩展的增强型四发射 64 位）高性能处理器核以及大量的 2 级 Cache，还通过高速存储和 I/O 接口实现多芯片的互联以组成更大规模的高速缓存一致的非均匀内存访问（Cache-Coherent Non-Uniform Memory Access，CC-NUMA）系统。龙芯 3 号面向高端嵌入式计算机、桌面计算机、服务器、高性能计算机等应用。2009 年底推出四核龙芯 3A1000。2011 年推出 65 nm 的八核龙芯 3B1000。2012 年推出采用 32 nm 工艺设计的性能更高的八核龙芯 3B1500，其最高主频可达 1.5 GHz，支持向量运算加速，最高峰值计算能力达到 192 GFLOPS（Giga Floating-point Operations Per Second，每秒 10 亿次浮点运算）。2015 年，基于 GS464E 的新一代龙芯 3A2000 研制成功，在基本功耗与龙芯 3A1000 相当的情况下，综合性能提升 2 ~ 4 倍，已于 2016 年实现量产。工艺升级的新一代处理器是龙芯 3A3000，已于 2017 年推出，性能较龙芯 3A2000 提高 50%。龙芯 3A1000、3A2000、3A3000 保持引脚兼容，硬件上可以直接替换。全新的微结构升级的 GS464V 处理器核以及基于 GS464V 的龙芯 3A4000 已于 2019 年研制成功，增加了位向量指令集，在龙芯 3A3000 的基础上性能再次大幅提高。

MIPS 体系结构的发展经历了 MIPS I、MIPS II、MIPS III、MIPS IV、MIPS V（没有实现过）、MIPS R1、MIPS R2、MIPS R3、MIPS R5 和 MIPS R6（注意没有 MIPS R4）等许多个版本，这些指令集版本的关系如图 1-1 所示。

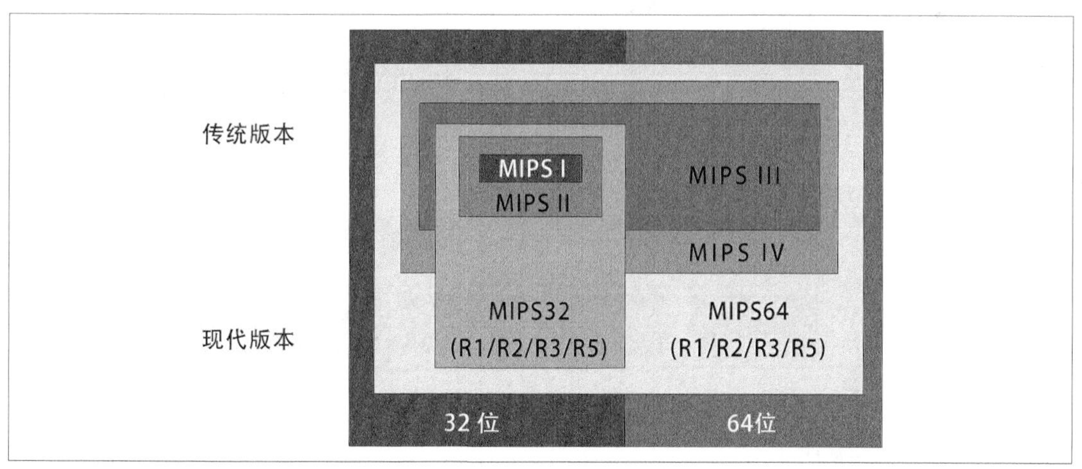

图 1-1　各版本 MIPS 指令集的关系

在传统版本发展阶段（MIPS I → MIPS II → MIPS III → MIPS IV），每一代指令集都是前一代的超集。其中，MIPS I 和 MIPS II 只有 32 位，MIPS III 和 MIPS IV 包括 32 位和 64 位。MIPS V 虽然也是 MIPS IV 的超集，但只有规范定义，没有具体的处理器实现。

现代版本发展阶段改变了命名方式，在 MIPS IV 的基础上定义 MIPS R1，其完整版叫 MIPS64 R1，32 位子集叫 MIPS32 R1。后续的 MIPS R1 → MIPS R2 → MIPS R3 → MIPS R5 的发展历程也是逐渐扩充的，但 MIPS R6 放弃了兼容，不再是以前版本的超集。

龙芯 1 号系列的各个型号处理器与 MIPS32 R2（MIPS R2 的 32 位版本）兼容；龙芯 2E、2F 与 MIPS III 兼容；龙芯 2G、2H、3A1000、3B1000、3B1500 与 MIPS64 R1（MIPS R1 的 64 位版本）兼容；龙芯 3A2000、3A3000 与 MIPS64 R2（MIPS R2 的完整版）兼容。注意，以上这些 MIPS 版本指的是体系结构（指令集 ISA），并不是具体的 CPU 设计。MIPS 公司早期的“官方公版处理器”主要有 R2000、R3000、R4000、R6000、R8000、R10000、R12000、R16000 等系列，而现在的 MIPS 公司主要是对设计授权，不再自己生产 CPU。龙芯处理器在指令集以外的部分的许多设计跟 R4000 比较相似（如时钟源、Cache、MMU、FPU 的设计等），因此在本书的解析中许多代码都是使用和 R4000（代码缩写为 r4k）相同的版本。

关于 MIPS 指令集和特权级的具体介绍本书不详细展开，读者如有需要请查阅 MIPS 官方文档 *MIPS Architecture For Programmers*，该文档一共有 3 卷。

1.1.1 龙芯 3 号功能特征

本书的重点是计算机类应用，因此主要关注龙芯 3 号。目前已经得到大规模应用的龙芯 3 号处理器包括四核 3A1000、八核 3B1500、四核 3A2000、四核 3A3000 和四核 3A4000 共 5 款。龙芯 3 号的整体架构基于两级互联实现，以四核处理器为例，其结构如图 1-2 所示。

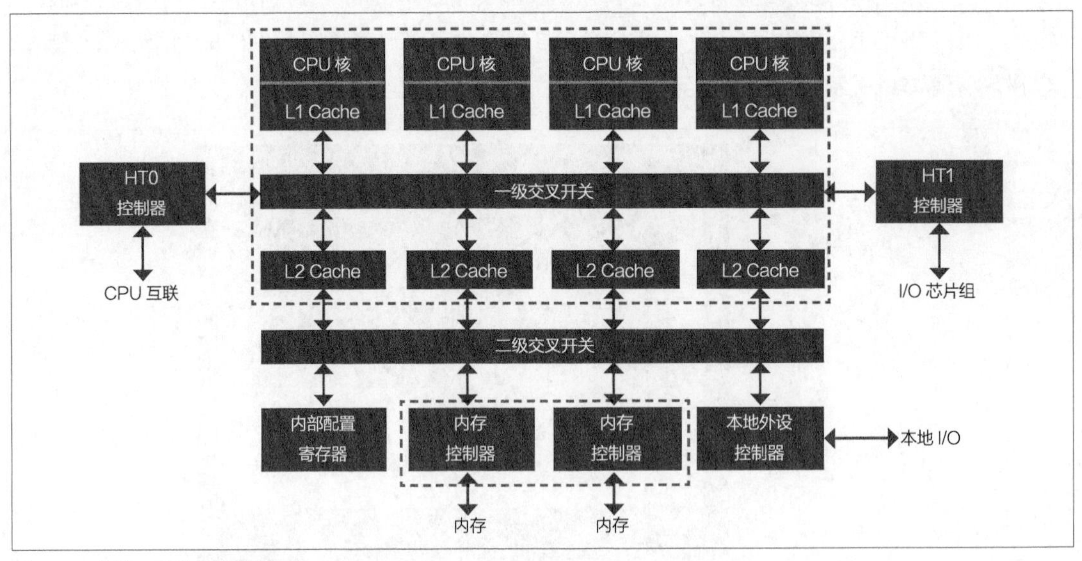

图 1-2　龙芯 3 号的整体架构

龙芯处理器支持通过 HT 控制器实现多路互联，多路互联意味着一台计算机上有多个处理器芯片（多个物理 CPU）。处理器芯片内部集成内存控制器，这就意味着每个物理 CPU 有自己的“本地内存”，同时又能通过 HT 控制器互联总线访问其他物理 CPU 的“远程内存”。这种组织架构就是非均匀内存访问（Non-Uniform Memory Access，NUMA），即每个自带内存控制器的独立单元（传统上就是一个物理 CPU）就是一个 NUMA 节点。如果硬件负责维护节点间的高速缓存一致性，就叫高速缓存一致的非均匀内存访问架构（Cache-Coherent Non-Uniform Memory Access，CC-NUMA）。龙芯 3 号的 NUMA 是一种 CC-NUMA，每个 NUMA 节点由 4 个 CPU 核组成，四核处理器（龙芯 3A）包含 1 个 NUMA 节点，八核处理器（龙芯 3B）包含 2 个 NUMA 节点。龙芯 3 号每个 NUMA 节点包含 4 个 CPU 核，每个 CPU 核有自己的本地 Cache（一级 Cache，L1 Cache），节点内的 4 个 CPU 核共享二级 Cache（分体式共享，分为 4 个模块但作为整体被 CPU 核共享）。

NUMA 虽然在内存访问上存在不均匀性，但在运行过程中每个处理器的地位是对等的，因此依旧属于对称多处理器（Symmetric Multi-Processor，SMP）。或者说，广义的 SMP 系统既包括均匀内存访问的对称多处理器（UMA-SMP），也包括非均匀内存访问的对称多处理器（NUMA-SMP）。与 SMP 系统相对的是单处理器（Uni-Processor，UP）系统。

龙芯 3 号每个节点的第一级互联采用 6×6 的交叉开关，用于连接 4 个 CPU 核（作为主设备）、4 个二级 Cache 模块（作为从设备）以及 2 个 I/O 端口（每个端口使用一个 Master 主设备和一个 Slave 从设备）。一级互联开关连接的每个 I/O 端口连接一个 16 位的 HT 控制器，每个 16 位的 HT 端口还可以作为两个 8 位的 HT 端口使用。HT 控制器通过一个 DMA 控制器和一级交叉开关相连，DMA 控制器负责 I/O 端口的 DMA 控制并负责片间一致性的维护。龙芯 3 号的 DMA 控制器还可以通过配置实现预取和矩阵转置或搬移。

龙芯 3 号每个节点的第二级互联采用 5×4 的交叉开关，连接 4 个二级 Cache 模块（作为主设备）。从设备一方则包括两个 DDR2/3 内存控制器、本地的低速或高速 I/O 控制器（包括 PCI、LPC、SPI、UART 等）以及芯片内部的配置寄存器模块。

在交叉开关上面，所谓主设备，就是主动发起访问请求的主控方；所谓从设备，就是被动接受访问请求并给出响应的受控方。龙芯 3 号的两级交叉开关都采用读写分离的数据通道，数据通道宽度为 128 位，工作在与处理器核相同的频率，用以提供高速的片上数据传输。

由于基于龙芯 3 号可扩展互联架构，因此在组建 NUMA 时，四核龙芯 3A 可以通过 HT 端口连接构成 2 芯片八核的 SMP 结构或者 4 芯片 16 核的 SMP 结构。同样，八核龙芯 3B 也可以通过 HT 端口连接构成 2 芯片 16 核的 SMP 结构。

下面根据主要型号的发展顺序简单介绍龙芯 3 号的功能特征。

（一）龙芯 3A1000

龙芯 3A1000 是一个配置为单节点四核的处理器，采用 65 nm 工艺制造，最高工作主频为 1 GHz，主要技术特征如下。

- 片内集成 4 个 64 位的四发射超标量 GS464 高性能处理器核。
- 每个核的私有一级 Cache 包含 64 KB 指令 Cache 和 64 KB 数据 Cache。
- 片内集成 4 MB 的分体共享二级 Cache（由 4 个体模块组成，每个体模块容量为 1 MB）。
- 通过目录协议维护多核及 I/O DMA 访问的 Cache 一致性。
- 片内集成 2 个 64 位 400 MHz 的 DDR2/3 控制器。
- 片内集成 2 个 16 位 800 MHz 的 HyperTransport 控制器。
- 每个 16 位的 HT 端口拆分成两个 8 路的 HT 端口使用。
- 片内集成 32 位 100 MHz PCIX/66 MHz PCI 控制器。
- 片内集成 1 个 LPC、2 个 UART、1 个 SPI、16 路 GPIO 接口。

（二）龙芯 3B1500

龙芯 3B1500 是一个配置为双节点的八核处理器，采用 32 nm 工艺制造，最高工作主频为 1.2 GHz（低电压版）/1.5 GHz（高电压版），主要技术特征如下。

- 片内集成 8 个 64 位的四发射超标量 GS464 高性能处理器核。
- 每个核的私有一级 Cache 包含 64 KB 指令 Cache、64 KB 数据 Cache 和 128 KB 牺牲 Cache。
- 每个处理器核频率单独可设。
- 片内集成 8 MB 的分体共享二级 Cache（由 8 个体模块组成，每个体模块容量为 1 MB）。
- 通过目录协议维护多核及 I/O DMA 访问的 Cache 一致性。
- 片内集成 2 个 64 位 667 MHz 的 DDR2/3 控制器，支持 DDR3-1333。
- 片内集成 2 个 16 位 800 MHz 的 HyperTransport 控制器，最高支持 1600 MHz 总线。
- 每个 16 位的 HT 端口可以拆分成两个 8 路的 HT 端口使用。
- 片内集成 32 位 33 MHz PCI 控制器。
- 片内集成 1 个 LPC、2 个 UART、1 个 SPI、16 路 GPIO 接口。

（三）龙芯 3A2000

龙芯 3A2000 是龙芯 3A1000 四核处理器的结构升级版本，封装引脚与龙芯 3A1000 兼容。龙芯 3A2000 是一个配置为单节点四核的处理器，采用 40 nm 工艺制造，最高工作主频为 1 GHz，主要技术特征如下。

- 片内集成 4 个 64 位的四发射超标量 GS464E 高性能处理器核。
- 每个核的私有一级 Cache 包含 64 KB 指令 Cache、64 KB 数据 Cache 和 256 KB 牺牲 Cache。
- 片内集成 4 MB 的分体共享二级 Cache（由 4 个体模块组成，每个体模块容量为 1 MB）。
- 通过目录协议维护多核及 I/O DMA 访问的 Cache 一致性。
- 片内集成 2 个 64 位带 ECC、667 MHz 的 DDR2/3 控制器。
- 片内集成 2 个 16 位 1.6 GHz 的 HyperTransport 控制器。[1]
- 每个 16 位的 HT 端口拆分成两个 8 路的 HT 端口使用。
- 片内集成 32 位 33 MHz PCI 控制器。
- 片内集成 1 个 LPC、2 个 UART、1 个 SPI、16 路 GPIO 接口。

相比龙芯 3A1000，其主要改进如下。

- 处理器核结构全面升级，引入双 TLB 设计（VTLB+FTLB）和 SFB（Store Fill Buffer）。
- 内存控制器 HT 控制器结构、频率全面升级。
- 内部互连结构和外部扩展互连结构均全面升级。
- 支持 SPI 启动功能。
- 支持全芯片软件频率配置。
- 全芯片的性能优化提升，在主频不变的情况下性能提高 2 ~ 4 倍。

1　仅高配版支持通过 HTO 进行芯片间互联，高配版亦称龙芯 3B2000。

（四）龙芯 3A3000

龙芯 3A3000 是龙芯 3A2000 四核处理器的工艺升级版本，封装引脚与龙芯 3A1000、3A2000 兼容。龙芯 3A3000 是一个配置为单节点四核的处理器，采用 28 nm 工艺制造，最高工作主频为 1.5 GHz，主要技术特征如下。

- 片内集成 4 个 64 位的四发射超标量 GS464E 高性能处理器核。
- 每个核的私有一级 Cache 包含 64 KB 指令 Cache、64 KB 数据 Cache 和 256 KB 牺牲 Cache。
- 片内集成 8 MB 的分体共享二级 Cache（由 4 个体模块组成，每个体模块容量为 2 MB）。
- 通过目录协议维护多核及 I/O DMA 访问的 Cache 一致性。
- 片内集成 2 个 64 位带 ECC、667 MHz 的 DDR2/3 控制器。
- 片内集成 2 个 16 位 1.6 GHz 的 HyperTransport 控制器[1]。
- 每个 16 位的 HT 端口拆分成两个 8 路的 HT 端口使用。
- 片内集成 32 位 33 MHz PCI 控制器。
- 片内集成 1 个 LPC、2 个 UART、1 个 SPI、16 路 GPIO 接口。

相比龙芯 3A2000，其主要改进如下。

- 工艺升级，主频提升至 1.5 GHz。
- 二级 Cache 容量由 4 MB 增加到 8 MB。
- 全芯片的性能优化，性能提升 50% 左右。

（五）龙芯 3A4000

龙芯 3A4000 是一款四核龙芯处理器，采用 28 nm 工艺制造，稳定工作主频为 1.8 ~ 2.0 GHz，主要技术特征如下。

- 片内集成 4 个 64 位的四发射超标量 GS464V 高性能处理器核，支持向量运算扩展指令。
- 每个核的私有一级 Cache 包含 64 KB 指令 Cache、64 KB 数据 Cache 和 256 KB 牺牲 Cache。
- 片内集成 8 MB 的分体共享二级 Cache（由 4 个体模块组成，每个体模块容量为 2 MB）。
- 通过目录协议维护多核及 I/O DMA 访问的 Cache 一致性。
- 片内集成 2 个 64 位带 ECC、800 MHz 的 DDR3/4 控制器。
- 片内集成 2 个 16 位 1.6 GHz 的 HyperTransport 控制器。
- 每个 16 位的 HT 端口拆分成两个 8 路的 HT 端口使用。
- 片内集成 2 个 I2C、1 个 UART、1 个 SPI、16 路 GPIO 接口。

龙芯 3A4000 的顶层结构设计在龙芯 3A2000 和 3A3000 的基础上进行了较大幅度的优化，其主要改进如下。

- 继续采用双 TLB 设计，VTLB 保持 64 项，FTLB 从 1024 项增加到 2048 项。
- 调整了片上互联结构，简化了地址路由，I/O 模块间互联采用 RING 结构。
- 优化了 HT 控制器的带宽利用率与跨片延时。

1 仅高配版支持通过 HTO 进行芯片间互联，高配版亦称龙芯 3B3000。

○ 优化了内存控制器结构，增加了 DDR4 内存的支持，并支持内存槽连接加速卡。
○ 规范了配置寄存器空间与访问方式，引入了 CSR 配置寄存器访问机制。
○ 优化了中断控制器结构，支持向量中断分发机制。
○ 增加了 8 路互联支持。
○ 全芯片的性能优化提升，在主频不变的情况下性能提高约 50%。

关于龙芯 3 号系列处理器的更多细节可参阅各型号的《龙芯处理器用户手册》，每种型号均有上下两册。

> **注意：**
> 1. 龙芯 3B1500 的处理器核带有向量扩展指令集，所以早期也曾称为 GS464V，但该扩展指令集存在较多的缺陷，实际中并未使用起来。因此，现在一般也将龙芯 3B1500 的处理器核称为 GS464（同龙芯 3A1000），而将带有新的向量扩展指令集的龙芯 3A4000 的处理器核称为 GS464V。
> 2. 部分文献中龙芯的内存控制器描述是 72 位，和本书的 64 位描述不一致。这是因为这些文献中的 72 位实际上指的是 64 位正常数据通道 +8 位 ECC 校验。

1.1.2 龙芯 3 号处理器核

在逻辑上，一个龙芯 3 号处理器核包括主处理器、协处理器 0、协处理器 1、协处理器 2、一级 Cache、SFB 和 TLB 等多个组成部分。

主处理器： 实现整数运算、逻辑运算、流程控制等功能的部件，包括 32 个通用寄存器（General Purpose Registers，GPR）以及 Hi/Lo 两个辅助寄存器。

协处理器 0（CP0）： 名称是系统控制协处理器，负责一些跟特权级以及内存管理单元（Memory Management Unit，MMU）有关的功能，至少包括 32 个 CP0 寄存器。

协处理器 1（CP1）： 名称是浮点运算协处理器（FPU），负责单精度 / 双精度浮点运算，包括 32 个浮点运算寄存器（FPR）和若干个浮点控制与状态寄存器（FCSR）。

协处理器 2（CP2）： 名称是多媒体指令协处理器，负责多媒体指令（MMI 指令）的运算，共享 FPU 的运算寄存器。

一级 Cache（L1 Cache）： 包括 64 KB 指令 Cache（I-Cache）、64 KB 数据 Cache（D-Cache），从龙芯 3B1500 开始还包括 256 KB 牺牲 Cache（V-Cache）。注意，二级 Cache 不属于处理器核的组成部分，而是被多个处理器核共享的。I-Cache 和 D-Cache 采用 VIPT 组织方式，4 路组相联；V-Cache 采用 PIPT 组织方式，16 路组相联。

SFB： 全称 Store Fill Buffer，是从龙芯 3A2000 开始引入的功能部件，可以大幅优化访存性能。SFB 位于寄存器和一级 Cache 之间，在功能上可以把 SFB 理解为零级 Cache（L0 Cache），但是只有数据访问会经过 SFB，取指令直接访问一级 Cache。

TLB： 全称 Translation Lookaside Buffer，即快速翻译查找表，是为了加速页表访问而引入的一种高速缓存（专属于页表的 Cache）。龙芯 3 号的主 TLB 不分指令和数据，因此统称为 JTLB（另有软件透明的 uTLB，分为指令 ITLB 和数据 DTLB，整个 uTLB 是 JTLB 的子集，类似于一级Cache和二级Cache的关系）。龙芯3A1000～3B1500每个核有64项JTLB（页大小可变因此也叫VTLB）；龙芯3A2000、3A3000除64项VTLB以外还有1024项页大小固定的FTLB；龙芯3A4000除64项VTLB以外还有2048项页大小固定的FTLB。VTLB和FTLB同属于JTLB，前者采用全相联方式，后者采用8路组相联方式。

注意：

根据MIPS处理器规范，一个处理器核总共可以有4个协处理器，但是龙芯3号只设计了3个，因此没有CP3。

MIPS处理器核的字节序格式既可以使用大尾端（Big-Endian）也可以使用小尾端（Little-Endian），但龙芯只支持小尾端格式。

下面简单介绍龙芯3号处理器核的一些内部特征细节，主要包括通用寄存器、CP0寄存器和指令集。

（一）通用寄存器

龙芯处理器核有32个通用寄存器（GPR），在64位模式下，GPR字长均为64位；在32位兼容模式下，GPR只有低32位可用。所谓通用寄存器，就是可以用作任意用途，不过0号GPR是一个特殊的通用寄存器，其值永远为0。虽然在硬件设计上GPR的用途没有特意规定（GPR0除外），但是在软件使用上遵循一定的约定，这种约定就是应用二进制接口（Application Binary Interface，ABI）。MIPS处理器有3种常用的ABI：O32、N32和N64（O代表Old，旧的；N代表New，新的），其主要特征如下。

O32： 只能用32位操作数指令和32位GPR，C语言数据类型的char、short、int、long和指针分别为8位、16位、32位、32位和32位。

N32： 可以用64位操作数指令和64位GPR，C语言数据类型的char、short、int、long和指针分别为8位、16位、32位、32位和32位。

N64： 可以用64位操作数指令和64位GPR，C语言数据类型的char、short、int、long和指针分别为8位、16位、32位、64位和64位。

除了上述数据格式的差别，3种ABI的另一个重要区别是32个通用寄存器的使用约定不一样，具体如表1-1所示。在内核代码中寄存器编号采用$n的形式来表示第*n*个通用寄存器，即GPRn；寄存器名称也叫助记符，用于表征其功能，在内核代码里面通常使用小写字母，但在文档资料介绍中通常使用大写字母。

表1-1　龙芯（MIPS）处理器的寄存器使用约定

寄存器编号	寄存器名称（O32）	寄存器名称（N32/N64）
$0	zero	zero
$1	at	at
$2~$3	v0~v1	v0~v1
$4~$7	a0~a3	a0~a3

续表

寄存器编号	寄存器名称（O32）	寄存器名称（N32/N64）
$8~$11	t0~t3	a4~a7
$12~$15	t4~t7	t0~t3
$16~$23	s0~s7	s0~s7
$24~$25	t8~t9	t8~t9
$26~$27	k0~k1	k0~k1
$28	gp	gp
$29	sp	sp
$30	fp/s8	fp/s8
$31	ra	ra

GPR0： ZERO，它的值永远为 0，之所以要设置这个寄存器，是因为 RISC 使用定长指令（MIPS 的标准指令字长度为 32 位），如果没有零值寄存器，就无法把 32 位 /64 位的零操作数编码到指令中。

GPR1： AT，是保留给汇编器使用的，用于合成宏指令。宏指令是那些处理器实际上不提供，而由汇编器利用多条指令合成的伪指令，比如加载任意立即数的 li 指令。

GPR31： RA，通常用来保存函数返回的地址。

V 系列寄存器： 用于保存函数的返回值。

A 系列寄存器： 用于传递函数的参数。N32/N64 与 O32 相比有更多的 A 系列寄存器，因此更有利于使用寄存器而不是堆栈来传递参数。

S 系列寄存器： 函数调用时需要保存的寄存器。

T 系列寄存器： 可以随意使用的临时寄存器。更确切地说，S 寄存器由被调用者负责保存 / 恢复，T 寄存器由调用者负责保存 / 恢复（如果需要的话）。N32/N64 与 O32 相比 T 系列寄存器更少，因为它们被用于 A 系列寄存器了。

K 系列寄存器： 保留给内核在异常处理时使用的，应用程序不应当使用。

GPR28： GP，是 Global Pointer（全局指针）的缩写。由于存在大量的进程间共享，应用程序和动态链接库一般被设计成位置无关代码（Position Independent Code，PIC）。因此，全局变量（更一般地说是全局符号，包括全局函数和全局变量）往往不能通过一个确定的地址直接访问。为了解决这个问题，需要在每个链接单元中引入一个 GOT（Global Offset Table），然后通过 GP 寄存器指向 GOT 表来间接访问这些全局变量。相比之下，内核通常链接在固定的地址（地址有关代码），因此不需要 GOT 表。新版的 Linux 内核也支持重定位，但一台电脑上只运行一个内核，没有共享问题，所以重定位内核可以使用地址修正法而不需要 GOT 表。内核的模块使用了位置无关代码，但内核模块同样没有共享问题；所以在加载模块的时候地址即可唯一确定，因而即便是跨模块的全局符号访问也可以通过 EXPORT_SYMBOL() 等方法来解决。总而言之，内核里对全局函数和全局变量的访问不需要使用 GP，因此在内核中 GP 通常用来指向当前进程的 thread_info 地址，这样可以优化对当前进程本地数据结构的访问性能。

GPR29： SP，是 Stack Pointer（栈指针）的缩写，主要用于访问局部变量（以及栈里面的其他数据）。

GPR30： FP，是 Frame Pointer（帧指针）的缩写，用来辅助访问局部变量。FP 不是必需的，在不需要 FP 的代码里面，可以当 S8 使用。

为了理解 SP 和 FP，我们简单介绍一下龙芯 3 号（MIPS 通用）的栈结构[1]，如图 1-3 所示。

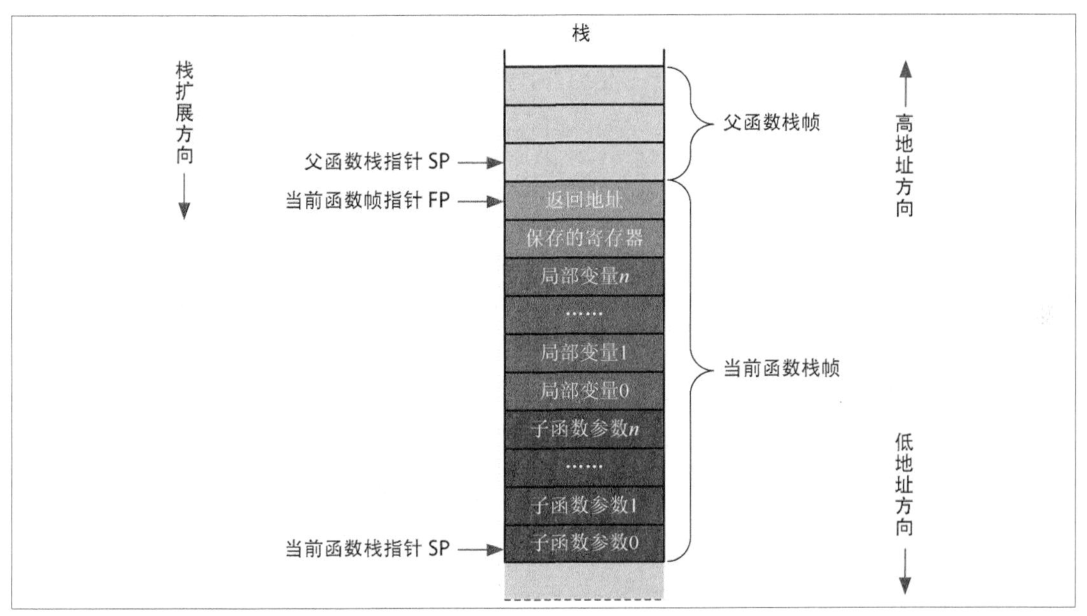

图 1-3　龙芯 3 号的栈和栈帧

在大多数体系结构的设计中，堆是从低地址往高地址扩展，而栈是从高地址往低地址扩展。龙芯平台的栈设计也是从高地址往低地址扩展，其栈的起始点称为栈底（最高地址），在使用过程中动态浮动的结束点称为栈顶（最低地址）。除了保存局部变量以外，栈的最大作用是保存函数调用过程中的寄存器状态。因此，在函数逐级调用时，栈里面的内容是一段一段的，每一段称为一个栈帧。从高地址往低地址看，首先是父函数（当前函数的调用者）的栈帧，然后是当前函数的栈帧，再然后是子函数的栈帧，依此类推。每一个栈帧的内容是类似的：首先是函数返回地址，然后是需要保存的寄存器，再然后是当前函数用到的局部变量，最后是调用的子函数参数（最下层的叶子函数不需要参数空间）。在大多数情况下，函数调用时子函数的第一步就是调整栈指针 SP（从父函数栈帧的最低地址调整到子函数栈帧的最低地址），然后在整个子函数活动时间内 SP 保持不变，因此引用局部变量时有一个固定不变的基地址。但是 C 语言运行时库里面可能会提供 alloca() 等函数用于在栈里面分配内存空间，这会导致活动期间 SP 发生变化。在这种情况下，为了方便引用局部变量就会引入 FP；FP 指向当前栈帧的最高地址并且在函数活动期间不发生变化。注意：MIPS 的 ABI 约定优先使用寄存器传递参数，寄存器不够用时才会使用栈传递。但即便如此，栈帧结构里面依旧会给每个参数预留空间，栈帧里面这些不会被使用的参数空间称为影子空间（不管哪种 ABI，

1　在操作系统里面，堆（Heap）和栈（Stack）有着严格的区分，但在有些文献里面把栈称为堆栈。

前 4 个参数一定会通过 A0 ~ A3 寄存器传递，所以栈帧参数空间里面前 4 个一定是影子空间）。

（二）CP0 寄存器

系统控制协处理器（CP0）拥有至少 32 个寄存器。之所以说“至少”，是因为某些编号寄存器包含扩展的子寄存器。龙芯 3A2000（以及更新的处理器）比龙芯 3A1000、3B1000、3B1500 拥有更多的扩展，其概述如表 1-2 所示。

表 1-2　龙芯处理器 CP0 寄存器概览

寄存器编号	子寄存器编号	寄存器名称	功能简介
0	0	Index	TLB 指定索引寄存器
1	0	Random	TLB 随机索引寄存器
2	0	EntryLo0	TLB 表项低位内容中与偶数虚页相关部分
3	0	EntryLo1	TLB 表项低位内容中与奇数虚页相关部分
4	0	Context	包含 32 位模式页表项指针
	2	UserLocal	存放用户信息，允许用户态软件通过 RDHWR 指令读取（龙芯 3A2000 新增）
5	0	PageMask	VTLB 页面大小控制
	1	PageGrain	大物理地址及 RI/XI 控制
	5	PWBase	页表基地址寄存器（龙芯 3A2000 新增）
	6	PWFiled	配置各级页表地址索引位置（龙芯 3A2000 新增）
	7	PWSize	配置各级页表指针大小（龙芯 3A2000 新增）
6	0	Wired	控制 VTLB 中固定项数目
	6	PWCtl	控制多级页表配置（龙芯 3A2000 新增）
7	0	HWREna	RDHWR 指令可访问寄存器使能控制
8	0	BadVAddr	记录最新地址相关异常（TLB 重填、TLB 无效、TLB 修改、非对齐访问等）的出错地址
9	0	Count	处理器时钟计数器
	6	GSEbase	龙芯扩展异常入口基址寄存器（龙芯 3A2000 新增）
	7	PGD	页表指针寄存器（龙芯 3A2000 新增）
10	0	EntryHi	TLB 表项高位内容
11	0	Compare	计时器中断控制
12	0	Status	处理器状态与控制寄存器
	1	IntCtl	中断系统状态与控制寄存器
	2	SRSCtl	影子寄存器状态与控制寄存器
13	0	Cause	存放上一次异常的原因
	5	NestedExc	嵌套异常支持，存放 EXL、ERL（龙芯 3A2000 新增）
14	0	EPC	存放上一次发生异常指令的 PC
	2	NestedPC	嵌套异常支持，存放 PC（龙芯 3A2000 新增）

续表

寄存器编号	子寄存器编号	寄存器名称	功能简介
15	0	PRId	处理器 ID（标识）
	1	EBase	异常入口基址寄存器
16	0	Config0	配置寄存器 0
	1	Config1	配置寄存器 1
	2	Config2	配置寄存器 2
	3	Config3	配置寄存器 3
	4	Config4	配置寄存器 4（龙芯 3A2000 新增）
	5	Config5	配置寄存器 5（龙芯 3A2000 新增）
	6	Config6	配置寄存器 6（龙芯 3A2000 新增，也叫 GSConfig）
17	0	LLAddr	存放 Load-Link（链接加载）指令访问地址
18	0	WatchLo	龙芯未定义
19	0	WatchHi	龙芯未定义
20	0	XContext	包含 64 位模式页表项指针
21	0	保留	龙芯未定义
22	0	Diag	诊断控制寄存器
	1	GSCause	存放上一次龙芯扩展异常的补充信息
23	0	Debug	EJTAG 调试寄存器
24	0	DEPC	存放上一次 EJTAG 调试异常的 PC
25	0-7	PerfCnt0-7	处理器核内部性能计数器访问接口
26	0	ErrCtl	Cache Parity/ECC 校验值寄存器
27	0-1	CacheErr0-1	Cache Parity/ECC 校验状态与控制寄存器
28	0	TagLo	Cache Tag 访问接口低位部分
	1	DataLo	Cache Data 访问接口低位部分
29	0	TagHi	Cache Tag 访问接口高位部分
	1	DataHi	Cache Data 访问接口高位部分
30	0	ErrorEPC	存放上一次发生错误的指令的 PC
31	0	DESAVE	EJTAG 调试异常保存寄存器
	2-7	KScratch1-6	核心态可访问便签寄存器 1~6（龙芯 3A2000 新增，其中 KScratch6 也叫 KPGD，固定用作内核页表基地址寄存器）

对于这些寄存器的具体功能，本章不一一展开，后续章节在必要的时候会专门讲解。

（三）指令集

MIPS 作为一种 RISC 指令集，相对来说是比较精简的，指令名（助记符）也很有规律。下面分类介绍常用指令。

访存指令： LB、LBU、LH、LHU、LW、LWU、LD、SB、SH、SW、SD、LUI、LI、DLI、LA、DLA。

访存指令分为加载指令和存储指令两类，前者是将内存内容读到寄存器，后者是将寄存器内容写入内存。指令名的含义基本上遵循“操作类型—操作位宽—后缀”的规律。操作类型是 L（Load，即加载）或 S（Store，即存储）；操作位宽为 B、H、W 或 D，分别代表 Byte（字节，8 位）、Half-Word（半字，16 位）、Word（字，32 位）、Double-Word（双字，64 位）；后缀 U 表示加载的数是无符号整数，会对高位进行零扩展而不是符号扩展。例如，LHU 表示加载一个 16 位无符号整数到寄存器，对高位部分进行零扩展。

但是，LUI、LI/DLI、LA/DLA 不符合上述规律。LUI 表示加载高半字立即数，即加载一个无符号 16 位立即数并左移 16 位。LI/DLI 是宏指令，作用是加载一个任意 32 位 /64 位立即数到寄存器。LA/DLA 也是宏指令，作用是加载一个符号（变量名或函数名）的 32 位 /64 位地址到寄存器。

计算指令： ADDI、ADDIU、DADDI、DADDIU、ADD、ADDU、DADD、DADDU、SUB、SUBU、DSUB、DSUBU、MULT、DMULT、MULTU、DMULTU、DIV、DDIV、DIVU、DDIVU、MFHI、MTHI、MFLO、MTLO。

计算指令指整数的加减乘除四则运算，指令名的含义基本上遵循“操作位宽—计算类型—后缀”的规律。操作位宽无 D 的表示 32 位操作数，有 D 的表示 64 位操作数；计算类型分加（ADD）、减（SUB）、乘（MULT）、除（DIV）4 种；无后缀的表示两个源操作数都来自寄存器，后缀为 I 的表示一个源操作数来自寄存器而另一个源操作数是立即数，后缀为 U 的表示无符号操作数（实际含义是溢出时不产生异常），后缀 IU 则是 I 后缀和 U 后缀的组合。例如，DADDIU 表示 64 位加法指令，一个加数来自寄存器而另一个加数为立即数，运算溢出时不产生异常。

两个标准字长的操作数做乘法往往会产生双倍字长的结果，比如 32 位操作数乘 32 位操作数的结果可能是 64 位操作数。因此，MIPS 在 32 个通用寄存器之外专门设置了 Hi 寄存器和 Lo 寄存器，分别用来保存乘法运算结果的高位字和低位字。在进行除法运算时，Lo 寄存器保存商，Hi 寄存器保存余数。MFHI/MTHI/MFLO/MTLO 用于在通用寄存器和 Hi/Lo 两个辅助寄存器之间传递数据，MF 指的是 Move From，MT 指的是 Move To。顾名思义，MFHI 就是将 Hi 寄存器中的数据传递到通用寄存器。

逻辑指令： AND、OR、XOR、NOR、ANDI、ORI、XORI。

4 种基本运算：AND 是逻辑与，OR 是逻辑或，XOR 是逻辑异或，NOR 是逻辑或非。无后缀 I 的指令表示两个源操作数都来自寄存器，有后缀 I 的表示一个源操作数来自寄存器而另一个源操作数是立即数。

移位指令： SLL、SRL、SRA、ROTR、SLLV、SRLV、SRAV、ROTRV、DSLL、DSRL、DSRA、DROTR、DSLLV、DSRLV、DSRAV、DROTRV。

4 种 32 位基本操作：SLL 是逻辑左移（低位补充零），SRL 是逻辑右移（高位补充零），SRA 是算术右移（高位补充符号位），ROTR 是循环右移（高位补充从低位移出的部分）。其他的可以以此类推，带 D 前缀的指令是 64 位操作数，无 V 后缀的是固定移位（移位的位数由立即数给出），有 V 后缀的是可变移位（移位的位数由寄存器给出）。

跳转指令： J、JR、JAL、JALR、B、BAL、BEQ、BEQAL、BNE、BNEAL、BLTZ、BLTZAL、BGTZ、BGTZAL、BLEZ、BLEZAL、BGEZ、BGEZAL。

前缀为 J 的指令表示绝对跳转（无条件跳转），跳转目标地址是相对 PC 所在地址段的 256 MB 边界的偏移；前缀为 B 的是相对跳转（有条件跳转，也叫分支指令），跳转目标地址是相对 PC 的偏移。J 类跳转指令里面：无后缀 R 表示目标地址为立即数，有后缀 R 表示跳转目标为寄存器的值；无后缀 AL 表示普通跳转，有后缀 AL 表示链接跳转（自动保存返回地址到 RA 寄存器，用于函数调用）。B 类分支指令里面：EQ 表示跳转条件为相等（Equal），NE 表示跳转条件为不相等（Not Equal），LT 表示跳转条件为小于（Less Than），GT 表示跳转条件为大于（Greater Than），LE 表示跳转条件为小于或等于（Less Than or Equal），GE 表示跳转条件为大于或等于（Greater Than or Equal），AL 后缀表示链接跳转。B 类分支指令里面有一部分是宏指令。例如，BGEZAL 表示若源操作数大于或等于零，就执行相对链接跳转。

协处理器指令： MFC0、MTC0、DMFC0、DMTC0、MFC1、MTC1、DMFC1、DMTC1、MFC2、MTC2、DMFC2、DMTC2。

协处理器指令用于在通用寄存器和协处理器寄存器之间传送数据。MF 表示 Move From，MT 表示 Move To；无前缀 D 的指令表示操作 32 位协处理器寄存器，有前缀 D 的表示操作 64 位协处理器寄存器；后缀 C0 表示协处理器 0，C1 表示协处理器 1，C2 表示协处理器 2。例如，DMFC0 表示从协处理器 0 的 64 位寄存器传递一个数据到通用寄存器。

MMU 相关指令： CACHE（高速缓存维护）、TLBP（TLB 查询）、TLBR（读 TLB 项）、TLBWI（写 TLB 指定项）、TLBWR（写 TLB 随机项）。

特殊指令： SYNC（内存屏障）、SYSCALL（系统调用）、ERET（异常返回）、BREAK（断点）、EI（开中断）、DI（关中断）、NOP（空操作）、WAIT（暂停等待）。

浮点运算指令和龙芯扩展指令在内核中极少使用，此处不予介绍。有关寄存器和指令集的更多信息请参阅 MIPS 架构文档、龙芯处理器手册以及《MIPS 体系结构透视》[1]。

1.1.3 龙芯电脑基本结构

本书讲述的是基于龙芯平台的 Linux 内核，操作系统管理的不仅仅是处理器，而是整个计算机。那么，现在我们来了解一下龙芯电脑的基本结构。

传统的处理器仅仅指的是 CPU 核，而现代的处理器通常包括更多的功能。从处理器结构图（如图 1-2 所示）可以看出，除 4 个 CPU 核以外，龙芯处理器还包括本地私有一级 Cache、共享二级 Cache、两个内存控制器和两个 HT 控制器等重要结构。其中内存控制器用于连接内存，HT0 控制器用于多个处理器芯片互联以构建 CC-NUMA 系统，HT1 控制器用于连接芯片组进而挂接各种外围设备。

龙芯 3 号处理器可以跟多种芯片组搭配，比如 RS690（北桥）+SB600（南桥）、RS780（北桥）+SB700（南桥）、RS880（北桥）+SB800（南桥）、SR5690（北桥）+SP5100（南桥）。以上芯片组都是由美国 AMD 公司出品，互相之间基本保持兼容，故以 RS780 为代表将它们统称为 RS780 机型。除了使用 AMD 芯片组之外，龙芯电脑还可以使用南北桥合一（合在一起称为桥片）的 LS2H 或 LS7A，这两种芯片组都是龙芯中科自产。

在 RS780 机型中，龙芯的外围总线总体上是基于 PCI-Express（以下简称 PCI-E 或 PCIe）的，PCIe 的根节点位于北桥芯片，下面可以挂接 PCIe 显卡（包括北桥内部的集成显卡）、PCIe 声卡、PCIe 网卡等高速设备。南桥芯片内部包含各种低速控制器，如 SATA 控制器、USB 控制器、PCI 控制器等，这些低速控制器本身是 PCIe 设备，其下挂接的则是各种相应的低速设备。使用 RS780 机型的龙芯电脑基本结构如图 1-4 所示。

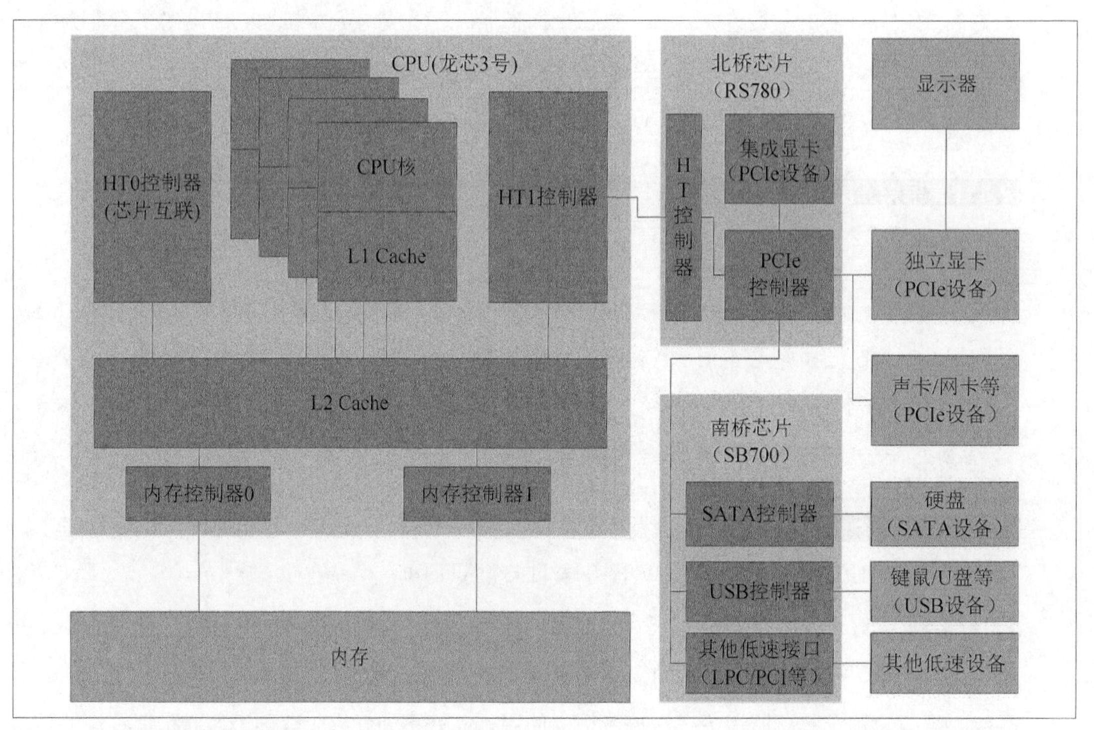

图 1-4 龙芯电脑内部结构框架图（使用 RS780 芯片组）

LS2H 是第一款可以用于龙芯 3 号处理器的国产桥片，内含 CPU 核，因此也可以当 SoC 用（即龙芯 2H）。LS7A 则可以视为 LS2H 的升级改进版本，是第一款专门针对龙芯 3 号处理器设计的国产桥片（去掉了 CPU 核），在功能和性能上有了全面的提升，也是现在使用的主流型号。LS2H/LS7A 机型与 RS780 机型相比没有太大的区别，仅仅是南桥芯片和北桥芯片集成在一起而已。使用 LS2H/LS7A 芯片组的龙芯电脑基本结构如图 1-5 所示。

从图 1-4 和图 1-5 的对比可以看出，除了将南北桥芯片集成在一起之外，LS2H/LS7A 机型允许一些低速设备控制器不通过 PCIe 根，而是直接与 HT 控制器的内部总线相连接。比如在 LS7A 桥片中，RTC 和 I2C 设备直接使用内部总线连接，而 LPC、SPI 等控制器则通过 PCIe 连接。在 Linux 内核中，直接通过内部总线连接的设备叫平台设备（platform device），因此内部总线也叫平台总线（platform bus）。也就是说，在 LS2H/LS7A 机型中，外围设备有 PCIe 总线设备

（简称 PCIe 设备）和平台总线设备（简称平台设备）两大类。

根据 PCIe 总线规范，PCIe 设备运行时是可探测的，因此同一套软件可以不做任何变化地应用于不同外设配置的机器上。然而，平台设备运行时却不可以探测，传统上这类设备只能在内核里面静态声明，因而影响可移植性。为了解决这个问题，现在比较常用的方法是设备树（Device-Tree）。设备树是对一台机器上所有平台设备信息的描述（实际上也可以描述其他类型的设备），集成在 BIOS 中并以启动参数的方式传递给 Linux 内核。如果 BIOS 没有传递设备树信息，则内核可以使用默认的设备树描述。在龙芯平台上，LS2H、LS7A 和 RS780 这 3 种机型的默认设备树描述文件分别是 arch/mips/boot/dts/loongson/loongson3_ls2h.dts、arch/ mips/boot/dts/loongson/loongson3_ls7a.dts 和 arch/mips/boot/dts/loongson/loongson3_rs780.dts。

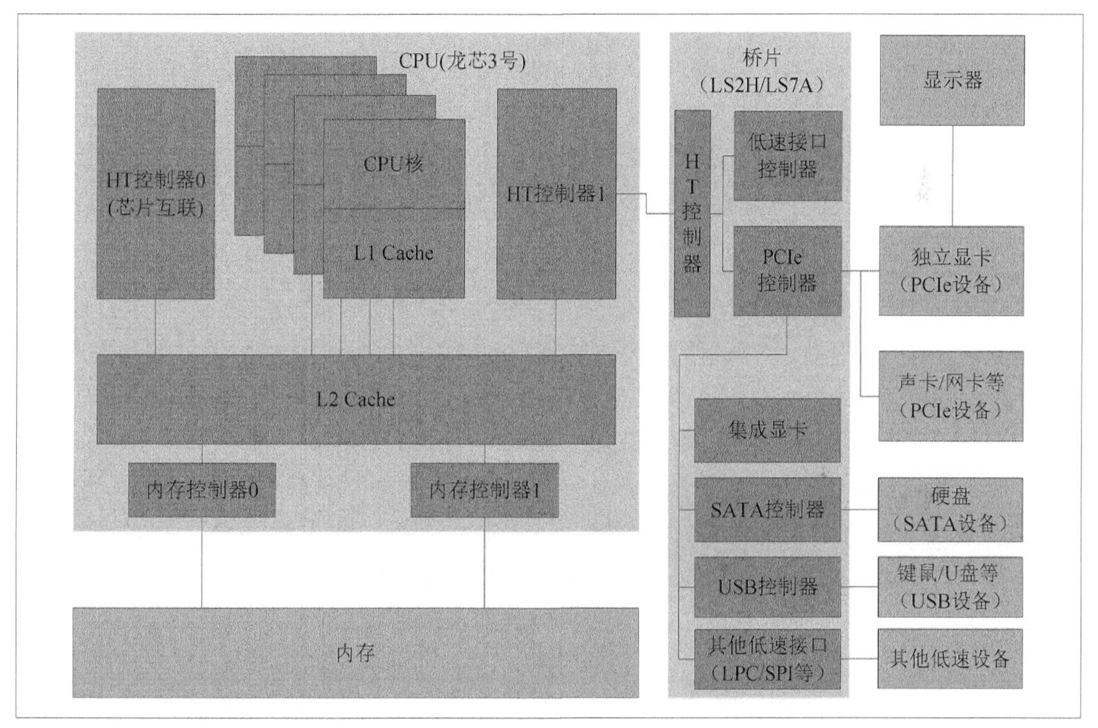

图 1-5　龙芯电脑内部结构框架图（使用 LS2H/LS7A 芯片组）

从龙芯电脑结构框架图（如图 1-4 和图 1-5 所示）中还可以看出，4 个 CPU 核的一级 Cache 与 2 个 HT 控制器一样，都是二级 Cache 的主设备。龙芯处理器在硬件上可以通过目录协议[1]来维护 CPU 核间 Cache 一致性，以及 CPU 核与外设 DMA 之间的 Cache 一致性。这种不需要软件处理一致性问题的设计，大大方便了 Linux 内核的开发者。然而，为了满足一些特殊场合的要求，龙芯平台的 Linux 内核既支持一致性 DMA（由硬件维护 CPU 核与 DMA 之间的一致性），

1　硬件维护一致性的协议主要有两大类：侦听协议和目录协议。其基本方法都是本地 Cache（如一级 Cache）与共享 Cache（如二级 Cache）之间通过消息传递来维护每个 Cache 行的状态机。侦听协议要求每个 CPU 核都随时侦听总线上的消息，通信代价较大。目录协议则让每个 CPU 核负责一个 Cache 目录，每个 Cache 目录对应整个 Cache 里面的一个子集；CPU 核是 Cache 目录的宿主，本地 Cache 传递消息的时候直接发往宿主而不是广播到总线。龙芯使用的目录协议中，Cache 行的状态分三种：INV（无效，表示没有缓存任何数据）、SHD（共享，表示多个本地 Cache 里面都有相同的数据副本，只能读不能写）和 EXC（独占，表示有一个本地 Cache 要写数据，因此其他本地 Cache 中的数据副本都要无效化）。

也支持非一致性 DMA（由软件维护 CPU 核与 DMA 之间的一致性）。注意：这里涉及的一致性是指空间一致性（coherency）而不是时序一致性（consistancy）。空间一致性指多个 Cache 副本之间的一致性，由龙芯 CPU 硬件负责维护；而时序一致性指多个处理器之间访存操作的顺序问题，通常需要软件和硬件协同解决（参考本书附录 A.1 内存屏障一节）。

1.2 Linux 内核简介

Linux 是操作系统大家族中的一名成员。从 20 世纪 90 年代末开始，Linux 变得越来越流行，并跻身于有名的商用 UNIX 操作系统之列。这些 UNIX 系列包括 AT&T 公司（现在由 SCO 公司拥有）开发的 SVR4（System V Release 4），加利福尼亚大学伯克利分校发布的 BSD，DEC 公司（现在属于惠普公司）的 Digital UNIX，IBM 公司的 AIX，惠普公司的 HP-UX，Sun 公司的 Solaris，以及苹果公司的 Mac OS X 等。

1991 年，Linus Torvalds 开发出最初的 Linux，这个操作系统适用于基于 Intel 80386 微处理器的 IBM PC 兼容机。经过多年的发展，Linux 已经可以在许多其他平台上运行，包括 Alpha、Itanium（IA64）、MIPS、ARM、SPARC、MC680x0、PowerPC 以及 zSeries。

Linux 最吸引人的一个优点就在于它是一个自由的操作系统：它的源代码基于 GNU 公共许可证（GNU Public License，GPL），是开放的，任何人都可以获得源代码并研究它；只要得到源代码，就可以深入探究这个成功而又现代的操作系统。Linux 提倡自由、开源、共享，人人为我，我为人人。在 GPL 的号召下，全世界的 Linux 开发者组成了一个虚拟的开源社区。这是一种非常优秀的组织结构，尽管开发者分布在世界各地，但是可以通过源代码和互联网进行高效的无障碍交流。大家既从开源社区获取资源，也把自己的贡献回馈给开源社区。

从技术角度来说，Linux 只是操作系统内核，而不是一个完全的类 UNIX 操作系统，这是因为它不包含全部的 UNIX 应用程序，诸如文件系统实用程序、命令解释器、窗口系统、图形化桌面、系统管理员命令、文本编辑程序、编译开发程序等。以上这些应用程序大部分都可在 GNU 公共许可证下免费获得，因此包含 Linux 内核、基础运行环境（运行时库如 GLibc）、编译环境（如 GCC）、外壳程序（Shell，即命令解释器）和图形操作界面（GUI）的完整操作系统套件被称为 GNU/Linux。尽管如此，在大多数情况下，仍用 Linux 来指代完整的 GNU/Linux。

Linux 内核遵循 IEEE POSIX 标准（POSIX 的全称是 Portable Operating System Interface of UNIX，表示可移植操作系统接口）。它包括现代 UNIX 操作系统的全部特点，如虚拟存储、虚拟文件系统、内核线程、轻量级进程、UNIX 信号量、SVR4 进程间通信、支持内核抢占、对称多处理器系统等。

Linux 内核是一体化内核（或称宏内核）操作系统，宏内核的设计风格是“凡是可以在内核里实现的都在内核里实现”。因此，除了异常 / 中断处理、内存管理和进程管理 3 大基本功能以外，文件系统、设备驱动和网络协议也放在内核层实现。宏内核的优点是内核内部的各种互操作都可以通过函数调用实现，因此性能较好；而缺点是体积较大且理论上健壮性不太好（因为内部耦合性太高）。与宏内核相对的是微内核，常见的实现是 GNU Hurd，其设计风格是“凡是可以不在内核里实现的都不在内核里实现”，因此很多功能子系统被设计成了一种服务（进程）。微内核的优点是体积较小且理论上更健壮（因为内核本身的功能较少，不容易出错）；而缺点是操作系统的大量互操作都依赖于进程间通信（Inter-Process Communication，IPC），因此性能较差。微内核虽然把一些内核的核心功能剥离到了服务进程中，但重要的服务崩溃后实际上跟内核崩溃类似，因为整个系统也同样处于一个基本不可用的状态。Linux 虽然是宏内核，但是也吸收了一些微内核的优点，比如从 1.0 版本开始就可以通过模块化（将一些非核心的功能设计成可以运行时动态加载 / 卸载的内核模块）来减少内核核心部分的体积。

1.2.1 Linux 内核发展简史

Linux 内核从最初发布的 0.01 版本到本书所使用的 5.4.x 版本，经历了“史前时代”“奇偶时代”“快速演进时代”和“极速演进时代”4 个阶段，如图 1-6 所示。

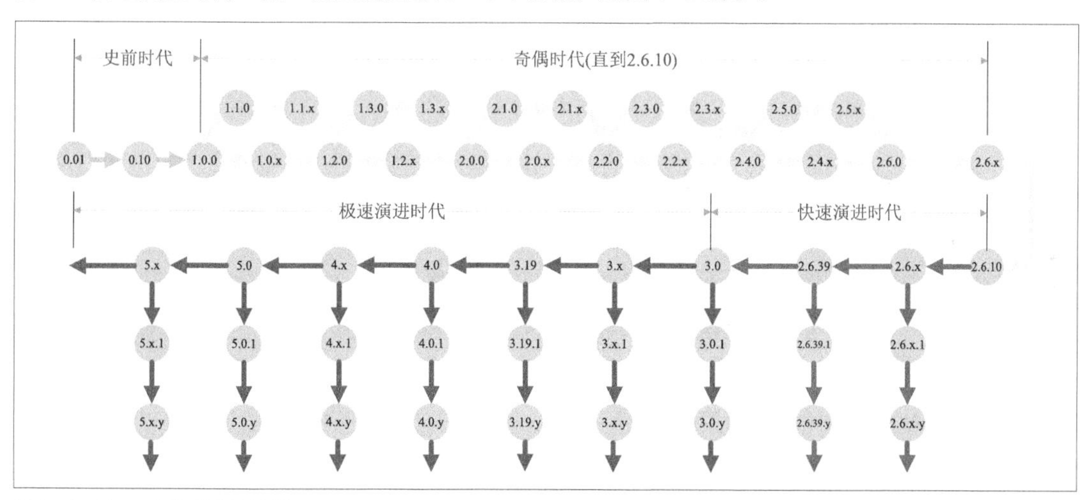

图 1-6　Linux 内核版本演进图

（一）史前时代（0.01~1.0）

版本更迭过程为 0.01 → 0.02 → 0.10 → 0.11 → 0.12 → 0.95 → 0.96 → 0.97.x → 0.98.x → 0.99.x → 1.0.0，其中重要的版本如下。

- 0.01：第一个版本。
- 0.02：第一个公开发布的版本。
- 0.11：《Linux 内核完全注释》使用的版本。

（二）奇偶时代（1.0.0~2.6.10）

这个时期的版本号用“a.b.c”表示，其中 a 为主版本号，b 为次版本号，c 为修订号。版本号变更的原则是，发生重大改变时升级主版本号，发生非重大改变时升级次版本号；次版本号为奇数表示开发版，次版本号为偶数表示稳定版；稳定版和开发版在修订号上各自升级演进，开发版达到稳定状态时，发布下一个稳定版。比如 1.0.x 在尽量不引入新功能的前提下不断升级；同时 1.1.x 在不断开发新功能的状态下不断升级，当 1.1.x 开发到足够稳定时，转变成 1.2.x 成为稳定版；同时新的开发版 1.3.x 诞生……

稳定版包括 1.0.x、1.2.x、2.0.x、2.2.x、2.4.x、2.6.x；开发版包括 1.1.x、1.3.x、2.1.x、2.3.x、2.5.x，其中重要的版本如下。

○ 1.0.0：第一个正式版本，支持模块化，支持网络。
○ 1.2.0：开始支持非 X86 架构。
○ 2.0.0：开始支持对称多处理（SMP）。
○ 2.2.0：开始被各种发行版大规模应用。
○ 2.4.5：开始有“中国制造”的代码（如 LVS 等）。
○ 2.4.18：《深入理解 Linux 内核（第 2 版）》使用的版本。
○ 2.6.0：开始声名响彻天下。完全可抢占，O（1）调度器，SYSFS，X86_64 支持，NUMA 支持，NPTL 支持……

（三）快速演进时代（2.6.11 ~ 2.6.39）

从 2.6.11 开始，Linux 内核界发生了两件大事：第一件大事是抛弃了 BitKeeper，转而开始用 Git 管理源代码；第二件大事是抛弃了奇偶版本法，转而使用“a.b.c.d”表示版本号，其中 a 为主版本号，b 为次版本号，c 为主修订号，d 为次修订号。主修订号 c 的升级既包括新特性引入，也包括缺陷修订（Bugfix），次修订号 d 的升级只包括缺陷修订。

这个阶段开发速度加快，版本号即便 c 段相邻，差别也很大。在奇偶时代，2.4.5 和 2.4.6 的差异不是很大；而在快速演进时代，2.6.36 和 2.6.37 的差别会非常大，甚至与 2.4.x 和 2.5.x 之间的差异相当。

在演进如此迅速的时代，如果继续采用奇偶版本法会有什么问题？首先，2.7 版本开发持续时间会很长，不到 2.8 版本发布时，2.7 版本加入的新特性无法得到利用。其次，2.7 版本新特性同样很难后向移植（backport）到 2.6 版本，因为代码差异太大。

这个阶段的重要版本如下。

○ 2.6.11.0：《深入理解 Linux 内核（第 3 版）》使用的版本。
○ 2.6.20.0：开始支持 KVM 虚拟化技术。
○ 2.6.23.0：开始支持龙芯 2E，引入 CFS 调度器，缺省使用 SLUB 内存分配器。
○ 2.6.24.0：i386 和 X86_64 合并成 X86 架构。
○ 2.6.33.0：开始支持龙芯 2F，在 MIPS 系列处理器上支持内核压缩。
○ 2.6.38.0：引入 AutoGroup 机制，大幅提升桌面应用体验，引入透明巨页（THP）。

（四）极速演进时代（3.0 ~ 5.x）

在快速演进阶段，内核版本号的 a.b 一直保持为 2.6 没变，完全可以合二为一。与此同时，参与 Linux 内核开发的个人与单位越来越多，Linux 内核发展开始进入极速演进时代。在这个阶段，版本号回归“a.b.c”表示法，其中 a 为主版本号，b 为次版本号，c 为修订号。在含义上，新的 a 相当于之前（快速演进时代）的 a.b，新的 b 相当于之前的 c，新的 c 相当于之前的 d。次版本号 b 的升级既包括新特性引入，也包括缺陷修订，修订号 c 的升级只包括缺陷修订。关于每个版本的 Linux 内核都引入了什么新功能，可以参考本书附录 B 或者准官方的内核发行概述。

这个阶段的重要版本如下。

- 3.6.0：开始支持龙芯 1 号。
- 3.8.0：引入调度实体负载跟踪机制（PELT），MIPS 系列处理器开始支持透明巨页。
- 3.10.0：Radeon 系列显卡开始支持高清视频解码（UVD）。
- 3.13.0：NUMA 调度性能大幅度改进。
- 3.14.0：MIPS 系列处理器开始支持 FP64/O32。
- 3.15.0：开始支持龙芯 3A1000，开始支持 MIPS 向量扩展（MSA）。
- 3.16.0：开始引入快速排队读写锁（qrwlock）。
- 3.17.0：开始支持龙芯 3B1500，开始支持 MIPS 硬件页表遍历器（HTW）。
- 3.18.0：开始支持用 GCC5 编译内核。
- 4.0.0：开始支持在线补丁（LivePatching）和内核地址净化器（KASan）。
- 4.2.0：开始引入快速排队自旋锁（qspinlock），代码量达到 2000 万行。
- 4.5.0：MIPS 开始支持 IEEE754-2008 标准，引入 CGroup_V2。
- 4.7.0：开始支持龙芯 3A2000，MIPS 开始支持可变长 ASID、48 位虚拟地址空间、可重定位内核和内核地址空间布局随机化（KASLR），CPUFreq 增加 schedutil 策略。
- 4.8.0：开始支持龙芯 1C，完善支持软件 MIPS KVM，内存页回收从基于管理区重构为基于 NUMA 节点。
- 4.9.0：MIPS 开始引入通用内核，引入 TCP 拥塞控制算法 BBR。
- 4.12.0：MIPS 支持 48 位虚拟地址空间和硬件虚拟化（KVM/VZ），在线补丁使用每进程一致性模型（原来是全局一致性模型）。
- 4.13.0：开始支持龙芯 3A3000，MIPS 开始支持自旋锁 / 读写锁。
- 4.15.0：开始支持 RISC-V，X86 引入 KPTI（对付 Meltdown 漏洞）和 Retpoline（对付 Spectre 漏洞）。
- 5.0.0：调度器引入 EAS（节能感知）特征，块设备层全面切换到多队列模型（blk-mq），AMDGPU 显卡驱动支持 FreeSync，全面支持零拷贝网络。

1.2.2 Linux 内核的开发模式

目前，Linux 内核开发处于极速演进时代。在代码仓库管理上，有主线仓库（Mainline）、稳定仓库（Stable）、未来仓库（Linux-next）和子系统仓库（Subsystem，如 Linux-mips）4 大类，其关系如图 1-7 所示。

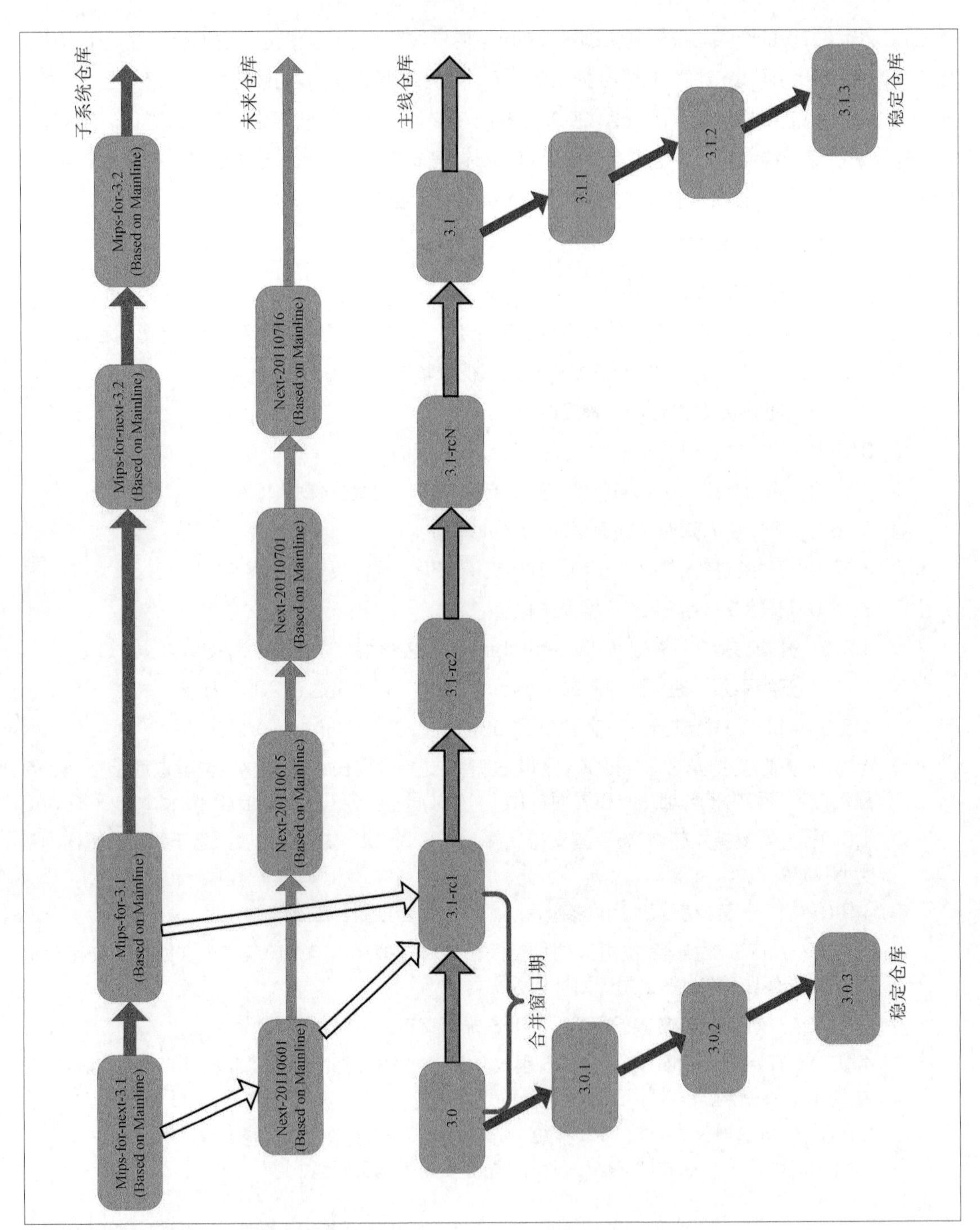

图 1-7　Linux 内核的 4 类代码仓库及其关系

绝大多数开发者贡献的代码首先要接受子系统仓库管理员（Maintainer）的审核，才能进入某个特定的子系统仓库；在进入子系统仓库以后，未来仓库会进行二次审核；二次审核通过以后，将进入主线仓库（偶尔也有跳过未来仓库，从子系统仓库直接进入主线仓库的情况）。可以说，代码进入子系统仓库才仅仅处于 Alpha 状态；进入未来仓库才算达到 Beta 状态；如果进入了主线仓库，就相当于达到 RC 状态或者 Final 状态，算是被官方采纳了。通过这种多层次的严格审核，Linux

内核的代码质量得到了极大的保障。

下面分别介绍这 4 类代码仓库。

（一）主线仓库

主线仓库是最重要的仓库，其升级规则是在次版本号上面升级演进，两个正式版之间会发布若干个候选版（RC 版），如 3.0 → 3.1-rc1 → 3.1-rcN → 3.1 → 3.2-rc1 → ……

某一个正式版和下一个候选版之间的时期叫作合并窗口期，比如 3.0 和 3.1-rc1 之间就是 3.1 的合并窗口期。只有在合并窗口期才允许增加新特性，其他阶段只允许缺陷修订。也就是说，如果开发者想让某个新特性进入 3.1 内核，那么必须保证在 3.1-rc1 之前进入，否则就只能等待 3.2 的合并窗口期了。主线仓库的管理员及对应的仓库地址如下。

管理员：Linus Torvalds

Git 仓库地址：git://git.kernel.org/pub/scm/linux/kernel/git/torvalds/linux.git

（二）稳定仓库

稳定仓库基于主线仓库的正式版产生，在修订号上面升级演进，如 3.0.x 分支和 3.1.x 分支在稳定仓库中的版本演进关系分别为 3.0 → 3.0.1 → 3.0.2 → 3.0.3 → 3.0.N → ……和 3.1 → 3.1.1 → 3.1.2 → 3.1.3 → 3.1.N → ……

稳定仓库的代码变更全都是缺陷修订，不引入新的特征，其管理员及对应的仓库地址如下。

管理员：Greg Kroah-Hartman 等

Git 仓库地址：git://git.kernel.org/pub/scm/linux/kernel/git/stable/linux-stable.git

（三）未来仓库

未来仓库的前身为 Andrew Morton 维护的 Linux-mm。代码变更在进入下一版主线仓库之前先到达这里，如果说主线仓库在功能上类似于奇偶时代的偶数版本（稳定版）的话，那么未来仓库在功能上就类似于奇偶时代的奇数版本（开发版）。未来仓库的版本命名规则是日期，如 Next-20151212。未来仓库会不定期合并主线仓库的代码，将其作为新一轮添加特性的基础（Base）代码。未来仓库的管理员及对应的仓库地址如下。

管理员：Stephen Rothwell

Git 仓库地址：git://git.kernel.org/pub/scm/linux/kernel/git/next/linux-next.git

（四）子系统仓库

子系统仓库为数众多，一般按体系结构（arch）、驱动类型（drivers）进行分类。龙芯内核开发者比较关心的子系统仓库主要是以下两个。

- MIPS 子系统：管理员为 Ralf Baechle
  Git 仓库地址：git://git.kernel.org/pub/scm/linux/kernel/git/ralf/linux.git
- GPU 子系统：管理员为 David Airlie
  Git 仓库地址：git://people.freedesktop.org/~airlied/linux

和未来仓库一样，子系统仓库会不定期合并主线仓库的代码，将其作为新一轮添加特性的基础代码。

内核根目录的 MAINTAINERS 文件会列出所有的现任管理员及其相关信息，比如 MIPS 架构下面龙芯相关的 3 个子架构（即龙芯 1 号、龙芯 2 号和龙芯 3 号）的管理员信息如下。

```
MIPS/LOONGSON1 ARCHITECTURE
M:      Keguang Zhang <keguang.zhang@gmail.com>
L:      linux-mips@vger.kernel.org
S:      Maintained
F:      arch/mips/loongson32/
F:      arch/mips/include/asm/mach-loongson32/
F:      drivers/*/*loongson1*
F:      drivers/*/*/*loongson1*
MIPS/LOONGSON2 ARCHITECTURE
M:      Jiaxun Yang <jiaxun.yang@flygoat.com>
L:      linux-mips@vger.kernel.org
S:      Maintained
F:      arch/mips/loongson64/fuloong-2e/
F:      arch/mips/loongson64/lemote-2f/
F:      arch/mips/include/asm/mach-loongson64/
F:      drivers/*/*loongson2*
F:      drivers/*/*/*loongson2*
MIPS/LOONGSON3 ARCHITECTURE
M:      Huacai Chen <chenhc@lemote.com>
L:      linux-mips@vger.kernel.org
S:      Maintained
F:      arch/mips/loongson64/
F:      arch/mips/include/asm/mach-loongson64/
F:      drivers/platform/mips/cpu_hwmon.c
F:      drivers/*/*loongson3*
F:      drivers/*/*/*loongson3*
```

MAINTAINERS 文件中包含一个个子架构的条目。每个条目的开头第一行是关于子架构的描述，比如，龙芯 1 号的 MIPS/LOONGSON1 ARCHITECTURE、龙芯 2 号的 MIPS/LOONGSON2 ARCHITECTURE 和龙芯 3 号的 MIPS/LOONGSON3 ARCHITECTURE。M 开头的行是管理员的姓名和电子邮箱，龙芯 1 号的管理员是张科广，龙芯 2 号的管理员是杨嘉勋，这两位都是开源社区的龙芯爱好者，而龙芯 3 号的管理员就是笔者（陈华才）。L 开头的行是该子架构用于开发交流的邮件列表；S 开头的行是该子架构的维护状态；F 开头的行是该子架构涉及的主要源代码文件的路径。

1.2.3 关于长期维护稳定版本

所谓的长期维护稳定（Long Term Stable，LTS）版本，实际上是一种特殊的稳定（Stable）版本。Stable 版本的缺陷修订实际上是主线版本中缺陷修订的后向移植。普通的 Stable 版本的维护时间为 3 个月左右，因此当主线仓库中下一版的正式版发布，上一版的 Stable 分支就不再继续升级（End Of Life，EOL）。而 LTS 版本的维护时间为 2 年左右，也可能更长。同时维护的 LTS 版本为 5 个左右，当一个新的 LTS 版本被选中时，一般最老的 LTS 版本就不再继续升级（EOL）。

Linux 内核官方选择长期维护稳定版本的依据大致有几点：具有里程碑意义（如 3.0），过去一段时间内引入的新特性的集大成者，或者被 Redhat、Debian 等著名发行版采用的版本。曾经被选为长期维护稳定版本的内核有 2.6.16.x、2.6.27.x、2.6.32.x、2.6.33.x、2.6.34.x、2.6.35.x、3.0.x、3.2.x、3.4.x、3.10.x、3.12.x、3.14.x、3.16.x、3.18.x、4.1.x、4.4.x、4.9.x、4.14.x、4.19.x 和 5.4.x。

1.2.4 龙芯的内核版本选型

上一小节所提到的长期维护稳定版本是指 Linux 内核官方的版本选型。通常 Linux 操作系统发行商和 CPU 生产商也会提供自己主导开发的长期维护版本，厂商的选型与官方的选型可能相同也可能不同。龙芯的 Linux 内核开发主要由龙芯中科与航天龙梦两家单位主导，而龙芯相关的内核代码是随着时间的推移逐步融入 Linux 官方的。即便是官方的 5.4.x 版本，也并未全部采纳龙芯相关的内核代码，因此官方内核尚不能完美支持龙芯。为了满足各种不同的需求，龙芯中科与航天龙梦提供了多个完全支持龙芯的长期维护稳定版本，包括 2.6.32.x、2.6.36.x、3.4.x、3.5.x、3.6.x、3.8.x、3.10.x、3.16.x、4.1.x、4.4.x、4.9.x、4.14.x、4.19.x 和 5.4.x。自 3.10.x 以来的所有官方 LTS 版本几乎都在此列。

龙芯选择长期维护稳定版本时有两种主要思路：一种是基于官方 Linux 内核（也称 Vanilla Kernel，香草内核），另一种是基于 RHEL（RedHat Enterprise Linux，即红帽企业版 Linux，应用最广泛的 Linux 发行版之一）。经过多年的开发实践，现在笔者和龙芯开源社区都倾向于选择官方 Linux 内核，因为官方内核是“内部完全自洽”的，而红帽企业版 Linux 是“内部部分自洽”的。

那么如何理解“内部完全自洽”和“内部部分自洽”呢？众所周知，Linux 内核源代码大致包括体系结构部分（arch），公共部分（common，包括 scheduler、mm、fs 等）和设备驱动（driver）。而 arch 细分又包括 X86、ARM、MIPS、PowerPC 等众多架构。官方内核的各种 arch、各种 driver 以及 public 的任意组合都是能正常工作的，称为“内部完全自洽”；而红帽企业版 Linux 主要为 X86 定制优化，从官方内核引入某一版本（如 3.10.0）的基础代码之后，会大规模引入后向移植，因此红帽企业版 Linux 对于 X86 来说是自洽的，但对非 X86 的 MIPS 等架构来说是严重不自洽的。

我们可以通过内核版本（KernelVersion）、后向移植（Backport）与 KernelLevel 等几个概念来更清楚地描述这个自洽问题。

官方内核有清晰的内核版本演进策略。比如目前使用 a.b.c 版本号结构，a 和 b 是大版本演进，一边加入新功能，一边修复缺陷；c 是稳定性演进，只修复缺陷。例如，4.2.0 版会在 4.1.0 版的基础上增加新功能，同时修复缺陷；而 4.1.1 版只是在 4.1.0 版的基础上修复缺陷。因此，每当一个大版本发布（a 或者 b 的升级），就会产生新的分支进入稳定通道（只升级 c），4.1.x 和 4.2.x 是不同的稳定分支。其中一部分稳定分支会作为官方的LTS 分支，如前面提到的 4.1.x、4.4.x、4.9.x、4.14.x、4.19.x 及 5.4.x。其他如 4.2.x、4.3.x 只是普通的稳定分支，而官方主线分支本书写作时已经升级到了 5.5-rc1。

官方内核和红帽企业版 Linux 都会做后向移植，但官方内核的后向移植是全范围的修复缺陷，而红帽企业版 Linux 的后向移植是选择性地加入新功能和修复缺陷。这正是“内部完全自洽”与“内部部分自洽”问题的根源：红帽企业版 Linux 对 X86 和 driver 有大量的后向移植（尤其是有大量的新功能 ），对 MIPS 几乎没有后向移植（连修复缺陷都没有）；导致红帽企业版 Linux 在 X86 架构上自洽，而在 MIPS 架构上不自洽。

我们以官方内核作为标杆，将任意内核源代码中某个子系统的版本状态定义成 KernelLevel。那么上述问题用 KernelLevel 量化一下就更容易理解了。

- 官方 3.10.0 内核：ArchLevel=X86Level=MIPSLevel=3.10，CommonLevel=3.10，DriverLevel=3.10，PatchLevel=0。
- 官方 3.10.108 内核：ArchLevel=X86Level=MIPSLevel=3.10，CommonLevel=3.10，DriverLevel=3.10，PatchLevel=108。
- 官方 4.14.0 内核：ArchLevel=X86Level=MIPSLevel=4.14，CommonLevel=4.14，DriverLevel=4.14，PatchLevel=0。
- 官方 4.14.120 内核：ArchLevel=X86Level=MIPSLevel=4.14，CommonLevel=4.14，DriverLevel=4.14，PatchLevel=120。
- 红帽 3.10.0 内核：ArchLevel=Undefined（其中 X86Level ≈ 4.0，MIPSLevel= 3.10），CommonLevel ≈ 3.18，DriverLevel ≈ 4.2，PatchLevel=Undefined（X86 相关部分与 X86Level 基本一致）。

当内核中几个主要部分的 KernelLevel 完全相同时，即 ArchLevel=CommonLevel=DriverLevel，我们称为内部完全自洽。当 ArchLevel 中各个架构的 KernelLevel 互不一致，但其中某个架构的 KernelLevel 与 CommonLevel 或 DriverLevel 保持一致或基本一致时，我们称为针对某架构的内部部分自洽。PatchLevel 越高，代表在该分支里面越稳定（因为缺陷修订越全面）。

因此我们可以得出以下几个结论。

1. 所有版本的官方内核均内部完全自洽。

2. 同一个稳定分支的官方内核，版本号第三位越高越稳定。

3. 红帽 3.10.0 内核对 X86 自洽并且基本相当于官方 4.0 版本（特指 RHEL7.2 的标配内核，因为随着 RHEL 的升级，红帽企业版 Linux 的 KernelLevel 还会继续发生改变），对 MIPS 完全不自洽（甚至都无法顺利编译）。

龙芯长期维护的 Linux 内核应当如何选型的答案是显而易见的：官方内核。选择官方内核的优点是更好的内部完全自洽，也就更加稳定可靠，适配更容易；其缺点是相比于同一个标称版本的红帽企业版 Linux，驱动比较旧，支持的设备比较少。然而，选择官方内核是利大于弊的，并且我们可以采用以下几种同时维护多个内核版本的方法。

1. 龙芯在确实需要 3.10.x 内核的时候，可以选择基于最稳定版本的官方内核 3.10.108。

2. 龙芯在需要支持各种新功能和新设备时，可以选择基于新稳定版本的官方内核，如 4.14.x 或者 4.19.x。

3. 龙芯由于特殊情况需要 3.10.x 内核但又想支持个别新设备时，可以选择基于最稳定版本的官方内核 3.10.108，通过仔细查看官方内核的 Git 历史记录然后针对特定设备做后向移植（万万不可采取从新版本内核中批量复制目录的方法）。

4. 龙芯如果既想要大规模支持各种新功能和新设备，又想维持 3.10.x 主版本号不变的印象时，可以直接选择新版本的官方内核，如 4.14.x 或者 4.19.x，然后通过修改 Makefile 伪装成 3.10.x（就跟 RHEL 标称的 3.10.0 内核一样，只是给用户制造了一个 3.10.0 的假象，其内容根本不是 3.10.0）。

方法 1 和方法 2 是自然而然的，是大多数情况下的正确选择；而方法 3 和方法 4 是特殊情况下的特殊选择。方法 3 对内核开发人员的技能要求比较高，但是这种移植的工作量是值得的，开发人员可以更深刻地掌握设备驱动；即便移植得不够完美，其影响也是“有界”的，而选择红帽企业版 Linux 所导致内部不自洽的隐患则是“无界”的。方法 4 看似不合理其实很合理，因为该方法的本质跟红帽企业版 Linux 一样是“旧瓶装新酒”，但这新酒是内部完全自洽的新酒，是“红帽思路”的最佳替代方案。

为什么方法 3 要强调万万不可从新版本内核中批量复制目录呢？因为这不是正规的内核开发方法，而是导致内部不自洽的罪魁祸首。如果在龙芯上采用红帽企业版 Linux，则会导致更大范围的内部不自洽。不自洽的隐患很大，隐藏的问题也未必会马上体现出来；而一旦出现问题时，要指出“何处不自洽”并不容易（因为内核源代码规模庞大，问题通常隐藏得比较深）。除非是内核领域拥有极高造诣的开发人员，否则是难以快速定位的。这就好比：除非是领域内的顶尖高手，否则贸然使用转基因技术是很容易出问题的，出现问题后要一个普通人立即指出转基因技术导致了什么问题也是不现实的。

> **注意：**
> 红帽是一家伟大的公司，红帽的内核也是基于官方内核开发和优化的，在 X86 平台上运行良好。本书没有任何批评红帽企业版 Linux 的意思，只是分析了为什么红帽的内核不适宜作为龙芯的基础内核。相反，红帽开发和维护 Linux 内核的方法和成功经验是非常值得龙芯学习的。

1.3 如何高效阅读代码

阅读软件源代码是每个开发者的必由之路，尤其是内核开发者。因为内核开发在很大程度上并不是重新发明“轮子”，而是深入理解并尽量复用现有的内核设计框架，然后参照相似的功能模块去添加或改写某项需要的功能。在对内核整体框架以及某些子系统融会贯通以后，我们才有可能站在巨人的肩膀上去改进框架本身，实现自主创新。如果过分强调不必要的“自主创新”，可能会让内核的可维护性变差，最终结果反而得不偿失。以作者的个人经验，阅读代码与编写代码的时间大概是6 : 4。

如何高效阅读代码是一个因人而异并且因地制宜的问题。本书在这里给出一种阅读代码的方法，虽然不一定适合每一个人和每一种情况，但是极具参考价值。并且，本书绝大部分代码解析都根据本节所述的方法进行了适当的精简，以方便读者阅读和理解。

自由软件的开发与商业软件相比，有一个很大的不同就是文档相对缺乏。但同时有一种说法叫作“代码就是最好的文档”——只要你愿意，没有什么是学不会的。那么，像 Linux 内核这样动辄上千万行代码的浩大工程，该如何读懂，又从哪里读起呢?

本书建议用“广度优先”的方式阅读代码，具体来说，当我们阅读一个函数的时候，先看看这个函数整体上一步一步在完成什么工作，等基本掌握要领以后，再逐个去了解其调用的子函数；而不建议使用“深度优先”方法，一上来就把第一个子函数以及子函数的子函数弄清楚。代码好比一棵树，“广度优先”就是说要先找到主干，然后搞清楚主干上有几根树枝，再去某条感兴趣的树枝上寻找有意义的叶子；而“深度优先”则是随便碰到一根树枝，就赶紧深入进去把所有的叶子给找出来。“广度优先”会让你有一种“会当凌绝顶，一览众山小”的自信；而“深度优先”会让你有一种“不识庐山真面目，只缘身在此山中”的迷茫。

本书基于“广度优先”的大原则，提供一种“三部曲”的具体实现方法: 找准入口点，理清主脉络，顾名思义看功能。另外，在内核的开发过程中除了原始的源代码还有可能会碰到代码补丁，因此本章在“三部曲”之后专门使用一个小节来介绍补丁文件。

下面我们先进一步细述“三部曲”。

1.3.1 找准入口点

“三部曲”的第一步是找准入口点。本书是一本讲述 Linux 内核的书，而 Linux 内核基本上由 C 语言和汇编语言组成。在 C 语言里面，应用程序的入口点是 main() 函数，其实内核也是比较类似的。以相对独立的内核模块为例，在绝大多数情况下，如果模块的名字是 modname，那么模块的入口函数就是 modname_init()。万一不是，可以在相关文件目录里面搜索 module_init，因为模块入口一般会用 module_init(mod_entry) 或者类似的方式进行声明（这里 mod_entry 指的是模块的入口函数名字）。

那么内核本身的入口又在哪里呢? 凭直觉，凭经验，它总会跟 start、init、entry 之类的词汇有些关联。初始入口（第一入口）是体系结构相关的，在汇编语言代码里面；而通用入口（第二入口）是体系结构无关的，在 C 语言里面实际上就是 init/main.c 里面的 start_kernel()。顺便说一下，包括龙芯在内的所有 MIPS 处理器，初始入口都是 arch/mips/ kernel/head.S 里面的 kernel_entry。CPU 执行的第一条内核指令就在初始入口 kernel_entry，而 kernel_entry 之后的代码在完成与体系结构高度相关的初始化以后，会跳转到通用入口 start_kernel() 执行。

1.3.2 理清主脉络

“三部曲”的第二步是理清主脉络。这一步的原则是“去粗取精”，去掉没用的，留下有用的。眼不见为净，影响阅读的内容直接删除。当然了，我们并不是建议在原始代码库中直接删除，而是建议一边看代码一边做笔记，先把函数复制到笔记里面，然后再根据需要逐步删除，直到留下主脉络。

那么什么叫“有用的”，什么叫“没用的”？既然已经进入了内核源代码库，当然每一句都是有用的，这里所说的有用或没用，仅仅指的是对理解主脉络有利还是不利。而“有利”或者“不利”又是分为多个层次的。

1. 代码 vs. 注释

注释是非常有用的，可以帮助我们理解代码。但是注释在很大程度上是用于了解细节的，而在对主脉络的了解上面，其用处不大。所以，首先考虑去掉注释，包括“//…”和“/*…*/”格式的直接注释，以及“#if 0 … #endif”格式的条件汇编。

2. 程序流程 vs. 变量声明

去掉注释以后，纯粹的代码会变得清爽很多。但是如果代码依旧十分复杂，影响阅读，那么就可以删除一些变量声明和简单的初始化赋值语句，留下重要的程序流程。

3. 功能语句 vs. 调试语句

如果到了这里主脉络依旧不是十分清晰，那么可以开始考虑去掉各种调试和打印语句，比如printf()、printk()、debug()。

4. 正常流程 vs. 异常流程

异常处理是程序健壮性必不可少的部分，但是如果异常处理本身的代码过于复杂，那它势必会影响可读性。因此在必要的时候，为了方便阅读，可以去掉返回值检查，如 try-catch 中的 catch 子句等。

5. 常见路径 vs. 罕见路径

通常情况下，代码精简到这一步就已经比较容易理解了。但如果有必要，可以对 switch-case、if-else 等结构进行处理，只保留最常见的一种情况。

下面举一个实际的例子，代码来源是 GXemul。它是一个模拟 MIPS（包括龙芯）机器的模拟器软件，代码入口为 main()。相比于 Linux 内核的庞大复杂，GXemul 是一个设计精巧的应用程序，非常适合用来举例说明。

```
int main(int argc, char *argv[])
{
    /*  Setting constants:  */
    const int constant_yes = 1;
    const int constant_true = 1;
```

```
const int constant_no = 0;
const int constant_false = 0;
struct emul **emuls;
char **diskimages = NULL;
int n_diskimages = 0;
int n_emuls;
int i;
progname = argv[0];
/*  Initialize all emulator subsystems:  */
console_init();
cpu_init();
device_init();
machine_init();
timer_init();
useremul_init();
emuls = malloc(sizeof(struct emul *));
if(emuls == NULL){
    fprintf(stderr, "out of memory\n");
    exit(1);
}
/*  Allocate space for a simple emul setup:  */
n_emuls = 1;
emuls[0] = emul_new(NULL);
if(emuls[0] == NULL){
    fprintf(stderr, "out of memory\n");
    exit(1);
}
get_cmd_args(argc, argv, emuls[0], &diskimages, &n_diskimages);
if(!skip_srandom_call){
    struct timeval tv;
    gettimeofday(&tv, NULL);
    srandom(tv.tv_sec ^ getpid()^ tv.tv_usec);
}
/*  Print startup message:  */
debug("GXemul");
debug("    Copyright(C)2003-2006  Anders Gavare\n");
debug("Read the source code and/or documentation for other Copyright messages.\n\n");
if(emuls[0]->machines[0]->machine_type == MACHINE_NONE){
```

```
        n_emuls --;
    } else {
        for(i=0; i<n_diskimages; i++)diskimage_add(emuls[0]->machines[0], diskimages[i]);
    }
    /*  Simple initialization, from command line arguments:  */
    if(n_emuls > 0){
        /*  Make sure that there are no configuration files as well:  */
        for(i=1; i<argc; i++)
            if(argv[i][0] == '@'){
                fprintf(stderr, "You can either start one "
                    "emulation with one machine directly from "
                    "the command\nline, or start one or more "
                    "emulations using configuration files."
                    " Not both.\n");
                exit(1);
            }
        /*  Initialize one emul:  */
        emul_simple_init(emuls[0]);
    }
    /*  Initialize emulations from config files:  */
    for(i=1; i<argc; i++){
        if(argv[i][0] == '@'){
            char tmpstr[50];
            char *s = argv[i] + 1;
            if(strlen(s)== 0 && i+1 < argc && argv[i+1][0] != '@'){
                i++;
                s = argv[i];
            }
            n_emuls ++;
            emuls = realloc(emuls, sizeof(struct emul *)* n_emuls);
            if(emuls == NULL){
                fprintf(stderr, "out of memory\n");
                exit(1);
            }
            /*  Always allow slave xterms when using multiple emulations:  */
            console_allow_slaves(1);
            /*  Destroy the temporary emuls[0], since it will be overwritten:  */
```

```
                if(n_emuls == 1){
                    emul_destroy(emuls[0]);
                }
                emuls[n_emuls - 1] = emul_create_from_configfile(s);
                snprintf(tmpstr, sizeof(tmpstr), "emul[%i]", n_emuls-1);
            }
        }
        if(n_emuls == 0){
            fprintf(stderr, "No emulations defined. Maybe you forgot to "
                "use -E xx and/or -e yy, to specify\nthe machine type."
                " For example:\n\n    %s -e 3max -d disk.img\n\n"
                "to boot an emulated DECstation 5000/200 with a disk "
                "image.\n", progname);
            exit(1);
        }
    device_set_exit_on_error(0);
    console_warn_if_slaves_are_needed(1);
    /*  Run all emulations:  */
    emul_run(emuls, n_emuls);
    /*
     *  Deinitialize everything:
     */
    console_deinit();
    for(i=0; i<n_emuls; i++)emul_destroy(emuls[i]);
    return 0;
}
```

这是一个长达 106 行代码的函数，根据精简原则，我们首先去掉其中的注释（在上述代码中使用粗体标注的部分）。去掉注释后还剩下面 92 行代码。

```
int main(int argc, char *argv[])
{
     const int constant_yes = 1;
     const int constant_true = 1;
     const int constant_no = 0;
     const int constant_false = 0;
     struct emul **emuls;
     char **diskimages = NULL;
     int n_diskimages = 0;
```

```
int n_emuls;
int i;
progname = argv[0];
console_init();
cpu_init();
device_init();
machine_init();
timer_init();
useremul_init();
emuls = malloc(sizeof(struct emul *));
if(emuls == NULL){
     fprintf(stderr, "out of memory\n");
     exit(1);
}
n_emuls = 1;
emuls[0] = emul_new(NULL);
if(emuls[0] == NULL){
     fprintf(stderr, "out of memory\n");
     exit(1);
}
get_cmd_args(argc, argv, emuls[0], &diskimages, &n_diskimages);
if(!skip_srandom_call){
      struct timeval tv;
      gettimeofday(&tv, NULL);
      srandom(tv.tv_sec ^ getpid()^ tv.tv_usec);
}
debug("GXemul");
debug("    Copyright(C)2003-2006  Anders Gavare\n");
debug("Read the source code and/or documentation for other Copyright messages.\n\n");
if(emuls[0]->machines[0]->machine_type == MACHINE_NONE){
     n_emuls --;
} else {
     for(i=0; i<n_diskimages; i++)diskimage_add(emuls[0]->machines[0], diskimages[i]);
}
if(n_emuls > 0){
     for(i=1; i<argc; i++)
         if(argv[i][0] == '@'){
               fprintf(stderr, "You can either start one "
```

```
                    "emulation with one machine directly from "
                    "the command\nline, or start one or more "
                    "emulations using configuration files."
                    " Not both.\n");
                exit(1);
            }
        emul_simple_init(emuls[0]);
    }
    for(i=1; i<argc; i++){
        if(argv[i][0] == '@'){
            char tmpstr[50];
            char *s = argv[i] + 1;
            if(strlen(s)== 0 && i+1 < argc && argv[i+1][0] != '@'){
                i++;
                s = argv[i];
            }
            n_emuls ++;
            emuls = realloc(emuls, sizeof(struct emul *)* n_emuls);
            if(emuls == NULL){
                fprintf(stderr, "out of memory\n");
                exit(1);
            }
            console_allow_slaves(1);
            if(n_emuls == 1){
                emul_destroy(emuls[0]);
            }
            emuls[n_emuls - 1] = emul_create_from_configfile(s);
            snprintf(tmpstr, sizeof(tmpstr), "emul[%i]", n_emuls-1);
        }
    }
    if(n_emuls == 0){
        fprintf(stderr, "No emulations defined. Maybe you forgot to "
            "use -E xx and/or -e yy, to specify\nthe machine type."
            " For example:\n\n    %s -e 3max -d disk.img\n\n"
            "to boot an emulated DECstation 5000/200 with a disk "
            "image.\n", progname);
        exit(1);
    }
```

```
    device_set_exit_on_error(0);
    console_warn_if_slaves_are_needed(1);
    emul_run(emuls, n_emuls);
    console_deinit();
    for(i=0; i<n_emuls; i++)emul_destroy(emuls[i]);
    return 0;
}
```

删除注释以后函数仍然很长，所以我们开始第二次精简，去掉变量声明和简单的赋值语句（在上述代码中使用**粗体**标注的部分）。去掉变量声明和简单的赋值语句后还剩下面 78 行代码。

```
int main(int argc, char *argv[])
{
    console_init();
    cpu_init();
    device_init();
    machine_init();
    timer_init();
    useremul_init();
    emuls = malloc(sizeof(struct emul *));
    if(emuls == NULL){
        fprintf(stderr, "out of memory\n");
        exit(1);
    }
    emuls[0] = emul_new(NULL);
    if(emuls[0] == NULL){
        fprintf(stderr, "out of memory\n");
        exit(1);
    }
    get_cmd_args(argc, argv, emuls[0], &diskimages, &n_diskimages);
    if(!skip_srandom_call){
         gettimeofday(&tv, NULL);
         srandom(tv.tv_sec ^ getpid()^ tv.tv_usec);
    }
    debug("GXemul");
    debug("    Copyright(C)2003-2006  Anders Gavare\n");
    debug("Read the source code and/or documentation for other Copyright messages.\n\n");
    if(emuls[0]->machines[0]->machine_type == MACHINE_NONE){
        n_emuls --;
```

```
    } else {
        for(i=0; i<n_diskimages; i++)diskimage_add(emuls[0]->machines[0], diskimages[i]);
    }
    if(n_emuls > 0){
        for(i=1; i<argc; i++)
            if(argv[i][0] == '@'){
                fprintf(stderr, "You can either start one "
                    "emulation with one machine directly from "
                    "the command\nline, or start one or more "
                    "emulations using configuration files."
                    " Not both.\n");
                exit(1);
            }
        emul_simple_init(emuls[0]);
    }
    for(i=1; i<argc; i++){
        if(argv[i][0] == '@'){
            if(strlen(s)== 0 && i+1 < argc && argv[i+1][0] != '@'){
                i++;
                s = argv[i];
            }
            n_emuls ++;
            emuls = realloc(emuls, sizeof(struct emul *)* n_emuls);
            if(emuls == NULL){
                fprintf(stderr, "out of memory\n");
                exit(1);
            }
            console_allow_slaves(1);
            if(n_emuls == 1){
                emul_destroy(emuls[0]);
            }
            emuls[n_emuls - 1] = emul_create_from_configfile(s);
            snprintf(tmpstr, sizeof(tmpstr), "emul[%i]", n_emuls-1);
        }
    }
    if(n_emuls == 0){
        fprintf(stderr, "No emulations defined. Maybe you forgot to "
            "use -E xx and/or -e yy, to specify\nthe machine type."
```

```
            " For example:\n\n    %s -e 3max -d disk.img\n\n"
            "to boot an emulated DECstation 5000/200 with a disk "
            "image.\n", progname);
        exit(1);
    }
    device_set_exit_on_error(0);
    console_warn_if_slaves_are_needed(1);
    emul_run(emuls, n_emuls);
    console_deinit();
    for(i=0; i<n_emuls; i++)emul_destroy(emuls[i]);
    return 0;
}
```

现在函数看起来比较清爽了，但是仍然不够，因此我们进行第三次精简，去掉各种调试和打印语句（在上述代码中使用**粗体**标注的部分）。去掉各种调试和打印语句后还剩下面 52 行代码。

```
int main(int argc, char *argv[])
{
    console_init();
    cpu_init();
    device_init();
    machine_init();
    timer_init();
    useremul_init();
    emuls = malloc(sizeof(struct emul *));
    emuls[0] = emul_new(NULL);
    get_cmd_args(argc, argv, emuls[0], &diskimages, &n_diskimages);
    if(!skip_srandom_call){
        gettimeofday(&tv, NULL);
        srandom(tv.tv_sec ^ getpid()^ tv.tv_usec);
    }
    if(emuls[0]->machines[0]->machine_type == MACHINE_NONE){
        n_emuls --;
    } else {
        for(i=0; i<n_diskimages; i++)diskimage_add(emuls[0]->machines[0], diskimages[i]);
    }
    if(n_emuls > 0){
        for(i=1; i<argc; i++)
            if(argv[i][0] == '@'){
```

```
                exit(1);
            }
        emul_simple_init(emuls[0]);
    }
    for(i=1; i<argc; i++){
        if(argv[i][0] == '@'){
            if(strlen(s)== 0 && i+1 < argc && argv[i+1][0] != '@'){
                i++;
                s = argv[i];
            }
            n_emuls ++;
            emuls = realloc(emuls, sizeof(struct emul *)* n_emuls);
            console_allow_slaves(1);
            if(n_emuls == 1){
                emul_destroy(emuls[0]);
            }
            emuls[n_emuls - 1] = emul_create_from_configfile(s);
        }
    }
    if(n_emuls == 0){
        exit(1);
    }
    device_set_exit_on_error(0);
    console_warn_if_slaves_are_needed(1);
    emul_run(emuls, n_emuls);
    console_deinit();
    for(i=0; i<n_emuls; i++)emul_destroy(emuls[i]);
    return 0;
}
```

一般来说，超过一屏的函数或多或少都会影响可读性，因此我们需要进行第四次精简，去掉各种异常处理语句（在上述代码中使用**粗体**标注的部分）。去掉各种异常处理语句后还剩下面 43 行代码。

```
int main(int argc, char *argv[])
{
    console_init();
    cpu_init();
    device_init();
```

```
    machine_init();
    timer_init();
    useremul_init();
    emuls = malloc(sizeof(struct emul *));
    emuls[0] = emul_new(NULL);
    get_cmd_args(argc, argv, emuls[0], &diskimages, &n_diskimages);
    if(!skip_srandom_call){
        gettimeofday(&tv, NULL);
        srandom(tv.tv_sec ^ getpid()^ tv.tv_usec);
    }
    if(emuls[0]->machines[0]->machine_type == MACHINE_NONE){
        n_emuls --;
    } else {
        for(i=0; i<n_diskimages; i++)diskimage_add(emuls[0]->machines[0], diskimages[i]);
    }
    if(n_emuls > 0){
        emul_simple_init(emuls[0]);
    }
    for(i=1; i<argc; i++){
        if(argv[i][0] == '@'){
            if(strlen(s)== 0 && i+1 < argc && argv[i+1][0] != '@'){
                i++;
                s = argv[i];
            }
            n_emuls ++;
            emuls = realloc(emuls, sizeof(struct emul *)* n_emuls);
            console_allow_slaves(1);
            if(n_emuls == 1){
                emul_destroy(emuls[0]);
            }
            emuls[n_emuls - 1] = emul_create_from_configfile(s);
        }
    }
    emul_run(emuls, n_emuls);
    console_deinit();
    for(i=0; i<n_emuls; i++)emul_destroy(emuls[i]);
    return 0;
}
```

对于一个熟练的开发者来说，该函数的逻辑精简到这个状态已经比较清晰了（可以到此为止）。但读者如果是初次接触的话，现在的代码还是相对有点复杂。让我们来进行第五次精简，去掉那些不常用的、罕见的代码路径（在上述代码中使用**粗体**标注的部分）。去掉不常用的、罕见的代码路径后还剩下面 18 行代码。

```
int main(int argc, char *argv[])
{
    console_init();
    cpu_init();
    device_init();
    machine_init();
    timer_init();
    useremul_init();
    emuls = malloc(sizeof(struct emul *));
    emuls[0] = emul_new(NULL);
    get_cmd_args(argc, argv, emuls[0], &diskimages, &n_diskimages);
    for(i=0; i<n_diskimages; i++)diskimage_add(emuls[0]->machines[0], diskimages[i]);
    if(n_emuls > 0)emul_simple_init(emuls[0]);
    emul_run(emuls, n_emuls);
    console_deinit();
    for(i=0; i<n_emuls; i++)emul_destroy(emuls[i]);
    return 0;
}
```

这就是最终剩下的主脉络，非常清晰明了！那么，这个函数到底在干什么呢？让我们开始“三部曲”的第三步。

1.3.3 顾名思义看功能

前面我们提到，代码就像一棵树，因此本书选用一种树形视图来表示函数。依旧以 GXemul 为例，前面经过五次精简的 main() 函数，稍作处理后可以按下面的方法表示。

```
main()
  |-- console_init();
  |-- cpu_init();
  |-- device_init();
  |-- machine_init();
  |-- timer_init();
  |-- useremul_init();
```

```
|-- emuls[0] = emul_new(NULL);
|-- get_cmd_args(argc, argv, emuls[0], &diskimages, &n_diskimages);
|-- for(i=0; i<n_diskimages; i++)diskimage_add(emuls[0]->machines[0], diskimages[i]);
|-- emul_simple_init(emuls[0]);
|-- emul_run(emuls, n_emuls);
|       |-- console_init_main(emuls[0]);
|       |-- for(j=0; j<e->n_machines; j++)cpu_run_init(e->machines[j]);
|       |-- timer_start();
|       |-- for(j=0; j<e->n_machines; j++)machine_run(e->machines[j]);
|       |-- timer_stop();
|       |-- for(j=0; j<e->n_machines; j++)cpu_run_deinit(e->machines[j]);
|       \-- console_deinit_main();
|-- console_deinit();
\-- emul_destroy(emuls[i]);
```

其中 main() 函数为根节点，五次精简后的每一行代码为根节点的下级节点，进一步展开感兴趣的下级节点（如树形视图中的 emul_run() 函数），可以得到更下一级的叶子节点。树形视图中的每行代码，我们甚至不需要看其实现细节，光靠“顾名思义”就能大概知道其功能了。比如，console_init() 是控制台初始化，cpu_init() 是处理器初始化，device_init() 是设备初始化，machine_init() 是机器架构初始化，timer_init() 是时钟初始化，useremul_init() 是用户模拟器初始化，diskimage_add() 是添加磁盘设备，emul_simple_init() 是模拟机器初始化，而 emul_run() 显然是核心中的核心，即模拟器运行的主事件循环（通过进一步展开的下级节点也证实了这一点）。

树形视图是一种自顶向下鸟瞰全局的宏观视图，但有时候我们特别希望有一种方法能够清晰地表述某个很深的函数调用，因此作为补充，本书还会采用一种叫作链式视图的表示法。比如本书第 6 章在讲解 Radeon 显卡驱动中将提到模式设置函数 drm_crtc_helper_set_mode()，在首次模式设置中从驱动入口函数开始一路向下的调用链展示如下。

```
radeon_init()→ radeon_driver_load_kms()→ radeon_modeset_init()→ radeon_fbdev_init()→ drm_fb_helper_initial_config()→ drm_fb_helper_single_fb_probe()→ register_framebuffer()→ do_register_framebuffer()→ fb_notifier_call_chain(FB_EVENT_FB_REGISTERED)→ fbcon_event_notify(FB_EVENT_FB_REGISTERED)→ fbcon_fb_registered()→ do_fbcon_takeover()→ do_take_over_console()→ do_bind_con_driver()→ visual_init()→ fbcon_init()→ drm_fb_helper_set_par()→ restore_fbdev_mode()→ drm_mode_set_config_internal()→ crtc->funcs->set_config()→ radeon_crtc_set_config()→ drm_crtc_helper_set_mode()
```

这是一条很长的调用链，非常具有代表性。

在很多解析源代码的书籍中，都会使用流程图来描述代码逻辑。然而，流程图虽然直观，但是描述能力有限（尤其是缺乏源代码树形视图的层次化表达能力），往往很难精确描述一个函数的执行过程。而一个精心画出来的精确的流程图，往往又会因为复杂性而失去了直观的特点。并且，单靠流程图并不能完全理解源代码，我们还需要将源代码与流程图两相对照。因此本书将会尽量用精简版的源代码（即树形视图和链式视图）来代替流程图，这样可以让读者快速理解多级函数的复杂调用关系，同时不需要在源代码和流程图之间反复切换。以笔者和同事的经验，一个在编程语言方面有一定积累的开发人员，在大多数情况下理解树形视图和链式视图会比理解流程图更加容易。

1.3.4 理解补丁文件

阅读软件源代码，尤其是阅读 Linux 内核源代码时，不可避免地要接触补丁文件，那么什么是补丁文件呢？其实补丁文件就是一个变更集，它描述了源代码从旧版本到新版本之间的差异变化，或者更一般地说，描述了源代码从一个状态到另一个状态的差异（不一定是从旧版本到新版本）。如果用数学方法来表达，就是

$$\text{源代码差异} = \text{源代码状态 B} - \text{源代码状态 A} \quad (1\text{-}1)$$

也可以反过来表达，即

$$\text{源代码状态 A} + \text{源代码差异} = \text{源代码状态 B} \quad (1\text{-}2)$$

举个具体的例子，假设当前目录下有 linux-4.4.1 和 linux-4.4.2 两个子目录，分别是 Linux-4.4.1 版本和 Linux-4.4.2 版本的源代码顶级目录。那么可以用 diff 命令来执行公式（1-1），导出一个变更集（即源代码差异）到补丁文件 kernel.patch。

```
diff -Naurp linux-4.4.1 linux-4.4.2 > kernel.patch
```

接下来可以先进入 linux-4.4.1 目录，用 patch 命令来执行公式（1-2），通过应用补丁文件 kernel.patch 将 Linux-4.4.1 版本的源代码状态变成跟 Linux-4.4.2 版本一致。

```
patch -p1 < kernel.patch
```

上面是对补丁文件的正向应用，使源代码从状态 A 变成状态 B。实际上，补丁文件还可以反向应用，使源代码从状态 B 变成状态 A。比如，先进入 linux-4.4.2 目录，然后通过反向应用补丁文件 kernel.patch 将 Linux-4.4.2 版本的源代码状态变成跟 Linux-4.4.1 版本一致。

```
patch -Rp1 < kernel.patch
```

利用两个目录来保存两个版本的内核源代码，使用 diff 和 patch 命令来操作补丁文件的做法是一种非常原始的方法。通常在内核开发中我们推荐使用 Git 做版本管理工具。Git 可以记录源代码变化的版本历史，可以回滚到任意一个历史状态，也可以导出两个版本之间的变更集（即源代码差异）。图 1-8 是一个 Git 历史记录的示例（用 git log 命令查看）。

```
* commit 31fa14038ca79bfbb85cd971b868f85e163027ef
| Author: HuHongbing <huhb@lemote.com>
| Date:   Fri Nov 8 17:28:45 2013 +0800
|
|     TCM: TCM Support for Loongson-3
|
* commit a2884e801d79c353d7f6af423b5f786c327296ae
| Author: Si Zhiying <sizhiying@loongson.cn>
| Date:   Fri Nov 8 17:28:48 2013 +0800
|
|     Workarounds for Loongson-3B
|
|     1, Add sync before ll/sc and after branch target (bne)
|     2, Add uncached swiotlb support to loongson platform
|     3, Alternatively, add 3-cores-per-node support (Disable core-0 on each node)
|
|     NOTICE: This patch is needed to fix ls3b05 CPU bug, if the CPU type
|     is LS3B05, kernel option CONFIG_DMA_NONCOHERENT must be selected,
|     otherwise dbench test will lead system dead.
|
* commit fc0479df53d84aaa5742c1787dddfbd154ae9c3b
| Author: Huacai Chen <chenhc@lemote.com>
| Date:   Thu Mar 3 15:45:38 2016 +0800
|
|     R8168: Enable WoL (Wake on LAN) by default
|
|     Signed-off-by: Huacai Chen <chenhc@lemote.com>
|
* commit 292f84d2a3178ad2bf6e96ddc5102310cc28d423
| Author: Huacai Chen <chenhc@lemote.com>
| Date:   Fri Jan 22 11:44:56 2016 +0800
|
|     R8168: Improve performance for MIPS/Loongson
|
|     Make network and transport layer data aligned to improve r8168's
|     performance, because it is very expensive to handle unaligned access
|     on MIPS.
|
|     Signed-off-by: Rui Wang <wangr@lemote.com>
|     Signed-off-by: Huacai Chen <chenhc@lemote.com>
|
* commit 6515244b69a2610447429a52c70edd6701e7d154
| Author: Huacai Chen <chenhc@lemote.com>
| Date:   Tue Mar 25 10:36:59 2014 +0800
```

图 1-8 Linux 内核源代码的 Git 历史记录示例

图中用节点和线条来描述历史演进关系，每个节点代表一个完整的源代码状态（即某一个版本的完整源代码）。在 Git 的术语里面一个版本节点称为一个 commit（提交），用一个 40 位十六进制数的散列值来表达。Git 里面有分支的概念，历史记录是允许分支合并的，也就是说可以有多条历史线同时演进（如图 1-7 所示，在 Git 源代码仓库中用 git log --graph 命令可以查看到类似的结果），本节的示例里面只考虑单条的历史线。

在 Git 里面我们有更先进的方法导出和应用补丁文件（commit1 和 commit2 分别代表两次 commit 的散列值）。

导出补丁（公式（1-1））：git diff commit1 commit2 > kernel.patch

应用补丁（公式（1-2））：git apply kernel.patch

这两个 git 命令导出和应用的补丁称为简单格式补丁，它与 diff 和 patch 命令操作的补丁具有相同的格式。但 git 还可以操作更加强大的正规格式补丁（commit1 和 commit2 分别代表两次 commit 的散列值）。

导出补丁（公式（1-1））：git format-patch commit1..commit2 -o kernel_patch_dir

应用补丁（公式（1-2））：git am kernel_patch_dir/*.patch

在这两个命令中，如果 commit1 和 commit2 相邻，就会导出一个补丁；如果不相邻，就会导出一系列补丁。这些补丁保存在 kernel_patch_dir 目录中，按版本从早到晚（从旧到新）的顺序，以 0001-xxx-yyy.patch、0002-xxx-yyy.patch 的格式逐个命名。正规格式补丁导出以后可以直接以电子邮件的形式发送出去，而应用正规格式补丁的同时会自动提交到代码库。一个正规格式的补丁文件包括 4 大部分内容：头部信息、描述信息、正文区和脚注区。图 1-9 是一个正规格式补丁文件的具体示例。

图 1-9　一个正规格式的补丁文件内容

图 1-9 中补丁文件的头部信息指的是前 4 行，包含了作为电子邮件的 commit 编号、发送人、补丁日期和邮件标题（邮件标题也是 commit 标题）。描述信息指的是图中第一个空白行以后、第一个分割线之前的部分，包括补丁内容描述（补丁内容描述也是 commit 描述）和作者签名（以 Signed-off-by 开头的两行，如有必要还可以加上审查者签名 Reviewed-by、确认者签名 Acked-by、报告者签名 Reported-by、测试者签名 Tested-by 等）。接下来从第一个分割线开始到最后一个分割线之前的部分都是正文区，这是最重要的一部分，即补丁的主体部分（简单格式补丁只有正文区部分）。最后的脚注区就是 Git 的版本号标识。

接下来重点关注补丁文件的正文区。一个补丁文件可以涉及多个源代码文件，涉及的每个源代码文件可以包含多处变更。因此补丁正文区的内容包括三大部分：总体概述（如修改了哪些源文件、增加了多少行、删除了多少行等），文件路径描述（以 diff 开头的连续 4 行，其中以“---”开头的行表示旧版本中的源文件路径，以“+++”开头的行表示新版本中的源文件路径），若干个变更区段（以“@@”开始的若干行）。变更区段是补丁内容的最小单位，图 1-9 所示的补丁文件仅涉及一个源代码文件的一处变更，也就只有一个变更区段。

变更区段的内容有 4 种行：定位行、上下文行、删除行和增加行。定位行就是以“@@”开头的行，其中的 4 个数字分别是变更区段在旧版本源文件中的起始行号、总行数以及在新版本源文件中的起始行号、总行数。起始行号允许一定的误差，因此需要配合上下文（区段的前 3 行与后 3 行，以及区段中其他以空格开头的行）进一步确定区段的位置；总行数则不允许有任何误差，否则会被认为是一个非法补丁。区段中以“-”开头的行是删除行，代表旧版本源文件里面有而新版本源文件里面没有的行；以“+”开头的行是增加行，代表旧版本源文件里面没有而新版本源文件里面有的行。

那么图 1-9 中的补丁文件究竟包含了什么信息呢？现在我们可以知道了。

它来自 Git 代码库中一次散列值为 dee809bfaa4caedb56cbc4d842ecf85acbbdb3e1 的 commit，该 commit 标题是“drm/amdgpu: Set a suitable dev_info.gart_page_size”，源代码补丁的作者是 Rui Wang <wangr@lemote.com> 和 Huacai Chen <chenhc@lemote.com>，其中后者也是邮件的发送人。这个补丁修改了源代码文件 drivers/gpu/drm/amd/amdgpu/ amdgpu_kms.c，修改的位置在旧版源文件和新版源文件的第 717 行左右，该区段在变更前和变更后的代码行数均为 7 行。这次变更删除了一行代码。

```
dev_info.gart_page_size = AMDGPU_GPU_PAGE_SIZE;
```

同时又在原来的位置增加了一行代码（实质上就是修改了一行代码）。

```
dev_info.gart_page_size = max((int)PAGE_SIZE, AMDGPU_GPU_PAGE_SIZE);
```

在实际的内核开发过程中，代码补丁往往比这个例子要复杂很多，但是原理是相同的。理解了补丁文件的原理，在阅读源代码及其变更历史的时候就会如虎添翼。例如，我们已经知道 Linux-3.15 版本的内核加入了龙芯 3A 的支持，但是如果直接查看 Linux-3.15 版本的完整源代码，会发现相关的代码延伸非常广泛，遍及多个子系统、几十个目录、上百个文件。面对这种情况，想要在一个早期的内核版本上移植相同的功能，简直无从下手。那么，如何才能“干净利落”又“完整无缺”地分离出那些跟龙芯 3 号有关的一项项功能呢？答案就是查看 Git 记录，导出系列补丁，然后按顺序逐个分析解读。在理解这一系列补丁的基础上，如果需要在一个早期的内核版本（如 Linux-3.12 版本）上添加龙芯 3 号的支持，这并不是一件非常困难的事情。

关于 diff、patch、git 等命令的更多用法可参阅相应的使用指南。

1.4 如何开发健壮内核

内核是整个操作系统的基础。从某种意义上来说，内核最重要的是稳定性，这甚至比功能和性能更重要。如果说功能和性能是一棵树的枝叶，那么稳定性就是一棵树的根基。而内核稳定性的根本来源就是内核代码的健壮性。

如何开发并维护一个健壮的 Linux 内核？首先我们必须选择一个良好的基础版本，然后在基础版本上增加龙芯特有的扩展特性。这一点已经在 1.2.4 节中详细介绍过，多数情况下我们采取的原则是以 Linux 官方的长期维护稳定版本为基础。除此之外还需要注意如下几点：① 采用规范的代码风格；② 合理地生成补丁系列；③ 谨慎地对待自主创新。

1.4.1 内核代码风格

规范的代码风格具有良好的可读性和可维护性。因此，一方面我们不仅要编写代码，而且要编写漂亮的代码；另一方面我们不仅要解决问题，而且要优雅地解决问题。

在整个代码库里面，应当使用统一的代码风格。内核的代码风格规范可直接查阅自带文档 Documentation/CodingStyle 及其中文版 Documentation/zh_CN/CodingStyle。原文太长，本书仅摘录重点部分。

1. 命名

变量、函数等均采用下划线命名法，不采用驼峰式命名法和匈牙利命名法。例如，CopyFromUser() 是错误的，而 copy_from_user() 是正确的。

2. 缩进

- 一律采用制表符（即 Tab 键）缩进，不使用空格缩进。
- 几乎所有 {} 包括的代码块都要缩进，只有 switch-case 不需要缩进。

3. 行长

为了保证代码能在最老的终端上完整显示，通常一行最多允许 80 个字符。超过 80 个字符应当在合适的地方换行，续行时必须缩进。但在注释里面，如果超过 80 个字符能带来更好的可读性，则可放宽要求。

4. 括号与空格

- 用于整个函数的 {}，左括号独占一行。
- 用于结构体、循环体、switch-case、if-else 的 {}，左括号不另起新行。
- 不另起新行的左括号之前必须有空格。
- 所有的 ()，在左括号之前和右括号之后都必须有空格。
- 双目操作符的两边，分隔符（即，和；两个符号）的后边都必须有空格。

5. 注释格式

- 单行注释使用 /* xxxxxxxx */，不使用 // xxxxxxx。
- 多行注释使用如下格式：

```
/* xxxxxxxx
 * yyyyyyyy
 * zzzzzzzzz
 */
```

6. 举例说明

比如，下面的例子是严重不符合内核代码风格的。

```
int TestFunction()
{
      int i,x;
      for(i=0;i<5;i++){
            switch(x) //x is the condition
            {
                 case 0:
                       do_something;
                 case 1:
                       do_something;
                 default:
                       do_something;
            }
            do_something;
     }
     return 0;
}
```

这个例子里面至少有 8 处错误，可以说本节前面提到的每一条规则都有违反，而规范的代码风格应该如下。

```
int test_function()
{
      int i, x;
      for(i=0; i<5; i++){
           switch(x){  /* x is the condition */
           case 0:
                do_something;
           case 1:
                do_something;
           default:
                do_something;
```

```
            }
            do_something;
        }
        return 0;
}
```

1.4.2 合理生成补丁

这里假定内核开发者都使用 Git 作为版本管理工具，Git 可以通过提交历史记录生成补丁系列，因此合理生成补丁也意味着开发者需要合理使用 Git。我们必须牢记以下原则。

- Git 记录必须全程有机可回溯。
- 补丁质量与代码质量同样重要。
- 日志信息与代码质量同样重要。
- 每次提交必须是一个完整的功能单位。

通常在内核中引入一项完整的功能会涉及多个文件甚至多个子系统（这里不考虑单个的微小功能）。在分解补丁系列时也是有学问的，比如把所有的修改放到一次提交（即一个补丁）里面是不合理的，应当将一个个子功能分解进行多次提交（即生成一个补丁系列）。

错误做法：按物理单位（文件）分解。比如一项新特性的引入需要增加 A、B 两个子功能，涉及 x、y、z 共 3 个文件，这里将所有的代码变更分解成 x.patch、y.patch 和 z.patch。

正确做法：按逻辑单位（功能）分解。比如一项新特性的引入需要增加 A、B 两个子功能，涉及 x、y、z 共 3 个文件，这里将所有的代码变更分解成 A.patch 和 B.patch（A.patch、B.patch 都有可能同时涉及多个文件）。如果多个子功能存在依赖，那么必须依照依赖关系的顺序来提交。比如 B 依赖 A 时，应当先提交 A，后提交 B。

如何检验一个补丁系列是否符合上面的原则呢？这个问题可以精益求精，但是至少应该达到以下两项标准。

1. 按照顺序以增量方式逐个应用补丁系列中的补丁时，每应用一个补丁（每提交一次），都必须保证内核能够顺利构建、顺利运行。

2. 如果补丁系列涉及增加 Kconfig 中的配置项，通常需要在配置项所涉及的代码功能已经全部加入以后再增加配置项本身。

举个例子，对龙芯 3A1000 的支持是在 Linux-3.15 版本时融合到官方内核的，当时生成的补丁系列分解如下（仅列出标题，详细内容请查阅内核的 Git 记录）。

- MIPS: Loongson: Add basic Loongson-3 definition。
- MIPS: Loongson: Add basic Loongson-3 CPU support。
- MIPS: Loongson 3: Add Lemote-3A machtypes definition。

- MIPS: Loongson: Add UEFI-like firmware interface（LEFI）support。
- MIPS: Loongson 3: Add HT-linked PCI support。
- MIPS: Loongson 3: Add IRQ init and dispatch support。
- MIPS: Loongson 3: Add serial port support。
- MIPS: Loongson: Add swiotlb to support All-Memory DMA。
- MIPS: Loongson: Add Loongson-3 Kconfig options。
- MIPS: Loongson 3: Add Loongson-3 SMP support。
- MIPS: Loongson 3: Add CPU hotplug support。
- MIPS: Loongson: Add a Loongson-3 default config file。

在1.3.4小节中我们已经理解了补丁文件的内容，现在我们知道了补丁系列的分解非常重要。补丁系列的合理分解主要是提高补丁文件正文区的质量，而补丁文件中的提交标题和提交日志其实也同样重要。

提交标题通常应当遵循“子系统：主题描述”的格式，如本节例子中的第一次补丁提交标题，子系统是“MIPS: Loongson:”，而主题描述是“Add basic Loongson-3 definition”。主题描述应当是一个概括性的单句，可以在一行中完整显示。提交日志应当如实描述补丁正文所做的事情，重点描述“为什么”和“怎么做”，而不是“做什么”，因为“做什么”在良好的补丁正文中是不言自明的。

1.4.3 谨慎对待创新

自主创新是个好东西，在某种意义上创新本身就是能力的体现，因此大家都喜欢创新。然而，作为一个Linux内核开发者，我建议大家谨慎对待自主创新，也请大家牢记以下几点。

- 保持自由开放，人人为我，我为人人。
- 集众人之智，采众家之长，消化吸收再创新。
- 站在巨人的肩膀上，站得更高才能看得更远。

“自由、开放、共享，人人为我，我为人人”是Linux的哲学。经过多年的发展，内核现有的功能，尤其一些基础设施是非常完善的。当你撸起袖子准备大干一番的时候，请千万千万抑制住内心的冲动，并保持一个开发者所应有的谦虚。Linux内核使用非常广泛，通常大家都会面对一些同类的问题，换句话说就是你面临一个全新问题的概率非常小。所以，在很大程度上你不需要重新发明“轮子”，而是需要深入理解并尽量复用现有的内核设计框架，然后参照相似的功能模块去增加新功能或者扩充已有的功能（所谓“少即是多”）。“磨刀不误砍柴工”，动手之前最好先去了解一下你想做的事情是否已经有类似的、成熟的解决方案。这就是开源社区正常的运转机制：集众人之智，采众家之长，消化吸收再创新。

站得更高才能看得更远，在对内核整体框架以及某些子系统融会贯通以后，你自然有机会站在巨人的肩膀上去改进框架本身或者解决全新的问题，实现真正的自主创新。如果过分强调不必要的

“自主创新”，执着于重新发明“轮子”，必定会让自己的贡献难以融入官方内核；最终的结局可能是自己开发的内核可维护性越来越差，反而得不偿失。

笔者作为龙芯 3 号的管理员，从事 Linux 内核开发多年。最主要的贡献其实是消化吸收龙芯中科开发者所提供的原始代码，通过“取其精华、去其糟粕”的方式整理重构使之符合 Linux 内核的代码规范，然后在保证健壮性的基础上将龙芯的特色功能以补丁系列的方式逐步融入官方内核。内核中由我主导的“自主创新”部分其实并不多，主要有如下几点。

- 龙芯 3 号的动态变频（CPUFreq）功能。
- 龙芯 3 号的 CPU 热插拔功能与自动调核功能。
- 龙芯 3 号的待机（STR）与休眠（STD）功能。
- 龙芯 3 号“固件—内核接口规范”中的设备树（Device-Tree）功能。
- 龙芯 3 号的 KEXEC 快速启动功能（包括基于 KEXEC 的 KDUMP 功能）。

“天行健，君子以自强不息；地势坤，君子以厚德载物”。我们提倡小心谨慎以避免为了创新而创新，我们更提倡加强知识积累并在融会贯通的基础上自主创新。在知识积累的过程中，我们强烈建议大家参与开源社区的互动。通过向开源社区提交内核补丁，可以得到与社区“大神”直接交流的机会，而这个过程能够有效地提升我们的技能，帮助我们开发出更加健壮的内核代码。

向开源社区提交补丁与驱动程序的具体方法可查阅内核自带文档 Documentation/SubmittingPatches，Documentation/SubmittingDrivers 和 Documentation/SubmitChecklist。这些文档也提供了中文版，即 Documentation/zh_CN/SubmittingPatches 与 Documentation/zh_CN/SubmittingDrivers。

第 02 章

内核启动解析

首先我们来回顾一下操作系统内核的三大基本功能：异常与中断（异常 / 中断）处理、内存管理、进程管理。这三大基本功能主要涉及两部分内容，一部分是体系结构相关的特定内容，另一部分是体系结构无关的通用框架。对于 Linux 这样的宏内核操作系统，除了三大基本功能外还得加上另外三项，即文件系统、设备驱动和网络协议。后面这三大项的绝大部分是与体系结构无关的代码，但也有极少数根据体系结构的不同而有所差异。体系结构相关也叫平台相关，意思是不同的处理器平台有不同的设计实现，比如在 X86 上和龙芯上需要使用不同的方法；体系结构无关也叫平台无关，意思是各种处理器平台可以共享的部分，常常是通用的、框架性的代码。

图 2-1 是龙芯电脑上的软硬件组成体系示意图（使用 Linux 操作系统）。

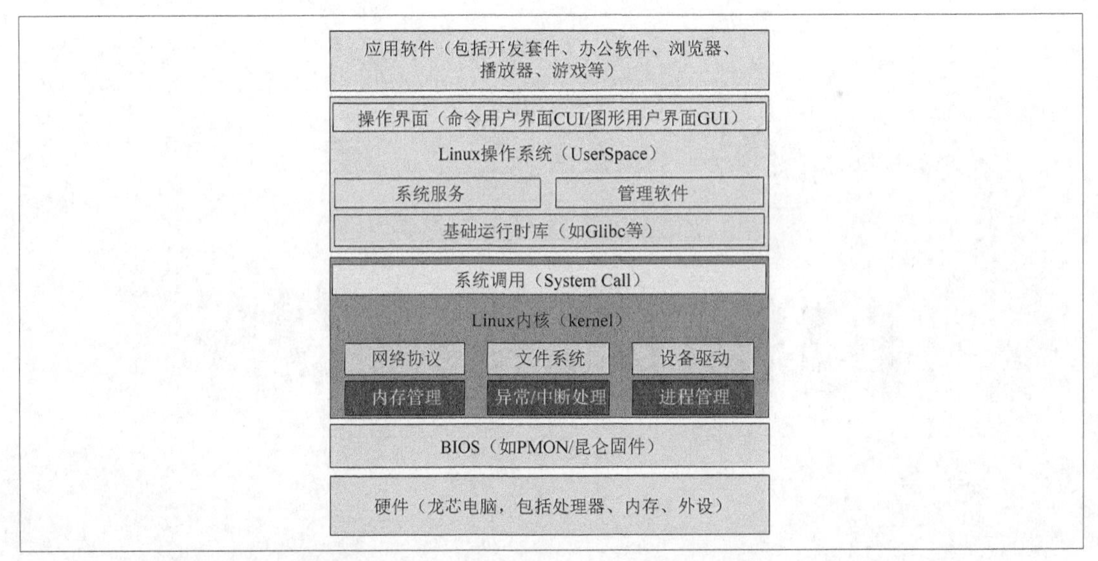

图 2-1　龙芯电脑的软硬件组成体系

所有的电脑开机以后首先执行的都是基本输入 / 输出系统（Basic Input/Output System，BIOS）。BIOS 存放在只读存储器芯片（ROM）中，是固化在硬件里面的软件，所以称为固件。BIOS 的入口地址固定为 0xbfc00000（对应的物理地址为 0x1fc00000）。龙芯上的 BIOS 主要有 PMON 和昆仑固件两种，其中 PMON 是一个 MIPS 平台上的传统 BIOS，而昆仑固件是基于 UEFI（Unified Extensible Firmware Interface）规范实现的 BIOS。BIOS 在初始化硬件之后，通过启动加载器（BootLoader）来加载操作系统内核，然后由内核全面接管整个电脑的控制权（极少数情况下内核会调用 BIOS 常驻内存的运行时服务）。内核中与操作系统的用户态部分交互的主要接口层叫作系统调用，而操作系统的用户态部分包括基础运行时库（包装系统调用并与内核进行交互是基础运行时库的一项重要功能）、各种系统服务与管理软件、操作界面（包括命令用户界面和图形用户界面）。操作系统之上则是各种基于操作界面的应用软件（也有无操作界面的后台应用程序）。

内核启动是整个龙芯电脑及其操作系统启动过程中的一个阶段，整个系统的启动过程总览如图 2-2 所示。

上电开机以后首先运行 BIOS，龙芯电脑主要有两种 BIOS，即 PMON 和昆仑固件。初始化硬件完成以后，PMON 会读取启动磁盘第一个分区上的启动配置文件 boot.cfg；而昆仑固件则使用 Grub 作为启动加载器，在 Grub 缺省情况下会读取启动磁盘第一个分区上的启动配置文件 grub.cfg。

boot.cfg 和 grub.cfg 这两种配置文件的内容大同小异，都是由多个启动项组成。每个启动项都会指定一个内核文件的路径名（原始内核 vmlinux 或者压缩版内核 vmlinuz），一个可选的初始化内存盘的路径名（旧格式的 initrd 或者新格式的 initramfs），以及一串启动参数。启动参数主要包括指定根文件系统的参数，如 root=/dev/sda1；指定控制台设备的参数，如 console=tty；指定 init 程序路径名的参数，如 init= /sbin/init 等。完整的内核启动参数列表可参考内核自带文档 Documentation/admin-guide/kernel-parameters.txt 和 Documentation/admin-guide/kernel-parameters.rst。

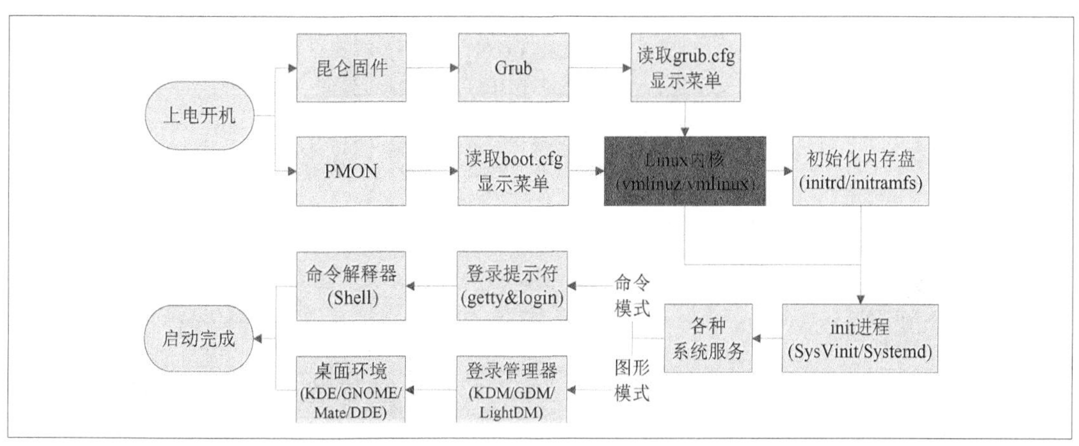

图 2-2 龙芯电脑及其操作系统启动过程总览

选定一个启动项以后，就开始了操作系统的启动过程。首先启动 Linux 内核（0 号进程），然后内核根据有没有配置初始化内存盘来决定是直接启动根文件系统里的 init 程序还是先启动内存盘里的 init 程序。不管是哪种情况，最后控制权都将转交给根文件系统里的 init 进程（1 号进程）。init 程序有多种实现，例如 SysVinit、Upstart、OpenRC 和 Systemd，传统上 SysVinit 用得比较多，而现在大都采用 Systemd。init 进程会启动各种系统服务（或称守护进程），最后根据不同的操作模式（命令模式或图形模式）[1] 来启动不同的登录管理服务。命令模式下的登录管理服务一般是 getty（其具体实现可能是 mingetty 或 agetty 等），它会调用 login 程序在终端上显示一个类似于 Hostname login: 的文本式登录提示符；图形模式下的登录管理服务也叫显示管理器（Display Manager，DM），常见的显示管理器有 XDM、KDM、GDM、SDDM 和 LightDM 等，它会显示一个图形化登录界面。登录成功以后，命令模式会启动一个类似于 DOS 界面的命令解释器（Shell，常见的实现有 bash、csh、ksh 和 zsh 等），图形模式则会启动一套类似于 Windows 图形界面的桌面环境（常见的有 KDE、GNOME、Mate、XFCE、LXDE 和 DDE 等）。

在整个启动过程中，内核启动是其中很小的一个阶段，然而却是很重要的一个阶段。

在正式解析内核启动之前，我们先概括地了解一下整个内核源代码的目录结构。

1 在 SysVinit 里面，“操作模式”称为运行级别（RunLevel），如 RunLevel 1 代表单用户命令模式，RunLevel 2 代表无网络的多用户命令模式，RunLevel 3 代表有网络的多用户命令模式，RunLevel 5 代表有网络的多用户图形模式。在 Systemd 里面，“操作模式”称为运行目标（Target），如 emergency.target 代表最简化命令模式（紧急模式，类似于直接启动命令解释器），rescue.target 代表单用户命令模式（救援模式，类似于 RunLevel 1），multi-user.target 代表多用户命令模式（类似于 RunLevel 3），graphical.target 代表多用户图形模式（类似于 RunLevel 5）。

2.1 内核源代码目录结构

Linux-5.4.x 版本的内核源代码已经超过 2500 万行，这么庞大而复杂的规模自然不可能在一本书中面面俱到。但是了解一下源代码的目录结构还是比较容易的，如图 2-3 所示（其中字体加粗的目录与龙芯 3 号平台关系比较紧密）。

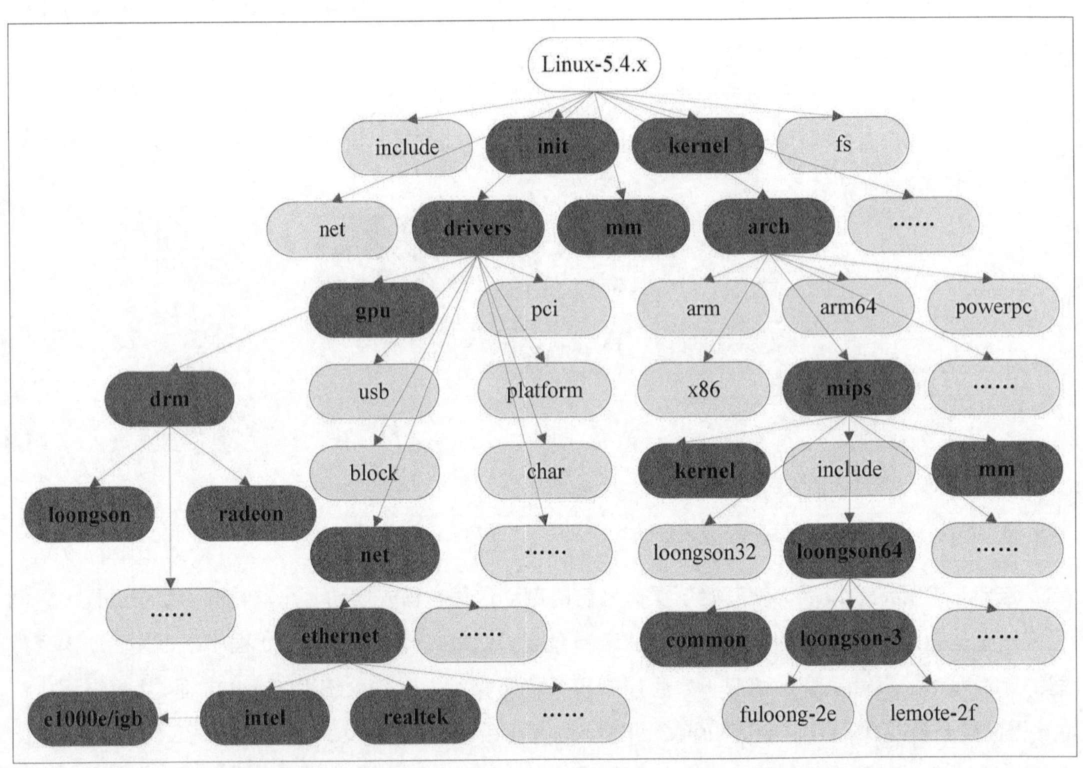

图 2-3 Linux 内核源代码的目录结构

然后我们根据图 2-3 来浏览一下 Linux 内核源代码的顶级目录下的主要目录结构。

init： 通用的（体系结构无关的）内核初始化代码。

kernel： 大部分体系结构无关的公共代码和框架代码都位于此处，包括异常 / 中断处理的框架、各种基本原语操作（如各种类型的锁）的框架、进程管理的核心部分、时间维护与定时器等。

mm： 通用的内存管理代码，如页帧管理器（伙伴系统算法）、内存对象管理器（SLAB/SLUB/SLOB）、进程地址空间管理等。

arch： 体系结构相关的代码，包括早期初始化过程、异常 / 中断处理的具体实现、进程管理的特定数据结构、内存管理的底层操作（如 Cache、TLB 以及页表管理）以及各种原语（如锁原语、同步操作原语、原子操作原语等）的具体实现。对于 MIPS 架构，其核心代码位于 arch/mips 子目录；而具体到龙芯，则分布在 arch/mips/loongson32（用于 32 位龙芯 1 号）和 arch/mips/loongson64（用于 64 位的龙芯 2 号和龙芯 3 号）这两个二级子目录上。arch/mips 下的其他目录（如 include、kernel、mm）是所有 MIPS 处理器的公共代码。

fs： 文件系统代码。它的内容非常广泛，涵盖了 Linux 原生的 EXT2/EXT3/EXT4/BTRFS/

XFS 文件系统、源自 DOS/Windows 的 VFAT/NTFS、源自 MAC OS 的 HFS/HFS+、用于光盘的 ISO9660/UDF、用于网络的 NFS/CIFS、伪文件系统 PROCFS/SYSFS/TMPFS/SHMFS 以及框架性的虚拟文件系统 VFS 等。

drivers： 设备驱动程序。这是包含代码最多的一个目录，包括五花八门的设备驱动，如基于功能的显卡驱动、网卡驱动、输入设备驱动、磁盘驱动，基于总线的 PCI 驱动、USB 驱动、I2C 驱动、SPI 驱动以及跟体系结构关系比较紧密的平台驱动等。但值得注意的是，由于历史原因，声卡驱动（ALSA 驱动）单独位于 drivers 目录之外的 sound 目录。

net： 网络协议栈的实现，包括数据链路层的各种 MAC 协议、网际层的 IPv4/IPv6 协议、传输层的 TCP/UDP/SCTP 协议等。

内核的启动过程实际上就是各个子系统的初始化过程，初始化完成以后，内核的各项功能就进入了正常工作的可用状态。而从上面的目录结构可以看出，内核启动的大部分代码将会集中在 arch 和 init 两个目录里（主要是指代码树上根节点的下一级节点，更深层次的具体实现将会分散到其他目录里）。

龙芯是多核处理器，在操作系统启动完成之后，每个核都是对称的（所以叫对称多处理）。但是在启动过程中，编号为零的核承担着更多的责任，它是第一个启动的核，在它启动完成之后，才会唤醒其他核。因此零号核也叫启动核或者主核；非零号核也叫非启动核或者辅核（在多核系统中，假设总核数为 N，则 N 个核的物理编号分别从 0 到 $N-1$）。

在 Linux 内核中，比“核”更通用的说法是逻辑 CPU，一个逻辑 CPU 就是一个执行任务的最小单位。在单核处理器中，逻辑 CPU 就是物理 CPU；在多核单线程处理器中，逻辑 CPU 就是核；在单核多线程或者多核多线程处理器中，逻辑 CPU 就是线程。本章的“主核”与“辅核”实际上指代“启动逻辑 CPU”和“非启动逻辑 CPU”。

在内核启动过程中，主核与辅核的流程有一定的差异，下面先来看主核。

2.2 内核启动过程：主核视角

主核的执行入口（PC 寄存器的初始值）是编译内核时决定的，运行时由 BIOS 或者 BootLoader 传递给内核的。在 1.3 节中提到，内核的初始入口位于 arch/mips/kernel/head.S 中的 kernel_entry。严格来说，kernel_entry 只是非压缩版原始内核的执行入口点（编译内核产生的 ELF 可执行内核文件叫 vmlinux，即非压缩版的原始内核；将 vmlinux 压缩以后再加上一个新的 ELF 头就得到压缩版内核 vmlinuz；BIOS 既可以启动压缩版内核，也可以启动原始内核）。如果启动的是压缩版内核，在解压前真正的执行入口是 arch/mips/boot/compressed/head.S 中的 start 标号。压缩版内核在 start 标号处开始执行的时候会通过 decompress_kernel() 进行自解压，解压内容释放到内存里形成一个原始内核。解压完毕后，执行流跳转到原始内核的 kernel_entry 入口继续执行。

初始入口（第一入口）是采用体系结构相关的低级语言（汇编语言）编写的，而不管是什么，内核最终都会执行到普通的高级语言（如 C 语言）编写的通用入口（第二入口），即 start_kernel() 函数。概括地说，对于原始内核，其启动顺序为 kernel_entry → start_kernel()；对于压缩版内核，则为 start → kernel_entry → start_kernel()。

2.2.1 第一入口：kernel_entry

我们首先来看看 kernel_entry 处的代码（经过了适当的精简处理）。

```
NESTED(kernel_entry, 16, sp)                    # kernel entry point
        kernel_entry_setup                      # cpu specific setup
        setup_c0_status_pri
        PTR_LA t0,      0f
        jr              t0
0:
        PTR_LA          t0, __bss_start         # clear .bss
        LONG_S          zero, (t0)
        PTR_LA          t1, __bss_stop - LONGSIZE
1:
        PTR_ADDIU       t0, LONGSIZE
        LONG_S          zero, (t0)
        bne             t0, t1, 1b
        LONG_S          a0, fw_arg0             # firmware arguments
        LONG_S          a1, fw_arg1
        LONG_S          a2, fw_arg2
        LONG_S          a3, fw_arg3
        MTC0            zero, CP0_CONTEXT       # clear context register
        PTR_LA          $28, init_thread_union
        PTR_LI          sp, _THREAD_SIZE - 32 - PT_SIZE
        PTR_ADDU        sp, $28
        back_to_back_c0_hazard
        set_saved_sp    sp, t0, t1
        PTR_SUBU        sp, 4 * SZREG           # init stack pointer
        j               start_kernel
        END(kernel_entry)
```

这段初始化代码使用 MIPS 汇编语言编写，NESTED(kernel_entry, 16, sp) 标识一个函数的开头，函数名为 kernel_entry，栈帧大小为 16 字节（B），返回地址为 SP 寄存器的内容；而 END(kernel_entry) 标识一个函数的结尾。需要深入了解 MIPS 汇编语言的读者可参考《MIPS 体系结构透视》。宏指令 PTR_LA 在 32 位配置下展开为 la，在 64 位配置下展开为 dla，用于将一个变量的地址加载到寄存器。宏指令 PTR_LI 在 32 位配置下展开为 li，在 64 位配置下展开为 dli，用于将一个立即数加载到寄存器。同样的道理，LONG_S、PTR_ADDIU、PTR_ADDU、PTR_SUBU 和 MTC0 最后的展开结果也分别是 sw/sd、addiu/daddiu、addu/daddu、subu/dsubu 和 mtc0/dmtc0。这里使用宏指令是为了同时兼容 32 位和 64 位内核。

kernel_entry 入口处的重要工作一共有以下 8 个。

1. 通过 kernel_entry_setup 进行与 CPU 具体类型相关的初始化。

2. 通过 setup_c0_status_pri 设置主核协处理器 0 的初始 Status 寄存器。

3. 标号 0 后面的 3 行以及标号 1 后面的 3 行通过一个循环来清零 .bss 段（未初始化全局数据段，位于 __bss_start 到 __bss_stop 之间）的全局数据。

4. 清零 .bss 段后，用 4 条 LONG_S 宏指令将 a0 ~ a3 寄存器中的值分别保存到 fw_arg0 ~ fw_arg3 内存变量中，这 4 个变量包含 BIOS 或者引导程序传递给内核的参数。

5. MTC0 zero, CP0_CONTEXT 用于清空协处理器 0 中的 Context 寄存器，该寄存器用于 TLB 异常处理，清零是为了保证初始值合法。

6. PTR_LA $28, init_thread_union 的功能是用 init_thread_union 的地址来初始化 GP 寄存器。GP 也叫全局指针，用于访问全局数据，实际上就是 28 号通用寄存器[1]。

7. PTR_LI sp, _THREAD_SIZE - 32 - PT_SIZE 用于初始化 SP 寄存器。SP 是堆栈指针，也就是 29 号通用寄存器。

8. 最后的 j start_kernel 表示跳转到第二入口处继续执行，第二入口即 start_kernel() 函数。

下面详细解析上述 1、2、7 这 3 个重要步骤，因为其他几个步骤基本上不言自明，所以不再深入探讨。

（一）kernel_entry_setup

内核入口 kernel_entry 处的第一个关键步骤是 kernel_entry_setup。龙芯 2 号和龙芯 3 号所公用的 kernel_entry_setup 宏定义在 arch/mips/include/asm/mach-loongson64/kernel-entry-init.h 中，具体代码如下。

```
        .macro  kernel_entry_setup
#ifdef CONFIG_CPU_LOONGSON3
        .set    push
        .set    mips64
        /* Set LPA on LOONGSON3 config3 */
        mfc0    t0, CP0_CONFIG3
        or      t0, (0x1 << 7)
        mtc0    t0, CP0_CONFIG3
        /* Set ELPA on LOONGSON3 pagegrain */
```

1　在阅读本书时要注意：凡是在内核汇编代码里面见到 $28，就应当立即联想到它表示的是当前进程的 thread_union 地址（自然也是 thread_info 地址）。

```
        mfc0    t0, CP0_PAGEGRAIN
        or      t0, (0x1 << 29)
        mtc0    t0, CP0_PAGEGRAIN
        /* Enable STFill Buffer */
        mfc0    t0, CP0_PRID
        /* Loongson-3A R4+ */
        andi    t1, t0, PRID_IMP_MASK
        li      t2, PRID_IMP_LOONGSON_64G
        beq     t1, t2, 1f
        nop
        /* Loongson-3A R2/R3 */
        andi    t0, (PRID_IMP_MASK | PRID_REV_MASK)
        slti    t0, (PRID_IMP_LOONGSON_64C | PRID_REV_LOONGSON3A_R2_0)
        bnez    t0, 2f
        nop
1:
        mfc0    t0, CP0_CONFIG6
        or      t0, 0x100
        mtc0    t0, CP0_CONFIG6
2:
        _ehb
        .set    pop
#endif
        .endm
```

虽然龙芯 2 号和龙芯 3 号的 kernel_entry_setup 宏定义在同一个文件中，但龙芯 2 号并不需要做什么特别的工作，因此整个宏中的有效代码用 CONFIG_CPU_LOONGSON3 控制进行条件编译。在缺省情况下，龙芯 3 号支持 44 位物理地址，但对于多芯片互联的 CC-NUMA 系统来说，NUMA 节点的编号被编入内存地址的第 44 ~ 47 位，因此总共需要 48 位物理地址。协处理器 0 中 Config3 寄存器的第 7 位和 PageMask 寄存器的第 29 位用于控制 ELPA（Enable Large Physical Address，即 48 位地址空间）。从注释中即可看出，这段代码的前半部分实际上就是打开 ELPA 这个功能。在 1.1 节中提到，从龙芯 3A2000 开始添加了一些新的增强功能，包括 SFB。而 kernel_entry_setup 的后半部分代码正是用来处理 SFB 的：通过 PRId 寄存器判定处理器的类型，如果是龙芯 3A2000 或者更新的处理器就开启 SFB 功能（通过控制协处理器 0 中 Config6 寄存器的第 8 位实现）。这个宏的最后一条语句是 _ehb，这是一条遇险防护指令，以保证对协处理器 0 的配置真正生效以后再执行后续代码。

（二）setup_c0_status_pri

内核入口 kernel_entry 处的第二个关键步骤是 setup_c0_status_pri。宏 setup_c0_ status_pri 定义在 arch/mips/kernel/head.S 中，用于设置主核协处理器 0 中 Status 寄存器的初始状态。

```
        .macro  setup_c0_status_pri
#ifdef CONFIG_64BIT
#ifdef CONFIG_CPU_LOONGSON3
        setup_c0_status ST0_KX|ST0_MM 0
#else
        setup_c0_status ST0_KX 0
#endif
#else
#ifdef CONFIG_CPU_LOONGSON3
        setup_c0_status ST0_MM 0
#else
        setup_c0_status 0 0
#endif
#endif
        .endm
```

这个宏很简单，就是调用 setup_c0_status 设置协处理器 0（系统控制协处理器）中 Status 寄存器的初始值。setup_c0_status 有两个参数，第一个参数（set）是需要显式设置的位，第二个参数（clr）是需要显式清零的位。如果是 64 位内核，需要显式设置的有 ST0_KX 位（KX 位的作用是启用内核态的 64 位地址段），否则没有需要显式设置的位。不过在龙芯上面需要显式设置的还有 ST0_MM 位，ST0_MM 是 ST0_CU2 的别名，就是协处理器 2，即多媒体指令协处理器使能位。打开 ST0_MM 位可以保证内核态正常使用多媒体指令。这里的 setup_c0_status 的第二个参数总是 0，说明没有需要显式清零的位。setup_c0_status 内部会自动打开 ST0_CU0 位（协处理器 0，即系统控制协处理器使能位）并自动清空最低 5 位，其他既不在 set 参数中又不在 clr 参数中的位一般会保持原值。

说到这里，有必要完整地介绍一下协处理器 0 中的 Status 寄存器，该寄存器的位域定义如图 2-4 所示。

31 28	27	26	25 24	23	22	21	20	19	18 16	15 8	7	6	5	4 3	2	1	0
CU3~CU0	0	FR	0	PX	BEV	0	SR	NMI	0	IM7~IM0	KX	SX	UX	KSU	ERL	EXL	IE

图 2-4 龙芯协处理器 0 中 Status 寄存器的位域定义

为 0 的位域表示功能未定义，写入时应当写 0，其他已定义的位域从低到高分别如下。

IE： 全局中断使能位，为 1 表示开中断，为 0 表示关中断。

EXL： 异常级别指示，为 1 表示 CPU 处于异常模式，即发生了除复位、NMI 和 Cache 错误以外的某种异常。

ERL： 错误级别指示，为 1 表示 CPU 处于错误模式，即发生了复位、NMI 或者 Cache 错误之类的某种异常。

KSU： 特权模式位，为 0 表示 CPU 处于核心态（内核态），为 1 表示 CPU 处于管理态，为 2 表示 CPU 处于用户态，为 3 表示未定义。核心态权限最高，可以执行任意指令（特权指令和非特权指令），可以访问任意地址空间（核心地址空间、管理地址空间和用户地址空间）；管理态权限居中，不能执行特权指令，能访问管理地址空间和用户地址空间；用户态权限最低，不能执行特权指令，只能访问用户地址空间。另外，当 EXL 或 ERL 置位时，不管 KSU 取何值，CPU 自动处于核心态。

UX： 为 1 表示启用 64 位用户地址空间段。

SX： 为 1 表示启用 64 位管理地址空间段。

KX： 为 1 表示启用 64 位核心地址空间段。

IM7~IM0： 中断掩码位，MIPS 在 CPU 层面一共有 8 个中断源，分别有 8 个掩码位与之对应，为 1 的位表示允许该中断触发，为 0 的位表示禁止该中断触发。

NMI： 为 1 表示发生了不可屏蔽中断（NMI）。

SR： 为 1 表示发生了软件复位。

BEV： 控制异常向量的入口，为 1 表示使用启动时异常向量入口（启动时异常向量是 BIOS 设置的原始异常向量，入口地址在 ROM 芯片里），为 0 表示使用运行时异常向量入口（运行时异常向量是操作系统内核设置的异常向量，入口地址在 RAM 内存里）。

PX： 为 1 表示在用户态使能 64 位操作数指令（如 daddu、dsubu 等）。

FR： 浮点运算协处理器模式切换，为 1 表示有 32 个双精度浮点寄存器可用，为 0 表示只有 16 个双精度浮点寄存器可用。

CU3~CU0： 标识 4 个协处理器是否可用，协处理器 0（CP0）是系统控制协处理器，在所有 MIPS 处理器上总是可用的；协处理器 1（CP1）通常是浮点运算协处理器（FPU），在所有龙芯处理器上总是可用的；协处理器 2（CP2）在龙芯 3 号上总是可用的，表示多媒体指令协处理器。

龙芯 3 号总是使用 64 位内核，所以 setup_c0_status_pri 实际上就是设置当前模式为内核态模式（KSU），启用内核的 64 位地址段访问能力（KX），启用系统控制协处理器（CU0），启用多媒体指令协处理器（CU2），清除异常状态并禁止中断（清零 EXL、ERL、IE）。BEV 等位保持 BIOS 设置的原值（内核尚未建立运行时异常向量）。

（三）init_thread_union 相关

内核入口 kernel_entry 处的第三个关键步骤是与 init_thread_union 相关的操作。要讲述这一步，首先需要了解一下在 Linux 中进程与线程的概念。在 Windows 等操作系统中，进程是运行的程序实体，而线程是进程中的独立执行路径；也就是说，进程是容器，线程是容器中的执行体。而在 Linux 中，进程和线程都是运行的程序实体，区别是进程有独立的地址空间，而若干个线程共享同一个地址空间；也就是说，线程是一种特殊的进程。在 Linux 中线程的容器并不是进程，而是线程组。例如：一个运行中的多线程程序是一个线程组，里面包含多个线程；一个运行中的单线程程序也是一个线程组，里面包含一个线程。单线程程序中的那个唯一线程，就是一般意义上的进程（这些概念在本书第 5 章中将详细展开）。

内核本身也可以视为一个特殊的进程，它可以派生出很多共享地址空间的内核线程，因此这个拥有许多线程的内核又可以视为一个特殊的线程组。

然后我们还必须了解一些数据结构（根据 MIPS 体系结构的配置进行精简化的结果），具体代码如下。

```
union thread_union {
        struct task_struct task;
        struct thread_info thread_info;
        unsigned long stack[THREAD_SIZE/sizeof(long)];
};

struct task_struct init_task = {
        .state              = 0,
        .stack              = init_stack,
        .tasks              = LIST_HEAD_INIT(init_task.tasks),
        .comm               = INIT_TASK_COMM,
        .thread             = INIT_THREAD,
        ......
};

#define INIT_TASK_DATA(align)                       \
        . = ALIGN(align);                           \
        __start_init_task = .;                      \
        init_thread_union = .;                      \
        init_stack = .;                             \
        KEEP(*(.data..init_task))                   \
        KEEP(*(.data..init_thread_info))            \
        . = __start_init_task + THREAD_SIZE;        \
        __end_init_task = .;

union thread_union init_thread_union;
struct thread_info init_thread_info __init_thread_info = INIT_THREAD_INFO(init_task);
unsigned long init_stack[THREAD_SIZE / sizeof(unsigned long)];
unsigned long kernelsp[NR_CPUS];
```

每一个进程（包括普通进程和内核线程）用一个进程描述符 task_struct 表示；每一个进程都有一个体系结构相关的线程信息描述符，即 thread_info；每一个进程都有一个内核栈，用于处理异常、中断或者系统调用。Linux 内核为每个进程分配一个大小为 THREAD_SIZE 的内存区（大小通常就是一个页面），把 task_struct、thread_info 和内核栈放在一起，即 thread_union。thread_union 地址从低处开始往上是 task_struct 和 thread_info（由于 thread_union 是联合体，因此 task_struct 字段和 thread_info 字段的地址相同。不同的体系结构可选择性地使用 task_struct 和 thread_info 其中的一个，而 MIPS 选择使用 thread_info），从高处开始往下是内核栈，task_struct 中的 stack 指针指向 init_stack。这里的 init_task 就是 Linux 中 0 号进程的 task_struct，0 号进程一开始就是内核自身，在完成启动初始化以后，变为 Idle 进程（空闲进程）[1]。对于多核或者多处理器系统，每个逻辑 CPU（1 个逻辑 CPU 是多核 CPU 的一个核或者多线程 CPU 的一个线程）都有一个 0 号进程。0 号进程的 thread_union 叫 init_thread_union，0 号进程的 thread_info 叫 init_thread_info，0 号进程的内核栈叫 init_stack。每个逻辑 CPU 在处于内核态时都有一个当前内核栈（就是当前进程的内核栈），其栈指针就是 kernelsp[] 数组。

注意：

早期的内核以静态方式定义 init_thread_union，而 init_thread_info 和 init_stack 分别定义成 init_thread_union.thread_info 和 init_thread_union.stack。从 Linux-4.16 版本开始引入 INIT_TASK_DATA 宏，用于在内核链接脚本里处理这些数据结构。虽然定义方式不同，但老内核和新内核所处理的数据结构的最终结果是一致的。

回头来看 SP 寄存器的初始化，首先 SP 被设置成 _THREAD_SIZE - 32 - PT_SIZE，然后，加上 GP 寄存器的值。对于龙芯 3 号，_THREAD_SIZE 就是 PAGE_SIZE，即一个内存页的大小；PT_SIZE 是 struct pt_regs 的大小，即寄存器上下文所占用的空间；而 GP 的值是 init_thread_union，亦即 init_thread_info 的地址。由此可见，PTR_LI sp, _THREAD_SIZE - 32 - PT_SIZE 和 PTR_ADDU sp, $28 这两条语句的功能是把 SP 设置成 init_thread_union 所在的那个页的结束地址（最高地址）减去 32 字节再减去一个寄存器上下文所占用的空间，而不是直接将 SP 设置成最高地址。在初始内核栈里面预留的这一部分空间中，地址最高处的 32 字节主要是为了满足 ABI 的要求（调用者需要 4 个参数寄存器的影子空间，kernel_entry 的调用者就是 BIOS；BIOS 和内核是两个世界，因此进入内核世界后首次设置 SP 必须考虑 BIOS），同时也可以起到检测栈溢出的作用。而紧接着预留 PT_SIZE 大小的空间是用于异常处理（包括系统调用）的，因为异常发生以后会发生控制转移，需要将之前的寄存器上下文保存到内核栈以便恢复。

后面的 back_to_back_c0_hazard 是遇险防护，其作用跟前面提及的 _ehb 类似。随后的 set_saved_sp sp, t0, t1 将 SP 寄存器的初始值保存到 kernelsp 数组，因为现在是主核（即 0 号核）的视角，所以 SP 会保存到 kernelsp[0]。保存完 kernelsp 后，下一条语句 PTR_SUBU sp, 4 * SZREG 将 SP 指针移动 4 个通用寄存器的距离（对于 32 位内核是 16 字节，对于 64 位内核是 32 字节），其作用是构造一个 32 字节的初始自由栈帧（也是为了满足 ABI 的要求而预留 4 个参数寄存器的影子空间，kernel_entry 调用 start_kernel() 时需要）。

至此，第一入口处的代码已经完成，接下来将跳转到通用入口（第二入口），即 start_kernel()。

1　为了避免和 1 号 init 进程混淆，本书会在必要的时候将 0 号进程称为 boot_init，将 1 号进程称为 kernel_init。

2.2.2 第二入口：start_kernel()

现在我们来到了高级语言的世界，源代码的可读性大大增强。虽然现在大多数代码是通用的，但 start_kernel() 调用的许多子函数仍然是体系结构相关的，不同的平台有不同的具体实现。本书将侧重讲解那些体系结构相关的部分。

第二入口 start_kernel() 定义在 init/main.c 中，其代码树如下（有精简）。

```
start_kernel()
    |-- smp_setup_processor_id();
    |-- cgroup_init_early();
    |-- local_irq_disable();
    |-- boot_cpu_init();
    |       |-- cpu = smp_processor_id();
    |       |-- set_cpu_online(cpu, true);
    |       |-- set_cpu_active(cpu, true);
    |       |-- set_cpu_present(cpu, true);
    |       |-- set_cpu_possible(cpu, true);
    |       \-- __boot_cpu_id = cpu;
    |-- page_address_init();
    |-- setup_arch(&command_line);
    |-- setup_command_line(command_line);
    |-- setup_nr_cpu_ids();
    |-- setup_per_cpu_areas();
    |-- smp_prepare_boot_cpu();
    |-- boot_cpu_hotplug_init();
    |-- build_all_zonelists(NULL, NULL);
    |-- page_alloc_init();
    |-- parse_early_param();
    |-- vfs_caches_init_early();
    |-- trap_init();
    |-- mm_init();
    |     |-- mem_init();
    |     |-- kmem_cache_init();
    |     |-- kmemleak_init();
    |     \-- vmalloc_init();
    |-- sched_init();
    |     |--for_each_possible_cpu(i) {
    |     |       rq = cpu_rq(i);
    |     |       init_cfs_rq(&rq->cfs);
```

```
|    |      init_rt_rq(&rq->rt);
|    |      init_dl_rq(&rq->dl);
|    |      ……
|    |  }
|    |-- set_load_weight(&init_task);
|    |-- init_idle(current, smp_processor_id());
|    \-- init_sched_fair_class();
|-- radix_tree_init();
|-- workqueue_init_early();
|-- rcu_init();
|-- early_irq_init();
|-- init_IRQ();
|-- tick_init();
|-- rcu_init_nohz();
|-- init_timers();
|-- hrtimers_init();
|-- softirq_init();
|-- timekeeping_init();
|-- boot_init_stack_canary();
|-- time_init();
|-- perf_event_init();
|-- profile_init();
|-- call_function_init();
|-- local_irq_enable();
|-- console_init();
|-- setup_per_cpu_pageset();
|-- numa_policy_init();
|-- acpi_early_init();
|-- sched_clock_init();
|-- calibrate_delay();
|-- pid_idr_init();
|-- anon_vma_init();
|-- thread_stack_cache_init();
|-- fork_init();
|-- proc_caches_init();
|-- buffer_init();
|-- key_init();
|-- security_init();
|-- vfs_caches_init();
```

```
    |-- pagecache_init();
    |-- signals_init();
    |-- proc_root_init();
    |-- cpuset_init();
    |-- cgroup_init();
    |-- acpi_subsystem_init();
    \-- arch_call_rest_init();
        \-- rest_init();
            |-- kernel_thread(kernel_init, NULL, CLONE_FS);
            |-- numa_default_policy();
            |-- kernel_thread(kthreadd, NULL, CLONE_FS | CLONE_FILES);
            \-- cpu_startup_entry(CPUHP_ONLINE);
                \-- while(1) do_idle();
                    \-- cpuidle_idle_call();
                        \-- default_idle_call();
                            \-- arch_cpu_idle();
                                \-- cpu_wait(); /* MIPS 体系结构相关 */
```

好大一棵树！虽然已经精简了不少函数，并且没怎么展开二级节点，但一级节点还是构成了一个长长的序列。这里并不会详细解释所有的一级节点，相反只会解释一部分跟本书内容密切相关的函数。**粗体**标注的函数是高度体系结构相关的或者非常重要的，会在专门的章节中详细展开。

虽然这棵树很庞大，但我们大致可以将整个 start_kernel() 过程分为 3 个大的阶段：关中断单线程阶段（从 start_kernel() 头部开始直到 local_irq_enable() 结束）；开中断单线程阶段（从 local_irq_enable() 开始直到 rest_init() 前）；开中断多线程阶段（rest_init() 的整个过程）。

（一）第一阶段：关中断单线程阶段

启动初期的初始化过程必须关中断进行（中断处理的基础设施尚未准备好），所以 start_kernel() 开始执行不久之后就通过 local_irq_disable() 来关闭中断。这是一个体系结构相关的操作，对于 MIPS 来讲就是将协处理器 0 中 Status 寄存器的 IE 位清零。虽然 local_irq_disable() 并不是本阶段的第一个操作，但从上一节的知识我们可以知道 kernel_entry 在将控制权转交给 start_kernel() 时就是关中断的。

然后来看 boot_cpu_init()，这个函数的作用主要是设置启动 CPU（通常是 0 号 CPU）的存在性状态。一个逻辑 CPU 有 4 种存在性状态：possible，表示物理上有可能存在；present，表示物理上确实存在；online，表示已经在线；active，表示已经在线并且处于活动状态。处于不同存在性状态中的逻辑 CPU 分别保存在 cpu_possible_mask、cpu_present_mask、cpu_online_mask 和 cpu_active_mask 中，不同存在性状态的逻辑 CPU 总数分别用 num_ possible_cpus()、num_present_cpus()、num_online_cpus() 和 num_active_cpus() 来获取。这 4 者的关系是 num_possible_cpus() ≥ num_present_cpus() ≥ num_online_cpus() ≥ num_active_cpus()。num_possible_cpus() 缺省就是配置内核时使用的 NR_CPUS 值，可以用启动参数 nr_cpus 改写。possible 和 present 的区别与 CPU 物理热插拔有关，缺省情况下 present 和 possible 数目相同，但如果物理上移除一个 CPU，present 数目就会减少一个。present 和 online 的区别是 CPU 逻辑热插拔，在不改变硬件的情况下，可以对 /sys/devices/system/cpu/cpuN/online 写 0 来关闭一个 CPU，写 1 来重新打开。online 和 active 非常相似，前者表示这个 CPU 可以调度任务了，后者表示可以往这个 CPU 迁移任务了；两者的区别在于，在通过逻辑热插拔关闭一个 CPU 的过程中，被关闭的 CPU 首先必须退出 active 状态（保证任务只出不进），然后才能退出 online 状态。整个 boot_cpu_init() 的功能，就是将启动核（在龙芯上面就是 0 号核）的状态设置成 possible、present、online 及 active。传统上启动核就是 0 号核，但是有些体系结构（如 X86）支持从非 0 号核启动，因此 boot_cpu_init() 的最后一步是将变量 __boot_cpu_id 赋值为当前 CPU 的逻辑编号。

然后是一个重要函数 setup_arch()，这是根据体系结构进行相关的初始化，MIPS 的 setup_arch() 定义在 arch/mips/kernel/setup.c 中，将在 2.2.3 小节中详细讲解。

setup_command_line()，建立内核命令行参数。内核命令行参数可以写在启动配置文件（boot.cfg 或 grub.cfg）中，由 BIOS 或者启动器（BootLoader，如 Grub）传递给内核；也可以在编译内核时指定为缺省参数。setup_command_line() 将各个来源的命令行参数综合在一起，处理成最终状态。

setup_nr_cpu_ids()，获取 cpu_possible_mask 中的最大 CPU 编号（所有 possible 状态的逻辑 CPU 的最大编号），并将其赋值给全局变量 nr_cpu_ids。

setup_per_cpu_areas()，建立每 CPU 变量区，每 CPU 变量用 DEFINE_PER_CPU (type, name) 语句定义，在功能上等价于用 type name[NR_CPUS] 定义一个数组。不同的是普通数组中的每个元素在内存中是相邻的，而每 CPU 数组在内存中不相邻（每 CPU 数组中的每个元素位于不同的 Cache 行）。把每 CPU 数组设计成跨 Cache 行的作用：修改某个 CPU 的元素不会让另一个 CPU 的元素因为同在一个 Cache 行而被“污染”（CPU 高速缓存的维护是以行为单位的），因而能更有效地利用 Cache。

smp_prepare_boot_cpu() 是一个体系结构相关的函数，在 MIPS 上主要是把 0 号逻辑 CPU 设成 possible 和 online 状态，该函数在功能上和 boot_cpu_init() 有所重复。

boot_cpu_hotplug_init() 主要是将启动核（即当前核）的状态设置为 online。

接下来的 trap_init() 是异常初始化，这个函数都是体系结构相关的并且非常重要，后续将在 2.2.4 小节中详细讲解。

随后的 mm_init() 是内存管理初始化。体系结构相关的内存管理部分已经在 setup_arch() 中完成（其中会将 BIOS 传递的固件内存分布图转换成 BootMem/MemBlock 内存分布图），这里主要是调用 mem_init() 建立内存分布图（将 BootMem/MemBlock 内存分布图转换为伙伴系统的内存分布图，对其中的每个可用的页帧调用 set_page_count() 将其引用计数设为 0），调用 kmem_cache_init() 完成 SLAB 内存对象管理器的初始化，调用 kmemleak_init() 完成内核内存泄漏扫描器（KMemLeak）的初始化，以及调用 vmalloc_init() 完成非连续内存区管理器的初始化（包括将内核 VMA 的延迟释放函数设置成 free_work()）。

sched_init()，调度器初始化，完成以后主核就可以进行任务调度了。sched_init() 会通过 for_each_possible_cpu() 迭代器初始化每个 CPU 的运行队列（运行队列 rq 用于进程组织和调度），其中包括 cfs、rt 和 dl 这 3 个子队列[1]。接下来，sched_init() 中还有几个比较重要的步骤就是对 init_task 的操作：init_task 的大部分成员字段已经在定义的时候就静态初始化好了，这里只需调用 set_load_weight() 设置 init_task 的负荷权重（负荷权重跟基于优先级的进程调度有关，详见第 5 章），再调用 init_idle() 将内核自己进程化（准备工作完成后，init_task 的调度类会被设置为 idle_sched_class，使用专门的 IDLE 调度策略）。从现在开始内核也是一个“进程”了，即 0 号进程。

workqueue_init_early()，工作队列初始化的第一部分，主要操作是创建 7 个系统级工作队列：system_wq、system_long_wq、system_highpri_wq、system_unbound_wq、system_freezable_wq、system_power_efficient_wq 和 system_freezable_power_efficient_wq。工作队列是一种“可延迟执行机制”，详情请参阅本书第 3 章。

rcu_init()，RCU 是一种内核同步原语，全称 Read-Copy-Update（读—复制—更新），和自旋锁、信号量、读写锁等同步原语有类似的 API（函数接口），但 RCU 本身并不是锁（详见附录 A）。该函数的作用是初始化 RCU 子系统。

early_irq_init()，初始化中断描述符。中断描述符就是 irq_desc[NR_IRQS] 数组，包含了每个中断号（IRQ）的芯片数据 irq_data 和中断处理程序 irqaction 等信息（如果启用了 SPARSE_IRQ，则没有 ira_desc[] 数组，将动态中断描述符插入 irq_desc_tree 树中）。该函数只是设置缺省信息，比如芯片数据都设成 no_irq_chip，中断处理程序都设成 handle_bad_irq()。真正有意义的信息由后面体系结构相关的 init_IRQ() 函数完成。

init_timers()，基本定时器初始化；hrtimers_init()，高分辨率定时器初始化。

softirq_init()，软中断初始化。软中断和硬中断的概念来自于早期内核中的“上半部（Top-Half）”和“下半部（Bottom-Half）”。上半部是中断处理中非常紧急、必须立即完成的那部分工作；下半部是不那么紧急、可以延迟完成的那部分工作。软中断在概念上基本继承自下半部。当前内核中定义了以下 10 种软中断（优先级从高到低，NR_SOFTIRQS 是指软中断种数）。

```
enum {
        HI_SOFTIRQ=0,
```

[1] 以前的内核还会在 sched_init() 中将 CPU 负载水平（即 rq->cpu_load[] 数组，记录了最近 5 个时钟节拍内的 CPU 平均负载水平）初值设为 0，但是随着 PELT 机制（Per-Entity Load Tracking，每实体负载跟踪）的成熟和广泛应用，从 Linux-5.3 版本开始淘汰旧的 CPU 负载水平记录方法。

```
        TIMER_SOFTIRQ,
        NET_TX_SOFTIRQ,
        NET_RX_SOFTIRQ,
        BLOCK_SOFTIRQ,
        BLOCK_IOPOLL_SOFTIRQ,
        TASKLET_SOFTIRQ,
        SCHED_SOFTIRQ,
        HRTIMER_SOFTIRQ,
        RCU_SOFTIRQ,
        NR_SOFTIRQS
};
```

SCHED_SOFTIRQ 在之前的 sched_init() 中进行初始化，RCU_SOFTIRQ 在之前的 rcu_init() 中进行初始化，TIMER_SOFTIRQ 和 HRTIMER_SOFTIRQ 在之前的 init_timers() 和 hrtimers_init() 中进行初始化，本函数主要完成 HI_SOFTIRQ 和 TASKLET_SOFTIRQ 的初始化，其他类型的软中断分布在各自的子系统中完成。关于软中断和 TASKLET 的更多信息请参阅 3.4 节。

timekeeping_init()，timekeeping 的意思是系统时间维护。该函数的作用主要是初始化各种时间相关的变量，如 jiffies、xtime 等。jiffies 记录了系统启动以来所经历的节拍数，而 xtime 记录的时间可以精确到纳秒。随后的 time_init() 是一个体系结构相关的函数，会进一步初始化计时系统，容后详述。

PerfEvents 和 OProfile 是 Linux 内核中的两种性能剖析工具，perf_event_init() 和 profile_init() 分别完成其初始化。

中断有关的初始化都已经完成，现在可以开中断了。开中断的函数是 local_irq_enable()，对于 MIPS 来讲就是设置协处理器 0 中 Status 寄存器的 IE 位。

对于龙芯平台来说，第一阶段除了关中断运行以外，还有一个很大的特点是显示器上没有任何输出信息。因为龙芯内核使用哑控制台（Dummy Console）作为初始控制台，没有从 BIOS 继承任何可以显示的控制台信息。

（二）第二阶段：开中断单线程阶段

第二阶段中断已经打开，所以虽然现在内核还是以单线程的方式执行，但是一旦产生中断就会切换控制流。因此，这一阶段除了按顺序执行代码流程以外，还可能以交错方式执行中断处理的代码。

console_init()，控制台初始化。在内核中，控制台主要包括基于“键盘 + 鼠标 + 显示器”的 VTConsole（用类似于 console=tty0 的内核启动参数指定，VT 即 Virtual Terminal，虚拟终端），基于串口的 SerialConsole（用类似于 console=ttyS0,115200 的内核启动参数指定）和基于 IP 网络的 NetConsole（用类似于 netconsole=4444@10.0.0.1/eth0 的内核启动参数指定）。VTConsole 是一种高层次的抽象，其底层实现可能是 DummyConsole（哑控制台）、

VGAConsole（VGA 控制台）或者 FBConsole（基于 FrameBuffer 的控制台）等。console_init() 的主要工作实际上是逐个执行 __con_initcall_start 与 __con_initcall_end 之间的函数。这些函数在源代码里面使用 console_initcall() 进行标记，典型的如 drivers/char/vt.c 中的 con_init()。VTConsole 包括最多 63 个虚拟终端（/dev/tty1 ~ /dev/tty63，而 /dev/tty0 映射到当前终端），而 con_init() 的主要工作是将 63 个虚拟终端映射到初始控制台（其实现为哑控制台），然后注册 VTConsole。虽然 console_init() 之后显示器上依然没有输出信息，但是所有的准备工作都做好了，包括启动徽标（就是启动时的小企鹅图标，有多少个逻辑 CPU 就有多少个小企鹅）也已经在内存（VTConsole 的屏幕缓冲区）中绘制好了。只要显卡初始化一完成，基于 FrameBuffer 的 FBConsole 就会代替 DummyConsole，从而输出显示信息（将显示内容从 VTConsole 的屏幕缓冲区复制到显卡的帧缓存 FrameBuffer）。

numa_policy_init()，NUMA 内存分配策略初始化，具体的策略有 MPOL_DEFAULT（缺省）、MPOL_PREFERRED（优选）、MPOL_BIND（绑定）、MPOL_INTERLEAVE（交叉）和 MPOL_LOCAL（本地）几种。每个进程可以定义自己的策略，如果进程没有定义就使用缺省策略。这里 numa_policy_init() 会将初始策略设置为 MPOL_INTERLEAVE 模式，这种策略在性能上不占优势，但可以保证内核启动的早期能够比较均匀地在各个节点间分配内存，从而避免出现内存不足的问题。

calibrate_delay()，计算 loops_per_jiffy 的值。loops_per_jiffy 的含义是每个时钟节拍对应的空循环数，这个值用于以后实现各种 delay() 类的忙等函数。

fork_init()，Linux 用 fork() 系统调用来创建新进程。该函数的作用是初始化 fork() 用到的一些数据结构，如创建名为“task_struct”的 SLAB 内存对象缓存，将最大线程数设置为 MAX_THREADS 等。

signals_init()，与信号相关的数据结构初始化。信号之于进程，好比中断之于内核，其用于打断当前的执行流程，去完成一些更重要的工作。

cgroup_init()，CGroup 全称 Contol Group（控制组），是内核一种控制资源分配的机制。该函数完成控制组相关数据结构的初始化，并且创建相应的 sysfs 节点和 procfs 节点。

现在，所有调度有关的子系统已经全部初始化完成，接下来可以创建新的内核线程，以并发的方式继续内核启动了。因为显卡尚未初始化，所以第二阶段显示器上依然没有输出信息。

（三）第三阶段：开中断多线程阶段

rest_init()，顾名思义，第三阶段就是余下的初始化工作任务。rest_init() 函数的主要工作是通过 kernel_thread() 创建了 1 号进程 kernel_init 和 2 号进程 kthreadd（实际上是两个内核线程）。1 号进程的执行体函数是 kernel_init()，它完成接下来的大部分初始化工作，后面的章节将会详细介绍它。2 号进程则是除 0、1、2 号进程以外其他所有内核线程的祖先（如果 1 号进程在运行过程中需要创建新的内核线程，会委托 2 号进程来创建）。

在创建完 1 号进程后，rest_init() 会通过 numa_default_policy() 将内核自己的 NUMA 内存分配策略改成 MPOL_DEFAULT，这意味着包括 0 号进程在内的所有内核线程都将默认使用

MPOL_DEFAULT 策略，而 1 号进程暂时还沿用 MPOL_INTERLEAVE 策略。

1 号进程和 2 号进程创建以后，内核自己的初始化工作就基本完成了（余下的事情转交给 1 号进程和 2 号进程）。但是别忘了，内核自己是 0 号进程，因此它也有必须持续进行的“工作”。内核初始化的最后一步是执行 cpu_startup_entry(CPUHP_ONLINE)，而后者的主要工作是循环调用 do_idle()。从名字可以看出，0 号进程现在成了空闲进程（即 IDLE 进程），它的工作就是“休息”（如果别的进程有事要做，就调度别的进程，反之意味着系统空闲，回到 0 号进程）。顺着调用链追踪下去，可以发现 0 号进程的核心过程是循环执行 cpuidle_idle_call()，而 cpuidle_idle_call() 的缺省实现（即未启用 CPUIDLE 配置的情形）是 default_idle_call()。缺省空闲函数 default_idle_call() 的主要操作是执行体系结构相关的 arch_cpu_idle() 函数，而具体到 MIPS 处理器，则是 cpu_wait()。cpu_wait() 可以有多种实现，一般就是执行 WAIT 指令进入节能状态。

1 号进程与 2 号进程会派生很多新的内核线程来完成各种内核功能。在 SMP 系统上，1 号进程会打开所有辅核，让后面的内核启动真正并行起来。包括显卡驱动在内的各种设备驱动都在 1 号进程里完成，因此第三阶段除了起始点以外的大部分时间是有显示信息输出的。

下面的几个小节逐个介绍 start_kernel() 中**粗体**标注的节点（重要函数）。

2.2.3 重要函数：setup_arch()

第一个重要的、与体系结构密切相关的函数是 setup_arch()，它定义在 arch/mips/kernel/setup.c 中，其代码树展开如下（有精简）。

```
setup_arch()
    |-- cpu_probe();
    |    |-- CaseA: cpu_probe_legacy(c, cpu);
    |    |-- CaseB: cpu_probe_loongson(c, cpu);
    |    \-- CaseC: others
    |-- prom_init();
    |    |-- prom_init_cmdline();
    |    |-- prom_init_env();
    |    |-- loongson_pch->early_config();
    |    |    \-- ls2h_early_config()/ls7a_early_config()/rs780_early_config();
    |    |-- prom_init_memory() / prom_init_numa_memory();
    |    |-- prom_init_uart_base();
    |    |-- register_smp_ops(&loongson3_smp_ops);
    |    |-- board_ebase_setup = mips_ebase_setup;
    |    \-- board_nmi_handler_setup = mips_nmi_setup;
```

```
|-- arch_mem_init(cmdline_p);
|     |-- plat_mem_setup();
|     |-- bootmem_init();
|     |-- device_tree_init();
|     |-- sparse_init();
|     \-- plat_swiotlb_setup();
|-- plat_smp_setup();
|     \-- mp_ops->smp_setup();
|             \-- loongson3_smp_setup();
|-- prefill_possible_map();
|-- cpu_cache_init();
|     |-- r4k_cache_init();
|     \-- setup_protection_map();
\-- paging_init();
```

setup_arch() 也是一棵不小的树，我们逐阶段展开。

（一）cpu_probe()

setup_arch() 中的第一个重要步骤是 cpu_probe()，其用来探测 CPU 类型。探测的主要依据是 PRID 寄存器，即协处理器 0 中的 15 号寄存器。PRID 是一个 32 位寄存器，最高 8 位保留，次高 8 位是公司 ID，第三个 8 位是处理器 ID，最后一个 8 位是修订号 ID。cpu_probe() 中的各种 Case 就是根据不同的 ID 执行不同的探测函数。龙芯 3A2000 之前的 CPU 没有公司 ID（也就是 ID 为 0x00），因此用 cpu_probe_legacy() 探测；从龙芯 3A2000 开始有了专门的公司 ID，即 0x14，因此使用 cpu_probe_loongson() 探测。其他非龙芯的 CPU 各有各的探测函数，不再一一列举。

龙芯 CPU 的具体型号通过处理器 ID 和修订号 ID 进行区分，32 位龙芯 1 号的处理器 ID 都是 0x42，64 位龙芯 2 号和龙芯 3 号的处理器 ID 有 0x61、0x63 和 0xc0 这 3 种，具体含义如下。

```
#define PRID_IMP_LOONGSON_64R   0x6100 /* Reduced Loongson-2 */
#define PRID_IMP_LOONGSON_64C   0x6300 /* Classic Loongson-2 and Loongson-3 */
#define PRID_IMP_LOONGSON_64G   0xc000 /* Generic Loongson-2 and Loongson-3 */
```

早期的四发射龙芯 2 号和龙芯 3 号的处理器 ID 为 0x63，因此内核将其定义为 PRID_IMP_LOONGSON_64C（C 是 Classic 的缩写，表示传统版）；一部分双发射龙芯 2 号（如龙芯 2K）的处理器 ID 为 0x61，因此内核将其定义为 PRID_IMP_LOONGSON_64R（R 是 Reduced 的缩写，表示简化版）；最新的龙芯 3A4000 以及更新的四发射龙芯 2 号和龙芯 3 号处理器 ID 都将使用 0xc0，因此内核将其定义为 PRID_IMP_LOONGSON_64G（G 是 Generic 的缩写，表示通用版）。

具体的龙芯处理器型号及其 PRID 如表 2-1 所示。

表 2-1　龙芯处理器 PRID 一览表

处理器名称	公司 ID	处理器 ID	修订号 ID
龙芯 1A	0x00	0x42	0x20
龙芯 1B	0x00	0x42	0x20
龙芯 1C	0x00	0x42	0x20
龙芯 2C	0x00	0x63	0x01
龙芯 2E	0x00	0x63	0x02
龙芯 2F	0x00	0x63	0x03
龙芯 2H	0x00	0x63	0x05
龙芯 2K	0x14	0x61	0x01、0x03
龙芯 3A1000	0x00	0x63	0x05
龙芯 3B1000	0x00	0x63	0x06
龙芯 3B1500	0x00	0x63	0x07
龙芯 3A2000	0x14	0x63	0x08、0x0c
龙芯 3A3000	0x14	0x63	0x09、0x0d
龙芯 3A4000	0x14	0xc0	0x00、0x01、0x02、0x03、0x04

有些处理器的 ID 完全相同，比如龙芯 1A、龙芯 1B 和龙芯 1C，龙芯 2H 和龙芯 3A1000，这是因为它们使用的 CPU 核完全相同。也有些处理器拥有多个 ID，比如龙芯 3A2000 和龙芯 3A3000，这是因为它们修订了多次。处理器 ID 相同但型号不同的情况不能通过运行时探测来区分，一般通过静态配置来解决（构建内核时使用不同的 CONFIG_* 配置）。龙芯 3A1000、龙芯 3B1000 之类的商品名并不符合 Linux 内核的代码风格，因此内核中有另外的名称。

```
龙芯 3A1000：Loongson-3A R1
龙芯 3A2000：Loongson-3A R2（PRID=0x6308），Loongson-3A R2.1（PRID=0x630c）
龙芯 3A3000：Loongson-3A R3（PRID=0x6309），Loongson-3A R3.1（PRID=0x630d）
龙芯 3A4000：Loongson-3A R4
龙芯 3B1000：Loongson-3B R1
龙芯 3B1500：Loongson-3B R2
```

在龙芯 3 号系列当中，所有冠名龙芯 3A 的处理器都是四核，所有冠名龙芯 3B 的处理器都是八核[1]。这并不意味着龙芯 3B 一定比龙芯 3A 更先进，就 CPU 核心微结构来说，龙芯 3A2000、龙芯 3A3000、龙芯 3A4000 要比龙芯 3B1500 更加先进（因此大致可以认为 PRID 越大，处理器越先进）。

（二）prom_init()

PROM 通常指 BIOS 芯片，因此 prom_init() 的大部分工作是通过 BIOS 传递的一些信息来

1　在技术规格和内核源代码中，龙芯 3A 都是四核，龙芯 3B 都是八核。但在商业策略上，采用多路互联的龙芯 3A2000、龙芯 3A3000、龙芯 3A4000 也被称为龙芯 3B2000、龙芯 3B3000、龙芯 3B4000。内核探测时使用缺省名称，如果需要重命名则通过 BIOS-内核接口规范传递新名称。

完成初始化。该函数是 setup_arch() 中的第二个重要步骤。

还记得 kernel_entry 里保存的 fw_arg0 ~ fw_arg3 这几个变量吗？现在就要开始用了。prom_init_cmdline() 中处理前两个变量，其中 fw_arg0 是参数的个数，fw_arg1 是参数的字符串数组。这个函数建立来自 BIOS 或 BootLoader 的内核命令行参数，以便给后面 setup_command_line() 进一步处理。prom_init_cmdline() 的最后一步是调用 prom_init_machtype() 来设置机器型号，机器型号由命令行参数里的“machtype=”指定，如果未指定则缺省，默认使用“generic-loongson-machine”。

接下来的 prom_init_env() 用于初始化环境变量，环境变量来源于 fw_arg2。对于龙芯 3 号以前的机型，环境变量跟命令行参数一样用“key=value”的格式进行指定。从龙芯 3 号开始引入了类似 UEFI 的 LEFI 接口，fw_arg2 仅仅提供一个地址，该地址指向 BIOS 中的一片数据区，数据区有着特定的结构，可以通过它获得丰富的接口信息。LEFI 接口规范[1]所使用的各种数据结果定义在 arch/mips/include/asm/mach-loongson64/boot_param.h 中，其中比较重要的信息是 CPU 信息和内存分布图，分别定义如下。

```
struct efi_cpuinfo_loongson {                   /* CPU 信息 */
        u16 vers;                               /* CPU 信息版本 */
        u32 processor_id;                       /* PRID, 如 0x6305、0x6306 */
        u32 cputype;                            /* Loongson_3A/3B，诸如此类 */
        u32 total_node;                         /* NUMA 节点个数 */
        u16 cpu_startup_core_id;                /* 启动核的编号 */
        u16 reserved_cores_mask;                /* 保留核的掩码 */
        u32 cpu_clock_freq;                     /* 处理器主频 */
        u32 nr_cpus;                            /* 逻辑 CPU 个数 */
} __packed;
struct efi_memory_map_loongson {                /* 内存分布图 */
        u16 vers;                               /* 内存分布图版本 */
        u32 nr_map;                             /* 内存映射段的个数 */
        u32 mem_freq;                           /* 内存频率 */
        struct mem_map {                        /* 内存映射数组 */
                u32 node_id;                    /* 内存映射段的 NUMA 节点 ID */
                u32 mem_type;                   /* 内存映射段的类型 */
                u64 mem_start;                  /* 内存映射段的起始地址 */
                u32 mem_size;                   /* 内存映射段的大小 */
        } map[LOONGSON3_BOOT_MEM_MAP_MAX];
} __packed;
```

这两个数据结构都是很容易理解的，可以“顾名思义”，其中需要进一步解释的主要是 CPU

1 参见《龙芯 CPU 开发系统固件与内核接口规范》。

信息中的 cpu_startup_core_id 和 reserved_cores_mask。通常启动核就是 0 号核，但是偶尔由于调试需求或者个别核的缺陷，我们需要从非 0 号核启动。这时候，cpu_startup_core_id 就是启动核的编号，而 reserved_cores_mask 则是一个位掩码，为 1 的位表示这个核不可用或者保留不用。值得注意的是，这里的编号指的是物理编号而不是逻辑编号，因为进入系统以后，逻辑编号总是从 0 开始并且连续的。内存分布图实际上取消了“内存地址一定要在物理上连续”的假定，使我们可以将内存划分成多个区间，每个区间成为一个“映射段”，这样的设计有利于将系统内存、ACPI 表、SMBIOS 表、PCI 内存区等多重不同的“内存”编址到同一个空间。绝大部分的环境变量信息在经过解析后保存于 loongson_sysconf 中。

如前所述，龙芯电脑支持设备树（FDT）信息。设备树集成在 BIOS 中并以启动参数的方式传递给 Linux 内核。如果 BIOS 没有传递设备树信息，则内核可以使用默认的设备树描述。LS2H、LS7A 和 RS780 这 3 种芯片组机型的默认设备树描述文件分别是 arch/mips/boot/dts/loongson/loongson3_ls2h.dts、arch/mips/boot/dts/loongson/loongson3_ls7a.dts 和 arch/mips/boot/dts/loongson/loongson3_rs780.dts。在编译内核的过程中，这 3 个文本格式的 dts 文件被编译成二进制格式的 dtb 并分别放置在内核的 __dtb_loongson3_ls2h_begin、__dtb_loongson3_ls7a_begin 和 __dtb_loongson3_rs780_begin 地址处。设备树信息的地址保存在 loongson_fdt_blob 中，loongson_fdt_blob 要么是来自 BIOS 信息的 system_loongson::of_dtb_addr，要么是上述 3 个内置 dtb 的地址。

接下来是 loongson_pch->early_config()。loongson_pch 实际上就是龙芯处理器的配套芯片组的抽象（Platform Controller Hub，PCH），目前一共有 3 种 PCH，分别是 LS2H、LS7A 和 RS780E（RS780 的 PCH 同时兼容 RS780+SB700、RS880+SB800 和 SR5690+SP5100）。loongson_pch 提供一系列函数指针，其类型定义如下。

```
struct platform_controller_hub {
        int     type;
        int     pcidev_max_funcs;
        void    (*early_config)(void);
        void    (*init_irq)(void);
        void    (*irq_dispatch)(void);
        int     (*pcibios_map_irq)(struct pci_dev *dev, u8 slot, u8 pin);
        int     (*pcibios_dev_init)(struct pci_dev *dev);
        void    (*pch_arch_initcall)(void);
        void    (*pch_device_initcall)(void);
#ifdef CONFIG_PCI_MSI
        int     (*setup_msi_irq)(struct pci_dev *pdev, struct msi_desc *desc);
        void    (*teardown_msi_irq)(unsigned int irq);
#endif
};
```

LS2H、LS7A 和 RS780E 这 3 种芯片组的 PCH 分别是 ls2h_pch、ls7a_pch 和 rs780_ pch，其 early_config() 实现分别是 ls2h_early_config()、ls7a_early_config() 和 rs780_early_config()。它们的内容大都很简单，以 rs780_early_config() 为例，调用 pci_request_acs() 启用 PCIE 设备的 ACS 特性，并且对 PRID 小于 0x630c 的处理器调用 pci_no_msi() 显式禁用 MSI/MSI-X 中断即可（只有新 CPU 能完美支持 MSI/MSI-X，具体型号为 Loongson-3A R2.1、Loongson-3A R3.1 和 Loongson-3A R4）。

下一步是内存分布图的初始化，根据是否配置为 NUMA 结构来决定调用 prom_init_memory() 还是 prom_init_numa_memory()。通常情况下，我们使用的是支持 NUMA 的版本，即 prom_init_numa_memory()，它首先初始化 NUMA 节点的距离矩阵，然后逐个解析内存分布图并将最终结果保存于 loongson_memmap 中，最后建立逻辑 CPU 和节点的映射关系（即 CPU 拓扑图）。非 NUMA 版本其实是一个简化版，一方面不需要初始化节点的距离矩阵，另一方面只解析节点 ID 为 0 的内存映射。

NUMA 引入节点距离矩阵实际上是为了描述跨节点访存的代价。通常情况下，访问本节点的内存代价最低，访问同一个芯片中的相邻节点（如龙芯 3B 内部的两个节点）的内存代价次之，访问不同芯片的节点的内存代价最大。在 Linux 系统里面可以通过 numactl --hardware 来查看节点距离矩阵，如下是龙芯 3B 双路服务器的输出。

```
available: 4 nodes (0-3)
......
node distances:
node   0   1   2   3
  0:   0  40 200 200
  1:  40   0 200 200
  2: 200 200   0  40
  3: 200 200  40   0
```

龙芯 3B 双路服务器有两个 CPU 芯片，每个芯片有两个 NUMA 节点，其中节点 0、1 同属一个芯片，节点 2、3 同属另一个芯片。可以看出：在节点内部，NUMA 距离为 0；在芯片内部节点之间，NUMA 距离为 40；在跨芯片的节点之间，NUMA 距离为 200。

CPU 拓扑图和节点距离矩阵是紧密相关的，因为节点距离矩阵只描述了各个节点之间的距离，并没有描述各个核（逻辑 CPU）之间的距离。因此有了 CPU 拓扑图，知道哪个核属于哪个节点，哪个节点包括哪些核，才能得到任意两个核之间的距离。

prom_init_uart_base() 用于初始化 CPU 串口的基地址，串口是内核开发最重要的调试工具之一，它可以在其他设备还没有初始化的时候就开始工作，在第一时间输出需要的信息。

接下来 prom_init() 通过 register_smp_ops() 注册 loongson3_smp_ops，这是龙芯多核支持的 SMP 操作函数集（以下不加区分地将多处理器、多核或者多线程系统都简称为 SMP 系统，即对称多处理器系统；与之对应，单处理、单核、单线程的系统称为 UP 系统，即单处理器系统），后面会有详细介绍。注册的概念就是把 loongson3_smp_ops 赋值给 mp_ops 这个全局指针变量。

prom_init() 的最后一步是两个赋值语句：board_ebase_setup = mips_ebase_setup 和 board_nmi_handler_setup = mips_nmi_setup，其作用是将子架构相关的 ebase 初始化函数指针（board_ebase_setup）和 NMI 初始化函数指针（board_nmi_handler_setup）分别设置为 mips_ebase_setup() 函数和 mips_nmi_setup() 函数。

终于，长长的第二阶段结束了。

（三）arch_mem_init()

setup_arch() 中的第三个重要步骤是 arch_mem_init()。该函数首先调用 plat_mem_setup() 来设置系统控制台，如果配置了 VGA 控制台，那么系统控制台就是 vga_con，否则系统控制台为哑控制台 dummy_con。龙芯 3 号属于后一种情况，因此基于龙芯 3 号的电脑在显卡驱动初始化之前（严格来说是 FBConsole 初始化之前）其显示器屏幕上是没有内容的。如果 loongson_fdt_blob 不为空，plat_mem_setup() 还会调用 __dt_setup_arch() 进行早期的设备树校验和初始化。如果初始化成功，则 loongson_fdt_blob 被赋值给 initial_boot_params。

接下来 arch_mem_init() 调用 bootmem_init()，其主要功能是建立 boot_mem_map 内存映射图。boot_mem_map（BootMem 内存分布图）和 loongson_memmap（BIOS 内存分布图）有相似的地方但各有侧重点：boot_mem_map 主要是给 BootMem 内存分配器用，只包含系统内存；而 loongson_memmap 则记录了包括 NUMA 节点和多种内存类型在内的更多信息（在 start_kernel() 的后续步骤里还将建立基于 MemBlock 的体系结构无关的内存分布图）。如果启动时配置了 initrd/initramfs，那么 bootmem_init() 还有一个功能就是通过 init_initrd() 处理 initrd/initramfs 的起始地址、结束地址和设备节点，再通过 finalize_initrd() 将 initrd/initramfs 所在的内存段设置为保留。Linux-5.4 版本已经完全淘汰 BootMem 而全面使用 MemBlock，因此这里通过 memblock_add()、memblock_add_node()、memblock_reserve() 和 memblocks_present() 等 API 直接建立 MemBlock 内存分布图。

> **注意：**
> 对于龙芯来说，bootmem_init() 有两个版本，一个用于 NUMA 配置，另一个用于非 NUMA 配置。在 NUMA 配置下，早在 prom_init_numa_memory() 就已经建立好内存分布图，bootmem_init() 只需要处理 initrd/initramfs。

然后是 device_tree_init()，其主要工作是调用 early_init_dt_verify() 来校验 initial_boot_params（即 dtb 的地址 loongson_fdt_blob）。如果校验通过，则调用 unflatten_and_copy_device_tree() 来解析和初始化设备树。

然后是 sparse_init()，即稀疏型内存模型初始化。内存模型指的是物理地址空间分布的模型，Linux 内核支持 3 种内存模型：平坦型内存模型、非连续型内存模型和稀疏型内存模型。包括龙芯在内的现代体系结构大多采用了比较自由的稀疏型内存模型。如果不采用稀疏型内存模型，sparse_init() 是空操作；如果采用稀疏型内存模型，sparse_init() 会初始化一些稀疏型内存模型专有的数据结构（如全局区段描述符数组 mem_section[] 及其附带的页描述符数组）。

最后是 plat_swiotlb_setup()，其定义在 arch/mips/loongson64/loongson-3/dma.c 中。

首先我们简单介绍一下 SWIOTLB，这是一种 DMA API。龙芯 3 号的访存能力是 48 位，但是由于芯片组或者设备本身的限制，设备的访存能力往往没有这么大。比如龙芯的顶级 I/O 总线（HT 总线）位宽只有 40 位，一部分 PCI 设备的访存能力只有 32 位，而 ISA/LPC 设备的访存能力甚至只有 24 位。为了让任意设备能够对任意内存地址发起 DMA 访问，就必须在硬件上设置一个“DMA 地址 - 物理地址”翻译表，或者由内核在设备可访问的地址范围内预先准备一块内存做中转站。许多 X86 处理器在硬件上提供翻译表，称为 IOMMU；龙芯没有 IOMMU，于是提供了软件中转站，也就是 SWIOTLB。plat_swiotlb_setup() 调用 swiotlb_init() 初始化 SWIOTLB 的元数据并在 32 位地址范围内分配中转缓冲区（缺省为 64 MB），然后注册一个 DMA API 操作集 loongson_dma_map_ops。DMA API 操作集本身是 3 种不同的芯片组机型通用的，但与之密切联系的“物理地址 -DMA 地址”转换函数（即 loongson_addr_xlate_ops 中的 phys_to_dma 和 dma_to_phys 两个函数指针）是与芯片组相关的。

LS2H： 物理地址转 DMA 地址使用 loongson_ls2h_phys_to_dma()，DMA 地址转物理地址使用 loongson_ls2h_dma_to_phys()。

LS7A： 物理地址转 DMA 地址使用 loongson_ls7a_phys_to_dma()，DMA 地址转物理地址使用 loongson_ls7a_dma_to_phys()。

RS780E： 物理地址转 DMA 地址使用 loongson_rs780_phys_to_dma()，DMA 地址转物理地址使用 loongson_rs780_dma_to_phys()。

（四）plat_smp_setup()

接下来是 setup_arch() 的第四个重要步骤，plat_smp_setup()。还记得之前 prom_init() 的最后一步注册的 SMP 操作函数集 loongson3_smp_ops 吗？现在要开始用了，首先我们来看一下它的定义。

```
struct plat_smp_ops loongson3_smp_ops = {
        .send_ipi_single = loongson3_send_ipi_single,
        .send_ipi_mask = loongson3_send_ipi_mask,
        .smp_setup = loongson3_smp_setup,
        .prepare_cpus = loongson3_prepare_cpus,
        .boot_secondary = loongson3_boot_secondary,
        .init_secondary = loongson3_init_secondary,
        .smp_finish = loongson3_smp_finish,
#ifdef CONFIG_HOTPLUG_CPU
        .cpu_disable = loongson3_cpu_disable,
        .cpu_die = loongson3_cpu_die,
#endif
};
```

这里面，send_ipi_single() 和 send_ipi_mask() 是用于核间通信的，cpu_disable() 和 cpu_die() 是用于 CPU 热插拔的，剩下的 5 个函数则是 SMP 启动过程中与 CPU 类型相关的重

要步骤。在这 5 个函数当中，smp_setup()、prepare_cpus() 和 boot_secondary() 在主核（启动核）上执行，用于启动辅核；而 init_secondary() 和 smp_finish() 在辅核（被主核启动的核）上执行。plat_smp_setup() 实际上就是调用 SMP 操作函数集 mp_ops 中的第一个主核步骤 smp_setup()，对于龙芯 3 号来说就是 loongson3_smp_setup()。

```
static void __init loongson3_smp_setup(void)
{
    int i = 0, num = 0;
    init_cpu_possible(cpu_none_mask);
    while (i < loongson_sysconf.nr_cpus) {
        if (loongson_sysconf.reserved_cpus_mask & (1<<i)) {
            __cpu_number_map[i] = -1;
        } else {
            __cpu_number_map[i] = num;
            __cpu_logical_map[num] = i;
            set_cpu_possible(num, true);
            num++;
        }
        i++;
    }
    while (num < loongson_sysconf.nr_cpus) {
        __cpu_logical_map[num] = -1;
        num++;
    }
    csr_ipi_probe();
    ipi_set0_regs_init();
    ipi_clear0_regs_init();
    ipi_status0_regs_init();
    ipi_en0_regs_init();
    ipi_mailbox_buf_init();
    for (i = 0; i < loongson_sysconf.nr_cpus; i++)
        loongson3_ipi_write64(0, (void *)(ipi_mailbox_buf[i]+0x0));
    cpu_set_core(&cpu_data[0], cpu_logical_map(0) % loongson_sysconf.cores_per_package);
    cpu_data[0].package = cpu_logical_map(0) / loongson_sysconf.cores_per_package;
}
```

可见，loongson3_smp_setup() 主要干了 3 件事情：第一件事情是建立 CPU 逻辑编号和物理编号的对应关系，第二件事情是初始化 IPI 寄存器的地址和操作函数，第三件事情是确定主核的封装编号与核编号。

上文提到过保留掩码 reserved_cores_mask，如果保留掩码为零，那么所有的核都会投入使用；如果保留掩码非零，那么一部分核将不用，也就意味着投入使用的核不一定从 0 开始也不一定编号连续。但是Linux内核的很多数据结构和核心代码都假定逻辑CPU的编号从0开始并且连续，这样的话就有必要区分“物理编号”和“逻辑编号”。内核提供了两个数组：__cpu_number_map[NR_CPUS] 和 __cpu_logical_map[NR_CPUS]，前者是物理编号到逻辑编号的映射，后者是逻辑编号到物理编号的映射。

IPI（Inter-Processor Interrupt，处理器间中断），是核间通信的机制。每个 CPU 核对应有 8 个 IPI 寄存器，分别是 IPI_Status、IPI_Enable、IPI_Set、IPI_Clear 以及 Mailbox0~3。前 4 个寄存器长度为 32 位，分别表示 32 种 IPI，Mailbox 寄存器长度为 64 位，用于传递中断以外的更多信息。IPI_Status 是状态寄存器（只读），某一位值为 1 表示收到了某种 IPI；IPI_Enable 是使能寄存器，往某一位写 1 表示允许某种 IPI；IPI_Set 是触发寄存器，往某一位写 1 表示触发某种 IPI；IPI_Clear 是清除寄存器，往某一位写 1 表示清除某种 IPI。龙芯 3A 和龙芯 3B 的 IPI 寄存器地址稍有差异，因此要根据 CPU 类型进行初始化。另外，龙芯 3A4000 引入了新的更高效的 CSR IPI 方式，因此通过 csr_ipi_probe() 来决定采用新的操作函数还是旧的操作函数。

龙芯电脑支持多芯片互联，每个核有一个全局唯一编号，这个编号由封装编号（即芯片编号）与核编号（即芯片内的核编号）组成，记录在内核 cpu_data[n].package 与 cpu_data[n].core 中。这里的 n 是逻辑编号，核编号与封装编号的计算方法如下。

cpu_data[0].core = cpu_logical_map(0) % loongson_sysconf.cores_per_package;

cpu_data[0].package = cpu_logical_map(0) / loongson_sysconf.cores_per_package;

cpu_logical_map() 用于将逻辑编号转换成物理编号，而 loongson_sysconf 中的 cores_per_package 表示每个封装内包含几个核（龙芯 3A 是四核，龙芯 3B 是八核）。

（五）prefill_possible_map()

setup_arch() 的第五个重要步骤是 prefill_possible_map()。它会建立合理的逻辑 CPU 的 possible 值（关于该值的确切含义见 2.2.1 小节），其依据是在启动参数 nr_cpus 和编译配置 NR_CPUS 中取最小值。这个 possible 值会被后面的 setup_nr_cpu_ids() 用到。获得合理的 possible 值以后，prefill_possible_map() 会通过 set_cpu_possible() 来更新 cpu_possible_mask，最后将 possible 值赋给全局变量 nr_cpu_ids。

（六）cpu_cache_init()

setup_arch() 的第六个重要步骤是 cpu_cache_init()。MIPS 处理器的 Cache 有多种组织形式，其中龙芯的组织形式和 R4000 处理器类似，如图 2-5 所示，因此走的是其中 r4k_cache_init() 的分支。

R4000 处理器把一级 Cache 称为 P-Cache（Primary Cache），其中包括 I-Cache（指令 Cache）和 D-Cache（数据 Cache），把二级 Cache 称为 S-Cache（Secondary Cache）。龙芯 3B1000 以及更早的 64 位 CPU 的 Cache 组织也是这种组织形式，但从龙芯 3B1500 开始（即龙芯 3B1500、龙芯 3A2000 和龙芯 3A3000）引入了 V-Cache（Victim Cache，牺牲 Cache）。在龙芯处理器手册中，将 P-Cache 称为一级 Cache，将 V-Cache 称

为二级 Cache，将 S-Cache 称为三级 Cache。但本书基于下面 4 条理由，仍然将 S-Cache 称为二级 Cache，而将 I-Cache、D-Cache 和 V-Cache 作为一个整体称为一级 Cache。

- 龙芯 I-Cache、D-Cache、S-Cache 的 cache 指令操作码和 R4000 处理器以及旧的龙芯保持兼容，而 V-Cache 的指令操作码是新增的。
- S-Cache 中的 Secondary 本来就有“二级”的含义，在不改变 S-Cache 叫法的情况下，改称三级 Cache 给人带来困惑。
- 和 I-Cache、D-Cache 一样，V-Cache 是每个核私有的，三者关系密不可分。而 S-Cache 是核间共享的，同前几种 Cache 的关系相对松散。
- 在经典 Cache 理论中，下级 Cache 往往是上级 Cache 的超集，也就是说存在包含关系。但 V-Cache 并不是 I-Cache 和 D-Cache 的超集，相反它更像是 I-Cache 和 D-Cache 的扩展，容纳了 I-Cache 和 D-Cache 中被驱赶出来的内容（这也正是 V-Cache 名称的由来）。

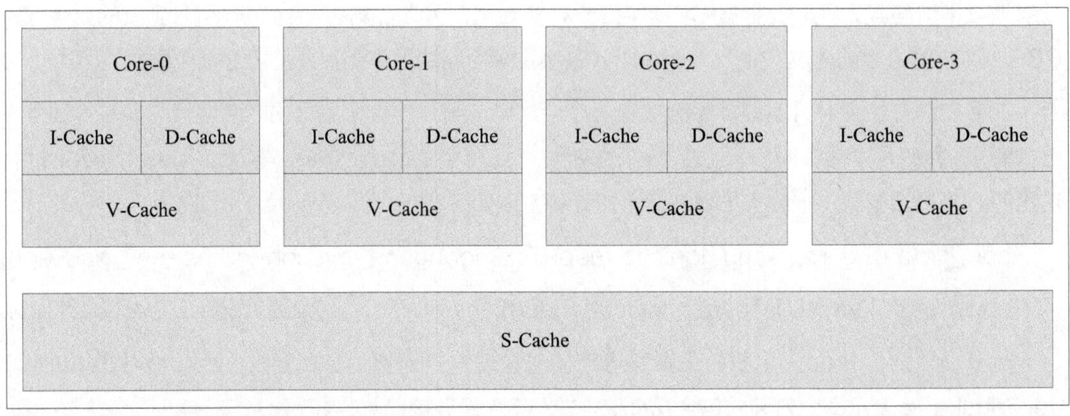

图 2-5　龙芯 3 号的 Cache 组织形式（单节点）

r4k_cache_init() 通过调用 probe_pcache()、probe_vcache() 和 setup_scache() 完成各级 Cache 的容量、行大小和相联度探测。然后给各个 Cache 刷新操作函数赋值（刷新即 Flush，对于 I-Cache 指的是作废，对于 D-Cache 指的是写回并作废），这些操作函数及其调用者主要如下。

1. void flush_cache_all(void)：刷新所有 Cache（伪）。

2. void __flush_cache_all(void)：刷新所有 Cache（真）。

3. void flush_icache_all(void)：刷新所有指令 Cache。

4. void flush_cache_mm(struct mm_struct *mm)：刷新特定进程的 Cache。

5. void flush_cache_page(struct vm_area_struct *vma, unsigned long page, unsigned long pfn)：刷新特定页的 Cache。

6. void flush_icache_page(struct vm_area_struct *vma, struct page *page)：刷新特定页的指令 Cache。

7. void flush_dcache_page(struct page *page)：刷新特定页的数据 Cache。

8. void flush_cache_range(struct vm_area_struct *vma, unsigned long start,

unsigned long end)：刷新一段地址范围的 Cache。

9. void flush_icache_range(unsigned long start, unsigned long end)：刷新一段地址范围的指令 Cache。

10. void flush_cache_sigtramp(unsigned long addr)：刷新信号处理例程的 Cache。

11. flush_cache_vmap(unsigned long start, unsigned long end)：vmalloc()/vmap() 建立页面映射时刷新一段地址。

12. void flush_cache_vunmap(unsigned long start, unsigned long end)：vfree()/vunmap() 解除页面映射时刷新一段地址。

flush_cache_all() 是出于历史原因保留的，实际上是空操作，真正刷新所有 Cache 的函数是 __flush_cache_all()。上述函数中有一部分还有一个 local_ 开头的版本，表示本地刷新，本地刷新是只在当前的核上做刷新，而全局版本是在所有核上做刷新。

Linux 内核中自带一个微汇编器（uasm），用来动态生成一些调用频率和性能要求非常高的函数，因为静态生成的代码出于通用性考虑，不能根据 CPU 类型来生成最优化代码。r4k_cache_init() 在初始化 Cache 之外，通过调用 build_clear_page() 和 build_copy_page()，生成了两个调用频率非常高的函数，即 clear_page() 和 copy_page()。

setup_protection_map() 执行完毕以后，cpu_cache_init() 将调用 setup_protection_map() 建立进程 VMA 权限到页表权限的映射表（即 protection_map[] 数组）。

（七）paging_init()

setup_arch() 最后将调用 paging_init()，该函数初始化各个内存页面管理区（Zone）。页面管理区的类型包括 ZONE_DMA、ZONE_DMA32、ZONE_NORMAL 和 ZONE_HIGHMEM 等。ZONE_DMA 区包括所有物理地址小于 16 MB 的页面，设置这个区的目的是为 ISA/LPC 等 DMA 能力只有 24 位地址的设备服务。ZONE_DMA32 区包括所有 ZONE_DMA 区之外的物理地址小于 4 GB 的页面，设置这个区的目的是为 DMA 能力只有 32 位地址的 PCI 设备服务。设置 ZONE_HIGHMEM 的目的是为物理地址超过线性地址表达能力的内存服务：对于 32 位的 MIPS 内核，线性地址表达能力只有 512 MB，因此 512 MB 以外的页面被放置到 ZONE_HIGHMEM 区；对于 64 位的 MIPS 内核，物理地址暂时还没有超过线性地址的表达能力，因此通常不设置 ZONE_HIGHMEM 区。ZONE_NORMAL 区则包括了上述几个区以外的所有页面。在初始化每个 Zone 的时候，会调用 init_page_count() 将每个页帧的初始引用计数设置为 1。因为此时此刻内存还处于 BootMem 管理器的控制下，这些页帧尚未转交到伙伴系统（内存页帧管理器），不是自由页帧（自由页帧的引用计数为 1），不可以被伙伴系统的页帧分配函数分配。

是时候了解 MIPS 的虚拟地址空间划分了。MIPS 的虚拟地址分成 3 类：不缓存并且不分页的、缓存但不分页的和缓存并且分页的。第一类地址既不需要 Cache 也不需要 TLB，第二类地址需要 Cache 但不需要 TLB，第三类地址既需要 Cache 也需要 TLB。

对于 32 位地址空间，虚拟地址的高位用来标识类型：最高两位为 00 或者 11 表示缓存并且分页，最高三位为 100 表示缓存但不分页，最高三位为 101 表示不缓存并且不分页。于是形成了如图 2-6

所示的虚拟地址空间划分：最低的 USEG（2 GB）既缓存又分页；随后的 KSEG0（512 MB）缓存但不分页，对应物理地址的低 512 MB（虚拟地址去掉高三位即为物理地址）；接下来的 KSEG1（512 MB）既不缓存又不分页，同样对应物理地址的低 512 MB（虚拟地址去掉高三位即为物理地址）；最后的 KSEG2（1 GB）既缓存又分页[1]。用户态只能访问 USEG，而内核态可以访问所有的地址段。

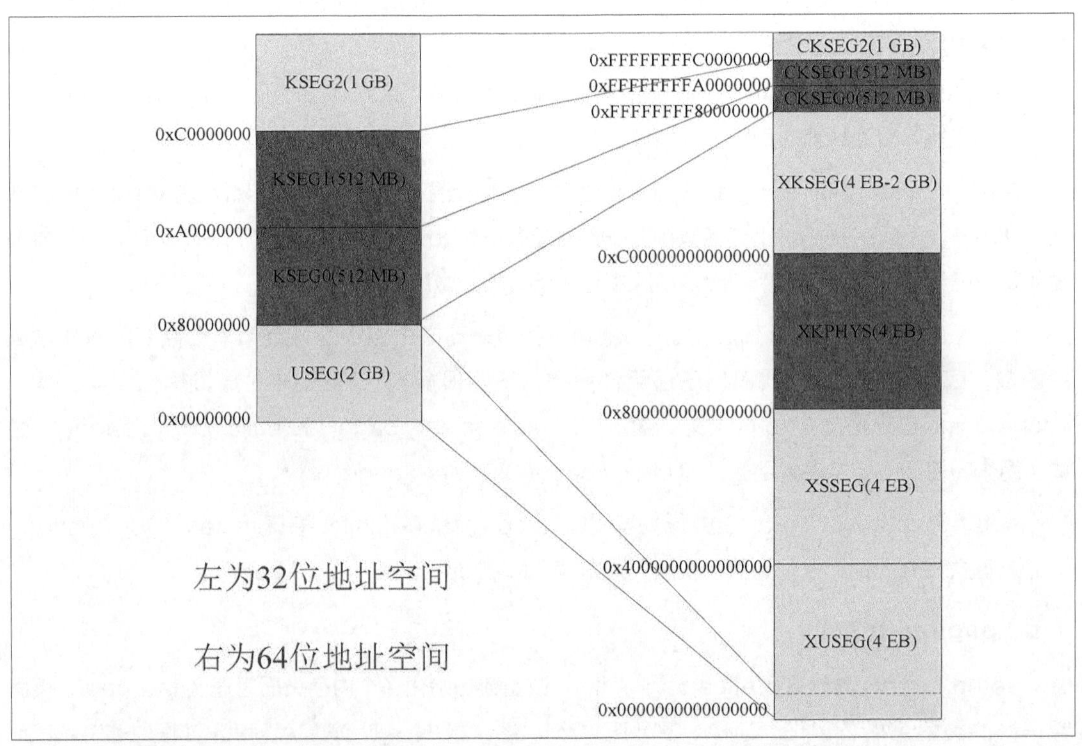

图 2-6 MIPS 的虚拟地址空间划分（内核态）

64 位地址空间的划分相对复杂。首先，整个地址空间的最高 2 GB 是和 32 位地址空间保持兼容的，分别叫作 CKSEG0、CKSEG1 和 CKSEG2。余下的部分根据地址的最高两位进行划分：最高位为 00 的叫作 XUSEG，是用户态唯一可访问的地址段；最高位为 01 的叫作 XSSEG，是管理态除 XUSEG 外可以访问的地址；最高位为 10 的叫作 XKPHYS，仅在内核态可访问，不分页，是否缓存则由地址的第 59 ~ 61 位决定（值为 2 表示不缓存，值为 3 表示缓存，值为 7 表示写合并）；最高位为 11 的（除去 CKSEG0~2 的部分）叫作 XKSEG，仅在内核态可访问，既缓存又分页。

需要注意的是，图 2-6 中的 64 位地址空间划分表示的是最大能力，而不是当前状态。比如，XUSEG 最大可以扩展到 4 EB（0x0000000000000000 ~ 0x4000000000000000），但当前龙芯 3 号实现的是 48 位地址空间，也就是仅仅用到了前 256 TB（x0000000000000000 ~ 0x0001000000000000，2^48 B = 256 TB）。

前面提到，ZONE_HIGHMEM 区包含了超过线性地址表达能力的页面，那么什么是线性地址呢？请看如下各种地址的定义。

1 KSEG2 还可以细分成低 512 MB 的 SSEG 和高 512 MB 的 KSEG3，但 Linux 从来不这么用。

虚拟地址： 也叫逻辑地址或程序地址，是从CPU角度看到的地址，也是写在代码里的那个地址。引入虚拟地址的主要原因是支持多任务。因为有了虚拟地址及其地址空间的隔离，多个任务才能使用同样的程序地址并发地跑在同一个CPU上（实际每个任务占用的是不同的物理内存）。图2-6就是龙芯处理器虚拟地址空间的划分。

线性地址： 在X86里，表示虚拟地址经过段转换得到的地址，实模式下等于物理地址，保护模式下需要经过页转换才能得到物理地址。在龙芯（MIPS）里，不需要经过页转换的虚拟地址即为线性地址，如32位地址空间里的KSEG0、KSEG1地址以及64位地址空间里的XKPHYS地址（图2-6中的深色地址段）。

物理地址： 表示虚拟地址（MIPS）或线性地址（X86）经过页转换得到的地址。而龙芯（MIPS）的线性地址不需要页转换，直接去掉类型前缀就可以得到物理地址。值得注意的是，此处的物理地址是"初始物理地址"，是CPU核的地址总线发出的地址；其要经过各级交叉开关的转换才能得到"最终物理地址"，即内存条上的地址。

总线地址： 也叫DMA地址，是从设备角度看到的地址，在没有IOMMU的情况下等于物理地址，在有IOMMU的情况下，经过简单转换可以得到物理地址。

那么MIPS的线性地址表达能力是多大呢？从前面的介绍可以看出，32位CPU的表达能力是512 MB（就是KSEG0或KSEG1的大小），而64位CPU的表达能力是512 PB（XKPHYS中任意一种属性的地址段大小，即2^59 B）。现在主流电脑的物理内存总量早就超过了512 MB，但还远远没有达到512 PB；因此32位MIPS内核总是启用ZONE_HIGHMEM区，64位MIPS内核一般不启用ZONE_HIGHMEM区。

显而易见的是，对于Linux内核，ZONE_DMA、ZONE_DMA32和ZONE_NORMAL这3个区中的页面都可以用线性地址表示（KSEG0、KSEG1或XKPHYS），而ZONE_HIGHMEM区中的页面只能用分页映射地址表示（KSEG2或XKSEG）。

setup_arch()的工作，至此就基本完成了。

2.2.4 重要函数：trap_init()

第二个重要的、与体系结构相关的函数是trap_init()，其定义在arch/mips/kernel/traps.c中，代码树如下（有精简）。

```
trap_init()
    |--check_wait();
    |--ebase = CAC_BASE; / ebase = CKSEG0ADDR(ebase_pa);
    |--if (board_ebase_setup) board_ebase_setup();
    |--per_cpu_trap_init(true);
    |    |-- configure_status();
    |    |-- configure_hwrena();
```

```
|    |-- configure_exception_vector();
|    |-- if (!is_boot_cpu)  cpu_cache_init();
|    |-- tlb_init();
|    |     \-- build_tlb_refill_handler();
|    \-- TLBMISS_HANDLER_SETUP();
|          \-- TLBMISS_HANDLER_SETUP_PGD(swapper_pg_dir);
|--set_handler(0x180, &except_vec3_generic, 0x80);
|--for (i = 0; i <= 31; i++) set_except_vector(i, handle_reserved);
|--set_except_vector(EXCCODE_INT, using_rollback_handler()?rollback_handle_int:handle_int);
|--/* 用 set_except_vector() 设置其他异常向量，方法同上 */
|--board_nmi_handler_setup();
|    \-- mips_nmi_setup();
|         \-- memcpy(base, &except_vec_nmi, 0x80);
|--board_cache_error_setup();
|    \-- r4k_cache_error_setup();
|         \-- set_uncached_handler(0x100, &except_vec2_generic, 0x80);
\--local_flush_icache_range(ebase, ebase + vec_size);
```

trap_init() 的主要工作是 CPU 异常的初始化，大致可以分为准备工作、每 CPU 配置和建立异常向量表三个阶段。

（一）准备工作

trap_init() 的第一步是 check_wait()，也就是给 cpu_wait 这个函数指针赋值（0 号进程的核心函数）。MIPS 指令集中定义了一个 WAIT 指令，其功能类似于 X86 的 HLT 指令，能暂停流水线，降低空闲时的 CPU 功耗。并不是每一种 MIPS 处理器都实现了 WAIT 指令，而那些实现了 WAIT 指令的 CPU 行为也并不完全一致，因此 check_wait() 需要根据 CPU 类型来设置不同的 cpu_wait()。龙芯 3A1000 以前的 CPU 没有实现 WAIT 指令，龙芯 3A1000、龙芯 3B1000 和龙芯 3B1500 虽然实现了 WAIT 指令，但其行为仅仅是 NOP，龙芯 3A2000 及更新的 CPU 则实现了真正的 WAIT 指令。因此 check_wait() 会将龙芯 3A2000、龙芯 3A3000、龙芯 3A4000 的 cpu_wait() 设置成标准的 r4k_wait()，其他龙芯处理器则保持为空。

接下来的大部分代码都属于 CPU 异常的初始化，首先我们来看一下龙芯处理器的异常分类，如表 2-2 所示。

表 2-2　龙芯处理器异常分类

异常类型	异常入口（BEV=0）	异常入口（BEV=1）
硬复位、软复位、NMI	0xffffffffbfc00000	0xffffffffbfc00000
TLB 重填	0xffffffff80000000	0xffffffffbfc00200
XTLB 重填	0xffffffff80000080	0xffffffffbfc00200
Cache 错误	0xffffffffa0000100	0xffffffffbfc00300

续表

异常类型	异常入口（BEV=0）	异常入口（BEV=1）
其他通用异常（包括陷阱、断点、系统调用、保留指令、地址错误、中断等）	0xffffffff80000180	0xffffffffbfc00200
EJTAG 调试（ProbeEn=0）	0xffffffffbfc00480	0xffffffffbfc00480
EJTAG 调试（ProbeEn=1）	0xffffffffff200200	0xffffffffff200200

表 2-2 中的 BEV 就是前面提到的协处理器 0 中 Status 寄存器的 BEV 位，处理器刚刚上电的时候，BEV=1，但在内核刚刚开始执行的时候，在 kernel_entry 入口开始就把 BEV 位清除了，所以我们主要关心 BEV=0 的情况。硬复位、软复位和 NMI 是非常紧急或者致命的异常，它们的异常处理程序入口地址永远都是 0xffffffffbfc00000，这个地址实际上也是所有 MIPS 处理器上电以后 PC 的初始值。TLB 重填（用于 32 位内核）和 XTLB 重填（用于 64 位内核）是调用频率非常高的异常，因此设置了专门的异常入口，默认在 CAC_BASE（CKSEG0 段或者 XKPHYS 段）偏移为 0x000 和 0x080 的地方。Cache 错误发生时，Cache 本身不可用，因此 Cache 错误的入口默认在 CKSEG1 段偏移为 0x100 的地方。其他各种通用的异常（包括陷阱、断点、系统调用、保留指令、地址错误、中断等）共享同一个中断入口，默认在 CKSEG0 段偏移为 0x180 的地方。EJTAG 调试不是本书关注的重点，此处省略不谈。

龙芯处理器在 0xffffffffbfc00000 开始的 1 MB 空间实际上不是内存空间，而是映射到 BIOS 的 ROM 芯片。因此当 BEV=1 时，实际上所有异常均在 BIOS 里面处理，当操作系统启动过程中清除 BEV 以后，TLB 重填、XTLB 重填、Cache 错误和其他通用异常会转由内核进行处理，其余几种异常的处理则依旧在 BIOS 里完成。

值得注意的是，表 2-2 中 TLB 重填、XTLB 重填、Cache 错误和其他通用异常的入口都是可以重定位的，重定位寄存器就是协处理器 0 中的 EBase 寄存器。EBase 寄存器中的地址默认为 CKSEG0（即 0xffffffff80000000），因此有表 2-2 中的结果。

说了这么多，是时候回来看代码了。首先我们可以看到传统 CPU（即 MIPS R2 以前的 CPU，包括龙芯 3A1000、龙芯 3B1000 和龙芯 3B1500）的 EBase 初始值就是 CAC_BASE（即 64 位地址空间的 XKPHYS 段的 0x9800000000000000，其物理地址跟 CKSEG0 相同，都是地址 0 处），而 MIPS R2 及以后各种新 CPU（包括龙芯 3A2000、龙芯 3A3000 和龙芯 3A4000）的 EBase 初始地址是通过 memblock_phys_alloc() 动态分配并用 CKSEG0ADDR() 转换而来的。然后，EBase 地址可以根据需要调用 board_ebase_setup() 进行调整。对于龙芯，通常来说是不需要调整的，可以直接使用默认值。但是随着龙芯使用越来越广泛，一部分不太规范的 BIOS 可能没有初始化 EBase，因此最新的内核提供了一个龙芯版的 board_ebase_setup()，即前面提到的 mips_ebase_setup() 函数，其作用是将 EBase 设置为一个确定的值 CKSEG0。

（二）每 CPU 配置

接下来，trap_init() 调用 per_cpu_trap_init() 进行每 CPU 配置。顾名思义，每 CPU 配置就是每个逻辑 CPU 都需要执行一次的配置工作。

这一步主要有 4 个小步骤，其中第一个小步骤是 configure_status()、configure_hwrena()

和 configure_exception_vector()，即配置 Status 寄存器、HWREna 寄存器和异常向量的入口地址（主要是 EBase 寄存器）。这里 Status 寄存器通过 change_c0_status() 配置。change_c0_status() 的第一个参数是需要清零的位，第二个参数是清零以后需要设置的位。对于 64 位龙芯内核，第一个参数是 ST0_CU|ST0_MX|ST0_RE|ST0_FR|ST0_BEV|ST0_TS| ST0_KX|ST0_SX|ST0_UX，第二个参数是 ST0_CU0|ST0_FR|ST0_KX|ST0_SX|ST0_UX。整个 config_status() 执行的结果：协处理器 0 可用，其他协处理器不可用；32 个双精度浮点寄存器可用；64 位核心地址空间段、管理地址空间段、用户地址空间段均被启用；异常向量入口地址使用运行时向量（BEV=0），因为异常向量表马上就要建立起来了。不过在龙芯上，ST0_MM 也是要被设置的（多媒体指令可用）。

第二个小步骤实际上不需要做，因为我们现在是主核视角，早在 setup_arch() 里就执行了 cpu_cache_init()，只有辅核才需要在这里做。第三个小步骤是 tlb_init()，龙芯的 TLB 结构跟 R4000 类似，因此用的是 arch/mips/mm/tlb-r4k.c 中的实现。

tlb_init() 所做的主要事情是 build_tlb_refill_handler()。前面提到，TLB 异常（尤其是 TLB 重填异常）调用频率非常高，因而对性能的要求也非常高。于是跟 clear_page()、copy_page() 一样，内核也用微汇编器来动态生成 TLB 异常处理函数。细分下来，TLB 异常总共有 4 种：TLB/XTLB 重填异常（TLB 中没有对应项）、TLB 加载无效异常（读请求，TLB 中有对应项但无效）、TLB 存储无效异常（写请求，TLB 中有对应项但无效）、TLB 修改异常（写请求，TLB 中有对应项，有效但只读）。这 4 种异常的处理函数通过 4 个函数生成器生成：build_r4000_tlb_refill_handler()、build_r4000_tlb_load_handler()、build_r4000_tlb_store_handler () 和 build_r4000_tlb_modify_handler()。龙芯 3A2000、龙芯 3A3000、龙芯 3A4000 提供了加速页表访问的 lddir/ldpte 等扩展指令，因此 TLB/XTLB 重填异常用 build_loongson3_tlb_refill_handler() 来生成。

per_cpu_trap_init() 的第四个小步骤是 TLBMISS_HANDLER_SETUP()，其主要工作是调用 TLBMISS_HANDLER_SETUP_PGD() 来建立内核页全局目录的基地址。

（三）建立异常向量表

随后 trap_init() 将建立异常向量表。“异常向量”有两个层次：第一层次如表 2-2 所示，抛开特殊异常如复位、NMI 和 EJTAG 调试异常不谈，异常向量实际上就是物理地址从零开始（假设 EBase 采用默认值），偏移分别为 0x000（向量 0，TLB 重填异常）、0x080（向量 1，XTLB 重填异常）、0x100（向量 2，高速缓存错误）、0x180（向量 3，其他通用异常）这 4 个入口地址（虚拟地址的 CKSEG0 和 CKSEG1 实际上指向同一段物理地址）；第二层次的异常向量是因为向量 3 实际上是一个共享入口，但各种异常显然不能按同样的方式处理，而必须做一个分发，各跑各的分支路径。

第一层次的异常向量用 set_handler() 和 set_uncached_handler() 两个函数设置（后者专用于 Cache 错误异常），第二层次的异常向量用 set_except_vector() 函数设置。第一层次一共 4 个向量，每个向量有不同的入口地址，由硬件负责分发；第二层次一共 32 个向量，它们入口地址相同但有不同的编号，由软件负责分发。

回到代码树中来，set_handler(0x180, &except_vec3_generic, 0x80) 就是设置向量 3 的处理函数，即 except_vec3_generic()，这个函数根据异常号查询第二层次的异常向量表

exception_handlers[32] 数组，如果匹配，则调用相应的处理函数。

接下来的 for 循环先将第二层次的所有异常处理函数设置成缺省的 handle_reserved()，然后再逐个设置成有意义的值。这样做的原因是不同 CPU 的异常定义不尽相同，有的甚至是空缺，所以设置缺省值以防找不到处理函数。具体的异常处理函数做了什么事情这里不展开介绍，在第 3 章中会详细介绍。

第二层次向量表设置过程中有一句比较特别，就是 board_nmi_handler_setup()，其用于设置 NMI 的处理函数。对于龙芯 CPU 实际调用的是 mips_nmi_setup()，其内容也很简单，将 except_vec_nmi() 函数拷贝到 EBase 为基址、0x380 为偏移的地方。NMI 的第一入口在 BIOS 中，但 BIOS 会跳转到内核的处理函数来做进一步处理。

第二层次向量表设置完成以后，执行 board_cache_error_setup()。因为龙芯的 Cache 类似于 R4000，所以实际调用 r4k_cache_error_setup()。r4k_cache_error_setup() 的关键步骤是 set_uncached_handler(0x100, &except_vec2_generic, 0x80)，也就是将向量 2 的处理函数设置成 except_vec2_generic。

trap_init() 的最后一步是调用 local_flush_icache_range() 来刷新 EBase 地址开始的一段内存，保证动态生成的代码被真正写入了内存中，并且保证 I-Cache 里的内容不是过期的代码。

那么，第一层次的向量 0（TLB 重填异常）和向量 1（XTLB 重填异常）呢？实际上早在 build_tlb_refill_handler() 就已经设置完成了，只不过彼时没有使用 set_handler()，而是直接用 memcpy() 将生成的动态代码拷贝到了目标地址。早期的 Linux 内核里也确实定义了 except_vec0_generic 和 except_vec1_generic 两个函数，用于在动态代码生成之前使用。这两个函数从 3.10 版本开始已经被删除，因为 TLB 初始化之前不可能产生 TLB 异常。

2.2.5 重要函数：init_IRQ()

第三个重要的体系结构相关的函数是 init_IRQ()，其定义在 arch/mips/kernel/irq.c 中，代码树如下（有精简）。

```
init_IRQ()
    \-- arch_init_irq();
        \-- mach_init_irq();
            |-- irqchip_init();
            |   |-- mips_cpu_irq_of_init();
            |   |   \-- __mips_cpu_irq_init();
            |   \-- CaseA: ls2h_irq_of_init();
            |       CaseB: ls7a_irq_of_init();
            |       CaseC: i8259_of_init();
            |              \-- __init_i8259_irqs();
```

```
            |-- loongson_pch->init_irq();
            |     \-- CaseA: ls2h_init_irq();
            |         CaseB: ls7a_init_irq();
            |         CaseC: rs780_init_irq();
            |-- irq_set_chip_and_handler(LOONGSON_UART_IRQ,
            |         &loongson_irq_chip, handle_percpu_irq);
            |-- irq_set_chip_and_handler(LOONGSON_BRIDGE_IRQ,
            |         &loongson_irq_chip, handle_percpu_irq);
            \-- set_c0_status(STATUSF_IP2 | STATUSF_IP3 | STATUSF_IP6);
```

在分析代码之前，首先应当了解一下龙芯电脑硬件上的中断传递路径。不管是使用 LS2H、LS7A 还是 RS780+SB700 配套芯片组的机器，中断传递路径都可以用图 2-7 来表示。

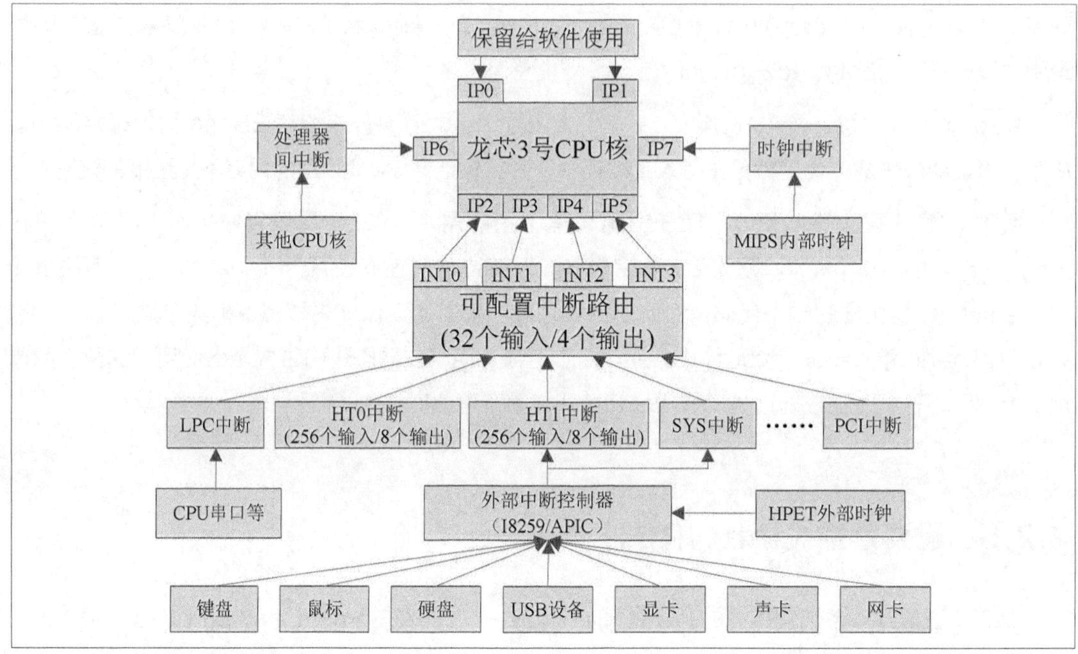

图 2-7　龙芯电脑的中断传递路径

从最核心的 CPU 核看起，所有的 MIPS 处理器在这个层面都有 8 个中断源（IP0 ~ IP7），其中 IP0 和 IP1 保留给软件使用，其他 IP 则根据处理器的不同有不同的配置。对于龙芯 3 号，IP6 固定用作处理器间中断，其中断源是其他的 CPU 核；IP7 固定用作时钟中断，其中断源是 MIPS 内部时钟（同时也被性能计数器中断复用）。IP2 ~ IP5 则可以通过 CPU 中断路由进行任意配置[1]。CPU 中断路由有 32 个输入（中断源），4 个输出即 INT0 ~ INT3（对应 IP2 ~ IP5，输出到哪个核也可以指定）。32 个输入中常用的主要分为 5 大类：来自于 CPU 内部 LPC 中断（如 CPU 内置串口和其他 ISA/LPC 设备等），来自于 CPU 内部 PCI 中断（目前的 PCI/PCIe 设备均连接在桥片上的 PCIe 控制器上，内部 PCI 控制器保留未用），来自于 HT0 中断（HT0 用于芯片互

1　详细信息请参阅各型号《龙芯处理器用户手册》上册中的“I/O 中断”一章。

联），来自于 HT1 中断（可连接外部中断控制器），来自于 SYS 中断（可连接外部中断控制器）。

绝大部分外设挂接在芯片组上的外部中断控制器。在目前的配置中，LS2H 芯片组和 LS7A 芯片组均使用 APIC 中断控制器，而 RS780+SB700 芯片组则使用 I8259 中断控制器。外部中断控制器可通过 SYS 中断或 HT1 中断接入 CPU 中断路由：LS2H 总是通过 SYS INT0 路由；LS7A 在使用传统中断模式（Legacy 中断）时通过 SYS INT0 路由，使用消息中断模式（MSI 中断）时通过 HT1 控制器路由；RS780+SB700 总是使用 HT1 控制器路由。这里 HT 控制器的中断共 256 个，分为 8 组（即 256 个输入，8 个输出）。在 LS7A 上 HT1 中断的 IRQ0 ~ 15、IRQ64 ~ 127 来自下游 APIC 的固定输入；在 RS780 上 HT1 中断的 IRQ0 ~ 15 来自于下游 I8259 的固定输入。固定输入以外的空闲中断号可以用于 MSI 中断，但 IRQ56 ~ 63 一般保留给 CPU 内部使用。

现在可以回过头来看源代码了，init_IRQ() 的主要步骤就是调用 arch_init_irq()。龙芯 2 号和龙芯 3 号共用的 arch_init_irq() 定义在 arch/mips/loongson64/common/irq.c 中，其核心步骤是调用 mach_init_irq()。龙芯 2 号和龙芯 3 号有不同的 mach_init_irq() 实现，其中龙芯 3 号的版本定义在 arch/mips/loongson64/loongson-3/irq.c 中。

龙芯总共定义了 256 个中断号（IRQ），LS2H、LS7A 和 RS780 这 3 类机型的中断号分配如下（IPI 中断不占用 IRQ）。

LS2H 芯片组： IRQ0 ~ 15 是 APIC 的 LPC 中断（低速设备外部中断，级联在 IRQ77 下面），IRQ16 ~ 55 可用作 MSI 中断，IRQ56 ~ 63 是 MIPS 经典的 CPU 中断（包括内部时钟中断），IRQ64 ~ 159 是 APIC 的常规中断（高速设备外部中断），IRQ160 ~ 255 可用作 MSI 中断。

LS7A 芯片组： IRQ0 ~ 15 是 APIC 的 LPC 中断（低速设备外部中断，级联在 IRQ83 下面），IRQ16 ~ 55 可用作 MSI 中断，IRQ56 ~ 63 是 MIPS 经典的 CPU 中断（包括内部时钟中断），IRQ64 ~ 127 是 APIC 的常规中断（高速设备外部中断），IRQ128 ~ 255 可用作 MSI 中断。

RS780 芯片组： IRQ0 ~ 15 是 I8259 中断（外部中断），IRQ16 ~ 55 可用作 MSI 中断，IRQ56 ~ 63 是 MIPS 经典的 CPU 中断（包括内部时钟中断），IRQ64 ~ 255 可用作 MSI 中断。

mach_init_irq() 首先调用 irqchip_init()，这一步的主要工作就是初始化通过 Device-Tree 描述的中断控制器（即 IRQ 芯片，数据结构用 irq_chip 描述），具体包括 MIPS 处理器的顶级中断控制器、LS2H 芯片组和 LS7A 芯片组上的 APIC 中断控制器以及 RS780+SB700 芯片组上的 I8259 中断控制器。接下来的 loongson_pch->init_irq() 在不同的芯片组中有不同的实现：对于 LS2H 芯片组是调用 ls2h_init_irq()；对于 LS7A 芯片组是调用 ls7a_init_irq()；对于 RS780+SB700 芯片组是调用 rs780_init_irq()。

在龙芯推荐的中断路由配置中，内部 LPC 中断（包括 CPU 串口）路由到 0 号核的 IP2（即 INT0），外部中断（即 SYS INT0 中断或者 HT1 中断）路由到 0 号核的 IP3（即 INT1），而 IP4 和 IP5 保留未用。由此可见，中断路由配置时只允许 0 号核直接处理中断，这就有可能导致 0 号核的中断负担过重。为了实现中断负载均衡，我们可以通过处理器间中断来完成外部中断的软件转发，因此我们需要一个 IRQ → IPI_OFFSET 的映射表。这些工作都在 loongson_pch->init_irq() 中完成。

以 RS780+SB700 芯片组为例，rs780_init_irq() 完成两件事情：一是配置中断路由；二是在禁用 MSI 中断的情况下创建静态的 IRQ → IPI_OFFSET 映射，在启用 MSI 中断的情况下将中断分派函数从缺省的 rs780_irq_dispatch() 重设为 rs780_msi_irq_dispatch()[1]。其他芯片组的 loongson_pch->init_irq() 在功能上大同小异：在配置中断路由之后，LS2H 统一使用 ls2h_irq_dispatch() 做中断分派函数，而 LS7A 分别使用 ls7a_irq_dispatch() 和 ls7a_msi_irq_dispatch() 做中断分派函数。

现在有必要来看看 IRQ 相关的数据结构了。

```
struct irq_desc {
    struct irq_data         irq_data;
    irq_flow_handler_t      handle_irq;
    struct irqaction        *action;
    ......
    const char              *name;
}
struct irq_data {
    unsigned int            irq;
    struct irq_chip         *chip;
    ......
    struct irq_common_data    *common;
};
struct irq_chip {
    const char      *name;
    unsigned int  (*irq_startup)(struct irq_data *data);
    void          (*irq_shutdown)(struct irq_data *data);
    void          (*irq_enable)(struct irq_data *data);
    void          (*irq_disable)(struct irq_data *data);
    void          (*irq_ack)(struct irq_data *data);
    void          (*irq_mask)(struct irq_data *data);
    void          (*irq_mask_ack)(struct irq_data *data);
    void          (*irq_unmask)(struct irq_data *data);
    void          (*irq_eoi)(struct irq_data *data);
    int           (*irq_set_affinity)(struct irq_data *data, const struct cpumask *dest, bool force);
    ......
};
struct irq_common_data {
    ......
```

1 启用 MSI 时，IRQ → IPI_OFFSET 映射是动态的，映射关系在注册 MSI 中断时通过 arch_setup_msi_irq() 及其子函数建立，在注销 MSI 中断时通过 arch_teardown_msi_irq() 及其子函数撤销。MSI 中断的注册和注销代码主要在 arch/mips/loongson64/loongson-3/pci_msi.c 中。

```
        cpumask_var_t           affinity;
};
struct irqaction {
        irq_handler_t           handler;
        struct irqaction        *next;
        struct task_struct              *thread;
        irq_handler_t                   thread_fn;
        ……
}
```

这里省略了那些我们不关心的字段。首先，每个 IRQ 对应一个 IRQ 描述符（irq_desc），irq_desc 包含名称描述 name、IRQ 数据 irq_data、高层中断处理函数 handle_irq 和 IRQ 动作 action。其次，IRQ 数据（irq_data）包含该 IRQ 编号 irq、IRQ 芯片 chip（是一个操作函数集）和包含在irq_common_data 中的CPU 亲缘关系 affinity(表征哪些CPU 可以处理该IRQ)。最后，IRQ 动作（irqaction）主要包含底层中断处理函数 handler 和链表指针 next（另外还有两个字段 thread 和 thread_fn，用于支持线程化中断，后文详述）。

高层中断处理函数 irq_desc::handle_irq() 和底层中断处理函数 irq_desc::action::handler() 是什么关系？这里涉及 IRQ 共享，也就是说多个设备共用同一个 IRQ 号。高层中断处理函数是针对 IRQ 的，而底层中断处理函数是针对具体设备的。irqaction 在 irq_desc 里面组织成一个链表，当某个 IRQ 被触发，irq_desc::handle_irq() 就被调用，然后 irq_desc::handle_irq() 遍历 irqaction 链表，逐个调用 irq_desc::action::handler()。底层中断处理函数一般被称为 ISR（Interrupt Service Rountine，中断服务例程）。

在所有龙芯机器上：irqchip_init() 会间接调用 mips_cpu_irq_of_init()，而 mips_cpu_irq_of_init() 只是 __mips_cpu_irq_init() 的简单包装。该函数将经典 MIPS CPU 中断的 IRQ 芯片(irq_desc::irq_data::chip)设置为 mips_cpu_irq_controller，而将高层中断处理函数(irq_desc::handle_irq）设置为 handle_percpu_irq()。至于底层中断处理函数（irq_desc::action）则要到具体的设备注册中断时才能通过 setup_irq() 等函数设置。比如，下文的 time_init() 就会通过 setup_irq(irq, &c0_compare_irqaction) 为时钟中断（在龙芯上为 IRQ63）设置一个 IRQ 动作（即 c0_compare_irqaction）。

在 LS2H 机器上：irqchip_init() 会间接调用 ls2h_irq_of_init()。该函数将 APIC 中断控制器的 IRQ 芯片（irq_desc::irq_data::chip）设置为 pch_irq_chip，而将高层中断处理函数（irq_desc::handle_irq）设置为 handle_level_irq()。底层中断处理函数（irq_desc::action）则同样要到具体的设备注册中断时才能设置。

在 LS7A 机器上：irqchip_init() 会间接调用 ls7a_irq_of_init()。该函数将 APIC 中断控制器的 IRQ 芯片（irq_desc::irq_data::chip）设置为 pch_irq_chip，而将高层中断处理函数（irq_desc::handle_irq）设置为 handle_level_irq()。底层中断处理函数（irq_desc::action）则同样要到具体的设备注册中断时才能设置。

在 RS780 机器上：irqchip_init() 会间接调用 i8259_of_init()，而 i8259_of_init 也只是 __init_i8259_irqs() 的简单包装。该函数将 I8259 中断控制器的 IRQ 芯片（irq_desc::irq_data::chip）设置为 i8259A_chip，而将高层中断处理函数（irq_desc::handle_irq）设置为 handle_level_irq()。底层中断处理函数（irq_desc::action）则同样要到具体的设备注册中断时才能设置。

MSI 中断的 IRQ 描述符是运行时动态创建和销毁的，其 IRQ 芯片（irq_desc::irq_data::chip）使用 loongson_msi_irq_chip，而高层中断处理函数（irq_desc::handle_irq）使用 handle_edge_irq()。

除时钟中断（IRQ63）以外，目前龙芯 3 号主要使用两个经典 MIPS CPU 中断：一个是刚刚提到用于下挂芯片组中断控制器（I8259 或者 APIC）的级联中断 IRQ59（LOONGSON_BRIDGE_IRQ = 59）；另一个是 CPU 内部串口中断 IRQ58（LOONGSON_UART_IRQ = 58）。经典 MIPS CPU 中断的“IRQ 芯片”并不适合龙芯的这两个 IRQ，因此 mach_init_irq() 通过 irq_set_chip_and_handler(LOONGSON_UART_IRQ, &loongson_irq_chip, handle_percpu_irq) 和 irq_set_chip_and_handler(LOONGSON_BRIDGE_IRQ, &loongson_irq_chip, handle_percpu_irq) 重新设置成 loongson_irq_chip。

mach_init_irq() 的最后一步是设置 Status 寄存器的 IP 位状态。前面提到，龙芯 3 号总共用到了 IP2、IP3、IP6 和 IP7。为什么这里只使能 IP2、IP3 和 IP6 呢？原因在于用 setup_irq() 或者类似的函数注册中断的时候，最终会调用 irq_chip::irq_startup()，而“IRQ 芯片”即 mips_cpu_irq_controller 或者 loongson_irq_chip 的 irq_startup() 回调函数都会负责设置 IP 位。比如，后面 time_init() 在注册时钟中断的时候，就会使能 IP7。那么 IP2、IP3 和 IP6 又为什么需要专门设置呢？因为 IP2 会用于 LPC 等特殊设备，IP3 用于级联，IP6 用于 IPI，它们不一定会通过 setup_irq() 或者类似的函数来注册中断，因此必须提前设置。

至此，init_IRQ() 宣告完成。

2.2.6 重要函数：time_init()

第四个重要的体系结构相关的函数是 time_init()，该函数是计时系统初始化中体系结构相关的部分，定义在 arch/mips/kernel/time.c 中，其代码树如下（有精简）。

```
time_init()
    |-- plat_time_init();
    |    \-- setup_hpet_timer();
    |-- mips_clockevent_init();
    |    \-- r4k_clockevent_init();
    \-- init_mips_clocksource();
         \-- init_r4k_clocksource();
```

代码比较简单，但概念比较复杂，因此我们先来了解些背景知识：作为计算机的管理者，操作系统需要维护时间，即时间维护（TimeKeeping，也称为计时）。计时最基本的功能是获取“当前时间”（Time Of Day，TOD），而进程调度、软件定时器、电源管理、性能采样统计、网络时间协议（NTP）等诸多操作系统功能都是建立在TOD概念之上的。

计时功能的实现依赖于硬件上的“时钟源”设备。龙芯/Linux平台上有许多计时相关的概念，分别介绍如下。

周期性/无节拍时钟模式： 周期性（Periodic）模式是传统的计时模式，也叫固定节拍模式。在这种模式下，硬件时钟源周期性地发射时钟中断，作为计时的主要依据。这个周期的单位就是HZ的倒数（1/HZ，HZ是一个内核配置参数，当HZ=100时，周期就是0.01秒。龙芯的Linux内核配置为HZ=256）。在SMP系统中，周期性模式的计时由0号CPU维护。无节拍（Tickless）模式也叫动态节拍模式，内核里常称为NOHZ。无节拍模式是一种相对较新的计时模式，它的硬件时钟源不会发射周期性时钟中断，而是根据需要选择性发射。在SMP系统中，无节拍模式的计时由各个CPU轮流维护。

ClockEvent/ClockSourse： ClockEvent是基于中断的时钟源，也称时钟事件源，根据ClockEvent即可维护粗粒度（毫秒至微秒级步进幅度）时间。因为ClockEvent基于中断，所以在SMP系统中，如果每个CPU核都需要负责维护时间，那么中断就必须能够路由到每个CPU核。ClockSource是不需要中断的时钟源，由CPU主动读取其计数器值，是一般意义上的时钟源。通过ClockSoure可以在粗粒度时间的基础上进行增量微调（可达微秒至纳秒级精度），从而取得精确的“当前时间”。ClockEvent是本地的（每个逻辑CPU都有一个），而ClockSource是全局的（所有逻辑CPU共用一个）。

软件定时器： Linux内核中的一种功能，用于预定多久以后触发一个事件。其依赖于ClockEvent的中断触发，与ClockSource无关。

Oneshot/Periodic时钟特征： 描述硬件时钟源本身的特征。Oneshot是单发射特征，表示每进行一次编程只产生一次时钟中断；Periodic是周期性特征，表示一次编程可以连续周期性地产生中断。如果系统使用Periodic时钟模式，硬件具有Oneshot/Periodic特征中的任意一种均可满足需求；而如果系统使用Tickless时钟模式，硬件必须具有Oneshot特征。

内部时钟源： 通常在CPU内部，每个核都有一个，在每个核上都能产生中断，一般只具有Oneshot特征。例如，在龙芯CPU上，CP0的Count/Compare这一对寄存器就是一种内部时钟源（一般称为MIPS时钟源，是与MIPS R4000兼容的一种设计）。Count寄存器是一个计数器，随着时间的流逝而增长，其增长频率与CPU主频成正比关系；当Count寄存器的值增长到与Compare寄存器的值相同时，就产生一次时钟中断。MIPS内部时钟源可以作为ClockEvent，也可以用作ClockSource。但因为ClockSource是全局的，因此在多核环境下，要用内部时钟源作ClockSource就必须保证每个核的计数器（Count寄存器）同步。

外部时钟源： 通常在CPU外部（如可编程间隔定时器PIT、高精度事件定时器HPET等），同时具有Oneshot和Periodic特征，由于处理器具体实现的限制，外部时钟源的中断不一定能路由到任意一个CPU核。外部时钟源的中断间隔与CPU频率无关，因此不受变频的影响。外部时钟源可以作为ClockSource，也可以用作ClockEvent。但因为ClockEvent基于中断，所以如果在中断路由上有所限制，那么只有在单核配置（只有 0 号 CPU 核）时才能作为 ClockEvent。

计时的基本方式是，ClockEvent 时钟源每隔固定长度的时间（周期）给系统发送一次时钟中断，每次中断称为一个节拍（tick），记录节拍的总数就可以得到粗粒度（粒度与一个节拍相当，通常为毫秒至亚毫秒级）的“当前时间”。若需要高精度的计时，就需要使用亚节拍修正技术。通常是采用系统主动读取 ClockSource 时钟源计数器值的方式获取，将亚节拍修正技术得到的时间偏移量叠加在粗粒度时间上面，就可以获取精确的“当前时间”（粒度比节拍更细，通常为微秒至亚微秒级）。图 2-8 清楚地描述了前面所提及的主要概念之间的关系。

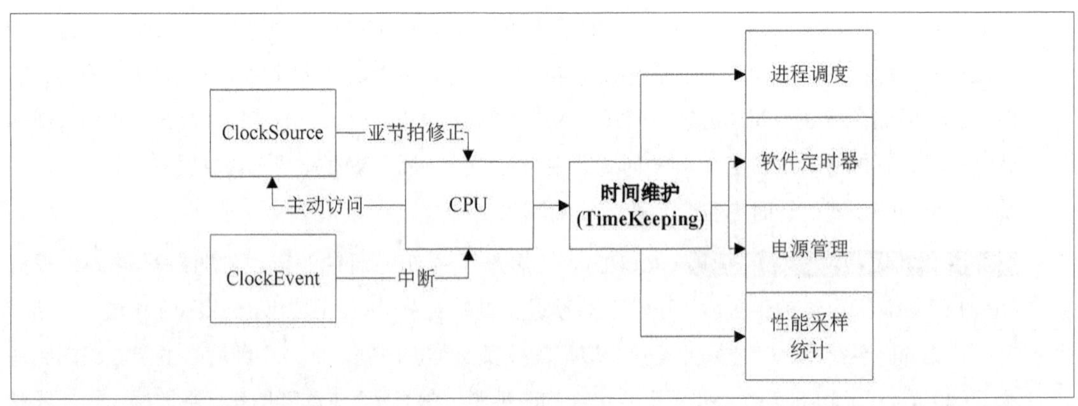

图 2-8　系统计时的主要概念之间的关系

在通常情况下，计时系统的 ClockEvent 和 ClockSource 会采用同一个时钟源，即要么都使用内部时钟源，要么都使用外部时钟源。但在多核龙芯 /Linux 系统上可能存在以下一些限制。

CPU 热插拔： 指的是在系统运行的时候可以动态地增加（上线）或减少（下线）CPU 核。一个 CPU 核被关掉时，其功耗会相应地减少，因此 CPU 热插拔常被用于电源管理。

> 一个下线的 CPU 核不再运行，其内部时钟源的计数器也不再增加，因此当一个 CPU 核下线一段时间又再度上线以后，各个内部时钟源的计数器就不再同步。因为 ClockSource 具有全局特征，所以假设上一次主动读取计数器的时刻是 *T*1，现在是 *T*2，那么“亚节拍修正”的修正增量是 *T*2 时刻的计数器值减去 *T*1 时刻的计数器值。当各个内部时钟源步调一致时，不管 *T*1 时刻和 *T*2 时刻读取的是不是同一个 CPU 的计数器，这两个值的差总是能够表征流逝的时间。但当各个内部时钟源不再同步时，若 *T*1 时刻和 *T*2 时刻读取的不是同一个 CPU 的计数器，那么这两个值的差实际上不能反映流逝的时间。因此，若不使用各种复杂的方法来让它们同步，便不能在启用 CPU 热插拔的同时使用内部时钟源作为 ClockSource。

动态调频： 为了达到性能与省电的均衡，包括龙芯在内的现代 CPU 都支持主频调节，主频较低时性能较低，相应的功耗也跟着降低，因此动态调频也是一种电源管理常用的手段。

> 时钟中断每个节拍发送一次，每个节拍对应的 CPU 周期数叫作 LPJ 值（Loops Per Jiffy，在内核时钟源数据结构中通常被分解成 mult、shift 等参数），是编程 ClockEvent 时钟源的基础。如果使用了动态调频，那么为了计时的精确，LPJ 值必须在每次主频变化时进行一次修正。频繁的修正不仅浪费资源，而且会给计时带来较大的累计误差。动态调频主要影响 ClockEvent，对 ClockSource 也有一定的影响（计数器差值乘以当前主频才能反应流逝的时间）。

中断路由： ClockEvent 是局部的，因此要求每个 CPU 核都能收到时钟中断，但由于某些中断控制器的限制，非 0 号核可能无法接收中断，故在这样的情况下，ClockEvent 不能使用外部时钟源。

出于以上这些限制，单纯使用内部时钟源或外部时钟源的计时方法很难做到精确，因此龙芯采用了混合时钟源计时方法，巧妙地解决了这些难题。现在回过头来看看代码。

plat_time_init()，其主要工作是调用 setup_hpet_timer() 建立 HPET 的 ClockEvent; mips_clockevent_init()，其主要工作是调用 r4k_clockevent_init() 建立 MIPS 的 ClockEvent；init_mips_clocksource()，其主要工作是调用 init_r4k_clocksource() 建立 MIPS 的 ClockSource。

那么问题来了：（1）HPET 的 ClockSource 为什么没有建立？（2）MIPS 时钟源和 HPET 时钟源都进行了初始化，那么在运行过程中如何选择，又如何避免冲突？

先回答问题（1）：ClockEvent 是不能运行时切换的，只能在初始化的时候决定，因此这里 HPET 的 ClockEvent 和 MIPS 的 ClockEvent 都进行了初始化；ClockSource 是可以运行时切换的，因此这里只初始化了缺省的 MIPS 时钟源，而 HPET 的 ClockSource 被延后了，具体延后到了哪里，下文自有讲述。

再回答问题（2）：在软件上，每个时钟源都有一个 rating 值，它是时钟源的评分值，取值范围为 1 ~ 500。评分值越高表示性能越优良，对应的时钟源会被优先采用。"优良"是一个综合指标，表示精度高，或者计时稳定，通常 1 ~ 100 表示很差，101 ~ 200 表示基本合格，201 ~ 300 表示较好，301 ~ 400 表示很好，401 ~ 500 表示极好。在初始化 ClockEvent/ClockSource 时，HPET 的评分比 MIPS 高，因此优先采用。

前面提到，只有 0 号核能收到外部中断，那么也只有 0 号核能使用 HPET 当 ClockEvent，其他核依旧使用 MIPS 当 ClockEvent。ClockSource 是全局的，HPET 因为评分值高，所以缺省采用。于是，混合时钟源计时的最终效果如图 2-9 所示[1]。

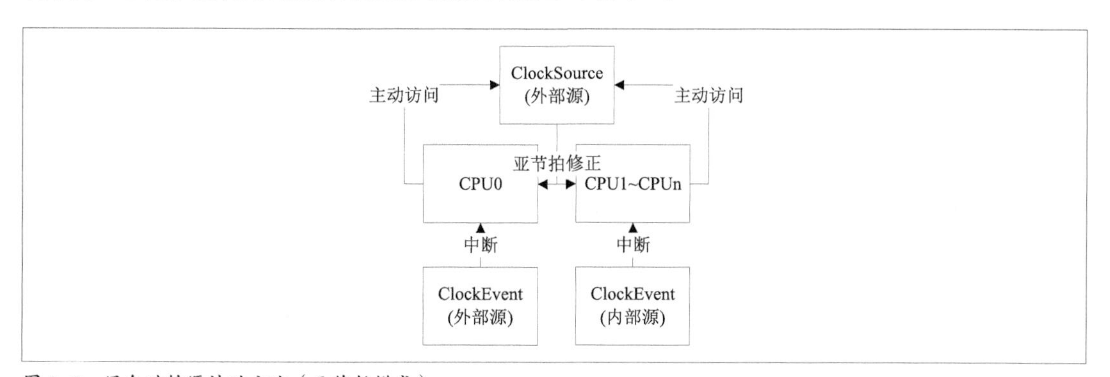

图 2-9 混合时钟源计时方法（无节拍模式）

1 该图沿用的是 Linux-3.x 版本内核的设计思路。现在的内核改进了计时框架，使得 ClockEvent 的 LPJ 修正（包括 mult、shift 参数的修正）非常精确，而 HPET 由于访问较慢、频率较低以及中断路由上的缺点使之反而不如 MIPS 时钟。因此从 Linux-4.x 版本开始内核降低了 HPET 作为 ClockEvent 的 rating 值，其结果是采用 MIPS 时钟当 ClockEvent（所有核）、HPET 时钟当 ClockSource 的设计。

> **注意：**
> 该图仅表达了无节拍模式。因为周期性模式总是由 0 号核负责计时，实际上可以使用纯外部时钟源（HPET）。

2.2.7 1号进程：kernel_init()

内核在 sched_init() 完成后化身为 0 号进程（初始进程），在 rest_init() 中创建 1 号和 2 号进程，然后就化身为空闲进程，休息去了。后续的系统启动步骤，由 1 号进程接管，1 号进程的执行体是 kernel_init()，定义在 init/main.c 中，其代码树如下（有精简）。

```
kernel_init()
    |-- kernel_init_freeable();
    |    |-- smp_prepare_cpus(setup_max_cpus);
    |    |    |-- init_new_context(current, &init_mm);
    |    |    |-- current_thread_info()->cpu = 0;
    |    |    |-- mp_ops->prepare_cpus(max_cpus);
    |    |    |    \-- loongson3_prepare_cpus();
    |    |    |-- set_cpu_sibling_map(0);
    |    |    \-- set_cpu_core_map(0);
    |    |-- workqueue_init();
    |    |-- do_pre_smp_initcalls();
    |    |-- smp_init();
    |    |    |-- idle_threads_init();
    |    |    |-- for_each_present_cpu(cpu)  cpu_up(cpu);
    |    |    |    \-- do_cpu_up(cpu);
    |    |    |        \-- _cpu_up(cpu);
    |    |    |            |-- idle = idle_thread_get(cpu);
    |    |    |            \-- cpuhp_up_callbacks(cpu, st, CPUHP_BRINGUP_CPU);
    |    |    |                \-- bringup_cpu(cpu);
    |    |    |                    \-- __cpu_up(cpu, idle);
    |    |    |                        |-- mp_ops->boot_secondary(cpu, tidle);
    |    |    |                        |    \--loongson3_boot_secondary(cpu, tidle);
    |    |    |                        \-- synchronise_count_master(cpu);
    |    |    \-- smp_cpus_done(setup_max_cpus);
    |    |-- sched_init_smp();
    |    |    |-- sched_init_numa();
    |    |    \-- sched_init_domains(cpu_active_mask);
    |    \-- do_basic_setup();
```

```
|         |-- driver_init();
|         |     |-- devtmpfs_init();
|         |     |-- devices_init();
|         |     |-- buses_init();
|         |     |-- classes_init();
|         |     |-- firmware_init();
|         |     |-- hypervisor_init();
|         |     |-- of_core_init();
|         |     |-- platform_bus_init();
|         |     |-- cpu_dev_init();
|         |     |-- memory_dev_init();
|         |     \-- container_dev_init();
|         \-- do_initcalls();
|               \-- for (level = 0; level < 8; level++) do_initcall_level(level);
|-- numa_default_policy();
|-- CaseA: run_init_process(ramdisk_execute_command);
|-- CaseB: run_init_process(execute_command);
|-- CaseC: run_init_process("/sbin/init");
|-- CaseD: run_init_process("/etc/init");
|-- CaseE: run_init_process("/bin/init")
\-- CaseF: run_init_process("/bin/sh");
```

1 号进程的生命周期分两个阶段：内核态阶段和用户态阶段。1 号进程刚创建出来时是一个内核线程，它的工作是接管 0 号进程的启动过程；当这一阶段完成，它就装载用户态的 init 程序，变身为一个用户进程，成为所有其他用户态进程的鼻祖。1 号进程的内核态阶段主要是执行 kernel_init_freeable()。

到现在为止，整个系统里依然只有一个逻辑 CPU 在运行，但 1 号进程会负责把所有逻辑 CPU 都启动。

（一）单处理器阶段

kernel_init_freeable() 的第一步是一些准备工作，诸如将内存分配的容许掩码 gfp_allowed_mask 设置成 __GFP_BITS_MASK（详见第 4 章）并通过 set_cpus_allowed_ptr() 本进程的 CPU 亲和关系。之前我们了解到，0 号进程在每个逻辑 CPU 上都有一个执行实体，那就是通过 CPU 亲和关系绑定的。1 号进程的 CPU 亲和关系目前尚被限定为当前 CPU，但后面将会被设置成 cpu_all_mask，意味着 1 号进程只有一个执行实体，但这个执行实体将可以在任意 CPU 上执行。

现在开始要为启动多核做准备了。kernel_init_freeable() 的第二步是执行 smp_prepare_cpus(setup_max_cpus)。还记得 SMP 启动中 mp_ops 的 5 个重要步骤吗（主核三步、辅核两步）？主核的第一步已经在 setup_arch() 中通过 plat_smp_setup() 完成了，这里的 smp_prepare_ cpus() 将要完成主核的第二步。smp_prepare_cpus() 首先调用 init_new_context() 来初始化 1 号进程的地址空间，因为 1 号进程现在还是一个内核线程，所以它共享 0 号进程的地址空间 init_mm。目前投入运行的依然只有 0 号核，因此 current_thread_info()->cpu 被设置成 0。接下来 smp_prepare_cpus() 调用 mp_ops 的 prepare_cpus()，对于龙芯 3 号来说就是 loongson3_prepare_cpus()。loongson3_prepare_cpus() 的主要工作是将 cpu_present_mask 设置成与 cpu_possible_mask 相同（龙芯不支持硬件热插拔），然后将自己的状态标记为在线（CPU_ONLINE）。

```
static void __init loongson3_prepare_cpus(unsigned int max_cpus)
{
    init_cpu_present(cpu_possible_mask);
    per_cpu(cpu_state, smp_processor_id()) = CPU_ONLINE;
}
```

回到 smp_prepare_cpus()，接下来的 set_cpu_sibling_map() 是设置 0 号逻辑 CPU 的线程映射图，set_cpu_core_map() 是设置 0 号逻辑 CPU 的核映射图，这也是 CPU 拓扑结构的一部分。

是时候完整介绍 CPU 三级拓扑结构了：在 Linux 内核中，一个处理器芯片（即一个物理封装，package）包含多个核（core），一个核可以包含多个线程（thread）。所谓逻辑 CPU，指的是 CPU 中的基本执行单位，包括了完整的寄存器上下文和逻辑上独立的流水线。如果是超线程处理器（不管是不是多核），逻辑 CPU 就是一个线程；对于多核但非超线程的处理器，逻辑 CPU 就是一个核；对于单核处理器，逻辑 CPU 就是整个芯片（封装）。

对于支持 NUMA 的 CPU，还有一个跟拓扑密切相关的概念叫节点。节点和物理封装之间没有明确的包含关系，在传统的设计中一般一个物理封装就是一个节点（node），但现在一个物理封装也可以包含多个节点。然而，多节点 CPU 必然是多核 CPU，所以一个节点可以包含一个或多个核。对于龙芯，节点比封装要小，比如龙芯 3B 一个封装包含两个节点、一个节点包含 4 个核。关于 CPU 拓扑结构的更多信息可参阅下文的 5.5 节。

下面几个宏用来获取 CPU 的一些拓扑结构信息。

1. 获取某个逻辑 CPU 的封装编号

```
#define topology_physical_package_id(cpu)      (cpu_data[cpu].package)
```

2. 获取某个逻辑 CPU 的核编号

```
#define topology_core_id(cpu)                  (cpu_data[cpu].core)
```

3. 获取某个逻辑 CPU 所在封装的所有逻辑 CPU（核或线程）

```
#define topology_core_cpumask(cpu)             (&cpu_core_map[cpu])
```

4. 获取某个逻辑 CPU 所在核的所有逻辑 CPU（线程）

```
#define topology_sibling_cpumask(cpu)          (&cpu_sibling_map[cpu])
```

> **注意：**
> 同属于一个核的多个线程，其封装编号和核编号均相同。

接下来 kernel_init_freeable() 执行第三步，即 workqueue_init()。这是工作队列初始化的第二部分，主要是创建初始的内核工作者线程（kworker）。在 SMP 启动之前创建好工作者线程，这样多个逻辑 CPU 起来以后就可以立即并发地调度这些线程。

kernel_init_freeable() 的第四步是 do_pre_smp_initcalls()。要讲述这个函数，首先我们必须了解内核在地址空间中的布局。内核是一个 ELF 可执行文件，在内存中是分段（section）存放的，除了常见的 .text 段（代码段）、.data 段（数据段）以外，还有一类以 .init 开头的初始化段（可查看内核链接脚本 arch/mips/kernel/vmlinux.lds 及其源文件 arch/mips/kernel/ vmlinux.lds.S）。ELF 可执行文件格式的内部结构不是本书的重点，感兴趣的读者可参考《链接器和加载器》一书[2]。内核的主要初始化段如表 2-3 所示。

表 2-3　Linux 内核初始化段一览表

段名	标记方法	功能描述
.init.text	__init	初始化代码
.init.data	__initdata	初始化数据
.init.setup	early_param/__setup/__setup_param	启动参数
.initcallearly.init	early_initcall	早期 initcall 函数
.initcall0.init	pure_initcall	第 0 级 initcall 函数
.initcall1.init/.initcall1s.init	core_initcall/core_initcall_sync	第 1 级 initcall 函数
.initcall2.init/.initcall2s.init	postcore_initcall/postcore_initcall_sync	第 2 级 initcall 函数
.initcall3.init/.initcall3s.init	arch_initcall/arch_initcall_sync	第 3 级 initcall 函数
.initcall4.init/.initcall4s.init	subsys_initcall/subsys_initcall_sync	第 4 级 initcall 函数
.initcall5.init/.initcall5s.init	fs_initcall/fs_initcall_sync	第 5 级 initcall 函数
.initcallrootfs.init	rootfs_initcall	Rootfs 级 initcall 函数
.initcall6.init/.initcall6s.init	device_initcall/device_initcall_sync	第 6 级 initcall 函数
.initcall7.init/.initcall7s.init	late_initcall/late_initcall_sync	第 7 级 initcall 函数

初始化段大致有 4 类：第一类是初始化代码，也就是用 __init 标记的函数代码，放置在 .init.text 段；第二类是初始化数据，也就是用 __initdata 标记的全局变量，放置在 .init.data 段；第三类是启动参数，也就是用 early_param()、__setup() 或 __setup_param() 定义的参数变量，放置在 .init.setup 段；第四类是用各种 *_initcall() 定义的函数，称为 initcall 函数，分 9 个级别放置在各种 .initcall*.init 段。

这些初始化段按表中的顺序放置在相邻的内存中，所有初始化段的起始地址是 __init_begin，结束地址是 __init_end。启动参数段的起始地址是 __setup_start，结束地址是 __setup_end。所有 initcall 函数的起始地址是 __initcall_start，结束地址是 __initcall_end。另外，每一级 initcall 函数的启动地址也有符号标识，即 __initcall*_start。值得注意的是，第 1 ~ 7

级的 initcall 函数分为两个子级别：一个不带 s，用 *_initcall() 来定义函数；另一个带 s，用 *_initcall_sync() 来定义函数。

这里我们只关注第四类，即 initcall 函数。为什么要分级呢？主要是这些 initcall 函数存在各种显示或隐式的依赖问题，需要在一定程度上保证它们的执行顺序。在 9 个级别里面，最早被执行的是早期 initcall 函数，然后是第 0 级 initcall 函数，第 1 级 initcall 函数，以此类推。在同一级别里面，不带 s 的子级别比带 s 的子级别先执行。在同一子级别里面，执行顺序相对是比较随机的，取决于编译时生成的函数地址。Linux-2.6.20 版本开始引入了一个特殊的 Rootfs 级别的 initcall，介于 fs_initcall 和 device_initcall 之间，其主要用于建立初始化内存盘（initrd/initramfs）中的根文件系统。

除了这 9 个级别，另外还有一种用 module_init() 定义的 initcall 函数，它跟这 9 级函数有一个对应关系：如果 module_init() 定义的函数被直接编译在内核里面，那么它等价于 device_initcall()；如果 *_initcall() 定义的函数被编译在模块里面，那么无论是哪个级别的 initcall 函数，都等价于 module_init()。然而，module_init() 标记的函数如果编译在模块里面，则内核启动的时候并不会被调用，而是在内核启动完成以后，系统启动的时候由用户态 1 号进程间接调用（相当于级别最低，比 late_initcall() 还要低）。

让我们回到 do_pre_smp_initcalls()，这个函数的实际工作就是执行所有用 early_initcall() 定义的 initcall 函数。那些放在这个段的 initcall 函数有一个共同特点，就是必须在 SMP 启动之前完成。对于龙芯 3 号，有一个用 early_initcall() 定义的重要函数 loongson_cu2_setup()，其功能是注册通知函数 loongson_cu2_call()，用于协处理器 2（CP2）的异常处理。

当所有的早期 initcall 函数完成，就可以启用多核了，接下来的 smp_init() 正是为了启动多核。smp_init() 是 kernel_init_freeable() 的第五步，其主要步骤是通过 idle_threads_init() 给每个辅核创建 0 号进程，然后用 cpu_up() 将每个 present 的辅核启动起来，启动后的逻辑 CPU 将会变成 online 状态。

cpu_up() 的核心调用链是通过 do_cpu_up() 调用的 _cpu_up()，后者又分为两个主要步骤：首先用 idle_thread_get() 获取目标 CPU 的 0 号进程的进程描述符，然后通过 bringup_cpu() 调用体系结构相关的 __cpu_up() 来启动目标 CPU。__cpu_up() 将执行 SMP 启动中主核步骤的第三步，即 mp_ops 的 boot_secondary()，具体到龙芯乃是 loongson3_boot_secondary()。

```
static int loongson3_boot_secondary(int cpu, struct task_struct *idle)
{
    unsigned long startargs[4];
    startargs[0] = (unsigned long)&smp_bootstrap;
    startargs[1] = (unsigned long)__KSTK_TOS(idle);
    startargs[2] = (unsigned long)task_thread_info(idle);
    startargs[3] = 0;
    loongson3_ipi_write64(startargs[3],
```

```
            (void *)(ipi_mailbox_buf[cpu_logical_map(cpu)]+0x18));
    loongson3_ipi_write64(startargs[2],
            (void *)(ipi_mailbox_buf[cpu_logical_map(cpu)]+0x10));
    loongson3_ipi_write64(startargs[1],
            (void *)(ipi_mailbox_buf[cpu_logical_map(cpu)]+0x8));
    loongson3_ipi_write64(startargs[0],
            (void *)(ipi_mailbox_buf[cpu_logical_map(cpu)]+0x0));
    return 0;
}
```

龙芯的主核是通过 IPI 寄存器来启动辅核的，不过不是用 IPI 中断，而是使用 Mailbox 寄存器。自 BIOS 或 BootLoader 把控制权交给内核以后，主核开始执行内核代码，而辅核一直在轮询各自的 Mailbox 寄存器。loongson3_boot_secondary() 通过 Mailbox 寄存器来传递辅核启动所需要的信息。那么辅核启动需要哪些信息呢？其实跟主核差不多，一个是入口地址，另一个是初始的 SP 和 GP。辅核的入口地址是 smp_bootstrap；SP 和 GP 的计算方法跟主核一样，都是用 0 号进程的 thread_info 算出来的，只不过主核需要自己算，而辅核则是主核算好然后直接通过 Mailbox 传递过去。龙芯的每个核都有 4 个 Mailbox 寄存器，Mailbox0 用于传递入口地址，即 smp_bootstrap 的地址；Mailbox1 用于传递 SP，即 __KSTK_TOS(idle)[1]；Mailbox2 用于传递 GP，即辅核自己的 0 号进程的 thread_info（即 task_thread_info(idle)）；Mailbox3 暂时未用因此赋值为 0，如果将来有需要可以利用起来。

mp_ops->boot_secondary() 返回以后，__cpu_up() 会调用 synchronise_count_master() 和新起来的辅核进行 Count 寄存器同步；相应地，辅核那边会调用 synchronise_count_slave()。上文曾提到过，Count 寄存器同步是为了保证 ClockSource 的正确性。

当 smp_init() 把辅核都启动起来以后，会调用 smp_cpus_done() 做一些收尾工作，不过这个函数在 MIPS 上为空。

kernel_init_freeable() 的第六步是 sched_init_smp()。该函数有两个重要步骤：第一个是 sched_init_numa()，根据 NUMA 结构建立节点间的拓扑信息，跨 NUMA 访存的代价是比较大的，所以进程迁移一般情况下不会跨节点；第二个是 sched_init_domains()，也跟拓扑信息有关，但主要是节点内的拓扑信息。这些函数在建立拓扑结构信息的时候也会建立节点组、节点（物理封装）、多核组与线程组的多级调度域 / 调度组。各种调度域 / 调度组的划分原因跟 NUMA 节点划分类似，都是考虑到进程跨域迁移比域内迁移代价要大，因此在调度器进行负载均衡时需要尽量避免性能损失。但跟 NUMA 节点划分不一样的是，节点内的代价通常跟流水线和高速缓存的共享程度有关，而不是对内存的访问速度差异引起的。关于调度域 / 调度组的更多信息也可以参阅 5.5 节。

现在，所有的辅核都已经启动，所需的准备工作也已经完成，kernel_init_freeable() 正式进入多处理器并行状态。

1 从 __KSTK_TOS() 的代码定义可以看出，辅核跟主核一样，SP 设置成 0 号进程内核栈所在的那个页的最高地址减去 32 字节再减去一个寄存器上下文所占用的空间（PT_SIZE），而不是直接设置成最高地址。

（二）多处理器阶段

对于 SMP 系统，主核与辅核从现在起已经开始并行工作了，因此严格来说后面的启动过程已经不完全是主核视角了。当然，对于 UP 系统来说，依然是主核视角（没有辅核）。

kernel_init_freeable() 的最后一步是 do_basic_setup()。该函数的第一小步是 driver_init()，包括一系列函数调用，其中第一个是 devtmpfs_init()。早期的 Linux 使用 devfs 来创建 /dev 目录下的设备节点，但从 Linux-2.6.13 版本开始采用 udev 后，从此绝大部分设备节点都是在运行时按需创建的。但是，有一些基本设备节点非常重要，必须在内核启动的过程中创建，比如 /dev/console、/dev/zero、/dev/null 等。函数 devtmpfs_init() 创建了一个内核线程 devtmpfsd，然后由这个内核线程负责创建基本设备。driver_init() 后续调用的函数基本上都是创建在 /sys 目录下的各级子目录和文件。

- devices_init()：创建 /sys/devices 以及下级节点。
- buses_init()：创建 /sys/bus 以及下级节点。
- classes_init()：创建 /sys/class 以及下级节点。
- firmware_init()：创建 /sys/firmware 以及下级节点。
- hypervisor_init()：创建 /sys/hypervisor 以及下级节点。
- of_core_init()：创建 /sys/firmware/devicetree 以及下级节点。
- platform_bus_init()：创建 /sys/bus/platform 以及下级节点。
- cpu_dev_init()：创建 /sys/devices/system/cpu 以及下级节点。
- memory_dev_init()：创建 /sys/devices/system/memory 以及下级节点。

do_basic_setup() 的第二小步是 do_initcalls()。这一小步的过程非常简单，执行的代码却非常之多。幸好现在多核已经全面启动，通过并行执行可以大大加速启动过程（从 2.6.30 版本开始，大部分 initcall 函数缺省都是通过内核线程异步执行的）。上文曾经提到过 Linux 内核中有 9 个级别的 initcall 函数，其中优先级最高的 Early 级别已经在 do_pre_smp_initcalls() 中全部完成。do_initcalls() 处理剩余的 8 个级别，对于每个级别，都会调用 do_initcall_level(level) 来执行相应的 initcall 函数。在每个级别内部，内核按地址从低到高的顺序通过 do_one_initcall() 依次调用每一个函数。表 2-4 列出了跟本书关系比较密切的一部分 initcall 函数（注：不同级别里面的函数允许同名，module_init 等同于 device_initcall 处理）。

表 2-4　重要的 initcall 函数

函数名	级别	功能描述
loongson_cu2_setup()	early_initcall	注册协处理器 2 的异常处理函数
cpu_stop_init()	early_initcall	创建停机迁移内核线程（migration）
spawn_ksoftirqd()	early_initcall	创建软中断内核线程（ksoftirqd）
init_hpet_clocksource()	core_initcall	注册 HPET 的 ClockSource
pm_init()	core_initcall	电源管理初始化
cpuidle_init()	core_initcall	CPUIdle 核心初始化

续表

函数名	级别	功能描述
cpufreq_core_init()	core_initcall	CPUFreq 核心初始化
init_per_zone_wmark_min()	core_initcall	计算每个内存管理区的水位线和保留量
isa_bus_init()	postcore_initcall	ISA 总线驱动初始化
pci_driver_init()	postcore_initcall	PCI 总线驱动初始化
loongson3_platform_init()	arch_initcall	执行龙芯 3 号的 platform_controller_hub 中的 pch_arch_initcall() 函数指针
loongson3_clock_init()	arch_initcall	初始化龙芯 3 号 CPU 的频率表
loongson_cpufreq_init()	arch_initcall	注册龙芯 2 号和龙芯 3 号的 CPUFreq 设备
loongson_pm_init()	arch_initcall	注册龙芯 2 号和龙芯 3 号的平台睡眠操作函数集
pcibios_init()	arch_initcall	注册 PCI 控制器
pcibios_init()	subsys_initcall	枚举所有 PCI 设备
alsa_sound_init()	subsys_initcall	声卡驱动核心初始化
md_init()	subsys_initcall	MD（RAID 与 LVM）初始化
usb_init()	subsys_initcall	USB 驱动核心初始化
init_pipe_fs()	fs_initcall	PIPE（管道）文件系统初始化
inet_init()	fs_initcall	因特网协议族初始化
cfg80211_init()	fs_initcall	CFG802.11（WIFI）核心初始化
populate_rootfs()	rootfs_initcall	建立 initrd/initramfs 中的根文件系统
loongson3_device_init()	device_initcall	执行龙芯 3 号的 platform_controller_hub 中的 pch_device_initcall() 函数指针
pty_init()	device_initcall	伪终端设备（PTY）驱动初始化
kswapd_init()	module_init	创建 kswapd 内核线程
cpufreq_init()	module_init	龙芯 CPU 的 CPUFreq 驱动初始化
loongson_hwmon_init()	module_init	龙芯 CPU 温度传感器驱动初始化
lemote3a_laptop_init()	module_init	Lemote（龙梦）笔记本电脑平台驱动初始化
ahci_init()	module_init	AHCI（SATA 控制器）驱动初始化（现已改用 module_pci_driver 来声明）
ohci_hcd_mod_init()	module_init	注册 USB1.0 主机驱动（OHCI）
ehci_hcd_init()	module_init	注册 USB2.0 主机驱动（EHCI）
xhci_hcd_init()	module_init	注册 USB3.0 主机驱动（XHCI）
usb_stor_init()	module_init	USB 存储设备（U 盘）驱动初始化（现已改用 module_usb_stor_driver 来声明）
drm_core_init()	module_init	DRM（显卡驱动）核心初始化
radeon_init()	module_init	AMD Radeon 显卡驱动初始化

续表

函数名	级别	功能描述
rtl8168_init_module()	module_init	Realtek R8168 千兆网卡驱动初始化
e1000_init_module()	module_init	Intel E1000/E1000E 千兆网卡驱动初始化
igb_init_module()	module_init	Intel IGB 千兆网卡驱动初始化
ixgb_init_module()	module_init	Intel IXGB 万兆网卡驱动初始化
ixgbe_init_module()	module_init	Intel IXGBE 万兆网卡驱动初始化
ath9k_init()	module_init	ATH9K 无线网卡驱动
serial8250_init()	module_init	I8250 串口设备驱动初始化
software_resume()	late_initcall_sync()	STD 返回时恢复执行上下文

之前在介绍 time_init() 的时候我们提到过 HPET 的 ClockSource 注册是被延后执行的，现在我们知道了，就是在 do_initcalls() 间接调用的 init_hpet_clocksource() 中完成的。

当各种各样的 initcall 函数执行完毕，1 号进程的内核态阶段也即将结束。接下来它将先通过 numa_default_policy() 将 1 号进程自己的 NUMA 内存分配策略改成 MPOL_DEFAULT（这意味着 1 号进程创建的子进程都将默认使用 MPOL_DEFAULT 策略）；然后通过 run_init_process() 来装入用户态的 init 程序，变身为普通进程。用户态 init 程序在硬盘文件系统的哪个路径是可以通过启动参数（比如 init=/sbin/init）任意指定的，如果没有指定就会在预设路径中搜索，不过 kernel_init() 的搜索有优先顺序之分。一旦在预设路径列表里面找到 init 程序，就会立即执行，后面低优先级的路径将不再理会。如果整个列表搜索结束依旧没有找到，就会发生死机（Kernel Panic）。

如果使用了 initrd/initramfs，那么优先级最高的 init 路径是 ramdisk_execute_command，即启动参数 rdinit 指向的路径。如果没有使用 initrd/initramfs，那么优先级排在第二的 init 路径是 execute_command，即启动参数 init 指向的路径。如果 init 也没有指定，那么通过预设路径列表依次搜索 /sbin/init、/etc/init、/bin/init 和 /bin/sh。

run_init_process() 通过 do_execve() 来装入 init 程序，而一旦用户态 init 程序装入并开始执行，内核的启动过程就结束了（但 1 号进程的使命并没有结束）。后面的步骤属于 Linux 操作系统的核外世界的启动过程（主要是各种服务的启动），不再属于本书的范畴。

2.3 内核启动过程：辅核视角

上一节从主核的视角将轰轰烈烈的内核启动过程浏览了一遍，顺带介绍了许多与龙芯 /Linux 相关的基础知识，这一节将从辅核的视角再次跟踪这个过程。绝大多数全局性的基本初始化都已经在主核上完成，因此辅核主要是完成本 CPU 相关的初始化，之后执行自己的 0 号进程进入 idle 循环。进入 idle 循环后的辅核就能进行任务调度了，因此可以通过执行内核线程的方式在 do_basic_ setup() 以及之后启动过程中协助主核。

跟主核视角一样，辅核视角的内核启动过程也包括第一入口和第二入口。

2.3.1 第一入口：smp_bootstrap

主核的执行入口地址是 BIOS 或者 BootLoader 给出的，而辅核的入口则是主核在执行 smp_init() 时传递的。上文提到，辅核的初始入口是 smp_bootstrap，其功能类似于主核的 kernel_entry，定义在 arch/mips/kernel/head.S 中。

```
NESTED(smp_bootstrap, 16, sp)
        smp_slave_setup
        setup_c0_status_sec
        j       start_secondary
        END(smp_bootstrap)
```

代码跟主核相比简单多了，但也有着一定的相似性。从某种意义上说，是主核启动过程稍作改变的一个子集。

smp_slave_setup 类似于主核的 kernel_entry_setup，对于龙芯来说，则完全一样。

```
        .macro  smp_slave_setup
#ifdef CONFIG_CPU_LOONGSON3
        .set    push
        .set    mips64
        /* Set LPA on LOONGSON3 config3 */
        mfc0        t0, CP0_CONFIG3
        or          t0, (0x1 << 7)
        mtc0        t0, CP0_CONFIG3
        /* Set ELPA on LOONGSON3 pagegrain */
        mfc0        t0, CP0_PAGEGRAIN
        or          t0, (0x1 << 29)
        mtc0        t0, CP0_PAGEGRAIN
        /* Enable STFill Buffer */
        mfc0        t0, CP0_PRID
        /* Loongson-3A R4+ */
        andi        t1, t0, PRID_IMP_MASK
        li          t2, PRID_IMP_LOONGSON_64G
        beq         t1, t2, 1f
        nop
```

```
	/* Loongson-3A R2/R3 */
	andi	t0, (PRID_IMP_MASK | PRID_REV_MASK)
	slti	t0, (PRID_IMP_LOONGSON_64C | PRID_REV_LOONGSON3A_R2_0)
	bnez	t0, 2f
	nop
1:
	mfc0	t0, CP0_CONFIG6
	or	t0, 0x100
	mtc0	t0, CP0_CONFIG6
2:
	_ehb
	.set	pop
#endif
	.endm
```

其功能在这里简单复述一遍：对于龙芯 2 号什么都不做，对于龙芯 3 号则打开 ELPA，如果是龙芯 3A2000 或者更新的处理器，则把 SFB 也打开。

接下来的 setup_c0_status_sec 类似于主核的 setup_c0_status_pri，不过 setup_c0_status 的第二个参数 clr 不是 0 而是 ST0_BEV。这就意味着 setup_c0_status_sec 比 setup_c0_status_pri 多了一点内容，除了按需设置 KSU、KX、CU0、CU2 等位，以及自动清零 EXL、ERL、IE 等位以外，还要显式清零 BEV 位。这是因为主核已经建立好运行时的异常向量表，辅核可以直接使用了。

```
	.macro	setup_c0_status_sec
#ifdef CONFIG_64BIT
#ifdef CONFIG_CPU_LOONGSON3
	setup_c0_status ST0_KX|ST0_MM ST0_BEV
#else
	setup_c0_status ST0_KX ST0_BEV
#endif
#else
#ifdef CONFIG_CPU_LOONGSON3
	setup_c0_status ST0_MM ST0_BEV
#else
	setup_c0_status 0 ST0_BEV
#endif
#endif
	.endm
```

smp_bootstrap 的最后一步是跳转到第二入口 start_secondary()，进入高级语言的世界。

2.3.2 第二入口：start_secondary()

辅核的高级语言入口 start_secondary() 在功能上类似于主核的 start_kernel()，定义在 arch/mips/kernel/smp.c 中，其代码树如下（有精简）。

```
start_secondary()
     |-- cpu_probe();
     |-- per_cpu_trap_init(false);
     |    |-- configure_status();
     |    |-- configure_hwrena();
     |    |-- configure_exception_vector();
     |    |-- if (!is_boot_cpu)  cpu_cache_init();
     |    |-- tlb_init();
     |    |    \-- build_tlb_refill_handler();
     |    \-- TLBMISS_HANDLER_SETUP();
     |         \-- TLBMISS_HANDLER_SETUP_PGD(swapper_pg_dir);
     |-- mips_clockevent_init();
     |-- mp_ops->init_secondary();
     |    \-- loongson3_init_secondary();
     |-- calibrate_delay();
     |-- notify_cpu_starting(cpu);
     |-- synchronise_count_slave(cpu);
     |-- set_cpu_online(cpu, true);
     |-- set_cpu_sibling_map(cpu);
     |-- set_cpu_core_map(cpu);
     |-- mp_ops->smp_finish();
     |    \-- loongson3_smp_finish();
     \-- cpu_startup_entry(CPUHP_AP_ONLINE_IDLE);
          \-- while(1) do_idle();
               \-- cpuidle_idle_call();
                    \-- default_idle_call();
                         \-- arch_cpu_idle();
                              \-- cpu_wait(); /* MIPS体系结构相关 */
```

跟 start_kernel() 相比，start_secondary() 可以说是大大简化了。大多数函数似曾相识，因为它们在主核上也执行过。和主核完全相同的步骤就不再详细展开，这里重点讲述不一样的地方。

start_secondary() 的第一步是 cpu_probe()，主核的这一步在 setup_arch() 里面完成。这一步跟主核完全相同，主要就是根据 PRID 寄存器探测 CPU 类型。龙芯的多核是同构多核，因此辅核的探测结果除了处理器编号以外，跟主核完全相同。

start_secondary() 的第二步是 per_cpu_trap_init()，主核的这一步在 trap_init() 里面完成。辅核的这一步跟主核稍有不同，因为主核的调用参数是 true，而辅核则是 false。这个参数的不同最后导致的结果是辅核在 per_cpu_trap_init() 里面需要执行 cpu_cache_init()，而主核早在 setup_arch() 里面就完成了 cpu_cache_init()，无需在 per_cpu_trap_init() 再次执行。

start_secondary() 的第三步是 mips_clockevent_init()，主核的这一步在 time_init() 里面完成。因为 ClockEvent 不是全局的，所以每个核都需要注册。

start_secondary() 的第四步是 mp_ops->init_secondary()，这是 SMP 启动过程中 mp_ops 的第一个辅核步骤。龙芯的具体实现是 loongson3_init_secondary()，代码如下。

```
static void loongson3_init_secondary(void)
{
    unsigned int cpu = smp_processor_id();
    unsigned int imask = STATUSF_IP7 | STATUSF_IP6 | STATUSF_IP3 | STATUSF_IP2;
    change_c0_status(ST0_IM, imask);
    for (i = 0; i < num_possible_cpus(); i++)
        loongson3_ipi_write32(0xffffffff, ipi_en0_regs[cpu_logical_map(i)]);
    per_cpu(cpu_state, cpu) = CPU_ONLINE;
    cpu_set_core(&cpu_data[cpu],
                 cpu_logical_map(cpu) % loongson_sysconf.cores_per_package);
    cpu_data[cpu].package =
        cpu_logical_map(cpu) / loongson_sysconf.cores_per_package;
    i = 0;
    core0_c0count[cpu] = 0;
    loongson3_send_ipi_single(0, SMP_ASK_C0COUNT);
    while (!core0_c0count[cpu]) {
        i++;
        cpu_relax();
    }
    if (i > MAX_LOOPS)
        i = MAX_LOOPS;
    if (cpu_data[cpu].package)
        initcount = core0_c0count[cpu] + i;
    else
        initcount = core0_c0count[cpu] + i/2;
    write_c0_count(initcount);
    __cpu_full_name[cpu] = cpu_full_name;
}
```

loongson3_init_secondary() 首先设置 Status 寄存器的 IP 位，将 IP2、IP3、IP6 和 IP7 全部使能。然后 loongson3_init_secondary() 把所有 possible 核的 IPI_Enable 寄存器的所有位全部置 1，这意味着允许任意核上任意类型的 IPI 中断。接下来，loongson3_init_secondary() 计算辅核自己的封装编号与核编号，计算方法与主核相同。最后是一件非常重要的事情，即 Count 寄存器同步，方法是往主核发送一个 SMP_ASK_C0COUNT 类型的 IPI，然后将接收到的值加上等待循环数，写回自己的 Count 寄存器。这个方法并不能保证绝对同步，但精确度非常高，完全可以满足计时需求。

然后，start_secondary() 将调用 calibrate_delay()，用于计算 loops_per_jiffy；loops_per_jiffy 的主要用途是确定 delay() 的时候每个节拍需要跑多少条空操作指令。

接下来，start_secondary() 将调用 synchronise_count_slave() 与主核进行 Count 寄存器同步，而主核那边会在 kernel_init() 中调用 synchronise_count_master()。

start_secondary() 的后面几个步骤比较简单：set_cpu_online(cpu, true)，把辅核自己设置成 online；set_cpu_sibling_map(cpu)，设置线程映射图；set_cpu_core_map(cpu)，设置核映射图。

start_secondary() 的倒数第二步是 mp_ops->smp_finish()，这也是 SMP 启动中 mp_ops 的第二个辅核步骤，龙芯的具体实现是 loongson3_smp_finish()，代码如下。

```
static void loongson3_smp_finish(void)
{
    int cpu = smp_processor_id();
    write_c0_compare(read_c0_count() + mips_hpt_frequency/HZ);
    local_irq_enable();
    loongson3_ipi_write64(0, (void *)(ipi_mailbox_buf[cpu_logical_map(cpu)]+0x0));
}
```

该函数首先通过 write_c0_compare(read_c0_count() + mips_hpt_frequency/HZ) 在 1 个节拍后产生一次时钟中断。mips_hpt_frequency 是 Count 寄存器的增长频率，通常是 CPU 主频的一半，HZ 则是每秒的节拍数，因此 mips_hpt_frequency/HZ 就是 1 个节拍的 Count 增长量。紧接着该函数会打开中断，因为只有开了中断才有可能处理时钟。最后该函数将会清空自己的 Mailbox 寄存器，以便以后使用。

终于到了最后一步 cpu_startup_entry(CPUHP_AP_ONLINE_IDLE)。这里跟主核几乎是一模一样的，就是准备执行 0 号进程，其核心是 do_idle()，核心的核心则是 cpu_wait()。开始执行 0 号空闲进程的辅核已经能进行任务调度了，因此可以通过执行内核线程的方式在 do_basic_setup() 以及之后的内核启动过程中协助主核，也可以在 Linux 操作系统的核外世界的启动过程中运行各种系统服务。

2.4 本章小结

本章以跟踪内核启动过程为切入点，分别从主核与辅核的角度将初始化过程逐步浏览了一遍。重点讲解了体系结构相关的内容，穿插了大量龙芯以及 Linux 内核相关的基础知识。这些知识不足以全面掌握内核，但可以起到一个提纲挈领的作用。理解这些内容，可以大大方便后续章节的阅读。

第 03 章

异常与中断解析

异常与中断处理是操作系统内核的三大基本功能之一，本章将讲述 MIPS 处理器，尤其是龙芯 3 号对这一子系统的设计。

异常（Exception）/ 中断（Interrupt）指的是发生了正常的执行流程被打断的事件。这些事件如果来自 CPU 内部，就叫异常；如果来自外部设备，就叫中断。在 MIPS 处理器的分类中，中断被归结为异常的一种，但有时候也会分开讨论。一般来说，异常是同步事件，通常会立即处理；中断是异步事件，通常会在一定程度上延迟处理。

异常 / 中断有什么用处？表面上看，异常与正常是相对立的概念，似乎意味着出错。实际上，出错只是许多种异常的一部分，另外一些种类的异常并不意味着出错，而是为了请求系统服务，或是调试需要，或是特意设计。比如，应用程序不能执行特权操作，所有的特权操作都必须请求操作系统内核才能完成，而系统调用本身就是一种异常。又比如，中断实际上是为了让 CPU 和外设能够并行工作而引入的一种机制：有了中断，CPU 就可以一心一意地做自己的工作而不必轮询设备的状态，直到中断发生再去为设备服务。异常还有一个非常重要的作用，就是让 CPU 不仅能够顺序执行，还可以交错执行。有了交错执行，才能让 CPU 具有并发的特征（并发不等于并行，因为并发包括交错与并行，交错在宏观上并行但微观上串行，而并行是宏观上并行微观上也并行），而有了并发特征，单核 CPU 上才有运行多任务操作系统的可能。

在 Linux 内核里，上下文（Context）用于描述当前的软硬件状态和环境。一般来说，上下文分为中断上下文和进程上下文。其中，中断上下文可以细分为不可屏蔽中断上下文、硬中断上下文和软中断上下文；进程上下文可以细分为可抢占进程上下文和不可抢占进程上下文。CPU 在处理不可屏蔽中断（NMI）时，处于不可屏蔽中断上下文；CPU 在处理硬中断时，处于硬中断上下文；CPU 在处理软中断时，处于软中断上下文；其他时候（包括用户进程、内核线程和异常处理）CPU 处于进程上下文。它们的主要特点如下。

硬中断上下文： 不可被硬中断，不可被软中断，不可睡眠（自愿调度），不可抢占（强制调度）[1]。

软中断上下文： 可以被硬中断，不可被软中断，不可睡眠（自愿调度），不可抢占（强制调度）。

进程上下文： 可以被硬中断，可以被软中断，可以睡眠（自愿调度），是否可以抢占（强制调度）取决于有没有关抢占。

不可屏蔽中断上下文的性质跟硬中断上下文类似，可以认为是特殊的硬中断上下文。中断上下文和不可抢占进程上下文统称为原子上下文。内核提供了以下一系列宏来判定当前上下文。

- in_nmi()：判断是否处于不可屏蔽中断上下文。
- in_irq()：判断是否处于硬中断上下文。
- in_softirq()：判断是否处于软中断上下文。
- in_interrupt()：判断是否处于中断上下文（不可屏蔽中断上下文 / 硬中断上下文 / 软中断上下文）。
- in_atomic()：判断是否处于原子上下文（中断上下文 / 不可抢占进程上下文）。
- in_task()：判断是否处于进程上下文。

1 龙芯不支持硬件层面的中断优先级。

图 3-1 展示了龙芯电脑运行过程中各种上下文之间切换的时间序列，其中标识了它们各自的边界[1]。

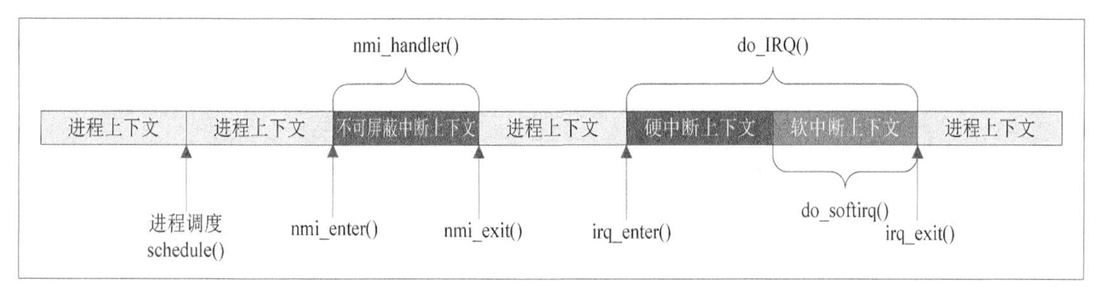

图 3-1　各种上下文组成的时间序列

在 nmi_handler() 函数处理过程中，计算机处于不可屏蔽中断上下文，其边界是 nmi_enter() 和 nmi_exit()。在 do_IRQ() 函数处理过程中，计算机处于可屏蔽中断上下文（包括图 3-1 中的硬中断上下文和软中断上下文），其边界是 irq_enter() 和 irq_exit()。do_IRQ() 的前半部分处于硬中断上下文，其边界为 local_irq_disable() 和 local_irq_enable()；后半部分（即 do_softirq() 的执行过程）为软中断上下文，其边界为 local_bh_disable() 和 local_bh_enable()。

本章先介绍龙芯处理器进行上下文切换时的寄存器上下文的保存 / 恢复，接下来分别解析在 Linux 内核中对龙芯的异常和中断的处理。

3.1 寄存器操作

异常处理总是意味着上下文切换。最典型的情况：应用程序在用户态运行时发生异常，于是通过上下文切换转到内核态，进行异常处理；处理完成以后，再通过上下文切换回到用户态。从用户态切换至内核态时，需要将当前的寄存器上下文保存到内核栈；从内核态切换回用户态时，需要将内核栈中的寄存器上下文恢复[2]。

需要保存 / 恢复的寄存器上下文包括大部分通用寄存器和少数协处理器 0 寄存器的内容，Linux 内核提供了以下一系列宏来完成这些操作。

- SAVE_AT：将 AT 寄存器保存到内核栈。
- SAVE_TEMP：将 T 系列寄存器保存到内核栈。
- SAVE_STATIC：将 S 系列寄存器保存到内核栈。
- SAVE_SOME：将 ZERO 寄存器、GP 寄存器、SP 寄存器、RA 寄存器、A 系列寄存器、V 系列寄存器以及 CP0 的 STATUS、CAUSE、EPC 寄存器保存到内核栈。
- SAVE_ALL：相当于 SAVE_SOME、SAVE_AT、SAVE_TEMP 和 SAVE_STATIC

1　图 3-1 仅仅是一个简化的示意图，并不是百分之百精确，其中最重要的一点是那些上下文边界并不是一个点，而是一小段。尤其是 irq_exit()，实际上它在硬中断上下文结束时就开始执行，但直到软中断上下文结束时才返回。也就是说，do_softirq() 的整个过程实际上处于 irq_exit() 内部。

2　内核态同样可以发生异常，但是寄存器上下文的保存 / 恢复是一样的。

的综合效果。

- RESTORE_AT：从内核栈中恢复 AT 寄存器。
- RESTORE_TEMP：从内核栈中恢复 T 系列寄存器。
- RESTORE_STATIC：从内核栈中恢复 S 系列寄存器。
- RESTORE_SOME：从内核栈中恢复 ZERO 寄存器、GP 寄存器、RA 寄存器、A 系列寄存器、V 系列寄存器以及 CP0 的 STATUS、CAUSE、EPC 寄存器。
- RESTORE_SP：从内核栈中恢复 SP 寄存器。
- RESTORE_SP_AND_RET：从内核栈中恢复 SP 寄存器并返回。
- RESTORE_ALL：相当于 RESTORE_STATIC、RESTORE_TEMP、RESTORE_AT、RESTORE_SOME 和 RESTORE_SP 的综合效果。
- RESTORE_ALL_AND_RET：相当于 RESTORE_STATIC、RESTORE_TEMP、RESTORE_AT、RESTORE_SOME 和 RESTORE_SP_AND_RET 的综合效果。

可以看到，SAVE_XYZ 和 RESTORE_XYZ 并不完全对称，不对称主要体现于 SP 寄存器（栈指针），其原因如下。

1. 进程在用户态运行时使用用户栈，进入内核态以后使用内核栈。

2. 从用户态切换到内核态时，需要将除 K0/K1 以外的所有寄存器保存到内核栈。

3. 但是，在保存寄存器上下文之前，SP 指向的是用户栈，因此首要的事情是切换 SP。

4. 切换 SP 主要是由 get_saved_sp 完成，它与第 3 章所述的 set_saved_sp 相对应，用于获取当前进程在当前 CPU 上的内核栈指针，即 kernelsp[] 数组的对应元素。

5. 切换并保存 SP 的大致过程：将旧 SP 值（用户栈指针）放到 K0；通过 get_saved_sp 将内核栈指针装入 K1；将 K1 的值减去 PT_SIZE（一个完整寄存器上下文的大小）后装入 SP；此时新 SP 已经指向内核栈，于是将 K0（用户栈指针）保存到寄存器上下文中 SP 的位置。

6. 内核态切换回用户态时，只需要简单恢复寄存器上下文中的 SP 就可以了。

> **注意：**
> 如果是在内核态发生异常，则旧 SP 已经指向内核栈，不需要切换。

异常处理时发生的上下文切换只涉及一个进程，是同一个进程在“正常执行流”与“异常执行流”之间的切换（正常执行流处于用户态或内核态，异常执行流一定处于内核态）。本书将这种切换称为垂直切换，以便与进程调度时发生的上下文切换相区分（进程切换是从一个进程的执行流切换到另一个进程的执行流，属于涉及多个进程的水平切换）。

3.2 异常处理解析

龙芯处理器的异常分类可以参阅上文的表 2-2。本节我们先来看硬复位、软复位和 NMI。

3.2.1 复位异常和 NMI

复位异常包括硬复位和软复位。硬复位异常在冷启动时发生，也就是说硬复位就是第一次开机上电。软复位异常在热启动时发生，也就是说在开机状态下执行重启操作将触发软复位。NMI 表示发生了非常严重的错误，通过 CPU 上专门的 NMI 引脚进行触发，因此不可屏蔽。

这 3 种异常具有相同的入口地址 0xffffffffbfc00000，因此均由 BIOS 第一时间进行处理。那么 BIOS 如何区分这 3 种异常呢？答案是通过协处理器 0 中的 Status 寄存器。这 3 种异常发生时，硬件会根据情况自动设置 Status 寄存器的 BEV、SR 和 NMI 位。

- 硬复位：BEV=1，SR=0，NMI=0。
- 软复位：BEV=1，SR=1，NMI=0。
- NMI：BEV=1，SR=0，NMI=1。

龙芯对于硬复位和软复位采用了相同的处理方法，就是 BIOS 的正常启动流程，NMI 则直接跳转到内核进行处理。内核的 NMI 处理入口是 except_vec_nmi()，定义在 arch/mips/ kernel/ genex.S 中，其内容很简单，基本上就是直接跳转到 nmi_handler()，而 nmi_handler() 内容如下。

```
NESTED(nmi_handler, PT_SIZE, sp)
	.set	push
	.set	noat
	mfc0	k0, CP0_STATUS
	ori	k0, k0, ST0_EXL
	li	k1, ~(ST0_BEV | ST0_ERL)
	and	k0, k0, k1
	mtc0	k0, CP0_STATUS
	_ehb
	SAVE_ALL
	move	a0, sp
	jal	nmi_exception_handler
	.set	pop
	END(nmi_handler)
```

上述代码简单直观：先把 Status 寄存器的 BEV 和 ERL 位清除，同时设置 EXL 位；然后通过 SAVE_ALL 保存寄存器上下文，把 SP 寄存器的值放入 a0（第一个参数寄存器）；最后调用 nmi_exception_handler()。

nmi_exception_handler() 定义在 arch/mips/kernel/traps.c 中，其内容也很简单，主要工作就是 raw_notifier_call_chain(&nmi_chain, 0, regs)，即调用挂接在 nmi_chain 上的通知块函数。这些函数是用 register_nmi_notifier() 挂接上去的。NMI 通常意味着发生了严重错误，因此一般情况下通知块函数就是执行关机或者重启操作。

3.2.2 缓存错误异常

先来回顾一下 MIPS 的 4 个异常向量：向量 0 是 TLB 重填异常，向量 1 是 XTLB 重填异常，向量 2 是高速缓存错误异常，向量 3 是其他通用异常。根据从易到难的原则，我们先来介绍最简单的高速缓存错误异常。

龙芯版本的高速缓存（即 Cache）错误异常的入口是 except_vec2_generic，定义在 arch/mips/mm/ cex-gen.S 中，其代码如下。

```
LEAF(except_vec2_generic)
.set  noreorder
.set  noat
.set  mips0
mfc0   k0,CP0_CONFIG
li     k1,~CONF_CM_CMASK
and    k0,k0,k1
ori    k0,k0,CONF_CM_UNCACHED
mtc0   k0,CP0_CONFIG
nop
nop
nop
j      cache_parity_error
nop
END(except_vec2_generic)
```

Cache 错误一旦发生，意味着 Cache 已经不可靠，接下来所有的取指令和内存访问都必须以非缓存的方式进行。内核本身放置在 KSEG0 段，如何以非缓存方式进行呢？其实 KSEG0 是否缓存是可以配置的，配置方式就是 Config0 寄存器的最低三位。这三位（KSEG0 的 Cache 属性）的取值及其含义如下: 2 表示非缓存(UC),3 表示缓存,7 表示写合并(WC)或者非缓存加速(UCA)。

except_vec2_generic() 的第一步就是通过 mfc0 指令访问 Config0 寄存器，取出 Cache 属性字段并设置成非缓存，再通过 mtc0 指令写回 Config0 寄存器 , 之后跳转到 cache_parity_error()。虽然我们设置了 KSEG0 按非缓存方式访问，但这并不意味着内核能够在全局无 Cache 的情况下继续工作，因为除了内核代码和全局数据以外，各种动态生成的代码和数据一般不通过 KSEG0 访问。因此对于 Cache 错误异常，实际上软件几乎是无能为力的。cache_parity_error() 也非常简单：通过 ErrorEPC、CacheErr 等寄存器获取必要的信息，将其打印出来，之后便调用 panic()，进入死机状态。

庆幸的是，龙芯 3 号处理器核对 Cache 错误实现了硬件自纠错功能，所以通常情况下不会出现 Cache 错误。万一出现的错误非常严重以致无法纠正，那也就只能死机了（以后可能会有更好的设计实现）。

3.2.3 TLB/XTLB 异常

CPU 的内存管理单元叫 MMU，而 MMU 包括 TLB（Translation Lookaside Buffer，快速翻译查找表）和一系列 CP0 寄存器。TLB 负责从虚拟地址到物理地址的转换，是内存中页表的一个子集。

（一）页表与 TLB 结构

在介绍 TLB 结构之前，先介绍页表结构。最简单的页表结构如图 3-2 所示。

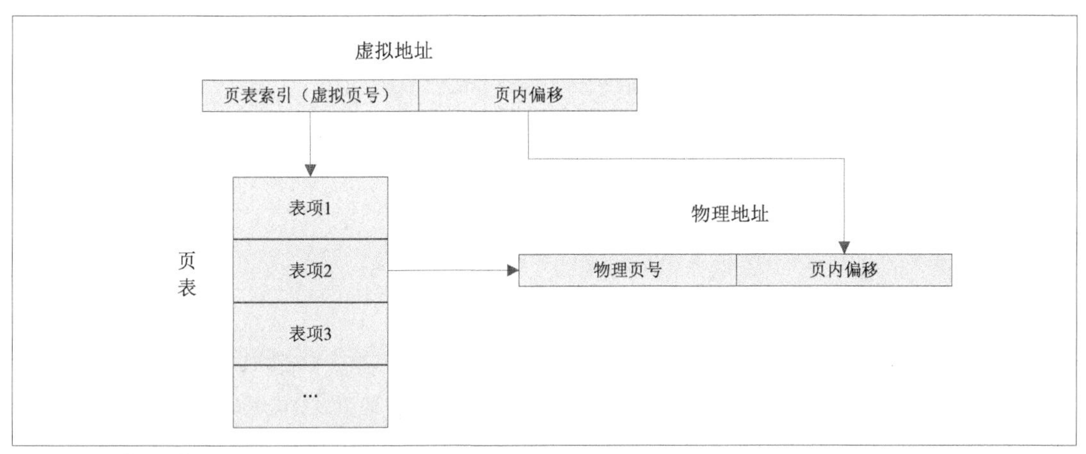

图 3-2 简单的页表结构

图 3-2 展示的是一种单级页表格式，虚拟页号一般称为 VPN（Virtual Page Number），而物理页号一般称为 PFN（Page Frame Number）或者 PPN（Physical Page Number），虚拟页和物理页的页内偏移是相等的，因此页表实际上是负责 VPN 到 PFN 的转换。然而单级页表是有缺点的，以 32 位系统为例：虚拟地址空间有 4 GB，考虑到每个进程都有一个页表（内核自身还有一个页表），假设页面大小为 4 KB，每个页表项占用 4 B，那么每个进程需要 4 MB 的内存来存放页表（4 GB/4 KB=1 M，每个进程有 1 M 个页表项，每项 4 B，总共占用 4 MB）；而系统中有成百上千个进程，使用单级页表将会占用大量的内存。

为了解决这个问题，我们引入了多级页表，图 3-3 是两级页表的结构。它把虚拟页号划分成页目录表索引和页表索引，这样一个进程的“总页表”实际上就包括了一个页目录表和若干个页表。还以 32 位系统和 4 KB 页面为例：如果页目录表索引和页表索引各 10 位，那么页目录表自身只需占用 4 KB，而页目录表中每个有效表项对应一个 4 KB 的页表。由于进程实际上不会用到 4 GB 的物理内存（也就是说存在很大的虚拟地址空间），因此页目录表里面大部分都是无效项。一个无效的页目录表项不需要与之对应的页表，因此总页表并不会占用太多的内存（就算一个进程占用了 2 GB 物理内存，页目录表里也有一半的无效项，因此总页表也大概只需要 2 MB）。

32 位 MIPS 处理器使用两级页表，页目录表叫作 PGD（页全局目录），页表叫作 PTE。包括龙芯在内的 64 位 MIPS 处理器大多使用三级页表，页目录表分为顶级的 PGD 和次级的 PMD（页中间目录），页表还是叫作 PTE。如果有需要，还可以使用四级页表，各级的名称分别叫作 PGD、PUD（页上位目录）、PMD 和 PTE。

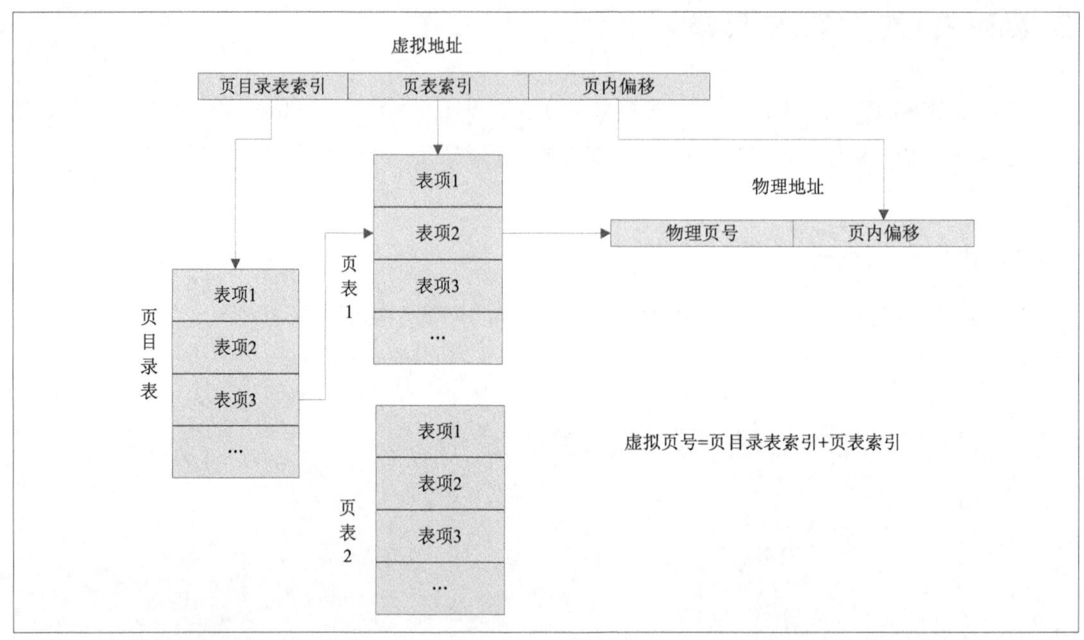

图 3-3　分级的页表结构

龙芯的 TLB 也是一个表，其表项的结构如图 3-4 所示。其中，VPN2、ASID、PageMask 和 G 是输入部分，PFN-0/1 和 Flags-0/1 是输出部分。TLB 表项是成对组织的，地址相邻的两个页面被放置在一个表项里面，其虚拟页号的高位部分就叫 VPN2（相邻页面的 VPN 高位相同）[1]。一对虚拟地址自然对应两个物理地址，因此一个 VPN2 对应 PFN-0 和 PFN-1 两个物理页号。物理地址是全局唯一的，但由于每个进程都有自己的页表，因此虚拟地址不是全局唯一的，为了防止地址冲突，TLB 表项里面引入了地址空间标识符 ASID。ASID 约等于进程 ID，因此 ASID+VPN2 基本上能够保证唯一性（不同进程可能拥有相同的 ASID，下文再讨论该问题）。G 是全局位，如果 G=1，那么不需要匹配 ASID（内核自己的页表一般会设置 G=1）。PageMask 表示页面的大小，龙芯可以设置的最小页面是 4 KB，最大页面是 16 MB（从龙芯 3A2000 开始最大页面支持 1 GB）。Flags-0/1 是页面的属性标志，其中：C 是 Cache 属性（其定义上文已述），D 表示可写位（D=1 表示页面可写），V 是有效位（V=1 表示该 TLB 项有效）。

龙芯的每个 CPU 核都有 64 项全相联的 VTLB，全相联代表任意一个虚拟地址可以通过 TLB 中的任意一项来映射，V（Variable）代表页面大小可变。从龙芯 3A2000 开始每个核在 VTLB 的基础上另外引入了 1024 项 8 路组相联的 FTLB（龙芯 3A4000 的 FTLB 进一步增加到 2048 项），8 路组相联意味着对于 1 个特定的虚拟地址，只有 8 个候选的 TLB 项可以用来映射，F（Fixed）代表页面大小固定。

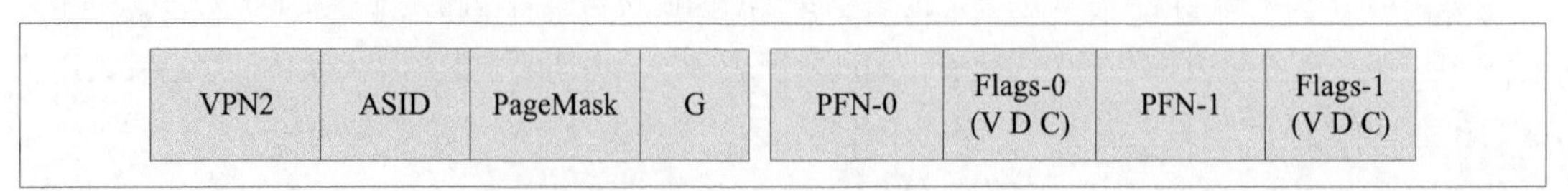

图 3-4　龙芯 TLB 表项结构

1　假设使用 16 KB 页面，那么页内偏移 14 位，龙芯的虚拟地址空间为 48 位，因此虚拟页号 VPN 为 34 位。VPN 的这 34 位里面，高 33 位为 VPN2，最低位为奇偶标志。连续相邻的两个页面具有相同的 VPN2，最低位为 0 表示偶页，最低位为 1 表示奇页。

跟 TLB 相关的 CP0 寄存器主要有 PageMask、EntryHi、EntryLo0、EntryLo1、Index 和 Random。PageMask 标识页面的大小，EntryHi 存放着虚拟页号 VPN2 和 ASID，这两个寄存器用作 TLB 查询的输入。EntryLo0 和 EntryLo1 包括两个物理页号 PFN-0 和 PFN-1，以及两个物理页的 V、D、C 属性，用作 TLB 查询的输出。Index 和 Random 主要用于写入 TLB 项，前者用于索引写（tlbwi 指令），后者用于随机写（tlbwr 指令）。

当 TLB 里面没有合适的条目可以翻译当前虚拟地址的时候，就会发生 TLB 异常，进而访问内存中的页表。TLB 异常总共有 4 种：TLB/XTLB 重填异常（TLB Refill Exception，意味着 TLB 中没有对应项），TLB 加载无效异常（TLB Load Invalid Exception，意味着读请求，TLB 中有对应项，但对应项无效），TLB 存储无效异常（TLB Store Invalid Exception，意味着写请求，TLB 中有对应项，但对应项无效），TLB 修改异常（TLB Modify Exception，意味着写请求，TLB 中有对应项，对应项也有效，但只读）。TLB/XTLB 重填异常有专门的入口向量（向量 0 和向量 1），而其他几种异常使用通用入口向量（向量 3）。

TLB 重填异常用于 32 位模式，XTLB 重填异常用于 64 位模式。龙芯 3 号使用 64 位内核，因此使用 XTLB 重填。在不会引发歧义的情况下，我们将 TLB/XTLB 重填异常统一称为 TLB 重填（TLB Refill）。

（二）内核微汇编器原理

TLB 异常的处理函数不是静态编写的，而是在启动过程中用内核自带的微汇编器生成的动态代码。这样可以在使用同一个内核的情况下，在不同平台上根据 CPU 特征来生成最优化的代码。龙芯的 TLB 采用了 MIPS R4000 兼容的设计，因此 4 种 TLB 异常的处理函数通过这 4 个函数生成器生成：build_r4000_tlb_refill_handler()、build_r4000_tlb_load_handler()、build_r4000_tlb_store_handler() 和 build_r4000_tlb_modify_handler()。龙芯 3A2000、龙芯 3A3000 和龙芯 3A4000 提供了加速页表访问的 lddir/ldpte 等指令，因此 TLB 重填异常用专门的 build_loongson3_tlb_refill_handler() 来生成。

为了理解动态代码，我们先要理解微汇编器（UASM）的原理。

MIPS 指令为定长 32 位，其格式主要分为 3 种类型：立即数型（I 型）、跳转型（J 型）和寄存器型（R 型），如图 3-5 所示。

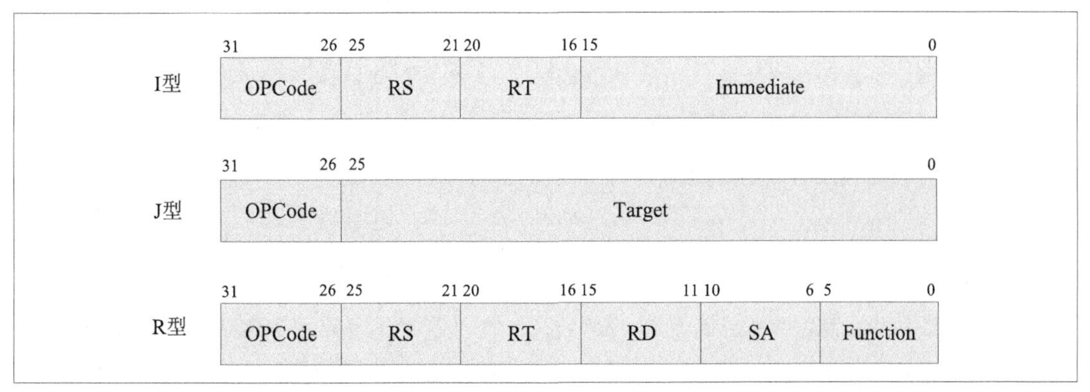

图 3-5　MIPS 指令格式

对于 I 型指令，OPCode 标识指令功能的操作码，RS 是源寄存器，RT 是目标寄存器，Immediate 是立即数。对于 J 型指令，OPCode 标识指令功能的操作码，Target 是立即数（跳转目标地址）。对于 R 型指令，OPCode 和 Function 共同构成标识指令功能的操作码，RS 和 RT 是两个源寄存器，而 RD 是目标寄存器，SA 为移位位数。

微汇编器用的主要数据结构如下（arch/mips/mm/uasm.c）。

```
struct insn {
        enum opcode opcode;
        u32 match;
        enum fields fields;
};
```

该结构体描述了一个 MIPS 指令：opcode 是指令操作码索引（微汇编器内部使用，不是真实的操作码）；match 是指令里面明确的编码部分，一般情况下就是真实的指令操作码和 Function 域；fields 描述该指令除指令码以外有哪些域，比如 I 型指令就拥有 RS、RT 和 Immediate 域。

```
struct uasm_label {
        u32 *addr;
        int lab;
};
struct uasm_reloc {
        u32 *addr;
        unsigned int type;
        int lab;
};
```

上述两个数据结构定义在 arch/mips/include/asm/uasm.h 中，是为“可重定位代码”（也叫“位置无关代码”）服务的。动态代码生成以后，可能会拷贝到另外一个地方，那么那些跳转指令的跳转目标地址就会发生变化（B 类的相对地址跳转指令不受重定位影响，受影响的主要是 J 类的绝对地址跳转指令）。可重定位就是用来记录跳转指令和跳转目标的，以便动态代码的位置发生变化以后能够修正跳转目标地址。uasm_label 的 addr 是标号地址，lab 是标号 ID；uasm_reloc 的 addr 是跳转指令本身所在的地址，type 是跳转类型，lab 是跳转目标的标号 ID。这两个数据结构就是通过 lab（标号 ID）来建立联系的。

微汇编器用到的主要函数和宏如下。

1. uasm_i_InsnName(buf, ...)

这是指令生成函数，InsnName 表示指令的名字，如加法指令 addu 的生成函数是 uasm_i_addu，减法指令 subu 的生成函数是 uasm_i_subu。参数 buf 是存放生成指令的缓冲区，后面的 ... 是指个数不定的参数，对应指令的操作数。所有的指令生成函数最终都会通过调用 build_ insn() 来生成指令，而 build_insn() 则可能通过 build_rs() 生成 RS 域，通过 build_rt 生成 RT 域，通过 build_rd() 生成 RD 域，通过 build_re 生成 SA 域，通过 build_func() 生成 Function 域，通过 build_simm()/build_uimm() 生成有符号 / 无符号的立即数域，通过 build_bimm()/ build_jimm() 生成有条件跳转 / 无条件跳转的目标地址。

2. uasm_l_LabelName(labels, addr)

这是标号生成函数，LabelName 是标号的名字，最后会以 label_LableName 的形式对应到一个枚举类型的标号 ID。参数 labels 是 uasm_label 类型的数组，存放所有的标号，addr 是生成标号的地址。所有的标号生成函数最终都会通过调用 uasm_build_label() 来生成标号，记录标号 ID 与标号地址的对应关系。

3. uasm_il_InsnName(buf, relocs, ..., label_id)

这是标号跳转指令生成函数，InsnName 是跳转指令的名字，如 beq 指令的生成函数就是 uasm_il_beq()。参数 buf 是存放生成指令的缓冲区，relocs 是 uasm_reloc 类型的数组，存放所有带标号的跳转指令，后面的 ... 是指个数不定的参数，label_id 是标号 ID。跳转指令最终也用 build_insn() 来生成，但生成的时候跳转目标地址为 0，因为此时目标地址还无法确定。

4. uasm_copy_handler(relocs, labels, first, end, target)

这是代码动态拷贝函数。relocs 和 labels 分别是 uasm_reloc 类型和 uasm_label 类型的数组，first 和 end 是动态代码的起始和结束地址，target 是拷贝的目标地址。该函数首先通过 memcpy() 将代码从 first 拷贝到 target，然后通过 uasm_move_relocs() 和 uasm_move_labels() 调整 relocs 数组和 labels 数组中的地址。

5. uasm_resolve_relocs(relocs, labels)

这是动态代码的标号解析函数。该函数在代码拷贝到最终位置以后才能调用，它的输入参数是 relocs 和 labels 数组，通过标号 ID 进行匹配，将跳转指令的目标地址逐个解析出来并填充到正确的地方。

除了这些，在代码中经常能见到大写的形式，如 UASM_i_ADDU()、UASM_i_SUBU() 之类的表示。这些是受条件控制的宏，比如 UASM_i_ADDU() 在 64 位内核中被展开成 uasm_i_daddu()，而在 32 位内核中被展开成 uasm_i_addu()。其他类似的情况可以此类推。

（三）龙芯 TLB 动态代码

下面以 build_loongson3_tlb_refill_handler() 为例看看龙芯 3A2000、龙芯 3A3000 和龙芯 3A4000 的 TLB 重填异常生成函数（有少量简化）。

```
static void build_loongson3_tlb_refill_handler(void)
{
    u32 *p = tlb_handler;
    struct uasm_label *l = labels;
    struct uasm_reloc *r = relocs;
    memset(labels, 0, sizeof(labels));
```

```
    memset(relocs, 0, sizeof(relocs));
    memset(tlb_handler, 0, sizeof(tlb_handler));
    if (check_for_high_segbits) {
        uasm_i_dmfc0(&p, K0, C0_BADVADDR);
        uasm_i_dsrl_safe(&p, K1, K0, PGDIR_SHIFT + PGD_ORDER + PAGE_SHIFT - 3);
        uasm_il_beqz(&p, &r, K1, label_vmalloc);
        uasm_i_nop(&p);
        uasm_il_bgez(&p, &r, K0, label_large_segbits_fault);
        uasm_i_nop(&p);
        uasm_l_vmalloc(&l, p);
    }
    uasm_i_dmfc0(&p, K1, C0_PGD);
    uasm_i_lddir(&p, K0, K1, 3);  /* global page dir */
    uasm_i_lddir(&p, K1, K0, 1);  /* middle page dir */
    uasm_i_ldpte(&p, K1, 0);      /* even */
    uasm_i_ldpte(&p, K1, 1);      /* odd */
    uasm_i_tlbwr(&p);
    if (PM_DEFAULT_MASK >> 16) {
        uasm_i_lui(&p, K0, PM_DEFAULT_MASK >> 16);
        uasm_i_ori(&p, K0, K0, PM_DEFAULT_MASK & 0xffff);
        uasm_i_mtc0(&p, K0, C0_PAGEMASK);
    } else if (PM_DEFAULT_MASK) {
        uasm_i_ori(&p, K0, 0, PM_DEFAULT_MASK);
        uasm_i_mtc0(&p, K0, C0_PAGEMASK);
    } else {
        uasm_i_mtc0(&p, 0, C0_PAGEMASK);
    }
    uasm_i_eret(&p);
    if (check_for_high_segbits) {
        uasm_l_large_segbits_fault(&l, p);
        UASM_i_LA(&p, K1, (unsigned long)tlb_do_page_fault_0);
        uasm_i_jr(&p, K1);
        uasm_i_nop(&p);
    }
    uasm_resolve_relocs(relocs, labels);
    memcpy((void *)(ebase + 0x80), tlb_handler, 0x80);
    local_flush_icache_range(ebase + 0x80, ebase + 0x100);
```

```
    dump_handler("loongson3_tlb_refill", (u32 *)(ebase + 0x80), (u32 *)(ebase + 0x100));
}
```

该函数首先给 p、l、r 这 3 个指针赋值，它们分别指向动态代码缓冲区、uasm_label 数组和 uasm_relocs 数组，然后把这 3 个缓冲区清零。

接下来判断 check_for_high_segbits 变量是否为真，如果为真会生成更多的代码。这个变量是干什么的呢？在初始化阶段，如果 current_cpu_data.vmbits > (PGDIR_SHIFT + PGD_ORDER + PAGE_SHIFT - 3)，那么该变量赋值为真，否则赋值为假。current_cpu_data. vmbits 是虚拟地址空间的长度，对于龙芯 3 号就是 48（龙芯使用 48 位虚拟地址空间），PGDIR_SHIFT 是页全局目录 PGD 的移位位数，PGD_ORDER 是页全局目录 PGD 所占用页数的阶（阶就是以 2 为底取对数，通常为 0，即占用 1 个页），PAGE_SHIFT 是页表 PT 的移位位数（即虚拟地址页内偏移的位数）。如果使用 16 KB 页，那么相关宏定义如下。

```
#define PGD_ORDER        0
#define PMD_ORDER        0
#define PTE_ORDER        0
#define PAGE_SHIFT       14
#define PMD_SHIFT        (PAGE_SHIFT + (PAGE_SHIFT + PTE_ORDER - 3))
#define PGDIR_SHIFT      (PMD_SHIFT + (PAGE_SHIFT + PMD_ORDER - 3))
```

因为所有的 *_ORDER 宏默认都是 0（每一级页表都是默认占用 1 个页），所以 PMD_SHIFT（页中间目录 PMD 的移位位数）实际上就是 PAGE_SHIFT+(PAGE_SHIFT-3)，即 25。为什么这样计算呢？因为一个 PGD 表项、一个 PMD 表项或者一个 PT 表项都是 8 B，所以 2^(PAGE_SHIFT-3) 也就对应一个页所能存放的表项数目（8=2^3），而 PAGE_SHIFT-3 就是某一级页表索引所占用的位数（11 位）。同理，PGDIR_SHIFT 的值为 36，而前面表达式 (PGDIR_SHIFT + PGD_ORDER + PAGE_SHIFT - 3) 的值为 47（如图 3-6 所示）。

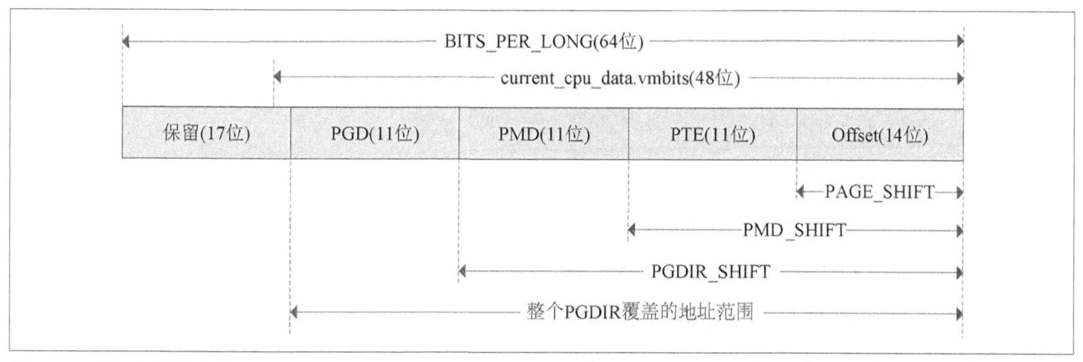

图 3-6　虚拟地址的分解

对照上文以及图 3-6，大致可知在使用三级页表时，龙芯 CPU 虚拟地址的结构是 11 位 PGD 索引 +11 位 PMD 索引 +11 位 PTE 索引 +14 位页内偏移。同时还可以知道，因 48 > 47，故 check_for_high_segbits 变量为真。(PGDIR_SHIFT + PGD_ORDER + PAGE_

SHIFT - 3) 代表一个 PGD 所覆盖的地址范围，而 current_cpu_data.vmbits 代表 CPU 实际的虚拟地址寻址能力。因为 PGD 地址范围小于 CPU 寻址能力，所以需要额外的代码来进行处理。

Linux 内核分配虚拟地址的时候，总是会保证地址在 PGD 所能覆盖的范围之内，但是这并不能防止应用程序访问 PGD 范围之外的地址（比如将一个大于 47 位的整数强制转换成地址，然后访问该地址）。这种超出 PGD 的访问通常属于编程错误，但是内核必须对其进行处理，这也就是 check_for_high_segbits 所控制生成的两段动态代码。

先来看 check_for_high_segbits 控制的第一段动态代码。该代码首先将 CP0 的 BadVAddr（导致异常的虚地址）寄存器内容拿出来放到 K0，然后把 K0 的值逻辑右移 47 位（即 PGDIR_SHIFT + PGD_ORDER + PAGE_SHIFT - 3），放入 K1。然后，如果 K1 的值为 0（意味着是 PGD 范围之内的用户态虚地址，即合法的 XUSEG 地址），那么跳转到 label_vmalloc 标号。接下来生成的 nop 指令用于填充分支延迟槽，没有实际的功能。如果上一步没有跳转，那么分成两种情况，要么是 PGD 范围之外的用户态虚地址（非法 XUSEG 地址）或者管理态地址（XSSEG 地址）；要么是 vmalloc()/vmap() 得到的内核态虚地址（CKSEG2 地址或者 XKSEG 地址，而线性映射的 XKPHYS 地址不会导致 TLB 异常）。因为 XUSEG、XSSEG、XKPHYS 和 XKSEG（包括 CKSEG）的地址前缀分别是 00、01、10 和 11，所以通过最高位的值便可区分这两种情况。接下来生成的代码就是判断 K0（即 BadVAddr）是不是正数（最高位是不是 0），如果是，则属于第一种情况，跳转到 label_large_segbits_fault 标号处；如果不是，继续后面的代码，即 label_vmalloc 标号处。

label_vmalloc 标号处的代码实际上包含了内核态虚地址（XKSEG/CKSEG2 地址）和 PGD 范围内虚地址（合法 XUSEG 地址）这两种情况。龙芯 3A2000 及更新的处理器对 TLB 重填做了硬件优化，因此两种情况可以用同样的代码来处理。CP0 的 PGD 寄存器保存着页全局目录 PGD 的地址，如果是用户态虚地址，其值与 PWBASE 寄存器相同；如果是内核态虚地址，其值与 KPGD（即 KScratch6）相同。动态代码先将 PGD 寄存器的值加载到 K1，然后通过 lddir 指令根据 K1 将 PGD 索引取出来放到 K0，再通过 lddir 指令根据 K0 将 PMD 索引拿出来放到 K1。随后的两条 ldpte 指令根据 K1 取出一对 PTE（页表项），分别放入 EntryLo0 和 EntryLo1 寄存器。最后，通过 tlbwr 指令根据 Random 寄存器写入一个 TLB 项。

如果启用了巨页支持，那么系统中存在多种页面大小（标准页面和巨页面）。在 TLB 重填过程中，PageMask 寄存器的值可能会因巨页发生改变，因此需要将其恢复成标准页面。如果标准页面大于或等于 32 KB（页面掩码大于 16 位），则使用 lui 和 ori 两条指令将 PM_DEFAULT_MASK 装载到 K0，再通过 mtc0 指令写入 PageMask；如果标准页面小于 16 KB 但大于 4 KB（页面掩码小于 16 位且不为 0），则使用 ori 指令将 PM_DEFAULT_MASK 装载到 K0，再通过 mtc0 指令写入 PageMask；如果标准页面为 4 KB（页面掩码为 0），则直接使用 mtc0 指令将 0 写入 PageMask。页面大小和页面掩码的对应关系如表 3-1 所示（龙芯只支持 4 KB 和 4 KB 的 4 倍递增值，即 4 KB、16 KB、64 KB 等。龙芯 3A2000 之前的处理器最大支持到 16 MB，龙芯 3A2000 及更新的处理器最大支持到 1 GB）。

表 3-1　MIPS 页面大小和页面掩码对应关系

页面大小	页面掩码
4 KB	0x00000000
8 KB	0x00002000
16 KB	0x00006000
32 KB	0x0000e000
64 KB	0x0001e000
128 KB	0x0003e000
256 KB	0x0007e000
512 KB	0x000fe000
1 MB	0x001fe000
2 MB	0x003fe000
4 MB	0x007fe000
8 MB	0x00ffe000
16 MB	0x01ffe000
32 MB	0x03ffe000
64 MB	0x07ffe000
256 MB	0x1fffe000
1 GB	0x7fffe000

如果是合法的 XUSEG 地址和 XKSEG（包括 CKSEG2）地址，那么到此为止所有的事情都处理完了，因此生成一条 eret 指令，返回到异常发生之前的流程。否则，进入 check_for_high_segbits 控制的第二段代码。

在 check_for_high_segbits 控制的第二段代码处，首先生成标号 label_large_segbits_fault，然后将 tlb_do_page_fault_0 的地址加载到 K1，最后根据 K1 进行寄存器跳转，也就是跳转到 tlb_do_page_fault_0 处。Linux 内核不使用 XSSEG，因此 XSSEG 地址和超出 PGD 范围的 XUSEG 地址都属于非法地址。这些非法地址的处理会通过 tlb_do_page_fault_0 转移到 do_page_fault() 函数，最终结果是给应用程序发送“段错误”信号，终止其运行。

至此，动态代码生成完毕。接下来是一些收尾工作，包括 uasm_resolve_relocs() 解析标号、memcpy() 将代码拷贝到异常向量目标地址、local_flush_icache_range() 刷新目标地址对应的指令 Cache 等。

其他的 TLB 异常处理代码相对复杂一些，但原理类似，在此不再赘述。除 TLB 重填异常外，所有的 TLB 异常处理都有一个共同特点：包括一个快速路径和一个慢速路径。在快速路径下，与给定虚拟地址对应的 TLB 项要么无效，要么有效无权，但对应的页表项是存在并且有效有权的，因此异常处理函数访问相应的页表项并将其装填到 TLB 中；在慢速路径下，页表里面也不存在有效对应项（或者有效无权），因此需要通过 tlb_do_page_fault_0（读操作触发的异常）或者 tlb_do_ page_fault_1（写操作触发的异常）标号处的代码调用 do_page_fault() 进行缺页异常处理，建立有效页表项（或者处理权限问题）后再进行 TLB 装填。缺页异常的细节此处不予展开，可参阅下文的 4.5 节。

在 4 种 TLB 异常里面，TLB 重填异常是发生频率最高的，以至于包括龙芯在内的各种处理器都在硬件层面上极力优化，同时也在软件层面上高度精简。其中一个精简措施：TLB 重填异常处理只有快速路径，没有慢速路径。这并不意味着发生 TLB 重填异常的时候有效页表项一定存在并且权限正确，而是在发生 TLB 重填异常的时候，不管对应页表项是否有效有权，一律直接填充到 TLB。如果填充到 TLB 的是有效有权的页表项，那么后续执行流一切正常；如果填充到 TLB 的是无效的页表项，那么原指令将在触发 TLB 重填之后再次触发 TLB 无效异常，在新的异常里面再进入慢速路径（建立有效页表项）；如果填充到 TLB 的是有效无权的页表项，那么原指令将在触发 TLB 重填之后再次触发 TLB 修改异常，在新的异常里面再进入慢速路径（处理权限问题）。

3.2.4 其他通用异常

除了前述章节已经介绍的异常，其他所有类型的异常统称为通用异常。通用异常有统一的入口 except_vec3_generic，定义在 arch/mips/kernel/genex.S 中，其代码如下。

```
NESTED(except_vec3_generic, 0, sp)
	.set	push
	.set	noat
	mfc0	k1, CP0_CAUSE
	andi	k1, k1, 0x7c
#ifdef CONFIG_64BIT
	dsll	k1, k1, 1
#endif
	PTR_L	k0, exception_handlers(k1)
	jr	k0
	.set	pop
	END(except_vec3_generic)
```

CAUSE 寄存器的第 2 ~ 6 位标识了异常的种类（异常编码），except_vec3_generic 的逻辑非常简单，取出异常编码，以其为索引在 exception_handlers[] 数组里找到正确的处理函数，然后跳转到该函数。对于 32 位内核，exception_handlers[] 数组每一项为 4 字节，对于 64 位内核则是 8 字节。因此对于 64 位内核，K1 寄存器中的异常编码要先逻辑左移 1 位，才能用于查找异常处理函数。

前文提到，exception_handlers[] 数组就是第二层次的异常向量，那么异常向量表里到底有哪些内容呢？表 3-2 列出了第二层次的异常向量（表中未列出的异常编码表示“保留未使用”）。

表 3-2 MIPS 第二层次异常向量

异常编码	助记符	异常名称	处理函数	备注
0	Int	中断	handle_int()	龙芯 3A2000 开始使用 rollback_handle_int()
1	Mod	TLB 修改异常	handle_tlbm()	-
2	TLBL	TLB 无效异常（读）	handle_tlbl()	-
3	TLBS	TLB 无效异常（写）	handle_tlbs()	-
4	AdEL	地址错误异常（读）	handle_adel()	-
5	AdES	地址错误异常（写）	handle_ades()	-
6	IBE	总线错误异常（指令）	handle_ibe()	-
7	DBE	总线错误异常（数据）	handle_dbe()	-
8	Sys	系统调用异常	handle_sys()	-
9	Bp	断点异常	handle_bp()	-
10	RI	保留指令异常	handle_ri()	龙芯 3 号系列使用 handle_ri_rdhwr_tlbp()
11	CpU	协处理器不可用异常	handle_cpu()	-
12	Ov	算术溢出异常	handle_ov()	-
13	Tr	陷阱异常	handle_tr()	-
14	MSAFPE	MSA 向量浮点异常	handle_msa_fpe()	龙芯 3A4000 新增
15	FPE	浮点异常	handle_fpe()	-
16	FTLB	FTLB 异常	handle_ftlb()	龙芯 3A2000 新增
19	TLBRI	TLB 抗读异常	tlb_do_page_fault_0	龙芯 3A2000 新增
20	TLBXI	TLB 抗执行异常	tlb_do_page_fault_0	龙芯 3A2000 新增
21	MSA	MSA 向量模块异常	handle_msa()	龙芯 3A4000 新增
22	MDMX	MDMX 向量模块异常	handle_mdmx()	龙芯不支持
23	WATCH	观察点异常	handle_watch()	龙芯不支持
24	MCheck	机器检查异常	handle_mcheck()	龙芯不支持
25	Thread	SMT 线程异常	handle_mt()	龙芯不支持
26	DSP	DSP 模块异常	handle_dsp()	龙芯 3A2000 新增
27	GE	客户机退出异常	handle_guest_exit()	龙芯 3A4000 新增
30	CacheError	高速缓存错误异常	不属于通用异常	

从表 3-2 可见，基本上所有的异常处理函数都是 handle_xyz() 的形式。这些初级异常处理函数先通过一个基本类似的预处理过程，最后跳转到一个用高级语言编写的 do_xyz() 形式的核心异常处理函数。

在初级异常处理函数中，handle_tlbm()、handle_tlbl()、handle_tlbs() 由上一节所述的微汇编器动态生成，handle_sys()、handle_int() 单独定义，除此之外绝大部分异常处理函数都通过 BUILD_HANDLER 宏生成，而 BUILD_HANDLER 又会调用 __BUILD_HANDLER。这两

个宏定义在 arch/mips/kernel/genex.S 中，内容如下。

```
.macro   __BUILD_HANDLER exception handler clear verbose ext
.align  5
NESTED(handle_\exception, PT_SIZE, sp)
.set    noat
SAVE_ALL
FEXPORT(handle_\exception\ext)
__BUILD_clear_\clear
.set    at
__BUILD_\verbose \exception
move      a0, sp
jal       do_\handler
j         ret_from_exception
END(handle_\exception)
.endm

.macro  BUILD_HANDLER exception handler clear verbose
__BUILD_HANDLER \exception \handler \clear \verbose _int
.endm
```

BUILD_HANDLER 宏有 4 个参数：exception 是异常的名字，也是初级异常处理函数 handle_xyz() 的名字；handler 是核心异常处理函数 do_xyz() 的名字；clear 指示异常处理过程中是否需要关中断，如果是 cli 就通过 CLI 宏关中断并切换到内核态，如果是 sti 就通过 STI 宏开中断并切换到内核态[1]；verbose 指示接收异常时是否打印有关信息，如果是 silent 表示不打印，如果是 verbose 表示打印。

以“协处理器不可用”和“系统调用”两种异常为例进行解析。

（一）协处理器不可用

“协处理器不可用”异常的代码生成方式如下。

```
BUILD_HANDLER cpu cpu sti silent
```

通过宏展开，最后得到如下代码。

```
NESTED(handle_cpu, PT_SIZE, sp)
.set    noat
SAVE_ALL
FEXPORT(handle_cpu_int)
```

1 另有一个与 STI/CLI 类似的宏 KMODE，表示维持当前中断状态位并切换至内核态，主要用于 TLB 异常的慢速路径（即缺页异常）。

```
STI
.set   at
move   a0, sp
jal    do_cpu
j      ret_from_exception
END(handle_cpu)
.endm
```

这里，初级异常处理函数 handle_cpu() 首先通过 SAVE_ALL 保存寄存器上下文，然后通过 STI 开中断并进入内核态，接下来将 SP 的值当作第一个参数调用核心异常处理函数 do_cpu()，最后跳转到 ret_from_exception 完成异常处理的返回。SP 当参数的作用是它恰好指向刚才保存的寄存器上下文（一个 struct pt_regs），可以给核心异常处理函数提供必要的信息。

核心异常处理函数 do_cpu() 定义在 arch/mips/kernel/traps.c 中，代码如下（有精简）。

```
asmlinkage void do_cpu(struct pt_regs *regs)
{
    cpid = (regs->cp0_cause >> CAUSEB_CE) & 3;
    if (cpid != 2)  die_if_kernel("do_cpu invoked from kernel context!", regs);
    switch (cpid) {
    case 0:
        epc = (unsigned int __user *)exception_epc(regs);
        old_epc = regs->cp0_epc;
        old31 = regs->regs[31];
        opcode = 0;
        status = -1;
        if (unlikely(compute_return_epc(regs) < 0))  break;
        if (!get_isa16_mode(regs->cp0_epc)) {
            if (unlikely(get_user(opcode, epc) < 0))  status = SIGSEGV;
            if (!cpu_has_llsc && status < 0)     status = simulate_llsc(regs, opcode);
        }
        if (status < 0)   status = SIGILL;
        if (unlikely(status > 0)) {
            regs->cp0_epc = old_epc;
            regs->regs[31] = old31;
            force_sig(status);
        }
        break;
    case 3:
        if (raw_cpu_has_fpu || !cpu_has_mips_4_5_64_r2_r6) {
```

```
            force_sig(SIGILL);
            break;
        }
    case 1:
        err = enable_restore_fp_context(0);
        if (raw_cpu_has_fpu && !err)   break;
        sig = fpu_emulator_cop1Handler(regs, &current->thread.fpu, 0, & fault_addr);
        fcr31 = mask_fcr31_x(current->thread.fpu.fcr31);
        current->thread.fpu.fcr31 &= ~fcr31;
        if (!process_fpemu_return(sig, fault_addr, fcr31) && !err) mt_ase_fp_affinity();
        break;
    case 2:
        raw_notifier_call_chain(&cu2_chain, CU2_EXCEPTION, regs);
        break;
    }
}
```

该函数首先通过 CAUSE 寄存器取出协处理器的编号。根据 MIPS 设计规范，只有协处理 2 允许在内核态发生“协处理器不可用”异常，因此如果在内核态发生其他协处理器异常，则调用 die() 进入死机状态。

接下来根据协处理器编号进行相应的处理，龙芯 3 号只有 CP0、CP1、CP2 共 3 个协处理器，因此忽略协处理器 3 的分支。

1. CP0 不可用异常

在通常情况下，在用户态执行 CP0 特权指令或者访问 CP0 寄存器是不允许的，属于越权，因而 CP0 的“协处理器不可用”异常约等于非法操作。但是有两个例外：对于不支持 ll/sc 指令的 CPU，执行代码中的 ll/sc 指令被当作 CP0 不可用；而 rdhwr 指令访问不存在的寄存器时，也将触发异常。这两种情况实际上不属于非法操作，因此内核会对其行为进行模拟，完成后再返回用户态。

从代码上看，内核先保存寄存器上下文中的 EPC 和 RA 寄存器，然后通过 compute_return_epc() 计算真正的 EPC（如果需要模拟指令，那么模拟完成后该指令不需要重新执行，而是执行下一条指令，因此 EPC 需要调整）。

如果 EPC 计算成功，则通过 get_isa16_mode() 判断当前是否处于 16 位指令集模式（MicroMIPS 或者 MIPS16e 扩展），龙芯不支持 16 位指令集，因此会执行 if 条件所包含的代码块。在这个代码块里，首先根据原始 EPC 获取指令操作码 opcode，如果失败，则将 status 置为 SIGSEGV（段错误的信号码）；接下来如果 CPU 不支持 ll/sc 并且 status 仍为初始值 -1，则尝试通过 simulate_llsc() 模拟 ll/sc 的行为，将其返回值赋值给 status（如果成功，status 将置 0；如果失败，意味着导致异常的指令不是 ll/sc，status 将置 -1）。

> ⚡ **注意：**
>
> 在 Linux-4.5 版本以前的内核中，CP0 异常时如果模拟 ll/sc 指令失败，那么还会通过 simulate_rdhwr_mm()/simulate_rdhwr_normal() 尝试模拟 rdhwr 指令的行为。但实际上 rdhwr 并不会触发 CP0 异常，所以新版内核里面清理了这部分操作。

至此，如果 status 仍为负数，意味着前面的模拟失败，异常指令并不是 ll/sc，因此将 status 置为 SIGILL（非法指令的信号码）。最后一步：如果 status 为 0，则模拟成功，直接跳出 switch 结束异常处理；否则，恢复旧的 EPC 和 RA，发送信号（段错误或非法指令）给当前进程，然后跳出 switch 结束异常处理。

2. CP1 不可用异常

CP1 就是浮点运算协处理器 FPU，因为并不是每个应用程序每时每刻都需要使用 FPU，所以浮点寄存器上下文的保存 / 恢复并不像通用寄存器那样每次上下文切换都进行，而是采用了“懒惰模式”。在上下文切换的时候，当前进程的浮点寄存器会被保存，但下一个进程的浮点寄存器并没有立即恢复。直到下一个进程因使用 FPU 指令触发“协处理器不可用”异常的时候，才会在 do_cpu() 中进行恢复。

CP1 不可用的代码分支首先调用 enable_restore_fp_context() 进行浮点上下文的初始化或者恢复。新的 MIPS 处理器（包括龙芯 3A4000）支持向量浮点处理单元 MSA，而 MSA 的有关处理也是通过 enable_restore_fp_context() 函数进行，这里我们只关注传入参数为 0（非 MSA）的情况。每个进程都有一个 PF_USED_MATH 标志，指示该进程是否使用过 FPU，used_math()/ tsk_used_math() 用于获取当前进程 / 指定进程的该标志的值，而 set_used_math()/ set_stopped _child_used_math() 用于设置当前进程 / 指定进程的该标志的值。对于非 MSA 的情况，enable_restore_fp_context() 比较简单：调用 init_fp_ctx() 来根据实际情况（如果尚未使用过 FPU 的话）初始化浮点上下文并设置 PF_USED_MATH 标志；不管是不是首次使用 FPU，enable_restore_fp_context() 都还要调用 own_fpu () 或者 own_fpu_inatomic() 启用 FPU 并恢复浮点上下文。

如果处理器有 FPU 硬件并且前面的 enable_restore_fp_context() 步骤成功，那么 CP1 不可用的处理到此就结束了，跳出 switch 并结束异常处理；否则将调用 fpu_emulator_cop1Handler() 进行 FPU 操作模拟，模拟的返回值赋值给 sig 变量。如果指令模拟成功，sig 被赋值为 0；否则是一个发送给应用程序的信号编码。模拟完成以后，清除 FCSR 寄存器（即 31 号浮点控制寄存器）中相关的异常指示位。

最后，根据 sig 的值调用 process_fpemu_return() 给当前进程发送信号并且返回 1，如果 sig 为 0，则不发送任何信号并且返回 0。如果这里没有发送信号并且前面的 enable_restore_fp_context() 步骤成功，则调用 mt_ase_fp_affinity()。对于不支持 MT 扩展的 CPU（如龙芯），这个函数实际上什么都不做。至此，CP1 异常处理完成，跳出 switch 并结束异常处理。

3. CP2 不可用异常

和 CP0、CP1 不一样的是，不同处理器的 CP2 在功能上是可以完全不一样的，因此其处理流程可以完全没有公共部分。因此 CP2 不可用的处理就是通过 raw_notifier_call_chain() 来调用挂接在 cu2_chain 链表上的通知函数，这些函数是内核初始化的时候挂上去的。

龙芯的 CP2 是多媒体指令协处理器，它有专门的指令编码，但共享 FPU（CP1）的寄存器，因此并不是完全独立的。如前所述，在内核初始化阶段，龙芯通过 loongson_cu2_setup() 在 cu2_chain 链表上挂接了 loongson_cu2_call() 函数，它是 CP2 不可用异常的真正处理者。loongson_cu2_call() 函数定义在 arch/mips/loongson64/loongson-3/ cop2-ex.c 中，其代码如下（有大量精简，仅保留常见分支）。

```
static int loongson_cu2_call(struct notifier_block *nfb, unsigned long action, void *data)
{
    int fr = !test_thread_flag(TIF_32BIT_FPREGS);
    switch (action) {
    case CU2_EXCEPTION:
        preempt_disable();
        fpu_owned = __is_fpu_owner();
        if (!fr)  set_c0_status(ST0_CU1 | ST0_CU2);
        else      set_c0_status(ST0_CU1 | ST0_CU2 | ST0_FR);
        enable_fpu_hazard();
        KSTK_STATUS(current) |= (ST0_CU1 | ST0_CU2);
        if (fr)       KSTK_STATUS(current) |= ST0_FR;
        else          KSTK_STATUS(current) &= ~ST0_FR;
        if (!fpu_owned) {
            set_thread_flag(TIF_USEDFPU);
            init_fp_ctx(current);
            _restore_fp(current);
        }
        preempt_enable();
        return NOTIFY_STOP; /* Don't call default notifier */
    }
    return NOTIFY_OK;        /* Let default notifier send signals */
}
```

该函数首先通过判断进程的 TIF_32BIT_FPREGS 标志来决定 fr 的值，如果使用 32 位的浮点寄存器，则 fr 为 0；如果使用 64 位的浮点寄存器，则 fr 为 1。接下来根据参数 action 来决定后续动作，而 action 主要是 CU2_EXCEPTION（其他几种较为罕见的 action，如 CU2_LWC2_OP/CU2_SWC2_OP/CU2_LDC2_OP/CU2_SDC2_OP，用于模拟龙芯扩展访存指令的非对齐访问），因此进入 switch 中的 CU2_EXCEPTION 这个主要分支。

为了保证整个过程的完整，该分支一进来后立即关闭抢占，然后通过 __is_fpu_owner() 判断当前进程是否已经拥有了 FPU，并将结果赋值给 fpu_owned。因为 CP2 共享 CP1 的寄存器，所以启用 CP2 时总是必须同时启用 CP1。若 fr 为 0，则通过 set_c0_status() 同时启用 Status 寄存器的 ST0_CU1 和 ST0_CU2 位；若 fr 为 1，通过 set_c0_status() 同时启用 Status 寄存器的 ST0_CU1、ST0_CU2 和 ST0_FR 位。接下来的 enable_fpu_hazard() 用于防护 FPU 执行遇险。Status 寄存器中的相关位域启用以后，当前进程的相应标志也要启用，也就是后面对 KSTK_STATUS(current) 的处理。至此，如果 fpu_owned 为 1，意味着当前进程已经在用 FPU 了，因此不需要对 FPU 上下文做进一步处理。如果 fpu_owned 为 0，则调用 init_fp_ctx(current) 根据当前进程 PF_USED_MATH 的值来决定是否初始化一个新的 FPU 上下文；然后再调用 _restore_fp(current) 来恢复 FPU 上下文。至此，CP2 异常处理完成，重新打开抢占，返回 NOTIFY_STOP 并结束异常处理。

通用异常里面，其他种类的异常具有和“协处理器不可用”相类似的分派机制和命名方法，这里不再过多地展开讲述，留给有兴趣的读者。不过“系统调用”是一类特殊的异常，需要专门解析一下。

（二）系统调用

系统调用是用户态应用程序请求内核为其服务的一种机制，是用户态访问特权资源的合法入口，MIPS 提供了 syscall 指令用于实现系统调用。Glibc 是 Linux 上最常用的基础运行时库，系统调用大多是通过 Glibc 中的函数发起的。

下面以创建新进程的 fork() 为例，跟踪一下系统调用从用户态开始的整个流程。在 Glibc-2.28 中，库函数 fork() 是 __libc_fork() 的别名，定义在 sysdeps/nptl/fork.c 中。而 __libc_fork() 将会调用 arch_fork()，MIPS 处理器上的 arch_fork() 会被展开成 INLINE_SYSCALL_CALL (clone, flags, 0, NULL, 0, ctid)，即通过 sys_clone() 系统调用来实现 fork() 功能（早期的 fork() 直接使用 sys_fork() 系统调用，而新版的 Glibc 使用 sys_clone() 系统调用）。

Glibc 中的 INLINE_SYSCALL_CALL 等宏展开如下。

```
#define INLINE_SYSCALL_CALL(...) \
  __INLINE_SYSCALL_DISP (__INLINE_SYSCALL, __VA_ARGS__)
#define __INLINE_SYSCALL_DISP(b,...) \
  __SYSCALL_CONCAT (b,__INLINE_SYSCALL_NARGS(__VA_ARGS__))(__VA_ARGS__)

#define __INLINE_SYSCALL0(name) \
  INLINE_SYSCALL (name, 0)
#define __INLINE_SYSCALL1(name, a1) \
  INLINE_SYSCALL (name, 1, a1)
#define __INLINE_SYSCALL2(name, a1, a2) \
  INLINE_SYSCALL (name, 2, a1, a2)
#define __INLINE_SYSCALL3(name, a1, a2, a3) \
  INLINE_SYSCALL (name, 3, a1, a2, a3)
#define __INLINE_SYSCALL4(name, a1, a2, a3, a4) \
  INLINE_SYSCALL (name, 4, a1, a2, a3, a4)
```

```
#define __INLINE_SYSCALL5(name, a1, a2, a3, a4, a5) \
  INLINE_SYSCALL (name, 5, a1, a2, a3, a4, a5)
#define __INLINE_SYSCALL6(name, a1, a2, a3, a4, a5, a6) \
  INLINE_SYSCALL (name, 6, a1, a2, a3, a4, a5, a6)
#define __INLINE_SYSCALL7(name, a1, a2, a3, a4, a5, a6, a7) \
  INLINE_SYSCALL (name, 7, a1, a2, a3, a4, a5, a6, a7)

#define INLINE_SYSCALL(name, nr, args...)                          \
  ({ INTERNAL_SYSCALL_DECL (_sc_err);                              \
     long result_var = INTERNAL_SYSCALL (name, _sc_err, nr, args);  \
     if ( INTERNAL_SYSCALL_ERROR_P (result_var, _sc_err) )          \
       {                                                            \
         __set_errno (INTERNAL_SYSCALL_ERRNO (result_var, _sc_err)); \
         result_var = -1L;                                          \
       }                                                            \
     result_var; })
```

也就是说，INLINE_SYSCALL_CALL() 会根据系统调用的参数个数展开成 __INLINE_SYSCALL0() ~ __INLINE_SYSCALL7() 中的某一个宏，而这些宏又会进一步展开成 INLINE_SYSCALL() 宏，直至 INTERNAL_SYSCALL() 宏。INTERNAL_SYSCALL() 宏的定义如下。

```
#define INTERNAL_SYSCALL(name, err, nr, args...)                   \
    internal_syscall##nr ("li\t%0, %2\t\t\t# " #name "\n\t", "IK" (SYS_ify (name)), 0, err, args)
```

因此，INLINE_SYSCALL_CALL() 最终会根据系统调用的参数展开成 internal_ syscall0() ~ internal_syscall7() 中的某一个。比如，sys_fork() 系统调用无参数，sys_clone() 有 5 个参数，因此 INLINE_SYSCALL_CALL(fork) 会展开成 internal_syscall0(v0_init, __NR_fork, 0, err)，而 INLINE_SYSCALL_CALL(clone) 会展开成 internal_syscall5(v0_init, __NR_clone, 0, err, flags, 0, NULL, 0, ctid)。这里，__NR_fork 和 __NR_clone 分别是 sys_fork() 和 sys_clone() 的系统调用号，定义在内核头文件 arch/mips/include/uapi/asm/unistd.h 中，不同的 ABI 具有不同的取值（O32 从 4000 开始，N64 从 5000 开始，N32 从 6000 开始）。

INLINE_SYSCALL_CALL(fork) 最终会通过 internal_syscall0() 变成如下的代码段。

```
{                                                                   \
    long _sys_result;                                               \
    {                                                               \
        register long __s0 asm ("$16") __attribute__ ((unused)) = (number);   \
        register long __v0 asm ("$2");                              \
        register long __a3 asm ("$7");                              \
        __asm__ volatile (                                          \
```

```
        ".set\tnoreorder\n\t"                                   \
        "li\t%0, %2\n\t"                             \
        "syscall\n\t"                                           \
        ".set reorder"                                          \
        : "=r" (__v0), "=r" (__a3)                              \
        : "IK" (__NR_fork)                                      \
        : __SYSCALL_CLOBBERS);                                \
        err = __a3;                                             \
        _sys_result = __v0;                                     \
    }                                                         \
    _sys_result;                                              \
}
```

其核心操作就是用 li 伪指令将 sys_fork() 的系统调用号 __NR_fork 加载到 V0 寄存器，然后用 syscall 指令触发系统调用异常。

然后就来到了内核的世界，系统调用的总入口是 handle_sys()。handle_sys() 有 4 种定义：32 位内核的 O32 系统调用入口定义在 arch/mips/kernel/scall32-o32.S 中；64 位内核的 O32 系统调用入口定义在 arch/mips/kernel/scall64-o32.S 中；64 位内核的 N32 系统调用入口定义在 arch/mips/kernel/scall64-n32.S 中；64 位内核的 N64 系统调用入口定义在 arch/mips/kernel/ scall64-n64.S 中。我们关心的是 64 位内核的 N64 ABI，handle_sys() 及其相关代码主要内容如下。

```
NESTED(handle_sys, PT_SIZE, sp)   /* 系统调用入口 */
        SAVE_SOME
        STI
syscall_common:
        dsubu       t2, v0, __NR_64_Linux
        dsll        t0, t2, 3
        dla         t2, sys_call_table
        daddu       t0, t2, t0
        ld          t2, (t0)
        jalr        t2
        ……
n64_syscall_exit:
        j       syscall_exit_partial
        END(handle_sys)
EXPORT(sys_call_table)          /* 系统调用表 */
        __SYSCALL(5000,sys_read)
        __SYSCALL(5001,sys_write)
```

```
        __SYSCALL(5002,sys_open)
        __SYSCALL(5003,sys_close)
        ……
FEXPORT(syscall_exit)        /* 系统调用出口 1 */
        local_irq_disable
        ……
restore_all:
        RESTORE_TEMP
        RESTORE_AT
        RESTORE_STATIC
restore_partial:
        RESTORE_SOME
        RESTORE_SP_AND_RET
        ……
FEXPORT(syscall_exit_partial)  /* 系统调用出口 2 */
        local_irq_disable
        ……
        beqz    t0, restore_partial
        ……
```

系统调用从入口处开始，首先通过 SAVE_SOME 保存寄存器上下文并用 STI 打开本地中断；然后将 v0 的值（系统调用号）减去 N64 系统调用号的起始编号 __NR_64_Linux（即 5000）并放置到 t2 中；再然后将 t2 左移 3 位（2^3 = 8，每个系统调用入口占用 8 字节），得到该系统调用入口在整个 N64 系统调用表中的偏移并放到 t0 中；最后将 N64 系统调用表的起始地址 sys_call_table 加载到 t2，通过 t0 与 t2 相加得到该系统调用的入口地址并放置到 t0 中。这里的系统调用表 sys_call_table 相当于一个目录，t0 是目录中条目的地址，t0 的内容才是该系统调用的处理函数。因此，用 ld 指令将 t0 的内容加载到 t2 以后，就可以通过 jalr t2 执行系统调用处理函数了。

系统调用处理函数完成之后，如果一切正常，通常就会执行到 n64_syscall_exit 标号处，然后跳转到 syscall_exit_partial 处（有些系统调用会跳转到 syscall_exit）。最后，系统调用出口 syscall_exit/syscall_exit_partial 处的代码将通过 RESTORE_SOME 等宏来恢复寄存器上下文，然后通过 RESTORE_SP_AND_RET 返回到整个系统调用的调用者。

系统调用的处理函数在形式上都是 sys_abc() 这样的，比如 sys_fork() 和 sys_clone()。但是为了处理整数的符号扩展问题，从 Linux-2.6.29 版本开始引入了“系统调用包装器”并从 Linux-3.10 版本开始全面启用。如今，系统调用函数通常不像普通函数一样直接定义，而是专门有一系列的包装器宏。

```
#define SYSCALL_DEFINE0(sname)                                  \
        SYSCALL_METADATA(_##sname, 0);                          \
        asmlinkage long sys_##sname(void)
```

```
#define SYSCALL_DEFINEx(x, sname, ...)                          \
        SYSCALL_METADATA(sname, x, __VA_ARGS__)                 \
        __SYSCALL_DEFINEx(x, sname, __VA_ARGS__)
#define SYSCALL_DEFINE1(name, ...) SYSCALL_DEFINEx(1, _##name, __VA_ARGS__)
#define SYSCALL_DEFINE2(name, ...) SYSCALL_DEFINEx(2, _##name, __VA_ARGS__)
#define SYSCALL_DEFINE3(name, ...) SYSCALL_DEFINEx(3, _##name, __VA_ARGS__)
#define SYSCALL_DEFINE4(name, ...) SYSCALL_DEFINEx(4, _##name, __VA_ARGS__)
#define SYSCALL_DEFINE5(name, ...) SYSCALL_DEFINEx(5, _##name, __VA_ARGS__)
#define SYSCALL_DEFINE6(name, ...) SYSCALL_DEFINEx(6, _##name, __VA_ARGS__)
```

使用包装器的系统调用 sys_fork() 和 sys_clone() 的定义分别如下[1]。

```
SYSCALL_DEFINE0(fork);
SYSCALL_DEFINE5(clone, unsigned long, clone_flags, unsigned long, newsp,
                int __user *, parent_tidptr, unsigned long, tls, int __user *, child_tidptr);
```

实际结果相当于如下定义。

```
asmlinkage unsigned long sys_fork(void);
asmlinkage unsigned long sys_clone(unsigned long clone_flags, unsigned long newsp,
                int __user * parent_tidptr, unsigned long tls, int __user * child_tidptr);
```

这两个系统调用的具体实现可见下文的 5.2 节，此处不再展开。Linux 内核中龙芯的异常处理机制介绍到此就基本完成了。

3.3 中断处理解析

如前所述，在 MIPS 处理器里，中断实际上是异常分类中的一个小类。不过中断这个小类相对来说比较复杂，并且概念上跟其他种类的异常有所差别，因此单独进行讲述。

3.3.1 中断处理的入口

中断处理的入口在第二层次的异常向量表里面，其初级中断处理函数是 handle_int() 或者 rollback_handle_int()，这取决于 using_rollback_handler() 的返回值。而 using_rollback_handler() 又是根据 cpu_wait 的取值来进行判断的：如果 cpu_wait 是 r4k_wait()，则 using_rollback_ handler() 返回 1，初级中断处理函数为 rollback_handle_int()，龙芯 3A2000 和龙芯 3A3000 属于这种情况；如果 cpu_wait 不是 r4k_wait()，则 using_rollback_handler() 返回 0，

1　在不同的体系结构中，sys_clone() 的原型不一样，这里采用定义了 CONFIG_CLONE_BACKWARDS 的 MIPS 版本。

初级中断处理函数为 handle_int()，龙芯 3A2000 之前的龙芯 3 号处理器属于这种情况。

初级中断处理函数 handle_int() 和 rollback_handle_int() 定义在 arch/mips/kernel/genex.S 中，其代码如下（根据龙芯的实际情况进行了精简）。

```
        .macro  BUILD_ROLLBACK_PROLOGUE handler
        FEXPORT(rollback_\handler)
        .set    push
        .set    noat
        MFC0     k0, CP0_EPC
        PTR_LA   k1, __r4k_wait
        ori      k0, 0x1f
        xori     k0, 0x1f
        bne      k0, k1, \handler
        MTC0     k0, CP0_EPC
        .set pop
        .endm
BUILD_ROLLBACK_PROLOGUE handle_int
NESTED(handle_int, PT_SIZE, sp)
        SAVE_ALL        docfi=1
        CLI
        LONG_L          s0, TI_REGS($28)
        LONG_S          sp, TI_REGS($28)
        jal             plat_irq_dispatch
        j               ret_from_irq
        END(handle_int)
```

首先来看 handle_int()，它跟 BUILD_HANDLER 生成的通用异常处理函数比较相似。首先通过 SAVE_ALL 保存寄存器上下文（一个 struct pt_regs）；然后通过 CLI 宏关中断；接下来给核心中断处理函数准备信息并将 ret_from_irq 设置成返回地址；最后通过链接跳转方式（jal 指令）调用核心中断处理函数 plat_irq_dispatch()。plat_irq_dispatch() 完成以后，再跳转到 ret_from_irq 处继续执行。

和通用异常处理函数不一样的是，异常处理是通过 A0 直接传递寄存器上下文（move a0, sp），而中断处理则是通过当前进程的 thread_info 间接传递（LONG_S sp, TI_REGS($28)）。其中，LONG_S 在 64 位内核中展开成 sd 指令；$28 即 GP 寄存器，保存着当前进程的 thread_info；而 TI_REGS 是 thread_info 中 regs 成员的偏移。在 2.6.18 版本以及更早的内核里，plat_irq_dispatch() 和异常处理函数一样，是带 pt_regs 参数的，寄存器上下文也是通过 A0 直接传递的。但考虑到中断处理通常要经历多级分派，而 pt_regs 参数通常要到最末端的处理函数才可能用到，每级分派都通过 A0 传递信息会带来较大的性能损失，因此新版本内核将 plat_irq_dispatch() 以及各级中断处理函数都设计成了不带参数的原型。

但是，这种间接传递 pt_regs 的方法“篡改”了当前进程的 thread_info::regs，因此在适当的时候需要恢复原值。原值的备份就是此处的语句 LONG_L s0, TI_REGS($28)，而原值的恢复是 ret_from_irq 处的语句 LONG_S s0, TI_REGS($28)。

接下来我们看 rollback_handle_int()，该函数的主体其实还是 handle_int()，只不过通过 BUILD_ROLLBACK_PROLOGUE 在 handle_int() 前面添加了 rollback_handle_int 符号和一段前缀代码。这段前缀代码的作用是什么呢？ rollback_handle_int() 用于 cpu_wait() 函数指针被设置成 r4k_wait() 的情况，因此我们先来看看 r4k_wait()。

```
void r4k_wait(void)
{
        local_irq_enable();
        __r4k_wait();
}
LEAF(__r4k_wait)
        .set    push
        .set    noreorder
        LONG_L  t0, TI_FLAGS($28)
        nop
        andi    t0, _TIF_NEED_RESCHED
        bnez    t0, 1f
        nop
        nop
        nop
        .set    MIPS_ISA_ARCH_LEVEL_RAW
        wait
1:
        jr    ra
        nop
        .set    pop
        END(__r4k_wait)
```

可见，r4k_wait() 很简单，先打开本地中断，然后调用 __r4k_wait()。__r4k_wait() 也不复杂，先从当前进程的 thread_info 中取出进程标志变量到 t0，然后判断 _TIF_NEED_RESCHED 有没有置位。如果置位了，说明有进程需要调度，跳转到标号 1 处，__r4k_wait 返回；如果没有置位，执行 wait 进入空闲等待状态（停止执行指令流，进入节能状态，直到被中断唤醒再继续执行指令流）。

__r4k_wait() 的执行不是原子的，是可以被中断打断的。从函数的第一条指令开始，直到 wait 指令为止，总共有 8 条指令，占用 32 字节（指令长度为 32 位定长，即 4 字节）。如果中断发生在 wait 指令执行之后，那么这属于意料之中的常规情况，rollback_handle_int() 应当执行跟 handle_int() 相同的代码。如果中断发生在 wait 指令执行之前，则必须做一些额外的事情，否则的话，中断处理完毕以后，执行流将会回到原处，进而执行 wait 指令——这不是我们想要的结果，因为在处理中断的过程中，可能会唤醒某些进程或者定时器，这个时候我们就“有事可做”了，不能继续空闲。

回来看 BUILD_ROLLBACK_PROLOGUE：rollback_handle_int() 所增加的前缀代码，它就是用于检测中断发生时是否已经执行了 wait 指令（通过比较 EPC 寄存器高位部分和 __r4k_wait 的地址来判断）。如果已经执行，则保持 EPC 不动，跳转到 \handler（此处 \handler 展开后即为 handle_int）；如果尚未执行，则通过 ori 和 xori 指令清零 EPC 的低 5 位（2^5 = 32，即 8 条指令的空间，清零低 5 位相当于把 EPC 设置成 __r4k_wait），顺序执行到 \handler（即 handle_int 处）。于是，handle_int() 返回以后，要么回到 __r4k_wait() 的第一条指令，要么回到 __r4k_wait() 的最后一条指令。如果是前者，将有机会再次检测是否有任务需要调度；如果是后者，直接退出空闲等待状态。总之，不会耽误重要的工作。

> **注意：**
>
> 上面只考虑了 0 号进程执行 r4k_wait() 的过程中产生中断，未考虑普通进程上下文时产生中断。如果是普通进程上下文，那么执行“bne k0, k1, \handler”这条指令时，k0 与 k1 必定不相等（因为 EPC 中的地址不可能在 r4k_wait() 内）。因此会越过 EPC 的设置，直接执行 handle_int()，最后在处理完中断后返回到之前的进程上下文。

3.3.2 中断处理的分派

在 2.2 节的介绍中我们已经知道，中断也是分很多类型的，不同的中断有不同的处理方法。因此，中断的处理过程势必要根据类型进行分派。Linux 内核支持多种体系结构，每种体系结构又支持多种 CPU 类型，因此中断处理还是一个多级分派的过程。

（一）第一、二级分派

对于 MIPS 体系结构，第一级分派函数就是 handle_int() 所调用的 plat_irq_dispatch()，该函数在不同的 CPU 里面有不同的实现，64 位龙芯处理器（龙芯 2 号和龙芯 3 号）的实现定义在 arch/mips/loongson64/common/irq.c 中，其代码如下。

```
asmlinkage void plat_irq_dispatch(void)
{
    unsigned int pending;
    pending = read_c0_cause() & read_c0_status() & ST0_IM;
    mach_irq_dispatch(pending);
}
```

这个函数非常简单，首先取出 CAUSE 寄存器和 STATUS 寄存器的值做与运算，然后取出 IP 位部分（IP0 ~ IP7）赋值给 pending 变量。CAUSE 寄存器的 IP 位标识产生了中断信号的 IP 位，而 STATUS 寄存器的 IP 位标识当前被启用的 IP 位，因此 pending 变量标识了需要进一步处理的中断源。计算完 pending 以后，该函数以其为参数，立即调用第二级分派函数 mach_irq_ dispatch()。

第一级分派是龙芯 2 号和龙芯 3 号共用的，第二级分派则各有不同的实现。龙芯 3 号的 mach_irq_dispatch() 定义在 arch/mips/loongson64/loongson-3/irq.c 中，代码如下（有精简）。

```
void mach_irq_dispatch(unsigned int pending)
{
    if (pending & CAUSEF_IP7)
        do_IRQ(LOONGSON_TIMER_IRQ);
    if (pending & CAUSEF_IP6)
        loongson3_ipi_interrupt(NULL);
    if (pending & CAUSEF_IP3)
        loongson_pch->irq_dispatch();
    if (pending & CAUSEF_IP2)
        do_IRQ(LOONGSON_UART_IRQ);
    if (pending & UNUSED_IPS) {
        pr_err("%s : spurious interrupt\n", __func__);
        spurious_interrupt();
    }
}
```

该函数也比较简单，基本上就是根据不同的 IP 位调用不同的函数。从第 2 章中断初始化的 init_IRQ() 可知，龙芯 3 号目前只使用了 IP7、IP6、IP3 和 IP2。IP7 专用于内部时钟中断，IP2 专用于 CPU 串口中断，因此它们调用了最终的处理函数 do_IRQ()。IP6 专用于处理器间中断（IPI），但 IPI 包括不同的子类型；IP3 连接的是 HT1 控制器（或者 SYS INT0）和级联的外部中断控制器（I8259 或者 APIC），包含了所有来自外部设备的中断。因此处理器间中断和外部设备中断需要再次进行分派。

下面我们将分别介绍 IPI 和外部设备中断的第三级分派处理。

（二）第三级分派——处理器间中断

解析 IPI 的源代码之前我们先了解一下龙芯 3 号的 IPI 寄存器设计，如表 3-3 所示。

表 3-3　龙芯 3 号的 IPI 寄存器

名称	读写权限	功能描述
IPI_Status	只读	32 位状态寄存器，某一位置位代表收到某种类型 IPI 中断
IPI_Enable	读写	32 位使能寄存器，控制对应的中断位是否有效
IPI_Set	只写	32 位置位寄存器，将某一位写 1 导致 IPI_Status 对应位置 1
IPI_Clear	只写	32 位清零寄存器，将某一位写 1 导致 IPI_Status 对应位置 0
IPI_MailBox0	读写	64 位消息传递缓冲寄存器 0，用于核间交换信息
IPI_MailBox1	读写	64 位消息传递缓冲寄存器 1，用于核间交换信息

续表

名称	读写权限	功能描述
IPI_MailBox2	读写	64 位消息传递缓冲寄存器 2，用于核间交换信息
IPI_MailBox3	读写	64 位消息传递缓冲寄存器 3，用于核间交换信息

每个核都有一组 IPI 寄存器，但是都是全局可访问的。也就是说，每个核既可以访问自己的 IPI 寄存器，也可以访问其他的 IPI 寄存器。例如：当某个核想查看收到的 IPI 时，就读 IPI_Status 寄存器；当某个核想屏蔽 / 使能某种 IPI 时，就在 IPI_Enable 寄存器对应位写 0/1；当某个核想触发某种 IPI 时，就写 IPI_Set 寄存器；当某个核想清除中断状态时，就写 IPI_Clear 寄存器。4 个 MailBox 寄存器用于在核间交换任意信息，比如启动多核时通过 MailBox 传递初始入口地址、堆栈指针、全局指针等参数。

直接按地址访问上述 IPI 寄存器的方式叫作 MMIO 方式，龙芯 3A4000 引入了更先进、更快速的 CSR（Control Status Register）方式。CSR 方式使用另一套寄存器，在功能上与 MMIO 方式等同。CSR IPI 寄存器的设计如表 3-4 所示。

表 3-4　龙芯 3A4000 的 CSR IPI 寄存器

名称	读写权限	功能描述
CSR_IPI_Status	只读	32 位状态寄存器，等同于本核的 IPI_Status
CSR_IPI_Enable	读写	32 位使能寄存器，等同于本核的 IPI_Enable
CSR_IPI_Set	只写	32 位置位寄存器，等同于本核的 IPI_Set
CSR_IPI_Clear	只写	32 位清零寄存器，等同于本核的 IPI_Clear
CSR_IPI_Send	只写	32 位消息传递寄存器，用于跨核发送 IPI

在 CSR 方式中，状态、使能、置位和清零寄存器与传统 MMIO 方式一一对应，但只能操作本核，跨核发送 IPI 和传递消息必须通过 CSR_IPI_Send 寄存器。

目前，MIPS 一共定义了 4 种标准的 IPI 类型。

```
#define  SMP_RESCHEDULE_YOURSELF              0x1
#define  SMP_CALL_FUNCTION                    0x2
#define  SMP_ICACHE_FLUSH                     0x4
#define  SMP_ASK_C0COUNT                      0x8
```

IPI 中断由一个 CPU（源 CPU）发往另一个 CPU（目标 CPU），在功能上相当于源 CPU 请求目标 CPU 完成某项工作。其中，SMP_RESCHEDULE_YOURSELF 要求目标 CPU 进行一次进程调度；SMP_CALL_FUNCTION 要求目标 CPU 调用一个函数；SMP_ICACHE_FLUSH 要求目标 CPU 刷新一次指令 Cache；SMP_ASK_C0COUNT 询问 0 号核的 Count 寄存器值。理论上，只需要 SMP_CALL_FUNCTION 就可以实现任意 IPI 功能，因为进程调度、指令 Cache 刷新和反馈 Count 寄存器值都可以设计成一个函数；但是如果设计成专门的 IPI，在性能上会更有优势。

龙芯的IPI寄存器最多支持32种IPI类型，但寄存器的这32个位域并没有预先规定好类型。不过，按目前的内核设计，IPI寄存器的第0、1、2、3位分别对应SMP_RESCHEDULE_YOURSELF、SMP_CALL_FUNCTION、SMP_ICACHE_FLUSH、SMP_ASK_C0COUNT这4种IPI。龙芯处理器的外部中断路由是在内核初始化的时候确定的（都路由到了0号核），不允许运行时动态修改。为了实现中断负载均衡，我们可以通过IPI来完成外部中断的软件转发，因此我们需要一个IRQ → IPI_OFFSET映射表。32个IPI位域里面，第0～3位已经被Linux内核定义；从第4位开始都用作IRQ转发的IPI_OFFSET。因此代码中定义IPI_IRQ_OFFSET为4（32 - 4=28，因此最多可转发28种IRQ）。

IPI中断是CPU与CPU之间的互动，因此Linux内核设计了IPI发送函数和IPI处理函数。IPI发送函数一共有3个，定义在arch/mips/loongson64/loongson-3/smp.c中。

```
static void loongson3_send_ipi_single(int cpu, unsigned int action)
{
    ipi_write_action(cpu_logical_map(cpu), (u32)action);
}

static void loongson3_send_ipi_mask(const struct cpumask *mask, unsigned int action)
{
    for_each_cpu(i, mask)
        ipi_write_action(cpu_logical_map(i), (u32)action);
}

#define IPI_IRQ_OFFSET 4
void loongson3_send_irq_by_ipi(int cpu, int irqs)
{
    ipi_write_action(cpu_logical_map(cpu), irqs << IPI_IRQ_OFFSET);
}
```

其中，loongson3_send_ipi_single()是往单个目标CPU发送IPI，参数cpu是目标CPU的编号，action是IPI的类型；loongson3_send_ipi_mask()是往多个目标CPU发送IPI，参数mask是目标CPU编号组成的位掩码，action是IPI的类型；loongson3_send_irq_by_ipi()是往单个目标CPU发送专门用于中断转发的IPI，参数cpu是目标CPU的编号，irqs是IRQ在IPI寄存器中的偏移。前两个函数是SMP操作集（loongson3_smp_ops）中的标准定义，第三个函数是龙芯平台专用的扩展，其核心操作都是通过loongson3_ipi_write32()写目标CPU的IPI_Set寄存器完成（在龙芯3A4000上可以使用CSR方式，通过本核的CSR_IPI_Send寄存器发送）。

IPI处理函数就是loongson3_ipi_interrupt()，它完成了IPI的第三级分派。该函数定义在arch/mips/loongson64/loongson-3/smp.c中，展开如下（有精简）。

```
void loongson3_ipi_interrupt(struct pt_regs *regs)
{
    int i, cpu = smp_processor_id();
    action = ipi_read_clear(cpu);
    irqs = action >> IPI_IRQ_OFFSET;
    if (action & SMP_RESCHEDULE_YOURSELF)
          scheduler_ipi();
    if (action & SMP_CALL_FUNCTION) {
          irq_enter();
          generic_smp_call_function_interrupt();
          irq_exit();
    }
    if (action & SMP_ASK_C0COUNT) {
          c0count = read_c0_count();
          c0count = c0count ? c0count : 1;
          for (i = 1; i < nr_cpu_ids; i++)
              core0_c0count[i] = c0count;
          __wbflush();
    }
    if (irqs) {
          while ((irq = ffs(irqs))) {
              do_IRQ(loongson_ipi_pos2irq[irq-1]);
              irqs &= ~(1<<(irq-1));
          }
    }
}
```

首先是准备工作：通过读取 IPI_Status 寄存器读取收到的所有 IPI 中断状态并保存到 action；将 action 右移 4 位得到所有转发的 IRQ 并保存到 irqs；将 action 写回 IPI_Clear 寄存器清除所有的中断状态。龙芯 3A4000 可以使用 CSR 方式，读取本核的 CSR_IPI_Status 寄存器并写回本核的 CSR_IPI_Clear 寄存器。

然后是标准 IPI 的处理：SMP_RESCHEDULE_YOURSELF 类型将调用 scheduler_ipi() 触发一次 SCHED_SOFTIRQ 的软中断，导致目标 CPU 重新调度；SMP_CALL_FUNCTION 类型将调用 generic_smp_call_function_interrupt() 执行源 CPU 所请求的函数；SMP_ICACHE_FLUSH 类型不做处理的原因是龙芯由硬件维护 Cache 一致性；SMP_ASK_C0COUNT 类型将导致 0 号核通过 read_c0_count() 读取 Count 寄存器的值并写入 core0_c0count[] 数组。

最后是中断转发的处理：通过 IPI_OFFSET → IRQ 映射表（即 loongson_ipi_pos2irq[] 数组）来获取 irqs 中各个被转发的 IRQ 编号，再调用 do_IRQ() 逐个处理这些 IRQ。

（三）第三级分派——外部设备中断

外部设备的中断也需要进行第三级分派，而第三级分派是一个函数指针 loongson_pch->irq_dispatch()，其在使用不同芯片组的机型中有不同的定义。

LS2H 芯片组： 第三级分派函数为 ls2h_irq_dispatch()，定义在文件 arch/mips/ loongson64/loongson-3/ls2h-irq.c 中。

LS7A 芯片组： 第三级分派函数为 Legacy 版本的 ls7a_irq_dispatch() 和 MSI 版本的 ls7a_msi_irq_dispatch()，定义在文件 arch/mips/loongson64/loongson-3/ls7a-irq.c 中。

RS780 芯片组： 第三级分派函数为 Legacy 版本的 rs780_irq_dispatch() 和 MSI 版本的 rs780_msi_irq_dispatch()，定义在文件 arch/mips/loongson64/loongson-3/rs780-irq.c 中。

这些函数的逻辑非常类似，其中 RS780 芯片组 Legacy 版本的代码和有关数据如下（其他版本可自行阅读代码）。

```
unsigned int ht_irq[] = {0, 1, 3, 4, 5, 6, 7, 8, 12, 14, 15};
unsigned int loongson_ipi_irq2pos[NR_IRQS] = { [0 ... NR_IRQS-1] = -1 };
unsigned int loongson_ipi_pos2irq[NR_DIRQS] = { [0 ... NR_DIRQS-1] = -1 };
void rs780_irq_dispatch(void)
{
    irq = LOONGSON_HT1_INT_VECTOR(0);
    LOONGSON_HT1_INT_VECTOR(0) = irq;
    for (i = 0; i < ARRAY_SIZE(ht_irq); i++) {
        if (!(irq & (0x1 << ht_irq[i])))   continue;
        if (loongson_ipi_irq2pos[ht_irq[i]] == -1) {
              do_IRQ(ht_irq[i]);
              continue;
        }
        irqd = irq_get_irq_data(ht_irq[i]);
        cpumask_and(&affinity, irqd->common->affinity, cpu_active_mask);
        if (cpumask_empty(&affinity)) {
              do_IRQ(ht_irq[i]);
              continue;
        }
        irq_cpu[ht_irq[i]] = cpumask_next(irq_cpu[ht_irq[i]], &affinity);
        if (irq_cpu[ht_irq[i]] >= nr_cpu_ids)
              irq_cpu[ht_irq[i]] = cpumask_first(&affinity);
        if (irq_cpu[ht_irq[i]] == 0) {
              do_IRQ(ht_irq[i]);
              continue;
```

```
        }
        loongson3_send_irq_by_ipi(irq_cpu[ht_irq[i]],
                    (0x1 << (loongson_ipi_irq2pos[ht_irq[i]])));
    }
}
```

这个函数稍显复杂，不过复杂的不是分派本身，而是使用了中断负载均衡。如前所述，由于硬件平台的限制，龙芯的外部中断只能使用静态路由，而通常的做法是把外部中断全部路由到 0 号核。于是当外部中断过于频繁的时候，可能就会导致 0 号核非常繁忙，中断处理效率低下甚至丢失中断。中断负载均衡就是用于解决这个问题的，它可以将中断均匀地转发到每一个核，提高处理效率。

Legacy 模式下的 HT1 中断（即 I8259 中断）总共有 16 个 IRQ，即 IRQ0 ~ IRQ15。其中 IRQ2 用于级联，IRQ9、IRQ10、IRQ11 和 IRQ13 保留未用，其他 IRQ 定义在数组 ht_irq[] 当中，IRQ 与设备的对应关系如表 3-5 所示。

表 3-5　龙芯电脑 I8259 IRQ（中断号）分配表

IRQ	对应设备
IRQ0	HPET 外部时钟源
IRQ1	I8042 控制器（键盘）
IRQ2	级联（其下挂接 IRQ8 ~ IRQ15）
IRQ3	可配置 PCI/PCIe 设备（磁盘、显卡、声卡、网卡、USB 等）
IRQ4	可配置 PCI/PCIe 设备（磁盘、显卡、声卡、网卡、USB 等）
IRQ5	可配置 PCI/PCIe 设备（磁盘、显卡、声卡、网卡、USB 等）
IRQ6	可配置 PCI/PCIe 设备（磁盘、显卡、声卡、网卡、USB 等）
IRQ7	系统控制中断（SCI）
IRQ8	系统时钟（RTC）
IRQ9	保留未用
IRQ10	保留未用
IRQ11	保留未用
IRQ12	I8042 控制器（鼠标）
IRQ13	保留未用
IRQ14	第一个 PATA 磁盘控制器
IRQ15	第二个 PATA 磁盘控制器

并不是每一个 IRQ 都会进行中断负载均衡，只有高速设备才会做此处理，如可配置的 PCI/PCIe 设备以及 PATA 磁盘控制器。loongson_ipi_irq2pos[] 记录了 IRQ → IPI_OFFSET 的映射关系（其逆映射为 loongson_ipi_pos2irq[] 数组），取值为 -1 的 IRQ 就是那些本地处理的 IRQ，它们不会进行中断转发。

知道了原理之后，我们再回过头来看源代码，会发现清晰许多。首先将中断状态寄存器的值读入到 irq 变量；然后将 irq 变量写回寄存器以清除中断；最后进入一个 for 循环，每循环一次处理 ht_irq[] 数组中的一个 IRQ，循环内的处理流程如下。

1. 如果该 IRQ 在 irq 变量中没有置位，意味着没有产生中断，结束本轮循环。

2. 如果该 IRQ 在 loongson_ipi_irq2pos[] 中取值为 -1，意味着是一个本地 IRQ，调用 do_IRQ() 处理中断，完成后结束本轮循环。

3. 接下来是需要进行平衡的 IRQ。这些 IRQ 并不一定能够被转发出去，因为一个 IRQ 能被哪些 CPU 核处理是受该 IRQ 的 irq_data 结构中 affinity 变量控制的。如果 irq_data:: common::affinity 所指定的核处于非活动状态（如核被关闭或者正在关闭过程中），那就不能转发。从代码上看，如果 irqd->common->affinity 和 cpu_active_mask 没有交集，就调用 do_IRQ() 在本地处理中断，完成后结束本轮循环。

4. 然后是 irqd->common->affinity 和 cpu_active_mask 有交集的情况，其交集保存在局部变量 affinity 中。irq_cpu[ht_irq[i]] 记录了本次处理该 IRQ 的 CPU 核（目标核），它在 affinity 中用 cpumask_next() 查找上次目标核的下一个核。如果返回结果大于 CPU 核总数，说明发生了溢出，于是便重设成 affinity 中编号最小的核（开始新一次轮转）。

5. 现在目标核已经确定，但目标核可能就是自己（0 号核）。如果确实如此，就调用 do_IRQ() 在本地处理中断，完成后结束本轮循环。

6. 如果目标核不是自己（非 0 号核），那么通过 loongson3_send_irq_by_ipi() 将 IRQ 转发给目标核，结束本轮循环。

由之前 IPI 发送与处理的过程可知，通过 loongson3_send_irq_by_ipi() 转发出去的 IRQ 在目标核上处理，最终也是通过 do_IRQ() 完成。

第三级分派到此讲述完毕。虽然本级分派情况众多，但最终的核心是 do_IRQ() 函数。do_IRQ() 定义在 arch/mips/kernel/irq.c 中，其核心步骤是调用 generic_handle_irq()，也就是第四级分派。

（四）第四级分派

generic_handle_irq() 定义在 kernel/irq/irqdesc.c 中，其代码如下。

```
int generic_handle_irq(unsigned int irq)
{
    struct irq_desc *desc = irq_to_desc(irq);
    generic_handle_irq_desc(desc);
       \-- desc->handle_irq(desc);
    return 0;
}
```

从文件路径可以看出，第四级分派已经属于体系结构无关的代码了。函数 generic_

handle_irq() 非常简单，通过 IRQ 号查找对应的 IRQ 描述符，然后以 IRQ 描述符为参数调用 generic_handle_irq_desc()。后者实现更加简单，就是调用描述符中的 handle_irq() 函数指针。

从第 2 章的介绍可知，对于 I8259 中断，其描述符中的 handle_irq() 函数指针实际上是 handle_level_irq() 函数。handle_level_irq() 的核心步骤是 handle_irq_event() 函数，而后者的核心步骤则是 handle_irq_event_percpu()。

handle_irq_event_percpu() 定义在 kernel/irq/handle.c 中，其主体是调用 __handle_irq_event_ percpu()，后者代码如下（有精简）。

```
irqreturn_t __handle_irq_event_percpu(struct irq_desc *desc, unsigned int *flags)
{
    irqreturn_t retval = IRQ_NONE;
    unsigned int irq = desc->irq_data.irq;
    for_each_action_of_desc(desc, action) {
        res = action->handler(irq, action->dev_id);
        switch (res) {
        case IRQ_WAKE_THREAD:
            __irq_wake_thread(desc, action);
        case IRQ_HANDLED:
            *flags |= action->flags;
            break;
        default:
            break;
        }
        retval |= res;
    }
    return retval;
}
```

该函数带有两个参数，其中我们主要关注的是第一个参数，即该中断号对应的 IRQ 描述符 desc。局部变量 action 用于遍历挂在 desc 上面 IRQ 动作 action 链表（链表里面可以挂接多个 irqaction 结构体，每个 irqaction 对应一个设备中断，因此多个设备共享 IRQ 成为可能）。从代码上看，该函数首先将返回值 retval 初始化为 IRQ_NONE，将标志变量 flags 初始化为 0，并且从 desc 里面取出 IRQ 编号赋值给 irq；然后进入一个 for_each_action_of_desc 循环。这个循环用于遍历 action 链表，每循环一次，就执行当前 action 里面的 handler() 函数，并将其返回值赋值给 res 变量。

每个 irqaction 结构体中的 handler() 函数返回值有 3 种：IRQ_NONE、IRQ_HANDLED 和 IRQ_WAKE_THREAD。IRQ_NONE 意味着这不是我的中断；IRQ_HANDLED 意味着这是我的中断并且已经处理完毕；IRQ_WAKE_THREAD 意味着这是我的中断并且需要唤醒中断线程

（当前 irqaction 中的 thread 成员）。

IRQ_WAKE_THREAD 用于支持线程化中断，这是 Linux 内核从 2.6.30 版本开始引入的新特性。因为中断处理函数 irqaction::handler() 通常需要关中断执行，而关中断上下文是一种非常影响效率的上下文，应当尽可能避免。线程化中断本质上是将 irqaction::handler() 一分为二：非常紧迫并且需要关中断的操作依旧在 irqaction::handler() 中执行；其他比较耗时并且不需要关中断的操作放到 irqaction::thread_fn() 中去执行。后者在进程上下文（内核线程）中执行，相当于对关中断区间进行了最小化。如果 irqaction::handler() 返回 IRQ_WAKE_THREAD，则中断线程 irqaction::thread 将被唤醒，用于执行 irqaction::thread_fn()。

在 switch 代码块中，不管 irqaction::handler() 的返回值是 IRQ_HANDLED 还是 IRQ_WAKE_THREAD，flags 变量都会被更新；如果返回值是 IRQ_NONE，则不需要做任何事情。

handle_irq_event_percpu() 的返回值是所有 irqaction::handler() 返回值按位取或的结果。

至于中断服务例程（包括 irqaction::handler() 和 irqaction::thread_fn()）具体完成什么事情，是和实际的设备类型高度相关的，此处仅以 MIPS 时钟中断为例予以讲解（MIPS 时钟中断是内部设备，并未经历完整的四级分派，但 ISR 的基本原理和外部中断相同）。

（五）ISR——时钟中断处理

凡是使用中断的设备驱动，都会用下列 3 个函数之一来让 IRQ 与 ISR 进行关联。

```
int request_irq(unsigned int irq, irq_handler_t handler,
        unsigned long flags, const char *name, void *dev);
int request_threaded_irq(unsigned int irq, irq_handler_t handler, irq_handler_t thread_fn,
        unsigned long flags, const char *name, void *dev);
int setup_irq(unsigned int irq, struct irqaction *act);
```

request_irq() 用于注册非线程化 ISR，将特定的中断号 irq 和特定的中断处理函数 handler 进行绑定，相当于给 irq 注册了一个 irqaction::handler()。request_threaded_irq() 用于注册线程化 ISR，将特定的中断号 irq 和特定的中断处理函数 handler 以及 thread_fn 进行绑定，相当于给 irq 注册了一个 irqaction::handler() 和 irqaction::thread_fn()。setup_irq() 用于关联一个 IRQ 和一个已经设置好 ISR 的 irqaction。

以时钟中断为例，缺省 MIPS 时钟事件源的初始化函数为 r4k_clockevent_init()。该函数调用 setup_irq(irq, &c0_compare_irqaction) 注册了一个 irqaction，名为 c0_compare_irqaction，其内容如下（arch/mips/kernel/cevt-r4k.c）。

```
struct irqaction c0_compare_irqaction = {
    .handler = c0_compare_interrupt,
    .flags = IRQF_PERCPU | IRQF_TIMER | IRQF_SHARED,
    .name = "timer",
};
```

其中的 ISR 函数就是 c0_compare_interrupt()，展开如下。

```
irqreturn_t c0_compare_interrupt(int irq, void *dev_id)
{
    const int r2 = cpu_has_mips_r2_r6;
    int cpu = smp_processor_id();
    if (handle_perf_irq(r2))  return IRQ_HANDLED;
    if (!r2 || (read_c0_cause() & CAUSEF_TI)) {
        write_c0_compare(read_c0_compare());
        cd = &per_cpu(mips_clockevent_device, cpu);
        cd->event_handler(cd);
        return IRQ_HANDLED;
    }
    return IRQ_NONE;
}
```

大多数 MIPS 处理器的时钟中断和性能计数器中断共享同一个 IRQ，但从 MIPS R2 开始可以通过 CP0 的 CAUSE 寄存器进行区分。如果第 30 位（CAUSEF_TI）置位，就是时钟中断；如果第 26 位（CAUSEF_PCI）置位，就是性能计数器中断。MIPS 时钟中断是一个每 CPU 中断，也就是说每个逻辑 CPU 上都有自己的本地时钟源设备（Count/Compare 寄存器），都会产生本地的时钟中断。

于是，c0_compare_interrupt() 先用局部变量 r2 来标识 CPU 是否支持 MIPS R2，然后通过 handle_perf_irq() 来处理性能计数器中断。如果 handle_perf_irq() 成功地处理了性能计数器中断，那么 c0_compare_interrupt() 直接返回 IRQ_HANDLED；否则开始处理真正的 MIPS 时钟中断。在 MIPS R2 以前的 CPU 上会无条件处理时钟中断，而在 MIPS R2 或者更新的 CPU 上需要看 CAUSE 寄存器中的 CAUSEF_TI 是否置位。处理时钟中断时，首先要调用 write_c0_compare() 往 Compare 寄存器写回旧值来清除中断，然后获取本 CPU 的时钟源设备，再调用时钟源设备上的 event_handler() 函数指针。MIPS 时钟源的 event_handler() 缺省实现是 mips_event_handler()，它是一个空函数。根据不同的配置，在内核初始化完成以后，时钟源的 event_handler() 会替换成 tick_handle_periodic()、tick_nohz_handler()、hrtimer_interrupt() 中的一个。龙芯使用的是 hrtimer_interrupt()，其细节在此不再展开。

总结一下，时钟中断产生以后，如下的调用链会被触发：except_vec3_generic() → handle_int()/rollback_handle_int() → plat_irq_dispatch() → mach_irq_dispatch() → do_IRQ() → generic_handle_irq() → generic_handle_irq_desc() → irq_desc::handle_irq() → handle_percpu_irq() → handle_irq_event_percpu() → __handle_irq_event_percpu() → irqaction::handler() → c0_compare_interrupt() → hrtimer_interrupt()。

3.4 软中断、小任务与工作队列

传统上，Linux 内核对中断的处理包括“上半部”与“下半部”。上半部指的是中断处理中非常紧急的部分，一般需要关中断并且立即进行；下半部指的是中断处理中相对不那么紧急的部分，通常都是开中断并且在一定程度上可以延迟完成。上半部总是在硬中断上下文里完成，下半部可以在软中断上下文或者进程上下文里完成。

在古老的 2.4.x 版本内核里，下半部（广义的下半部）包括 4 种内核机制：软中断（softirq）、小任务（tasklet）、下半部（bh，即狭义的下半部）和任务队列（taskqueue）。

在 2.6.x、3.x、4.x 和 5.x 版本内核里，下半部（广义的下半部）包括 3 种内核机制：软中断（softirq）、小任务（tasklet，吸收了 2.4 版本内核中的 bh）和工作队列（workqueue，用于替代原来的 taskqueue）。

小任务实际上是软中断的一种特例，两者都在软中断上下文中执行，不可睡眠；而工作队列在进程上下文（内核线程）中执行，可以睡眠。为了避免概念混乱，现在一般避免使用“下半部”这个词，而将软中断、小任务和工作队列统称为“可延迟执行机制”。

3.4.1 软中断 softirq

跟硬中断 IRQ 编号类似，软中断也分不同的种类，当前内核中定义了 10 种软中断（优先级从高到低，NR_SOFTIRQS 是指软中断种数）。

```
enum {
        HI_SOFTIRQ=0,                    /* 高优先小任务 */
        TIMER_SOFTIRQ,                   /* 普通定时器相关 */
        NET_TX_SOFTIRQ,                  /* 网卡数据包发送 */
        NET_RX_SOFTIRQ,                  /* 网卡数据包接收 */
        BLOCK_SOFTIRQ,                   /* 块设备操作 */
        IRQ_POLL_SOFTIRQ,                /* 设备 IRQ 轮询操作 */
        TASKLET_SOFTIRQ,                 /* 普通小任务 */
        SCHED_SOFTIRQ,                   /* 调度器负载均衡相关 */
        HRTIMER_SOFTIRQ,                 /* 高分辨率定时器相关 */
        RCU_SOFTIRQ,                     /* RCU 回调函数相关 */
        NR_SOFTIRQS
};
```

和硬中断的 request_irq() 类似，软中断也有注册函数来将特定的 ISR（即软中断处理函数）与特定的软中断编号进行关联。

```
void open_softirq(int nr, void (*action)(struct softirq_action *));
```

open_softirq() 的调用分布在各个子系统的初始化例程中，如表 3-6 所示。

表 3-6　软中断的初始化函数及中断处理函数

软中断号	初始化函数	中断处理函数
HI_SOFTIRQ	softirq_init()	tasklet_hi_action()
TIMER_SOFTIRQ	init_timers()	run_timer_softirq()
NET_TX_SOFTIRQ	net_dev_init()	net_tx_action()
NET_RX_SOFTIRQ	net_dev_init()	net_rx_action()
BLOCK_SOFTIRQ	blk_softirq_init()	blk_done_softirq()
BLOCK_IOPOLL_SOFTIRQ	blk_iopoll_setup	blk_iopoll_softirq()
TASKLET_SOFTIRQ	softirq_init()	tasklet_action()
SCHED_SOFTIRQ	init_sched_fair_class()	run_rebalance_domains()
HRTIMER_SOFTIRQ	hrtimers_init()	hrtimer_run_softirq()
RCU_SOFTIRQ	rcu_init()	rcu_process_callbacks()

所有的软中断 ISR 保存在数组 struct softirq_action softirq_vec[NR_SOFTIRQS] 中，其数组索引就是软中断编号。在所有的软中断中，高分辨率定时器的 HRTIMER_SOFTIRQ 值得稍微展开一下。

从 2.6.21 版本开始，内核的计时系统已经重新设计，高分辨率定时器成了一切时间有关机制的总基础，是精确计时的源头；正因为如此，将它作为软中断实现并且给予一个较低的优先级显得不甚合理。于是，从 2.6.29 版本开始，绝大部分 HRTIMER 的工作被移入硬中断上下文，剩下不得不使用软中断的部分也从 2.6.31 版本开始被移入优先级最高的 HI_SOFTIRQ 中（通过 tasklet_hrtimer_init() 初始化）；最后在 4.2 版本中彻底废弃了 HRTIMER_SOFTIRQ 的使用（不再触发其软中断，中断处理函数 run_hrtimer_softirq() 也已删除，但为了兼容应用程序依旧保留 HRTIMER_SOFTIRQ 其值的定义）。然而，为了增强内核的实时性，从 4.16 版本开始又重新引入了 HRTIMER_SOFTIRQ，新的中断处理函数为 hrtimer_run_softirq()。不过与 4.2 版本之前不同，新内核里的高分辨率定时器显示地分为 HRTIMER_ACTIVE_HARD 和 HRTIMER_ACTIVE_SOFT 两种类型（二者统称为 HRTIMER_ ACTIVE_ALL）。前者是传统意义上的高分辨率定时器，都在硬中断上下文里执行；后者是相对不那么重要的高分辨率定时器，放在软中断上下文里执行。

硬中断是硬件触发的，而软中断是通过软件触发的，触发软中断的内核函数是 raise_softirq()，其原型如下。

```
void raise_softirq(unsigned int nr);
```

软中断的触发是按需的，当硬中断处理完毕返回之前，如果有后续工作需要完成，就会触发相应的软中断。跟 CPU 内部的硬中断一样，软中断也是 CPU 本地的，也就是说，触发一个软中断的时候，只会导致本 CPU 在接下来的时间里响应。

软中断的处理主要有两个时机：在硬中断处理结束以后，irq_exit() 执行过程中（反映在图 3-1 中）；在特殊的内核线程 ksoftirqd/n 中（每个逻辑 CPU 有一个 ksoftirqd 线程，n 为 CPU 编号，线程的执行体函数为 run_ksoftirqd()）。不管是哪种情况，最终都是调用 do_softirq() 或者其核心函数 __do_softirq() 来处理待决的软中断。__do_softirq() 定义在 kernel/softirq.c 中，展开如下（有精简）。

```
void __do_softirq(void)
{
    unsigned long end = jiffies + MAX_SOFTIRQ_TIME;
    int max_restart = MAX_SOFTIRQ_RESTART;
    pending = local_softirq_pending();
restart:
    set_softirq_pending(0);
    h = softirq_vec;
    while ((softirq_bit = ffs(pending))) {
        h += softirq_bit - 1;
        h->action(h);
        h++;
        pending >>= softirq_bit;
    }
    pending = local_softirq_pending();
    if (pending) {
        if (time_before(jiffies, end) && !need_resched() && --max_restart)
            goto restart;
        wakeup_softirqd();
    }
}
```

该函数用到了两个宏：MAX_SOFTIRQ_TIME 和 MAX_SOFTIRQ_RESTART。前者表示软中断处理的最大允许持续时间，被定义成 2 毫秒；后者表示软中断处理的最大允许重启次数，被定义成 10 次。设置这两个阈值的原因是软中断上下文的优先级虽然低于硬中断上下文，但总是高于进程上下文。如果不设置阈值，持续不断的软中断可能会严重影响内核线程和应用进程的运行。局部变量 pending 用于保存当前 CPU 所有待决的软中断，如同硬中断会从 CAUSE 寄存器获取中断源一样。

标号 restart 可能会重复执行，最大重复次数就是 MAX_SOFTIRQ_RESTART。set_softirq_pending(0) 用于清空当前 CPU 的所有待决软中断，而 h 则是包含软中断 ISR 的指针，其初始值为 softirq_vec。后面的 while 循环每执行一轮就处理一种软中断，也就是执行 h->action()。

循环结束以后，pending 重新初始化，用来检查是否产生了新的待决软中断。如果没有，__do_

softirq() 返回；否则，看时间阈值和重启阈值是否已经突破或者需要重新调度。如果这 3 种条件均不满足，跳转到 restart 处重新执行；否则，唤醒 ksoftirqd 内核线程并返回。

3.4.2 小任务 tasklet

软中断里面有两种是跟 tasklet（小任务）有关的，即 HI_SOFTIRQ 和 TASKLET_SOFTIRQ。前者是高优先级的小任务，后者是普通优先级的小任务，它们没有本质的不同，仅仅是处理的优先顺序不一样。软中断是静态预定义的，不能动态分配，而内核中很多时候有执行动态小任务的需求，因此就设立了专门针对小任务的软中断。从本质上讲，软中断属于一级分派，而 tasklet 属于二级分派，类似于硬中断中多个设备驱动程序共享同一个 IRQ。

每个小任务都有一个对应的描述符 tasklet_struct，其定义在 include/linux/interrupt.h 中。

```
struct tasklet_struct
{
    struct tasklet_struct *next;
    unsigned long state;
    atomic_t count;
    void (*func)(unsigned long);
    unsigned long data;
};
```

这个数据结构非常简单，next 是指向链表中下一个元素的指针；state 是小任务状态（状态有两种：TASKLET_STATE_SCHED 表示等待运行，TASKLET_STATE_RUN 表示正在运行）；计数器 count 用来临时性禁止该 tasklet（count 不为 0 表示禁止运行）；函数指针 func 是最重要的成员字段，表示需要完成的任务；data 则是 func 函数的参数。

所有的小任务都组织在链表里面，其中普通优先级小任务的表头是 tasklet_vec，高优先级小任务的表头是 tasklet_hi_vec。这两个都是每 CPU 变量，也就是说，每个 CPU 都有自己的小任务链表。

函数 tasklet_init() 用于初始化一个小任务，其原型如下。

```
void tasklet_init(struct tasklet_struct *t, void (*func)(unsigned long), unsigned long data);
```

该函数的调用分布在各个需要用 tasklet 的子系统中，用任务函数 func 和参数 data 来初始化一个 tasklet_struct，计数器 count 和状态 state 都被设置成 0。

调度小任务（触发其执行）的 API 主要有以下两个。

```
void tasklet_schedule(struct tasklet_struct *t);
void tasklet_hi_schedule(struct tasklet_struct *t);
```

前者用于调度普通优先级小任务，tasklet 的状态将被设置成 TASKLET_STATE_SCHED，然后插入 tasklet_vec 链表的尾部，最后触发 TASKLET_SOFTIRQ 软中断。后者用于调度高优先级小任务，tasklet 的状态将被设置成 TASKLET_STATE_SCHED，然后插入 tasklet_hi_vec 链表的尾部，最后触发 HI_SOFTIRQ 软中断。

软中断处理 __do_softirq() 的核心步骤是 h->action()，对于小任务来说，这个 action() 就是 tasklet_action() 或者 tasklet_hi_action()。这两个函数定义在 kernel/softirq.c 中，其内部逻辑几乎一致，都是 tasklet_action_common() 的封装，其详细内容展开如下（有适度精简）。

```
static __latent_entropy void tasklet_action(struct softirq_action *a)
{
    tasklet_action_common(a, this_cpu_ptr(&tasklet_vec), TASKLET_SOFTIRQ);
}

static __latent_entropy void tasklet_hi_action(struct softirq_action *a)
{
    tasklet_action_common(a, this_cpu_ptr(&tasklet_hi_vec), HI_SOFTIRQ);
}

static void tasklet_action_common(struct softirq_action *a,
                 struct tasklet_head *tl_head, unsigned int softirq_nr)
{
    list = tl_head->head;
    tl_head->head = NULL;
    tl_head->tail = &tl_head->head;
    while (list) {
        struct tasklet_struct *t = list;
        list = list->next;
        if (tasklet_trylock(t)) {
            if (!atomic_read(&t->count)) {
                t->func(t->data);
                tasklet_unlock(t);
                continue;
            }
            tasklet_unlock(t);
        }
        t->next = NULL;
        *tl_head->tail = t;
        tl_head->tail = &t->next;
        __raise_softirq_irqoff(softirq_nr);
    }
}
```

该函数逻辑比较简单，它将当前 CPU 的 tasklet_vec/tasklet_hi_vec 链表表头赋值给局部变量 list，然后将 tasklet_vec/tasklet_hi_vec 置空，再进入一个 while 循环。循环每进行一轮处理 list 链表里面的一个小任务，小任务的指针由局部变量 t 指向。函数 tasklet_trylock() 用于测试小任务的 state 字段，如果不是 TASKLET_STATE_RUN 则将其设置成 TASKLET_STATE_RUN，以防止并发执行。如果 tasklet_trylock() 返回 1，说明没有别的 CPU 在执行这个小任务，于是进一步判断 count 是否为 0（是否被禁用）。如果 tasklet_trylock() 加锁成功并且 count 为 0，则执行小任务的 func() 函数，然后通过 tasklet_unlock() 清除 TASKLET_STATE_RUN 标志并进入下一轮循环；如果小任务被禁用，那么不执行 func() 函数，直接通过 tasklet_unlock() 清除 TASKLET_STATE_RUN 标志。接下来的代码，要么是别的 CPU 已经在执行该小任务，要么是该小任务已被禁用，不管是哪种情况，都将 t 重新插回 tasklet_vec/tasklet_hi_vec 链表，并通过 __raise_softirq_irqoff() 触发一次 TASKLET_ SOFTIRQ/HI_SOFTIQ 软中断（该函数是 raise_softirq() 的变种，在关中断上下文中执行）。

3.4.3 工作队列 workqueue

软中断和小任务有一个共同的缺点，就是在中断上下文里执行。因此，它们都不能睡眠，也不能完成一些耗时较长的工作（因为可能引发睡眠）。工作队列（workqueue）就是为了解决这个问题而引入的，它是一种在进程上下文中的可延迟执行机制。

工作队列原理比较简单，但实现相对复杂，本小节主要介绍其基本原理和用法，不涉及细节。

工作队列总体分工作者线程、工作队列和工作项 3 个层次。

工作者线程是一系列内核线程，这些内核线程被组织在线程池中，其数量可根据需要动态增减（这是从 3.7 版本内核开始引入的新特征，称为“并发托管的工作者线程池”）。每个逻辑 CPU 有两个工作者线程池，其中一个为普通优先级线程池，另一个为高优先级线程池。除此之外，另有一个不跟特定 CPU 关联的全局工作者线程池。每个工作者线程池用一个 struct worker_pool 描述，其主要字段有工作者线程数目 nr_workers、工作者线程链表 workers 和工作项链表 worklist。

工作者线程的初始数量为 $2 \times N+1$ 个（N 为逻辑 CPU 个数，意味着每个线程池中的初始数量为 1），它们具有如下形式的名字。

- kworker/n:x —— 普通的每 CPU 工作者线程，n 表示 CPU 编号，x 表示线程编号。
- kworker/n:xH —— 高优先级的每 CPU 工作者线程，n 表示 CPU 编号，x 表示线程编号。
- kworker/u:x —— 非绑定的全局工作者线程，u 表示非绑定，x 表示线程编号。

在四核龙芯 3A 上，初始的工作者线程分别为 kworker/0:0、kworker/1:0、kworker/2:0、kworker/3:0、kworker/0:0H、kworker/1:0H、kworker/2:0H、kworker/3:0H、kworker/u:0。如果工作项很多，每个线程池都可以派生出更多的工作者线程，线程名字中的 x 将递增。

一个工作者线程由一个 struct worker 描述，其主要字段有进程描述符 task、当前工作项 current_work 以及当前工作项的执行函数指针 current_func。工作者线程通过 create_worker() 创建，其执行函数实体为 worker_thread()。

一个工作队列由一个 struct workqueue_struct 描述，其主要字段有名字 name 以及类型为 struct pool_workqueue 的池队列数组 cpu_pwqs（实际上是每 CPU 变量，语义与数组相同）。也就是说，每个工作者线程池对应一个 struct pool_workqueue（pool_workqueue 通过其 pool 字段关联到一个工作者线程池 worker_pool）。

创建工作队列的 API 主要有 3 个：创建普通工作队列的 create_workqueue(name)、创建可冻结工作队列的 create_freezable_workqueue(name) 和创建单线程工作队列的 create_singlethread_workqueue(name)，它们最终都通过 alloc_workqueue() 实现。普通工作队列在每 CPU 工作者线程中执行，而可冻结工作队列和单线程工作队列在全局工作者线程中执行。

工作队列可以根据需要随意创建，但内核在初始化阶段预先创建了一系列（7 个）系统级工作队列：system_wq、system_long_wq、system_highpri_wq、system_unbound_wq、system_freezable_wq、system_power_efficient_wq 和 system_freezable_power_efficient_wq。通常情况下，system_wq 和 system_long_wq 中的工作在普通的每 CPU 工作者线程中执行；system_highpri_wq 在高优先级的每 CPU 工作者线程中执行；system_unbound_wq 和 system_freezable_wq 只能在全局工作者线程中执行；system_power_efficient_wq 和 system_freezable_power_efficient_wq 缺省可在普通的每 CPU 工作者线程中执行，但也可以配置成在全局工作者线程中执行。

在内核启动过程中，workqueue_init_early() 负责创建系统级工作队列，workqueue_init() 负责创建初始的工作者线程。

一个工作队列包括一组池队列，一个池队列关联一个工作者线程池，而一个工作者线程池中包括一系列工作者线程和一系列工作项。可以说，工作项是工作队列的基本单位，这个基本单位由 work_struct 描述，其定义如下。

```
struct work_struct {
    atomic_long_t data;
    struct list_head entry;
    work_func_t func;
};
```

工作项描述符和小任务描述符非常类似，其中 func 是执行函数，data 是执行函数所用的参数，而 entry 是链表结构。

为支持延期工作，引入了扩展的延期工作项，将一个普通工作项与定时器进行绑定。

```
struct delayed_work {
    struct work_struct work;
```

```
    struct timer_list timer;
    struct workqueue_struct *wq;
    int cpu;
};
```

初始化一个工作项的 API 主要有以下 6 个，它们具有类似的形式，参数 _work 为工作项，_func 为执行函数。

1. INIT_WORK(_work, _func);
2. INIT_WORK_ONSTACK(_work, _func);
3. INIT_DELAYED_WORK(_work, _func);
4. INIT_DELAYED_WORK_ONSTACK(_work, _func);
5. INIT_DEFERRABLE_WORK(_work, _func);
6. INIT_DEFERRABLE_WORK_ONSTACK(_work, _func)。

前两个函数用于初始化一个准备立即执行的工作项，中间两个函数用于初始化一个准备延期执行的工作项（在预定时间后立即执行），后两个函数用于初始化一个准备延期执行的宽限工作项（在预定时间后可以延期执行）。带 ONSTACK 的版本表示该工作项定义在栈上（局部变量）。

调度工作项（触发其执行）的 API 主要有以下 8 个。

1. bool schedule_work(struct work_struct *work);
2. bool schedule_work_on(int cpu, struct work_struct *work);
3. bool schedule_delayed_work(struct delayed_work *dwork, unsigned long delay);
4. bool schedule_delayed_work_on(int cpu, struct delayed_work *dwork,
   unsigned long delay);
5. bool queue_work(struct workqueue_struct *wq, struct work_struct *work);
6. bool queue_work_on(int cpu, struct workqueue_struct *wq,
   struct work_struct *work);
7. bool queue_delayed_work(struct workqueue_struct *wq,
   struct delayed_work *dwork, unsigned long delay);
8. bool queue_delayed_work_on(int cpu, struct workqueue_struct *wq,
   struct delayed_work *dwork, unsigned long delay);

前 4 个函数用于将工作项插入系统级工作队列 system_wq 并触发其执行，后面 4 个函数则用于将工作项插入 wq 所指定的工作队列并触发其执行。带 _on 后缀的函数会指定运行的 CPU，不带 _on 后缀的不指定（优先在本地 CPU 执行）。另外，名字中带 delayed 的函数用于插入并触发延期工作项的执行。

3.5 本章小结

异常与中断处理是操作系统内核的三大基本功能之一，在 MIPS 处理器里，中断属于异常分类中的一个小类。异常与中断处理包含了大量的汇编代码，涉及的内容包括 MIPS 指令和寄存器的使用。本章先从异常 / 中断的概念入手，分类解析了处理器异常中的复位异常、NMI 异常、高速缓存错误异常、TLB/XTLB 异常以及通用异常中的“协处理器不可用”和“系统调用”。然后通过跟踪中断处理的执行流程，讲述了中断的多级分派，其中重点是处理器间中断和外部设备中断。并且在此基础上简单介绍了软中断、小任务和工作队列这 3 种可延迟执行机制，从而加深了读者对龙芯和 Linux 内核的认识。

第 04 章

内存管理解析

内存管理也是操作系统内核的 3 大核心功能之一。本章内容主要包括 5 个部分：跟龙芯体系结构相关的内存管理概念，主要是内存管理单元的原理；物理内存页面的组织和管理，即伙伴系统（Buddy）和内存区（Memory Zone）；基于线性映射的内核内存对象管理，即 SLAB/SLUB 算法；基于分页映射的内存管理，即持久内核映射、临时内核映射和非连续内存管理；以及对用户态进程地址空间的内存管理。

4.1 内存管理相关概念

现代处理器大都包含内存管理单元（MMU），其负责硬件高速缓存（Cache）和快速翻译查找表（TLB）的管理。MMU 是一种体系结构中除指令集和寄存器以外最具区分性的特征功能。

4.1.1 龙芯 3 号的高速缓存

高速缓存（Cache）是介于 CPU 和内存之间的一个小容量快速存储部件，用来缓解 CPU 和内存巨大的速度差异。通常来说，Cache 中的内容是内存内容的一个子集，因此 Cache 与内存存在一定的对应关系，常见的对应关系有直接映射、全相联映射和组相联映射 3 种。Cache 到内存的映射以“行”为单位，龙芯 3A2000 以前的 CPU 的 Cache 行大小为 32 字节，龙芯 3A2000、龙芯 3A3000 和龙芯 3A4000 的 Cache 行大小为 64 字节。下面简单介绍 3 种映射方式。

直接映射 Cache： 假设 Cache 总大小为 n 行，内存总大小为 Cache 的 m 倍（$m \times n$ 行），则直接映射 Cache 的映射关系如图 4-1 所示。

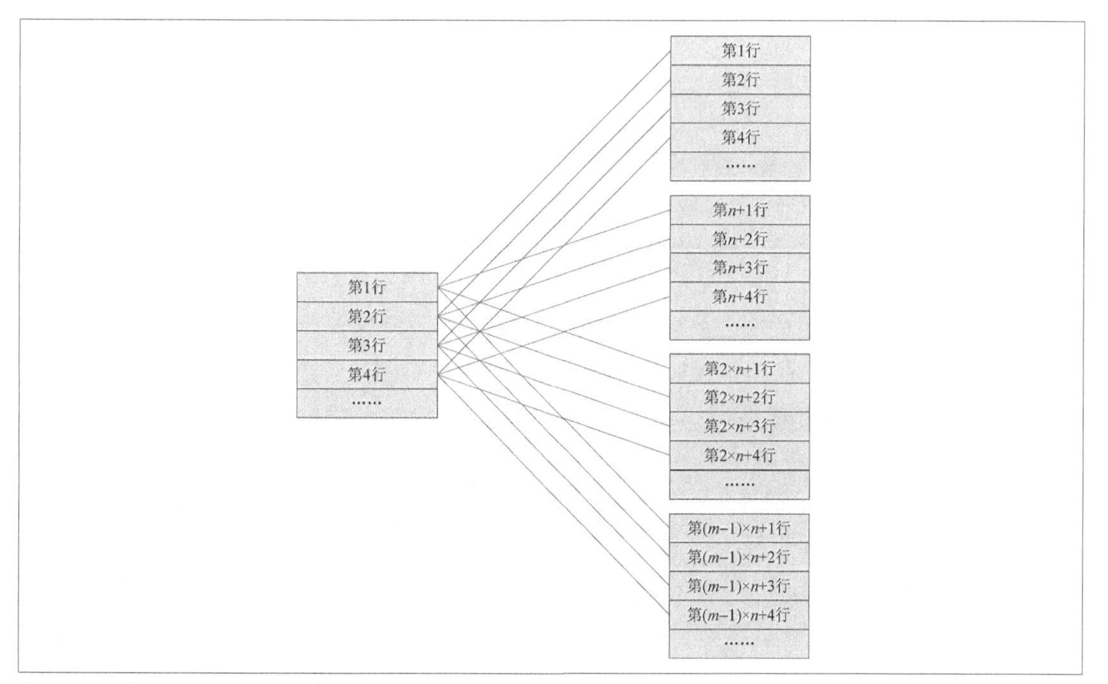

图 4-1　直接映射 Cache 的映射关系

直接映射的特点是，内存中的每一行在 Cache 中有唯一的对应位置；反过来，Cache 中的每一行在内存中有 m 个对应位置。其优点是映射关系简单，硬件容易实现；其缺点是映射关系过于简单，由于访存的不均匀性，可能造成一部分 Cache 行竞争激烈，另一部分 Cache 行浪费严重（性能较差）。

全相联映射 Cache： 假设 Cache 总大小为 n 行，内存总大小为 Cache 的 m 倍（$m \times n$ 行），则全相联映射 Cache 的映射关系如图 4-2 所示。

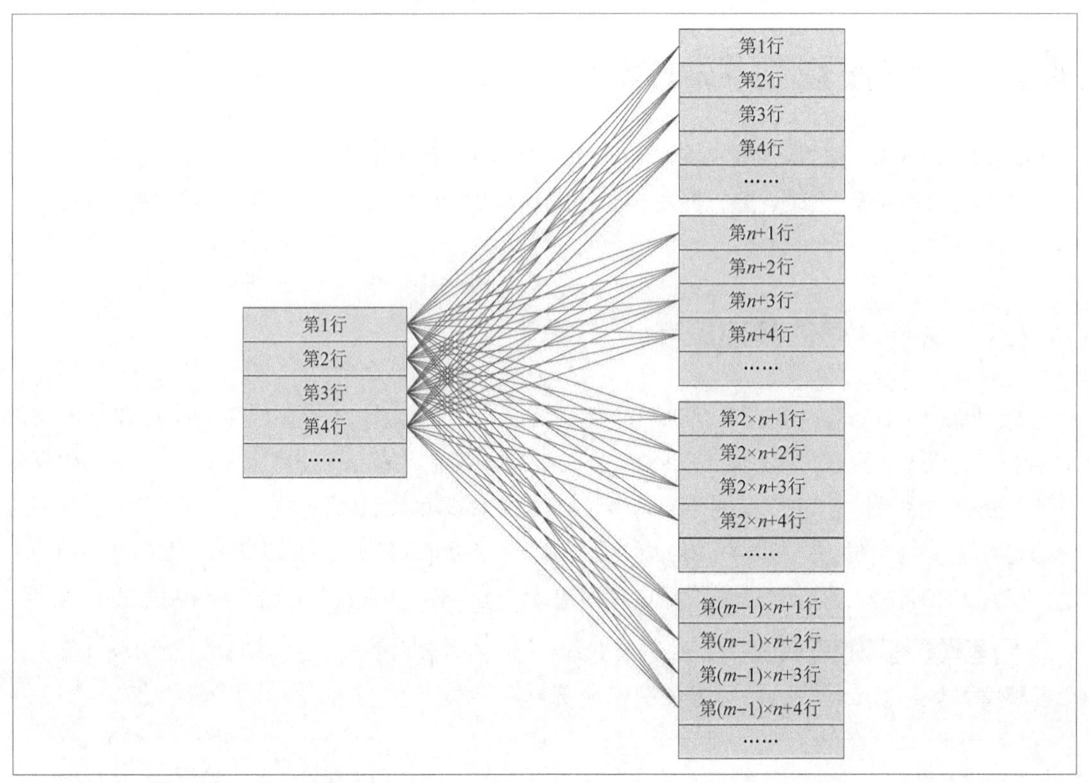

图 4-2　全相联映射 Cache 的映射关系

全相联映射的特点是，内存中的每一行在 Cache 中有 n 个对应位置；反过来，Cache 中的每一行在内存中有 $m \times n$ 个对应位置。其优缺点跟直接映射相反：映射关系过于复杂，硬件难以实现；映射关系自由度最大，不管访存是否均匀，Cache 行的竞争总是均匀的（性能最好）。

组相联映射 Cache： 假设 Cache 总大小为 n 行，内存总大小为 Cache 的 m 倍（$m \times n$ 行），则两路组相联映射 Cache 的映射关系如图 4-3 所示（Cache 行数 = Cache 路数 ×Cache 组数，路数为 2，则组数为 $n/2$）。

直接映射和全相联映射是 Cache 映射关系的两个极端，组相联映射则是两者的折中：组内采用全相联，组间采用直接映射。对于图 4-3 所示的两路组相联，每两行为一组（一个 set），所有奇数行构成一路（一个 way），所有偶数行构成另一路（另一个 way）。其特点是，内存中的每一行在 Cache 中有 2 个对应位置（路数）；反过来，Cache 中的每一行在内存中有 $m \times (n/2)$ 个对应位置（$m \times$

组数）。其优缺点同样是两种极端状态的折中：映射关系适度复杂，硬件比较容易实现；映射关系自由度较大，Cache 行的竞争基本均匀（性能较好）。

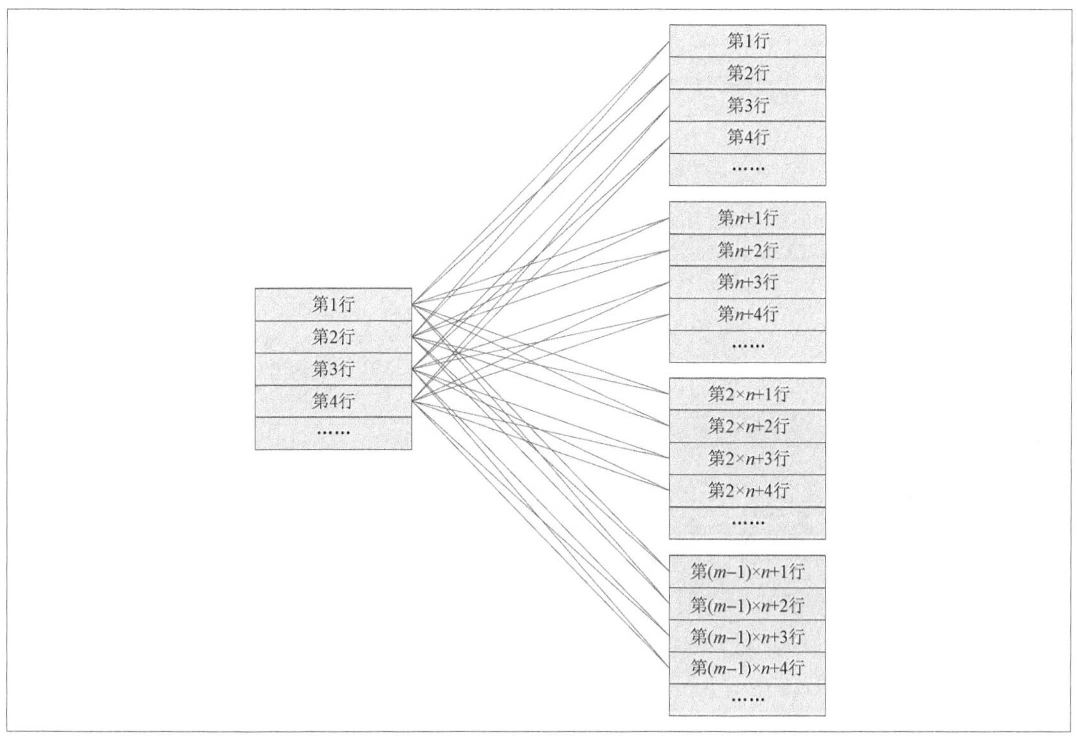

图 4-3　两路组相联映射 Cache 的映射关系

实践中采用最多的是组相联映射，龙芯 3 号的一级指令 Cache 和一级数据 Cache 采用 4 路组相联；对于一级牺牲 Cache 和二级 Cache，龙芯 3A2000 以前的 CPU 采用 4 路组相联，而龙芯 3A2000、龙芯 3A3000 和龙芯 3A4000 采用 16 路组相联。

因为 Cache 容量比内存小，所以只能保存内存内容的一个子集。即便是全相联映射，在运行一段时间以后，Cache 也会被填满，这时候装入新的内存内容就需要替换旧的 Cache 行。常用的 Cache 替换算法有随机替换和最近最少使用替换（LRU 算法）两种。理论上 LRU 算法是最优的，但硬件实现比较复杂。龙芯 3A2000 之前的 CPU 采用随机替换算法；龙芯 3A2000 以及更新的 CPU 对一级指令 Cache 采用随机替换算法，对一级 Cache、一级牺牲 Cache 和二级 Cache 采用 LRU 替换算法。

CPU 读内存时，如果 Cache 里面有副本，那么就直接读取 Cache 副本，如果 Cache 里面没有副本，就从内存读出来，同时写入 Cache 副本以便加速后续读取。CPU 写内存时，会先写 Cache，但何时写入内存，则分两种情况：如果立即写回，则称为透写法（write-through）；如果延迟写回（通常是延迟到即将被替换的时候），则成为回写法（write-back）。透写法实现简单，但随着 CPU 和内存速度差距越来越大，其性能也越来越差；回写法需要记录 Cache 数据状态（被改写过的数据称为脏数据），实现相对复杂，但性能较好。龙芯 3 号采用的是回写法。

从上文可以得知，不管采用什么样的映射方式，对于一个特定的 Cache 行，总是有多个内存行与之对应。那么，如何确定一个内存行在 Cache 里面是否有副本呢？图 4-4 可以解释这一切（直接映射）。

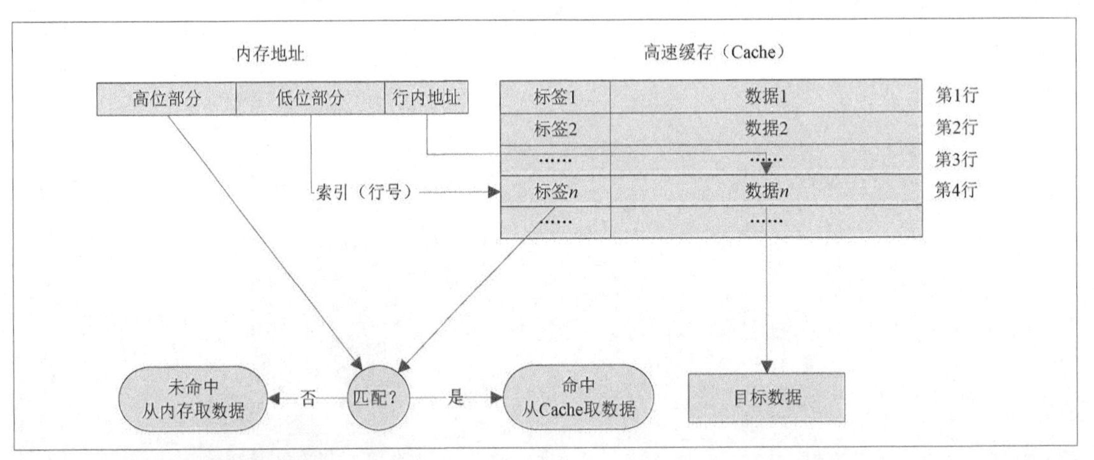

图 4-4　高速缓存的内容匹配查找

在做 Cache 匹配的时候，一个内存地址可以划分成 3 段：低位部分是行内地址，中间部分是索引（Index），高位部分是标签（Tag）。索引就是用于查找 Cache 匹配行的行号，它和行内地址共同定位 Cache 中的数据。然而，对于一个给定的 Cache 行，并不能唯一确定一个内存行，因此需要额外的信息进行匹配，这个额外的信息就是地址的高位部分（标签）。标签相同则匹配成功（命中，Hit），可以从 Cache 中取数据；标签不同则匹配失败（未命中，Miss），需要从内存中取数据并替换 Cache 行。如果是多路组相联映射，则图 4-4 描述的只是其中一路的匹配过程，各路的匹配是同时进行的。

对于 Cache 匹配，内存地址用的是物理地址还是虚拟地址并没有严格规定，因此 Cache 的索引匹配方式有如下几种：虚拟地址索引虚拟地址标签（VIVT）、虚拟地址索引物理地址标签（VIPT）和物理地址索引物理地址标签（PIPT）。虚拟地址不是全局唯一的，而虚拟地址转换到物理地址是需要一定时间的，因此这些方式各有特点。例如，VIVT 查找匹配的速度最快，但是为了防止地址冲突，每次进程切换都必须全部刷新 Cache，并且硬件设计最为复杂；VIPT 查找匹配的速度介于 VIVT 和 PIPT 之间，但可能存在高速缓存重影问题（Cache Alias，VIVT 同样存在）；PIPT 查找匹配速度最慢，但硬件实现最简单，并且没有重影问题。从技术上讲，物理地址索引虚拟地址标签（PIVT）的高速缓存也是可以制造出来的，但它没有实际意义，既没有性能优势，又设计复杂。

龙芯处理器的一级指令 Cache 和一级数据 Cache 采用 VIPT 方式，一级牺牲 Cache 和二级 Cache 采用 PIPT 方式。

只有虚拟地址索引的高速缓存（VIVT 和 VIPT）才可能存在重影问题，重影问题的本质是同一个物理地址可能对应多个虚拟地址（进程与进程之间，或者进程与内核之间），因而同一个物理地址可能在 Cache 中存在多个备份。如果多个备份的数据不一致，就可能发生逻辑错误。虚拟地址索引并不是必然会产生重影问题的，下面分析一下重影问题的充要条件。

回想一下虚拟地址到物理地址的转换（图 3-2），一个虚拟地址在进行地址转换时可以划分成两段，即虚拟页号和页内偏移。同时从图 4-4 中可以看出，在 Cache 查找匹配的时候也可以划分成两段，即标签与索引（行内地址视为索引的一部分）。虚拟页号与页内偏移的划分边界取决于页面大小：如果页面大小为 4 KB，则页内偏移为 12 位；如果页面大小为 16 KB，则页内偏移为 14 位。标签与索引的划分边界取决于 Cache 的总大小（对于直接映射而言是总大小，如果是多路组相联映射则取决于一路 Cache 的总大小）：如果一路 Cache 的大小为 16 KB，则索引需要 14 位，如果一路 Cache 的大小为 64 KB，则索引需要 16 位。当 Cache 匹配划分边界所产生的索引位数超过地址转换划分边界所产生的页内偏移位数时，就会存在重影问题。因为在地址转换过程中，虚拟地址和物理地址的页内偏移值是相等的，如果索引位数没有超过页内偏移位数，那么虚拟地址索引和物理地址索引必定具有相同的含义。而如果索引位数超过了页内偏移位数，那么一路 Cache 将超过一个页面大小，如果一个物理地址确实对应了多个虚拟地址，那么就很有可能在 Cache 中存在多个备份，产生重影问题。

重影问题是可以通过软件干预来规避的，一种常用的方法叫作页染色。假设一路 Cache 的大小为 16 KB，页面大小为 8 KB，所有的页按虚拟页号编号，偶数号页为“红页”，奇数号页为“蓝页”。那么，根据虚拟地址索引，必然是所有的红页都映射在 Cache 的低半部，所有的蓝页都映射在 Cache 的高半部。其结果就是，只有当一个物理页同时具有红色虚拟页和蓝色虚拟页的多个映射时，才会真正产生重影。只要保证同一个物理页只具有一种颜色，重影问题就解决了（因此，一路 Cache 是页面大小的多少倍，就需要多少种颜色）。在重影现象已经存在的情况下，如果硬件能够保证多个备份的数据一致，那么重影也不会产生严重的后果。

龙芯的一级 Cache 一直是 4 路组相联，总大小为 64 KB（每路 16 KB），所以只要保证页面大小不低于 16 KB，就不会存在重影问题。龙芯 3A2000、龙芯 3A3000 采用了硬件染色法，因此采用 4 KB、8 KB 页面也是允许的。

重影问题其实是一致性问题的一种，除了重影，高速缓存还存在指令 / 数据缓存一致性问题、核间缓存一致性问题和 DMA 一致性问题。指令 Cache 通常会假定可执行代码所在的内存是只读的，但实际上软件可以通过数据 Cache 改写程序代码。这时候可执行代码（即指令）所在的内存区就会在指令 Cache 和数据 Cache 中存在不一致的多个备份，引发一致性问题。多核处理器的一级 Cache 是私有的，因此同一个内存地址在不同的核上有不同的备份，于是核间也可能存在一致性问题。除了 CPU 核，DMA 控制器同样可以发起对内存的访问，这种访问绕过了核内私有 Cache，也会存在类似于多核之间的一致性问题（可以把 DMA 控制器理解成一个特殊的 CPU 核）。幸好，这几种一致性问题在龙芯 3 号上都是硬件维护的，不需要软件处理。

随着 CPU 与内存间速度差异的逐步加剧，一级高速缓存（L1 Cache）已经难以弥补，于是便引入了二级高速缓存（L2 Cache）；在两级高速缓存不够的情况下，还可以引入三级高速缓存（L3 Cache）。缓存的层级之间属于包含与被包含关系，一级高速缓存内容是二级高速缓存的子集，二级高速缓存内容是三级高速缓存的子集，而三级高速缓存内容是内存的子集。越是接近 CPU 的缓存，其容量越小，速度越快；越是接近内存的缓存，其容量越大，速度越低。一般情况下，一级高速缓存是指令缓存与数据缓存分开的，而二级、三级高速缓存是混合的；在多核处理器里面，通常一级高速缓存是核内私有的，而二级、三级高速缓存是多核共享的。龙芯 3 号的高速缓存采用两级架构，较新的 CPU 扩充了一级缓存，引入了 V-Cache（即牺牲 Cache，见图 2-6）。

MIPS 的高速缓存跟 X86 不一样，它不是完全透明的，这也就意味着 MIPS 软件管理高速缓存。软件管理意味着开机过程中高速缓存需要初始化；运行过程中的某些配置下高速缓存需要做一致性管理（尽管龙芯 3 号在硬件上维护了基本的一致性）；在特定的时候需要对高速缓存进行刷新（Flush，对于指令 Cache 指的是作废，对于数据 Cache 指的是写回并作废）。

软件管理高速缓存主要是通过 cache 指令来完成的，该指令有两个操作数，其使用方法是 cache op, addr。其中 op 是操作类型，addr 是操作地址或者缓存行的索引。

op 是一个五位的编码域，低两位是缓存类型，高三位是具体的操作类型。

对于龙芯，低两位取值如下。

- 0：一级指令 Cache（I-Cache）。
- 1：一级数据 Cache（D-Cache）。
- 2：一级牺牲 Cache（V-Cache，对于传统 MIPS 是三级混合 Cache，即 T-Cache）。
- 3：二级混合 Cache（S-Cache）。

对于龙芯，高三位取值如下。

- 0：索引型作废 / 写回。
- 1：索引型加载标签（使用较少）。
- 2：索引型存储标签。
- 4：命中型作废。
- 5：命中型写回并作废。
- 6：命中型写回（使用较少）。

通过 arch/mips/include/asm/cacheops.h 中的代码或许我们可以看得更加清晰（根据龙芯 3 号的实际情况进行了筛选）。

```
#define Cache_I                     0x00
#define Cache_D                     0x01
#define Cache_V                     0x02 /* Loongson-3 */
#define Cache_S                     0x03

#define Index_Writeback_Inv         0x00
#define Index_Load_Tag              0x04
#define Index_Store_Tag             0x08
#define Hit_Invalidate              0x10
#define Hit_Writeback_Inv           0x14
#define Hit_Writeback               0x18
```

```
#define Index_Invalidate_I              (Cache_I | Index_Writeback_Inv)
#define Index_Writeback_Inv_D           (Cache_D | Index_Writeback_Inv)
#define Index_Writeback_Inv_V           (Cache_V | Index_Writeback_Inv)
#define Index_Writeback_Inv_S           (Cache_S | Index_Writeback_Inv)
#define Index_Load_Tag_I                (Cache_I | Index_Load_Tag)
#define Index_Load_Tag_D                (Cache_D | Index_Load_Tag)
#define Index_Load_Tag_V                (Cache_V | Index_Load_Tag)
#define Index_Load_Tag_S                (Cache_S | Index_Load_Tag)
#define Index_Store_Tag_I               (Cache_I | Index_Store_Tag)
#define Index_Store_Tag_D               (Cache_D | Index_Store_Tag)
#define Index_Store_Tag_V               (Cache_V | Index_Store_Tag)
#define Index_Store_Tag_S               (Cache_S | Index_Store_Tag)
#define Hit_Invalidate_I                (Cache_I | Hit_Invalidate)
#define Hit_Invalidate_D                (Cache_D | Hit_Invalidate)
#define Hit_Invalidate_V                (Cache_V | Hit_Invalidate)
#define Hit_Invalidate_S                (Cache_S | Hit_Invalidate)
#define Hit_Writeback_Inv_D             (Cache_D | Hit_Writeback_Inv)
#define Hit_Writeback_Inv_V             (Cache_V | Hit_Writeback_Inv)
#define Hit_Writeback_Inv_S             (Cache_S | Hit_Writeback_Inv)
```

命中型的 Cache 操作意味着，如果给出的地址 addr 被命中，则执行 op 所指定的操作，否则什么都不干。索引型的 Cache 操作则通过地址 addr 对缓存行进行索引，在对应的缓存行上执行 op 所指定的操作。

索引型加载标签很少使用，通常仅用于调试。索引型存储标签主要用于高速缓存的初始化，通常设置成全零的标签。索引型作废 / 写回用于高速缓存的初始化或者用于刷新一大段地址的高速缓存（甚至是整个高速缓存），对于指令 Cache 是作废，对于数据 Cache 是写回并作废。命中型作废、写回、写回并作废通常针对单个地址使用。

内核提供了大量刷新高速缓存的 API，第 2 章已有涉及，此处再将常见的 API 列举一遍。

1. void flush_cache_all(void)：刷新所有 Cache（伪）。

2. void __flush_cache_all(void)：刷新所有 Cache（真）。

3. void flush_icache_all(void)：刷新所有指令 Cache。

4. void flush_cache_mm(struct mm_struct *mm)：刷新特定进程的 Cache。

5. void flush_cache_page(struct vm_area_struct *vma, unsigned long page, unsigned long pfn)：刷新特定页的 Cache。

6. void flush_icache_page(struct vm_area_struct *vma, struct page *page)：刷新特定页的指令 Cache。

7. void flush_dcache_page(struct page *page)：刷新特定页的数据 Cache。

8. void flush_cache_range(struct vm_area_struct *vma, unsigned long start, unsigned long end)：刷新一段地址范围的 Cache。

9. void flush_icache_range(unsigned long start, unsigned long end)：刷新一段地址范围的指令 Cache。

10. void flush_cache_sigtramp(unsigned long addr)：刷新信号处理例程的 Cache（该 API 从 Linux-5.1 版本开始淘汰）。

11. flush_cache_vmap(unsigned long start, unsigned long end)：vmalloc()/vmap() 建立页面映射时刷新一段地址。

12. void flush_cache_vunmap(unsigned long start, unsigned long end)：vfree()/vunmap() 解除页面映射时刷新一段地址。

4.1.2 龙芯 3 号的 TLB

TLB 跟 Cache 非常类似，同样是为了加速内存的访问，只不过 Cache 是普通内存的缓存，而 TLB 是专门针对页表的缓存。

第 3 章已经讲述了 TLB 的基本结构和原理，这里再补充一些之前没有详细展开的内容。

龙芯 3 号的 TLB 实际上可以多达 4 种：ITLB（指令 TLB）、DTLB（数据 TLB）、VTLB（可变页面大小 TLB）和 FTLB（固定页面大小 TLB）。其中，ITLB 和 DTLB 统称为 uTLB（即 Micro TLB，微型 TLB），VTLB 和 FTLB 统称为 JTLB（即 Joint TLB，混合 TLB）。uTLB 是 JTLB 的子集，如果将两者跟 Cache 进行类比，那么 uTLB 可以视为一级 TLB，JTLB 可以视为二级 TLB。跟 Cache 不一样的是，uTLB 基本上是软件透明的，只有 JTLB 需要软件来管理。并且，TLB 总是核内私有的，不存在核间共享。

龙芯 3 号的 VTLB 一共有 64 项，采用了全相联的设计。跟 Cache 一样，全相联设计具有非常高的性能和效率，但它的缺点是硬件设计复杂，无法做到大容量。为了缓解 TLB 不够的问题，龙芯 3A2000 和龙芯 3A3000 引入了 1024 项 8 路组相联的 FTLB（一共 128 组），龙芯 3A4000 的 FTLB 则进一步增加到 2048 项（8 路组相联，一共 256 组）。8 路组相联意味着对于一个特定的虚拟地址，其所在页面只有 8 个候选项。跟 64 项全相联 VTLB 相比，8 路组相联的 FTLB 在进程规模非常大、进程的虚拟地址范围又比较小的情况下会存在比较严重的低效率和浪费现象。

龙芯 3A2000 或龙芯 3A3000 的 JTLB 一共有 1088 项，因此 Index 寄存器的取值范围是 0 ~ 1087。其中，0 ~ 63 指示 VTLB 的第 0 ~ 63 项；64 ~ 1087 指示 FTLB。对于 FTLB，可以用 ((Index - 64)/128) 指示访问 FTLB 的哪一路，这一路中具体访问哪一项则由 ((Index - 64) % 128) 的值确定。例如，当 Index 值为 798 时，其指示访问第 5 路（因为 (798 - 64) / 128 = 5）的第 94 项（因为 (798 - 64) % 128 = 94)）。龙芯 3A4000 的 JTLB 一共有 2112 项，Index 取值范围为 0 ~ 2111，使用规则与龙芯 3A2000 或龙芯 3A3000 相同。

VTLB的页面大小可变，指的是任意时候可以使用任意合法大小的页面，其页面大小由CP0的PageMask寄存器指定。FTLB的页面大小固定，并不是完全不可变，而是可以通过配置CP0的Config4寄存器来确定页面大小。只不过Config4寄存器只允许在内核启动时刻配置一次，一旦配置好，在运行时就不再允许改变。

TLB相关的指令主要有4条：tlbp、tlbr、tlbwi和tlbwr。在讲述它们的功能之前，先回顾一下第3章的内容：每个TLB项的结构包括VPN2、ASID、PageMask、G位、PFN-0/1和Flags-0/1（具体包括V、D和C位），相关的CP0寄存器有EntryHi、EntryLo0/1、PageMask、Index和Random。下面分别介绍这4条指令。

指令tlbp： 由EntryHi寄存器给出VPN2和ASID，在TLB中搜索匹配项。如果搜索成功，则Index寄存器被设置成该项索引（最高位为0）；如果搜索失败，则Index寄存器最高位置1（低位部分无效）。

指令tlbr： 将Index寄存器所指定的TLB项读出来，VPN2和ASID被放入EntryHi寄存器，PFN-0/1、Flags-0/1和G位被放入EntryLo0和EntryLo1寄存器。

指令tlbwi： 由EntryHi寄存器给出VPN2和ASID，由EntryLo0和EntryLo1寄存器给出PFN-0/1、Flags-0/1和G位，由PageMask寄存器给出PageMask，写入由Index寄存器给出位置的TLB项（Index的值是根据需要设置的）。

指令tlbwr： 由EntryHi寄存器给出VPN2和ASID，由EntryLo0和EntryLo1寄存器给出PFN-0/1、Flags-0/1和G位，由PageMask寄存器给出PageMask，写入由Random寄存器给出位置的TLB项（Random的值是随机产生的）。

内核提供了大量刷新TLB的API（TLB从来不写回，因此刷新TLB的意思就是作废TLB），常见的API列举如下。

1. 刷新全部TLB：

- void flush_tlb_all(void);
- void local_flush_tlb_all(void);

2. 刷新特定进程的TLB：

- void flush_tlb_mm(struct mm_struct *mm);
- void local_flush_tlb_mm(struct mm_struct *mm); /* 该API从Linux-5.1版本开始淘汰 */

3. 刷新特定进程特定地址段的TLB：

- void flush_tlb_range(struct vm_area_struct *vma, unsigned long start, unsigned long end);
- void local_flush_tlb_range(struct vm_area_struct *vma, unsigned long start, unsigned long end);

4. 刷新内核自身特定地址段的TLB：

- void flush_tlb_kernel_range(unsigned long start, unsigned long end);

- void local_flush_tlb_kernel_range(unsigned long start, unsigned long end);

5. 刷新特定进程特定地址所在页的 TLB：

- void flush_tlb_page(struct vm_area_struct *vma, unsigned long page);
- void local_flush_tlb_page(struct vm_area_struct *vma, unsigned long page);

6. 刷新内核自身特定地址所在页的 TLB：

- void flush_tlb_one(unsigned long vaddr);
- void local_flush_tlb_one(unsigned long vaddr);

每个 API 都有一个不带前缀的全局版和一个带 local_ 前缀的本地版。本地版只在当前 CPU 上做刷新动作，而全局版则会通过 IPI 在所有 CPU 上做刷新操作。

4.1.3 龙芯的虚拟地址空间

第 2 章介绍启动过程的时候已经介绍过 MIPS 的虚拟地址空间划分，因此这里不做过多的重复，仅做必要的补充。图 4-5 是龙芯 3 号的虚拟地址空间划分，其表达的含义和图 2-6 没有本质的区别，但是侧重点不一样。如果把整个虚拟地址空间按长度等分为 4 段，那么从图 4-5 中可以看出，不管是 32 位系统还是 64 位系统都有一个共同点：从低地址开始的第一个等分段和第二个等分段都是给用户态或者管理态用的（32 位的 USEG 段，64 位的 XUSEG 和 XSSEG 段）；第三个等分段是用于内核态线性映射的（32 位的 KSEG0 和 KSEG1 段，64 位的 XKPHYS 段）；而第四个等分段是用于内核态分页映射的（32 位的 KSEG2 段，64 位的 XKSEG 和各种 CKSEG 段）。

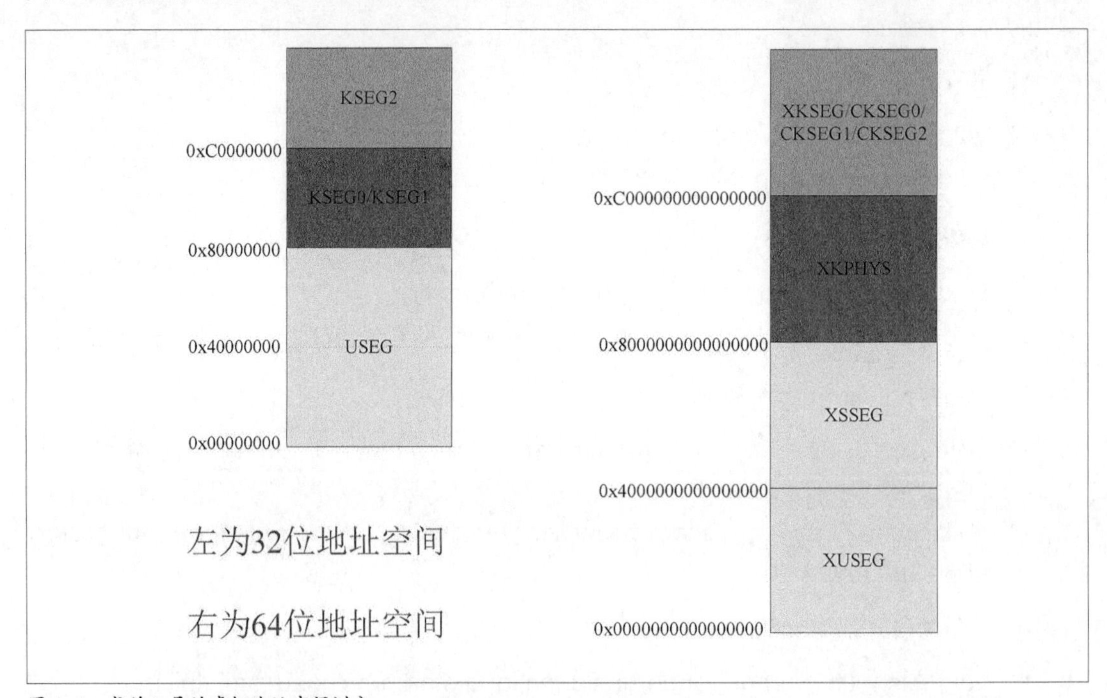

图 4-5　龙芯 3 号的虚拟地址空间划分

严格来说上述描述并不十分精确。首先，32 位的管理态 SSEG 段实际上是 KSEG2 的一部分，但 Linux 只使用内核态和用户态，因此管理态可以忽略；其次，64 位系统的第四个等分段中包含的 CKSEG0 和 CKSEG1 段是用于线性映射的。但作者认为，先关注顶层设计，再研究细枝末节有利于更好地认识问题的本质。

4.2 物理内存页帧管理

Linux 内核把页面当作物理内存管理的基本单位（一般情况下，虚拟页叫页面，而物理页叫页帧（Page Frame），一个页帧可以映射到多个页面）。跟内存页面相关的最重要的数据结构是页描述符（struct page），这是一个体系结构无关的数据结构，定义在 include/linux/ mm_types.h 中，其代码如下（有精简）。

```
struct page {
    unsigned long flags;     /* 页帧标志 */
    union {         /* 第 1 个联合体占用 40 字节 */
        struct {    /* 文件页缓存与匿名页相关 */
            struct list_head lru;
            struct address_space *mapping;
            pgoff_t index;
            unsigned long private;
        };
        struct {    /* 网络协议栈 DMA 页池相关 */
            dma_addr_t dma_addr;
        };
        struct {    /* SLAB/SLOB/SLUB 相关 */
            union {
                struct list_head slab_list;
                struct {
                    struct page *next;
                    int pages;
                    int pobjects;
                };
            };
            struct kmem_cache *slab_cache;
            void *freelist;
            union {
                void *s_mem;
```

```
                unsigned long counters;
                struct {
                    unsigned inuse:16;
                    unsigned objects:15;
                    unsigned frozen:1;
                };
            };
        };
        struct {    /* 复合页（通常指巨页）相关 */
            unsigned long compound_head;
            unsigned char compound_dtor;
            unsigned char compound_order;
            atomic_t compound_mapcount;
        };
        struct rcu_head rcu_head;
    };
    union {      /* 第 2 个联合体占用 4 字节 */
        atomic_t _mapcount;
        unsigned int page_type;
        unsigned int active;
        int units;
    };
    atomic_t _refcount;  /* 引用计数 */
    ......
} _struct_page_alignment;
```

系统中的每个物理页帧都需要一个页描述符，因此为了节省内存占用，页描述符大量使用 union 联合体，以便尽可能地在不同子系统之间复用。这种复用还会带来另一个优点，即一个双字（64 位数）可以用一条指令进行原子操作，因而尽量减少锁操作，提高性能。但这种复用式数据结构也会带来一个缺点，即代码比较杂乱，可读性差。页描述符的主要成员字段（或二级成员字段）定义如表 4-1 所示。

表 4-1　页描述符的字段

字段类型	字段名称	说明
unsigned long	flags	一组描述页帧状态的标志
atomic_t	_refcount	页帧的引用计数器
atomic_t	_mapcount	页帧映射的进程页表项数目（负值表示没有）
unsigned int	page_type	复用 _mapcount 用于区分页帧类型

续表

字段类型	字段名称	说明
struct address_space *	mapping	描述页面映射。文件映射页的 mapping 指向文件的索引节点且最低位为 0；匿名映射页的 mapping 指向一个 struct anon_vma 结构且最低位为 1
pgoff_t	index	该页帧在 mapping 中的偏移，或者是换出标志
struct list_head	lru	该页帧最近最少使用（LRU）双向链表的指针，LRU 链表主要的主要用途是内存回收
unsigned long	private	私有数据，可由不同子系统用作多种用途
void *	freelist	在内存对象管理系统（SLAB/SLUB/SLOB）中指向 slab 第一个空闲对象的指针

_refcount 是页帧的引用计数器，计数器为 0 表示该页帧空闲；如果计数器大于 0，则意味着该页帧被分配给了一个或多个进程（也可以是内核本身）。page_count() 返回计数器 _refcount 的值，也就是该页面使用者的个数。

引用计数 _refcount 值的变化如下。

1. 在内核启动的早期，内存还属于 BootMem/MemBlock 管理器管理的时候，会将所有页帧的初始引用计数设为 1[1]。

2. 然后内核继续启动，在 BootMem/MemBlock 管理器向伙伴系统移交控制权的时候，所有已经被 BootMem/MemBlock 管理器分配占用的页帧保持 _refcount 为 1，而将所有可用的空闲页帧 _refcount 重设为 0[2]。

3. 每当页帧通过 alloc_page() 等函数从伙伴系统分配出来时，就会将 _refcount 设为 1。

4. 如果已分配的页帧是内核自己使用（如内核的各种管理元数据或者 DMA），则 _refcount 一般维持为 1；如果已分配的页帧被一个或多个进程映射到它们的地址空间，那么第一次映射时 _refcount 维持为 1，后续每增加一个页表项，_refcount 就加 1。

5. 如果页帧从一个或多个进程的地址空间删除映射，那么每删除一个页表项，_refcount 就减 1。free_page() 等页帧释放函数会对 _count 减 1，引用计数是否为 0 是这些函数能否真正把一个页帧释放回伙伴系统的依据。

6. 在一些关键的内核执行路径上，为了防止页帧被释放，会通过 get_page() 之类的函数对 _refcount 临时加 1，等到关键路径执行完成的时候再通过 put_page() 之类的函数对 _refcount 减 1 予以恢复。

---

1 调用链为 start_kernel() → setup_arch() → paging_init() → free_area_init_nodes() → free_area_init_node() → free_area_init_core() → memmap_init() → memmap_init_zone() → __init_single_page() → init_page_count(page)。

2 旧版内核使用 BootMem，调用链为 start_kernel() → mm_init() → mem_init() → free_all_bootmem() → free_all_bootmem_core() → __free_pages_bootmem() → __free_pages_boot_core() → set_page_count(page, 0)。新版内核使用 MemBlock，调用链为 start_kernel() → mm_init() → mem_init() → memblock_free_all() → __free_memory_core() → __free_pages_memory() → memblock_free_pages() → __free_pages_core() → set_page_count(page, 0)。

_mapcount 也是页帧的一种引用计数器，它精确地反映了一个页帧映射的进程页表数目（不包括内核自己的页表项），没有临时增减的行为。page_mapcount() 返回值为 _mapcount + 1，也就是映射的进程页表数目。

在 Linux-4.18 版本以前，内核定义了一个特殊的 _mapcount 值为 -128（即 PAGE_BUDDY_MAPCOUNT_VALUE），用于表征页帧处于伙伴系统中。从 Linux-4.18 版本开始，页描述符里面的 page_type 字段以联合体的方式复用了 _mapcount。当 _mapcount 取值正或者大于 -128（即 PAGE_MAPCOUNT_RESERVE）的负数时，表示页表映射数；当 _mapcount 取值为小于 -128 的负数时，取 page_type 字段的含义。“页帧类型”的定义有以下几种。

```
#define PG_buddy        0x00000080
#define PG_offline      0x00000100
#define PG_kmemcg       0x00000200
#define PG_table        0x00000400
#define PG_guard        0x00000800
```

这其中 PG_buddy 比较常用，PageBuddy() 用于判定页帧是否处于伙伴系统中，__SetPageBuddy() 用于标记页帧处于伙伴系统中（实际操作是清空 PG_buddy），__ClearPageBuddy() 用于撤销标记（实际操作是设置 PG_buddy）。

引用计数 _mapcount 值的变化如下。

1. 在内核启动的早期，内存还属于 BootMem/MemBlock 管理器管理的时候，会将所有页帧的初始 _mapcount 设为 -1[1]。

2. 然后内核继续启动，在 BootMem/MemBlock 管理器向伙伴系统移交控制权的时候，所有已经被 BootMem/MemBlock 管理器分配占用的页帧保持 _mapcount 为 -1，而将所有可用的空闲页帧引用计数器重设为 PAGE_BUDDY_MAPCOUNT_VALUE（在 Linux-4.18 版本之前取值是 -128，从 Linux-4.18 版本开始取值是 ~PG_buddy）[2]。

3. 每当页帧通过 alloc_page() 等函数从伙伴系统分配出来时，就会再次将 _mapcount 设为 -1。

4. 如果已分配的页帧是内核自己使用（如内核的各种管理元数据或者 DMA），则 _mapcount 维持为 -1；如果已分配的页帧被一个或多个进程映射到它们的地址空间，那么每增加一个页表项，_mapcount 就加 1。

5. 如果页帧从一个或多个进程的地址空间删除映射，那么每删除一个页表项，_mapcount 就减 1。

---

1 调用链为 start_kernel() → setup_arch() → paging_init() → free_area_init_nodes() → free_area_init_node() → free_area_init_core() → memmap_init() → memmap_init_zone() → __init_single_page() → page_mapcount_reset(page)。

2 旧版内核使用 BootMem，调用链为 start_kernel() → mm_init() → mem_init() → free_all_bootmem() → free_all_bootmem_core() → __free_pages_bootmem() → __free_pages_boot_core() → __free_pages() → free_one_page() → set_page_order() → __SetPageBuddy()。
新版内核使用 MemBlock，调用链为 start_kernel() → mm_init() → mem_init() → memblock_free_all() → __free_memory_core() → __free_pages_memory() → memblock_free_pages() → __free_pages_core() → __free_pages() → free_one_page() → set_page_order() → __SetPageBuddy()。

注意：

从 Linux-4.5 版本开始重新设计了复合页（多指巨页）的基础设施，由于巨页需要“分割”和“合并”，而分割/合并的过程中存在双重页表映射（用于巨页的 PMD 级映射和用于常规页的 PTE 级映射）。因此内核引入了 compound_mapcount 用于表示 PMD 级的映射计数，原来的 _mapcount 仅表示 PTE 级映射计数。compound_mapcount() 返回 compound_mapcount+1；而 page_mapcount() 在不考虑符合页的情况下返回 _mapcount+1, 在考虑复合页的情况下是 PMD 级映射和 PTE 级映射的总和。

_refcount 和 _mapcount 两个引用计数器不应当混淆，但是如果不考虑关键内核路径上对 _refcount 的临时改变也不考虑复合页的话，一般情况下满足以下关系。

- 初始状态的页帧：_refcount = 1，_mapcount = -1。
- 伙伴系统中的页帧：_refcount = 0，_mapcount = PAGE_BUDDY_MAPCOUNT_VALUE。
- 内核使用中的页帧：_refcount = 1, _mapcount = -1, page_count() = page_mapcount() + 1。
- 进程使用中的页帧：_refcount ≥ 1，_mapcount ≥ 0，page_count() = page_mapcount()。

如果考虑 _refcount 的临时改变以及复合页，则总体上满足 page_count() ≥ page_mapcount()。

页帧标志 flags 用来描述页帧的状态（主要标志如表 4-2 所示），对于每个 PG_xyz 标志，内核定义了一套操作宏。通常，PageXyz() 返回其当前值，SetPageXyz() 和 ClearPageXyz() 分别用于设置和清空该标志，这些标志定义在 include/linux/page-flags.h 中。在龙芯上这些标志一共有 22 个左右，放在 flags 的低位部分；而 flags 的高位部分则复用来作为区段编号（Section ID）、节点编号（Node ID）、管理区编号（Zone ID）、CPUPID 标识等，详见 5.5 节。

表 4-2　页帧状态标志

标志名称	标志含义
PG_locked	该页被锁定，禁止交换到磁盘
PG_referenced	刚刚被访问过的页
PG_uptodate	在完成读操作后置位，除非发生磁盘 I/O 错误
PG_dirty	该页已经被修改，如有必要需写回磁盘，在 Xen 中重定义成 PG_savepinned
PG_lru	该页在跟内存回收有关的某种 LRU 链表中
PG_active	该页在 LRU 链表的活动链表中
PG_workingset	在 Refault-Distance 算法中用于标识一个页帧是否处于工作集中
PG_waiters	表示有进程在等待队列里等待该页帧
PG_error	在传输页时发生 I/O 错误
PG_slab	包含在 SLAB 中的页
PG_owner_priv_1	在交换中被重定义为 PG_swapcache，表示页帧属于交换高速缓存；在文件系统中重定义为 PG_checked；在 Xen 中重定义为 PG_pinned/ PG_foreign/PG_xen_remapped
PG_arch_1	在 MIPS 中重定义为 PG_dcache_dirty，表示数据 Cache 被修改
PG_reserved	该页帧保留给内核使用（或者不使用）
PG_private	私有数据，在不同子系统里面有不同用处，其中在 SLOB 中重定义为 PG_slob_free

续表

标志名称	标志含义
PG_private_2	私有数据，在不同子系统里面有不同用处，其中在 FSCache 中重定义为 PG_fscache，在复合页中重定义成 PG_double_map，表示双重映射
PG_writeback	正在使用 writepage() 方法将页写回磁盘
PG_compound	复合页帧（常用于 32 位系统，仅在 4.3 版本之前的内核中有此标志）
PG_head	复合页帧的首页（常用于 64 位系统）
PG_tail	复合页帧的尾页（常用于 64 位系统，仅在 4.3 版本之前的内核中有此标志）
PG_swapcache	页帧属于交换高速缓存（从 4.10 版本开始复用 PG_owner_priv_1）
PG_mappedtodisk	页帧中的数据对应于磁盘中分配的块
PG_reclaim	为回收内存已经对页做了写入磁盘的标记，同时重定义为 PG_isolated，用于表示非 LRU 链表中隔离的可移动页
PG_swapbacked	该页有 SWAP 后端
PG_unevictable	该页不可驱逐
PG_mlocked	该页被 mlock() 之类的系统调用锁定
PG_uncached	该页按 Uncached 方式映射
PG_hwpoison	该页被“硬件毒化”，不应当访问
PG_compound_lock	在复合页拆分过程中作为“位自旋锁”使用（仅在 4.5 版本之前的内核中有此标志）
PG_young	启用空闲页跟踪时标记“年轻页”
PG_idle	启用空闲页跟踪时标记“空闲页”

以上内容在本章中并不会都详细展开，其主要作用在于提供一个概括性的认识。其中 PG_compound、PG_head 和 PG_tail 这 3 个标志跟复合页帧有关。所谓复合页帧，就是将多个连续的、符合几何分布的（页数为 2 的幂）页帧组合在一起，用于满足特定的需求。内核中常用的复合页帧有两种：一种是巨页（Huge Page），原理上就是将一个 PMD 项当作一个 PTE 项处理，提升 TLB 性能；另一种是用在内存对象管理系统（SLAB/SLUB/SLOB）中，一个 slab 就是一个复合页。64 位内核通常只使用 PG_head 和 PG_tail 标志，前者标记复合页帧的首页（第一个页），后者标记复合页帧的尾页（除了第一个页都是尾页）。在 5.4.x 版本的内核中，PG_compound 和 PG_tail 都已经取消，只留下了 PG_head（结合使用 PG_head 和页描述符中的 compound_head 可实现所有功能）。

从前面的介绍中我们知道，在龙芯上，虚拟地址转换成物理地址并不一定需要经过页表或者 TLB，也可以是线性映射（虚拟地址空间的第三个等分段，即 CKSEG0/1 段和 XKPHYS 段）。对于线性映射，在确定 Cache 属性的情况下，其虚拟地址到物理地址的对应关系是唯一的，知道其中一个就知道另外一个。甚至，从地址到页帧号（物理页号）的对应关系也是唯一的（物理地址由高位部分的物理页号和低位部分的页内偏移组成）。下面列举一些常用的与线性地址相关的宏（Cache 属性采用默认属性）。

- 虚拟地址转物理地址：__pa() 或 virt_to_phys()。
- 物理地址转虚拟地址：__va() 或 phys_to_virt()。
- 虚拟地址转物理页号：virt_to_pfn()。

○ 物理页号转虚拟地址：pfn_to_virt()。
○ 物理地址转物理页号：phys_to_pfn() 或 __phys_to_pfn() 或 PHYS_PFN()。
○ 物理页号转物理地址：pfn_to_phys() 或 __pfn_to_phys() 或 PFN_PHYS()。

所有的页描述符放在全局数组 mem_map[]（平坦型内存模型）或者每个节点 NODE_DATA 的 node_mem_map（非连续型内存模型）或者全局数组 mem_section[] 的 section_mem_map（稀疏型内存模型）中。不管使用哪种方式，每个页帧必然有唯一一个页描述符与之对应。于是，页描述符和虚拟地址（线性地址）、物理地址、页帧号之间也存在简单的对应关系。

○ 虚拟地址转页描述符：virt_to_page()。
○ 页描述符转虚拟地址：page_to_virt() 或 page_address()。
○ 物理地址转页描述符：phys_to_page()。
○ 页描述符转物理地址：page_to_phys()。
○ 物理页号转页描述符：pfn_to_page() 或 __pfn_to_page()。
○ 页描述符转物理页号：page_to_pfn() 或 __page_to_pfn()。

下面将介绍龙芯电脑中物理地址空间的分布以及伙伴系统算法。

4.2.1 物理地址空间

Linux 内核支持 3 种“内存模型”（Memory Model），也就是 3 种物理地址空间分布的模型，分别是平坦型内存模型（Flat Memory）、非连续型内存模型（Discontiguous Memory）和稀疏型内存模型（Sparse Memory）。平坦型内存模型意味着整个物理地址空间是一块连续的整体；非连续型内存模型和稀疏型内存模型都意味着物理地址空间由若干个地址段组成，段与段之间允许存在空洞。非连续型内存模型和稀疏型内存模型通常可以互换使用，但两者有不同的侧重点，前者适用于地址段比较密集的情况，后者适用于地址段比较稀疏的情况。然而，如果需要支持内存热插拔，则稀疏型内存模型是唯一可用的选择。

龙芯支持 NUMA 结构，对于 NUMA 结构，物理内存天生就是不连续的，因此龙芯不可能选择平坦型内存模型。此外，稀疏型内存模型比非连续型内存模型更有优势，因此稀疏型内存模型成为龙芯首选的内存模型。龙芯的稀疏型内存模型所用到的常量定义如下。

```
#define SECTION_SIZE_BITS          28
#define PA_SECTION_SHIFT           (SECTION_SIZE_BITS)
#define MAX_PHYSMEM_BITS           48
#define SECTIONS_SHIFT             (MAX_PHYSMEM_BITS - SECTION_SIZE_BITS)
#define NR_MEM_SECTIONS            (1UL << SECTIONS_SHIFT)
```

稀疏型内存模型将整个物理地址空间划分成多个区段（Section）。对于龙芯，每个区段的大小是 256 MB（2^PA_SECTION_SHIFT），最大物理地址表达能力是 256 TB（2^ MAX_PHYSMEM_BITS），最大区段个数为 NR_MEM_SECTIONS 个。一个区段用一个 struct mem_section 来描述，区段描述符里最重要的字段是 section_mem_map。section_mem_map 里编码了 NUMA 节点号、页描述符数组地址和一些标志（一个区段可以是不包含物理内存页的空区段，空区段不需要页描述符数组，稀疏型内存模型通常拥有大量的空区段）。区段号和页帧号可通过 pfn_to_section_nr() 和 section_nr_to_pfn() 互相转换。

所有的区段信息存放在全局数组 mem_section[] 中，该数组及其附带的页描述符数组在内核启动过程中通过如下调用链进行初始化：start_kernel() → setup_arch() → arch_mem_init() → sparse_init() → sparse_init_nid() → sparse_early_usemaps_alloc_pgdat_section() + __populate_section_memmap() + sparse_init_one_section()。

龙芯的物理地址空间为 48 位（2^48 B = 256 TB），其中 NUMA 节点内的地址空间为 44 位，第 44 ~ 47 位为节点编号（目前最多为 4 个 NUMA 节点）。相关代码定义在 arch/mips/include/asm/mach-loongson64/mmzone.h 中。

```
#define NODE_ADDRSPACE_SHIFT 44
#define NODE0_ADDRSPACE_OFFSET 0x000000000000UL
#define NODE1_ADDRSPACE_OFFSET 0x100000000000UL
#define NODE2_ADDRSPACE_OFFSET 0x200000000000UL
#define NODE3_ADDRSPACE_OFFSET 0x300000000000UL
#define pa_to_nid(addr)   (((addr) & 0xf00000000000) >> NODE_ADDRSPACE_SHIFT)
```

节点编号编码在物理地址里面，因此每个节点的起始地址相距非常远，符合稀疏型内存的特征。pa_to_nid() 是一个宏，用于将一个给定的物理地址转换为节点编号。在一台 4 个节点的龙芯电脑上，假设节点内的物理地址全部连续，每个节点上连接 1 TB（1 T = 2^40）内存，那么地址空间分布将如图 4-6 所示。

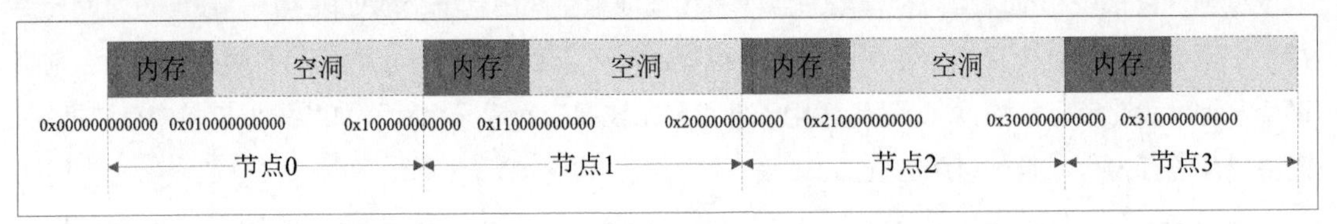

图 4-6　多节点龙芯电脑内存分布图

一共 4 TB 的内存，散布在 256 TB 的地址空间里面，确实够稀疏。

实际上每个节点内部的物理内存也可以是不连续的，还记得第 3 章的数据结构 struct efi_memory_map_loongson 吗？每个节点的物理内存可以由若干个区间组成，下面就是一台双节点龙芯电脑内核启动阶段的输出信息。

```
Debug: node_id:0, mem_type:1, mem_start:0x0, mem_size:0xf0 MB
       start_pfn:0x0, end_pfn:0x3c00, num_physpages:0x3c00
Debug: node_id:0, mem_type:2, mem_start:0x410000000, mem_size:0x3f00 MB
       start_pfn:0x104000, end_pfn:0x200000, num_physpages:0xffc00
node0's addrspace_offset is 0x0
Node0's start_pfn is 0x0, end_pfn is 0x200000, freepfn is 0xdf8
```

```
Debug: node_id:1, mem_type:1, mem_start:0x0, mem_size:0xf0 MB
       start_pfn:0x40000000, end_pfn:0x40003c00, num_physpages:0x103800
Debug: node_id:1, mem_type:2, mem_start:0x410000000, mem_size:0x3f00 MB
       start_pfn:0x40104000, end_pfn:0x40200000, num_physpages:0x1ff800
node1's addrspace_offset is 0x100000000000
Node1's start_pfn is 0x40000000, end_pfn is 0x40200000, freepfn is 0x40000000
NUMA: set cpumask cpu 0 on node 0
NUMA: set cpumask cpu 1 on node 0
NUMA: set cpumask cpu 2 on node 0
NUMA: set cpumask cpu 3 on node 0
NUMA: set cpumask cpu 4 on node 1
NUMA: set cpumask cpu 5 on node 1
NUMA: set cpumask cpu 6 on node 1
NUMA: set cpumask cpu 7 on node 1
Determined physical RAM map:
 memory: 000000000f000000 @ 0000000000000000 (usable)
 memory: 00000003f0000000 @ 0000000410000000 (usable)
 memory: 000000000f000000 @ 0000100000000000 (usable)
 memory: 00000003f0000000 @ 0000100410000000 (usable)
```

这是龙芯电脑上的一种典型配置，每个节点的物理内存分为两个区间（一个低位内存区间，一个高位内存区间，中间有空洞），一共有四个区间。低位内存区间最大为 256 MB，一般情况下只显示 240 MB（多余的 16 MB 保留给 BIOS 使用），高位内存区间的大小则与实际内存量有关。为什么要这样配置呢？这主要是给传统 PCI 设备（包括 PCIe 设备）服务的。相当一部分设备只有访问 32 位地址的能力，如果内存总量较大（大于 4 GB），又不把物理内存划分成带有空洞的两个区间的话，那么 PCI 内存势必无法被设备访问到。

PCI 内存指的是 PCI/PCIe 设备自带的内存，在概念上并不属于系统的物理内存，但是可以通过 PCI BAR 配置映射到物理地址空间。同样映射到物理地址空间的除了系统内存、PCI 内存以外还有各种 MMIO 的寄存器。这些“非系统内存”一般映射在节点 0 的内存空洞里面，图 4-7 是一个详细的节点 0 物理地址空间映射图（区间长度未按比例绘制）。相关说明如下。

1．低位系统内存一共有 256 MB，但顶部的 16 MB（240 MB ~ 256 MB）保留给 BIOS 使用，实际可用为 240 MB。

2． 0x10000000 到 0x20000000 的 256 MB 用于启动 ROM（即存放 BIOS 本身的 ROM）和一些传统的 MMIO。比如，启动 ROM 放在 0x1fc00000 ~ 0x1fd00000，芯片配置寄存器、串口寄存器等映射在 0x1fe00000 ~ 0x1ff00000。

3． 0x20000000 到 0x40000000 的 512 MB 用于龙芯专有的 MMIO，比如中断控制寄存器、一级 / 二级交叉开关配置寄存器、处理器间通信（IPI）寄存器等都映射在 0x3ff00000 ~ 0x40000000 之间。

4．0x40000000 到 0x80000000 的 1 GB 用于映射 PCI 内存，接下来的空洞 1 暂时预留，当 PCI 内存需求增加时可以在这段地址范围扩展。

5．从 0x110000000 开始的一段范围是高位系统内存（高位系统内存的起始地址是可以通过 BIOS 进行配置的），其大小视节点内存总量而定（图示内存总量为 1 GB），接下来是第 2 个内存空洞，当系统内存需求增加时可以在这段地址范围扩展。

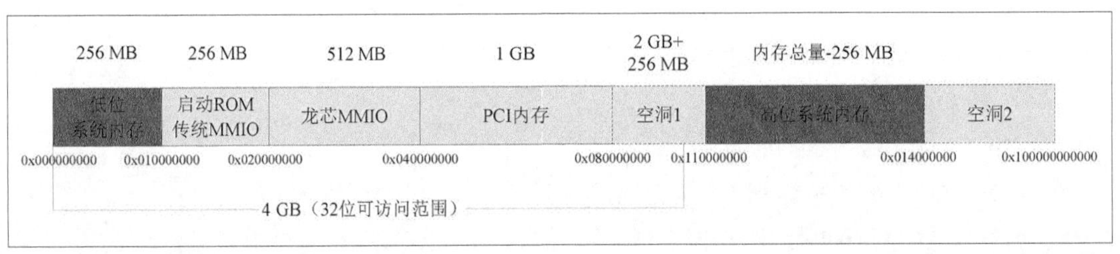

图 4-7　节点 0 的物理地址空间映射图

最终落到物理内存条上时，低位内存和高位内存的地址实际上是连续的。PCI 内存映射、MMIO 以及内存空洞其实是通过一级 / 二级交叉开关的地址窗口配置出来的。高位系统内存从 0x110000000（4 GB+256 MB 边界）开始而不是从 0x100000000（4 GB 边界）开始就是为了方便地址窗口的配置。

每个 NUMA 节点都有一个类型为 pg_data_t（也就是 struct pglist_data）的数据结构用于管理物理页。龙芯的 pglist_data 内嵌于节点描述符（struct node_data），定义在 arch/mips/include/asm/mach-loongson64/mmzone.h 中。

```
struct node_data {
        struct pglist_data pglist;     /* 页面管理数据 */
        struct hub_data hub;
        cpumask_t cpumask;             /* 归属于该节点的逻辑 CPU 掩码 */
};
struct node_data *__node_data[MAX_NUMNODES];
#define NODE_DATA(n)          (&__node_data[(n)]->pglist)
```

NODE_DATA() 宏用于获取指定节点的页面管理数据 pglist_data，pglist_data 定义在 include/linux/mmzone.h 中，其重要成员字段解释如表 4-3 所示。

表 4-3　页面管理数据 pglist_data 的重要字段

字段类型	字段名称	说明
int	nr_zones	节点中管理区（Zone）个数
struct zone	node_zones[]	节点中管理区描述符的数组
struct zonelist	node_zonelists[]	页分配器使用的 zonelist 数组（后备管理区）
unsigned long	node_start_pfn	节点的起始页帧号
unsigned long	node_present_pages	节点内存的总页数（不包括内存空洞）
unsigned long	node_spanned_pages	节点内存的总页数（已包括内存空洞）

续表

字段类型	字段名称	说明
int	node_id	节点标识（节点号）
wait_queue_head_t	kswapd_wait	页交换守护进程（kswapd）使用的等待队列
struct task_struct *	kswapd	页交换守护进程（kswapd）的进程描述符
int	kswapd_order	kswapd 要创建的空闲块大小的阶（以 2 为底数的对数值）
struct lruvec	lruvec	用于内存回收的 5 个 LRU 链表
atomic_long_t	vm_stat[]	一系列用于统计的计数器

物理内存空间的划分既存在上述按节点的划分，也存在另外一种按管理区（Zone）的划分。这是两种不同角度的划分，前者是按自然分布，后者是按使用方法。一个节点可以包含多个管理区，多个节点也可能处于同一个管理区。

划分管理区的主要依据是一些硬件层面的约束，列举如下。

1．传统 ISA 设备的 DMA 只能访问 0 ~ 16 MB（2^24 B = 16 MB）的物理内存地址。

2．传统 PCI 设备的 DMA 只能访问 0 ~ 4 GB（2^32 B = 4 GB）的物理内存地址。

3．线性地址空间不足以访问所有的物理内存地址（请回顾第 2 章的内容）。比如，32 位 MIPS 处理器的线性地址空间只有 512 MB（KSEG0/KSEG1 的大小），但物理内存可能达到 4 GB；64 位 MIPS 处理器的线性地址空间只有 512 PB（2^59 B = 512 PB，特定缓存属性的 XKPHYS 段大小），但物理内存可能达到 16 EB（2^64 B = 16 EB）。

基于以上约束，64 位 MIPS 处理器的内存管理区的划分如下。

- ZONE_DMA 区：DMA 内存区，包含 16 MB 以下的内存页帧，为传统 ISA 设备服务。
- ZONE_DMA32 区：DMA32 内存区，包含 16 MB 以上、4 GB 以下的内存页帧，为传统 PCI 设备服务。
- ZONE_NORMAL 区：常规内存区，包含 4 GB 以上、512 PB 以下的内存页帧，可以直接使用线性地址。
- ZONE_HIGHMEM 区：高端内存区（注意和龙芯特有的低位内存区间、高位内存区间不是一类概念），包含 512 PB 以上的内存页帧。

上述划分是一种理想模型，实际上龙芯电脑上已经不再使用 ISA 设备，在可以预见的将来也不会有超过 512 PB 的物理内存（目前龙芯 3 号的物理地址空间仅 2^48 B = 256 TB）。因此，目前使用的内存管理区只有以下两个。

- ZONE_DMA32 区：DMA32 内存区，包含 4 GB 以下的内存页帧，为传统 PCI 设备服务。
- ZONE_NORMAL 区：常规内存区，包含 4 GB 以上的内存页帧，可以直接使用线性地址。

依旧以之前所述的 4 节点龙芯电脑（每节点内存为 1 TB）为例，其物理内存分布如图 4-8 所示（带管理区标识）[1]。

1　注意：实际内存分布在一个节点内通常也是不连续的。

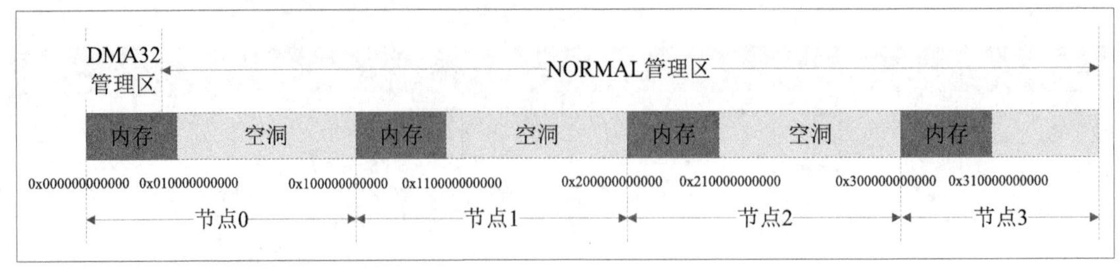

图 4-8　多节点龙芯电脑内存分布图（带管理区标识）

由此可见，节点 0 的内存管理区包括 ZONE_DMA32 区和 ZONE_NORMAL 区两部分，而节点 1、节点 2 和节点 3 都只拥有 ZONE_NORMAL 区的一部分。为了方便管理，通常把管理区看作节点下面的二级划分。也就是说，尽管图 4-8 中 ZONE_NORMAL 区是一个很大的单一区间，但在内核数据结构中，会根据节点把 ZONE_NORMAL 区划分成多个子区，每个节点都有一个 ZONE_NORMAL 管理区。

除常见的 ZONE_DMA、ZONE_DMA32、ZONE_NORMAL 和 ZONE_HIGHMEM 以外，内核通常还定义了一个特殊管理区 ZONE_MOVABLE。ZONE_MOVABLE 包含可移动的页帧，需要通过 kernelcore/movablecore 启动参数来显式激活（缺省不使用）。

一个管理区用 struct zone 来描述，定义在 include/linux/mmzone.h 中，管理区描述符的重要成员字段如表 4-4 所示。

表 4-4　管理区描述符的重要字段

字段类型	字段名称	说明
char *	name	管理区名字：“DMA”“DMA32”“Normal”“HighMem”或“Movable”
unsigned long	_watermark[]	水位线，共 3 项，下标分别为 WMARK_MIN、WMARK_LOW 和 WMARK_HIGH，表示管理区中的保留页数、回收页帧的下界和上界
unsigned long	watermark_boost	内存碎片过多时临时提升水位线的提升量
struct free_area	free_area[]	管理区中的空闲页帧块
unsigned long	zone_start_pfn	管理区起始页帧号
unsigned long	spanned_pages	管理区总页数（已包括内存空洞）
unsigned long	present_pages	管理区总页数（不包括内存空洞）
atomic_long_t	managed_pages	管理区总页数（不包括内存空洞和保留页）
int	node	管理区所在 NUMA 节点号
struct pglist_data*	zone_pgdat	管理区所在 NUMA 节点的数据结构
struct per_cpu_pageset *	pageset	每 CPU 高速页帧集（PCP 列表）
atomic_long_t	vm_stat[]	一系列用于统计的计数器

大多数字段的含义不言自明并且一部分在下文中会进行详细解释，在这里 _watermark[] 所记录的 3 个水位线需要展开说明一下。

WMARK_MIN 水位线记录的是每个管理区的保留页数，这些保留页只有在紧急情况下才能动用。假设某个管理区的线性映射总内存为 M（单位为 KB），则 WMARK_MIN 水位线的计算方法如下。

```
_watermark[WMARK_MIN] = 4 * sqrt(M)
```

WMARK_MIN 水位线的取值为线性映射总内存的平方根的 4 倍。所有管理区的保留页加起来等于全局变量 min_free_kbytes，可通过 /proc/sys/vm/min_free_kbytes 运行时修改。保留页总量所允许的最小值为 128 KB，最大值为 64 MB。

WMARK_LOW 水位线是回收页帧的下界，空闲内存低于这个值时会唤醒 kswapd 内核线程启动内存回收；WMARK_HIGH 水位线是回收页帧的上界，空闲内存高于这个值时 kswapd 内核线程会停止内存回收。

WMARK_LOW 水位线的取值是 WMARK_MIN 水位线的 1.25 倍，而 WMARK_HIGH 水位线的取值是 WMARK_MIN 水位线的 1.5 倍。

watermark_boost 的取值可通过 /proc/sys/vm/watermark_boost_factor 运行时调整。watermark_boost_factor 的单位是百分点，缺省值是 15000，表示 150%。也就是说，如果内存碎片过多，内存管理器经过评估认为需要提升水位线时，就会将 WMARK_HIGH 水位线提升到原值的150%，提升量则保存在 zone::watermark_boost 中。提升 WMARK_HIGH 水位线的同时，WMARK_LOW 和 WMARK_MIN 水位线也会提升同样的量（zone:: watermark_boost）。提升水位线可以更激进地触发内存回收机制（特别是内存规整机制）。

4.2.2 伙伴系统算法

内存管理的一个重要目标是尽量消除内存碎片。内存碎片分为外碎片和内碎片两种：外碎片指的是页面间的碎片，虽然空闲页面很多，但是零散地分布在各个地方，可能导致无法分配大片的连续页面，这些零散分布的页面就是外碎片；内碎片指的是页面内的碎片，内存的分配以页面为基本单位，但一个页面中真正使用的内容不多，剩余浪费的部分就是内碎片。

解决外碎片的方法有三种：第一种方法是记录现存的连续空闲页帧块，同时尽量避免为满足小块的内存请求而分割大的空闲块，从而避免外碎片的产生；第二种方法叫内存规整（Memory Compaction），是基于内存迁移的碎片整理方法，是第一种方法的补充（不能独立于第一种方法，并且依赖于配置项 CONFIG_COMPACTION），本书不过多深入；第三种方法是允许外碎片的产生，但是通过页表将离散的页帧映射到连续的虚拟地址，这样的话虽然物理地址不连续，但虚拟地址仍然是一整块。

Linux 内核首选第一种方法并以第二种方法为补充，在不能使用前两种方法的时候再使用第三种方法，原因有以下 3 个。

1. 某些情况下不仅要求虚拟地址连续，而且要求物理地址连续，比如 DMA。虚拟地址是 CPU 视角看到的地址，但 DMA 视角看到的是总线地址（通常就是物理地址）。因此当 DMA 需要传送超过一页的数据时，物理地址就必须连续（有 IOMMU 的平台可以允许物理地址不连续，但龙芯没有 IOMMU）。

2. 对于 MIPS 这种体系结构，通过线性映射的虚拟地址访问内存比通过分页映射的虚拟地址访问内存具有更好的性能（不需要页表地址转换）。即便在 TLB 命中的情况下，前者也比后者要稍快；如果没有命中，后者会触发 TLB 重填异常，增加大量的额外代码和访存操作，性能差距更加巨大。

3. 如果物理地址连续，内核就可以通过“巨页”机制映射大块的物理内存，提高 TLB 的效率从而提升性能。

在 Linux 内核中，第一种方法（包括第二种方法）就是本节将要介绍的伙伴系统（Buddy System）算法，第三种方法将在后续章节中讲解。

（一）伙伴系统概述

内核负责分配连续页帧组的子系统叫作“分区页帧分配器”，它是整个内存管理的基石，其主要功能是处理动态内存分配与释放的请求。在请求分配时，页帧分配器根据请求标志决定在哪个管理区分配，因此每个管理区有自己的伙伴系统。在伙伴系统初始化之前，内核启动早期使用的页帧分配器叫 BootMem 管理器，但越来越多的体系结构都在放弃 BootMem 管理器，逐步转向更为先进的 MemBlock 管理器。从 Linux-4.20 版本开始，包括 MIPS 在内的几乎所有的体系结构都已经使用了 MemBlock 管理器。

每个管理区的空闲页帧分组成 MAX_ORDER 个块链表。MAX_ORDER 定义在 include/linux/mmzone.h 中，缺省为 11，可以通过配置宏 FORCE_MAX_ZONEORDER 改写。FORCE_MAX_ZONEORDER 定义在 arch/mips/Kconfig 中，如果没有启用巨页或者页面大小小于 16 KB，则缺省值也是 11；如果启用了巨页，则根据页面大小有不同的取值，最大可以取值到 64。龙芯 3 号使用 16 KB 的页面，缺省启用巨页，因此 MAX_OERDER 缺省为 12。

因此，龙芯 3 号的每个管理区均有 12 个块链表，每个块链表分别包含大小为 1、2、4、8、16、32、64、128、256、512、1024、2048 个连续页帧的内存块（最大的块为 2 ^ (MAX_ORDER-1) 页，即 2048 页）[1]。2048 个页帧对应着 32 MB 的内存块，这也正好是连续内存请求的最大值。每个块的第一个页帧的物理地址是该块大小的整数倍。比如，大小为 16 个页帧的块，其起始地址是 16 × 16 KB（即 256 KB）的倍数。一句话概括，所有的物理内存块大小都是几何分布的，所有的物理内存块的起始地址都是根据块大小对齐的。

通过这种设计，内存页帧块可以很方便地进行分割与合并。在调用页帧分配器函数时，其请求大小只允许取值为块链表里面的规定值（即几何分布值，其他像 3、5、7 个页帧这样的值是不合法的）。如果分配请求的大小在对应的块链表里面有空闲块，就分配这样的块；如果没有，就查找上级块（更大块）的链表，将大块链表分割，取其中一块满足请求，剩余的空闲块（伙伴）插入下级块的链表。在释放内存块时，被释放的块作为空闲块进入对应的链表，如果其伙伴也是空闲块，则将它们合并，然后放入上级块的链表。页帧块的分割与合并都是递归的：分割时，如果上级块链表为空，就继续

1　在页帧管理里面，经常用到“阶”的概念，也就是代码中的 order，表示以 2 为底的对数值。页帧分配总是 2 的若干次方个页，因而总是符合几何分布的，这就是“阶”的作用。

查找更上级的块链表，直至顶级块链表；合并时，如果合并成功并插入上级块链表后，其上级伙伴也是空闲块，则继续合并，直至顶级块链表。

伙伴的含义如下：两个块的大小相同，记作 b；两个块的物理地址连续；第一块（物理地址较小的那个块）的第一个页帧的物理地址是合并后块大小（2b）的整数倍，也就是说合并后的起始地址要能够按 2b 对齐。

介绍伙伴系统算法的一个例子：请求分配 256 个页帧的内存块，如果 256 页的链表中有空闲块，就满足请求并返回；如果没有，则查找 512 页的链表；如果 512 页的链表有空闲块，则将其分成两等份，一份用于满足请求，另一份插入 256 页的链表；如果 512 页的链表也为空，则继续查找 1024 页的链表；如果 1024 页的链表有空闲块，则将其分成两等份，其中一份插入 512 页的链表，另一份再分成两等份，分别插入 256 页的链表和用于满足请求。假如整个递归过程直到顶级块链表都没有找到空闲块，则返回出错信号 OOM（Out Of Memory）。释放内存块是分配内存块的逆过程，不再展开描述。

伙伴系统所使用的数据结构主要是管理区描述符 zone 的 free_area[MAX_ORDER] 数组，其类型为 struct free_area。由数组的大小可知，该数组的每一项分别对应一种块大小的空闲页帧。struct free_area 定义在 include/linux/mmzone.h 中，具体结构如下。

```
struct free_area {
        struct list_head      free_list[MIGRATE_TYPES];
        unsigned long         nr_free;
};
```

其中，nr_free 是特定块大小的空闲页帧总数，free_list[] 则是空闲页帧链表的数组。在 2.6.24 版本以前的内核里，free_list 不是链表数组，而是一个单独的链表（所有相同大小的页帧块被组织在这个链表里面）。为什么新版的内核要做这样的改变呢？这主要是为了改进原始的伙伴系统算法，进一步减少外碎片。

原始的伙伴系统算法本身就是用来防止外碎片的，但这并不意味着它没有改进的空间。举例如下：第一个请求分配了一个 256 页的块，做长期使用；第二个请求分配了一个 256 页的相邻块（与第一个请求互为伙伴），做临时缓冲区；第三个请求又分配了一个 256 页的块，做长期使用；第四个请求又分配了一个 256 页的相邻块（与第三个请求互为伙伴），做临时缓冲区。临时缓冲区（第二个块和第四个块）不久后被释放，但它们不是伙伴，因此不能合并成 512 页的块，最终可能导致对 512 页大块的分配请求无法满足。

这个问题背后的根本原因是伙伴系统仅仅把大小相同的空闲页帧块组织在一个链表里面，却没有考虑这些页帧的行为特征。而新内核把单个链表分组成多个链表，就是在这方面做改进。在新内核里面，页帧的行为特征（即可迁移特性 migratetype）主要有 MIGRATE_UNMOVABLE、MIGRATE_RECLAIMABLE、MIGRATE_MOVABLE、MIGRATE_ HIGHATOMIC（等同于 MIGRATE_PCPTYPES，旧版本中叫作 MIGRATE_RESERVE）和 MIGRATE_CMA（需通过单独的配置宏 CONFIG_CMA 启用）这 5 种。MIGRATE_UNMOVABLE 的页帧就是内核长期使用的页帧，较少回收也较少迁移；MIGRATE_RECLAIMABLE 的页帧主要用作磁盘页缓存（Page Cache），在内存紧张时会进行回收；MIGRATE_MOVABLE 的页帧主要给用户态应用程序使用，可以在需要的时候进行迁移；MIGRATE_HIGHATOMIC 是保留给高优先级分配请求使用的页帧；MIGRATE_CMA 的页帧是可迁移的并且能够通过迁移组合成连续的大块（CMA，全称 Contiguous Memory Allocator，主要用于满足特殊设备的大块连续 DMA 物理地址段的需求，这种大块连续地址段甚至可能超过最高阶的伙伴系统内存块）。通过分组，行为相似的页帧被放置在一起，增大了伙伴块的合并率，也就进一步减少了外碎片。

内核对单个页帧的分配和释放频度远远高于多个页帧的大块，“每 CPU 本地页帧集”（即 PCP 列表，PCP 全称 Per-CPU Page-Set）正是为了满足这种需求而设计的。每个管理区都有一个每 CPU 本地页帧集，就是 struct zone 里类型为 per_cpu_pageset 的 pageset 字段。该字段是一个数组指针，系统中有多少个 CPU，每个管理区就有多少个 per_cpu_pageset 类型的结构体。PCP 列表跟 free_area::free_list 一样，根据页帧的行为特征（即迁移类型 migratetype）分成多个组。PCP 列表里保存的是从当前管理区的单页帧空闲链表（即 free_area[0] 中的 free_list）里预先分配出来的一些单个页帧。这些页帧如果放在空闲链表，很有可能会被伙伴系统合并，那样的话分配单个页帧会比较耗时，而如果放在 PCP 列表，就可以快速满足分配请求。本地页帧集还有一个好处就是充分利用局部性，尽量避免多个 CPU 共用同一个页帧，因而对硬件高速缓存更加友好。

整个伙伴系统的主体组织结构如图 4-9 所示。伙伴系统通常包括多个管理区，每个管理区的内部结构是完全一样的，因此图 4-9 仅仅展示了其中一个管理区。在一个管理区里面，PCP 列表是每个 CPU 有一个（有多少个 CPU 就有多少个 PCP 列表，每个 PCP 列表内部根据 migratetype 划分子链表）；而空闲页块链表是全局的（根据空闲页帧块的大小分为 12 个数组项，每个数组项内部根据 migratetype 划分子链表）。

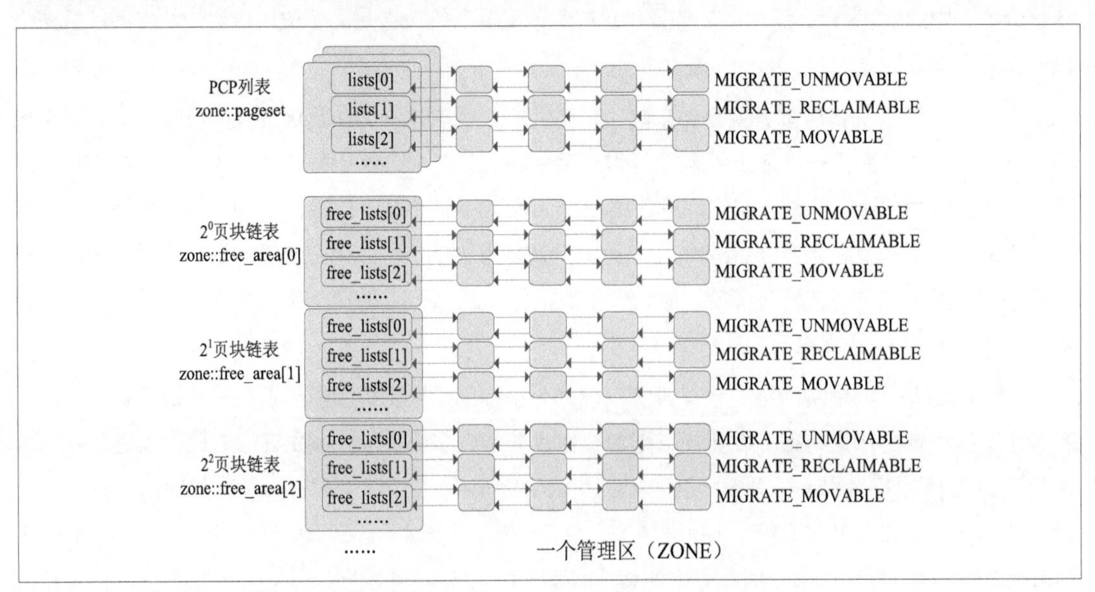

图 4-9　伙伴系统的组织结构（一个管理区）

Linux 内核中调用伙伴系统的主要 API（函数接口）列举如下。

1. alloc_page(gfp_mask)，alloc_pages(gfp_mask, order)：这是最基本的两个 API，分别用于分配单独的一个页帧和连续的多个页帧，返回第一个页帧的页描述符地址，如果失败则返回 NULL。参数 gfp_mask 是一组标志（见表 4-5），order 是分配阶（即页帧个数的对数值，需要分配 2^order 个页帧）。alloc_page(gfp_mask) 实际上被宏扩展成 alloc_pages(gfp_mask, 0)。

2. __get_free_page(gfp_mask)，__get_free_pages(gfp_mask, order)：这两个 API 也是分配单独的一个页帧和连续的多个页帧，但它们返回的是第一个页面本身的线性地址。参数的含义与之前相同，__get_free_page(gfp_mask) 同样被宏扩展成 __get_free_pages(gfp_mask, 0)。

3. __free_page(page)，__free_pages(page, order)：这两个 API 用于释放单独的一个页帧和连续的多个页帧。参数 page 是第一个页帧的页描述符，order 是阶（释放页帧个数的对数值）。一个页帧可以有多个使用者，这也是页描述符需要有“引用计数”的原因。这两个 API 首先将引用计数减 1，只有引用计数变为 0 时，才会真正释放页帧。__free_page(page) 实际上被宏扩展成 __free_pages(page, 0)。

4. free_page(addr)，free_pages(addr, order)：这两个 API 也用于释放单独的一个页帧和连续的多个页帧。跟前两个不一样的是它们接受的参数不是页描述符，而是第一个页帧的线性地址。free_page(addr) 同样被宏扩展成 free_pages(addr, 0)。

前面提到的 gfp_mask 标志是一组形如 __GFP_XYZ 的宏，用来提供一些如何寻找空闲页帧的指示，如表 4-5 所示。

表 4-5　用于请求页帧的标志宏

标志	说明
__GFP_DMA	所请求的页帧必须处于 ZONE_DMA 管理区
__GFP_HIGHMEM	所请求的页帧优先考虑 ZONE_HIGHMEM 管理区
__GFP_DMA32	所请求的页帧必须处于 ZONE_DMA32/ZONE_DMA 管理区
__GFP_MOVABLE	所请求的页帧是可迁移的
__GFP_RECLAIMABLE	所请求的页帧可以被回收
__GFP_RECLAIM	旧称 __GFP_WAIT，允许阻塞等待空闲页帧的当前进程，等价于 __GFP_DIRECT_RECLAIM | __GFP_KSWAPD_RECLAIM
__GFP_ATOMIC	不允许阻塞等待空闲页帧的当前进程
__GFP_HIGH	本次请求是高优先级的，允许内核访问部分保留的页帧
__GFP_IO	允许内核在内存页上执行 I/O 以释放页帧
__GFP_FS	允许内核执行依赖于文件系统的操作
__GFP_COLD	所请求的页帧可能是冷的（冷意味着不常用，用于 4.15 版本之前的内核）
__GFP_NOWARN	一次分配内存失败将不产生警告信息
__GFP_RETRY_MAYFAIL	一直重试内存分配直至成功，除非交换设备已不可用（在 4.13 版本之前的内核中称为 __GFP_REPEAT）

续表

标志	说明
__GFP_NOFAIL	一直重试内存分配直至成功，无条件执行
__GFP_NORETRY	一次内存分配失败后就不再重试
__GFP_MEMALLOC	允许内核访问所有保留的页帧
__GFP_COMP	属于扩展页的页帧
__GFP_ZERO	返回的页帧需要清零
__GFP_NOMEMALLOC	不允许内核访问所有保留的页帧
__GFP_HARDWALL	所请求的页帧必须在当前的 CPUSET 分配
__GFP_THISNODE	所请求的页帧必须在指定的 NUMA 节点分配
__GFP_ACCOUNT	所请求的页帧会记账到 KMEMCG
__GFP_NOACCOUNT	所请求的页帧不会记账到 KMEMCG（用于 4.5 版本之前的内核）
__GFP_NOTRACK	所请求的页帧不允许 KMEMCHECK 跟踪（从 4.15 版本开始淘汰 KMEMCHECK，同时也淘汰了 __GFP_NOTRACK）
__GFP_NO_KSWAPD	所请求的页帧不允许换出到交换设备（用于 4.3 版本之前的内核）
__GFP_OTHER_NODE	所请求的页帧在别的 NUMA 节点分配但在本节点记账（用于 4.10 版本之前的内核）
__GFP_WRITE	所请求的页帧将用于写
__GFP_DIRECT_RECLAIM	可能通过直接回收来满足请求
__GFP_KSWAPD_RECLAIM	可能通过唤醒 kswapd 回收来满足请求

上述标志中，__GFP_DMA、__GFP_DMA32 和 __GFP_HIGHMEM 被称为管理区修饰符，控制页帧的来源（如果激活了 ZONE_MOVABLE，则 __GFP_MOVABLE 也是一种管理区修饰符）。节点数据 pglist_data 中的 node_zones 是管理区列表，而 node_zonelists 是优选管理区链表，如果首选管理区（链表中的第一个管理区）缺少足够的页帧，则会在后备管理区（链表中的其他管理区）中分配。各种管理区修饰符是互斥的，不允许同时设置，后备管理区设置如下。

- 带 __GFP_DMA 标志的请求，只能从 ZONE_DMA 管理区分配。
- 带 __GFP_DMA32 标志的请求，按优先次序从 ZONE_DMA32 和 ZONE_DMA 管理区分配。
- 不带管理区修饰符的请求，按优先次序从 ZONE_NORMAL、ZONE_DMA32 和 ZONE_DMA 管理区分配。
- 带 __GFP_HIGHMEM 标志的请求，按优先次序从 ZONE_HIGHMEM、ZONE_NORMAL、ZONE_DMA32 和 ZONE_DMA 管理区分配。

上述标志中，__GFP_MOVABLE 和 __GFP_RECLAIMABLE 被称为迁移类型标志，控制页帧分配的迁移类型。两种迁移类型标志是互斥的，不允许同时设置。

- 带 __GFP_MOVABLE 标志的请求，迁移类型为 MIGRATE_MOVABLE。
- 带 __GFP_RECLAIMABLE 标志的请求，迁移类型为 MIGRATE_RECLAIMABLE。

○ 不带迁移类型标志的请求，迁移类型为 MIGRATE_UNMOVABLE。

上述标志中，__GFP_RETRY_MAYFAIL、__GFP_NOFAIL 和 __GFP_NORETRY 被称为重试类标志，控制页帧分配的重试行为。内存分配在重试的过程中会触发页面回收，进而增加可用内存，这是重试机制有效的前提。各种重试类标志是互斥的，不允许同时设置。

○ 带 __GFP_NORETRY 标志的请求是重试性最低的，只要第一次请求失败就立即返回错误，从不重试。
○ 不带任何重试类标志的请求其次，只有分配阶不超过 3（即 PAGE_ALLOC_COSTLY_ORDER）的请求才会重试。
○ 带 __GFP_RETRY_MAYFAIL 的请求再次，不管 order 是多少都会重试，除非交换设备已不可用（通常发生在系统睡眠的时候）。
○ 带 __GFP_NOFAIL 的请求重试性最高，无条件重试直到成功为止。

上述标志中，__GFP_HIGH、__GFP_MEMALLOC 和 __GFP_NOMEMALLOC 被称为紧急类标志，控制页帧分配的优先级。每个管理区都有一定的保留页帧，供紧急情况使用。优先级越高能够动用的紧急保留页帧越多。紧急类标志也是互斥的，不允许同时设置。优先级从高到低分别是带 __GFP_MEMALLOC 标志的请求 → 带 __GFP_HIGH 标志的请求 → 不带紧急类标志的请求 → 带 __GFP_NOMEMALLOC 标志的请求。另外，__GFP_ATOMIC 不允许阻塞（睡眠），因此也可能动用保留页帧，通常和 __GFP_HIGH 一起使用。

上述标志很少直接使用，内核中常使用的是其中多个标志的组合，常见的标志组合如下。

```
#define GFP_DMA             __GFP_DMA
#define GFP_DMA32           __GFP_DMA32
#define GFP_NOWAIT          (__GFP_KSWAPD_RECLAIM)
#define GFP_ATOMIC          (__GFP_HIGH|__GFP_ATOMIC|__GFP_KSWAPD_RECLAIM)
#define GFP_NOIO            (__GFP_RECLAIM)
#define GFP_NOFS            (__GFP_RECLAIM | __GFP_IO)
#define GFP_IOFS            (__GFP_IO | __GFP_FS)           /* 已淘汰 */
#define GFP_KERNEL          (__GFP_RECLAIM | __GFP_IO | __GFP_FS)
#define GFP_USER            (__GFP_RECLAIM | __GFP_IO | __GFP_FS | __GFP_HARDWALL)
#define GFP_HIGHUSER        (GFP_USER | __GFP_HIGHMEM)
#define GFP_HIGHUSER_MOVABLE    (GFP_HIGHUSER | __GFP_MOVABLE)
#define GFP_TRANSHUGE_LIGHT ((GFP_HIGHUSER_MOVABLE | __GFP_COMP | \
                __GFP_NOMEMALLOC | __GFP_NOWARN) & ~__GFP_RECLAIM)
#define GFP_TRANSHUGE (GFP_TRANSHUGE_LIGHT | __GFP_DIRECT_RECLAIM))
```

下面详细解析页帧分配和释放的基本函数：alloc_pages() 和 free_pages()。

（二）页帧分配解析

页帧分配函数的原型是 struct page * alloc_pages(gfp_t gfp_mask, unsigned int order)。在启用 NUMA 的情况下，该函数等价于 alloc_pages_current(gfp_mask, order)；否则，该

函数等价于 alloc_pages_node(numa_node_id(), gfp_mask, order)。前者首选在当前节点分配页帧，后者则在指定节点分配页帧。函数 numa_node_id() 在非 NUMA 的情况下总是返回 0，所以两者的行为基本上是等价的（前者可以应用一些 NUMA 内存管理策略），最终都会通过 __alloc_pages() 调用 __alloc_pages_nodemask()。接下来，我们看看 __alloc_pages_nodemask() 的代码（有精简），其定义在 mm/page_alloc.c 中。

```
struct page * __alloc_pages_nodemask(gfp_t gfp_mask, unsigned int order,
                                    int preferred_nid, nodemask_t *nodemask)
{
    unsigned int alloc_flags = ALLOC_WMARK_LOW;
    struct alloc_context ac = { };
    if (unlikely(order >= MAX_ORDER))  return NULL;
    gfp_mask &= gfp_allowed_mask;
    alloc_mask = gfp_mask;
    if (!prepare_alloc_pages(gfp_mask, order, preferred_nid, nodemask,
                                        &ac, &alloc_mask, &alloc_flags))
        return NULL;
    finalise_ac(gfp_mask, &ac);
    alloc_flags |= alloc_flags_nofragment(ac.preferred_zoneref->zone, gfp_mask);
    page = get_page_from_freelist(alloc_mask, order, alloc_flags, &ac);
    if (likely(page))  goto out;
    alloc_mask = current_gfp_context(gfp_mask);
    ac.spread_dirty_pages = false;
    if (unlikely(ac.nodemask != nodemask))
        ac.nodemask = nodemask;
    page = __alloc_pages_slowpath(alloc_mask, order, &ac);
out:
    return page;
}
```

该函数带有 4 个参数，gfp_mask 和 order 之前已有介绍，分别表示分配请求的通用标志和请求块大小的阶；preferred_nid 表示优选的 NUMA 节点；nodemask 是允许的 NUMA 节点列表，如果为 NULL 表示没有约束。

函数首先进行局部变量的初始化，alloc_flags 是本次请求的分配标志，这些标志表征本次分配请求的特性（如需要检查的一些条件），定义在 mm/internal.h 中，根据龙芯的具体情况列举如下。

```
#define ALLOC_WMARK_MIN     WMARK_MIN       /* 检查 WMARK_MIN */
#define ALLOC_WMARK_LOW     WMARK_LOW       /* 检查 WMARK_LOW */
#define ALLOC_WMARK_HIGH    WMARK_HIGH      /* 检查 WMARK_HIGH */
```

```
#define ALLOC_NO_WATERMARKS  0x04            /* 不检查任何水位线 */
#define ALLOC_WMARK_MASK     (ALLOC_NO_WATERMARKS-1)
#define ALLOC_OOM            0x08            /* 当前进程是 OOM 受害者 */
#define ALLOC_HARDER         0x10            /* 加大分配强度 */
#define ALLOC_HIGH           0x20            /* 检查 __GFP_HIGH 标志 */
#define ALLOC_CPUSET         0x40            /* 检查正确的 CPU 集 */
#define ALLOC_CMA            0x80            /* 检查 CMA 区域 */
#define ALLOC_FAIR           0x100           /* 检查管理区公平分配度，从 4.8 版本开始淘汰 */
#define ALLOC_NOFRAGMENT     0x100           /* 尽力避免产生内存碎片 */
#define ALLOC_KSWAPD         0x200           /* 允许唤醒 KSWAPD */
```

类型为 alloc_context 的局部变量 ac 保存了一些重要的上下文信息，high_zoneidx 字段保存了本次分配管理区的最高下标，也就是首选管理区的下标，可由 gfp_mask 换算而来；zonelist 表示优选管理区列表；nodemask 字段就是节点约束；migratetype 是页帧的行为特征，就是前面提到的 MIGRATE_XYZ 之类的宏，同样也可以通过 gfp_mask 换算而来（如前所述，gfp_mask 带 __GFP_MOVABLE 标志的 migratetype 为 MIGRATE_MOVABLE，gfp_mask 带 __GFP_RECLAIMABLE 标志的 migratetype 为 MIGRATE_RECLAIMABLE，gfp_mask 既不带 __GFP_MOVABLE 标志也不带 __GFP_RECLAIMABLE 标志的 migratetype 为 MIGRATE_UNMOVABLE，gfp_mask 同时带这两个标志则意味着编程错误）。

接下来要调整 gfp_mask，把它与容许掩码 gfp_allowed_mask 做按位与运算。在内核启动的早期，容许掩码的取值是 GFP_BOOT_MASK（在 __GFP_BITS_MASK 的基础上清除 __GFP_RECLAIM、__GFP_IO 和 __GFP_FS，也就是不允许这几个标志）；在正常运行过程中，容许掩码的取值是 __GFP_BITS_MASK（在 kernel_init_freeable() 中切换，见第 3 章），也就是允许任何标志；在系统进入睡眠状态的过程中，容许掩码会将 __GFP_IO 和 __GFP_FS 清除（也就是不允许这两个标志）。这样设计的理由是，在启动早期，内存分配不能阻塞也不能访问外部存储（因为设备驱动尚未初始化）；在正常运行过程中，没有任何限制；在系统睡眠过程中，不能访问外部存储（因为设备驱动已经停止工作）。调整后的 gfp_mask 会赋值给 alloc_mask。

关于 ac、alloc_mask 和 alloc_flags 的进一步调整被封装到了 prepare_alloc_pages() 和 finalise_ac() 和 alloc_flags_nofragment() 函数中，具体内容如下。

- 如果输入参数的 nodemask 不为空，那么 ac->nodemask 取值为输入的 nodemask，否则取值为 ac->nodemask（即 cpuset_current_mems_allowed）。
- 如果启用了 CPUSET，那么分配标志就需要带上 __GFP_ HARDWALL（如果输入参数 nodemask 非空则还要带上 ALLOC_CPUSET）。
- 如果启用了 CMA 并且本次请求的页帧带有 MIGRATE_MOVABLE 特征，那么分配标志就需要带上 ALLOC_CMA（允许在 CMA 区域分配可迁移的页帧）。
- 如果 gfp_mask 带有 __GFP_KSWAPD_RECLAIM，那么分配标志就需要带上 ALLOC_KSWAPD。
- 用 first_zones_zonelist() 从管理区列表 ac->zonelist 中取出首选管理区，将其保存到

ac->preferred_zoneref。在查找的时候有两个约束条件：一个是管理区索引的最高下标（ac->high_zoneidx），符合要求的管理区下标不得超过它；另一个是允许分配页帧的 NUMA 节点（ac->nodemask）。

○ 如前所述，gfp_mask 可以携带管理区修饰符，如果首选管理区无法满足分配请求，就会 Fallback 到后备管理区（在龙芯上意味着 NORMAL 区 Fallback 到 DMA32 区）。但是 Fallback 行为会导致外碎片增长，因此在可用 NUMA 节点数大于 1 并且后备管理区不为空的情况下，分配标志会带上 ALLOC_NOFRAGMENT 以尽力避免碎片。

除了参数调整，prepare_alloc_pages() 函数中的 might_sleep_if(gfp_mask & __GFP_DIRECT_RECLAIM) 语句跟抢占有关。Linux 内核有非抢占、自愿抢占、完全抢占和实时抢占这 4 种抢占调度方式。非抢占内核只允许在用户态发生抢占，内核态不允许抢占；自愿抢占是白名单机制，在内核某些抢占点上可以抢占；完全抢占是黑名单机制，除非显示禁用抢占，否则内核态总是可以抢占；实时抢占在内核态的任意时间点都可以抢占。这里的 might_sleep_if() 就是一个抢占点，如果 gfp_mask 中设置了 __GFP_DIRECT_RECLAIM，那么就检测是否需要抢占调度（直接回收是一个耗时的过程，可能会阻塞当前上下文）。如果是，则进入睡眠状态，直到唤醒后继续执行；如果不是，则直接往下执行。

现在，所有的准备工作都已经完成。接下来是第一个关键步骤 get_page_from_freelist()，它试图从首选管理区（以及相应的后备管理区）的合适的块链表中快速分配页帧，如果成功，则执行后面 out 标号处的代码；如果失败，则调用 current_gfp_context() 根据当前进程的特性选择性地清除输入参数 gfp_mask 中的 __GFP_IO 和 __GFP_FS，并通过第二个关键步骤 __alloc_pages_slowpath() 来以较慢的速度分配页帧（可能引发当前进程睡眠）。这一次，不管分配成功或者失败，都来到了 out 标号处。

out 标号处的代码非常简单，其检查是否超出 MEMCG 的限制（如果超出限制就释放刚刚分配的页并将 page 置为 NULL）并返回 page。

页帧分配中的两个关键步骤是 get_page_from_freelist() 和 __alloc_pages_slowpath()，下面继续展开 get_page_from_freelist()（有精简）。

```
struct page * get_page_from_freelist(gfp_t gfp_mask, unsigned int order,
                                    int alloc_flags, const struct alloc_context *ac)
{
retry:
    no_fallback = alloc_flags & ALLOC_NOFRAGMENT;
    z = ac->preferred_zoneref;
    for_next_zone_zonelist_nodemask(zone, z, ac->zonelist, ac->high_zoneidx, ac->nodemask) {
        ......
try_this_zone:
        page = rmqueue(ac->preferred_zoneref->zone, zone, order,
                        gfp_mask, alloc_flags, ac->migratetype);
        if (page) {
```

```
            prep_new_page(page, order, gfp_mask, alloc_flags);
            return page;
        }
    }
    if (no_fallback) {
        alloc_flags &= ~ALLOC_NOFRAGMENT;
        goto retry;
    }
    return NULL;
}
```

页帧分配的第一个关键函数比较庞杂，为了保持逻辑清晰并抓住重点此处做了大量简化。

函数起始，retry 标号后面的代码可能会被多次执行。局部变量 no_fallback 用于指示本次分配是否允许管理区 Fallback，其依据就是分配标志中的 ALLOC_NOFRAGMENT。局部变量 z 赋值为 ac->preferred_zoneref，用于保存首选管理区的引用。其后是一个循环，for_next_zone_zonelist_nodemask() 是一个宏，它遍历 ac->zonelist 里面的每个 zone，约束条件是管理区最高索引 ac->zone_highidx 和 NUMA 节点掩码 ac->nodemask。在每一轮循环中会对当前zone进行各种检查，比如该zone是不是已经没有空闲页帧，该zone是不是符合CPUSET约束，如果 no_fallback 为真、可用 NUMA 节点大于 1 并且已经处于跨节点分配状态了，那么还要清空分配标志里的 ALLOC_NOFRAGMENT（允许 Fallback）。如果该 zone 页帧不够但是允许回收，会调用 node_reclaim() 回收一部分页帧。

这些操作完成之后，如果找到合适的管理区，就执行 try_this_zone 标号处的代码；否则，就进入下一轮循环[1]。如果循环结束以后仍然没有找到合适的 zone，会根据 no_fallback 的值决定要不要清空 ALLOC_NOFRAGMENT 标志再跳转到 zonelist_scan 重新扫描。通常首次扫描禁止 Fallback 而再次扫描时允许 Fallback，因此第一次扫描失败后有可能在第二次的时候找到合适的 zone。如果不需要重新扫描或者第二次还是没有找到合适的 zone，返回 NULL。

try_this_zone 标号之后的代码是最关键的部分，它通过 rmqueue() 分配页帧。如果分配成功，通过 prep_new_page() 设置第一个页帧的页描述符 page 中的一些重要信息（如 private 字段和引用计数器），然后返回 page；如果分配失败，则结束本轮循环。

由此可见，get_page_from_freelist() 的核心步骤是 rmqueue()，下面继续展开（有简化）。

```
static inline struct page *rmqueue(struct zone *preferred_zone, struct zone *zone,
                unsigned int order, gfp_t gfp_flags, unsigned int alloc_flags, int migratetype)
{
    if (likely(order == 0)) {
```

1 4.3 以及之前版本的内核在没找到合适管理区的时候会跳转到 this_zone_full 标号处，处理有关 zlc（Zone List Cache）的事情，而新版本的内核已经不再需要 zlc。

```
        page = rmqueue_pcplist(preferred_zone, zone, gfp_flags, migratetype, alloc_flags);
        goto out;
    }
    do {
        page = NULL;
        if (alloc_flags & ALLOC_HARDER)
            page = __rmqueue_smallest(zone, order, MIGRATE_HIGHATOMIC);
        if (!page)
            page = __rmqueue(zone, order, migratetype, alloc_flags);
    } while (page && check_new_pages(page, order));
    ......
out:
    if (test_bit(ZONE_BOOSTED_WATERMARK, &zone->flags)) {
        clear_bit(ZONE_BOOSTED_WATERMARK, &zone->flags);
        wakeup_kswapd(zone, 0, 0, zone_idx(zone));
    }
    return page;
}
```

可以看出，该函数对单个页帧块（order=0）和多个页帧块（order>0）的处理是不一样的。多个页帧的大块用 __rmqueue() 进行分配（如果设置了 ALLOC_HARDER 标志，则使用 __rmqueue_smallest()，禁止在不同的迁移类型之间 Fallback），而单个页帧的块使用 rmqueue_pcplist() 函数在上文提到的 PCP 列表中分配。系统中有多少个逻辑 CPU，每个管理区就有多少个 PCP 列表，当前 CPU 的 PCP 列表通过 this_cpu_ptr(zone->pageset)->pcp 获得。PCP 列表保存了从当前管理区的单页帧空闲链表（即 free_area[0] 中的 free_list）里面预先分配出来的一些单个页帧，用于快速满足分配请求。

PCP 列表的 count 字段表示列表中的页帧数目。随着系统的运行，PCP 列表中的页帧可能会被用完，这时候 rmqueue_pcplist() 的核心函数 __rmqueue_pcplist() 就需要通过 rmqueue_bulk() 从空闲链表里面分配。rmqueue_bulk() 循环调用 __rmqueue()，分配 batch 个页帧，缓存在 PCP 列表里面供后续快速分配使用。PCP 列表用双向链表的形式进行组织，__rmqueue_pcplist() 通过 list_first_entry(list, struct page, lru) 返回列表中的第一个页帧[1]。

不管是单页帧请求还是多页帧请求，最后大都会调用 __rmqueue()。__rmqueue() 首先通过 __rmqueue_smallest() 试图在与 migratetype 对应的空闲页帧链表（即 free_list[migratetype]）中分配页帧，如有必要，将从相同 migratetype 的高级块链表分割。如果 __rmqueue_smallest()

1 Linux-4.15 版本之前的内核会区分使用频繁的热页和使用较少的冷页。如果请求的是“热页”（多用于 CPU），就通过 next 指针获取链表中正向第一个页帧；如果请求的是“冷页”（多用于 DMA），就通过 prev 指针获取链表中逆向第一个页帧。在实践中发现冷热区分并没有带来明显的改进效果，因此现在不再区分（现在都是正向遍历，因此相当于所有的页都是热页）。

分配失败，则通过 __rmqueue_fallback() 或者 __rmqueue_cma_fallback() 从 migratetype 不匹配的空闲页帧链表分配（通常使用 __rmqueue_fallback()，当请求的页帧带有可迁移特征 MIGRATE_MOVABLE 时才会通过 __rmqueue_cma_fallback() 尝试在 CMA 区分配）。Fallback 的优先级定义在 fallbacks 数组中。

```
static int fallbacks[MIGRATE_TYPES][4] = {
    [MIGRATE_UNMOVABLE]       =
        {MIGRATE_RECLAIMABLE, MIGRATE_MOVABLE, MIGRATE_TYPES},
    [MIGRATE_MOVABLE]         =
        {MIGRATE_RECLAIMABLE, MIGRATE_UNMOVABLE, MIGRATE_TYPES},
    [MIGRATE_RECLAIMABLE]     =
        {MIGRATE_UNMOVABLE, MIGRATE_MOVABLE, MIGRATE_TYPES},
    [MIGRATE_CMA]             = { MIGRATE_TYPES }, /* 暂未使用 */
    [MIGRATE_ISOLATE]         = { MIGRATE_TYPES }, /* 暂未使用 */
};
```

1. 类型为 MIGRATE_UNMOVABLE 的页帧如果请求得不到满足，则依次 fallback 到 MIGRATE_RECLAIMABLE 和 MIGRATE_MOVABLE。

2. 类型为 MIGRATE_MOVABLE 的页帧如果请求得不到满足，则依次 fallback 到 MIGRATE_RECLAIMABLE 和 MIGRATE_UNMOVABLE。

3. 类型为 MIGRATE_RECLAIMABLE 的页帧如果请求得不到满足，则依次 fallback 到 MIGRATE_UNMOVABLE 和 MIGRATE_MOVABLE。

由此可见，伙伴系统首先考虑的是行为特征 migratetype，其次才是页帧块大小 order。也就是说，在某种块大小的某种行为特征的请求得不到满足时，先试图分割相同行为特征的高级块链表，然后再考虑不同行为特征的同级块链表（fallback，即后备块链表）。不管是否发生 fallback，__rmqueue() 最终都会调用 __rmqueue_smallest()，因此继续展开（有精简）。

```
struct page *__rmqueue_smallest(struct zone *zone, unsigned int order, int migratetype)
{
    for (current_order = order; current_order < MAX_ORDER; ++current_order) {
        area = &(zone->free_area[current_order]);
        page = get_page_from_free_area(area, migratetype);
        if (!page)   continue;
        del_page_from_free_area(page, area);
        expand(zone, page, order, current_order, area, migratetype);
        set_pcppage_migratetype(page, migratetype);
        return page;
    }
```

```
        return NULL;
}
```

这个函数的逻辑很简单：order 对应请求的块大小，current_order 对应当前检查的块大小。循环从请求块大小开始，通过 get_page_from_free_area() 获取空闲链表里的第一个页帧块（具体操作是 list_first_entry_or_null(&area->free_list[migratetype], struct page, lru)）。如果当前块大小的空闲链表为空，就进入下一轮循环查找更大块的空闲链表。如果循环结束依旧没找到空闲块，则返回 NULL；而一旦在某一轮循环中找到空闲块，就调用 del_page_from_free_area() 从空闲链表中将其取出页帧块并清除首页描述符的 private 字段，然后通过 expand() 进行分割。如果 order 和 current_order 相等，expand() 函数就直接返回；否则 expand() 将执行一个循环，每次循环都将页帧块分割成两半，将高地址的一半插入相应空闲链表并通过 set_page_order() 将首页描述符的 private 字段设置成正确的 order，再将 current_order 减 1，直至与 order 相等。因为每次分割都是将高地址的伙伴块插入链表而留下低地址的伙伴块，所以 expand() 返回以后，page 仍然是最后剩下页帧块的第一个页帧（同时也是本函数的返回值）。

页帧分配的第二个关键函数是 __alloc_pages_slowpath()，顾名思义，这是一个慢速分配路径。说它慢，主要是因为它可能引发睡眠，进程一旦睡眠，下一次被调度运行的时机就难以预测。慢速分配之所以有意义，是因为内存管理子系统有一套页帧回收的机制，可以在内存紧张的时候回收一部分可用内存。页帧回收的方法如下。

1. 动用保留页帧。也就是忽略 WMARK_MIN 水位线，对于高优先级分配请求才会动用保留页帧，这种方法严格来说不属于内存回收。分配标志带 ALLOC_HARDER 的请求会将水位线降低 1/4，分配标志带 ALLOC_HIGH 或者 ALLOC_OOM 的请求会将水位线降低 1/2（ALLOC_HARDER 可以与 ALLOC_HIGH 结合使用，将水位线降低 3/4；ALLOC_OOM 也可以与 ALLOC_HIGH 结合使用，将水位线降低到 0），分配标志带 ALLOC_NO_WATERMARKS 将忽略所有的水位线设置。主要相关子函数是 __alloc_pages_high_priority()[1] 和 __alloc_pages_cpuset_fallback()。

2. 内存规整压缩。其在配置了 CONFIG_COMPACTION 的情况下才会使用，用于高阶内存分配时总的空闲页帧数足够但是互不连续（也就是存在外碎片）的情况。内存规整通过内存页迁移来实现，而只有迁移特性为 MIGRATE_MOVABLE 和 MIGRATE_CMA 的页帧才允许迁移。主要相关子函数是 __alloc_pages_direct_compact()。

3. 回收 Cache。此处的 Cache 不是指 CPU 的硬件高速缓存，而是对象快速缓存和文件页缓存。对象快速缓存就是将在 4.3 节中介绍的 SLAB/SLUB/SLOB 内存对象所占用的页帧，但不是所有的对象快速缓存都能直接回收，只有目录项快速缓存等少数几种可以。文件页缓存即 Page Cache，用于读取磁盘文件的缓存页（Page Cache 就是文件映射页，是磁盘文件在内存中可以快速访问的缓存副本）。回收 Cache 的过程以干净的 Page Cache 为主，因为都是干净的页面，

1 从 Linux-4.5 版本开始淘汰 __alloc_pages_high_priority() 函数，因为该函数很简单，其内容就是带 ALLOC_NO_WARTERMARKS 的 get_page_from_freelist() 函数（如果 gfp_mask 带了 __GFP_NOFAIL 就会一直循环调用 get_page_from_freelist()）。

回收方法是直接丢弃。主要相关子函数是 __alloc_pages_direct_reclaim() 和被其调用的 try_to_free_pages()。

4. 写回 Buffer。磁盘脏缓冲区页叫 Buffer 或 Block Buffer，在内存管理里面通常说的 Cache 用于读加速，Buffer 用于写加速，实际上现在 Block Buffer 也是基于 Page Cache 实现的。因为 Buffer 包含的实际上都是文件映射页中的脏页，所以必须写回到磁盘。主要相关子函数是 __alloc_pages_direct_reclaim() 和被其调用的 try_to_free_pages()。

5. 交换到外设。交换即 Swapping，针对匿名映射页。匿名映射页不像文件映射页那样存在一个唯一对应的后备文件，所以只能换出到 Swap 分区或者 Swap 文件。交换动作可以在页分配时直接触发，也可以通过 kswapd 内核线程周期性执行。主要相关子函数是 __alloc_pages_direct_reclaim() 和被其调用的 try_to_free_pages()。

6. 杀死一个进程（即 OOM Killer，不得已而为之）。主要相关子函数是 __alloc_pages_may_oom()。

前两种方法是在特殊情况下使用的，第三种方法通常会优先使用，最后一种方法则最好不用。那么“写回”和“交换”之间如何选择呢？内核设计了一个 vm_swappiness 全局变量来进行控制：vm_swappiness 越小，越倾向于写回；vm_swappiness 越大，越倾向于交换。vm_swappiness 的默认取值为 60，运行时可通过 /proc/sys/vm/swappiness 进行修改。

__alloc_pages_slowpath() 中 retry_cpuset 标号后面的代码可能会多次重复执行。这里涉及一种内核数据结构——顺序计数器（seqcount_t）。顺序计数器跟顺序锁很类似，唯一的区别是顺序锁自带一个自旋锁，而顺序计数器只是单纯的计数器，要和别的锁一块使用。顺序锁 / 顺序计数器用于保护多个读者和一个写者的共享资源，并且写者优先级高于读者。顺序计数器的初始值是 0，写者操作共享变量时，先加锁，然后通过 write_seqcount_begin() 将计数器增 1；操作完成以后，先通过 write_seqcount_end() 将计数器再增 1，然后释放锁。因此计数器为奇数的时候意味着有写者在操作共享资源，而计数器为偶数的时候代表没有写者在操作。读者操作共享变量的时候，通过 read_seqcount_begin() 获取计数器的值，如果是奇数，则意味着写者正在临界区，只能不断重试，直到变成偶数为止。因为读者并不对共享资源加锁，读者的临界区可能会被写者打断，所以读者在退出临界区的时候需要调用 read_seqcount_retry() 判断之前的操作是否需要重做，而需要重做的条件就是之前获取的计数器值跟当前的计数器值不相等。

表征一个进程的数据结构 task_struct 中有 mems_allowed 和 mems_allowed_seq 两个字段，前者表示该进程可以在哪些 NUMA 节点上分配内存，后者就是用来保护前者的顺序计数器（配合 task_struct 中的自旋锁 alloc_lock）。retry_cpuset 标号后的第一个语句，就是通过 read_mems_allowed_begin() 把当前进程的 mems_allowed_seq 字段读出来，放到局部变量 cpuset_mems_cookie 中，作为后续代码是否需要重复执行的依据。

该函数的主要原理就是这样，但代码实现比较复杂，并且跟本节讲述的伙伴系统关系不大，不再详细展开。但不管通过什么回收方法，一旦拥有了足够的内存，当前内核路径就会被唤醒，最终依旧会直接或间接地通过 get_page_from_freelist() 来分配页帧。

（三）页帧释放解析

页帧释放函数的原型是 void free_pages(unsigned long addr, unsigned int order)。该函数接受的参数是页帧块中第一个页帧的虚拟地址 addr 以及页帧总数的对数 order。如果 addr 不为 0，其实现等价于 __free_pages(virt_to_page((void *)addr), order)。__free_pages() 定义在 mm/page_alloc.c 中，展开如下。

```
void __free_pages(struct page *page, unsigned int order)
{
    if (put_page_testzero(page))  free_the_page(page, order);
}
static inline void free_the_page(struct page *page, unsigned int order)
{
    if (order == 0)             free_unref_page(page);
    else                        __free_pages_ok(page, order);
}
```

该函数首先通过 put_page_testzero() 递减页面引用计数并测试之前的引用计数是否为 0。如果不是，说明页帧还有别的使用者，直接返回；如果是，说明页帧已经没有使用者了，可以通过 free_the_page() 进行释放。在 free_the_page() 中，如果是单个页帧，通过 free_unref_page() 释放；如果是多个页帧，则通过 __free_pages_ok() 释放。

页帧释放和页帧分配是对称的，单个页帧总是从每 CPU 高速页帧集（PCP 列表）而不是空闲链表分配，因此单个页帧的释放也是放回每 CPU 高速页帧集而不是空闲链表。用于释放单个页帧的 free_hot_cold_page() 第二个参数标志被释放的是不是冷页，此处取值为 false，说明缺省被当作热页处理。free_hot_cold_page() 展开如下（有精简）。

```
void free_unref_page(struct page *page)
{
    unsigned long pfn = page_to_pfn(page);
    free_unref_page_prepare(page, pfn);
    free_unref_page_commit(page, pfn);
}
static bool free_unref_page_prepare(struct page *page, unsigned long pfn)
{
    if (!free_pcp_prepare(page))  return false;
    migratetype = get_pfnblock_migratetype(page, pfn);
    set_pcppage_migratetype(page, migratetype);
    return true;
}
static void free_unref_page_commit(struct page *page, unsigned long pfn)
{
```

```
    struct zone *zone = page_zone(page);
    migratetype = get_pcppage_migratetype(page);
    ......
    pcp = &this_cpu_ptr(zone->pageset)->pcp;
    list_add(&page->lru, &pcp->lists[migratetype]);
    pcp->count++;
    if (pcp->count >= pcp->high) {
        unsigned long batch = READ_ONCE(pcp->batch);
        free_pcppages_bulk(zone, batch, pcp);
    }
}
```

这里精简了一些罕见的代码路径，只留下来常见的部分。free_unref_page() 主要由准备阶段的 free_unref_page_prepare() 和提交阶段的 free_unref_page_commit() 两部分组成。在准备阶段，通过 get_pfnblock_migratetype() 获取被释放页的迁移类型，然后通过 get_pfnblock_ migratetype() 设置页描述符中的 index 字段（用来标识目标 PCP 列表的迁移类型）。在提交阶段，通过 get_pcppage_migratetype() 获取迁移类型并赋值给 migratetype，然后调用 list_add() 加入与 migratetype 相匹配的 PCP 列表。加入以后，如果 PCP 列表中的总页帧数超过了 PCP 列表预先设置的上限，则通过 free_pcppages_bulk() 归还 batch 个页帧到空闲链表。free_pcppages_bulk() 的核心是循环调用 __free_one_page() 释放每一个页帧。

多个页帧块的释放函数是 __free_pages_ok()，该函数在计算出管理区 pfn 和 migratetype 后，通过 free_one_page(page_zone(page), page, pfn, order, migratetype) 来释放页帧块。free_one_page() 同样也是 __free_one_page() 的封装，因此将其详细展开如下（根据龙芯的实际情况有所精简，比如 pfn_valid_within() 总是为真，page_is_guard() 总是为假，is_shuffle_order() 总是为假）。

```
void __free_one_page(struct page *page, unsigned long pfn,
                  struct zone *zone, unsigned int order, int migratetype)
{
    max_order = min_t(unsigned int, MAX_ORDER, pageblock_order + 1);
    ......
continue_merging:
    while (order < max_order - 1) {
        buddy_pfn = __find_buddy_pfn(pfn, order);
        buddy = page + (buddy_pfn - pfn);
        if (!page_is_buddy(page, buddy, order))
            goto done_merging;
        del_page_from_free_area(buddy, &zone->free_area[order]);
        combined_pfn = buddy_pfn & pfn;
```

```
        page = page + (combined_pfn - pfn);
        pfn = combined_pfn;
        order++;
    }
    ......
done_merging:
    set_page_order(page, order);
    if ((order < MAX_ORDER-2) && pfn_valid_within(buddy_pfn) && !is_shuffle_order(order)) {
        struct page *higher_page, *higher_buddy;
        combined_pfn = buddy_pfn & pfn;
        higher_page = page + (combined_pfn - pfn);
        buddy_pfn = __find_buddy_pfn(combined_pfn, order + 1);
        higher_buddy = higher_page + (buddy_pfn - combined_pfn);
        if (pfn_valid_within(buddy_pfn) &&
              page_is_buddy(higher_page, higher_buddy, order + 1)) {
            add_to_free_area_tail(page, &zone->free_area[order], migratetype);
            return;
        }
    }
    add_to_free_area(page, &zone->free_area[order], migratetype);
}
```

在该函数中，局部变量 buddy 是被释放页帧块（目标块，即输入参数 page）的伙伴块首页的页描述符；pfn 是目标块首页（即 page）的物理页号；buddy_pfn 是其伙伴块首页（即 buddy）的物理页号；combined_pfn 是合并后的高级块首页的物理页号（pfn 和 buddy_pfn 按位与的结果，实际上就是两者中较小的一个值）。

continue_merging 标号后面是一个循环，循环的起始条件是 order 为输入 order；每循环一次合并一级，同时 order 加 1；退出条件是 order 达到最大值（max_order-1）或者无法继续合并。__find_buddy_pfn() 用于计算 buddy_pfn（展开后内容为 page_pfn ^ (1 << order)）；page_is_buddy() 用于判断目标块和伙伴块是否可以合并（合并的条件是目标块与伙伴块具有相同的 order 并处于同一管理区，伙伴块空闲亦即 PageBuddy(buddy) 为真）。如果 page_is_buddy() 返回假，退出循环；否则执行合并，也就是通过 del_page_from_free_area() 将伙伴块移出原空闲链表、清除伙伴块首页描述符的 private 字段并设置其 page_type 字段，计算 combined_pfn 和合并后的高级块首页描述符。之后，page_pfn 被修正为 combined_pfn，order 自增并进入下一轮循环。

循环结束以后来到 done_merging 标号处，函数在这里通过 set_page_order() 将最终合并的最大块的首页描述符的 private 字段设置成正确的 order 并重新设置其 page_type 字段。这时，所有在合并过程中涉及的伙伴块都被移出了相应的空闲链表，但最终合并的最大块尚未插入相应的空闲块链表。这是因为存在两种插入策略：一是在大多数情况下，通过 add_to_free_area() 插入链表头部；二是在少数情况下，通过 add_to_free_area_tail() 插入链表尾部（如果启用了 CONFIG_SHUFFLE_PAGE_ALLOCATOR，则还有通过 add_to_free_area_random() 随机选择插入到链表头部或尾部的情况）。这里说的少数情况就是代码中符合 if 条件的代码块：首先，合并后的最大块（本级块）不能是顶级块并且伙伴块的 PFN 必须是合法值；其次，假定目前所得的最大块（本级块）和其伙伴块可以合并且合并后的高级块首页描述符为 higher_page，如果高级块（首页为 higher_page）与高级块的伙伴块（首页为 higher_buddy）此时也是可以合并的，那么符合“少数情况”的条件。这个少数情况到底具备什么意义呢？其实很简单，如果本级块的伙伴块尚未空闲，但高级块的伙伴块已经空闲了，那么只要本级块的伙伴块也被释放，就可以迅速完成本级合并以及上级合并，最大限度减少碎片。在这种情况下，如果把本级块插入链表头部，在接下来的分配请求中本级块会被优先使用，这时就算伙伴块被释放，也难以完成合并；反之，如果把本级块插入链表尾部，那么在接下来的分配请求中本级块很难被使用掉，合并的可能性就会因此增加。不管使用哪种插入策略，在插入链表完成之后，都会调整相应空闲链表中的空闲页数，然后函数返回。

至此，伙伴系统算法的原理介绍和代码解析全部完成。

4.3 内核内存对象管理

伙伴系统最大限度地解决了内存管理的外碎片问题，但对于内碎片问题却无能为力。但内核在实际使用内存的时候，却大多是小于一个页的单位。理论上，对于小于一个页的小块内存管理，也可以仿照伙伴系统，用符合几何分布的块大小（块大小为 2 的幂，单位为字节）来进行管理。这样虽然有内碎片存在，但是永远不会超过 50%。实际上早期的 Linux 内核就是这样处理的，但这种做法相对复杂，效率不高，并且不能完全解决内碎片问题。

为了解决内核自身使用小块内存的碎片问题，Linux 引入了基于对象的内存管理（或者叫内存区管理，Memory Area Management），就是 SLAB 系统算法。一个对象（内存区）是一个具有任意大小的以字节为单位的连续内存块。对象可以拥有特定的内部数据结构（因而具有特定的大小），也可以是大小符合几何分布的无结构内存块。基于对象的内存管理还有一个好处，就是尽量减少直接调用伙伴系统的 API，因而对硬件高速缓存更加友好。

广义的 SLAB 是一个通用概念，泛指 Linux 内核中的内存对象管理系统，其具体实现有经典的 SLAB（狭义的 SLAB）、适用于嵌入式的 SLOB 和适用于大规模系统的 SLUB 这 3 种。SLUB 是从 Linux-2.6.22 版本开始引入的，从 2.6.23 版本开始成为默认选择，因此本书主要讲述 SLUB 的原理和实现（想更多了解 SLAB/SLUB 的读者可以参考《深入理解 Linux 内核》[3]、《深入 Linux 内核架构》[4]、《奔跑吧　Linux 内核》[5] 和《图解 SLUB》[1]）。如果没有特别指明，本书中的 SLAB 都是通用概念上的 SLAB，具体实现都是 SLUB。伙伴系统是内存管理的基石，SLAB 是建立在伙伴系统的基础上的。

1　博客文章《图解 SLUB》，作者宋牧春。

SLAB 的组织结构分为三级：快速缓存（Cache）、slab[1] 和对象（Object）。这里的快速缓存是一个纯软件的概念，虽然英文名字也是 Cache，但它跟硬件层面上的 CPU 高速缓存完全不同。不管是对应特定数据结构的专用对象，还是符合几何分布的通用对象，对于一个给定类型的对象，其大小都是固定的。slab 就是一个或者多个连续的页帧，里面紧密排列着一个个空闲的或者已分配的对象（严格来说，对象具有对齐要求，因此对象之间通常有一定的对齐间隙，即 padding）。因为对象有不同类型，所以 slab 也有不同类型。快速缓存由多个可伸缩的 slab 组成（同样也具有不同的类型）。所有不同类型的快速缓存组织在一个双向链表中，名为 slab_caches。SLAB 系统的三级组织结构如图 4-10 所示。

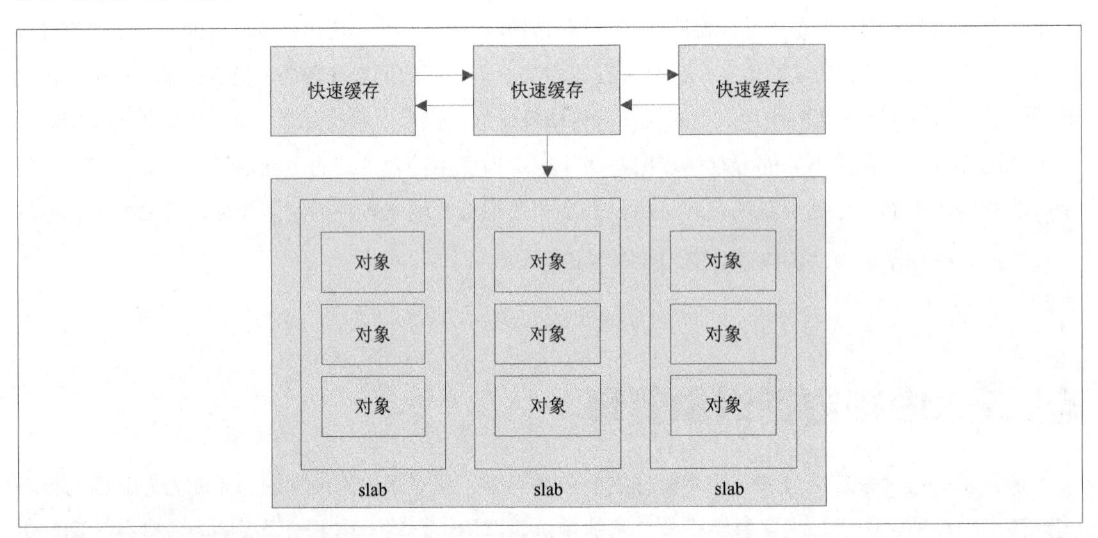

图 4-10 SLAB/SLUB 系统的组织结构

与伙伴系统类似，SLUB 的每个快速缓存都包括一个每 CPU 本地 slab 和一个全局 slab 链表。分配对象时，首先选择在本地 slab 中分配；如果本地 slab 已经用完，再从全局 slab 链表里分配。值得注意的是，如果是多节点的 NUMA 系统，“全局 slab 链表”实际上是一个数组，也就意味着每个 NUMA 节点有一个 slab 链表，可以尽量避免跨节点分配。这样的设计都是为了充分利用局部性，从而达到性能的最大化。

4.3.1 数据结构与 API

SLUB 系统中的主要数据结构包括快速缓存描述符 kmem_cache、CPU 管理数据 kmem_cache_cpu 和节点管理数据 kmem_cache_node。

（一）快速缓存描述符：kmem_cache

SLUB 系统中最重要的数据结构是 kmem_cache，定义在 include/linux/slub_def.h 中，其

1 注意这里是小写，大写的 SLAB 表示内存对象分配器，与 SLUB、SLOB 是并列的概念；小写的 slab 只是一种数据结构，SLAB、SLUB 和 SLOB 分配器均使用名为 slab 的数据结构。

主要成员字段如下。

```
struct kmem_cache {
    struct kmem_cache_cpu __percpu *cpu_slab;
    slab_flags_t flags;
    unsigned long min_partial;
    unsigned int size;
    unsigned int object_size;
    unsigned int offset;
    unsigned int cpu_partial;
    struct kmem_cache_order_objects oo;
    struct kmem_cache_order_objects max;
    struct kmem_cache_order_objects min;
    gfp_t allocflags;
    int refcount;
    void (*ctor)(void *);
    unsigned int inuse;
    unsigned int align;
    const char *name;
    struct list_head list;
    struct kmem_cache_node *node[MAX_NUMNODES];
};
```

表 4-6 列出了快速缓存描述符最关键的部分字段。其中 struct kmem_cache_order_objects 是一个相当于 32 位整数的打包数据类型，高 16 位表示调用伙伴系统函数分配页帧的分配阶，低 16 位表示每个 slab 中包含的对象个数。

表 4-6　快速缓存描述符的重要字段

字段类型	字段名称	说明
struct kmem_cache_cpu *	cpu_slab	每个 CPU 一项的 CPU 管理数据，包含了本地 slab
struct kmem_cache_node *	node	每个 NUMA 节点一项的节点管理数据，包含了全局 slab 链表
unsigned int	size	对象大小（包含元数据和对齐补充量）
unsigned int	object_size	对象大小（不包含元数据和对齐补充量）
unsigned int	inuse	对象中元数据的偏移地址
unsigned int	offset	对象中指向下个空闲对象指针的偏移地址
unsigned int	align	对齐要求
unsigned int	cpu_partial	本地 partial 链表中空闲对象的最大允许数目
unsigned long	min_partial	节点 partial 链表中需要维持的 slab 最小数目
struct kmem_cache_order_objects	oo	缺省的分配阶和 slab 中对象数

续表

字段类型	字段名称	说明
struct kmem_cache_order_objects	max	最大的分配阶和 slab 中对象数
struct kmem_cache_order_objects	min	最小的分配阶和 slab 中对象数
gfp_t	allocflags	调用伙伴系统函数的标志
int	refcount	引用计数
void (*function)(void *)	ctor	用于初始化对象的构造函数
const char *	name	快速缓存名称（对应特定数据结构）
struct list_head	list	将所有快速缓存链接在一起的双向链表指针

经典 SLAB 算法的节点管理数据（kmem_cache_node）包含 3 个链表：slabs_full、slabs_partial 和 slabs_free，分别表示全满 slab（该 slab 的对象已经全部分配）、部分满 slab（该 slab 的对象有部分分配）和全空 slab（该 slab 的对象没有分配）。而 SLUB 算法的节点管理数据中只有一个链表 partial，用于存放部分满的和全空的 slab（全满的 slab 移出 partial 链表，释放部分对象后重新回到 partial 链表；全空的 slab 数目若超过上限则归还到伙伴系统）[1]。在经典 SLAB 算法里面，除了快速缓存描述符以外还有 slab 描述符，根据 slab 描述符存放的位置又有内部 slab 描述符和外部 slab 描述符之分。正是因为大量元数据的存在，所以经典 SLAB 算法的扩展性不好。SLUB 算法不需要 slab 描述符（基本上，SLUB 直接复用了页描述符作为 slab 描述符），对快速缓存描述符也进行了适当的简化，因而更加适合大规模系统，并且性能上还有少许优势。

SLUB 精简了大量的元数据，但是必须提供跟经典 SLAB 等效的功能，其中最关键的一项就是空闲对象查找。内存对象中，最重要的元数据就是 kmem_cache::offset，它在每一个对象的尾部，指向下一个空闲对象。同一个 slab 中，所有的空闲对象组织在一个链表里面，由 slab 所在的首个页帧的页描述符的 freelist 指向。如果一个 slab 成为了每 CPU 本地 slab，则 CPU 管理数据中 kmem_cache_cpu::freelist 也将会指向空闲对象链表（见下文）。

（二）CPU 管理数据：kmem_cache_cpu

SLUB 系统的另一个重要数据结构是 CPU 管理数据，即 struct kmem_cache_cpu，其定义在 include/linux/slub_def.h 中，内容如下。

```
struct kmem_cache_cpu {
    void **freelist;
    unsigned long tid;
    struct page *page;
    struct page *partial;
};
```

其中，freelist 是“无锁空闲对象链表”，链接了本地 slab 的空闲对象。顾名思义，对

1 如果启用了 SLUB 调试，SLUB 的节点管理数据里也有全满的 full 链表，同时提供 add_full() 和 remove_full() 等辅助函数。但本书不考虑调试情形。

freelist 的并发访问不需要加锁，取而代之的是事务型操作，该结构中的 tid 字段就是用来控制并发访问的全局唯一事务 ID。slab 本质上是一组连续的页（也可以理解为一个复合页，见上节），本地 slab 的 page 字段就是本地 slab 的首页描述符（也是整个复合页的描述符）。

页描述符本身也有 freelist 字段。我们将 kmem_cache_cpu::free_list 称为本地 slab 的无锁空闲对象链表，而将 kmem_cache_cpu::page::freelist 称为本地 slab 的常规空闲对象链表。这样设计是出于性能的考虑，因为无锁空闲对象链表对并发更加友好。

在配置了 SLUB_CPU_PARTIAL 的情况下（缺省行为），kmem_cache_cpu 中的 partial 字段是 CPU 的本地部分满 slab 链表指针。

图 4-11 非常直观地描述本地 slab 中两个链表的作用和状态变化（深色的对象为空闲对象，浅色带条纹的对象为已分配对象）。

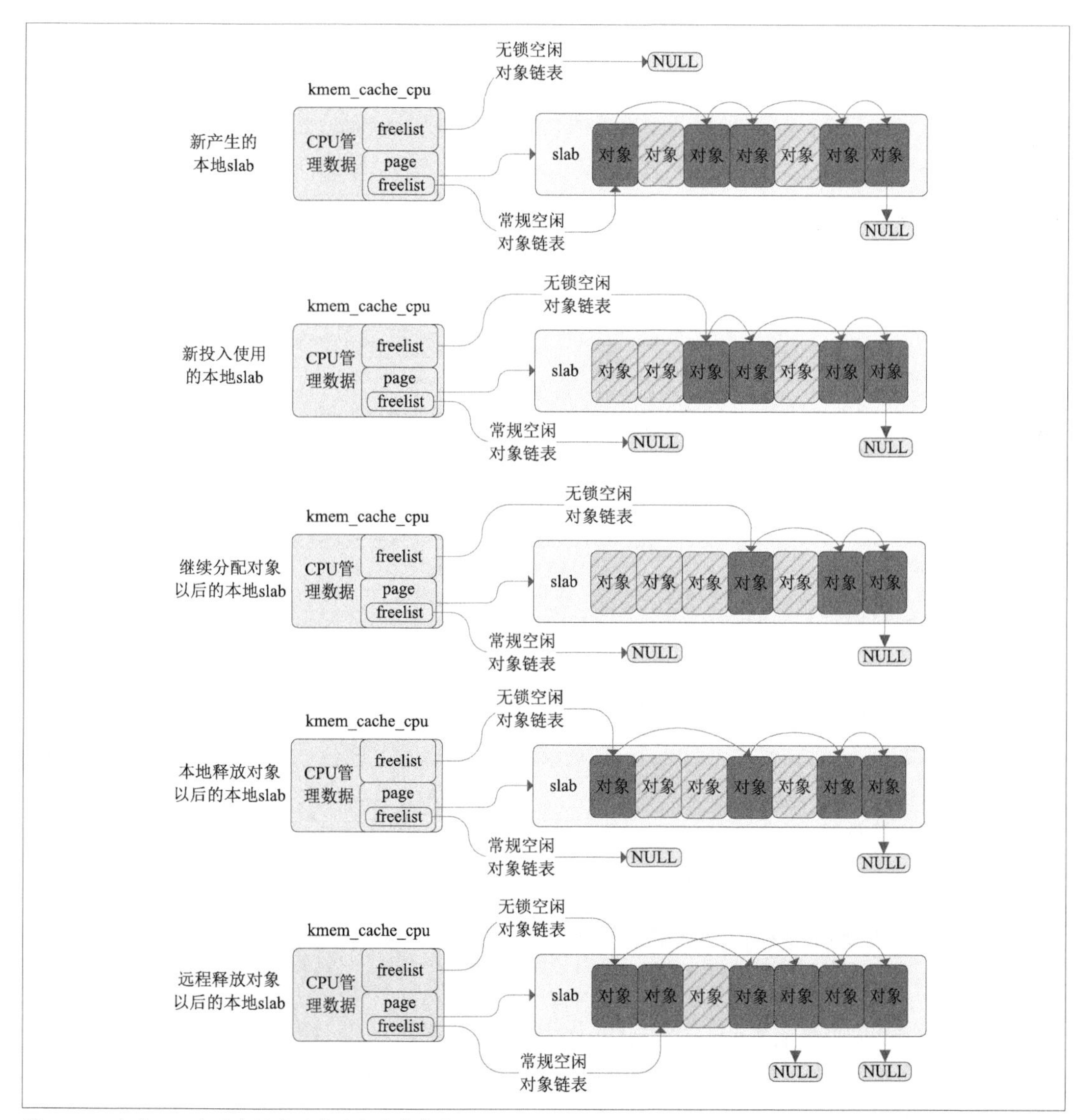

图 4-11　本地 slab 中两个链表的作用和状态变化

本地释放对象指的是对象回到当前 CPU 的本地 slab，远程释放对象指的是对象回到非当前 CPU 的本地 slab。从图中可以看出两个链表的使用方法如下。

1．当一个 slab 刚刚成为本地 slab 时，常规空闲对象链表(kmem_cache_cpu::page::freelist) 指向本地 slab 的首个空闲对象，而无锁空闲对象链表（kmem_cache_cpu::free_list）为空。

2．当本地 slab 投入使用以后，无锁空闲对象链表（kmem_cache_cpu::free_list）指向本地 slab 中以当前分配对象为基点的下一个空闲对象，而常规空闲对象链表（kmem_cache_cpu::page::freelist）将置为空。

3．在随后的使用过程中，对象分配总是优先使用无锁空闲对象链表，因此无锁空闲对象链表会随着对象一个个分配逐渐收缩；而对象释放只有在符合严格限制条件的情况下才会使用无锁空闲对象链表（本地释放对象），多数情况下会使用常规空闲对象链表（远程释放对象），因此常规空闲对象链表将随着对象一个个释放逐渐膨胀。

4．在无锁空闲对象链表变空的时候，对象分配函数会查看常规空闲对象链表，如果非空，重新填充无锁空对象闲链表并将常规空闲对象链表清空（分配 kmem_cache_cpu::page::freelist 的首个对象为当前对象，将 kmem_cache_cpu::free_list 重新指向本地 slab 中以当前分配对象为基点的下一个空闲对象，并将 kmem_cache_cpu::page::freelist 置为空），相当于再次变成了新投入使用的本地 slab；反之，无锁空闲对象链表和常规空闲对象链表都为空意味着本地 slab 已变成全满 slab，需要从本地 partial 链表中取出一个 slab 来更新本地 slab。

（三）节点管理数据：kmem_cache_node

除了 kmem_cache_cpu，另一种节点级的管理数据结构是 kmem_cache_node，其定义在 mm/slab.h 中，是 SLAB/SLUB/ SLOB 公用的，如果只考虑 SLUB，则内容如下。

```
struct kmem_cache_node {
    spinlock_t list_lock;
    unsigned long nr_partial;
    struct list_head partial;
};
```

节点管理数据 kmem_cache_node 中的 partial 链表是全局的（至少对于节点内部来说是全局的），因此对其访问需要加锁（list_lock 字段），nr_partical 字段则是链表中的 slab 数目。同样出于性能考虑（尽量减少锁操作），引入了本地部分满链表（kmem_cache_cpu::partial）。当 kmem_cache_cpu::partial 为空时，用批处理方式从 kmem_cache_node::partial 取出若干个 slab；当 kmem_cache_cpu::partial 过多时，用批处理方式归还若干个 slab 到 kmem_cache_node::partial。

对于一个特定的快速缓存，节点内部的对象组织结构如图 4-12 所示。深色的对象为空闲对象，浅色带条纹的对象为已分配对象（本地 partial 链表和节点 partial 链表中的 slab 未展示内部结构）。

对象分配的大致顺序如下。

1. 先试图通过本地 slab 的无锁空闲对象链表 kmem_cache_cpu::freelist 分配。

2．然后试图通过本地 slab 的常规空闲对象链表分配（先从常规空闲对象链表分配一个对象，然后用常规空闲对象链表填充无锁空闲对象链表）。

3．再试图通过本地 partial 链表分配（用本地 partial 链表填充本地 slab，原来的本地 slab 脱离本地链表管理变成全满 slab）。

4．再然后试图通过节点全局 partial 链表分配（用全局 partial 链表填充本地 slab 和本地 partial 链表）。

5．最后试图通过页分配器在伙伴系统分配（用新分配的 slab 填充本地 slab 和各种 partial 链表）；如果以上所有方法全部失败，则返回错误。

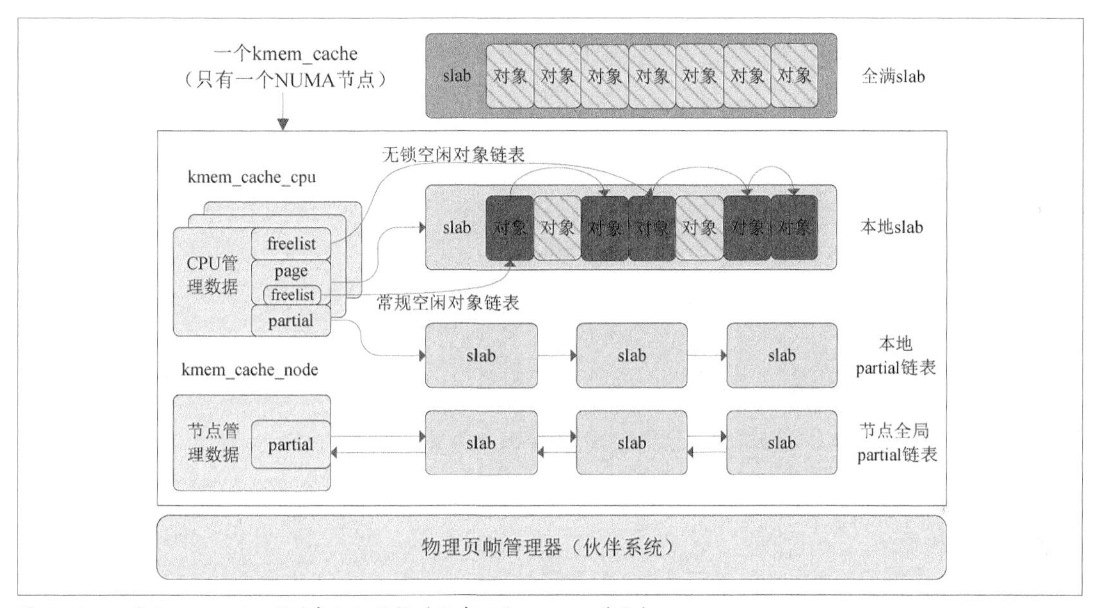

图 4-12　一个 kmem_cache 的对象组织结构（只有一个 NUMA 节点）

对象释放的大致过程如下。

1．如果对象属于当前 CPU 的本地 slab，则直接释放即可返回（属于当前 CPU 的叫本地释放，属于其他 CPU 的叫远程释放）。

2．如果对象不属于本地 slab 而是属于 full slab，则释放对象后把所在 slab 移到本地 partial 链表中；紧接着还要判断本地 partial 链表中的空闲对象数目是否超出了 kmem_cache::cpu_partial，如果超出的话要移动一批 slab 到节点全局 parital 链表中。

3．如果对象不属于本地 slab 也不属于 full slab，则释放对象后判断所在 slab 是否全空。如果全空则继续判断节点全局 paritial 链表中的 slab 数目是否超出了 kmem_cache::min_partial，如果超过的话需要释放这个空 slab 的页，使之回到伙伴系统。

（四）快速缓存分类

SLUB 系统主要有 3 类快速缓存（相应的也有 3 类 slab 和 3 类内存对象）：元快速缓存、通用快速缓存和专用快速缓存。元快速缓存是快速缓存的快速缓存，用于管理 struct kmem_cache 和 kmem_cache_node 本身，分别保存于 kmem_cache 和 kmem_cache_node 变量中。通用快速缓存包含符合几何分布大小（字节数为 2 的方幂）的内存对象，最小为 8 字节[1]，最大为页大小的两倍，保存于二维数组 kmalloc_caches[NR_KMALLOC_TYPES] [KMALLOC_SHIFT_HIGH + 1] 中。该数组的第一个维度是通用快速缓存的类型，总共有 KMALLOC_NORMAL、KMALLOC_RECLAIM 和 KMALLOC_DMA 这 3 种类型，分别表示普通的通用快速缓存、可回收的通用快速缓存（常用于目录缓存，内存紧张时可以回收，分配时需带 __GFP_RECLAIMABLE 标识）和用于 DMA 区的通用快速缓存（限定在 ZONE_DMA 管理区分配，分配时需带 __GFP_DMA 标识）。元快速缓存和通用快速缓存在内核启动过程的早期由 mm_init() 的子函数 kmem_cache_init() 创建，而专用快速缓存对应于某种特定的数据结构，在内核启动过程的后期由相应的子系统根据需要创建。通用快速缓存和专用快速缓存组织在 slab_caches 双向链表中。

SLAB/SLUB/SLOB 系统的主要 API 在形式上都是一致的，列举如下。

1. void kmem_cache_init(void)：在启动过程中被 start_kernel() 中的 mm_init() 调用，完成 SLAB（SLAB/SLUB/SLOB）系统的初始化，其主要内容是创建并初始化元快速缓存和通用快速缓存。

2. struct kmem_cache *kmem_cache_create(const char *name, size_t size, size_t align, unsigned long flags, void (*ctor)(void *))：用于分配一个专用快速缓存。name 是快速缓存的名字，size 是对象的大小，align 是对齐要求，flags 是一系列形如 SLAB_XYZ 的标志；ctor 是对象的构造函数。

3. void kmem_cache_destroy(struct kmem_cache *s)：用于释放一个专用快速缓存，与 kmem_cache_create() 相对，快速缓存的类型由 s 指定。

4. void *kmalloc(size_t size, gfp_t flags)：用于在通用快速缓存中分配一个通用对象。size 是对象的大小，flags 是一系列形如 GFP_XYZ 的标志，前文已有介绍。该函数最终通过 slab_alloc() 来实现对象分配。对于 NUMA 系统，另有一个 kmalloc_node() 函数，用于在指定的节点分配通用对象，最终通过 slab_alloc_node() 实现。

5. void kfree(const void *x)：用于释放一个通用对象，与 kmalloc() 相对，对象的地址由 x 指定。该函数最终通过 slab_free() 来实现对象释放。

6. void *kmem_cache_alloc(struct kmem_cache *s, gfp_t gfpflags)：用于在专用快速缓存中分配一个专用对象，对象类型由 s 指定。gfpflags 是一系列形如 GFP_XYZ 的标志，前文已有介绍。和通用对象一样，该函数最终通过 slab_alloc() 来实现对象分配。对于 NUMA 系统，另有一个 kmem_cache_alloc_node() 函数，用于在指定的节点分配专用对象，最终通过 slab_alloc_node() 实现。

7. void kmem_cache_free(struct kmem_cache *s, void *x)：用于释放一个专用对象，对象类型由 s 指定，对象地址由 x 指定。和通用对象一样，该函数最终通过 slab_free() 来实现对象释放。

1 最小对象 8 字节是 SLUB 的缺省值，实际上取决于体系结构相关的 ARCH_DMA_MINALIGN 值（通常大于 8 字节），在龙芯上面，ARCH_DMA_MINALIGN 定义成 128 字节。为了便于查找，在 kmalloc_caches[][] 数组的第二个维度上，第 0 项为空，第 1 项和第 2 项分别放置了不完全符合几何分布的 96 字节对象和 192 字节对象，从第 3 项开始全部放置完全符合几何分布的对象（第 3 项为 8 字节，第 4 项为 16 字节，依此类推）。

4.3.2 核心函数解析

本小节以通用对象的分配和释放为例，深入解析 SLUB 算法的内部细节。

（一）通用对象分配

通用对象的分配函数原型是 void *kmalloc(size_t size, gfp_t flags)。如果对象大小在编译期间即可确定，则会生成一些快捷路径代码；否则，调用 __kmalloc() 函数。__kmalloc() 定义在文件 mm/slub.c 中，展开如下（有精简）。

```
void *__kmalloc(size_t size, gfp_t flags)
{
    if (size > KMALLOC_MAX_CACHE_SIZE)
         return kmalloc_large(size, flags);
    s = kmalloc_slab(size, flags);
    ret = slab_alloc(s, flags, _RET_IP_);
    return ret;
}
```

这个函数比较简单。首先判断请求通用对象的大小，如果 size 大于两个页帧（即 KMALLOC_MAX_CACHE_SIZE），就通过 kmalloc_large() 分配。前面提到，kmalloc_caches[] 和 kmalloc_dma_caches[] 中通用对象的大小范围是 8 字节到两个页，但这并不意味着超过两个页的对象就不能分配了，只不过不是通过 SLUB 系统来分配而已。在通过 size 计算出分配阶 order 以后，kmalloc_large() 通过 kmalloc_order() 来分配大对象（最大可达 64 MB）。kmalloc_order() 非常简单，通过调用伙伴系统函数 alloc_pages() 来分配页框并返回其首页虚拟地址，该地址同时也是对象的虚拟地址。这种通用大对象实际上就是一种复合页，因此调用 alloc_pages() 时会带上 __GFP_COMP 标识。

对于不超过 KMALLOC_MAX_CACHE_SIZE 的小对象，首先通过 kmalloc_slab() 取得与 size 对应的快速缓存并返回 s。如果分配标志没有设置 GFP_DMA，从 kmalloc_caches[] 获取；否则，从 kmalloc_dma_caches[] 获取。接下来，通过 slab_alloc() 在快速缓存 s 中分配对象。

上文提到，指定 NUMA 节点的通用对象分配函数 kmalloc_node() 会通过 __kmalloc_node() 最终调用 slab_alloc_node() 进行分配，实际上，slab_alloc() 也是 slab_alloc_node() 的简单封装，只不过节点号被指定成 NUMA_NO_NODE 而已（不限定节点号）。于是，kmalloc()、kmalloc_node()、kmem_cache_alloc() 和 kmem_cache_alloc_node() 这 4 个对象分配函数最终都来到了 slab_alloc_node() 这个核心函数。该函数定义在 mm/slub.c 中，展开如下（有精简）。

```
void *slab_alloc_node(struct kmem_cache *s, gfp_t gfpflags, int node, unsigned long addr)
{
    s = slab_pre_alloc_hook(s, gfpflags);
```

```
redo:
    do {
        tid = this_cpu_read(s->cpu_slab->tid);
        c = raw_cpu_ptr(s->cpu_slab);
    } while (IS_ENABLED(CONFIG_PREEMPT) && (tid != READ_ONCE(c->tid)));
    barrier();
    object = c->freelist;
    page = c->page;
    if (!object || !node_match(page, node))
        object = __slab_alloc(s, gfpflags, node, addr, c);
    else {
        void *next_object = get_freepointer_safe(s, object);
        if (!this_cpu_cmpxchg_double(s->cpu_slab->freelist, s->cpu_slab->tid,
                                    object, tid, next_object, next_tid(tid)))
            goto redo;
        prefetch_freepointer(s, next_object);
    }
    if (slab_want_init_on_alloc(gfpflags, s) && object)
         memset(object, 0, s->object_size);
    slab_post_alloc_hook(s, gfpflags, object);
    return object;
}
```

该函数的第一步 slab_pre_alloc_hook() 和最后一步 slab_post_alloc_hook() 是一些跟 SLUB 核心关系不大的检查，在此不做解释。整个 slab_alloc_node() 函数的执行基本上是“无锁”的事务型操作，相关数据结构的并发访问由每 CPU 本地 slab 中的全局唯一事务 ID（kmem_cache_cpu::tid）来控制。

redo 标号后面的内容可能会被多次重复执行。紧接着标号的代码是一个循环，在这个循环里面，本地 slab 的事务 ID 赋值给局部变量 tid，包含本地 slab 的 CPU 管理数据赋值给局部变量 c。在抢占内核里面，该循环可能被多次执行，因为一旦发生抢占，从 c 里面取出来的事务 ID 就会不等于原来的事务 ID。接下来，本地 slab 中无锁空闲对象链表的第一个对象（c->freelist）赋值给 object，而本地 slab 所在的页描述符赋值给 page。接下来，如果 object 为空，或者 page 所在的 NUMA 节点不是输入参数指定的节点，则调用 __slab_alloc() 进入慢速分配路径。

慢速分配路径稍后再谈，我们先看看快速分配路径的后续代码。快速分配路径通过 get_freepointer_safe() 取得无锁空闲对象链表下一个对象的地址，赋值给 next_object，然后执行一个 this_cpu_cmpxchg_double() 函数。该函数带有以下 6 个输入参数。

```
bool this_cpu_cmpxchg_double(pcp1, pcp2, oval1, oval2, nval1, nval2);
```

其含义是，如果 pcp1 的内容等于 oval1 并且 pcp2 的内容等于 oval2，那么 pcp1 的内容赋值为 nval1 并且 pcp2 的内容赋值为 nval2，返回真；否则，什么都不做并且返回假。具体到此处，其含义就是，如果本地 slab 的无锁链表中首个空闲对象依旧是 object 并且本地 slab 的全局事务 ID 依旧是 tid，则首个空闲对象更新为 next_object 并且全局事务 ID 更新为 next_tid(tid)，返回真。如果此处返回假，意味着本地 slab 上面出现了并发访问，object 可能已被内核其他部分使用，只能跳转到 redo 重试分配。如果此处返回真，那么很幸运，对象分配已经成功。接下来的 prefetch_freepointer() 是一个性能优化操作，将无锁空闲对象链表的下一个对象预取到硬件高速缓存，以便加速后续分配。

如果成功分配到了对象并且 slab_want_init_on_alloc() 判断对象需要清零（通常是因为分配请求带有 __GFP_ZERO 标志），则用 memset() 函数将对象内容清零。然后在执行 slab_post_alloc_hook() 之后返回对象地址，函数执行完毕。

如果运气不好，slab_alloc_node() 就会调用 __slab_alloc() 进入慢速分配路径。__slab_alloc() 先通过 c = this_cpu_ptr(s->cpu_slab) 将 CPU 管理数据赋值给 c。这样做是有必要的，因为内核是可以抢占的，分配函数如果被抢占，等到重新执行的时候，可能已经不在原来的 CPU 了。重新赋值以后，__slab_alloc() 调用 ___slab_alloc()，后者展开如下（有精简）。

```
void *___slab_alloc(struct kmem_cache *s, gfp_t gfpflags, int node,
                unsigned long addr, struct kmem_cache_cpu *c)
{
    page = c->page;
    if (!page)  goto new_slab;
redo:
    if (!node_match(page, node)) {
        int searchnode = node;
        if (node != NUMA_NO_NODE && !node_present_pages(node))
             searchnode = node_to_mem_node(node);
        if (!node_match(page, searchnode)) {
             deactivate_slab(s, page, c->freelist, c);
             goto new_slab;
        }
    }
    freelist = c->freelist;
    if (freelist)   goto load_freelist;
    freelist = get_freelist(s, page);
    if (!freelist) {
         c->page = NULL;
         goto new_slab;
    }
```

```
load_freelist:
    c->freelist = get_freepointer(s, freelist);
    c->tid = next_tid(c->tid);
    return freelist;
new_slab:
    if (slub_percpu_partial(c)) {
        page = c->page = slub_percpu_partial(c);
        slub_set_percpu_partial(c, page);
        goto redo;
    }
    freelist = new_slab_objects(s, gfpflags, node, &c);
    page = c->page;
    goto load_freelist;
}
```

回忆一下对象分配的总流程：A 路径，通过本地 slab 的无锁空闲对象链表分配；B 路径，通过本地 slab 的常规空闲对象链表分配（用常规链表填充空闲链表）；C 路径，通过本地 partial 链表分配（用本地 partial 链表填充本地 slab）；D 路径，通过全局 partial 链表分配（用全局 partial 链表填充本地 slab 和本地 partial 链表）；E 路径，通过伙伴系统申请 slab 再继续分配。这 5 次分配一次比一次慢，如果较快地分配成功，就直接返回；否则，执行更慢的分配路径。最快的 A 路径基本上对应 slab_alloc_node() 中的代码，而 B、C、D、E 路径则基本对应 __slab_alloc()。

__slab_alloc() 首先会重新加载本地 slab，将本地 slab 的复合页描述符赋值给 page。这时，如果 page 为空，意味着本地 slab 已经没有空闲对象了，于是跳转到标号 new_slab（该标号以后的代码对应于 C、D、E 路径）；反之，如果 page 不为空，意味着还有机会执行 A、B 路径，于是继续执行标号 redo 以后的代码（顾名思义，redo 以后的代码可能会重复执行）。

因为分配函数可能被抢占，所以重新加载的本地 slab 可能与 node 指定的 NUMA 节点不匹配。若果真如此（即 node_match(page, node) 不成立），则尝试 searchnode。searchnode 初始值等于 node，如果 node 的取值不是 NUMA_NO_NODE 并且 node 是一个无内存节点，则通过 node_to_mem_node() 选取新的 searchnode（在龙芯上面，searchnode 和 node 总是相同的）。如果本地 slab 与 searchnode 依旧不匹配，则说明本地 slab 不适合分配对象，于是调用 deactivate_slab() 将本地 slab 归还到相应的节点 partial 链表，再跳转到 new_slab 标号。

如果 NUMA 节点是匹配的，则将无锁空闲对象链表赋值给局部变量 freelist，然后判断 freelist 是否为空。如果运气非常好，freelist 不为空，那么意味着我们还有机会执行 A 路径，于是跳转到 load_freelist；否则，通过 get_freelist() 将本地 slab 常规空闲对象链表赋值给 freelist，清空常规空闲对象链表，并再次判断 freelist 是否为空。如果运气不赖，freelist 不为空，说明可以通过 B 路径进行分配；否则，只能跳转到 new_slab 执行 C、D、E 路径。

如果我们执行的是 A、B 路径，那现在已经来到了 load_freelist 标号。此处的代码很简单，就是更新本地 slab 的无锁空闲对象链表和全局事务 ID，然后将局部变量 freelist（更新无锁链表前原来的首个元素）返回给调用者。

再来看 new_slab 标号处对应 C、D、E 路径的代码。如果 slub_percpu_partial() 判断本地 partial 链表（即 c->partial）不为空，意味着我们可以执行 C 路径：将本地 partial 链表的首个元素赋值给本地 slab 复合页[1]，然后用 slub_set_percpu_partial() 更新本地 partial 链表，再跳转到 redo 执行。如果本地 partial 链表也空了，就只能通过 new_slab_objects() 执行 D、E 路径（如果是 D 路径，通过 get_partial() 从节点 parital 链表获取 slab；如果是 E 路径，通过 new_slab() 调用 allocate_slab() 从伙伴系统分配 slab）。当 new_slab_objects() 返回时，本地 slab 和本地 partial 链表都得到了补充，可以跳转到 load_freelist 继续执行。

所有的路径最后都会执行 load_freelist，如果分配成功，返回值 freelist 包含分配的对象；如果分配失败，返回值为 NULL。

（二）通用对象释放

通用对象的释放函数原型是 void kfree(const void *x)。该函数定义在文件 mm/slub.c 中，展开如下（有精简）。

```
void kfree(const void *x)
{
    page = virt_to_head_page(x);
    if (!PageSlab(page)) {
        unsigned int order = compound_order(page);
        __free_pages(page, order);
        return;
    }
    slab_free(page->slab_cache, page, object, NULL, 1, _RET_IP_);
}
```

这个函数比较简单。首先用 virt_to_head_page() 将对象虚拟地址 x 转换成所在的复合页描述符，然后用 PageSlab() 判断该复合页是不是一个 slab。如果这个复合页不是一个 slab，那么肯定是之前 kmalloc() 通过 kmalloc_large() 分配出来的巨型通用对象（大小超过两个页）。如果是这样的巨型对象，就用 compound_order() 算出对象的阶然后直接通过伙伴系统函数 __free_pages() 释放对象页。如果不是巨型通用对象，则通过 slab_free() 来进行释放。

于是，释放通用对象的 kfree() 和释放专用对象的 kmem_cache_free() 最后都会调用 slab_free() 这个核心函数，而 slab_free() 只是 do_slab_free() 的简单封装。后者定义在 mm/slub.c 中，展开如下（有精简）。

1 注意，用本地 partial 链表的首个元素更新本地 slab 以后，原来的本地 slab（全满 slab）就脱离了所有的链表管理范围，直到其中有对象被释放以后再重回链表。

```
void do_slab_free(struct kmem_cache *s, struct page *page,
                     void *head, void *tail, int cnt, unsigned long addr)
{
    void *object = tail ? : head;
redo:
    do {
        tid = this_cpu_read(s->cpu_slab->tid);
        c = raw_cpu_ptr(s->cpu_slab);
    } while (IS_ENABLED(CONFIG_PREEMPT) && tid != READ_ONCE(c->tid));
    barrier();
    if (page == c->page) {
        set_freepointer(s, object, c->freelist);
        if (!this_cpu_cmpxchg_double(s->cpu_slab->freelist, s->cpu_slab->tid,
                    c->freelist, tid, head, next_tid(tid)))
            goto redo;
    } else
        __slab_free(s, page, head, object, cnt, addr);
}
```

do_slab_free() 既可以用来释放单个对象，也可以用来释放多个对象（但多个对象必须处于同一个页）。参数 head 指向多个对象的头部对象，而 tail 指向多个对象的尾部对象，cnt 是对象个数。如果 tail 为 NULL 而 cnt 为 1，那么意味着只释放单个对象。局部变量 object 取值为 head 或者 tail，具体是哪个取决于 tail 是否为空。

和对象分配一样，与核心功能无关的辅助代码在此不做解释，而接下来 redo 标号后的代码和 slab_alloc_node() 一样，是为了取得本地 slab 的 CPU 管理数据以及全局事务 ID。然后是关键代码，如果释放对象所在的 slab 首页等于本地 slab 的首页（对象 slab 就是本地 slab），则执行快速路径，通过 this_cpu_cmpxchg_double() 将对象插入无锁空闲对象链表。在这一过程中，如果 this_cpu_cmpxchg_double () 失败，说明出现了并发访问，将跳转到 redo 重新执行。如果对象 slab 不是本地 slab，则执行慢速路径 __slab_free()。

慢速路径 __slab_free() 展开如下（有精简）。

```
void __slab_free(struct kmem_cache *s, struct page *page,
                     void *head, void *tail, int cnt, unsigned long addr)
{
    do {
        prior = page->freelist;
        counters = page->counters;
        set_freepointer(s, tail, prior);
        new.counters = counters;
```

```
        was_frozen = new.frozen;
        new.inuse -= cnt;
        if ((!new.inuse || !prior) && !was_frozen) {
            if (kmem_cache_has_cpu_partial(s) && !prior)
                new.frozen = 1;
            else
                n = get_node(s, page_to_nid(page));
        }
    } while (!cmpxchg_double_slab(s, page, prior, counters, head,
                                    new.counters, "__slab_free"));
    if (!n) {
         if (new.frozen && !was_frozen)    put_cpu_partial(s, page, 1);
         return;
    }
    if (!new.inuse && n->nr_partial >= s->min_partial)
         goto slab_empty;
    if (!kmem_cache_has_cpu_partial(s) && !prior) {
         remove_full(s, n, page);
         add_partial(n, page, DEACTIVATE_TO_TAIL);
    }
    return;
slab_empty:
    if (prior)           remove_partial(n, page);
    else                 remove_full(s, n, page);
    discard_slab(s, page);
}
```

跟分配对象有 5 个路径一样，被释放的对象也有 5 种归宿：A 归宿，回到本地 slab 的无锁空闲对象链表；B 归宿，回到本地 slab 的常规空闲对象链表；C 归宿，回到本地 partial 链表；D 归宿，回到节点 partial 链表；E 归宿，回到伙伴系统。如果函数 slab_free() 通过快速路径返回，被释放的对象就是 A 类归宿，即回到本地 slab 的无锁空闲对象链表；如果进入了慢速路径 __slab_free()，则有 B、C、D、E 这 4 种归宿。

“冻结”是 SLUB 里一个很重要的概念。一个 slab 被某个 CPU 冻结后，就只有这个 CPU 能够从这个 slab 分配对象。具体哪些 slab 是冻结的呢？首先，本地 slab 总是冻结的；其次，脱离链表的全满 slab 在重新获得一个被释放的空闲对象后，会进入本地 partial 链表并且被冻结。而其他的 slab，如节点 partial 列表里面的 slab、刚刚从节点列表移入本地 partial 链表中的 slab、以及脱离链表的全满 slab 都是不冻结的。

在函数刚开始的 do 循环里，局部变量 prior 用于保存被释放对象所在 slab 的常规空闲对象链表（也就是常规空闲对象链表里的首个元素）；counters 保存了对象所在 slab 的多项信息（如已分配对象数目 inuse 和冻结状态 frozen）；new 是一个临时页描述符，保存了对象 slab 所在页当前的 inuse 和 frozen 信息；n 则保存了对象 slab 所在的节点管理数据。函数 kmem_cache_has_cpu_partial() 用于判断一个快速缓存是否拥有本地 partial 链表，这取决于配置宏 CONFIG_SLUB_CPU_PARTIAL 和是否启用 SLUB 调试，在本书讨论范围内总是返回真。为了便于讨论，本小节将“被释放对象所在的 slab”称为“目标 slab”。

慢速路径虽然代码不多，但被释放对象复杂的条件组合以及标号之间的互相跳转让逻辑变得非常不清晰，因此我们首先解释这些条件所表达的本质含义。

1. slab 将成为全空 slab：表达式为 !new.inuse。

2. slab 常规空闲对象链表为空：表达式为 !prior，意味着目标对象在回到目标 slab 之前，目标 slab 是本地 slab 或者全满 slab（已经脱离链表）。

3. slab 早已冻结：表达式为 was_frozen，意味着是本地 slab 或者从全满状态回归本地 partial 链表已有一段时间的 slab。

4. slab 现已冻结：表达式为 new.frozen，如果一个 slab 现已冻结但并不是早已冻结，说明是刚刚才被冻结，也就是说，刚要从全满状态回归到本地 partial 链表。

5. 本地 partial 链表已突破上限：表达式为 nr_objects > s->cpu_partial，意味着要将一批 slab 从本地 partial 列表移到节点 partial 列表。

6. 节点 partial 链表已突破下限：表达式为 n->nr_partial < s->min_partial，意味着全空 slab 可以暂留 partial 列表，不需要回归伙伴系统。

当函数刚刚开始时，目标 slab 有 3 种状态，分别为已冻结 slab（位于本地 slab 或者本地 partial 链表）、未冻结部分满 slab（位于本地 partial 链表或者节点 partial 链表）和未冻结全满 slab（脱离了所有链表）。在分析代码流程之前，我们先总结一下这些 slab 的各种演化路径。

1. 已冻结 slab → 目标对象回归 → 维持现状 → 作为本地 slab（B 归宿）/ 处于本地 partial 链表（C 归宿）。

2. 未冻结全满 slab → 目标对象回归 → 新冻结部分满 slab → 回到本地 partial 链表（C 归宿）/ 回到节点 partial 链表（D 归宿，发生在本地 partial 链表 slab 数突破上限时）。

3. 未冻结部分满 slab → 目标对象回归 → 未冻结部分满 slab → 维持现状 → 处于本地 partial 链表（C 归宿）/ 处于节点 partial 链表（D 归宿）。

4. 未冻结部分满 slab → 目标对象回归 → 未冻结全空 slab → 维持现状（发生在节点 partial 链表 slab 数突破下限时）/ 释放 slab → 处于本地 partial 链表（C 归宿）/ 处于节点 partial 链表（归宿 D）/ 回到伙伴系统（E 归宿）。

现在再回过头来看代码就比较简单了。在 do 循环里面，set_freepointer() 将本地 slab 的首个空闲对象设置成被释放对象的下一个对象，但并没有立即将被释放的对象放入任何链表。这时候我们需要进行一个复杂的判断：如果目标 slab 没有被冻结（!was_frozen），并且目标 slab 已经变成全空 slab（!new.inuse）或者目标 slab 的常规空闲对象链表为空（!prior，说明该 slab 是一个全满 slab），则执行后续被 if 包含的代码块。在这个代码块里，如果 prior 为空，也就是说目标 slab 是一个全满 slab 的话，将冻结状态 new.frozen 设置为 1；否则，意味着目标 slab 即将全空，可能需要回到节点 partial 列表甚至回到伙伴系统，那么就通过 get_node() 获得目标节点的节点管理数据。这些事情做完以后，执行 cmpxchg_double_slab()，该函数的原型如下。

```
bool cmpxchg_double_slab(struct kmem_cache *s, struct page *page, void *freelist_old,
    unsigned long counters_old, void *freelist_new, unsigned long counters_new, const char *n);
```

它的功能是，如果页描述符 page 的 freelist 字段等于 freelist_old 并且 counter 字段等于 counters_old，那么将 freelist 字段设置为 freelist_new 并将 counter 字段设置为 counters_new，返回真；否则，什么都不干并返回假。具体到此处，其含义就是，将被释放对象插入所在 slab 的常规空闲对象链表同时更新其 counter 字段。如果操作失败，循环将重新执行，直到成功为止。至此，被释放的对象返回到了所在 slab 的常规空闲对象链表，然而函数并没有返回，也就是说目标 slab 怎么处置还没有确定，也就意味着目标对象的最终归宿还没有确定。

循环结束以后的代码首先判断节点管理数据 n 是否为空，如果空，说明目标 slab 已经被冻结（回顾 do 循环中的代码），继续判断目标 slab 是不是刚刚才被冻结的。如果是刚刚才被冻结的（new.frozen && !was_frozen，对应第 2 条演化路径），执行 put_cpu_partial()；否则，直接返回（维持现状，不做链表间移动，对应第 1 条演化路径）。put_cpu_partial() 将目标 slab 放入本地 partial 列表，然后判断本地 partial 列表中 slab 总数是否超过了上限：如果没有超过上限，留在本地 partial 列表（C 归宿）；如果超过了上限，则调用 add_partial() 回收一部分 slab 到节点 partial 列表（D 归宿）。

接下来是节点数据不为空的情况（对应第 4 条演化路径）。这时如果目标 slab 即将全空（new.inuse = 0）并且节点 partial 列表中 slab 总数没有低于下限，则该 slab 将回到伙伴系统（E 归宿），跳转到 slab_empty 执行；如果没有超过上限，则维持现状留在本地 partial 链表（C 归宿）或节点 partial 链表（D 归宿）。由于 kmem_cache_has_cpu_partial() 总是返回真，所以接下来的两行代码可以直接忽略。后面的返回语句意味着，刚刚没有跳转的情况都维持现状，不做链表间移动（对应第 3 条演化路径）。

最后是 slab_empty 标号处的代码：如果 prior 不为空，则调用 remove_partial() 从节点 partial 列表移出，否则调用 remove_full() 从节点 full 列表移出（不启用 SLUB 调试情况下根本没有 full 列表，remove_full() 为空函数），然后调用 discard_slab() 将目标 slab 归还到伙伴系统（E 归宿）。

至此，SLUB 内存对象管理系统解析完成。

4.4 分页映射内存管理

上一节的 SLAB/SLUB 内核内存对象管理系统建立在页帧分配器（伙伴系统）之上，这种内存对象管理系统有一个重要特点就是基于线性映射。从某种意义上讲，基于线性映射的内存管理是有局限性的，其中最大的一个局限就是只能利用 ZONE_DMA、ZONE_DMA32 和 ZONE_NORMAL 等管理区的常规内存，对于 ZONE_HIGHMEM 管理区的高端内存却无能为力。为了利用高端内存，只能使用基于分页映射的内存管理。分页映射不仅可以用于管理高端内存，也同样可以用于管理常规内存。

基于分页映射的内存管理有两大类方法：第一类是单页内存管理；第二类是非连续多页内存管理[1]。其中，单页内存管理又包括持久内核映射和临时内核映射（也叫固定内核映射）。

严格来说，只有非连续内存管理才是真正基于分页映射的；而持久内核映射和临时内核映射只有在启用高端内存（CONFIG_HIGHMEM，意味着拥有 ZONE_HIGHMEM 管理区）的系统上才是基于分页映射的，否则是基于线性映射的。只有 32 位 MIPS 才会启用高端内存，因此也可以简单理解为单页内存管理只有在 32 位 MIPS 内核中才基于分页映射，在 64 位 MIPS 内核中是基于线性映射的。

回忆一下 MIPS 的内核态虚拟地址空间划分。线性映射的虚拟地址在 32 位系统中处于 KSEG0 和 KSEG1 段，而在 64 位系统中处于 CKSEG0、CKSEG1 和 XKPHYS 段（第三个等分段）；分页映射的虚拟地址在 32 位系统中处于 KSEG2 段，而在 64 为系统中处于 CKSEG2 和 XKSEG 段（第四个等分段）。由此可见，虚拟地址空间第四个等分段的内部结构非常重要，我们通过图 4-13 来进行展示（只有深色部分真正用于分页映射，部分地址为近似值）。

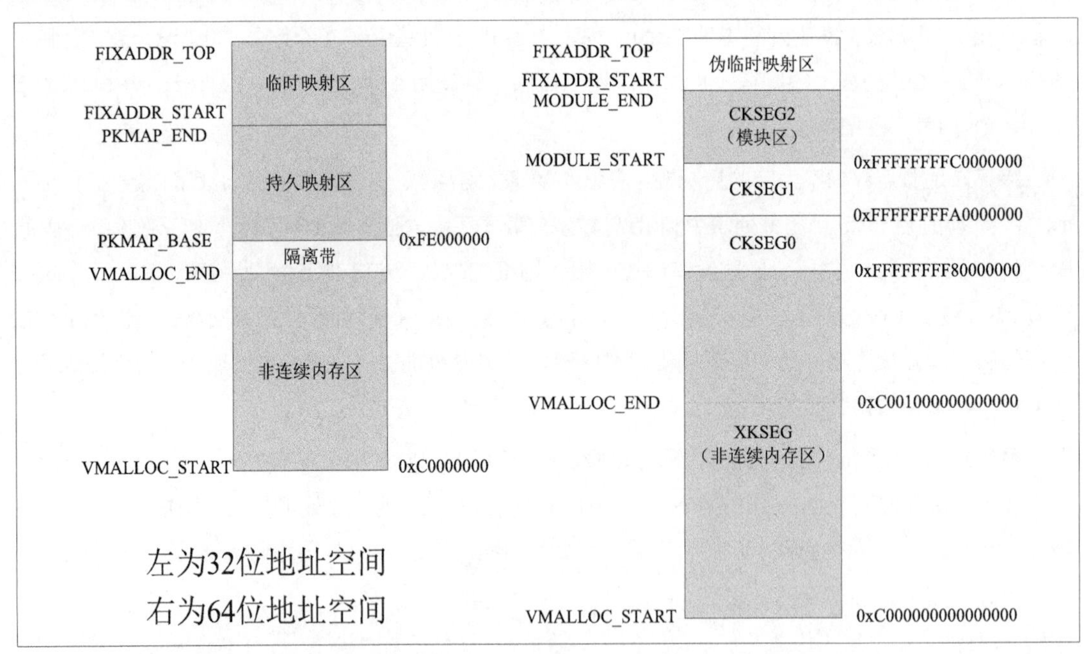

图 4-13 MIPS 虚拟地址空间的第四个等分段

对于 32 位地址空间，第四个等分段就是 KSEG2。地址从低处开始看（在启用 CONFIG_HIGHMEM 的情况下），分别是处于 VMALLOC_START 和 VMALLOC_END 之间的非连续内存区、处于 PKMAP_BASE 和 PKMAP_END 之间的持久内核映射区（在地址对齐的情况下

1 基于线性映射的 SLAB 系统属于连续多页内存管理。

PKMAP_END 通常等于 FIXADDR_START）、处于 FIXADDR_START 到 FIXADDR_TOP 之间的临时内核映射区。非连续内存区和 PKMAP_BASE 之间有一个长度为两个页的隔离带，用来捕获内存越界访问。

对于 64 位地址空间，第四个等分段包括 XKSEG 和 CKSEG0/1/2。CKSEG0 和 CKSEG1 实际上用于兼容 32 位的线性映射，因此只有 XKSEG 和 CKSEG2 真正用于分页映射。由于龙芯现已用到的虚拟地址空间远小于 XKSEG，因此目前非连续内存区只占据 XKSEG 的一部分（非连续内存处于 VMALLOC_START 和 VMALLOC_END 之间，略小于 2^48 字节：VMALLOC_START 是 XKSEG 的起始地址加上两个页的偏移，而 VMALLOC_END 大约是 XKSEG 的起始地址加上 2^48 再减去 2^32 的偏移）。内核本身是线性映射的，但内核模块总是被加载到分页映射的内存区，为了维持 32/64 位的兼容性，模块被加载到 CKSEG2 中（严格来说是处于 MODULE_START 和 MODULE_END 之间的部分，MODULE_START 等于 CKSEG2 的起始地址，但 MODULE_END 略小于 CKSEG2 的结束地址）。虽然所处的位置不一样，但模块区的使用方法跟非连续内存区是完全一致的。64 位系统的持久内核映射和临时内核映射是线性映射的，因此并不体现在图中（但 64 位内核依然定义了 FIXADDR_START 和 FIXADDR_TOP）。经过整理的相关代码如下。

```
#ifdef CONFIG_32BIT
#define MAP_BASE            _AC(0xc0000000, UL)
#define VMALLOC_START       MAP_BASE
#define VMALLOC_END         (PKMAP_BASE-2*PAGE_SIZE)
#define PKMAP_BASE          (PKMAP_END - PAGE_SIZE * LAST_PKMAP)
#define PKMAP_END           ((FIXADDR_START) & ~((LAST_PKMAP << PAGE_SHIFT)-1))
#endif
#ifdef CONFIG_64BIT
#define MAP_BASE            _AC(0xc000000000000000, UL)
#define VMALLOC_START       (MAP_BASE + (2 * PAGE_SIZE))
#define VMALLOC_END         (MAP_BASE + \
  min(PTRS_PER_PGD * PTRS_PER_PUD * PTRS_PER_PMD * PTRS_PER_PTE * PAGE_SIZE,
  (1UL << cpu_vmbits)) - (1UL << 32))    /* 龙芯处理器的 cpu_vmbits 为 48 */
#define MODULE_START         CKSSEG
#define MODULE_END           (FIXADDR_START-2*PAGE_SIZE)
#endif


#define FIXADDR_START       (FIXADDR_TOP - FIXADDR_SIZE)
#define FIXADDR_TOP         ((unsigned long)(long)(int)0xfffe0000)
```

从第 3 章我们了解到，MIPS 的页表是分级的，对于 MIPS64 来说，一般包括页全局目录 PGD、页中间目录 PMD 和页表 PTE 三级。这三级表的表项数据类型分别是 pgd_t、pmd_t 和 pte_t，分别定义如下。

```
typedef struct { unsigned long pgd; } pgd_t;
typedef struct { unsigned long pmd; } pmd_t;
typedef struct { unsigned long pte; } pte_t;
```

三者定义几乎完全一样，都是一个长度与长整型相同的数据，其内部结构由高位部分的 PFN 和低位部分的权限位组成。在 Linux-5.4.x 版本中，64 位的龙芯 3 号的页表项（PTE 项）结构如图 4-14 所示。

63 … 15	14 … 12	11	10	9	8	7	6	5	4	3	2	1	0
PFN	C	D	V	G	RI	XI	SP	PN	H	M	A	W	P

图 4-14 龙芯 3 号的页表项结构

各权限位从低到高的含义如下。

- P 位：存在位，为 1 表示页表项所指示的页在内存中。
- W 位：可写位，为 1 表示页表项所指示的页可写。
- A 位：访问位，为 1 表示页表项所指示的页最近被访问过。
- M 位：修改位，为 1 表示页表项所指示的页最近被修改过。
- H 位：巨页位，为 1 表示页表项所指示的页是一个巨页。
- PN 位：无权位（ProtNone），用于 NUMA 节点均衡调度（Numa Balancing）。
- SP 位：特殊位（Special），用于一些特殊场合如 NUMA 节点均衡调度（Numa Balancing）。
- XI 位：抗执位，为 1 表示页表项所指示的页不可执行（需要 CPU 支持 RIXI 功能）。
- RI 位：抗读位，为 1 表示页表项所指示的页不可读（需要 CPU 支持 RIXI 功能）。
- G 位：全局位，含义同 TLB 项中的全局位，表示 TLB 匹配时采用全局匹配。
- V 位：TLB 有效位，含义同 P 位，但用于 TLB 匹配。
- D 位：TLB 可写位，含义同 W 位，但用于 TLB 匹配。
- C 位：Cache 属性位，含义同 TLB 项中的 Cache 属性。

其中，H 位只有在启用了巨页支持的内核（CONFIG_MIPS_HUGE_TLB_SUPPORT）上才有（Linux-4.5 版本以前的内核还需要一个分割位 S，用于指示一个正在分割的巨页，新内核则采用了更先进的引用计数机制实现其功能）；PN 位和 SP 位只有在启用了 NUMA 节点均衡调度的内核（CONFIG_NUMA_BALANCING）上才有。对于不支持 RIXI 的 CPU，页表项里面没有 RI 位和 XI 位，但是有 R 位（含义与 RI 相反，为 1 表示可读），处于 P 位和 W 位之间。

常用的函数或宏如下。

1. pgd_alloc()、pmd_alloc()、pte_alloc()：分别表示分配 PGD 表、PMD 表和 PTE 表。
2. pgd_free()、pmd_free()、pte_free()：分别表示释放 PGD 表、PMD 表和 PTE 表。
3. mk_pte()：构造一个页表项。
4. pte_page()：从一个页表项获取页描述符。

5. set_pgd()、set_pmd()、set_pte()：分别表示设置PGD表、PMD表和PTE表中的一项。

6. pte_none()：判定页表项是否有效。

7. pte_present()：判定页表项所指示的页是否在内存（检测P位）。

8. pte_read()：判定页表项所指示的页是否可读（检测R/RI位）。

9. pte_write()：判定页表项所指示的页是否可写（检测W位）。

10. pte_exec()：判定页表项所指示的页是否可执行（检测XI位）。

11. pte_dirty()：判定页表项所指示的页是否被修改（检测M位，修改也称脏）。

12. pte_young()：判定页表项所指示的页是否被访问（检测A位）。

13. pte_rdprotect()：清除页表项读权限（清除R位/设置RI位）。

14. pte_wrprotect()：清除页表项写权限（清除W位）。

15. pte_exprotect()：清除页表项执行权限（设置XI位）。

16. pte_mkread()：设置页表项读权限（设置R位/清除RI位）。

17. pte_mkwrite()：设置页表项写权限（设置W位）。

18. pte_mkexec()：设置页表项执行权限（清除XI位）。

19. pte_mkclean()：清除页表项修改位（清除M位）。

20. pte_mkdirty()：设置页表项修改位（设置M位）。

21. pte_mkyoung()：清除页表项访问位（清除A位）。

22. pte_mkold()：设置页表项访问位（设置A位）。

分页映射的各种内存管理方法同线性映射一样，都建立在伙伴系统的基础上，本节将逐一进行讲解。

4.4.1 持久内核映射

持久内核映射用于建立一个页帧到内核虚拟地址的长期映射，它可能引发睡眠，因此只能在进程上下文中使用。页帧是预先从伙伴系统里分配出来的，但分配的时候可能没有拿到虚拟地址，因此需要通过映射/解映射（Map/Unmap）来建立或解除虚拟地址到物理地址的关联。

持久内核映射的API有两个，分别用于映射和解映射。

```
void *kmap(struct page *page);
void kunmap(struct page *page);
```

（一）64位内核的kmap()/kunmap()

我们先来看64位MIPS内核（无高端内存）中kmap()/kunmap()的实现，其定义在include/linux/ highmem.h中。

```
static inline void *kmap(struct page *page)
{
    might_sleep();
    return page_address(page);
}
static inline void kunmap(struct page *page)
{
}
```

它的实现非常简单，因为 64 位内核中持久内核映射实际上是基于线性映射的，而线性地址天生就是已知的，根本不涉及页表。于是，kmap() 直接通过 page_address() 返回页描述符的线性地址，而 kunmap() 干脆就是空函数。然而，根据持久内核的语义，在 kmap() 期间必须允许进程睡眠。因此，kmap() 会调用 might_sleep() 来检测有没有更高优先级的进程，如果有，则切换到高优先级进程并让当前进程进入睡眠状态。

（二）32 位内核的 kmap()

再来看 32 位 MIPS 内核（有高端内存）中 kmap() 的实现，其定义在 arch/mips/mm/highmem.c 中。

```
void *kmap(struct page *page)
{
    might_sleep();
    if (!PageHighMem(page))  return page_address(page);
    addr = kmap_high(page);
    flush_tlb_one((unsigned long)addr);
    return addr;
}
```

函数的第一步跟 64 位内核一样，是用于检测是否需要睡眠的 might_sleep()。接下来判断页描述符是否位于高端内存区。如果不是，就跟 64 位内核一样，直接返回页描述符的线性地址；如果页描述符确实位于高端内存区，那么用 kmap_high() 进行分页映射并将虚拟地址返回给 addr。最后调用 flush_tlb_one() 来刷新 addr 对应的 TLB 项并返回 addr。

对于高端内存区中的页，kmap_high() 是一个关键函数。该函数定义在 mm/highmem.c 中，展开如下。

```
void *kmap_high(struct page *page)
{
    vaddr = (unsigned long)page_address(page);
    if (!vaddr)  vaddr = map_new_virtual(page);
    pkmap_count[PKMAP_NR(vaddr)]++;
```

```
    return (void*) vaddr;
}
```

kmap_high() 首先试图通过 page_address() 得到虚拟地址[1]，如果返回一个有效地址，说明内核已经在别的地方对这个页帧建立了分页映射；如果返回为 NULL，说明映射尚未建立，这种情况才通过 map_new_virtual() 来进行映射。映射完成以后，需要增加该页的引用计数。

所有通过持久内核映射生成的 PTE 项（pte_t）都放置在页表 pkmap_page_table 中，而所有这些页的引用计数都放置在 pkmap_count[LAST_PKMAP] 数组中。引用计数为 0 表示对应页表项为空；引用计数为 1 表示对应页表项已经建立，但 TLB 尚未更新因而尚无法使用（要么是正在建立映射的过程中，要么是因为以前被映射过后来又解除了映射，后者占绝大多数）；引用计数大于 1 表示对应页表项已经完全可用并且在被多个内核成分使用（如果有 n 个内核成分使用，则引用计数为 $n+1$）。LAST_PKMAP 在 MIPS 中被定义为 512 或 1024（如果使用 32 位物理地址则定义为 1024，如果使用 64 位物理地址则定义为 512，这是为了保证所有的持久内核映射页表项都能存放在同一个 4K 页中），也就意味着数组一共有 512 项或 1024 项，同时还意味着持久内核映射最多同时映射 512 个或 1024 个页面。内核提供了两个宏来负责数组下标（同时也是 pkmap_page_table 页表索引）到虚拟地址的互相转换。

1. 虚拟地址转页表索引

```
#define PKMAP_NR(virt)  ((virt-PKMAP_BASE) >> PAGE_SHIFT)
```

2. 页表索引转虚拟地址

```
#define PKMAP_ADDR(nr)  (PKMAP_BASE + ((nr) << PAGE_SHIFT))
```

kmap_high() 的分页映射虚地址是通过 map_new_virtual() 实现的，其定义在 mm/highmem.c 中，展开如下。

```
unsigned long map_new_virtual(struct page *page)
{
    unsigned int color = get_pkmap_color(page);
start:
    count = get_pkmap_entries_count(color);
    for (;;) {
        last_pkmap_nr = get_next_pkmap_nr(color);
        if (no_more_pkmaps(last_pkmap_nr, color)) {
            flush_all_zero_pkmaps();
            count = get_pkmap_entries_count(color);
```

1 内核通过一种叫 page_address_map 的数据结构来记录分页映射的页描述符和虚拟地址的对应关系，因此 page_address() 可以用来获取任意一个给定页描述符的虚拟地址（线性映射直接计算，而分页映射则通过 page_address_map 获取）。

```
        }
        if (!pkmap_count[last_pkmap_nr])    break;
        if (--count)    continue;
        DECLARE_WAITQUEUE(wait, current);
        wait_queue_head_t *pkmap_map_wait = get_pkmap_wait_queue_head(color);
        __set_current_state(TASK_UNINTERRUPTIBLE);
        add_wait_queue(pkmap_map_wait, &wait);
        schedule();
        remove_wait_queue(pkmap_map_wait, &wait);
        if (page_address(page))  return (unsigned long)page_address(page);
        goto start;
    }
    vaddr = PKMAP_ADDR(last_pkmap_nr);
    set_pte_at(&init_mm, vaddr, &(pkmap_page_table[last_pkmap_nr]), mk_pte(page, kmap_prot));
    pkmap_count[last_pkmap_nr] = 1;
    set_page_address(page, (void *)vaddr);
    return vaddr;
}
```

为了解决 Cache 重影问题，该函数引入了页染色方法（见 4.1 节）。在没有 Cache 重影问题的系统上（如龙芯），get_pkmap_color() 总是返回 0，而那些带颜色参数的函数则直接忽略参数。

start 标号后面的代码可能会被多次执行，循环计数器 count 的初始值通过 get_pkmap_entries_count() 赋值为 LAST_PKMAP，它代表了后面 for 循环在一般情况下执行的最大轮数。last_pkmap_nr 是搜索 pkmap_count[] 数组的起始下标，通过 get_next_pkmap_nr() 获取。在 for 循环中，每执行一轮，last_pkmap_nr 加 1，直到达到最大值后重新从 0 开始。

如果 no_more_pkmaps() 返回真（意味着 last_pkmap_nr 为 0），意味着已经将 pkmap_count[] 数组扫描过一遍，没有值为 0 的项。这时，调用 flush_all_zero_pkmaps() 将所有值为 1 的项重设成 0，更新 pkmap_page_table 中的相应页表项，并且批量刷新这些项所对应的 TLB。最后将 count 重设成初始值，进行新一轮的循环。

这时，如果在 pkmap_count[] 数组中找到了值为 0 的项，说明有了合适的映射位置，通过 break 跳出循环；如果没有找到，则递减循环计数器 count。如果循环计数器尚未到达 0，则通过 continue 进入下一轮循环，扫描 pkmap_count[] 数组的下一个位置；反之，说明经过了两次扫描 pkmap_count[] 都没有找到值为 0 的项，意味着整个 1024 项持久内核映射都被用满了。在持久内核映射用满的情况下，map_new_virtual() 通过 DECLARE_WAITQUEUE() 定义一个等待队列，将当前进程设置成不可中断（TASK_UNINTERRUPTIBLE），通过 add_wait_queue() 将当前进程挂接到等待队列上面，最后通过 schedule() 切换到其他进程。这时候，当前进程就进入了不可中断的睡眠状态。当别的内核成分释放了一个持久内核映射项时，就会唤醒等待队列上面的进程，导致 schedule() 返回到当前进程。这时候代码继续执行，通过 remove_wait_queue() 将当前进程移出等待队列，然后再次通过 page_address() 判断这个页帧是否已经建立了映射。如果映射已经建立，直接返回其虚拟地址；否则，跳转到 start 重新执行。

当 for 循环退出时，意味着 pkmap_count[] 数组和 pkmap_page_table 里面有一个未映射的表项，其索引为 last_pkmap_nr，对应虚拟地址通过 PKMAP_ADDR(last_pkmap_nr)获得。这时，map_new_virtual() 通过 set_pte_at() 将页表项写入 pkmap_page_table，将 pkmap_count[] 数组中的计数器设置成 1，通过 set_page_address() 记录页描述符和虚拟地址的对应关系，最后返回虚拟地址 vaddr。

（三）32 位内核的 kunmap()

最后来看 32 位 MIPS 内核（有高端内存）中 kunmap() 的实现，其定义在 arch/mips/mm/highmem.c 中。

```
void kunmap(struct page *page)
{
    if (!PageHighMem(page))  return;
    kunmap_high(page);
}
```

该函数的实现很简单，首先判断页描述符是否位于高端内存区。如果不是，就跟 64 位内核一样，什么都不做直接返回；如果页描述符确实位于高端内存区，那么用 kunmap_high() 解除分页映射。kunmap_high() 定义在 mm/highmem.c 中，展开如下。

```
void kunmap_high(struct page *page)
{
    unsigned int color = get_pkmap_color(page);
    vaddr = (unsigned long)page_address(page);
    nr = PKMAP_NR(vaddr);
    need_wakeup = 0;
    switch (--pkmap_count[nr]) {
    case 0:
        BUG();
    case 1:
        pkmap_map_wait = get_pkmap_wait_queue_head(color);
        need_wakeup = waitqueue_active(pkmap_map_wait);
    }
    if (need_wakeup)  wake_up(pkmap_map_wait);
}
```

该函数首先通过 get_pkmap_color() 获取页面颜色（对于龙芯来说总是返回 0），然后通过 page_address() 获取要解除映射的页的虚拟地址，再通过 PKMAP_NR() 将虚拟地址转换成页表索引。完成这些工作以后，pkmap_count[] 数组中的对应项会被减 1，然后根据减 1 后的值做不同的事情。如果大于 1，什么都不用做；如果等于 1，判断等待队列 pkmap_map_wait 中是否有进程需要唤醒，若有则 need_wakeup 将被赋值为 1；如果等于 0，那是内核出现了 BUG，调用 BUG() 进入死机状态。switch() 结束之后，如果 need_wakeup 为 1，则通过 wake_up() 唤醒挂接在等待队列上的进程（导致的结果就是睡眠在 kmap_high() 上的进程会继续执行 schedule() 之后的代码）。

4.4.2 临时内核映射

临时内核映射也叫固定内核映射，用于建立一个页帧到内核虚拟地址的临时映射，它不会引发睡眠（主动调度），因此可以在中断上下文中使用。跟持久内核映射一样，页帧是预先从伙伴系统里分配出来的，但分配的时候可能没有拿到虚拟地址，因此需要通过映射 / 解映射（Map/Unmap）来建立或解除虚拟地址到物理地址的关联。

不引发睡眠是有代价的，代价就是临时内核映射的页面只能用在简短的代码块里面，一般映射和解映射都在同一个调用者里面完成。也正因为临时内核映射都用在不睡眠的原子上下文中，其页表项相对于持久内核映射来说通常更少，一共只有 KM_TYPE_NR × NR_CPUS 项。其中 KM_TYPE_NR 一般定义为 20，NR_CPUS 则是内核支持的最大逻辑 CPU 数目，对于龙芯 3 号来说一般是 16。

临时内核映射是有类型的，每种类型有特定的用途，类型的总数就是 KM_TYPE_NR。在 2.6.36 版本以及之前的内核中，这些类型通过枚举类型 enum km_type 来进行预定义，见 include/asm-generic/kmap_types.h 中的定义（已经过预处理）。

```
enum km_type {
        KM_BOUNCE_READ,
        KM_SKB_SUNRPC_DATA,
        KM_SKB_DATA_SOFTIRQ,
        KM_USER0,
        KM_USER1,
        KM_BIO_SRC_IRQ,
        KM_BIO_DST_IRQ,
        KM_PTE0,
        KM_PTE1,
        KM_IRQ0,
        KM_IRQ1,
        KM_SOFTIRQ0,
```

```
        KM_SOFTIRQ1,
        KM_SYNC_ICACHE,
        KM_SYNC_DCACHE,
        KM_UML_USERCOPY,
        KM_IRQ_PTE,
        KM_NMI,
        KM_NMI_PTE,
        KM_KDB,
        KM_TYPE_NR
};
```

从页表项的总数和类型定义可以看出，在同一个逻辑 CPU 上，某种类型的临时内核映射在某一时刻最多只能有一个使用者。初看起来这是一个很大的缺陷，但实际上不是。因为原子上下文里不会发生抢占，中断嵌套也非常有限，所以几乎不可能在同一时刻同一个 CPU 上会有两个以上对同一类型临时内核映射的需求（对中断嵌套以及类似的情况是有考虑的，比如对硬中断上下文就预定义了 KM_IRQ0 和 KM_IRQ1 两种类型的临时内核映射）。

然而，预定义类型确实是有局限的。其中最大的局限是对用户不友好，用户总是需要知道在何种上下文里使用何种映射类型，同时还需要精确地知道目前处于哪种上下文。另一个局限是像中断嵌套等场景在极少数情况下会出现因缺少相应页表项而无法映射的现象。

从 2.6.37 版本开始，内核引入了“堆栈式临时内核映射”，逐步抛弃了 enum km_type 的类型预定义，只保留类型总数 KM_TYPE_NR。在建立映射的时候，用 kmap_atomic_idx_push() 将当前映射类型压入“类型栈”；在解除映射时，用 kmap_atomic_idx_pop() 将当前映射类型从“类型栈”里面弹出。kmap_atomic_idx() 可以用来获取当前的映射类型。

临时内核映射的 API 主要有两个，分别用于映射和解映射。

```
void *kmap_atomic(struct page *page);
void kunmap_atomic(void *addr);
```

（一）64 位内核的 kmap_atomic()/kunmap_atomic()

我们先来看 64 位 MIPS 内核（无高端内存）中 kmap_atomic()/kunmap_atomic() 的实现，其定义在 include/linux/highmem.h 中。

```
static inline void *kmap_atomic(struct page *page)
{
    preempt_disable();
    pagefault_disable();
    return page_address(page);
}
static inline void __kunmap_atomic(void *addr)
```

```
{
    pagefault_enable();
    preempt_enable();
}
#define kunmap_atomic(addr)                                     \
do {                                                            \
    BUILD_BUG_ON(__same_type((addr), struct page *));       \
    __kunmap_atomic(addr);                                  \
} while (0)
```

它的实现非常简单，因为 64 位内核中持久内核映射实际上是基于线性映射的，而线性地址天生就是已知的，根本不涉及页表。于是，kmap_atomic() 的主体就是直接通过 page_address() 返回页描述符的线性地址。当然，为了满足原子上下文的要求，分别用 preempt_disable() 和 pagefault_disable() 禁用了抢占和缺页异常（缺页异常处理里面可能会引发阻塞）。而 __kunmap_atomic() 除了用 pagefault_enable() 和 preempt_enable() 重新打开缺页异常与抢占以外，什么都不需要做。kunmap_atomic() 是 __kunmap_atomic() 的简单封装，对参数进行了校验（参数必须是一个虚拟地址值而不是一个页描述符）。

（二）32 位内核的 kmap_atomic()

再来看 32 位 MIPS 内核（有高端内存）中 kmap_atomic() 的实现，其定义在 arch/mips/mm/ highmem.c 中。

```
void *kmap_atomic(struct page *page)
{
    preempt_disable();
    pagefault_disable();
    if (!PageHighMem(page))    return page_address(page);
    type = kmap_atomic_idx_push();
    idx = type + KM_TYPE_NR*smp_processor_id();
    vaddr = __fix_to_virt(FIX_KMAP_BEGIN + idx);
    set_pte(kmap_pte-idx, mk_pte(page, PAGE_KERNEL));
    local_flush_tlb_one((unsigned long)vaddr);
    return (void*) vaddr;
}
```

它的实现跟 64 位内核一样，首先必须关闭抢占和缺页异常以避免阻塞，然后判断页帧是否确实处于高端内存区。如果不是，直接通过 page_address() 返回其线性地址；如果页帧确实在高端内存区，则首先通过 kmap_atomic_idx_push() 把当前映射类型压栈并赋值给 type。然后根据 type 计算出页表索引并赋值给 idx（严格来说 idx 不是页表索引，真正的页表索引处于 FIX_KMAP_BEGIN 和 FIX_KMAP_END 之间，idx 是索引区间里的偏移量）。

跟持久内核映射类似，所有通过临时内核映射生成的 PTE 项（pte_t）都放置在同一个页表中。这个页表名字叫 kmap_pte，可以通过 kmap_get_fixmap_pte(vaddr) 获得虚拟地址 vaddr 在该页表中的表项。内核提供了两个内联函数来负责临时映射页表索引和虚拟地址之间的互相转换。

- 虚拟地址转页表索引：unsigned long virt_to_fix(const unsigned long vaddr)，是 __virt_to_fix() 的简单封装。
- 页表索引转虚拟地址：unsigned long fix_to_virt(const unsigned int idx)，是 __fix_to_virt() 的简单封装。

kmap_atomic() 在拿到 idx 以后，通过 __fix_to_virt() 计算出虚拟地址 vaddr，再通过 set_pte() 写入页表，最后调用 flush_tlb_one() 来刷新 vaddr 对应的 TLB 项并返回 vaddr。

（三）32 位内核的 kunmap_atomic()

最后来看 32 位 MIPS 内核（有高端内存）中 kunmap_atomic() 的实现，跟 64 位内核一样，它也是 __kunmap_atomic() 的简单封装。__kunmap_atomic() 定义在 arch/mips/mm/highmem.c 中，展开如下。

```
void __kunmap_atomic(void *kvaddr)
{
    unsigned long vaddr = (unsigned long) kvaddr & PAGE_MASK;
    if (vaddr < FIXADDR_START) {
        pagefault_enable();
        preempt_enable();
        return;
    }
    kmap_atomic_idx_pop();
    pagefault_enable();
    preempt_enable();
}
```

该函数首先将传入参数 kvaddr 对齐到所在页的起始点，并将起始点的虚拟地址赋值给 vaddr。然后判断 vaddr 是不是低于 FIXADDR_START，如果是，说明该地址所对应的页帧不在高端内存区，因此直接启用缺页异常和抢占就可以返回了。如果 vaddr 确实是一个高端内存区的地址，那么通过 kmap_atomic_idx_pop() 将当前映射类型从栈里面弹出，然后再启用缺页异常和抢占。

4.4.3 非连续内存管理

在 4.2 节我们提到，对抗外碎片的方法有三种：第一种是记录现存的连续空闲页帧块，同时尽量避免为满足小块的内存请求而分割大的空闲块，从而避免了外碎片的产生；第二种是内存规整（碎片整理），作为第一种方法的补充；第三种是允许外碎片的产生，但是通过页表将离散的页帧映射到连续的虚拟地址，这样虽然物理地址不连续，但虚拟地址仍然是一整块。前两种方法是伙伴系统，第三种方法就是本节即将介绍的非连续内存管理。非连续内存管理基于分页映射，因而可以用于高端内存，但它同样也可以用于常规内存。

非连续内存管理中使用的重要数据结构内核 VMA 描述符（VMA 全称是 Virtual Memory Area，即虚拟内存区），即 struct vm_struct，定义在 include/linux/vmalloc.h 中。

```
struct vm_struct {
    struct vm_struct        *next;
    void                    *addr;
    unsigned long           size;
    unsigned long           flags;
    struct page             **pages;
    unsigned int            nr_pages;
    phys_addr_t             phys_addr;
    const void              *caller;
};
```

一个内核 VMA 就是一段虚拟地址连续而物理地址不一定连续的内存，整个非连续内存区由一个个的内核 VMA 组成。内核 VMA 的重要成员字段的解释如表 4-7 所示。

表 4-7　内核 VMA 描述符的重要字段

字段类型	字段名称	说明
void *	addr	这个内核 VMA 的起始虚拟地址
unsigned long	size	这个内核 VMA 的长度
unsigned long	flags	非连续内存映射的标志，主要有 VM_ALLOC、VM_MAP 和 VM_IOREMAP 等
unsigned int	nr_pages	这个内核 VMA 中包含的页数
struct page **	pages	构成这个内核 VMA 的页描述符数组
phys_addr_t	phys_addr	类型为 VM_IOREMAP 时对应的设备物理地址
struct vm_struct *	next	指向下一个内核 VMA 的指针
const void *	caller	调用者的函数地址

内核 VMA 的映射的标志主要有 3 种：VM_ALLOC，表示该 VMA 是用 vmalloc() 分配出来的；VM_MAP，表示该 VMA 是用于 vmap() 映射的；VM_IOREMAP，表示该 VMA 是用 ioremap() 映射的设备内存（如 PCI 设备存储）。

所有的内核 VMA 都被组织在一个叫作 vmlist 的普通链表中，但随着链表的增大，查询效率会急剧下降。因此，内核从 2.6.28 版本开始又引入了红黑树组织法，每个内核 VMA 会关联一个 struct vmap_area 类型的数据结构。

```
struct vmap_area {
    unsigned long va_start;
    unsigned long va_end;
    struct rb_node rb_node;
    struct list_head list;
    union {
        unsigned long subtree_max_size;
        struct vm_struct *vm;
        struct llist_node purge_list;
    };
};
```

在该结构中，va_start 和 va_end 分别是 VMA 的起始地址和结束地址，rb_node 和 list 分别是红黑树节点和有序链表节点。所有的内核 VMA 通过这种方式被组织在红黑树 vmap_area_root 和有序链表 vmap_area_list 里，而普通链表 vmlist 仅仅在启动的早期使用。红黑树有利于快速查找，而有序链表适合全体遍历。

非连续内存管理有两类 API，一类是分配 / 释放 API，另一类是映射 / 解映射 API，主要的接口函数如下。

1. void *vmalloc(unsigned long size)：分配一段非连续内存并建立映射，其大小为 size。该函数有以下多个变种。

- void *vzalloc(unsigned long size)：对分配出来的内存进行清零。
- void *vmalloc_node(unsigned long size, int node)：在指定的 NUMA 节点分配。
- void *vzalloc_node(unsigned long size, int node)：在指定的 NUMA 节点分配并对分配出来的内存进行清零。
- void *vmalloc_user(unsigned long size)：分配出来的内存可用于用户态程序。
- void *vmalloc_32(unsigned long size)：只在 32 位可访问的空间内（即 4 GB 以内）分配。
- void *vmalloc_32_user(unsigned long size)：只在 32 位可访问的空间内（即 4 GB 以内）分配并且分配出来的内存可用于用户态程序。

所有这些函数最后都会通过 __vmalloc() 或者 __vmalloc_node() 来实现各自的功能，而 __vmalloc() 最终也是调用 __vmalloc_node()。

2. void vfree(const void *addr)：释放由 vmalloc() 及其变种函数所分配出来的内存并解除映射，addr 是一段非连续内存的起始虚拟地址。

3. void *vmap(struct page **pages, unsigned int count, unsigned long flags, pgprot_t prot)：对预先分配出来的一组非连续页进行映射，映射完成之后在虚拟地址上是连续的。参数 pages 是非连续页数组，count 是总页数，flags 是映射类型标志，prot 是页保护权限。

4. void vunmap(const void *addr)：解除 vmap() 建立的非连续内存映射。

下面逐个解析上述函数。

（一）非连续内存的分配与建立映射

非连续内存分配的标准函数 vmalloc() 定义在 mm/vmalloc.c 中。

```
void *vmalloc(unsigned long size)
{
    return __vmalloc_node_flags(size, NUMA_NO_NODE, GFP_KERNEL);
}
```

该函数通过不指定 NUMA 节点（节点号参数为 NUMA_NO_NODE）并且允许使用高端内存区的方式来调用 __vmalloc_node_flags()。__vmalloc_node_flags() 只是 __vmalloc_node() 的简单封装，因此 vmalloc() 最终将等价于如下结构。

```
__vmalloc_node(size, 1, GFP_KERNEL, PAGE_KERNEL,
                        NUMA_NO_NODE, __builtin_return_address(0));
```

vmalloc() 的各个变种都非常相似，无非是调用 __vmalloc_node() 的参数不一样。带 _node 后缀的会指定 NUMA 节点，清零类的会使用 __GFP_ZERO 标志，带 _32 后缀的会使用 GFP_VMALLOC32 标志，带 _user 后缀的会指定对齐要求，等等。__vmalloc() 则是不指定 NUMA 节点的 __vmalloc_node()。

__vmalloc_node() 又是 __vmalloc_node_range() 的简单包装，展开如下。

```
static void *__vmalloc_node(unsigned long size, unsigned long align, gfp_t gfp_mask,
                            pgprot_t prot, int node, const void *caller)
{
    return __vmalloc_node_range(size, align, VMALLOC_START, VMALLOC_END,
                                gfp_mask, prot, 0, node, caller);
}
```

__vmalloc_node_range() 除了 __vmalloc_node() 以外还有一个调用者是 module_alloc()。前面提到，非连续内存管理和模块内存区管理的方法是完全一致的，只是虚拟地址范围不一样，其体现就在 __vmalloc_node_range() 函数上面。__vmalloc_node() 使用的虚拟地址范围是 VMALLOC_START 到 VMALLOC_END，而 module_alloc() 使用的虚拟地址范围是 MODULE_START 到 MODULE_END。

由此可见，__vmalloc_node_range() 是最核心的分配函数，定义在 mm/vmalloc.c 中，展开如下（有精简）。

```
void *__vmalloc_node_range(unsigned long size, unsigned long align,
            unsigned long start, unsigned long end, gfp_t gfp_mask,
            pgprot_t prot, unsigned long vm_flags, int node, const void *caller)
```

```
{
    size = PAGE_ALIGN(size);
    area = __get_vm_area_node(size, align, VM_ALLOC | VM_UNINITIALIZED |
                        vm_flags, start, end, node, gfp_mask, caller);
    addr = __vmalloc_area_node(area, gfp_mask, prot, node);
    clear_vm_uninitialized_flag(area);
    return addr;
}
```

非连续内存分配是建立在伙伴系统基础上的，其分配单位是页。然而，vmalloc() 及其变种对于传入的 size 参数没做任何限定，因此 __vmalloc_node_range() 需要用 PAGE_ALIGN() 对 size 进行调整，让其在按页非对齐时稍作扩大，以便成为页大小的整数倍。接下来，__vmalloc_node_range() 将调用 __get_vm_area_node()[1] 查找一个空闲的内核 VMA，赋值给 area 以用于分配。找到空闲 VMA 以后，再通过 __vmalloc_area_node() 执行真正的页分配和页映射，映射得到的虚拟地址赋值给 addr。最后通过 clear_vm_uninitialized_flag() 清除 VMA 的 VM_UNINITIALIZED 标志并返回 addr。由此可见，__get_vm_area_node() 和 __vmalloc_area_node() 是两个关键函数。

我们先来看经过精简的第一个关键函数 __get_vm_area_node()。

```
static struct vm_struct *__get_vm_area_node(unsigned long size,
                unsigned long align, unsigned long flags, unsigned long start,
                unsigned long end, int node, gfp_t gfp_mask, const void *caller)
{
    size = PAGE_ALIGN(size);
    area = kzalloc_node(sizeof(*area), gfp_mask & GFP_RECLAIM_MASK, node);
    va = alloc_vmap_area(size, align, start, end, node, gfp_mask);
    setup_vmalloc_vm(area, va, flags, caller);
    return area;
}
```

该函数逻辑比较清晰，首先调整 size 满足页大小的整数倍；然后通过 kzalloc_node() 在 node 指定的节点上分配一个大小合适的 SLAB 通用对象 area，用作内核 VMA（即 struct vm_struct）；再通过 alloc_vmap_area() 分配一个 vmap_area 并将其插入红黑树结构中的合适位置，返回值赋值给 va；最后通过 setup_vmalloc_vm() 初始化 vm_struct 并建立 vmap_area 和 vm_struct 的关联。

再来看经过精简的第二个关键函数 __vmalloc_area_node()。

1 与 __get_vm_area_node() 类似的函数还有 get_vm_area() 和 __get_vm_area()，它们都是 __get_vm_area_node() 的简单封装，传入的节点号参数使用 NUMA_NO_NODE。

```
static void *__vmalloc_area_node(struct vm_struct *area,
                                 gfp_t gfp_mask, pgprot_t prot, int node)
{
    const gfp_t nested_gfp = (gfp_mask & GFP_RECLAIM_MASK) | __GFP_ZERO;
    const gfp_t alloc_mask = gfp_mask | __GFP_NOWARN;
    const gfp_t highmem_mask = (gfp_mask & (GFP_DMA|GFP_DMA32)) ? 0 : __GFP_HIGHMEM;
    nr_pages = get_vm_area_size(area) >> PAGE_SHIFT;
    array_size = (nr_pages * sizeof(struct page *));
    area->nr_pages = nr_pages;
    if (array_size > PAGE_SIZE) {
        pages = __vmalloc_node(array_size, 1, nested_gfp|highmem_mask,
                    PAGE_KERNEL, node, area->caller);
        area->flags |= VM_VPAGES;
    } else {
        pages = kmalloc_node(array_size, nested_gfp, node);
    }
    area->pages = pages;
    for (i = 0; i < area->nr_pages; i++) {
        if (node == NUMA_NO_NODE)
            page = alloc_page(alloc_mask|highmem_mask);
        else
            page = alloc_pages_node(node, alloc_mask|highmem_mask, 0);
        area->pages[i] = page;
        if (gfpflags_allow_blocking(gfp_mask|highmem_mask))   cond_resched();
    }
    atomic_long_add(area->nr_pages, &nr_vmalloc_pages);
    if (map_vm_area(area, prot, pages))   goto fail;
    return area->addr;
}
```

这个函数的逻辑也是比较清晰的。首先计算一些局部变量，如嵌套 vmalloc() 使用的 GFP 标志 netsted_gfp，本次分配使用的 GFP 标志 alloc_mask，HIGHMEM 附加 GFP 标志 highmem_mask（保证__GFP_HIGHMEM 不会与__GFP_DMA/__GFP_DMA32 同时设置），总页数 nr_pages，以及 pages 数组的大小 array_size。接下来给页描述符数组 pages 分配内存，如果数组很大，超过了一个页，就用 __vmalloc_node() 在分页映射区分配（出现了递归嵌套）并设置 VM_VPAGES 标志；否则用 kmalloc_node() 在线性映射区分配。给 pages 分配数组时用的 GFP 标志是 nested_gfp|highmem_mask，其会将分配到的页进行清零，分配成功后，将 pages 赋值给 VMA 的 pages 字段。

然后是给 pages 数组中的每一个页描述符真正分配物理页，通过一个 for 循环来完成，循环的轮数为总页数 area->nr_pages。物理页通过伙伴系统进行分配，如果不限定 NUMA 节点，就用 alloc_page() 分配，否则用 alloc_pages_node() 分配。不管是哪种情况，分配阶都是 0，也就是说每次只分配一个页（因此循环结束以后，这些页大都是不连续的）。如果分配标志允许睡眠，那么每次分配一个页以后都会通过 cond_resched() 来检查是否需要发生调度，如果需要，就会切换到别的进程。当循环结束以后，通过 map_vm_area() 来创建页表项完成映射并刷新 Cache，最后返回 VMA 的首地址 area->addr。

完成映射的 map_vm_area() 函数的关键步骤是 vmap_page_range(addr, end, prot, pages)，该函数带 4 个参数，分别是起始地址、结束地址、页保护权限和页描述符数组。vmap_page_range() 的关键步骤是调用 vmap_page_range_noflush()，后者用一种非常规整的格式逐级循环调用 vmap_p4d_range()、vmap_pud_range()、vmap_pmd_range()、vmap_pte_range() 和 set_pte_at() 来分别完成 PGD 项、P4D 项、PUD 项、PMD 项和 PTE 项的分配与创建（P4D 项是启用五级页表支持以后位于 PGD 和 PUD 之间的页表级）。这些函数都非常简明清晰，下面展开其主体代码，但不再一一注解。

```
int vmap_page_range_noflush(unsigned long start, unsigned long end,
            pgprot_t prot, struct page **pages)
{
    pgd = pgd_offset_k(addr);
    do {
        next = pgd_addr_end(addr, end);
        err = vmap_p4d_range(pgd, addr, next, prot, pages, &nr);
    } while (pgd++, addr = next, addr != end);
    return nr;
}

static int vmap_p4d_range(pgd_t *pgd, unsigned long addr,
            unsigned long end, pgprot_t prot, struct page **pages, int *nr)
{
    p4d = p4d_alloc(&init_mm, pgd, addr);
    do {
        next = p4d_addr_end(addr, end);
        if (vmap_pud_range(p4d, addr, next, prot, pages, nr)) return -ENOMEM;
    } while (p4d++, addr = next, addr != end);
    return 0;
}

static int vmap_pud_range(pgd_t *pgd, unsigned long addr,
            unsigned long end, pgprot_t prot, struct page **pages, int *nr)
{
```

```
    pud = pud_alloc(&init_mm, pgd, addr);
    do {
        next = pud_addr_end(addr, end);
        if (vmap_pmd_range(pud, addr, next, prot, pages, nr)) return -ENOMEM;
    } while (pud++, addr = next, addr != end);
    return 0;
}

static int vmap_pmd_range(pud_t *pud, unsigned long addr,
            unsigned long end, pgprot_t prot, struct page **pages, int *nr)
{
    pmd = pmd_alloc(&init_mm, pud, addr);
    do {
        next = pmd_addr_end(addr, end);
        if (vmap_pte_range(pmd, addr, next, prot, pages, nr))  return -ENOMEM;
    } while (pmd++, addr = next, addr != end);
    return 0;
}

static int vmap_pte_range(pmd_t *pmd, unsigned long addr,
            unsigned long end, pgprot_t prot, struct page **pages, int *nr)
{
    pte = pte_alloc_kernel(pmd, addr);
    do {
        struct page *page = pages[*nr];
        set_pte_at(&init_mm, addr, pte, mk_pte(page, prot));
        (*nr)++;
    } while (pte++, addr += PAGE_SIZE, addr != end);
    return 0;
}
```

建立非连续内存映射的标准函数 vmap() 定义在 mm/vmalloc.c 中，展开如下。

```
void *vmap(struct page **pages, unsigned int count, unsigned long flags, pgprot_t prot)
{
    might_sleep();
    area = get_vm_area_caller((count << PAGE_SHIFT), flags, __builtin_return_address(0));
    if (map_vm_area(area, prot, pages)) {
        vunmap(area->addr);
```

```
        return NULL;
    }
    return area->addr;
}
```

和 vmalloc() 相比，vmap() 函数非常简单，因为所需要的页帧已经预先分配好了，只需要找到合适的内核 VMA 建立相应的页表项即可。vmap() 允许阻塞，所以先通过 might_sleep() 检测是否需要睡眠。然后，vmap() 通过 get_vm_area_caller() 来获得一个合适的 VMA 并赋值给 area，get_vm_area_caller() 是 __get_vm_area_node() 的简单封装，而后者刚刚已经介绍过。拿到 area 之后，vmap() 通过之前已经介绍过的 map_vm_area() 建立各级页表项并刷新 Cache，最后返回 area->addr。

（二）非连续内存的释放与解除映射

非连续内存释放的标准函数 vfree() 定义在 mm/vmalloc.c 中，展开如下。

```
void vfree(const void *addr)
{
    might_sleep_if(!in_interrupt());
    __vfree(addr);
}

static void __vfree(const void *addr)
{
    if (unlikely(in_interrupt()))       __vfree_deferred(addr);
    else                                __vunmap(addr, 1);
}

static inline void __vfree_deferred(const void *addr)
{
    struct vfree_deferred *p = raw_cpu_ptr(&vfree_deferred);
    if (llist_add((struct llist_node *)addr, &p->list))  schedule_work(&p->wq);
}
```

首先，如果 in_interrupt() 为假，说明当前不在中断上下文里面，那么检测是否需要睡眠（让位于高优先级进程），否则，调用 __vfree()。

进入 __vfree() 后，如果 in_interrupt() 为真，说明当前是在中断上下文里面，那么释放操作不能立即进行，只能调用 __vfree_deferred() 来延迟释放。__vfree_deferred() 利用了工作队列机制，通过 schedule_work() 在进程上下文（名为 kworker 的内核工作者线程，具体工作函数为 free_work()）中延迟释放。如果不是在中断上下文，那么 __vfree() 通过 __vunmap() 立即释放页帧并解除映射。

解除非连续内存映射的标准函数 vunmap() 也定义在 mm/vmalloc.c 中，展开如下。

```
void vunmap(const void *addr)
{
    might_sleep();
    if (addr)   __vunmap(addr, 0);
}
```

首先通过 might_sleep() 检测是否需要睡眠，然后如果 addr 不为空，则通过 __vunmap() 立即解除映射。

由此可见，vfree() 和 vunmap() 最后都通过 __vunmap() 来实现，只不过调用的参数不一样，下面就来展开 __vunmap() 的代码。

```
static void __vunmap(const void *addr, int deallocate_pages)
{
    area = find_vmap_area((unsigned long)addr)->vm;
    vm_remove_mappings(area, deallocate_pages);
    if (deallocate_pages) {
        for (i = 0; i < area->nr_pages; i++) {
            struct page *page = area->pages[i];
            __free_pages(page, 0);
        }
        atomic_long_sub(area->nr_pages, &nr_vmalloc_pages);
        kvfree(area->pages);
    }
    kfree(area);
    return;
}
```

参数 addr 是需要释放或者解除映射的非连续内存区首地址，deallocate_pages 是指在解除映射后释放需要释放的页帧，vfree() 的时候 deallocate_pages 取值为 1，而 vunmap() 的时候 deallocate_pages 取值为 0。

vm_remove_mappings() 函数的核心是 remove_vm_area()，而 remove_vm_area() 用于查找并解除一个内核 VMA 的非连续内存映射，然后返回查找到的 VMA 描述符。该函数定义在 mm/vmalloc.c 中，其代码展开如下。

```
struct vm_struct *remove_vm_area(const void *addr)
{
    va = __find_vmap_area((unsigned long)addr);
    if (va && va->vm) {
        struct vm_struct *vm = va->vm;
        va->vm = NULL;
```

```
        free_unmap_vmap_area(va);
        return vm;
    }
    return NULL;
}
```

该函数首先通过 __find_vmap_area() 在红黑树中查找 addr 所对应的 vmap_area 并赋值给 va，如果没有查找到 vmap_area 或者其 vm 字段为空，则直接返回 NULL。如果 va 不为空并且其 vm 字段也不为空，则将 va 所关联的 VMA 赋值给局部变量 vm 并将 va 的 vm 字段置空，然后调用 free_unmap_vmap_area() 解除映射并返回 vm。

free_unmap_vmap_area() 调用的关键步骤是 unmap_vmap_area()，它基本相当于 map_vm_area() 的逆过程，其内容非常简单，等价于 vunmap_page_range(va->va_start, va->va_end)。

vunmap_page_range() 是 vmap_page_range() 的逆过程，通过一种非常规整的格式逐级循环调用 vunmap_p4d_range()、vunmap_pud_range()、vunmap_pmd_range()、vunmap_pte_range() 和 ptep_get_and_clear() 来完成 PGD 项、P4D 项，PUD 项、PMD 项和 PTE 项的映射解除。这些函数都非常简明清晰，下面展开其主体代码，但不再一一注解。

```
static void vunmap_page_range(unsigned long addr, unsigned long end)
{
    pgd = pgd_offset_k(addr);
    do {
        next = pgd_addr_end(addr, end);
        if (pgd_none_or_clear_bad(pgd))    continue;
        vunmap_p4d_range(pgd, addr, next);
    } while (pgd++, addr = next, addr != end);
}

static void vunmap_p4d_range(pgd_t *pgd, unsigned long addr, unsigned long end)
{
    p4d = p4d_offset(pgd, addr);
    do {
        next = p4d_addr_end(addr, end);
        if (p4d_clear_huge(p4d))    continue;
        if (p4d_none_or_clear_bad(p4d))    continue;
        vunmap_pud_range(p4d, addr, next);
    } while (p4d++, addr = next, addr != end);
}

static void vunmap_pud_range(pgd_t *pgd, unsigned long addr, unsigned long end)
```

```
{
    pud = pud_offset(pgd, addr);
    do {
        next = pud_addr_end(addr, end);
        if (pud_clear_huge(pud))    continue;
        if (pud_none_or_clear_bad(pud))  continue;
        vunmap_pmd_range(pud, addr, next);
    } while (pud++, addr = next, addr != end);
}

static void vunmap_pmd_range(pud_t *pud, unsigned long addr, unsigned long end)
{
    pmd = pmd_offset(pud, addr);
    do {
        next = pmd_addr_end(addr, end);
        if (pmd_clear_huge(pmd))     continue;
        if (pmd_none_or_clear_bad(pmd))   continue;
        vunmap_pte_range(pmd, addr, next);
    } while (pmd++, addr = next, addr != end);
}

static void vunmap_pte_range(pmd_t *pmd, unsigned long addr, unsigned long end)
{
    pte = pte_offset_kernel(pmd, addr);
    do {
        pte_t ptent = ptep_get_and_clear(&init_mm, addr, pte);
    } while (pte++, addr += PAGE_SIZE, addr != end);
}
```

回到 __vunmap()，在映射解除以后，该函数通过一个 for 循环对每一个页帧调用 __free_pages(page, 0)，将其释放回伙伴系统。页帧释放完以后，通过 kvfree() 函数来释放 VMA 的页描述符数组。kvfree() 的内部逻辑是根据地址类型调用 kfree() 或者 vfree()，具体用哪个函数来释放取决于 is_vmalloc_addr() 的返回值（实际上取决于当初的分配方式）。最后，通过 kfree() 来释放内核 VMA 描述符本身。

从用户的角度来看，基于线性映射的 kmalloc()/kfree() 与基于分页映射的 vmalloc()/vfree() 具有高度的相似性。一般来说，kmalloc()/kfree() 在性能上更有优势，但 vmalloc()/vfree() 的局限性更小。因此从 Linux-4.12 版本开始引入了一套结合使用 kmalloc()/kfree() 和 vmalloc()/vfree() 的新 API。

```
void *kvmalloc(size_t size, gfp_t flags)/void kvfree(const void *addr);
```

kvmalloc() 首先尝试使用 kmalloc() 分配内存，如果失败则调用 vmalloc() 分配；kvfree() 则根据对象的来源选择 kfree() 或者 vfree() 进行释放。

此外，kvmalloc() 函数还有一系列变种。

- 带清零功能的 kvmalloc()：void *kvzalloc(size_t size, gfp_t flags)。
- 指定节点的 kvmalloc()：void *kvmalloc_node(size_t size, gfp_t flags, int node)。
- 指定节点且带清零功能的 kvmalloc()：void *kvzalloc_node(size_t size, gfp_t flags, int node)。

至此，非连续内存管理解析完成。

4.5 进程地址空间管理

前面介绍了基于线性映射 SLAB/SLUB 内核内存对象管理，以及基于分页映射的持久内核映射、临时内核映射和非连续内存管理。它们都有一个共同点：这些内存管理方法的使用者都是内核本身。本节所要讲述的则是面向用户态程序的内存管理，称为进程地址空间管理。

用户态的内存管理很大程度上是内核外面的运行时库完成的，如 malloc()/free() 的实现。然而，malloc()/free() 所需的内存资源最终都是通过系统调用从内核申请的，因此，内核在一定程度上相当于是运行时库的“后端服务器”，而 malloc()/free() 只是一个前端代理。并且，malloc()/free() 面对的只是虚拟地址资源，也就是说，malloc() 仅仅能够申请到一块虚拟内存，并没有真正映射到物理页。物理页是一种宝贵的资源，内核自身的物理内存分配可以即时完成，而用户态进程的物理内存分配是通过“缺页异常”延迟完成的。

回忆一下 MIPS 的虚拟地址空间。不管是 32 位还是 64 位系统，内核自身都只使用高一半的地址空间（即第三个和第四个等分段）；内核虽然有权限访问低一半的地址空间（即第一个和第二个等分段），但通常不会直接使用。32 位 MIPS 的应用程序可以访问全部低一半地址空间；64 位 MIPS 的应用程序理论上可以访问低 1/4 的地址空间（第一个等分段），但实际上受限于 CPU 的实际寻址能力和软件限制（第一个等分段长度为 2^62 B，即 4 EB；龙芯 3 号的实际寻址能力为 2^48 B，即 256 TB；而当前 64 位 MIPS 应用程序的设计限制为 2^40 B，即 1 TB[1]）。

4.5.1 数据结构与 API

进程地址空间管理中两个最重要的数据结构是内存描述符和 VMA 描述符。

（一）进程内存描述符：mm_struct

每一个进程（包括普通进程和内核线程）用一个进程描述符（struct task_struct）表示，每

1　从 Linux-4.12 版本开始，MIPS 引入了 48 位虚拟地址的支持。应用程序的缺省地址空间长度为 1 TB（2^40 B），如果启用了 CONFIG_MIPS_VA_BITS_48 则最大可达 256 TB（2^48 B），当然实际情况受限于 CPU 的寻址能力。

个进程描述符里有两个类型为内存描述符（struct mm_struct）的指针：mm 和 active_mm。一个内存描述符表征一个进程地址空间，普通的进程拥有独立的地址空间，而属于同一个进程的线程共享同一个地址空间。进程描述符中的 mm 字段是进程拥有的内存描述符，而 active_mm 是运行时实际使用的活动内存描述符。对于用户态进程 / 线程，mm 字段和 active_mm 字段相同，都指向同一个有意义的内存描述符；对于内核线程，mm 字段为 NULL，active_mm 字段在系统初始化过程中为 init_mm，在初始化完成之后则等同于进程切换的前一个进程的 active_mm。这样设计的原因是内核本身不拥有用户态地址空间，但是内核又确实需要通过页表来访问分页映射的地址（如 vmalloc() 的地址）。对于大多数体系结构，所有进程页表在用户态虚地址部分各不相同，而在内核态地址部分的页表项都是相同的，因此可以通过复用前一个进程的页表来达到目的[1]。

内存描述符是一个比较复杂的数据结构，定义在 include/linux/mm_types.h 中，其代码如下（有精简）。

```
struct mm_struct {
    struct {
        struct vm_area_struct *mmap;
        struct rb_root mm_rb;
        unsigned long (*get_unmapped_area) (struct file *filp,
                    unsigned long addr, unsigned long len,
                    unsigned long pgoff, unsigned long flags);
        unsigned long mmap_base;
        unsigned long mmap_legacy_base;
        unsigned long task_size;
        pgd_t * pgd;
        atomic_t mm_users;
        atomic_t mm_count;
        int map_count;
        struct rw_semaphore mmap_sem;
        unsigned long start_code, end_code, start_data, end_data;
        unsigned long start_brk, brk, start_stack;
        unsigned long arg_start, arg_end, env_start, env_end;
        mm_context_t context;
        ......
    } __randomize_layout;
    unsigned long cpu_bitmap[];
};
```

1　以 32 位 X86 为例，4 GB 虚拟地址空间的低 3 GB 属于用户态，第 4 个 GB 属于内核态（3：1 模式），所有进程页表的第 4 个 GB 的页表项完全相同（并不是实时的完全相同，但有机制保证在合适的时候进行同步）。MIPS 的虚拟地址空间也有类似的划分，但使用的是 2：2 模式，并且只有 32 位 MIPS 会复用进程页表，64 位 MIPS 不需要复用。

出于安全性考虑，从 Linux-4.13 版本开始引入了结构体随机化，mm_struct 就是一个支持随机化的数据结构，除了最后的 cpu_bitmap 字段，前面标注了 __randomize_layout 的子结构的内部布局是可以随机调整的。

内存描述符的重要成员字段的解释如表 4-8 所示。

表 4-8　内存描述符的重要字段

字段类型	字段名称	说明
atomic_t	mm_count	内存描述符的主引用计数
atomic_t	mm_users	内存描述符的次引用计数
struct vm_area_struct *	mmap	内存映射图（即进程 VMA 链表头指针）
struct rb_root	mm_rb	进程 VMA 红黑树的根节点
unsigned long * function()	get_unmapped_area	获取一块 MMAP 未映射区域的函数指针
unsigned long	mmap_base	灵活布局下 mmap 区域的基地址
unsigned long	mmap_legacy_base	传统布局下 mmap 区域的基地址
unsigned long	task_size	进程虚拟内存空间的长度
pgd_t *	pgd	进程的页全局目录（页表根目录）
unsigned long	start_code, end_code	进程代码段的起始和结束地址
unsigned long	start_data, end_data	进程数据段的起始和结束地址
unsigned long	start_brk, brk	进程堆的起始和结束地址
unsigned long	start_stack	进程栈的起始地址
unsigned long	arg_start, arg_end	进程命令参数的起始和结束地址
unsigned long	env_start, env_end	进程环境变量的起始和结束地址
mm_context_t	context	体系结构相关的内存上下文描述符
unsigned long	cpu_bitmap[]	内存描述符所关联的 CPU 位图

内存描述符用两个引用计数器，其中次引用计数 mm_users 表示共享该内存描述符的进程的个数（即 task_struct 的个数）。所有非零的次引用计数在主引用计数 mm_count 里只占一个单位，因此主引用计数除了表征拥有该内存描述符的进程外（mm 字段指向该内存描述符的 task_struct），还表征使用该内存描述符的内核线程（mm 字段为空但 active_mm 指向该内存描述符的 task_struct），以及一些临时需要引用内存描述符的内核执行路径。创建进程时，exec() 类系统调用会调用 mm_alloc() 分配并初始化内存描述符，将 mm_count 和 mm_users 都设置为 1。mmgrab()/mmdrop() 用于增加 / 减少内存描述符的主引用计数（如内核线程租借 / 归还普通进程的内存描述符），mmget()/mmput() 用于增加 / 减少内存描述符的次引用计数（如线程的创建 / 退出）。当 mm_users 从非零变为零时，mm_count 也会减 1；当 mm_users 和 mm_count 都变为零时，内存描述符就会被释放。

为了理解表 4-8 中的其他内容，我们首先需要了解进程的虚拟地址空间布局。虚拟地址空间的总长度就是 mm_struct::task_size，它的取值是 TASK_SIZE，而 TASK_SIZE 在 32 位系统和 64 位系统上有着不同的取值。

```
#ifdef CONFIG_32BIT
#define TASK_SIZE        0x80000000UL
#endif
#ifdef CONFIG_64BIT
#define TASK_SIZE32      0x7fff8000UL
#ifdef CONFIG_MIPS_VA_BITS_48
#define TASK_SIZE64     (0x1UL << ((cpu_data[0].vmbits>48)?48:cpu_data[0].vmbits))
#else
#define TASK_SIZE64      0x10000000000UL
#endif
#define TASK_SIZE    (test_thread_flag(TIF_32BIT_ADDR)?TASK_SIZE32:TASK_SIZE64)
#endif
```

对于 32 位内核（CONFIG_32BIT），TASK_SIZE 即为 USEG 的极限（2 GB）。对于 64 位内核（CONFIG_64BIT），因为需要兼容 32 位的应用程序，所以 TASK_SIZE 具有两种取值。如果应用程序是 32 位，则 TASK_SIZE 等于 TASK_SIZE32，略小于 2 GB；如果应用程序是 64 位，则 TASK_SIZE 等于 TASK_SIZE64，即 1 TB（2^40 B）或 256 TB（2^48 B，需启用 CONFIG_MIPS_VA_BITS_48，实际情况受限于 CPU 寻址能力，即 cpu_data[0].vmbits）。显然，64 位内核上的 64 位应用程序是可以继续扩展的，只不过目前只用到了 40/48 位虚拟地址空间而已。

进程可以支配虚拟地址从 0 到 TASK_SIZE 之间的空间，这个空间的内部布局有两种方式：一种是传统布局，另一种是灵活布局，如图 4-15 所示（此图不考虑地址随机化，在有地址随机化的情况下，各个区段的起始点会有少许浮动，但不改变总体布局）。

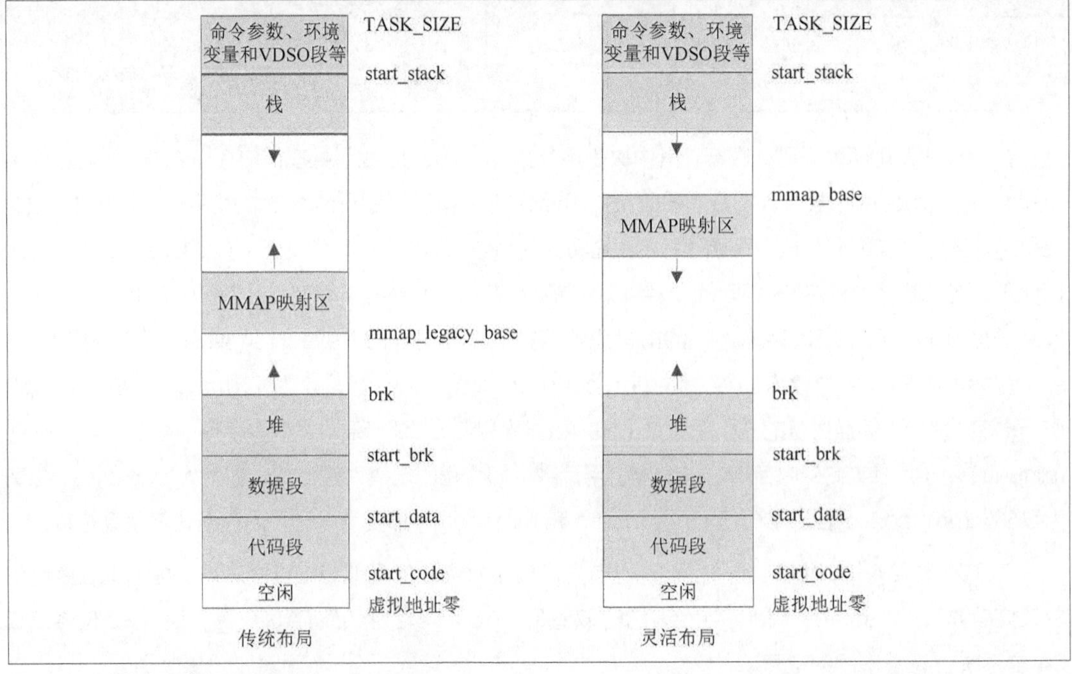

图 4-15　进程地址空间的两种布局

不管哪种布局，每个进程根据虚拟地址从低到高都有代码段（也叫正文段）、数据段（包括 BSS）、堆、MMAP 映射区、栈和特殊区段（包括命令参数、环境变量和 VDSO 段等）。虚拟地址零常用于捕获空指针异常，因此代码段并不从那里开始。代码段（包括 BSS）、数据段和特殊区段在应用程序开始执行以后其大小就已经固定，而堆、栈和 MMAP 映射区则是动态可增长的。对于传统布局，堆和 MMAP 映射区从低往高涨，而栈则是从高往低涨，MMAP 的基地址 mmap_legacy_base[1] 约为地址空间的 1/3 处（即 TASK_UNMAPPED_BASE）。

实践证明，堆的增长需求通常比栈要大。因此传统布局有一个很大的缺陷，就是堆的增长是比较有限的，而栈和 MMAP 映射区则相对富余，这个缺陷对 32 位应用程序尤为明显。灵活布局就是用来解决这个问题的，X86 在 2.6.8 版本的时候就引入了灵活布局，而 MIPS 直到 3.1 版本才引入。灵活布局主要改变了 MMAP 映射区的用法，固定其基地址 mmap_base（缺省为 start_stack 往下 128 MB 处）并采用从高到低的增长方式。在这种布局下，栈的增长是比较有限的，而堆和 MMAP 映射区相对富余，因为灵活布局的缺省栈的增长极限为 128 MB。如果特殊的应用程序需要使用更大的栈，可以通过 ulimit -s 命令或者 setrlimit() 系统调用来改变增长极限（实际上就是改变 mmap_base），最大可以增长到地址空间的 5/6。

内存描述符中有一个体系结构相关的字段是内存上下文描述符（mm_context_t）。对于龙芯，mm_context_t 中最重要的是 ASID 数组 unsigned long asid[NR_CPUS]。从 TLB 的工作原理可知 ASID 是用于多进程 TLB 项匹配的：TLB 命中 = VPN2 匹配 && (全局匹配 || ASID 匹配)。然而，ASID 与进程 ID 并不具备一一对应关系，其原因有以下 3 点。

1. 多个进程可以共享同一个地址空间（内存描述符 mm_struct）。

2. 传统上 TLB 中的硬件 ASID 只有 8 位，其数量不足以对应所有进程（进程数通常远大于 2^8 = 256）。

3. TLB 是每个 CPU 核私有的，因此同一进程在不同核上运行时具有不同的 ASID。

由于原因 1，ASID 数组并不是与进程描述符关联，而是与内存描述符关联；由于原因 2，ASID 数组的类型被定义成 64 位整数而不是 8 位整数；由于原因 3，ASID 数组总共有 NR_CPUS 项，每一项对应系统中的一个逻辑 CPU。

ASID 数组是 64 位整数，被分割成具有不同用途的两段：高 56 位为版本号，低 8 位为硬件 ASID。版本号为 0 表示 ASID 无效，第一个有效的 ASID 版本为 0x100（ASID_FIRST_VERSION）。引入版本号实际上是对进程（严格来说是地址空间）进行分批处理，版本号相同的进程属于同一批次，每一批次最多有 256（256 = 2^8）个进程。进程 ASID 具备如下一些特性（在后续章节中会陆续接触到）。

1. 新创建的进程通过 init_new_context() 初始化一个 mm_context_t，其 ASID 数组设置成无效（版本号为 0，硬件 ASID 为 0）。

2. 进程被调度开始运行时，通过 get_new_mmu_context() 在当前逻辑 CPU 上获得有效

1　5.4.x 版本内核中实际上只有 X86 和 PA-RISC 使用了 mmap_legacy_base，而 MIPS 是复用 mmap_base；但长远看来各种体系结构最后都会在传统布局下统一使用 mmap_legacy_base。

的 ASID（版本号有效，硬件 ASID 为 0 ~ 255）。

3. 每个逻辑 CPU 有一个 asid_cache 变量，表示刚刚分配出去的 ASID，同时也表明了当前 CPU 的 ASID 批次（ASID 批次即 ASID 版本号）。

4. 一个批次的 ASID 分配完（硬件 ASID 达到 255）以后，版本号升级（即 asid_cache 增加 1）而硬件 ASID 再次从 0 开始；当 ASID 版本号升级到最大值以后，再次回滚到 ASID_FIRST_VERSION。

5. 正在运行的进程的 ASID 必须和 asid_cache 拥有相同版本号，这是在调度（进程切换）时检测的。如果匹配直接运行，如果不匹配则通过 get_new_mmu_context() 在特定的逻辑 CPU 上重新获取 ASID 再投入运行。

6. 可以在必要的时候通过 drop_mmu_context() 废弃一个进程地址空间在当前逻辑 CPU 上的 ASID（如果逻辑 CPU 在内存描述符的关联 CPU 位图里就获取新的 ASID，否则将 ASID 重置为 0）。

> **注意：**
> 从 Linux-4.7 版本开始支持可变长的 ASID，前提是硬件本身支持可变长的 ASID（比如龙芯 3A4000 支持）并且启用了 CONFIG_MIPS_ASID_BITS_VARIABLE 选项。但上述关于 ASID 数组的基本逻辑依然保持不变（ASID 数组元素依旧是 64 位，只不过版本号和硬件 ASID 各自的长度可变而已）。

初始进程（0 号 CPU 上的 0 号进程）的有效内存描述符是 init_mm，它是整个系统中内存描述符的模板，定义在 mm/init-mm.c 中，展开如下。

```
struct mm_struct init_mm = {
    .mm_rb              = RB_ROOT,
    .pgd                = swapper_pg_dir,
    .mm_users           = ATOMIC_INIT(2),
    .mm_count           = ATOMIC_INIT(1),
    .mmap_sem           = __RWSEM_INITIALIZER(init_mm.mmap_sem),
    .page_table_lock    =  __SPIN_LOCK_UNLOCKED(init_mm.page_table_lock),
    .mmlist             = LIST_HEAD_INIT(init_mm.mmlist),
    .user_ns            = &init_user_ns,
    .cpu_bitmap         = CPU_BITS_NONE,
    INIT_MM_CONTEXT(init_mm)
};
```

（二）进程 VMA 描述符：vm_area_struct

除了内存描述符，另一个重要的数据结构是 struct vm_area_struct，它跟内核用于管理自身分页映射的 strut vm_struct（内核 VMA 描述符）非常相似，称为进程 VMA 描述符。通常，进程 VMA 也称为线性区，进程地址空间由一个个 VMA 组成。进程 VMA 描述符定义在 include/linux/mm_types.h 中。

```
struct vm_area_struct {
    unsigned long vm_start;
```

```
    unsigned long vm_end;
    struct vm_area_struct *vm_next, *vm_prev;
    struct rb_node vm_rb;
    struct mm_struct *vm_mm;
    pgprot_t vm_page_prot;
    unsigned long vm_flags;
    struct list_head anon_vma_chain;
    struct anon_vma *anon_vma;
    const struct vm_operations_struct *vm_ops;
    unsigned long vm_pgoff;
    struct file * vm_file;
    struct mempolicy *vm_policy;
    ......
};
```

进程 VMA 描述符的重要成员字段的解释如表 4-9 所示。

表 4-9　进程 VMA 描述符的重要字段

字段类型	字段名称	说明
struct mm_struct *	vm_mm	该 VMA 所在的内存描述符
unsigned long	vm_start	该 VMA 的起始虚拟地址
unsigned long	vm_end	该 VMA 的结束虚拟地址
struct vm_area_struct *	vm_prev	该进程 VMA 链表的上一个元素
struct vm_area_struct *	vm_next	该进程 VMA 链表的下一个元素
struct rb_node	vm_rb	该进程 VMA 的红黑树节点
pgprot_t	vm_page_prot	该 VMA 的页保护权限
unsigned long	vm_flags	一系列 VMA 标志
const struct vm_operations_struct *	vm_ops	进程 VMA 操作函数集
struct file *	vm_file	MMAP 文件映射所对应的文件
unsigned long	vm_pgoff	MMAP 文件映射在 vm_file 中的偏移量，单位是页（PAGE_SIZE）
struct anon_vma *	anon_vma	MMAP 匿名映射所用到的结构体，简称 AV，功能上相当于文件映射的 vm_file
struct list_head	anon_vma_chain	链接 AVC（AV 枢纽）的链表节点

和内核 VMA 一样，进程 VMA 也被同时组织在有序链表和红黑树之中，前者有利于全体遍历，而后者有利于快速查找。进程 VMA 带有一系列形如 VM_XYZ 的标志，用来描述其特性，如表 4-10 所示。

表 4-10　进程 VMA 的标志

标志名称	标志含义
VM_NONE	VMA 不带任何标志
VM_READ	VMA 中的页可读
VM_WRITE	VMA 中的页可写
VM_EXEC	VMA 中的页可执行
VM_SHARED	VMA 中的页可由多个进程共享
VM_MAYREAD	VMA 中的页可以设置 VM_READ 标志
VM_MAYWRITE	VMA 中的页可以设置 VM_WRITE 标志
VM_MAYEXEC	VMA 中的页可以设置 VM_EXEC 标志
VM_MAYSHARE	VMA 中的页可以设置 VM_SHARED 标志
VM_GROWSDOWN	VMA 可向低地址扩展（如栈）
VM_GROWSUP	VMA 可向高地址扩展（如堆），在 MIPS 中等同于 VM_NONE
VM_STACK	栈 VMA 的增长方向，在 MIPS 中等同于 VM_GROWSDOWN
VM_UFFD_MISSING	用于用户态缺页处理，跟踪缺失页
VM_PFNMAP	VMA 必须是纯 PFN 映射（不关联页帧）
VM_DENYWRITE	VMA 映射了一个不可写的文件
VM_EXECUTABLE	VMA 映射了一个可执行的文件（从 3.7 版本开始不再使用）
VM_UFFD_WP	用于用户态缺页处理，跟踪写保护页
VM_LOCKED	VMA 中的页被锁住，不可换出
VM_IO	VMA 映射设备的 I/O 地址空间
VM_SEQ_READ	VMA 中的页可能被应用程序顺序访问
VM_RAND_READ	VMA 中的页可能被应用程序随机访问
VM_DONTCOPY	VMA 中的页在创建子进程时不被复制
VM_RESERVED	VMA 是特殊的因而不能被交换（从 3.7 版本开始不再使用）
VM_DONTEXPAND	VMA 不可以通过 mremap() 系统调用进行扩展
VM_LOCKONFAULT	VMA 中的页会被加入不可驱逐链表（配合 VM_LOCKED 使用）
VM_ACCOUNT	VMA 是否用于记账，记账的话会通过各种方式限制内存分配
VM_NORESERVE	VMA 抑制记账（不会被设置 VM_ACCOUNT）
VM_HUGETLB	VMA 中包含巨页（HugePage）
VM_NONLINEAR	VMA 用于非线性文件映射（从 4.0 版本开始不再使用）
VM_SYNC	VMA 中的数据在发生缺页异常时需要同步
VM_ARCH_1	体系结构相关，MIPS 未做定义
VM_ARCH_2	体系结构相关，MIPS 未做定义
VM_WIPEONFORK	VMA 在复制到子进程之后将会擦除其内容（清零）

续表

标志名称	标志含义
VM_DONTDUMP	VMA 中的页在发生核心转储（Coredump）时被忽略
VM_SOFTDIRTY	VMA 中的页可通过软件跟踪写入操作
VM_MIXEDMAP	VMA 可以是纯 PFN 映射（不关联页帧）
VM_HUGEPAGE	VMA 有 MADV_HUGEPAGE 标记
VM_NOHUGEPAGE	VMA 有 MADV_NOHUGEPAGE 标记
VM_MERGEABLE	VMA 中的页可以被 KSM 合并（内容相同的页会被 KSM 合并）

进程 VMA 标志里面，VM_READ、VM_WRITE、VM_EXEC 和 VM_SHARED 称为权限标志。VMA 的权限标志最终会转换成页表项和 TLB 项里的权限标志，供硬件使用。

内核总是试图尽可能合并进程 VMA 以减少其数量，如果两个 VMA 在地址上连续并且权限标志相同，就会合并成一个 VMA。反之，如果一个 VMA 中一部分地址区域被释放造成断裂，或者一部分地址区域权限标志改变，就会将一个 VMA 分解成多个 VMA。一般情况下，进程的代码段是一个 VMA，数据段是一个 VMA，堆是一个 VMA，栈是一个 VMA，而 MMAP 区由于包含文件映射和匿名映射两种情况，并且可以指定映射地址和权限，大多包括多个 VMA。

和 VMA 操作相关的主要 API 如下。

1. struct vm_area_struct * find_vma(struct mm_struct * mm, unsigned long addr)：

给定地址 addr，在特定进程的内存描述符 mm 内查找满足 vm_end > addr 的第一个 VMA。注意该函数并不保证 addr 一定处于目标 VMA 范围之内（即不保证 vm_start < addr < vm_end，因为给出的参数本来就有可能落在任何 VMA 之外）。如果找不到满足条件的 VMA，返回 NULL。

2. strut vm_area_struct * find_vma_prev(struct mm_struct * mm, unsigned long addr, struct vm_area_struct **pprev)：

同 find_vma()，找到目标 VMA 的同时将目标 VMA 的上一个 VMA 赋值给 pprev（可能是 NULL）。如果找不到目标 VMA，返回 NULL。

3. struct vm_area_struct * find_vma_intersection(struct mm_struct * mm, unsigned long start_addr, unsigned long end_addr)：

给定一个地址区间，起始地址为 start_addr，结束地址为 end_addr，在特定进程的内存描述符 mm 内查找一个与该区域重叠的 VMA。如果找不到，返回 NULL。

4. struct vm_area_struct *find_exact_vma(struct mm_struct *mm, unsigned long vm_start, unsigned long vm_end)：

给定一个地址区间，起始地址为 start_addr，结束地址为 end_addr，在特定进程的内存描述符 mm 内查找一个与该区域精确重合的 VMA。如果找不到，返回 NULL。

5. struct vm_area_struct *vma_merge(struct mm_struct *mm, struct vm_area_struct *prev, unsigned long addr, unsigned long end, unsigned long

vm_flags, struct anon_vma *anon_vma, struct file * file, pgoff_t pgoff, struct mempolicy *policy, struct vm_userfaultfd_ctx ctx):

试图在特定进程的内存描述符 mm 内合并 VMA，prev 是新区域之前的 VMA，新区域的起始地址、结束地址和 VMA 标志分别由 addr、end 及 vm_flags 确定。如果是文件映射，文件与偏移分别由 file 和 pgoff 给出；如果是匿名映射，相关信息由 anon_vma 给出。参数 policy 是 NUMA 系统上的内存策略，而 ctx 用于用户态缺页处理。

6. int split_vma(struct mm_struct *mm, struct vm_area_struct *vma, unsigned long addr, int new_below):

试图在特定进程的内存描述符 mm 内分割 VMA，vma 是分割对象，addr 是分割点的地址，new_below 决定新 VMA 是低地址段（取 1）还是高地址段（取 0）。该函数的核心步骤是 __split_vma()。

7. int insert_vm_struct(struct mm_struct *mm, struct vm_area_struct *vma):

将 vma 所描述的进程 VMA 插入内存描述符 mm 所表示的地址空间。

8. unsigned long get_unmapped_area(struct file *file, unsigned long addr, unsigned long len, unsigned long pgoff, unsigned long flags):

在当前进程的地址空间内搜索一块连续的区域用于映射一个新的 VMA。参数 addr 和 len 分别表示搜索的起始地址和区间长度；参数 file 和 pgoff 分别是用于映射的文件和偏移（如果是匿名映射则 file 为 NULL，pgoff 为 0）；参数 flags 是映射标志。返回值是新区域的起始地址，如果搜索失败则返回 -ENOMEM。

代码段和数据段的 VMA 是装载应用程序时静态创建的，而堆、栈和 MMAP 映射区则可以动态增长和收缩。此处所说的增长和收缩指的是虚拟地址空间（即 VMA），而物理页帧的分配是在缺页异常中延迟完成的。MMAP 映射区的 VMA 扩展通过 mmap()/mmap2() 系统调用完成（通过 munmap() 系统调用撤销映射，通过 mremap() 系统调用修改映射），堆的 VMA 扩展通过 brk() 系统调用完成，而栈的 VMA 扩展隐藏在缺页异常的处理过程中，不需要显式进行。下面的几个小节将分别介绍这几个话题。

4.5.2 内存映射

内存映射指的是 MMAP 映射区的 VMA 管理，mmap()/mmap2() 用于建立映射，munmap() 用于撤销映射，mremap() 用于修改映射。

（一）建立内存映射

系统调用 mmap()/mmap2() 在龙芯版 Linux 内核里面对应 sys_mips_mmap()/sys_mips_ mmap2()，其定义在 arch/mips/kernel/syscall.c 中，函数原型如下。

```
asmlinkage unsigned long sys_mips_mmap(unsigned long addr, unsigned long len,
          unsigned long prot, unsigned long flags, unsigned long fd, off_t offset);
asmlinkage unsigned long sys_mips_mmap2(unsigned long addr, unsigned long len,
          unsigned long prot, unsigned long flags, unsigned long fd, unsigned long pgoff);
```

参数分别是映射起始虚拟地址，映射区间长度，页保护权限（见表 4-11），映射标志（见表 4-12），映射文件描述符和文件内偏移；返回值是映射成功所产生的虚拟地址或映射失败的错误码。两个函数的唯一区别是偏移量的单位，前者单位是字节，后者单位是 4 KB（4096 B）。后者的意义在于为 32 位应用程序提供映射大文件的能力。

表 4-11　内存映射的页保护权限

权限名称	权限含义
PROT_NONE	映射区中的页不可访问
PROT_READ	映射区中的页可读
PROT_WRITE	映射区中的页可写
PROT_EXEC	映射区中的页可执行

页保护权限如果不是PROT_NONE，那就必须是PROT_READ、PROT_WRITE和PROT_EXEC 的组合。这些保护权限会在构造页表项的时候写入页属性的对应位，要注意在文件映射时 mmap() 指定的保护权限不能与 open() 打开文件时指定的权限相冲突。

表 4-12　内存映射的标志

标志名称	标志含义
MAP_UNINITIALIZED	匿名映射允许内容未初始化
MAP_SHARED	映射区中的页允许多进程共享
MAP_PRIVATE	映射区中的页属于本进程私有
MAP_FIXED	映射区起始地址必须是 addr 参数所指定的地址
MAP_RENAME	Linux 不使用，仅为 ABI 兼容考虑
MAP_AUTOGROW	Linux 不使用，仅为 ABI 兼容考虑
MAP_LOCAL	Linux 不使用，仅为 ABI 兼容考虑
MAP_AUTORSRV	Linux 不使用，仅为 ABI 兼容考虑
MAP_NORESERVE	允许使用保留页
MAP_ANONYMOUS	匿名映射（不与任何文件关联），旧称 MAP_ANON
MAP_GROWSDOWN	映射区可向低地址扩展（如栈）
MAP_DENYWRITE	映射区对应一个不可写的文件
MAP_EXECUTABLE	映射区对应一个可执行的文件
MAP_LOCKED	映射区中的页被锁住，不可换出
MAP_POPULATE	在建立映射的时候就需要分配好物理页（这种机制叫 PreFault，相当于预先触发 PageFault，可以优化应用程序运行时性能）

续表

标志名称	标志含义
MAP_NONBLOCK	与 MAP_POPULATE 结合使用，预先分配页帧时不阻塞
MAP_STACK	给出一个最适合用于栈的地址
MAP_HUGETLB	建立巨页映射

mmap() 既可以创建文件映射也可以创建匿名映射。创建文件映射时，文件描述符 fd 和偏移 offset/pgoff 都必须是有意义的值（0 或者正整数），映射标志 flags 不含 MAP_ ANONYMOUS；创建匿名映射时，文件描述符 fd 为 -1 而偏移 offset/pgoff 被忽略，映射标志 flags 包含 MAP_ ANONYMOUS。除了 MAP_ANONYMOUS 以外，常用的映射标志有权限标志 MAP_SHARED 和 MAP_PRIVATE。于是，这几个常用标志会产生以下 4 种组合。

- 私有文件映射：主要用于可执行文件和动态链接库的映射。
- 共享文件映射：主要用于内存映射型文件读写。
- 私有匿名映射：主要用于内存分配（类似于 malloc() 的功能）。
- 共享匿名映射：主要用于进程间通信的共享内存。

私有文件映射与共享文件映射可能在一定程度上是违反直觉的，比如设计动态链接库的出发点之一就是多个进程只需要在内存里加载一份链接库，通过共享来最小化内存占用。然而动态链接库虽然实质上共享，但是使用的是私有映射。这就需要明确“共享”和“私有”的确切含义。共享文件映射和私有文件映射都会尽力最小化内存占用，因此在不对映射区做写操作的情况下，实际上都是共享的，两者真正的区别是对写操作的不同处理。共享文件映射中，各个进程的写操作是彼此共享的，即彼此可见的。私有文件映射中，各个进程的写操作是写时复制（Copy-On-Write，COW）的，即彼此隐藏的。也就是说，私有文件映射在进行写操作时会创建一份私有副本，因此别的进程看不到修改的结果，并且修改结果也不会写回到磁盘文件。那么共享库能不能使用共享映射呢？能，但是一般情况下不建议这样用，因为有些程序会使用动态修改代码的方法来优化性能，采用共享映射会破坏原始的磁盘文件。实际上共享文件映射主要用于内存映射型文件读写，通常的文件读写是 read()+write() 的方式，数据在内核缓冲区与用户缓冲区之间来回传递，而内存映射型文件读写直接使用内核缓冲区，mmap() 以后可以像读写普通内存一样地读写文件。

回到内核代码，函数 sys_mips_mmap()/sys_mips_mmap2() 都通过 ksys_mmap_pgoff() 实现，后者定义在 mm/mmap.c 中，通过依次调用 vm_mmap_pgoff() 和 do_mmap_pgoff() 最终来到核心函数 do_mmap()。do_mmap() 定义在 mm/mmap.c 中，展开如下（有精简，输入参数的含义与调用者相同）。

```
unsigned long do_mmap(struct file *file, unsigned long addr, unsigned long len,
            unsigned long prot, unsigned long flags, vm_flags_t vm_flags,
            unsigned long pgoff, unsigned long *populate, struct list_head *uf)
{
```

```
    struct mm_struct *mm = current->mm;
    ......
    addr = get_unmapped_area(file, addr, len, pgoff, flags);
    ......
    addr = mmap_region(file, addr, len, vm_flags, pgoff, uf);
    if ( (vm_flags & VM_LOCKED) ||
            (flags & (MAP_POPULATE | MAP_NONBLOCK)) == MAP_POPULATE))
            *populate = len;
    return addr;
}
```

该函数进行了大量的简化，简化的部分主要是各种标志的处理，而关键步骤主要是 get_unmmaped_area() 和 mmap_region()。其中，get_unmmaped_area() 用于确定一个符合条件的区域；而 mmap_region() 用于映射该区域：如果可能，先通过 vma_merge() 合并线性区，然后看是文件映射还是匿名映射。文件映射的核心操作是 file->f_op->mmap(file, vma)，即通过文件操作函数集中的 mmap() 函数建立页表映射，匿名共享映射通过 shmem_zero_setup() 进行初始化，匿名私有映射则无需进一步操作。

get_unmmaped_area() 返回以后，do_mmap() 会以进程的各种属性为基础，在 mmap()/mmap2() 系统调用传下来的映射权限（形如 PROT_* 的 prot 参数）和映射标志（形如 MAP_* 的 flags 参数）上分别调用 calc_vm_prot_bits(prot) 和 calc_vm_flag_bits(flags) 计算出进程 VMA 的标志（即进程 VMA 中形如 VM_* 的 vm_flags 字段，包括权限标志）。而在 mmap_region() 中，会调用 vm_get_page_prot() 函数根据 protection_map[] 权限表将 VMA 权限标志（VMA 的 vm_flags 字段）转换成最终的页表权限位配置（VMA 的 vm_page_prot 字段）。VMA 权限标志是体系结构无关的，而页表权限位是体系结构有关的，因此 protection_map[] 也是体系结构有关的。

```
pgprot_t protection_map[16] = {
    __P000, __P001, __P010, __P011, __P100, __P101, __P110, __P111,
    __S000, __S001, __S010, __S011, __S100, __S101, __S110, __S111
};
```

权限表一共有 16 项，其中，前缀为 __P 的表示私有映射，前缀为 __S 的表示共享映射，后面的三位数字从左到右分别表示执行权限、写权限和读权限（1 为允许，0 为不允许）。例如，__P001 表示私有的、可读、不可写、不可执行的映射权限。

在支持 RIXI 的 MIPS 处理器上（龙芯 3A2000、龙芯 3A3000 和龙芯 3A4000），权限表如下。

```
protection_map[0]  = __pgprot(_page_cachable_default | _PAGE_PRESENT |
                              _PAGE_NO_EXEC | _PAGE_NO_READ);
protection_map[1]  = __pgprot(_page_cachable_default | _PAGE_PRESENT |
                              _PAGE_NO_EXEC);
```

```
protection_map[2]  = __pgprot(_page_cachable_default | _PAGE_PRESENT |
                              _PAGE_NO_EXEC | _PAGE_NO_READ);
protection_map[3]  = __pgprot(_page_cachable_default | _PAGE_PRESENT |
                              _PAGE_NO_EXEC);
protection_map[4]  = __pgprot(_page_cachable_default | _PAGE_PRESENT);
protection_map[5]  = __pgprot(_page_cachable_default | _PAGE_PRESENT);
protection_map[6]  = __pgprot(_page_cachable_default | _PAGE_PRESENT);
protection_map[7]  = __pgprot(_page_cachable_default | _PAGE_PRESENT);
protection_map[8]  = __pgprot(_page_cachable_default | _PAGE_PRESENT |
                              _PAGE_NO_EXEC | _PAGE_NO_READ);
protection_map[9]  = __pgprot(_page_cachable_default | _PAGE_PRESENT |
                              _PAGE_NO_EXEC);
protection_map[10] = __pgprot(_page_cachable_default | _PAGE_PRESENT |
                              _PAGE_NO_EXEC | _PAGE_WRITE | _PAGE_NO_READ);
protection_map[11] = __pgprot(_page_cachable_default | _PAGE_PRESENT |
                              _PAGE_NO_EXEC | _PAGE_WRITE);
protection_map[12] = __pgprot(_page_cachable_default | _PAGE_PRESENT);
protection_map[13] = __pgprot(_page_cachable_default | _PAGE_PRESENT);
protection_map[14] = __pgprot(_page_cachable_default | _PAGE_PRESENT |
                              _PAGE_WRITE);
protection_map[15] = __pgprot(_page_cachable_default | _PAGE_PRESENT |
                              _PAGE_WRITE);
```

在不支持RIXI的MIPS处理器上（龙芯3A1000、龙芯3B1000和龙芯3B1500），权限表如下。

```
protection_map[0] = PAGE_NONE;
protection_map[1] = PAGE_READONLY;
protection_map[2] = PAGE_COPY;
protection_map[3] = PAGE_COPY;
protection_map[4] = PAGE_READONLY;
protection_map[5] = PAGE_READONLY;
protection_map[6] = PAGE_COPY;
protection_map[7] = PAGE_COPY;
protection_map[8] = PAGE_NONE;
protection_map[9] = PAGE_READONLY;
protection_map[10] = PAGE_SHARED;
protection_map[11] = PAGE_SHARED;
protection_map[12] = PAGE_READONLY;
```

```
protection_map[13] = PAGE_READONLY;
protection_map[14] = PAGE_SHARED;
protection_map[15] = PAGE_SHARED;
```

举个例子，私有的、可读、不可写、不可执行的映射权限（即 __P001 项）对应权限表 protection_map[1]，在支持 RIXI 的 CPU 上取值为 __pgprot(_page_cachable_default | _PAGE_PRESENT | _PAGE_NO_EXEC)，在不支持 RIXI 的 CPU 上取值为 PAGE_READONLY。这些宏展开以后最终在页表项中的体现是，支持 RIXI 的 CPU 采用缺省 Cache 属性，P 位和 XI 位被置位；不支持 RIXI 的 CPU 采用缺省 Cache 属性，P 位和 R 位被置位。

回到 do_mmap()，在映射建立以后，如果 vm_flags 中 VM_LOCKED 置位，或者 flags 中 MAP_POPULATE 置位但 MAP_NONBLOCK 没有置位，那么将输出参数 populate 设置成区间长度 len（需要 PreFault 的区间长度）。最后，返回映射的虚拟地址 addr。当 do_mmap() 返回以后，其调用者（这里指的是 vm_mmap_pgoff()）会判断 populate 是否为 0，如果不为 0，那么调用 mm_populate() 分配真正的物理页。

（二）撤销内存映射

系统调用 munmap() 对应内核函数 sys_munmap()，sys_munmap() 的原型如下。

```
asmlinkage unsigned long sys_munmap(unsigned long addr, size_t len);
```

在 Linux-4.20 版本之前，sys_munmap() 通过 vm_munmap() 最终调用到 do_munmap()。但是旧版内核存在一个扩展性问题：建立、撤销和修改内存映射时需要用读写信号量 mm_struct::mmap_sem 来保护，而传统上撤销内存映射是以持有写锁的方式来操作 mmap_sem 的，因此大规模撤销内存映射会严重影响并发性。内存管理的开发者们发现，撤销内存映射在一段时间内只需要持有读锁而并不需要全程持有写锁。于是，vm_munmap() 和 do_munmap() 两个函数引入了可以通过参数决定是否对 mmap_sem 进行降级（从写锁降级为读锁）的变种，即 __vm_munmap() 和 __do_munmap()。vm_munmap() 和 do_munmap() 以“不允许降级”的方式分别调用 __vm_munmap() 和 __do_munmap()。

在 Linux-5.4.x 版本中，sys_munmap() 以“允许降级”的方式通过 __vm_munmap() 最终调用到 __do_munmap()。这些函数定义在 mm/mmap.c 中，展开如下（有精简）。

```
int do_munmap(struct mm_struct *mm, unsigned long start, size_t len, struct list_head *uf)
{
    return __do_munmap(mm, start, len, uf, false);
}
int __do_munmap(struct mm_struct *mm, unsigned long start, size_t len,
                        struct list_head *uf, bool downgrade)
{
    len = PAGE_ALIGN(len);
    end = start + len;
```

```
    vma = find_vma(mm, start);
    prev = vma->vm_prev;
    if (start > vma->vm_start) {
        error = __split_vma(mm, vma, start, 0);
        prev = vma;
    }
    last = find_vma(mm, end);
    if (last && end > last->vm_start)
        int error = __split_vma(mm, last, end, 1);
    vma = prev ? prev->vm_next : mm->mmap;
    if (downgrade)  downgrade_write(&mm->mmap_sem);
    unmap_region(mm, vma, prev, start, end);
    remove_vma_list(mm, vma);
    return 0;
}
```

__do_munmap() 函数有 5 个参数：mm 是目标进程的内存描述符，start 和 len 分别是撤销映射区间的起始地址和长度，uf 跟用户态缺页异常处理有关，downgrade 表示是否可以对 mmap_sem 做降级处理的指示器。

该函数首先对 len 做对齐处理并计算区间结束地址 end，然后通过 find_vma() 找到 start 所在的 VMA，赋值给 vma 变量，同时将前一个 VMA 赋值给 prev 变量。如果区间起始地址大于 vma 的起始地址，那么说明撤销映射以后 vma 的低地址部分还留了一段，因此需用通过 __split_vma() 进行分割，分割点就是 start。分割完成以后，更新 prev，其取值就是 vma 中剩下来的低地址段。接下来，函数再次调用 find_vma() 找到 end 所在的 VMA，赋值给 last 变量。如果 last 不为空并且 last 的起始地址小于 end，则说明撤销映射以后 last 的高地址部分还留了一段，因此也需要通过 __split_vma() 进行分割，分割点就是 end。以上操作完成以后，如果 downgrade 为真，就调用 downgrade_write() 对 mmap_sem 进行降级，然后就可以通过 unmap_region() 撤销目标区间的页表项了。

（三）修改内存映射

系统调用 mremap() 对应的内核函数是 sys_mremap()，其定义在文件 mm/mremap.c 中，原型如下。

```
asmlinkage unsigned long sys_mremap(unsigned long addr, unsigned long old_len,
          unsigned long new_len, unsigned long flags, unsigned long new_addr);
```

其中，参数 addr 和 new_addr 分别是映射区间的原地址和新地址（可选），old_len 和 new_len 分别是映射区间的旧长度和新长度。参数 flags 是映射标志，包括 MREMAP_MAYMOVE 和 MREMAP_FIXED 两种。如果 flags 为空，那么 mremap() 试图扩充映射区间时，若空间不够会返回失败；但在 MREMAP_MAYMOVE 的情况下，空间不够就会进行区间移动，增加成功率；MREMAP_FIXED 必须和 MREMAP_MAYMOVE 同时使用，指定区间移动后产生的新地址必须是 new_addr。sys_mremap() 本质上相当于 do_munmap()、do_mmap() 和 mm_populate() 的组合使用，具体内容不再赘述。

4.5.3 堆区管理

Glibc（Linux 的运行时 C 库）用 malloc() 来分配堆内存，用 free() 来释放堆内存，还可以通过 brk() 和 sbrk() 来直接修改堆区 VMA 大小（如前所述，堆区的起始点是 start_brk，结束点是 brk，修改 brk 的值就是修改堆区大小）。这些函数最后都直接或间接地执行 brk() 系统调用，该系统调用对应内核函数 sys_brk()，其定义在 mm/mmap.c 中，展开如下（有精简）。

```
asmlinkage unsigned long sys_brk(unsigned long brk)
{
    struct mm_struct *mm = current->mm;
    origbrk = mm->brk;
    ......
    newbrk = PAGE_ALIGN(brk);
    oldbrk = PAGE_ALIGN(mm->brk);
    if (oldbrk == newbrk) {
        mm->brk = brk;
        goto success;
      }
    if (brk <= mm->brk) {
        mm->brk = brk;
        ret = __do_munmap(mm, newbrk, oldbrk-newbrk, &uf, true);
        if (ret < 0) {
             mm->brk = origbrk;
             goto out;
        } else if (ret == 1) {
             downgraded = true;
        }
        goto success;
    }
    next = find_vma(mm, oldbrk);
    if (next && newbrk + PAGE_SIZE > vm_start_gap(next))     goto out;
    if (do_brk_flags(oldbrk, newbrk-oldbrk, 0, &uf) < 0)     goto out;
    mm->brk = brk;
success:
```

```
    populate = newbrk > oldbrk && (mm->def_flags & VM_LOCKED) != 0;
    if (populate)       mm_populate(oldbrk, newbrk - oldbrk);
    return brk;
out:
    retval = origbrk;
    return retval;
}
```

该函数只有一个输入参数，就是当前进程内存描述符 brk 指针的目标值。省略的部分主要是 brk 变量的调整，比如不允许低于下限值、不允许超过 setrlimit() 所限定的上限值。局部变量 origbrk 是 brk 指针原值的精确值，而局部变量 oldbrk 和 newbrk 分别是 brk 指针的原值和目标值按页对齐的结果。如果原值和目标值按页对齐后相等，那么更新当前进程内存描述符的 brk 指针，然后直接跳转到标号 success，否则需要判断原值和目标值哪一个大再决定后续流程。若目标值小于原值，说明堆将缩小，通过 __do_munmap() 撤销多余部分的内存映射，并根据成功与否来决定跳转到 success 还是 out（调用 __do_munmap() 时允许 mmap_sem 降级，如果发生了降级，则 downgraded 设置为 true）。接下来如果没有发生跳转，意味着目标值大于原值，堆需要扩大。在这种需要扩大的情况下，先通过 find_vma() 看原值之后的第一个 VMA 赋值给变量 next，如果 next 不为空并且 brk 目标值往上延伸一个页超过了 next 的起始地址，则意味着 brk 的目标值和已有的 VMA 可能发生重叠[1]。如果可能发生重叠（危险），那么堆区调整失败，跳转到 out；如果不会发生重叠（安全），则调用关键步骤 do_brk_flags()，再根据返回值决定走向（成功则更新当前进程内存描述符的 brk 指针并继续执行 success 处的代码，失败则跳转到 out）。

success 标号处的代码是调整成功时执行的，主要是计算 populate 的值，然后根据需要调用 mm_populate() 来分配物理页，最后返回 brk。out 标号处的代码是调整失败时执行的，相当于直接返回 brk 原值。

关键步骤 do_brk_flags() 也定义在 mm/mmap.c 中，实际上相当于一个 do_mmap() 只处理匿名映射的简化版，其主要操作是通过 get_unmapped_area() 来获取一个未映射区间，再通过 vma_merge() 与原有的堆区 VMA 进行合并。

4.5.4 缺页异常处理

缺页异常处理是进程地址空间管理中跟体系结构关系最紧密的一部分。还记得吗？龙芯的 TLB 异常一共有 4 种，分别是 TLB 重填异常、TLB 读无效异常、TLB 写无效异常和 TLB 修改异常。

1 注意这里说的是可能发生重叠而不是必然发生重叠。可能发生重叠的判定条件是 newbrk + PAGE_SIZE > vm_start_gap(next)，而必然发生重叠的判定条件应当是 newbrk > next->vm_start。在设计上让 newbrk 往上延伸一个页是为了让 VMA 之间至少有一个页的距离可以用来捕获地址越界，而用 vm_start_gap(next) 代替 next->vm_start 则意味着如果 next 是栈区 VMA，则应当继续扩大 VMA 之间的距离（缺省扩大到 1 MB，可由内核启动参数 stack_guard_gap 指定），以避免 2017 年曝出的 StackSlash 安全漏洞（可通过 alloca() 函数在栈内分配大片内存而触发）。

这 4 种 TLB 异常的触发条件，要么是 TLB 项不存在，要么是 TLB 项存在但是无效，要么是 TLB 项存在也有效但是权限不匹配。

在多数情况下，TLB 异常的处理会访问相应的页表项并将其装填到 TLB 中，这属于 TLB 异常处理的快速路径。但是，还有一种情况是页表里面也不存在有效的对应项，这就进入了 TLB 异常处理的慢速路径，即缺页异常处理。这里引起缺页异常的地址被称为“异常地址”。

TLB 异常处理函数是通过 tlb_do_page_fault_0（读操作触发的异常）或者 tlb_do_page_fault_1（写操作触发的异常）标号处的代码进入缺页异常处理的。这两个标号处的代码是通过 arch/mips/mm/tlbex-fault.S 中的宏生成的，其主要步骤是调用 do_page_fault() 函数。do_page_fault() 是缺页异常的核心处理函数，但它只是 __do_page_fault() 的简单封装。这两个函数都定义在 arch/mips/mm/fault.c 中，其关键部分的 __do_page_fault() 展开如下（有精简）。

```
void __do_page_fault(struct pt_regs *regs, unsigned long write, unsigned long address)
{
    struct task_struct *tsk = current;
    struct mm_struct *mm = tsk->mm;
    const int field = sizeof(unsigned long) * 2;
    unsigned int flags = FAULT_FLAG_ALLOW_RETRY | FAULT_FLAG_KILLABLE;
    static DEFINE_RATELIMIT_STATE(ratelimit_state, 5 * HZ, 10);
    si_code = SEGV_MAPERR;
    if (unlikely(address >= VMALLOC_START && address <= VMALLOC_END))
        goto no_context;
    if (unlikely(address >= MODULE_START && address < MODULE_END))
        goto no_context;
    if (faulthandler_disabled() || !mm)
        goto bad_area;
    if (user_mode(regs))
        flags |= FAULT_FLAG_USER;
retry:
    vma = find_vma(mm, address);
    if (!vma)
        goto bad_area;
    if (vma->vm_start <= address)
        goto good_area;
    if (!(vma->vm_flags & VM_GROWSDOWN))
        goto bad_area;
    if (expand_stack(vma, address))
        goto bad_area;
good_area:
```

```
    si_code = SEGV_ACCERR;
    if (write) {
        if (!(vma->vm_flags & VM_WRITE))
            goto bad_area;
        flags |= FAULT_FLAG_WRITE;
    } else {
        if (cpu_has_rixi) {
            if (address == regs->cp0_epc && !(vma->vm_flags & VM_EXEC)) {
                goto bad_area;
            }
            if (!(vma->vm_flags & VM_READ) && exception_pc(regs) != address) {
                goto bad_area;
            }
        } else {
            if (!(vma->vm_flags & (VM_READ | VM_WRITE | VM_EXEC)))
                goto bad_area;
        }
    }
    fault = handle_mm_fault(vma, address, flags);
    if ((fault & VM_FAULT_RETRY) && fatal_signal_pending(current))
        return;
    if (unlikely(fault & VM_FAULT_ERROR)) {
        if (fault & VM_FAULT_OOM)
            goto out_of_memory;
        else if (fault & VM_FAULT_SIGSEGV)
            goto bad_area;
        else if (fault & VM_FAULT_SIGBUS)
            goto do_sigbus;
        BUG();
    }
    if (flags & FAULT_FLAG_ALLOW_RETRY) {
        if (fault & VM_FAULT_MAJOR)
            tsk->maj_flt++;
        else
            tsk->min_flt++;
        if (fault & VM_FAULT_RETRY) {
            flags &= ~FAULT_FLAG_ALLOW_RETRY;
            flags |= FAULT_FLAG_TRIED;
```

```
                goto retry;
            }
        }
        return;
bad_area:
        if (user_mode(regs)) {
            tsk->thread.cp0_badvaddr = address;
            tsk->thread.error_code = write;
            current->thread.trap_nr = (regs->cp0_cause >> 2) & 0x1f;
            force_sig_fault(SIGSEGV, si_code, (void __user *)address);
            return;
        }
no_context:
        if (fixup_exception(regs)) {
            current->thread.cp0_baduaddr = address;
            return;
        }
        bust_spinlocks(1);
        die("Oops", regs);
out_of_memory:
        if (!user_mode(regs))
            goto no_context;
        pagefault_out_of_memory();
        return;
do_sigbus:
        if (!user_mode(regs))
            goto no_context;
        current->thread.trap_nr = (regs->cp0_cause >> 2) & 0x1f;
        tsk->thread.cp0_badvaddr = address;
        force_sig_fault(SIGBUS, BUS_ADRERR, (void __user *)address);
        return;
}
```

不得不说，这个函数有点复杂了，所以我们做了大量的简化，甚至把所有 32 位内核的代码都去掉了，着重关注 64 位内核。由于标号之间的反复跳转特别多，甚至其流程几乎无法用文字来一点点描述。因此我们先简单介绍下主要标号处代码的含义，然后特意配一个流程图来说明，如图 4-16 所示。

标号 good_area： 一般表示异常地址在进程线性区中（或者不在线性区中但是在栈区中），可以通过 handle_mm_fault() 分配物理页并回到正常流程。

标号 bad_area： 一般表示异常地址不在进程线性区中（并且也不是在栈区中），无法分配物理页，最后通过 SIGSEGV（段错误）信号杀死当前进程。注：good_area 处如果 VMA 权限不匹配，或者 handle_mm_fault() 在分配内存时碰到段错误，也会跳转到 bad_area。

标号 do_sigbus： 一般表示异常地址在进程线性区中（或者不在线性区中但是在栈区中），但 handle_mm_fault() 分配内存时遇到了总线错误，最后通过 SIGBUS（总线错）信号杀死当前进程。

标号 out_of_memory： 一般表示异常地址在进程线性区中（或者不在线性区中但是在栈区），但 handle_mm_fault() 因系统内存紧张而无法分配物理页，最后通过 OOM 杀手杀死最耗内存的进程。

标号 no_context： 一般表示异常地址是一个内核态地址（比如是一个 VMALLOC 区的地址，当然不在进程线性区中），将通过 fixup_exception() 试图修正预定义的异常，如果修正不了则通过 die() 进入死机状态。64 位内核里的 VMALLOC_FAULT_TARGET（在 vmalloc 地址上发生缺页时的跳转目标）就是 no_context。

标号 vmalloc_fault： 仅用于 32 位内核，一般表示异常地址是一个内核态地址（必须是一个 VMALLOC 区的地址，当然不在进程线性区中），接下来会将内核页表项同步到当前进程（严格来讲是当前 mm_struct）。32 位内核里的 VMALLOC_FAULT_TARGET（在 vmalloc 地址上发生缺页时的跳转目标）就是 vmalloc_fault。

在缺页处理时，一定要注意“内核态”与“用户态”的两种含义：一是触发异常的地址处于内核态还是用户态（根据异常地址处于哪个范围来区分）；二是触发异常的代码执行上下文处于内核态还是用户态（根据执行上下文的 CP0_STATUS 寄存器的特权级来区分）。用户态上下文只能访问用户态地址；而内核态上下文既可以访问内核态地址，也可以访问用户态地址。

虽然 __do_page_fault() 无法用语言精确描述，图 4-16 同样无法一点点解释，但是只要对着流程图去阅读代码，相信读者不会再有太大的难度。然而，对于该流程图，还有几点需要说明。

1. 函数只有一个入口，但是有 6 个出口，入口和出口分别用圆角矩形标记。

2. 上文提到的几个标号在图中特意用灰色标出且并列排放，用于突出主要的代码分支。

3. 函数 handle_mm_fault() 是 __do_page_fault() 的关键步骤，用于为进程分配物理页（或者写时复制）。它的返回值主要有 VM_FAULT_MAJOR、VM_FAULT_MINOR[1]、VM_FAULT_RETRY、VM_FAULT_SIGSEGV、VM_FAULT_SIGBUS、VM_FAULT_OOM 及它们的组合。其中 VM_FAULT_MAJOR（主缺页，分配过程有阻塞，通常意味着需要从磁盘读入数据来填充页面）和 VM_FAULT_MINOR（次缺页，分配过程无阻塞）返回值表示正常情况，即成功地分配到了物理页；VM_FAULT_RETRY 表示未成功地分配页，但可以通过重试来继续分配；VM_FAULT_SIGSEGV/VM_FAULT_SIGBUS/ VM_FAULT_OOM 表示分配过程遇到

---

1 在早期的内核中，VM_FAULT_* 的种类比较少并且是互斥的，因此区分了 VM_FAULT_MAJOR（主缺页）和 VM_FAULT_MINOR（次缺页）。从 Linux-2.6.23 版本开始，VM_FAULT_* 被改造成了可以按位组合的位域值，由于主缺页和次缺页不可能同时成立，因此将 VM_FAULT_MINOR 定义成了 0（VM_FAULT_MAJOR 没有置位即意味着 VM_FAULT_MINOR）。从 Linux-4.6 版本开始，直接删除了 VM_FAULT_MINOR 的定义。

了段错误、总线错误或者内存耗尽错误。

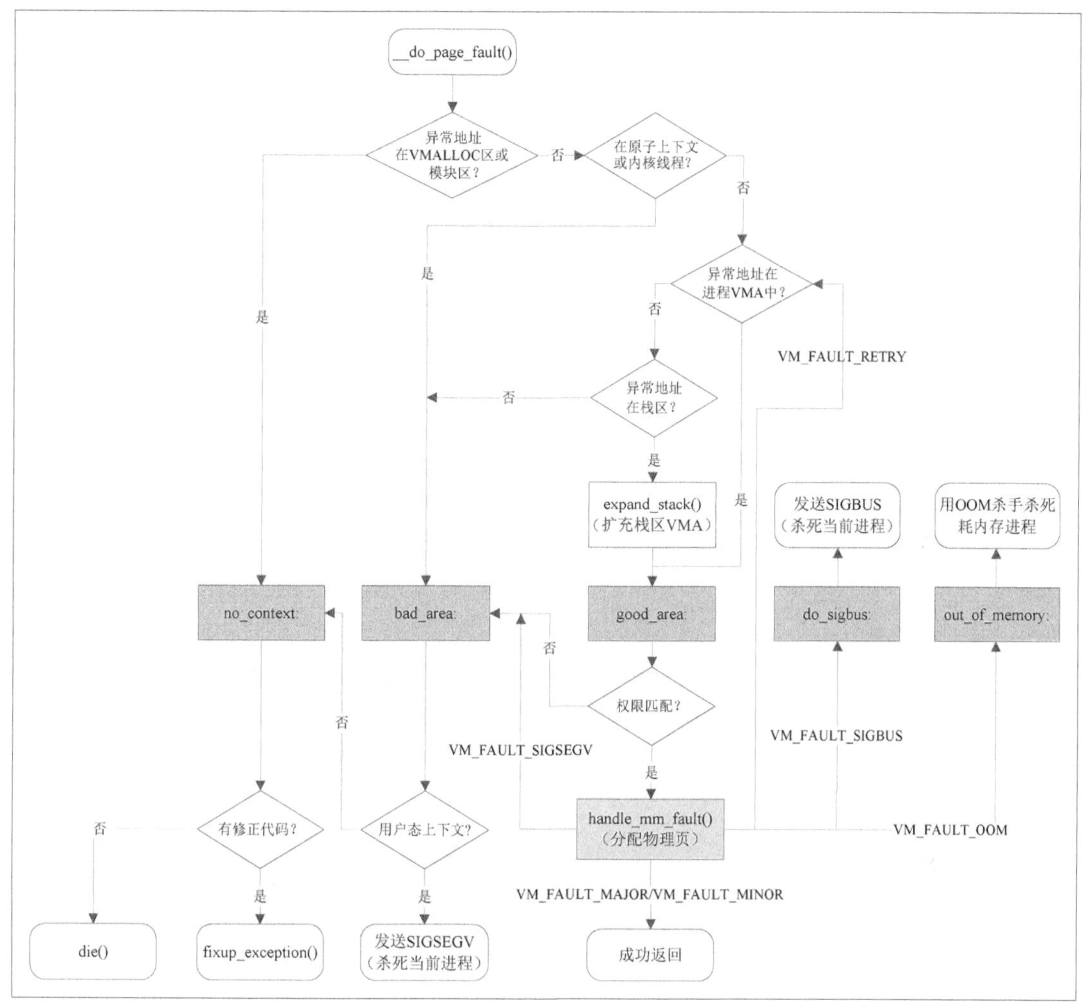

图 4-16　MIPS 内核的缺页异常处理流程（64 位）

32 位内核的处理流程稍有不同，主要的不同点是遇到 VMALLOC 区的异常地址并不是跳转到 no_context，而是 vmalloc_fault（但非 VMALLOC 区的内核态地址还是跳转到 no_context）。这个差异存在的原因是前面提到过的页表复用：VMALLOC 区（或者模块区）的页表建立映射以后，只更新内核的页表；而内核在运行的时候使用的是进程的页表，因此需要将内核页表中的相应表项同步到当前 mm_struct（由 vmalloc_fault 处的代码完成）。64 位内核的 TLB 异常处理例程直接装填了 VMALLOC 区的内核页表项，所以在缺页异常中无需同步；而 32 位内核的 TLB 异常处理例程中没有装填 VMALLOC 区的页表项，因此在这里需要进一步处理。为什么要这样设计呢？这个问题留给有兴趣的读者自行分析。

下面来关注缺页异常处理中的关键步骤 handle_mm_fault()，该函数比较简单。如果缺页发生在巨页上，就调用 hugetlb_fault()；如果发生在常规页上，就调用 __handle_mm_fault()。我们主要考虑常规页的处理函数 __handle_mm_fault()，该函数定义在 mm/memory.c 中，展开如下（有精简）。

```
static vm_fault_t __handle_mm_fault(struct vm_area_struct *vma,
                              unsigned long address, unsigned int flags)
{
    struct vm_fault vmf = {
        .vma = vma,
        .address = address & PAGE_MASK,
        .flags = flags,
        .pgoff = linear_page_index(vma, address),
        .gfp_mask = __get_fault_gfp_mask(vma),
    };
    pgd = pgd_offset(mm, address);
    p4d = p4d_alloc(mm, pgd, address);
    vmf.pud = pud_alloc(mm, p4d, address);
    vmf.pmd = pmd_alloc(mm, vmf.pud, address);
    return handle_pte_fault(&vmf);
}
```

该函数有一个类型为 vm_fault 的参数 vmf，里面封装了处理缺页异常的各种信息。其中 vma 字段是异常地址所在的 VMA，address 字段是异常地址所在页的基地址，flags 字段用来标识读 / 写等属性。去除巨页有关的代码后，该函数还是很简单的，基本上就是在 PGD 表中找到合适的表项，然后根据需要依次分配 P4D 表、PUD 表和 PMD 表（而 PTE 表直到必要的时候再在子函数里面分配），最后调用核心函数 handle_pte_fault()。如果其中某一级分配失败，就会返回 VM_FAULT_OOM。

核心函数 handle_pte_fault() 也定义在 mm/memory.c 中，展开如下（有精简）。

```
static vm_fault_t handle_pte_fault(struct vm_fault *vmf)
{
    vmf->pte = pte_offset_map(vmf->pmd, vmf->address);
    vmf->orig_pte = *vmf->pte;
    if (!vmf->pte) {
        if (vma_is_anonymous(vmf->vma))
            return do_anonymous_page(vmf);
        else
            return do_fault(vmf);
    }
    if (!pte_present(vmf->orig_pte))
        return do_swap_page(vmf);
    if (pte_protnone(vmf->orig_pte) && vma_is_accessible(vmf->vma))
        return do_numa_page(vmf);
    entry = vmf->orig_pte;
```

```
    if (vmf->flags & FAULT_FLAG_WRITE)
        if (!pte_write(entry))
            return do_wp_page(vmf);
    ……
    return 0;
}
```

这个函数非常简单，总共有 5 种分支情况，分别展示如下。

1. PTE 表项无效，并且是文件页：调用 do_fault()。
2. PTE 表项无效，并且是匿名页：调用 do_anonymous_page()。
3. PTE 表项有效，但页不在内存：调用 do_swap_page()。
4. PTE 表项有效，但页不可访问：调用 do_numa_page()。
5. PTE 表项有效，但试图写一个不可写页：调用 do_wp_page()。

情况 1 通常意味着文件内存映射；情况 2 通常意味着匿名内存映射或者堆区 / 栈区的普通内存访问；情况 3 通常意味着内存页被交换到了外部存储器（SWAP）；情况 4 通常意味着目标页存在但是在不合适的 NUMA 节点上（需要迁移，见第 5 章关于 NUMA 均衡调度的内容）；情况 5 通常意味着写时复制（用 fork()/vfork()/clone() 创建进程时，为了节省时间与内存，父子进程共享了大量相同的页面，而这些被共享的页面在页表属性里面被设成只读；等到父进程或子进程写这些共享页面时，才发生写时复制，各用各的页面）。

这 5 种情况里面，情况 1 和情况 2 是最常见的，因此我们重点分析 do_fault() 和 do_anonymous_page()。

do_fault() 定义在 mm/memory.c 中，展开如下（有精简）。

```
static vm_fault_t do_fault(struct vm_fault *vmf)
{
    ……
    if (!(vmf->flags & FAULT_FLAG_WRITE))
        ret = do_read_fault(vmf);
    else if (!(vma->vm_flags & VM_SHARED))
        ret = do_cow_fault(vmf);
    else
        ret = do_shared_fault(vmf);
    return ret;
}
```

在文件页的缺页异常处理函数 do_fault() 中，主要有 3 个分支：私有文件映射和共享文件映射的读异常都将通过 do_read_fault() 处理、私有文件映射的写异常将通过 do_cow_fault() 处理、共享文件映射的写异常将通过 do_shared_fault() 处理。这 3 个分支的关键步骤都是 __do_ fault()，而 __do_fault() 的核心则是 vma->vm_ops->fault(vma, &vmf)。

do_anonymous_page() 也定义在 mm/memory.c 中，展开如下（有精简）。

```
int do_anonymous_page(struct vm_fault *vmf)
{
    pte_alloc(vma->vm_mm, vmf->pmd);
    anon_vma_prepare(vma);
    page = alloc_zeroed_user_highpage_movable(vma, vmf->address);
    __SetPageUptodate(page);
    entry = mk_pte(page, vma->vm_page_prot);
    if (vma->vm_flags & VM_WRITE)
        entry = pte_mkwrite(pte_mkdirty(entry));
    vmf->pte = pte_offset_map_lock(vma->vm_mm, vmf->pmd, vmf->address, &vmf->ptl);
    if (userfaultfd_missing(vma))
        return handle_userfault(vmf, VM_UFFD_MISSING);
    set_pte_at(vma->vm_mm, vmf->address, vmf->pte, entry);
    update_mmu_cache(vma, vmf->address, vmf->pte);
    return 0;
}
```

该函数有一个类型为 vm_fault 的参数 vmf，vmf 里封装了处理缺页异常的各种信息。其中，vma 字段是异常地址所在的 VMA，address 是异常地址所在页的基地址，pte 字段和 pmd 字段分别是与异常地址对应的 PTE 表项和 PMD 表项，flags 字段是从调用者继承过来的属性标志。去掉那些可能返回 VM_FAULT_SIGSEGV/VM_FAULT_SIGBUS/VM_FAULT_OOM 等错误的分支后，do_anonymous_page() 显得非常清晰。首先，pte_alloc() 会分配一个 PTE 表，而 anon_vma_prepare() 会建立一个 anon_vma 结构，并将其关联到异常地址所在的 VMA。接下来，alloc_zeroed_user_highpage_movable() 会分配一个零化的物理页（可从 HIGHMEM 管理区分配并且可移动）。后续的代码在页描述符中设置了 PG_uptodate 标识并用 mk_pte() 构造出一个 PTE 项；如果 VMA 有可写标识，那么 PTE 项也设置可写标识。然后，pte_offset_map_lock() 负责定位与异常地址对应的 PTE 项，并赋值给 vmf->pte。从 4.3 版本开始内核支持用户态缺页异常处理，因此如果异常地址所在的 VMA 设置了 VM_UFFD_MISSING 标识，那么通过 handle_userfault() 来完成最后一步。反之，如果异常地址所在的 VMA 没有设置 VM_UFFD_MISSING，那么内核通过 set_pte_at() 写入 PTE 项并通过 update_mmu_cache() 更新 TLB，最后返回。

4.6 内存管理其他话题

内存管理是 Linux 内核中最复杂、延伸面最广的一个子系统。本章已经解析了龙芯 Linux 内核中有关内存管理的大部分重要话题，但从全面性上讲还远远不够。所以本节再补充几个话题，但主要是原理阐释，不过多涉及代码解析。

4.6.1 反向映射

Linux 内核中的页表是一种“正向映射”。也就是说，给定一个页表项（PTE 项），可以很容易找到其物理页帧（页描述符）。但是反过来，给定一个页描述符，如何找到所有的 PTE 项呢（内存管理允许一个物理页帧映射到多个进程页表项）？在内存回收等机制中，类似的需求非常多见，这就是反向映射（Reverse Mapping，RMAP）发挥威力的地方。

在 Linux-2.4.x 版本中，不存在反向映射。那时候如何通过物理页帧找到所有 PTE 项呢？方法倒是简单：从 init_mm 开始，遍历每一个进程的内存描述符，在内存描述符里面遍历每一个 VMA，在 VMA 里面遍历每一个页表项，直到全部扫描完毕。但从时间复杂度上来说，惨不忍睹。

为了解决这个问题便有了反向映射 RMAP。最早的 RMAP 和现在的还不一样，从 Linux-2.5.27 版本开始引入的是第一代 RMAP，从 Linux-2.6.7 版本开始引入的是第二代 RMAP，从 Linux-2.6.34 版本开始引入的是第三代 RMAP（一直用到现在）。

第一代 RMAP 简单而直观，所用的数据结构如下。

```
#define NRPTE ((L1_CACHE_BYTES - sizeof(unsigned long))/sizeof(pte_addr_t))
struct pte_chain {
     unsigned long next_and_idx;
     pte_addr_t ptes[NRPTE];
} ____cacheline_aligned;
struct page {
     union {
            struct pte_chain *chain;
            pte_addr_t direct;
     } pte;
    ......
};
```

页描述符通过 union pte 记录了所有与本页帧相关的 PTE 项：如果页帧只关联一个 PTE 项，那么直接记录在 pte::direct 里面；如果页帧关联了多个 PTE 项，那么通过 pte_chain 建立一个链表（pte_chain::next_and_idx 指向链表下一项，pte_chain::ptes 最多保存 NRPTE 个 PTE 项，NRPTE 由 Cache 行的长度计算而得）。图 4-17 展示了第一代 RMAP 的基本原理。

第一代 RMAP 的最大缺点是占用内存过多，毕竟系统中的每个物理页帧都需要一个页描述符，不到万不得已不应当去扩充 struct page。于是便有了第二代 RMAP。

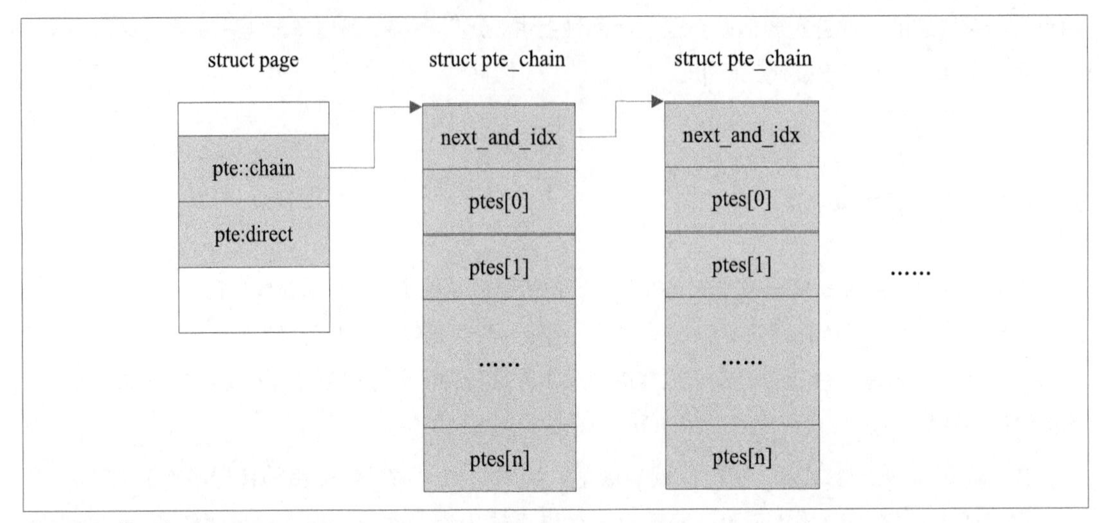

图 4-17　第一代 RMAP

第二代 RMAP 没有第一代 RMAP 那么直观，不过也是比较好理解的，所用的数据结构如下。

```
struct address_space {
    struct prio_tree_root       i_mmap;
    spinlock_t                  i_mmap_lock;
    ......
} __attribute__((aligned(sizeof(long))));
struct anon_vma {
    spinlock_t lock;
    struct list_head head;
};
struct page {
    union {
        struct address_space *mapping;
    };
    struct {
        union {
            pgoff_t index;
        };
    };
    ......
};
```

第二代 RMAP 用到了页描述符中的 mapping 字段和 index 字段：对于文件映射，mapping 字段指向一个文件的索引节点的 address_space，index 字段表示页帧在文件中的偏移；对于匿名映射，mapping 字段指向一个 struct anon_vma（简称 AV），index 字段表示页帧在 VMA 中的偏移（如果把 AV 理解成一个从零开始的伪文件，那么 index 同样可以理解成页帧在伪文件里的偏移）。对于文件映射，struct address_space 的 i_mmap 字段是一棵优先搜索树（Priority Search Tree，PST）的根节点，这棵树里面的每个节点都是映射了一个文件的 VMA。对于匿名映射，struct anon_vma 的 head 字段是一个链表指针。图 4-18 展示了第二代 RMAP 的基本原理。

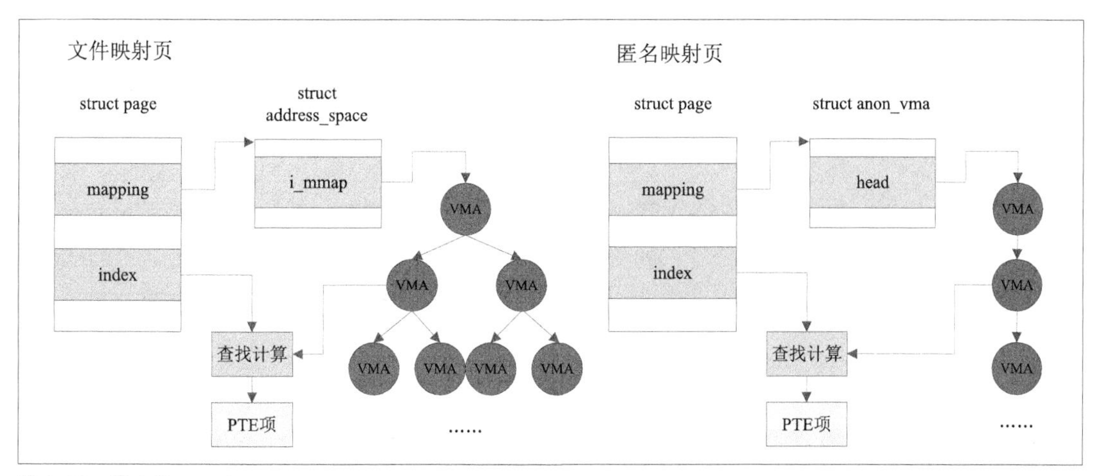

图 4-18 第二代 RMAP

文件映射页常常被大量的进程共享，因此 address_space 下面的 VMA 用 PST 树组织以便快速查找。匿名映射页主要是父子进程间的共享，而且子进程装入新程序以后就会与父进程地址空间脱离关系，因此 anon_vma 下面的 VMA 用普通的双向链表方式组织。于是，给定一个页描述符，第二代 RMAP 可以根据其 mapping 字段和 index 字段查找计算出所有的 PTE 项。

第二代 RMAP 在内存占用上有了非常大的改进，但是也有缺点。主要缺点体现在匿名页上：有些传统的服务器应用程序会创建大量的子进程，父子进程的同名 VMA 之间共享同一个 AV，因此会有大量的页面竞争 anon_vma::lock 自旋锁，导致性能急剧下降（举一个极端的例子：父进程创建 1000 个子进程，这些进程的同名 VMA 里有 1000 个页面，那么将有 1 000 000 个页面竞争同一个锁）。如何改进呢？一种很自然的想法是仿照文件映射页，用 PST 树来代替双向链表。这样做是有用处的，但是并不彻底，因为文件页的 PST 树里面组织的 VMA 是真的共享了同一个文件；而匿名页的双向链表里有很多 VMA 的页随着进程的运行实质上已经不在父子进程间共享，但它们的 mapping 字段依旧指向同一个 AV。也就是说，匿名页的根本问题是伪共享，伪共享的根源是一个 AV 承载了太多本不该链在一起的 VMA。

于是有了第三代 RMAP，其在文件映射页上跟第二代 RMAP 原理相同，而在匿名映射页上的中心思想是将多进程共享的 AV 改造成每进程一个的 AV。第三代 RMAP 改造了第二代 RMAP 的 AV 结构，同时又引入了一种新的 AVC 结构（struct anon_vma_chain）。

```
struct anon_vma {
    struct rw_semaphore rwsem;
    struct anon_vma *root;
    struct anon_vma *parent;
    struct rb_root rb_root;
    ......
```

```
};
struct anon_vma_chain {
    struct vm_area_struct *vma;
    struct anon_vma *anon_vma;
    struct rb_node rb;
    ......
};
```

我们先来看 AV 结构：自旋锁改成了读写信号量，提高了并发性；新的 AV 是每进程的，因此引入了 root 和 parent 来记录 AV 之间的父子关系；组织 VMA 的链表头节点 head 也改造成了红黑树根节点 rb_root（从 Linux-4.14 版本开始将 struct rb_root rb_root 进一步改造成了 struct rb_root_cached rb_root，后者同时包含了红黑树根节点和键值最小的“最左节点”），加速了查找。再来看 AVC：AVC 是链接 AV 和 VMA 的枢纽，其 vma 字段和 anon_vma 字段分别指向关联的 VMA 和 AV；rb 是用于组织 AVC 的红黑树节点。第三代 RMAP 不那么直观，但在理解前两代 RMAP 的基础上，我们还是有希望理解的，让我们来看图 4-19。

我们先做适度的简化，假设一个进程只有一个唯一的 VMA，那么这个进程也将拥有一个唯一的 AV 和唯一的 AVC。VMA、AV 和 AVC 的各种指针互相指来指去是第三代 RMAP 难以理解的根源，因此我们将图 4-19 分成三部分，分别以三者各自的视角来看待它们的关系。

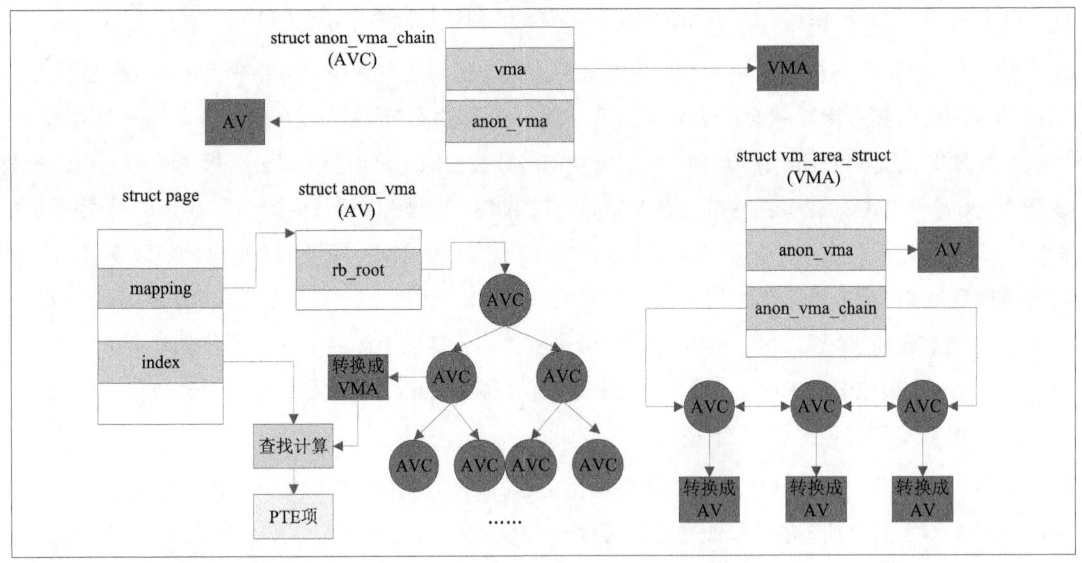

图 4-19　第三代 RMAP（匿名页）

首先看图 4-19 的上方，这是 AVC 的视角，我们可以看到这个关系是非常简单的，甚至可以将 AVC 理解成一个转换器：给定一个 AV 可以找到一个唯一的 VMA，给定一个 VMA 也可以找到一个唯一的 AV。注意，每个进程有一个属于自己的 AVC（本进程 AVC），同时在创建子进程时会产生一个跨进程 AVC，用于链接父进程的 AV 和子进程的 VMA。

然后看图 4-19 的左下方，这是页描述符和 AV 的视角，实际上它跟第二代 RMAP 区别不大，无非是用红黑树代替了双向链表，并且用 AVC 代替了 VMA 而已。红黑树的根节点是 AV 所在进程自己的AVC，其他下级节点是其链接到子孙进程的跨节点AVC（不包含装入了新程序的子孙进程，因为它们会与父进程地址空间脱离关系）。AVC 是一个转换器，可以转换成一个唯一的 VMA，所以 PTE 项的查找计算跟第二代 RMAP 基本相同。

最后看图 4-19 的右下方，这是 VMA 的视角，其 anon_vma 字段指向的是 VMA 所在进程自己的 AV。然而，它还通过 anon_vma_chain 组织了一个链表，里面包含本进程 AVC 以及来自祖先进程的所有跨进程 AVC，可以转换到其祖先进程的 AV。

如果一个进程不断地创建子孙进程并且不装入新程序，那么这些进程将构成一棵进程树。在图 4-19 中，级别越高（离根节点越近）的进程，其 AV 视角的 AVC 红黑树越庞大，其 VMA 视角的 AVC 链表越短；级别越低（离根节点越远）的进程，其 AV 视角的红黑树越简单，其 VMA 视角的 AVC 链表则越长。虽然数据结构复杂，但这也正是第三代 RMAP 优于第二代 RMAP 的地方，主要有以下两点。

1. 从页帧开始看，由于 AV 已经改造成了每进程一个，因此访问 AV 的并发性变好了。

2. 创建进程时，子进程会天然共享父进程的旧页，但此后子进程的新页是不可能被父进程共享的；而 AVC 红黑树只包含自己和比自己更低级的进程的 VMA，因此大大缩小了查找一个页帧所有 PTE 项的搜索范围。

关于反向映射的更多信息可参考《逆向映射的演进》[1]。

4.6.2 内存回收

内存回收指的是物理内存紧缺以致可能无法满足新的内存分配请求时，内核想办法腾挪出一些空闲页面的处理机制，也叫页帧回收算法（Page Frame Reclaiming Algrithom，PFRA）。内存回收分直接回收和周期性回收两种：前者在内存分配函数得不到满足时直接触发，后者是内核线程 kswapd 的周期性扫描和评估。

高优先级的分配请求会忽略 WMARK_MIN 水位线而动用保留页面，高阶连续的分配请求可能触发内存规整机制（即内存碎片整理）。这属于特殊情况下的内存回收方式，而常规的内存回收方式主要是对文件页缓存（Page Cache，包括进程文件映射页）和进程匿名映射页的回收。

内核自己使用的内存大多是持续性使用的、不可回收的（如各种内核管理元数据、DMA 数据等），可回收的主要是文件页缓存（页缓存可以映射在进程地址空间，也可以仅以缓存形式存在于内核中）和映射在进程地址空间的非锁定页面。Linux 内核的内存回收主要是利用最近最少使用（Least Recently Used，LRU）链表。最简单的 LRU 链表就是一个先进先出（FIFO）链表，原理如下。

1. 将所有已分配用于页缓存和进程的页帧组织到一个链表中。

2. 假设最近使用的页就是最常用的页，随着时间的推进越早分配的页将越靠近链表尾部，这个过程叫“老化”。

3. 需要回收内存页时，就从尾部开始回收。

1 博客文章《逆向映射的演进》，作者郭健。

最早的 Linux 内核大致就是基于这个原理设计的，但这个方法有缺陷，它只考虑了“最近”，并没有考虑“最少”，严格来说不能算 LRU 链表。Linux-2.4.x 版本进行了改进，使用了“二次机会”法，可以将访问频度考虑进去。

Linux-2.4.x 版本采用了两个全局 LRU 链表：活跃链表（active_list）和非活跃链表（inactive_list），分别用来组织访问频度较高的页和访问频度较低的页。从 Linux-2.5.33 版本开始做了一系列改进，将两个全局 LRU 链表改成每个管理区（Zone）两个 LRU 链表，以便对每个管理区采用不同的老化策略。从 Linux-2.6.28 版本开始做了进一步改进，将每个管理区两个 LRU 链表改成每个管理区 5 个 LRU 链表，这样 PFRA 可以更方便地在文件页和匿名页之间进行权衡并增强扩展性。从 Linux-4.8.0 版本开始将基于管理区的内存回收方式改成了基于 NUMA 节点的内存回收方式，LRU 链表也相应地从管理区移到了 NUMA 节点，也就是每个节点有 5 个 LRU 链表[1]。Linux-5.4.x 版本同 Linux-4.8.0 版本一样，也是每个 NUMA 节点 5 个 LRU 链表，列举如下。

- LRU_INACTIVE_ANON：不活跃匿名页链表。
- LRU_ACTIVE_ANON：活跃匿名页链表。
- LRU_INACTIVE_FILE：不活跃文件页链表。
- LRU_ACTIVE_FILE：活跃文件页链表。
- LRU_UNEVICTABLE：不可回收页链表。

节点页面管理数据 struct pglist_data 里面有个 lruvec 字段，而 lruvec 的主要内容是 lists[NR_LRU_LISTS] 数组，这个数组就是 5 个 LRU 链表，上面列出的 5 个名字是不同的链表在 lists[] 数组中的索引。区分匿名页和文件页（即页缓存）是因为两类页有着不同的特征，分开有利于采用不同的老化策略；引入不可回收页链表则主要是为了避免内存回收机制扫描大量不可回收的页面（通常是由于各种原因被锁定在内存中的页面），占用太多的资源。

Linux-5.4.x 版本中的二次机会 LRU 算法的主要原理如下。

1. 将所有已分配用于页缓存和进程的页帧组织在 5 个 LRU 链表中的某一个里面。其中匿名页和文件页各有两个链表，而不可回收的页帧（比如用于 RAMDISK 内存盘的页、用于 SYSV 共享内存的页、被 mlock() 锁定的页等）不管是匿名页还是文件页全部放在不可回收链表中。

2. 在页表项结构里面引入“访问位”，即 A 位（见 4.4 节），每当一个页表项被装入 TLB 时，TLB 异常处理函数将 A 位置位（在效果上相当于硬件访问时自动置位）。A 位会影响回收算法对页帧的评估，基本上可以理解为 A 位置位的页比 A 位清零的页多一次免回收的机会（二次机会法得名于此）。

3. 利用页描述符里面的 PG_active 和 PG_referenced 位（见 4.2 节）来描述一个页的访问频度，频度从低到高分别是 PG_active=0 且 PG_referenced=0、PG_active=0 且 PG_referenced = 1、PG_active=1 且 PG_referenced=0、PG_active=1 且 PG_referenced=1。相当于 0、1、2、3 共 4 个频度级别。

---

1 基于管理区的内存回收存在许多问题，主要是各个管理区老化速度不一致，为了解决这些问题曾经引入过“公平分配策略”等各种复杂的算法。当前 64 位架构和 NUMA 架构已经被广泛使用，几乎不再使用高端内存（ZONE_HIGHMEM）管理区。改成基于 NUMA 节点的组织方式可以大大简化内存管理和内存回收算法。

4．一个页每次被访问时，就通过 mark_page_accessed() 在当前基础上提升一级访问频度。另外，每当页面回收算法通过 page_check_references() 扫描 LRU 链表时：扫描到的页如果有多个页表项的 A 位置位，就在当前基础上提升一级访问频度；扫描到的页如果只有一个页表项的 A 位置位，就保持当前访问频度[1]；扫描到的页如果所有页表项的 A 位均未置位，就在当前基础上降低一级访问频度。扫描是通过 RMAP 来查找一个页帧的所有页表项的，扫描过程会对每个页表项中的 A 位清零。

5．每个页的访问频度处于动态变化中。提升频度后若 PG_active 变为 1，就加入活跃链表（LRU_ACTIVE_ANON/LRU_ACTIVE_FILE）头部；降低频度后若 PG_active 变为 0，就加入不活跃链表（LRU_INACTIVE_ANON/LRU_INACTIVE_FILE）头部。

6．文件页首次被访问时，PG_active=0 且 PG_referenced=0，加入不活跃文件页链表头部；匿名页首次被访问时，PG_active=0 且 PG_referenced=1，加入不活跃匿名页链表头部。也就是说，文件页从频度级别 0 开始，而匿名页从频度级别 1 开始。这样的设计是为了避免大量的一次性访问的 Page Cache 快速充斥活跃链表，也可以理解为内存回收时优先回收一次性 Page Cache 而非匿名页（多次被访问的 Page Cache 会提升频度，不会被优先回收）。

7．随着时间的推进，越常用的页越靠近活跃链表（LRU_ACTIVE_ANON/ LRU_ACTIVE_FILE）的头部，越不常用的页越靠近非活跃链表（LRU_INACTIVE_ANON/ LRU_INACTIVE_FILE）的尾部，这个过程叫作“老化”。

8．内核会设法权衡活动链表和非活动链表的长度。对于文件页其尽量保证活动链表的长度不超过非活动链表的长度，对于匿名页其尽量保证活动链表的长度不超过非活动链表的长度乘以一个合适的比例因子（比例因子为 1 或 3，取决于管理区的大小）。从 Linux-2.6.28 版本开始，一旦活动链表长度超过上限就会收缩活动链表，强制将页帧降级到非活动链表，即便其频度级别处于 PG_active=1 且 PG_referenced=1 的最高状态（参考 shrink_list() 与被其调用的 shrink_active_list() 函数）。从 Linux-2.6.31 版本开始权衡算法进行了优化，处于最高频度级别的可执行文件页不会被强制降级。从 Linux-3.15 版本开始又引入了 Refault-Distance 算法，可以更好地权衡活动文件页链表和非活动文件页链表的长度。

9．需要回收内存页时，就从非活跃链表尾部开始回收，通常只有频度级别最低（PG_active=0 且 PG_referenced=0）的页会被回收（参考 shrink_list() 与被其调用的 shrink_inactive_list() 函数）。

10．文件页与匿名页之间的回收倾向性由全局变量 vm_swappiness 控制，可以通过 /proc/sys/vm/swappiness 调节。该值越小越优先回收文件页，该值越大越优先回收匿名页。

文件页的回收方式有丢弃（干净的文件页）和写回（脏的文件页）两种，而匿名页的回收方式是交换（总是要写入交换分区或者交换文件）。如果文件页和匿名页的常规回收依旧满足不了内存分配请求，就会用出最后一招，即使用 OOM（Out-Of-Memory）杀手杀掉一个占用大量内存的进程。内核有一套评估准则，被杀掉的最佳对象不一定是占用内存最多的进程，而是一个占用内存较多并且相对不太重要的进程。

1 如果页帧是映射可执行文件或者共享内存区，则即便只有一个页表项的 A 位置位也还是会提升访问频度。

4.6.3 巨页机制

随着时代的发展，应用程序越来越庞大，占用的内存越来越多。应用程序进程都是基于虚拟地址运行的，因此必须依赖 TLB 做地址翻译。TLB 是页表的一个快速子集，如果没有能够翻译当前地址的 TLB 项，就会发生 TLB 异常，进而访问内存中的页表。很显然，TLB 比内存快很多，TLB 异常会导致应用程序性能下降。

然而 TLB 的增长远远跟不上应用程序的需求。以龙芯为例（不考虑 uTLB），龙芯 3A1000 和龙芯 3B1500 的每个核上仅有 64 项的 VTLB，龙芯 3A2000、龙芯 3A3000 和龙芯 3A4000 引入了 FTLB，然而每个核一共也就有 1088 项（64 项 VTLB+1024 项 FTLB）或 2112 项（64 项 VTLB+2048 项 FTLB）。现在一个占用 256 MB 虚拟内存的应用程序是比较常见的，那么这样的应用程序需要多少项 TLB 呢？

X86 上的常规页面大小是 4 KB，那么这样一个应用程序就需要占用 65 536 个 TLB 项才能保证运行过程中一直不发生 TLB 异常（256 MB/4 KB = 65536）。龙芯使用大小为 16 KB 的常规页面，情况会稍微好一点，然而也需要 16 384 个 TLB 项（256 MB/16 KB=16384），远大于 1088 或者 2112。如果考虑多个进程并发运行，那么进程切换时 TLB 项反复冲刷，问题会变得更加严重。

这就是引入巨页机制的主要动机。巨页的主要原理是在多级页表中去掉最低一级，直接用次低一级来当作页表项（把 PMD 当 PTE 用）。那么一个巨页有多大呢？我们以 64 位内核为例来算一下。

在龙芯上，一个常规页面的大小为 16 KB，一个 PMD 项或者 PTE 项占用 8 B（64 位地址需要 8 B 来表示），那么一个页面可以容纳 2048 个表项（16 KB/8 B=2048），也就是说一个 PMD 项所表达的地址范围相当于 2048 个 PTE 项所表达的地址范围。一个 PTE 项所表达的地址范围就是一个常规页面大小，即 16 KB；那么一个 PMD 项所表达的地址范围就是一个巨页大小，即 32 MB（16 KB × 2048 = 32 MB）。

那么那个占用 256 MB 虚拟内存的应用程序现在需要多少个 TLB 项呢？答案是只需要 8 个（256 MB/32 MB=8）。

一切似乎看起来都很美妙，但实际上还是有一些问题的。其中最大的问题是，一个巨页必须是一块连续而且起始地址对齐的内存。这就要求：只有起始地址能够被 32 MB 整除并且从起点开始的 32 MB 都属于同一个进程的同一个 VMA 时，才能充分利用巨页的优点。当然，进程可以以 32 MB 为单位来申请内存，但是这样可能造成巨大的浪费。

巨页的具体使用方式有两种：巨页文件系统（HUGETLBFS）和透明巨页（Transparent HugePage，THP）。

早在 Linux-2.5.46 版本就引入了 HUGETLBFS，但 MIPS 直到 2.6.31 版本才支持完善。HUGETLBFS 是一种基于内存的文件系统，其用法如下：

首先要保证内核加入 HUGETLBFS 的支持（CONFIG_HUGETLBFS），然后挂载巨页文件系统。

```
mount -t hugetlbfs none /mnt/huge
  -o uid=<val>,gid=<val>,mode=<val>,pagesize=<val>,size=<val>,min_size=<val>,nr_inodes=<val>
```

接下来主要有以下 3 种用法。

- A．用作进程间共享内存：通过 shmget() 函数带 SHM_HUGETLB 标志使用。
- B．用作内存文件系统：在 /mnt/huge 目录下创建文件，然后用 mmap() 函数创建文件映射页。
- C．用作匿名映射页：这是最方便的一种用法，用 mmap() 函数带 MAP_HUGETLB 标志映射匿名页即可（因为是匿名页，因此需要同时使用 MAP_ANONYMOUS 标志）。

HUGETLBFS 能够带来确确实实的好处，但是不方便使用。即便匿名映射巨页的使用相对比较方便，但它依旧需要显式地修改应用程序。而 THP 就是不需要专门设计应用程序的最方便的巨页使用方法。

THP 是从 Linux-2.6.38 版本开始加入的，但 MIPS 直到 Linux-3.8.0 版本开始才支持完善。THP 的主要工作原理是使用一个内核线程 khugepaged 扫描进程地址空间，在满足条件（按巨页对齐、连续且同在一个 VMA）的情况下自动将常规页组合成巨页。

在内核加入 THP 支持（CONFIG_TRANSPARENT_HUGEPAGE）的情况下，THP 有 3 种工作模式：always、madvise 和 never。Always 模式表示 khugepaged 会扫描全系统所有进程的地址空间；Madvise 模式表示 khugepaged 仅扫描用 madvise() 系统调用标记的进程的地址范围（用 madvise(MADV_HUGEPAGE) 标记可以组合的地址范围；用 madvise(MADV_NOHUGEPAGE) 标记不可组合的地址范围）；Never 模式表示禁止 khugepaged 扫描（相当于运行时关闭 THP）。THP 的 3 种工作模式可以在运行时通过 /sys/kernel/mm/ transparent_hugepage/enabled 来配置。

早期的 THP 只能对匿名映射页进行组合，但从 Linux-4.8.x 版本开始已经可以支持文件映射页了（目前仅支持 SHMEM 和 TMPFS）。X86 从 Linux-4.11 版本开始同时支持了 PMD 级透明巨页（页面大小为 2 MB）和 PUD 级透明巨页（页面大小为 1 GB），但龙芯只支持 PMD 级透明巨页。

巨页机制虽然好处多多，但一直以来对交换不太友好，因为在交换出去之前必须拆分成常规页。好消息是内核社区一直在试图改进这个局限，Linux-4.13 和 Linux-4.14 两个版本在一次次地试图推迟拆分的时间点，以便提升性能。我们的终极目标是实现无需拆分的巨页交换，这将在 Linux-5.4.x 版本以后的内核中实现。

关于 HUGETLBFS 和 THP 的更多信息可以参考内核文档 Documentation/admin-guide/mm/hugetlbpage.rst 和 Documentation/admin-guide/mm/transhuge.rst，编程开发方面的详细用法可以参考 tools/testing/selftests/vm/ 下的示例。

4.7 本章小结

本章主要讲述了内存管理方面的内容：龙芯处理器的高速缓存、TLB 和虚拟地址空间划分；物理内存页面的组织和管理，即伙伴系统；基于线性映射和分页映射的内核态内存管理；以及对用户态进程地址空间的内存管理。本章内容主要基于 Linux-5.4.x 版本内核，同时为了让大家了解内存管理的前世今生也涉及一些过去的历史版本。

内存分配与释放是内存管理中的必然话题，在此特意总结一下这些重要的 API。

1. 伙伴系统

○ __get_free_page(gfp_mask)：返回线性地址的单页帧分配函数。
○ __get_free_pages(gfp_mask, order)：返回线性地址的多页帧分配函数。
○ alloc_page(gfp_mask)：返回页描述符的单页帧分配函数。
○ alloc_pages(gfp_mask, order)：返回页描述符的多页帧分配函数。
○ free_page(addr)：与 alloc_page() 相对的单页帧释放函数。
○ free_pages(addr, order)：与 alloc_pages() 相对的多页帧释放函数。

2. 专用 SLAB 对象

○ void *kmem_cache_alloc(struct kmem_cache *s, gfp_t gfpflags)：对象分配函数。
○ void kmem_cache_free(struct kmem_cache *s, void *x)：对象释放函数。

3. 通用操作（即时分配是指分配 / 释放类 API，预先分配是指建立映射 / 撤销映射类 API）

A. 即时分配，连续（多页），针对 Normal 区（线性映射），基于 SLAB 通用对象

○ void *kmalloc(size_t size, int flags)/void kfree(void *addr);

B. 预先分配，连续（单页），针对 Normal 区（线性映射）或 Highmem 区（分页映射）

○ void *kmap(struct page *page)/void kunmap(struct page *page);
○ void *kmap_atomic(struct page *page)/void kunmap_atomic(struct page *page);

C. 即时分配，非连续（多页），针对 Normal 区（分页映射）和 Highmem 区（分页映射）

○ void *vmalloc(size_t size)/vfree(void *addr);

D. 预先分配，非连续（多页），针对 Normal 区（分页映射）和 Highmem 区（分页映射）

○ void *vmap(struct page **pages, unsigned int count, unsigned long flags, pgprot_t prot)/void vunmap(void *addr);

E. 即时分配，结合使用 kmalloc()/vmalloc() 和 kfree()/vfree()，可用于任意区域

○ void *kvmalloc(size_t size, gfp_t flags)/void kvfree(const void *addr);

F. IO 空间分配

○ void__iomem *ioremap(phys_addr_t offset, unsigned long size)/
○ void iounmap(void__iomem *addr)。

第 05 章

进程管理解析

操作系统内核的三大核心功能的最后一个是进程管理。本章将从进程描述符等数据结构开始，主要介绍进程的创建、进程的销毁、进程的调度策略和切换过程等内容。

5.1 进程描述符

进程管理中最重要的数据结构是进程描述符，即 struct task_struct。这个结构是整个进程管理的起点，其内容非常庞大且复杂，定义在 include/linux/sched.h 中，此处给出的是一个高度精简的版本。

```
struct task_struct {
    volatile long state;
    randomized_struct_fields_start
    void *stack;
    refcount_t usage;
    unsigned int flags;
    int on_cpu;
    int on_rq;
    int prio;
    int static_prio;
    int normal_prio;
    unsigned int rt_priority;
    const struct sched_class *sched_class;
    struct sched_entity se;
    struct sched_rt_entity rt;
    struct sched_dl_entity dl;
    unsigned int policy;
    int nr_cpus_allowed;
    cpumask_t cpus_mask;
    const cpumask_t *cpus_ptr;
#ifdef CONFIG_CGROUP_SCHED
    struct task_group *sched_task_group;
#endif
#ifdef CONFIG_PREEMPT_RCU
    int rcu_read_lock_nesting;
    union rcu_special rcu_read_unlock_special;
    struct list_head rcu_node_entry;
    struct rcu_node *rcu_blocked_node;
```

```
#endif
    struct sched_info sched_info;
    struct list_head tasks;
    struct mm_struct *mm, *active_mm;
    int exit_state;
    int exit_code;
    int exit_signal;
    unsigned int personality;
    unsigned sched_reset_on_fork:1;
    unsigned sched_contributes_to_load:1;
    unsigned sched_migrated:1;
    unsigned in_execve:1;
    unsigned in_iowait:1;
    unsigned long atomic_flags;
    pid_t pid;
    pid_t tgid;
    struct task_struct __rcu *real_parent;
    struct task_struct __rcu *parent;
    struct list_head children;
    struct list_head sibling;
    struct task_struct *group_leader;
    struct list_head ptraced;
    struct list_head ptrace_entry;
    struct pid *thread_pid;
    struct hlist_node pid_links[PIDTYPE_MAX];
    struct list_head thread_group;
    struct list_head thread_node;
    struct completion *vfork_done;
    int __user *set_child_tid;
    int __user *clear_child_tid;
    u64 utime;
    u64 stime;
    u64 utimescaled;
    u64 stimescaled;
    u64 gtime;
    struct prev_cputime prev_cputime;
    u64 start_time;
    u64 real_start_time;
    unsigned long min_flt;
```

```
    unsigned long maj_flt;
    struct posix_cputimers posix_cputimers;
    char comm[TASK_COMM_LEN];
    struct nameidata *nameidata;
    struct sysv_sem sysvsem;
    struct sysv_shm sysvshm;
    struct fs_struct *fs;
    struct files_struct *files;
    struct nsproxy *nsproxy;
    struct signal_struct *signal;
    struct sighand_struct *sighand;
    sigset_t blocked;
    sigset_t real_blocked;
    struct sigpending pending;
    struct callback_head *task_works;
    struct audit_context *audit_context;
    u32 parent_exec_id;
    u32 self_exec_id;
    struct bio_list *bio_list;
    struct blk_plug *plug;
    struct backing_dev_info *backing_dev_info;
    struct io_context *io_context;
#ifdef CONFIG_NUMA
    struct mempolicy *mempolicy;
#endif
#ifdef CONFIG_NUMA_BALANCING
    unsigned int numa_scan_period;
    unsigned int numa_scan_period_max;
    int numa_preferred_nid;
    struct callback_head numa_work;
    struct numa_group __rcu *numa_group;
    unsigned long *numa_faults;
    unsigned long numa_faults_locality[3];
#endif
    union {
        refcount_t          rcu_users;
        struct rcu_head     rcu;
    };
    ......
```

```
    randomized_struct_fields_end

    struct thread_struct thread;
};
```

和内存描述符 mm_struct 一样，进程描述符 task_struct 也是一个支持随机化的数据结构。除了最前面的 state 字段和最后面的 thread 字段，所有处于 randomized_struct_fields_start 和 randomized_struct_fields_end 之间的内容的布局都是可以随机调整的。进程描述符中最重要的成员字段在表 5-1 中进行了解释。

表 5-1　进程描述符的字段

字段类型	字段名称	说明
volatile long	state	进程的运行状态，形如 TASK_XYZ
int	exit_state	进程的退出状态，形如 EXIT_XYZ
void *	stack	指向进程内核栈的指针，实际上也包含了体系结构相关的线程信息结构 thread_info
refcount_t	usage	进程描述符的引用计数
refcount_t	rcu_users	进程描述符的 RCU 使用者引用计数
unsigned int	flags	进程的标志集合，形如 PF_XYZ
pid_t	pid	全局进程 ID（线程 ID）
pid_t	tgid	进程所在线程组的全局组 ID
struct pid *	thread_pid	进程自身的 PID 结构（PIDTYPE_PID 类型）
struct hlist_node	pid_links[PIDTYPE_MAX]	用于查找命名空间相关的 PID 结构数组（包含进程 ID、线程组 ID、进程组 ID 和会话 ID）的哈希表元素数组
struct nsproxy *	nsproxy	命名空间代理（包括了大部分跟命名空间相关的信息）
int	on_cpu	为 1 表示正在 CPU 上运行，为 0 表示未运行
int	on_rq	进程在运行队列的状态：0 表示进程不在任何运行队列中，1（即 TASK_ON_RQ_QUEUED）表示正在队列中排队，2（即 TASK_ON_RQ_MIGRATING）表示正在队列间迁移
int	prio	普通进程的调度优先级
int	static_prio	普通进程的静态优先级
int	normal_prio	普通进程的动态优先级
unsigned int	rt_priority	实时进程的实时优先级
struct sched_class *	sched_class	进程所属的调度器类
struct sched_entity	se	进程的普通调度实体
struct sched_rt_entity	rt	进程的实时调度实体

续表

字段类型	字段名称	说明
struct sched_dl_entity	dl	进程的限期调度实体
unsigned int	policy	进程的调度策略
cpumask_t	cpus_mask	进程的 CPU 亲和关系掩码
struct task_group *	sched_task_group	进程所在的进程组（用于组调度）
int	rcu_read_lock_nesting	可抢占 RCU 所使用的嵌套计数器
struct list_head	tasks	将所有进程链接在一起的链表结构
struct mm_struct *	mm	进程的内存描述符
struct mm_struct *	active_mm	进程的活动内存描述符
struct task_struct *	parent	进程的当前父进程
struct task_struct *	real_parent	进程的真实父进程
struct task_struct *	group_leader	进程所在的线程组组长
struct list_head	children	进程的子进程链表
struct list_head	sibling	进程的兄弟进程链表
u64	start_time	启动时间（单位为纳秒，用单调时间表示）
u64	real_start_time	启动时间（单位为纳秒，用开机时间表示）
u64	utime	进程花在用户态的绝对时间
u64	utimescaled	进程花在用户态的相对时间（根据动态变频缩放）
u64	stime	进程花在内核态的绝对时间
u64	stimescaled	进程花在内核态的相对时间（根据动态变频缩放）
u64	gtime	进程花在客户态的时间（虚拟机进程）
struct fs_struct *	fs	文件系统上下文相关信息
struct files_struct *	files	打开的文件描述符信息
struct signal_struct *	signal	信号有关的通用信息
struct sighand_struct *	sighand	信号的处理函数信息
struct sigpending	pending	待决的私有信号（非共享信号）
struct io_context *	io_context	I/O 上下文
struct mempolicy *	mempolicy	进程的 NUMA 内存分配策略
struct thread_struct	thread	体系结构相关的线程上下文描述符（主要是寄存器上下文）

最早的进程是 0 号 CPU 上的 0 号进程，也可以认为就是内核自己，命名为初始进程 init_task。初始进程是所有进程的模板，通过它的定义可以更清楚地了解进程描述符的字段。init_task 及其相关的宏定义在 init/init_task.c 和 include/linux/init_task.h 等文件中，展开如下。

```
#define INIT_TASK_DATA(align)                                     \
        . = ALIGN(align);                                         \
        __start_init_task = .;                                    \
        init_thread_union = .;                                    \
        init_stack = .;                                           \
        KEEP(*(.data..init_task))                                 \
        KEEP(*(.data..init_thread_info))                          \
        . = __start_init_task + THREAD_SIZE;                      \
        __end_init_task = .;
union thread_union init_thread_union;
struct thread_info init_thread_info __init_thread_info = INIT_THREAD_INFO(init_task);
unsigned long init_stack[THREAD_SIZE / sizeof(unsigned long)];
#define INIT_THREAD_INFO(tsk)                                     \
{                                                                 \
    .task                   = &tsk,                               \
    .flags                  = _TIF_FIXADE,                        \
    .cpu                    = 0,                                  \
    .preempt_count          = INIT_PREEMPT_COUNT,                 \
    .addr_limit             = KERNEL_DS,                          \
}
#define INIT_TASK_COMM  "swapper"
struct task_struct init_task = {
    .state                  = 0,
    .stack                  = init_stack,
    .usage                  = REFCOUNT_INIT(2),
    .flags                  = PF_KTHREAD,
    .prio                   = MAX_PRIO - 20,
    .static_prio            = MAX_PRIO - 20,
    .normal_prio            = MAX_PRIO - 20,
    .policy                 = SCHED_NORMAL,
    .cpus_ptr               = &init_task.cpus_mask,
    .cpus_mask              = CPU_MASK_ALL,
    .nr_cpus_allowed        = NR_CPUS,
    .mm                     = NULL,
    .active_mm              = &init_mm,
    .restart_block          = {
        .fn                 = do_no_restart_syscall,
    },
```

```
    .se                         = {
        .group_node             = LIST_HEAD_INIT(init_task.se.group_node),
    },
    .rt                         = {
        .run_list               = LIST_HEAD_INIT(init_task.rt.run_list),
        .time_slice             = RR_TIMESLICE,
    },
    .tasks                      = LIST_HEAD_INIT(init_task.tasks),
    .sched_task_group           = &root_task_group,
    .real_parent                = &init_task,
    .parent                     = &init_task,
    .children                   = LIST_HEAD_INIT(init_task.children),
    .sibling                    = LIST_HEAD_INIT(init_task.sibling),
    .group_leader               = &init_task,
    .comm                       = INIT_TASK_COMM,
    .thread                     = INIT_THREAD,
    .fs                         = &init_fs,
    .files                      = &init_files,
    .signal                     = &init_signals,
    .sighand                    = &init_sighand,
    .nsproxy                    = &init_nsproxy,
    .pending                    = {
        .list                   = LIST_HEAD_INIT(init_task.pending.list),
        .signal                 = {{0}}
    },
    .blocked                    = {{0}},
    .alloc_lock                 = __SPIN_LOCK_UNLOCKED(init_task.alloc_lock),
    INIT_CPU_TIMERS(init_task)
    .timer_slack_ns             = 50000,
    .thread_pid                 = &init_struct_pid,
    .thread_group               = LIST_HEAD_INIT(init_task.thread_group),
    .thread_node                = LIST_HEAD_INIT(init_signals.thread_head),
    .rcu_read_lock_nesting      = 0,
    .rcu_read_unlock_special.s = 0,
    .rcu_node_entry             = LIST_HEAD_INIT(init_task.rcu_node_entry),
    .rcu_blocked_node           = NULL,
    INIT_PREV_CPUTIME(init_task)
    .numa_preferred_nid         = NUMA_NO_NODE,
```

```
    .numa_group                     = NULL,
    .numa_faults                    = NULL,
    ......
};
```

我们可以看到初始进程的名字为 INIT_TASK_COMM（一般命名为 swapper），初始进程 init_task 和初始线程信息结构 init_thread_union（即 init_stack）互相建立了关联，初始进程的引用计数为 2，初始进程的有效内存描述符为 init_mm，初始进程的线程上下文描述符为 INIT_THREAD，初始进程的父进程就是初始进程自己，等等。

进程描述符中有些重要字段的真正含义以及由此引申出来的二级数据结构还需要进一步说明，接下来的几个小节逐个对其描述解析。

5.1.1 运行状态相关

我们首先来看进程状态相关的部分，即进程描述符 task_struct 中的 state 与 exit_state 两个字段。

```
#define TASK_RUNNING            0x0000
#define TASK_INTERRUPTIBLE      0x0001
#define TASK_UNINTERRUPTIBLE    0x0002
#define __TASK_STOPPED          0x0004
#define __TASK_TRACED           0x0008
#define EXIT_DEAD               0x0010
#define EXIT_ZOMBIE             0x0020
#define EXIT_TRACE              (EXIT_ZOMBIE | EXIT_DEAD)
#define TASK_PARKED             0x0040
#define TASK_DEAD               0x0080
#define TASK_WAKEKILL           0x0100
#define TASK_WAKING             0x0200
#define TASK_NOLOAD             0x0400
#define TASK_NEW                0x0800
#define TASK_STATE_MAX          0x1000
#define TASK_KILLABLE           (TASK_WAKEKILL | TASK_UNINTERRUPTIBLE)
#define TASK_STOPPED            (TASK_WAKEKILL | __TASK_STOPPED)
#define TASK_TRACED             (TASK_WAKEKILL | __TASK_TRACED)
#define TASK_IDLE               (TASK_UNINTERRUPTIBLE | TASK_NOLOAD)
```

只看代码的话很容易迷惑，有以下几个原因：一是下划线开头的定义仅限内部使用；二是 TASK

前缀的状态是运行状态（用于 state 字段），而 EXIT 前缀的状态是退出状态（用于 exit_state 字段）；三是有几种状态是复合状态；四是排序规则主要按历史沿革递增，未根据内在含义分组。

因此需要总结归纳以方便理解。根据 state 和 exit_state 的取值，进程状态可以分成“活动时状态”和“死亡后状态”两大类。

活动时： 进程的运行状态（state 字段）为新创生（TASK_NEW）[1]、可运行（TASK_RUNNING）、可中断可杀死的睡眠（TASK_INTERRUPTIBLE）、不可中断可杀死的睡眠（TASK_KILLABLE）、不可中断不可杀死的睡眠（TASK_UNINTERRUPTIBLE）、不可中断不可杀死的空闲睡眠（TASK_IDLE）、暂停式睡眠（TASK_PARKED）[2]、正在唤醒（TASK_WAKING）、停止（TASK_STOPPED）、跟踪（TASK_TRACED）等 10 种状态之一；退出状态（exit_state 字段）一律为 0。

死亡后： 进程的运行状态（state 字段）为死亡（TASK_DEAD）；退出状态（exit_state 字段）为死亡（EXIT_DEAD）、僵尸（EXIT_ZOMBIE）或跟踪僵尸（EXIT_TRACE）。如果一个进程优雅地死亡，退出状态应当是 EXIT_DEAD；如果死亡后有关数据结构没有销毁，退出状态就是 EXIT_ZOMBIE（普通僵尸进程，通常是由于父进程没有或尚未收尸）或 EXIT_TRACE（被跟踪的僵尸进程，通常其父进程是调试跟踪器）。

进程的主要状态变化如图 5-1 所示，通常进程活动时的状态以可运行（即 TASK_ RUNNING，包括就绪态和运行态）和睡眠等待（主要包括 TASK_INTERRUPTIBLE 和 TASK_UNINTERRUPTIBLE）居多。一般来说，可运行的进程组织在运行队列中，而睡眠等待的进程根据不同的情况组织在专门针对某类事件的等待队列中（不等待任何事件的“纯睡眠”进程不进入任何等待队列，但一定会离开运行队列）。有一系列睡眠函数可以让进程从可运行状态变更为睡眠状态，也有另外一系列唤醒函数可以让进程从睡眠状态变更为可运行状态（如果睡眠的进程没有进入等待队列，则不需要专门的唤醒操作）。

除了“睡眠”和“唤醒”，在进程管理里面还有“冻结”和“解冻”的概念。冻结（freeze）就是一种非主动的强制睡眠，内核有一个“全局冰箱”，用全局变量 system_freezing_cnt 的状态来记录冰箱的状态（初始值为 0）。当内核需要冻结进程时，就增加 system_freezing_cnt 的值，然后给进程发送一个伪信号，进程收到伪信号后调用 try_to_freeze()，根据 system_freezing_cnt 是否非零来决定要不要进入不可中断的睡眠，如果进入了睡眠，就称为进程被冻结。解冻（thaw）是冻结的逆操作，其作用就是减少 system_freezing_cnt 的值并唤醒冰箱中被冻结的进程。普通进程总是可冻结的；内核线程默认是不可冻结的，但是可以通过 set_freezable() 来设置成可冻结；可冻结的内核线程通过显式调用 try_to_freeze() 来试图进入冻结状态。冻结和解冻主要用于系统级睡眠（STR 和 STD，见第 8 章电源管理解析）。

1　新创生（TASK_NEW）是从 Linux-4.8 版本内核开始引入的一种状态，标识一个正在创建中的或者刚创建尚未开始运行的进程。

2　暂停式睡眠用于内核线程，类似于 TASK_INTERRUPTIBLE，用来防止一些竞争条件。

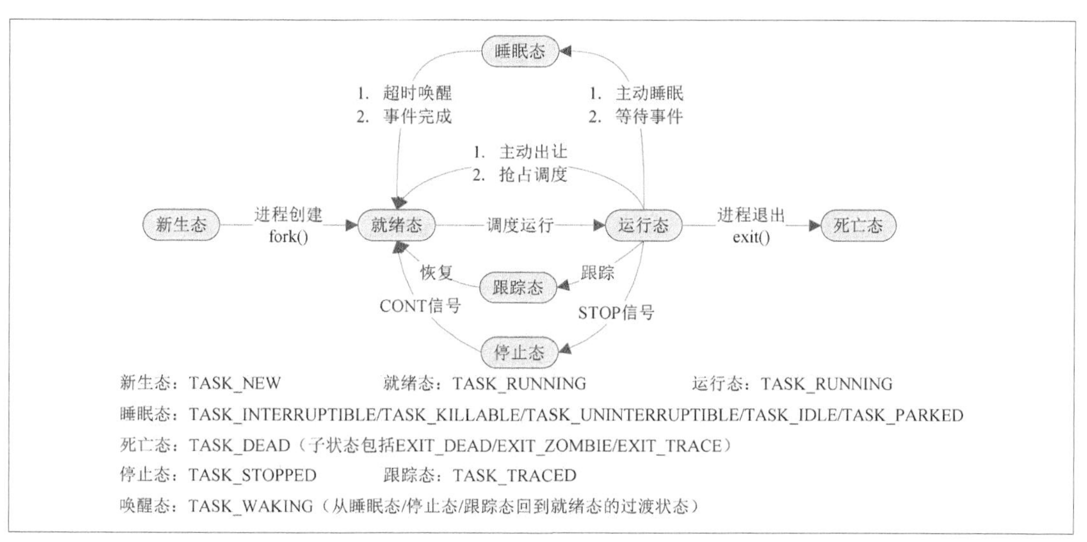

图 5-1　Linux 内核中进程的主要状态变化

常用的睡眠函数[1]如下。

1. void ssleep(unsigned int seconds)：秒级睡眠函数。将当前进程状态设为 TASK_UNINTERRUPTIBLE 但不挂接到任何等待队列，睡眠 seconds 秒后回到 TASK_RUNNING 状态。

2. void msleep(unsigned int msecs)：毫秒级睡眠函数。将当前进程状态设为 TASK_UNINTERRUPTIBLE 但不挂接到任何等待队列，睡眠 msecs 毫秒后回到 TASK_RUNNING 状态。

3. unsigned long msleep_interruptible(unsigned int msecs)：毫秒级睡眠函数。将当前进程状态设为 TASK_INTERRUPTIBLE 但不挂接到任何等待队列，睡眠 msecs 毫秒后回到 TASK_RUNNING 状态。

4. void usleep_range(unsigned long min, unsigned long max)：微秒级睡眠函数。将当前进程状态设为 TASK_UNINTERRUPTIBLE 但不挂接到任何等待队列，睡眠最小 min 微秒、最大 max 微秒后回到 TASK_RUNNING 状态。我们注意到微秒级睡眠使用的不是精确时间而是时间范围。这一方面是因为太短的睡眠时间不一定总是能够精确控制，另一方面是使用时间范围可以让内核在这个范围内选择一个合适的值，从而更方便地让各种软件定时器实现“对齐激活”。

5. void sleep_on(wait_queue_head_t *q)：将当前进程状态设为 TASK_UNINTERRUPTIBLE 并挂接在等待队列 q 上面。

6. long sleep_on_timeout(wait_queue_head_t *q, signed long timeout)：将当前进程状态设为 TASK_UNINTERRUPTIBLE 并挂接在等待队列 q 上面，如果睡眠超时达到 timeout

1　sleep_on() 系列 API 从 Linux-3.15 版本开始已经从内核中移除，因为使用不方便并且会带来一些竞态条件，推荐使用 wait_event() 系列 API 来实现同样的目的。另外，sleep() 系列 API 跟 mdelay()/udelay()/ndelay() 等 API 虽然都带有“延迟等待”的性质，但其原理完全不一样，因为 delay() 系列 API 属于“自旋忙等”，并不会像 sleep() 系列 API 一样导致当前进程让出 CPU 控制权。在使用上，一般较短的等待建议使用 delay() 系列，而较长的等待建议使用 sleep() 系列。

则进程被自动唤醒。

7．void interruptible_sleep_on(wait_queue_head_t *q)：将当前进程状态设为 TASK_INTERRUPTIBLE 并挂接在等待队列 q 上面。

8．long interruptible_sleep_on_timeout(wait_queue_head_t *q, signed long timeout)：将当前进程状态设为 TASK_INTERRUPTIBLE 并挂接在等待队列 q 上面，如果睡眠超时达到 timeout 则进程被自动唤醒。

9．wait_event(wq, condition)：将当前进程状态设为 TASK_UNINTERRUPTIBLE 并挂接在等待队列 wq 上面，如果条件 condition 得到满足则进程被自动唤醒。

10．wait_event_timeout(wq, condition, timeout)：将当前进程状态设为 TASK_UNINTERRUPTIBLE 并挂接在等待队列 wq 上面，如果条件 condition 得到满足或者睡眠超时达到 timeout 则进程被自动唤醒（使用普通定时器）。

11．wait_event_hrtimeout(wq, condition, timeout)：将当前进程状态设为 TASK_UNINTERRUPTIBLE 并挂接在等待队列 wq 上面，如果条件 condition 得到满足或者睡眠超时达到 timeout 则进程被自动唤醒（使用高分辨率定时器）。

12．wait_event_interruptible(wq, condition)：将当前进程状态设为 TASK_INTERRUPTIBLE 并挂接在等待队列 wq 上面，如果条件 condition 得到满足则进程被自动唤醒。

13．wait_event_interruptible_timeout(wq, condition, timeout)：将当前进程状态设为 TASK_INTERRUPTIBLE 并挂接在等待队列 wq 上面，如果条件 condition 得到满足或者睡眠超时达到 timeout 则进程被自动唤醒（使用普通定时器）。

14．wait_event_interruptible_hrtimeout(wq, condition, timeout)：将当前进程状态设为 TASK_INTERRUPTIBLE 并挂接在等待队列 wq 上面，如果条件 condition 得到满足或者睡眠超时达到 timeout 则进程被自动唤醒（使用高分辨率定时器）。

15．wait_event_freezable(wq, condition)：将当前进程状态设为 TASK_INTERRUPTIBLE 并挂接在等待队列 wq 上面，如果条件 condition 得到满足则进程被自动唤醒；如果在条件未满足的时候被唤醒，则调用 try_to_freeze() 试图进入冻结状态。

16．wait_event_freezable_timeout(wq, condition, timeout)：将当前进程状态设为 TASK_INTERRUPTIBLE 并挂接在等待队列 wq 上面，如果条件 condition 得到满足或者睡眠超时达到 timeout 则进程被自动唤醒（使用普通定时器）；如果在条件未满足且睡眠也未达到超时的时候被唤醒，则调用 try_to_freeze() 试图进入冻结状态。

常用的唤醒函数如下。

1．wake_up(x)：在等待队列 x 上唤醒一个进程。

2．wake_up_nr(x, nr)：在等待队列 x 上唤醒 nr 个进程。

3．wake_up_all(x)：在等待队列 x 上唤醒所有进程。

4．wake_up_interruptible(x)：在等待队列 x 上唤醒一个状态为 TASK_INTERRUPTIBLE

的进程。

5. wake_up_interruptible_nr(x, nr)：在等待队列 x 上唤醒 nr 个状态为 TASK_INTERRUPTIBLE 的进程。

6. wake_up_interruptible_all(x)：在等待队列 x 上唤醒所有状态为 TASK_INTERRUPTIBLE 的进程。

5.1.2 标识调度相关

现在我们需要彻底说明 Linux 中进程（Process）与线程（Thread）的概念。在 Windows 等操作系统中，进程是运行的程序实体，而线程是进程中的独立执行路径；也就是说，进程是容器，线程是容器中的执行体。而在 Linux 中，进程和线程都是运行的程序实体，其区别是进程有独立的地址空间（mm_struct），而若干个线程共享同一个地址空间（线程是特殊的轻量级进程，共享同一个 mm_struct）。Linux 中的线程容器并不是进程，而是线程组：一个运行中的多线程程序是一个线程组，里面包含多个线程；一个运行中的单线程程序也是一个线程组，里面包含一个线程。单线程程序的那个唯一线程，就是一般意义上的进程。不同平台上的进程和线程概念如图 5-2 所示。

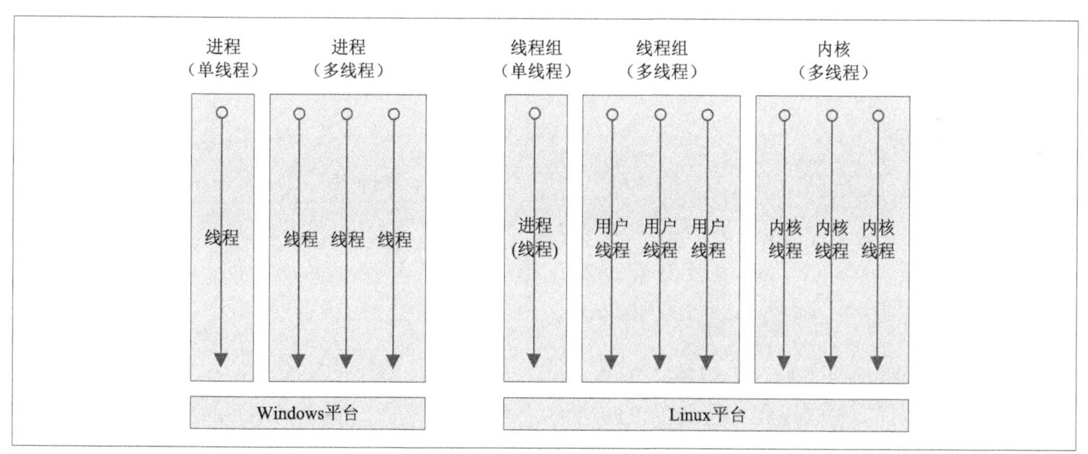

图 5-2 Windows、Linux 平台上的进程与线程

从图 5-2 中可以看出，Linux 内核本身也可以视为一个特殊的进程（线程组），只不过普通的线程组派生的是共享进程地址空间的用户线程，而内核派生的是共享内核地址空间的内核线程。在 Linux 上，不管是用户线程、内核线程还是进程，都有一个独立的内核数据结构（即进程描述符 task_struct），都一样是接受内核调度的基本单位。因此，内核线程和用户线程都是在内核里面实现的“内核级线程”[1]。而通常所说的“用户级线程”指的是内核不可见的，纯粹由用户态实现并调度的执行流。用户级线程通常叫“协程”（Co-routine，通用的叫法）或“纤程”（Fiber，

1 Linux-2.4.x 及更老版本的内核中，Posix 线程是运行时库和内核共同实现的，叫作 LinuxThreads，是准内核级线程。Linux-2.6.x 及更新版本的内核里面，Posix 线程全部由内核实现，而运行时库只是简单封装，叫作 NPTL（Native POSIX Thread Library），是纯内核级线程。

Windows 的叫法）。

所以，“线程”和“线程组”的含义是明确的，而“进程”的含义则存在一定歧义。从 Linux 内核数据结构上讲，进程和线程基本上是同义词（线程是没有独立地址空间的特殊进程）；从用户程序执行的角度讲，进程指的是线程组。在内核数据结构中，每一个进程（线程）都有一个进程 ID（pid，也是线程 ID）和一个线程组 ID（tgid）。对于线程组组长，pid 与 tgid 相同；对于非线程组组长，pid 是线程自己的 pid，tgid 是所在线程组组长的 pid。然而，在用户态运行时库 Glibc 中，getpid() 实际获取的是 tgid 字段，而 gettid() 获取的才是 pid 字段。由于本书面向的是 Linux 内核，通常对进程 / 线程不做区分。

除了 pid 和 tgid 字段，跟进程 ID 有关的还包括一个类型为 PID 结构（struct pid）的 thread_pid 和一个类型为哈希表节点元素（struct hlist_node）的 pid_links 数组。PID 结构是为 PID 命名空间服务的，而 PID 命名空间又是为容器技术服务的（命名空间可以从多个不同的维度进行划分，PID 命名空间是从 PID 的维度划分的命名空间，而容器是一种基于命名空间的类似于轻量级虚拟机的技术）。系统中的所有进程处在一个全局的根命名空间（名字为 init_pid_ns），进程描述符的 pid 和 tgid 字段就是全局命名空间中的进程 ID。如果进程在根命名空间下又创建了子命名空间，那么该进程在子命名空间中就拥有新的进程 ID。进程的 PID 类型一共有 4 项，其名称分别为 PIDTYPE_PID、PIDTYPE_TGID、PIDTYPE_PGID 和 PIDTYPE_SID。这是因为多个进程（线程）可以组合成“线程组”，多个线程组可以组合成“进程组”，而多个进程组又可以组合成“会话”，pids 数组这 4 项的含义分别是进程 ID（线程 ID）、线程组 ID、进程组 ID 和会话 ID。

一个进程的 PIDTYPE_PID 类型的 PID 结构就是进程描述符中的 thread_pid 字段，而 PIDTYPE_TGID、PIDTYPE_PGID 和 PIDTYPE_SID 这 3 种类型的 PID 结构是整个线程组共享的，因此放置在线程组共享的二级结构体信号描述符中（即 task_struct::signal_struct::pids[PIDTYPE_MAX]）。进程描述符的 pid_links[] 数组与信号描述符的 pids[] 数组可通过 attach_pid()/detach_pid() 来建立 / 撤销关联。

系统调用 sys_setsid() 可以开启一个新会话，系统调用 sys_setpgid() 可以开启一个新进程组或者加入一个已有的进程组（有的平台使用 sys_setpgrp()）。系统调用 sys_getsid()、sys_getpgid()、sys_getpid() 和 sys_gettid() 分别用来获取进程的会话 ID、进程组 ID、进程 ID（即线程组 ID）和线程 ID。

为了明确进程的组织结构，我们可以这么理解：整个系统有一个 PID 根命名空间，根命名空间可以划分成若干个 PID 一级命名空间，一级命名空间可以划分成若干个 PID 二级命名空间（依此类推），命名空间中包含若干个会话，会话中包含若干个进程组，进程组中包含若干个进程（此处的进程指线程组），进程中包含若干个线程。简而言之，这是一种“命名空间 → 会话 → 进程组 → 进程（线程组）→ 线程”的多级结构。

与 PID 命名空间相关的内核 API 列举如下。

1. struct pid *task_pid(struct task_struct *task)：给定一个进程描述符 task，获取进程

的 PID 结构（PIDTYPE_PID 类型）。

2. struct pid *task_tgid(struct task_struct *task)：给定一个进程描述符 task，获取进程所在线程组的 PID 结构（PIDTYPE_TGID 类型）。

3. struct pid *task_pgrp(struct task_struct *task)：给定一个进程描述符 task，获取进程所在进程组的 PID 结构（PIDTYPE_PGID 类型）。

4. struct pid *task_session(struct task_struct *task)：给定一个进程描述符 task，获取进程所在会话的 PID 结构（PIDTYPE_SID 类型）。

5. struct pid *get_task_pid(struct task_struct *task, enum pid_type type)：给定一个进程描述符 task，获取进程的某种 PID 结构（类型由 type 指定）。

6. pid_t pid_nr(struct pid *pid)：给定一个 PID 结构 pid，获取全局命名空间中的进程 ID。

7. pid_t pid_vnr(struct pid *pid)：给定一个 PID 结构 pid，获取当前命名空间中的进程 ID。

8. pid_t pid_nr_ns(struct pid *pid, struct pid_namespace *ns)：给定一个 PID 结构 pid，获取命名空间 ns 中的进程 ID。

9. pid_t task_pid_nr(struct task_struct *tsk)：给定一个进程描述符 tsk，获取全局命名空间中的进程 ID。

10. pid_t task_pid_vnr(struct task_struct *tsk)：给定一个进程描述符 tsk，获取当前命名空间中的进程 ID。

11. pid_t task_pid_nr_ns(struct task_struct *tsk, struct pid_namespace *ns)：给定一个进程描述符 tsk，获取命名空间 ns 中的进程 ID。

12. pid_t task_tgid_nr(struct task_struct *tsk)：给定一个进程描述符 tsk，获取全局命名空间中的线程组 ID。

13. pid_t task_tgid_vnr(struct task_struct *tsk)：给定一个进程描述符 tsk，获取当前命名空间中的线程组 ID。

14. pid_t task_tgid_nr_ns(struct task_struct *tsk, struct pid_namespace *ns)：给定一个进程描述符 tsk，获取命名空间 ns 中的线程组 ID。

15. pid_t task_pgrp_vnr(struct task_struct *tsk)：给定一个进程描述符 tsk，获取当前命名空间中的进程组 ID。

16. pid_t task_pgrp_nr_ns(struct task_struct *tsk, struct pid_namespace *ns)：给定一个进程描述符 tsk，获取命名空间 ns 中的进程组 ID。

17. pid_t task_session_vnr(struct task_struct *tsk)：给定一个进程描述符 tsk，获取当前命名空间中的会话 ID。

18. pid_t task_session_nr_ns(struct task_struct *tsk, struct pid_namespace *ns)：给定一个进程描述符 tsk，获取命名空间 ns 中的会话 ID。

19. struct task_struct *find_task_by_vpid(pid_t nr)：给定一个 pid，在当前命名空间中

查找相应进程。

20. struct task_struct *find_task_by_pid_ns(pid_t nr, struct pid_namespace *ns)：给定一个 pid，在命名空间 ns 中查找相应进程。

明确了进程、线程、线程组等相关的概念之后，我们就继续介绍进程描述符中和“线程”有关的两个数据结构：线程上下文描述符 struct thread_struct 和线程信息结构 struct thread_info。这两个数据结构都是和具体的体系结构相关联的。MIPS 版的 thread_struct 和 thread_info 分别定义在 arch/mips/include/asm/processor.h 和 arch/mips/include/asm/ thread_info.h 中，细节如下（针对龙芯做了精简处理）。

```
struct thread_struct {
    unsigned long reg16;
    unsigned long reg17, reg18, reg19, reg20, reg21, reg22, reg23;
    unsigned long reg29, reg30, reg31;
    unsigned long cp0_status;
    struct mips_fpu_struct fpu FPU_ALIGN;
    struct mips_dsp_state dsp;
    union mips_watch_reg_state watch;
    unsigned long cp0_badvaddr;
    unsigned long cp0_baduaddr;
    unsigned long error_code;
    unsigned long trap_nr;
    struct mips_abi *abi;
};
struct thread_info {
    struct task_struct          *task;
    unsigned long               flags;
    unsigned long               tp_value;
    __u32                       cpu;
    int                         preempt_count;
    mm_segment_t                addr_limit;
    struct pt_regs              *regs;
    long                        syscall;
};
```

线程上下文描述符内嵌在进程描述符中，主要是一部分 CPU 寄存器上下文和 ABI 描述。其中寄存器上下文包括 S0-S7（reg16 ~ reg23）、SP（reg29）、FP（reg30）、RA（reg31）等通用寄存器，CP0 的 Status 寄存器（cp0_status）和 BadVAddr 寄存器（cp0_baduaddr/cp0_badvaddr），浮点寄存器（fpu）、DSP 寄存器（dsp）和 Watch 寄存器（watch），等等。它们大都是进程在内核态使用的寄存器信息，保存着进程调度时被切换出去的进程的寄存器状态。ABI 描述指的是 abi 字段，里面包括了信号处理和 VDSO 有关的一些信息，不同的 ABI（O32/N32/N64）具有不同的实现。

进程描述符里面并没有直接指向线程信息结构的字段，但有一个指向内核栈的指针（stack 字段）。从第 2 章中我们已经知道，线程信息结构和内核栈实际上通过 union thread_union 共享同一个页面，因此 stack 指针实际上指示的就是 thread_info（真正的内核栈从页的高地址开始）。线程信息结构的访问非常频繁，因此专门用 GP 寄存器来保存当前进程的 thread_info 指针。该指针可以通过 current_thread_info() 函数获取，而 current 宏则是用来获取当前进程的进程描述符（实际上就是 current_thread_info()->task）。

> **注意：**
> 一个内核线程只有一个内核栈，而一个用户线程包括一个内核栈和一个用户栈。进程的用户栈用于执行应用程序，而进程的内核栈用于执行进程的内核态代码（比如异常、中断和系统调用）。进程进入和退出内核态时，都需要切换栈指针 SP。

线程信息结构包括与之关联的进程描述符（即 task 字段），当前运行的逻辑 CPU 编号（即 cpu 字段，如果进程不在运行，则表示最近使用的逻辑 CPU 编号），线程信息标志集合（即 flags 字段），抢占计数器（即 preempt_count 字段），系统调用号（即 syscall 字段）和一个指向完整的寄存器上下文的指针（即 regs 字段。跟线程上下文描述符不一样，这里保存的是进程发生异常而导致上下文切换时，切换前的寄存器状态；并且 regs 只是一个指针，真正的寄存器上下文保存在内核栈）[1]。

线程信息结构中的 flags 包含了一组形如 TIF_XYZ 的标志。其中有一个跟进程调度有关的重要标志 TIF_NEED_RESCHED，如果该标志被设置，则代表该进程需要触发一次调度器主函数（即 schedule()）调用，通常在本进程时间配额用完或者有高优先级进程需要运行的时候予以设置。内核为操作这个标志专门设计了以下一组 API。

- void set_tsk_need_resched(struct task_struct *tsk)：设置一个进程的 TIF_NEED_RESCHED 标志。
- void clear_tsk_need_resched(struct task_struct *tsk)：清除一个进程的 TIF_NEED_RESCHED 标志。
- int test_tsk_need_resched(struct task_struct *tsk)：判断一个进程的 TIF_NEED_RESCHED 标志是否被设置。
- bool need_resched(void)：判断当前进程的 TIF_NEED_RESCHED 标志是否被设置，另外 tif_need_resched() 宏也可以达到同样的目的。

线程信息结构中的 preempt_count 是抢占计数器，里面包含了由于开关中断或者开关抢占所产生的状态组合。这是一个 32 位的无符号整数，内部的位域功能定义如图 5-3 所示。

1 必须严格区分线程上下文结构中 thread_struct 的寄存器状态和线程信息结构 thread_info 中的寄存器状态（实际保存在内核栈）：前者主要用于进程切换，针对多个进程（水平切换，一个进程切换到另一个进程）；后者主要用于异常处理，针对一个进程（垂直切换，同一个进程从用户态切换到内核态）。在进程创建的过程中，这两种寄存器状态都会涉及。

31	30 ~ 21	20	19 ~ 16	15 ~ 8	7 ~ 0
RESCHED	0	NMI_MASK	HARDIRQ_MASK	SOFTIRQ_MASK	PREEMPT_MASK

图 5-3　抢占计数器的位域功能定义

由图 5-3 可见，进程抢占、软中断、硬中断、NMI（不可屏蔽中断）的掩码分别在计数器中占用 8 位、8 位、4 位和 1 位。这意味着，除 NMI 开关[1]之外，硬中断开关[2]、软中断开关[3]和进程抢占开关[4]的设计在一定程度上是允许嵌套的，嵌套的最高层数分别是 16（2^4 = 16）、256（2^8 = 256）[5]和 256（2^8 = 256）。抢占计数器的最高位是 PREEMPT_NEED_RESCHED 标志，其含义与线程信息结构中的 TIF_NEED_RESCHED 保持一致。除 PREEMPT_NEED_RESCHED 标志以外，只要抢占计数器不为零，当前进程就不允许抢占（不允许抢占的上下文被称为原子上下文，原子上下文不一定是禁止进程抢占的结果，也可以是禁止中断的结果）。

下面是一些跟抢占计数器有关的 API 定义。

1. 获取各种计数器的值

```
#define hardirq_count() (preempt_count() & HARDIRQ_MASK)
#define softirq_count() (preempt_count() & SOFTIRQ_MASK)
#define irq_count()     (preempt_count() & (HARDIRQ_MASK | SOFTIRQ_MASK | NMI_MASK))
```

2. 根据抢占计数器判断当前上下文

```
#define in_irq()        (hardirq_count())
#define in_softirq()[6] (softirq_count())
#define in_nmi()        (preempt_count() & NMI_MASK)
#define in_interrupt()  (irq_count())
#define in_atomic()     (preempt_count() != 0)
#define in_task()       (!(preempt_count() & \
                               (NMI_MASK | HARDIRQ_MASK | SOFTIRQ_OFFSET)))
```

一个进程可以在哪些 CPU 上运行是可以指定的，这种对应叫作 CPU 亲和性（CPU Affinity），由进程描述符中的 cpus_mask 字段决定。优先级字段 prio、static_prio、normal_prio、rt_priority 等，以及 sched_class、se、rt、dl、policy 等字段都跟进程调度有关，在后续的章节对

1　NMI 开关指的是 nmi_enter()/nmi_exit()，操作抢占计数器的 NMI_MASK 部分。

2　硬中断开关指的是 irq_enter()/irq_exit()，操作抢占计数器的 HARDIRQ_MASK 部分。HARDIRQ_MASK 实际意义不大，因为内核中硬中断是通过 local_irq_enable()/local_irq_disable() 在禁止中断的状态下运行的。

3　软中断开关指的是 local_bh_enable()/local_bh_disable()，操作抢占计数器的 SOFTIRQ_MASK 部分。

4　进程抢占开关指的是 preempt_enable()/preempt_disable()，操作抢占计数器的 PREEMPT_MASK 部分。

5　虽然 SOFTIRQ_MASK 占用 8 位，但是最低位用于是否正在服务软中断的一个标志，因此真正允许的嵌套最高层数是 128（2^7 = 128）。

6　如果需要精确统计软中断处理的时间，那么软中断上下文应该用 in_serving_softirq() 来判定，因为禁用软中断不总是意味着在处理软中断。in_serving_softirq() 在 in_softirq() 的基础上要求 SOFTIRQ_MASK 为 1。

其详细解释。

链表节点 tasks 将系统中所有进程链接在一起，其链表的表头是 0 号 CPU 的 0 号进程（即 init_task）。迭代器 for_each_process() 可以用来以 init_task 为起点，以 tasks 字段为迭代节点来遍历系统的所有进程。除了 tasks，用来表征进程间关系的字段还有 parent、real_parent、group_leader、children 和 sibling。这些字段的含义都是显而易见的，除了 parent 和 real_parent，前者是当前父进程（生父或养父），而后者是真实父进程（生父）。大多数情况下这两个字段是相等的，但是在调试跟踪的时候，被调试进程的 parent 通常会被替换成调试器。

5.1.3 其他重要部分

表征地址空间的内存描述符字段 mm 和 active_mm 在上一章中已经有所涉及：mm 是拥有的内存描述符，而 active_mm 是有效的内存描述符；用户进程的 mm 字段是有意义的值，而内核线程的 mm 是 NULL；用户进程的 active_mm 等于 mm，而内核线程的 active_mm 等于上一个进程的 mm。内存描述符的细节在前面章节中已有介绍，此处不再展开。

同一个线程组中的所有线程共享一个信号描述符 signal_struct，其定义在文件 include/linux/sched/signal.h 中，信号描述符的主要字段如表 5-2 所示。

表 5-2　信号描述符的字段

字段类型	字段名称	说明
int	nr_threads	线程组中的线程数
atomic_t	live	线程组中的活动线程数
refcount_t	sigcnt	线程描述符的引用计数
wait_queue_head_t	wait_chldexit	wait() 系统调用中的进程等待队列
struct task_struct *	curr_target	线程组中接收信号的线程的进程描述符
struct sigpending	shared_pending	待决的共享信号
int	group_exit_code	线程组的退出码
struct task_struct *	group_exit_task	线程组中处理退出信号的线程的进程描述符
struct thread_group_cputimer	cputimer	线程组的时间累积器，包括花费在用户态的时间 utime、花费在内核态的时间 stime 和总共执行时间 sum_exec_runtime
struct pid *	pids[PIDTYPE_MAX]	线程组的 PID 结构数组
u64	utime	临时记录当前死亡进程花在用户态的时间，来源于 task_struct::utime
u64	stime	临时记录当前死亡进程花在系统态（内核态）的时间，来源于 task_struct::stime
u64	gtime	临时记录当前死亡进程花在客户态的时间，来源于 task_struct::gtime

续表

字段类型	字段名称	说明
u64	cutime	记录整个线程组花在用户态的时间，来源于活动进程的 task_struct::utime 和死亡进程的 signal_struct::utime
u64	cstime	记录整个线程组花在系统态（内核态）的时间，来源于活动进程的 task_struct::stime 和死亡进程的 signal_struct::stime
u64	cgtime	记录整个线程组花在客户态的时间，来源于活动进程的 task_struct::gtime 和死亡进程的 signal_struct::gtime

进程数据结构与 API 解析完毕，接下来将依次介绍进程的创建、销毁和调度。

5.2 进程创建

在 Linux 中，进程的创建是通过“fork() + exec()”的两阶段过程来实现的。系统调用 fork() 仅仅复制当前进程，也就是说新进程（子进程）的内容和旧进程（父进程）的内容几乎完全一样。如果需要运行的是新的程序，则需要通过 exec() 系统调用来完成。

5.2.1 复制新进程

严格来说，本章所讨论的 fork() 并不是一个系统调用，而是一组系统调用，实际上包含了 fork()、vfork() 和 clone()，各自的函数原型分别如下。

```
asmlinkage unsigned long sys_fork(void);
asmlinkage unsigned long sys_vfork(void);
asmlinkage unsigned long sys_clone(unsigned long clone_flags, unsigned long newsp,
                int __user * parent_tidptr, unsigned long tls, int __user * child_tidptr);
```

这三者的区别是，fork() 复制一个普通的进程内容，父子进程拥有各自的地址空间；vfork() 同 fork()，但子进程和父进程共享地址空间，并且在子进程执行 exec() 或者退出之前，父进程保持阻塞状态（可以避免父子进程同时运行）；clone() 带众多参数，因此可以精确控制复制进程时的各种行为（比如可以用来实现与 fork() 和 vfork() 完全相同的功能，也可以用来创建轻量级进程，即线程）。

系统调用 clone() 的主要作用是创建线程，同一个线程组中的线程共享同一个地址空间（即内存描述符 struct mm_struct），共享同一个堆但是有独立的栈。在 sys_clone() 中，clone_ flags是一系列形如CLONE_XYZ的克隆标志(最低8位是子进程结束时发送给父进程的信号代码，低8位以外的部分为克隆标志)，其具体含义见表5-3。newsp是子进程的栈指针；tls是子进程的TLS(Thread Local Storage，线程本地存储)指针；parent_tidptr和child_tidptr是输出参数，分别是父进程和子进程用户态变量(一般用于保存子进程的ID)。

由于历史原因，clone()系统调用在不同的体系结构上具有不同的函数原型(多达4种，本书给出的是MIPS版本)，这造成了一定的混乱。从Linux-2.4.0版本开始，IA64为了指定线程栈的大小引入了clone2()系统调用，函数原型如下。

```
asmlinkage unsigned long sys_clone2(u64 flags, u64 ustack_base, u64 ustack_size,
                                    u64 parent_tidptr, u64 child_tidptr, u64 tls);
```

然而，其他的体系结构并没有一起引入clone2()，因此混乱状况不仅没有好转反而更加糟糕了。直到Linux-5.3版本引入了可以同时适配多种体系结构的clone3()系统调用(MIPS从Linux-5.4版本开始支持clone3())，其函数原型如下。

```
asmlinkage unsigned long sys_clone3(struct clone_args __user * uargs, size_t size);
```

最新的clone3()将所有clone()、clone2()所需要的参数信息全部打包到了类型为clone_args的uargs参数里面并用size参数来指定uargs的总长度。参数size的取值同时是“版本号”(当前版本为CLONE_ARGS_SIZE_VER0)，意味着clone3()是一个可扩展的系统调用。

表5-3　系统调用clone()的克隆标志

标志名称	标志含义
CLONE_VM	子进程共享父进程的地址空间和各级页表
CLONE_FS	子进程共享父进程的文件系统上下文(如根目录和当前工作目录)
CLONE_FILES	子进程共享父进程的打开的文件描述符表
CLONE_SIGHAND	子进程共享父进程的信号处理函数表(须配合CLONE_VM)
CLONE_PIDFD	将子进程的PIDFD写入clone()的输出参数parent_tidptr
CLONE_PTRACE	如果父进程被跟踪那么子进程也被跟踪
CLONE_VFORK	子进程执行新程序或退出之前父进程阻塞
CLONE_PARENT	共享父进程的父进程(相当于新旧进程是兄弟)
CLONE_THREAD	将子进程插入父进程所在的线程组(须配合CLONE_SIGHAND)
CLONE_NEWNS	子进程将创建新的MNT命名空间(与CLONE_FS互斥)
CLONE_SYSVSEM	子进程共享父进程的SysV IPC信号量的取消队列和SEM_UNDO语义[1]
CLONE_SETTLS	子进程将创建自己的线程本地存储(TLS)

1　SysV IPC全称是“UNIX System V Inter-Process Communication”，是UNIX System V中引入的并在Linux内核中实现的3种进程间通信机制：信号量(SEM)、消息队列(MSG)和共享内存(SHM)。每个进程都有一个信号量取消队列，其作用是当进程异常退出时，内核能够将其持有的信号量恢复到一致状态。

续表

标志名称	标志含义
CLONE_PARENT_SETTID	将子进程的 PID 写入 clone() 的输出参数 parent_tidptr
CLONE_CHILD_CLEARTID	子进程执行新程序或退出时清空 clone() 的输出参数 child_tidptr，同时唤醒等待这个事件的进程
CLONE_DETACHED	父进程不再接收子进程退出信号（遗留标志，其语义从 2.6.0 版本开始被 CLONE_THREAD 吸收）
CLONE_UNTRACED	禁止子进程被跟踪
CLONE_CHILD_SETTID	将子进程的 PID 写入 clone() 的输出参数 child_tidptr
CLONE_NEWCGROUP	子进程将创建新的 CGROUP 命名空间
CLONE_NEWUTS	子进程将创建新的 UTSNAME 命名空间
CLONE_NEWIPC	子进程将创建新的 IPC 命名空间
CLONE_NEWUSER	子进程将创建新的 USER 命名空间
CLONE_NEWPID	子进程将创建新的 PID 命名空间
CLONE_NEWNET	子进程将创建新的 NETWORK 命名空间
CLONE_IO	子进程将共享父进程的 I/O 上下文
CLONE_STOPPED	强迫子进程开始时处于 TASK_STOPPED 状态（从 2.6.38 版本开始废除）

可以认为 sys_fork()/sys_vfork() 是带特定克隆标志的 sys_clone() 的特例，而实际上 sys_fork()/sys_vfork()/sys_clone() 以及创建内核线程的 kernel_thread() 函数均通过 _do_fork() 来实现（_do_fork() 有一个简单的封装函数 do_fork()，用于一些为了兼容的特殊场合）[1]。

```
sys_fork(): _do_fork(SIGCHLD, 0, 0, NULL, NULL, 0);
sys_vfork(): _do_fork(CLONE_VFORK|CLONE_VM|SIGCHLD, 0, 0, NULL, NULL, 0);
sys_clone(): _do_fork(clone_flags, newsp, 0, parent_tidptr, child_tidptr, tls);
kernel_thread(): _do_fork(flags|CLONE_VM|CLONE_UNTRACED, (unsigned long)fn,
                                                (unsigned long)arg, NULL, NULL, 0);
```

由此可见，用 fork() 创建出来的子进程没有特殊标志，在退出时往父进程发送 SIGCHLD 信号；用 vfork() 创建出来的进程带 CLONE_VFORK 和 CLONE_VM 两个标志，因此共享父进程的地址空间，并在执行新程序之前阻塞父进程，同样在退出时往父进程发送 SIGCHLD 信号[2]；用 kernel_thread() 创建出来的内核线程带 CLONE_VM 和 CLONE_UNTRACED 两个预设标志，

1 为了清楚地表明各个系统调用之间的关系，这里使用的是 Linux-5.3 版本以前的 _do_fork() 函数原型。伴随着 clone3() 系统调用的引入，_do_fork() 的函数原型也发生了变化，最新版内核中的 _do_fork() 仅有一个类型为 struct kernel_clone_args * 的参数 args，封装了包括 clone_flags 在内的各种旧版参数。

2 早期的 Linux 内核在 fork() 的时候是完整地复制整个地址空间（包括各级页表和所有的内存页面内容），但从 2.0 版本正式引入了“写时复制”技术，fork() 时仅复制各级页表，不复制内存页面（子进程共享父进程页面并将权限设置成只读）；真正的页面复制发生在父进程或子进程试图写共享页的时候（调用路径为 do_page_fault() → handle_mm_fault() → do_wp_page()，见第 4 章）。因此，对于 fork() 之后立即通过 exec() 来执行新程序的应用场景来说，vfork() 的优势已不明显。

说明它们共享地址空间并且禁止被跟踪。在这 3 种情况下，newsp、tls、parent_tidptr 和 child_tidptr 这 4 个参数大多为零或空，因为这些参数只有在创建用户线程时才需要（kernel_thread() 复用 newsp 参数作为内核线程执行体函数的指针）。

Glibc 中的 Pthread 线程库通过 sys_clone() 创建用户线程时带的标志是 CLONE_VM|CLONE_FS|CLONE_FILES|CLONE_SIGNAL|CLONE_SETTLS|CLONE_PARENT_SETTID| CLONE_CHILD_CLEARTID|CLONE_SYSVSEM，其中 CLONE_SIGNAL 由 Glibc 定义，实际上就是 CLONE_SIGHAND 和 CLONE_THREAD 的组合。这说明，用 Pthread 库创建出来的线程共享父进程的地址空间、文件系统上下文、文件描述符、信号及其处理函数、SysV IPC 信号量取消队列，和父进程处于同一线程组，创建自己的线程本地存储，将子进程的 PID 返回给调用者的 parent_tidptr 字段，并在执行新程序或退出时清空 child_tidptr 字段同时唤醒等待该事件的进程。

下面从 _do_fork() 开始解析复制新进程的整个过程。

（一）_do_fork()

所有创建新进程/线程的函数最终都由 _do_fork() 实现，_do_fork() 定义在 kernel/fork.c 中，展开如下（有精简）。

```
long _do_fork(struct kernel_clone_args *args)
{
    struct task_struct *p;
    u64 clone_flags = args->flags;
    p = copy_process(NULL, trace, NUMA_NO_NODE, args);
    pid = get_task_pid(p, PIDTYPE_PID);
    nr = pid_vnr(pid);
    if (clone_flags & CLONE_PARENT_SETTID)
        put_user(nr, parent_tidptr);
    if (clone_flags & CLONE_VFORK) {
        p->vfork_done = &vfork;
        init_completion(&vfork);
    }
    wake_up_new_task(p);
    if (clone_flags & CLONE_VFORK)
        wait_for_vfork_done(p, &vfork);
    return nr;
}
```

_do_fork() 的输入参数基本上都是从调用者那里继承过来的，其含义与调用者相同。_do_fork() 是一个非常特殊的函数，它负责复制进程，因此在调用的时候只有一个进程，而成功返回的时候就产生了两个进程（父子进程都要返回）。如果子进程创建成功，那么父进程将返回子进程的进程 ID（当前命名空间），而子进程返回 0。如果子进程创建失败，则父进程返回一个错误码（没有子进程）。

_do_fork() 通过 copy_process() 复制父进程所有必需的数据结构，然后返回子进程的进程描述符并赋值给局部变量 p。然后，get_task_pid() 将获取子进程的 PID 结构（类型为 PIDTYPE_PID），进而通过 pid_vnr() 获取子进程在所属命名空间的进程 ID 并赋值给局部变量 nr。如果 clone_flags 设置了 CLONE_SETTID 标志，那么 nr 会通过 put_user() 拷贝到 parent_tidptr 变量中；如果 clone_flags 设置了 CLONE_VFORK 标志，那么会初始化一个完成变量并赋值给子进程的 vfork_done 字段。接下来，父进程将通过 wake_up_new_task() 唤醒刚刚创建的子进程。唤醒以后，如果 clone_flags 设置了 CLONE_VFORK 标志，那么父进程会通过 wait_for_vfork_done() 等待子进程执行新程序（或者退出）。最后，返回子进程的进程 ID。

（二）copy_process()

复制进程数据结构的工作由 copy_process() 完成，该函数定义在 kernel/fork.c 中，展开如下（有精简）。

```
struct task_struct *copy_process(struct pid *pid, int trace, int node, struct kernel_clone_args *args)
{
    ......
    recalc_sigpending();
    p = dup_task_struct(current, node);
    p->set_child_tid = (clone_flags & CLONE_CHILD_SETTID) ? child_tidptr : NULL;
    p->clear_child_tid = (clone_flags & CLONE_CHILD_CLEARTID) ? child_tidptr : NULL;
current->flags &= ~PF_NPROC_EXCEEDED;
    p->flags &= ~(PF_SUPERPRIV | PF_WQ_WORKER | PF_IDLE);
    p->flags |= PF_FORKNOEXEC;
    INIT_LIST_HEAD(&p->children);
    INIT_LIST_HEAD(&p->sibling);
    rcu_copy_process(p);
    p->vfork_done = NULL;
    spin_lock_init(&p->alloc_lock);
    init_sigpending(&p->pending);
    p->utime = p->stime = p->gtime = 0;
    p->utimescaled = p->stimescaled = 0;
    prev_cputime_init(&p->prev_cputime);
    p->default_timer_slack_ns = current->timer_slack_ns;
    task_io_accounting_init(&p->ioac);
    posix_cputimers_init(&p->posix_cputimers);
    p->io_context = NULL;
```

```
p->audit_context = NULL;
threadgroup_change_begin(current);
cgroup_fork(p);
p->mempolicy = mpol_dup(p->mempolicy);
retval = sched_fork(clone_flags, p);
retval = audit_alloc(p);
shm_init_task(p);
retval = copy_semundo(clone_flags, p);
retval = copy_files(clone_flags, p);
retval = copy_fs(clone_flags, p);
retval = copy_sighand(clone_flags, p);
retval = copy_signal(clone_flags, p);
retval = copy_mm(clone_flags, p);
retval = copy_namespaces(clone_flags, p);
retval = copy_io(clone_flags, p);
retval = copy_thread_tls(clone_flags, args->stack, args->stack_size, p, args->tls);
if (pid != &init_struct_pid)
    pid = alloc_pid(p->nsproxy->pid_ns_for_children);
if ((clone_flags & (CLONE_VM|CLONE_VFORK)) == CLONE_VM)
    sas_ss_reset(p);;
user_disable_single_step(p);
clear_tsk_thread_flag(p, TIF_SYSCALL_TRACE);
clear_tsk_latency_tracing(p);
p->pid = pid_nr(pid);
if (clone_flags & CLONE_THREAD) {
    p->exit_signal = -1;
    p->group_leader = current->group_leader;
    p->tgid = current->tgid;
} else {
    if (clone_flags & CLONE_PARENT)
        p->exit_signal = current->group_leader->exit_signal;
    else
        p->exit_signal = (clone_flags & CSIGNAL);
    p->group_leader = p;
    p->tgid = p->pid;
}
p->nr_dirtied = 0;
p->nr_dirtied_pause = 128 >> (PAGE_SHIFT - 10);
```

```
    p->dirty_paused_when = 0;
    p->pdeath_signal = 0;
    INIT_LIST_HEAD(&p->thread_group);
    p->task_works = NULL;
    retval = cgroup_can_fork(p, cgrp_ss_priv);
    p->start_time = ktime_get_ns();
    p->real_start_time = ktime_get_boot_ns();
    if (clone_flags & (CLONE_PARENT|CLONE_THREAD)) {
        p->real_parent = current->real_parent;
        p->parent_exec_id = current->parent_exec_id;
    } else {
        p->real_parent = current;
        p->parent_exec_id = current->self_exec_id;
    }
    rseq_fork(p, clone_flags);
    init_task_pid_links(p);
    ptrace_init_task(p, (clone_flags & CLONE_PTRACE) || trace);
    init_task_pid(p, PIDTYPE_PID, pid);
    if (thread_group_leader(p)) {
        init_task_pid(p, PIDTYPE_TGID, pid);
        init_task_pid(p, PIDTYPE_PGID, task_pgrp(current));
        init_task_pid(p, PIDTYPE_SID, task_session(current));
        if (is_child_reaper(pid)) {
            ns_of_pid(pid)->child_reaper = p;
            p->signal->flags |= SIGNAL_UNKILLABLE;
        }
        p->signal->tty = tty_kref_get(current->signal->tty);
        list_add_tail(&p->sibling, &p->real_parent->children);
        list_add_tail_rcu(&p->tasks, &init_task.tasks);
        attach_pid(p, PIDTYPE_TGID);
        attach_pid(p, PIDTYPE_PGID);
        attach_pid(p, PIDTYPE_SID);
        __this_cpu_inc(process_counts);
    } else {
        current->signal->nr_threads++;
        atomic_inc(&current->signal->live);
        refcount_inc(&current->signal->sigcnt);
        list_add_tail_rcu(&p->thread_group, &p->group_leader->thread_group);
```

```
        list_add_tail_rcu(&p->thread_node, &p->signal->thread_head);
    }
    attach_pid(p, PIDTYPE_PID);
    nr_threads++;
    total_forks++;
    proc_fork_connector(p);
    cgroup_post_fork(p, cgrp_ss_priv);
    threadgroup_change_end(current);
    return p;
}
```

这个函数比较长，但逻辑并不复杂。函数头部省略的部分主要是对各种 clone_flags 的兼容性检测，如果检测通过，就调用 recalc_sigpending() 计算当前进程的待决信号，尽量避免在 fork() 的核心过程中处理信号（根据信号的种类，要么在核心过程开始前处理掉，要么在 fork() 全部完成后再处理）。然后，用 dup_task_struct() 复制一个新的进程描述符。dup_task_struct() 的输入参数 orig 是父进程的进程描述符，node 是分配进程描述符的首选 NUMA 节点，而返回值是子进程的进程描述符，函数的主要代码逻辑如下。

```
struct task_struct *dup_task_struct(struct task_struct *orig, int node)
{
    if (node == NUMA_NO_NODE)  node = tsk_fork_get_node(orig);
    tsk = alloc_task_struct_node(node);
    stack = alloc_thread_stack_node(tsk, node);
    arch_dup_task_struct(tsk, orig);
    tsk->stack = stack;
    setup_thread_stack(tsk, orig);
    clear_tsk_need_resched(tsk);
    refcount_set(&tsk->rcu_users, 2);
    refcount_set(&tsk->usage, 2);
    return tsk;
}
```

复制的结果是子进程的所有字段与父进程相同，唯独二级数据结构 stack 字段例外，因为该字段实际包含了内核栈和线程信息结构 thread_info，不能共享。其中，tsk_fork_get_node() 用于获取分配数据结构的优选 NUMA 节点（如果传入参数 node 是不指定节点的话）；alloc_task_struct_node() 通过 SLAB 系统分配一个进程描述符（struct task_struct）；alloc_thread_stack_node() 通过 SLAB 系统分配一个内核栈以及线程信息结构（struct thread_info）；arch_dup_task_struct() 是一个体系结构相关的函数，在龙芯上主要是根据需要来保存浮点寄存器（包括 MSA）上下文和 DSP 寄存器上下文；setup_thread_stack() 负责初始化线程信息结构中的重要字段，最后用 clear_tsk_need_resched() 来清除子进程的重调度标志。

> **注意：**
>
> dup_task_struct() 把进程的常规引用计数 usage 设置成 1，但把 RCU 使用者的引用计数设置成 2。前者比较好理解，但后者的目的是什么呢？这是因为在进程退出的时候，进程描述符及其二级数据结构的销毁是通过 RCU 机制延迟完成的，只有在 RCU 使用者的引用计数变为 0 的时候才会真正触发销毁。RCU 使用者计数这个值所表达的含义是，一个引用属于内核调度器，另一个引用属于进程退出时的进程描述符释放者（“进程描述符释放者”指的是 release_task() 函数的调用者，即本进程自己或者对其执行 wait() 类系统调用的父进程）。

dup_task_struct() 的复制工作完成以后，copy_process() 将对子进程的进程描述符各种字段进行初始化。除了一些简单的赋值操作以外，cgroup_fork() 负责控制组相关的字段，sched_fork() 负责调度器相关的字段（比如将状态设置为 TASK_RUNNING，设置进程的各种优先级、调度类、调度策略、负荷权重等），mpol_dup() 负责 NUMA 内存策略字段，audit_alloc() 负责系统审计相关的字段，shm_init_task() 负责共享内存相关的字段。之后是一系列形如 copy_xyz() 的函数。这些函数的共同特点：针对进程描述符中的某种二级数据结构，根据特定的 clone_flags 来决定复制还是共享父进程的数据结构（共享方式通常会增加父进程数据结构的引用计数）。函数列举如下。

copy_semundo(): 如果 clone_flags 设置了 CLONE_SYSVSEM，子进程共享父进程的信号量取消队列；否则子进程信号量的取消队列设置为 NULL。

copy_files(): 如果 clone_flags 设置了 CLONE_FILES，子进程共享父进程的 files 字段（打开的文件描述符信息，类型为 stuct files_struct）；否则通过 dup_fd() 复制父进程的 files 字段。

copy_fs(): 如果 clone_flags 设置了 CLONE_FS，子进程共享父进程的 fs 字段（根目录、当前目录等文件系统上下文相关信息，类型为 stuct fs_struct）；否则通过 copy_fs_struct() 复制父进程的 fs 字段。

copy_sighand(): 如果 clone_flags 设置了 CLONE_SIGHAND，子进程共享父进程的 sighand 字段（信号的处理函数信息，类型为 struct sighand_struct）；否则通过 memcpy() 复制父进程的 sighand 字段。

copy_signal(): 如果 clone_flags 设置了 CLONE_SIGNAL（即 CLONE_SIGHAND 或者 CLONE_THREAD），子进程共享父进程的 signal 字段（信号中体系结构无关的通用信息，类型为 struct signal_struct）；否则会给子进程重新分配并初始化一个 signal 字段。

copy_mm(): 如果 clone_flags 设置了 CLONE_MM，子进程共享父进程的 mm 和 active_mm 字段（内存描述符，即地址空间，类型为 stuct mm_struct）；否则通过 dup_mm() 复制父进程地址空间的各级页表（但地址空间中的内存页面依旧是共享的，只不过设为只读权限）。

copy_namespaces(): 如果 clone_flags 里 CLONE_NEWNS、CLONE_NEWUTS、CLONE_NEWIPC、CLONE_NEWPID、CLONE_NEWNET 和 CLONE_NEW CGROUP 等均未设置，那么子进程共享父进程的 nsproxy 字段；否则通过 create_new_namespaces() 创建新的命名空间代理（具体来说，copy_mnt_ns() 在设置 CLONE_NEWNS 的情况下创建

新的 MNT 命名空间，copy_utsname() 在设置 CLONE_NEWUTS 的情况下创建新的 UTSNAME 命名空间，copy_ipcs() 在设置 CLONE_NEWIPC 的情况下创建新的 IPC 命名空间，copy_pid_ns() 在设置 CLONE_ NEWPID 的情况下创建新的 PID 命名空间，copy_net_ns() 在设置 CLONE_NEWNET 的情况下创建新的 NETWORK 命名空间，copy_cgroup_ns() 在设置 CLONE_NEW CGROUP 的情况下创建新的 CGROUP 命名空间）。

copy_io(): 如果 clone_flags 设置了 CLONE_IO，子进程共享父进程的 io_context 字段（I/O 上下文，类型为 stuct io_context）；否则通过 get_task_io_context() 创建新的 I/O 上下文。

copy_thread_tls(): 这是一个体系结构相关的函数，在龙芯上就是创建并初始化新的线程上下文描述符（在任何时候都不能与父进程共享，必须新建）。

所有的二级数据结构复制完成以后，copy_process() 将会根据设置子进程和系统中其他进程的关系，插入各种链表并设置各种 ID（如果是线程组组长，通过 attach_pid() 给新进程关联类型为 PIDTYPE_PID/PIDTYPE_TGID/PIDTYPE_PGID/PIDTYPE_SID 的 4 个 PID 结构；如果不是线程组组长，通过 attach_pid() 给新进程附加类型为 PIDTYPE_PID 的一个 PID 结构）。

至此，copy_process() 讲解完成，但体系结构相关的关键步骤 copy_thread_tls() 还需继续解析。

（三）copy_thread_tls()

MIPS 版的函数 copy_thread_tls() 定义在 arch/mips/kernel/process.c 中，展开如下（有精简）。

```
int copy_thread_tls(unsigned long clone_flags, unsigned long usp,
                unsigned long kthread_arg, struct task_struct *p, unsigned long tls)
{
    struct thread_info *ti = task_thread_info(p);
    struct pt_regs *childregs, *regs = current_pt_regs();
    childksp = (unsigned long)task_stack_page(p) + THREAD_SIZE - 32;
    childregs = (struct pt_regs *) childksp - 1;
    childksp = (unsigned long) childregs;
    p->thread.cp0_status = read_c0_status() & ~(ST0_CU2|ST0_CU1);
    if (p->flags & PF_KTHREAD) {
        unsigned long status = p->thread.cp0_status;
        memset(childregs, 0, sizeof(struct pt_regs));
        ti->addr_limit = KERNEL_DS;
        p->thread.reg16 = usp;
        p->thread.reg17 = kthread_arg;
        p->thread.reg29 = childksp;
        p->thread.reg31 = (unsigned long) ret_from_kernel_thread;
```

```
        status |= ST0_EXL;
        childregs->cp0_status = status;
        return 0;
    }
    *childregs = *regs;
    childregs->regs[7] = 0;
    childregs->regs[2] = 0;
    if (usp)
        childregs->regs[29] = usp;
    ti->addr_limit = USER_DS;
    p->thread.reg29 = (unsigned long) childregs;
    p->thread.reg31 = (unsigned long) ret_from_fork;
    childregs->cp0_status &= ~(ST0_CU2|ST0_CU1);
    clear_tsk_thread_flag(p, TIF_USEDFPU);
    clear_tsk_thread_flag(p, TIF_USEDMSA);
    clear_tsk_thread_flag(p, TIF_MSA_CTX_LIVE);
    if (clone_flags & CLONE_SETTLS)
        ti->tp_value = tls;
    return 0;
}
```

该函数比较简单（但必须时刻谨记区分线程上下文描述符和内核栈中两种不同用途的寄存器上下文）。首先取出子进程的线程信息结构，赋值给局部变量 ti；然后取当前进程（父进程）在内核栈中的寄存器上下文，赋值给局部变量 regs；接下来计算子进程内核栈的初始栈指针 childksp，跟 0 号进程一样，其被设置成内核栈所在页的最高地址减去 32 字节再减去一个寄存器上下文所占用的空间（PT_SIZE），另外，局部变量 childregs 也指向该地址；子进程 CP0 的 Status 寄存器的值是在当前 Status 的基础上去掉 ST0_CU2 和 ST0_CU1 位，意味着子进程一开始 CP1 和 CP2 是未使能的。

接下来的过程根据新进程是内核线程（p->flags 中 PF_KTHREAD 被置位）还是用户进程来决定不同的走向。

1. 内核线程

如果是内核线程，首先将栈中的寄存器上下文清零，因为这个寄存器上下文是返回用户态以后使用的，但内核线程不可能返回到用户态，所以不需要；然后将线程信息结构中的 addr_limit 字段设置成 KERNEL_DS，表示其地址访问不受限制；接下来将线程上下文描述符中的 reg16 和 reg17（即 S0 和 S1）分别设置成输入参数 usp 和 kthread_arg，它们分别表示内核线程的执行函数实体和所需参数；将线程上下文描述符中的 reg29 和 reg31（即栈指针 SP 和返回地址 RA）分别设置成 childksp 和 ret_from_kernel_thread，意味着子进程刚开始运行时，第一条指令位于 ret_from_kernel_thread 处；最后，将栈中寄存器的 Status 设置成线程信息结构中 Status 的值加上 EXL 位，表示内核线程执行时处于“异常模式”。所有这些工作完成以后，函数返回 0。

2. 用户进程

如果是用户进程，首先将局部变量 regs 的内容复制到子进程的栈中寄存器上下文；然后将栈中寄存器上下文的 7 号寄存器清零（即 A3，表示清除错误码），2 号寄存器清零（即 V0，表示子进程将返回 0），在 usp 非零的情况下将 29 号寄存器赋值为 usp（即 SP，表示设置子进程的栈指针）；接下来将线程信息结构中的 addr_limit 字段设置成 USER_DS，表示其地址访问被限制在用户空间（32 位表示 USEG，64 位表示 XUSEG 中被 vmbits 限定的部分）；将线程上下文描述符中的 reg29 和 reg31（即栈指针 SP 和返回地址 RA）分别设置成 childregs 和 ret_from_fork，意味着子进程刚开始运行时，第一条指令位于 ret_from_fork 处；栈中寄存器上下文跟线程上下文描述符中的 Status 寄存器一样，会被清零 ST0_CU2 和 ST0_CU1 位；子进程中的一些标志，如 TIF_USEDFPU、TIF_USEDMSA 和 TIF_MSA_CTX_LIVE 会被清零；最后，如果 clone_flags 被设置了 CLONE_SETTLS 标志，则将输入参数 tls 的值赋值给线程信息结构的 tp_value。所有这些工作完成以后，函数返回 0。

ret_from_kernel_thread 标号和 ret_from_fork 标号处的代码如下。

```
FEXPORT(ret_from_kernel_thread)
        jal     schedule_tail
        move    a0, s1
        jal     s0
        j       syscall_exit
FEXPORT(ret_from_fork)
        jal     schedule_tail
FEXPORT(syscall_exit)
        ……
        RESTORE_TEMP
        RESTORE_AT
        RESTORE_STATIC
        RESTORE_SOME
        RESTORE_SP_AND_RET
```

由此可见，内核线程在开始运行时，首先调用 schedule_tail() 完成进程切换后的清理工作；然后将 S1 寄存器的值（内核线程执行函数实体的参数）放入 A0；然后跳转到 S0 寄存器所执行的地址（内核线程执行函数实体）继续执行；如果其工作完成，就跳转到 syscall_exit 处执行。用户进程在开始运行时，首先也调用 schedule_tail() 完成进程切换后的清理工作；然后直接跳转到 syscall_exit 处执行。标号 syscall_exit 处的代码比较简单，主要就是通过 RESTORE_* 等宏从内核栈中恢复寄存器上下文并返回到用户态。

5.2.2 执行新程序

内核线程无所谓执行“新程序”，因为它是内核的一部分，只需要执行一个函数实体，这个函数实体是在创建内核线程的时候用参数传入的。创建内核线程的方法有以下几种。

- pid_t kernel_thread(int (*threadfn)(void *), void *data, unsigned long flags);
- struct task_struct *kthread_create_on_cpu(int (*threadfn)(void *data),
  void *data, unsigned int cpu, const char *namefmt);
- struct task_struct *kthread_create_on_node(int (*threadfn)(void *data),
  void *data, int node, const char namefmt[], ...);
- kthread_create(threadfn, data, namefmt, arg...) /
  kthread_run(threadfn, data, namefmt, ...);

所有的函数参数里都包括最重要的几个参数：执行函数实体（threadfn）和所需参数（data）；除第一个函数外还包括一个 namefmt 参数，它是一个标识内核线程名称的字符串。这里，kernel_thread() 是最基本的函数，直接通过 _do_fork() 创建内核线程。除了 1 号进程（kernel_init）和 2 号进程（kthreadd）以外，其他的内核线程很少直接调用 kernel_thread() 来创建。kthread_create_on_cpu() 和 kthread_create_on_node() 较为常见，分别是在特定的逻辑 CPU 或者特定的 NUMA 节点上创建内核线程。kthread_create() 和 kthread_run() 是宏，前者是普通的创建内核线程方法（不限定逻辑 CPU 和 NUMA 节点），后者是在前者的基础上立即唤醒刚刚创建的内核线程（使之开始运行）。如前所述，2 号进程 kthreadd 是除 0、1、2 号进程外所有内核线程的祖先，kthread_xyz() 系列函数或宏都是通过委托 kthreadd 来创建的。而 kthreadd() 则是在一个大循环里面等待请求，一旦收到请求，便通过 create_kthread() 来间接调用 kernel_thread() 创建内核线程。这样设计的原因是，kernel_thread() 是以当前进程为模板来创建内核线程，但并不是每个当前进程都适合作为模板的（比如用户态进程就不合适），而 kthreadd 则是一个纯净的内核线程，非常适合当作模板。

此外，fork()/vfork() 创建用户进程通常会实实在在地执行一个新程序（fork()/vfork()/clone() 都可以不执行新程序，而是执行原程序里的一个函数；但通过 clone() 创建的用户线程一定是跟内核线程一样执行一个函数而非新程序）。Glibc 里面，执行新程序的库函数有如下几个，统称为 exec() 函数族。

- int execv(const char *path, char *const argv[]);
- int execl(const char *path, const char *arg, ...);
- int execvp(const char *file, char *const argv[]);
- int execlp(const char *file, const char *arg, ...);
- int execve(const char *path, char *const argv[], char *const envp[]);
- int execle(const char *path, const char *arg, ..., char * const envp[]);
- int execvpe(const char *file, char *const argv[], char *const envp[]);

这些函数的参数里面一律带一个新程序参数（file/path）和一个新程序参数的参数（arg, .../

argv[]），个别函数还有一个关于环境变量的参数（envp[]）。这些函数的区别是，带 v 后缀的函数用 argv[] 数组来传递新程序的参数；带 l 后缀的函数用 arg 和 ... 来传递新程序的参数；带 p 后缀的函数会自动搜索新程序路径；带 e 后缀的函数会传递环境变量数组。执行 exec() 的通常是 fork() 创建出来的子进程，因此在 exec() 过程中的“当前进程”指的是新进程。

以上 exec() 函数族有一个共同的特点是通过路径名来执行新程序，然而还有一个变种 fexec() 是通过文件描述符来执行的。

```
int fexecve(int fd, char *const argv[], char *const envp[]);
```

所有的 exec() 函数族最后都通过 execve() 系统调用。该系统调用的函数原型如下。

```
asmlinkage unsigned long sys_execve(const char __user * filename,
    const char __user *const __user * argv, const char __user *const __user * envp);
```

而 fexecve() 变种则使用 execveat() 系统调用。该系统调用的函数原型如下。

```
asmlinkage unsigned long sys_execveat(int fd, const char __user * filename,
    const char __user *const __user * argv, const char __user *const __user * envp, int flags);
```

这两个函数都定义在 fs/exec.c 中，内容十分简单，分别是 do_execve(getname(filename), argv, envp) 和 do_execveat(fd, getname_flags(filename, lookup_flags, NULL), argv, envp, flags)。而 do_execve()/do_execveat() 同样很简单，其主要内容分别是 do_execveat_common (AT_FDCWD, filename, argv, envp, 0) 和 do_execveat_common(fd, filename, argv, envp, flags)。AT_FDCWD 是一个宏，标识当前目录的文件描述符，意味着 do_execve() 在搜索文件的时候相对于当前路径。也就是说：sys_execve()/sys_execveat() → do_execve()/do_execveat() → do_execveat_common()，最后的核心都是 do_execveat_common()。

（一）do_execveat_common()

关键函数 do_execveat_common() 和被其调用的 __do_execve_file() 都定义在 fs/exec.c 中（公共函数 __do_execve_file() 还有另一个调用者是 do_execve_file()，其用于 User Mode Helper，是内核主动执行应用程序的一种机制），其代码展开如下（有精简）。

```
static int do_execveat_common(int fd, struct filename *filename,
              struct user_arg_ptr argv, struct user_arg_ptr envp, int flags)
{
    return __do_execve_file(fd, filename, argv, envp, flags, NULL);
}
static int __do_execve_file(int fd, struct filename *filename,
              struct user_arg_ptr argv, struct user_arg_ptr envp, int flags, struct file *file)
{
    unshare_files(&displaced);
    current->in_execve = 1;
```

```
    if (!file)  file = do_open_execat(fd, filename, flags);
    sched_exec();
    bprm->file = file;
    if (!filename) {
        bprm->filename = "none";
    } else if (fd == AT_FDCWD || filename->name[0] == '/') {
        bprm->filename = filename->name;
    } else {
        if (filename->name[0] == '\0')
            pathbuf = kasprintf(GFP_KERNEL, "/dev/fd/%d", fd);
        else
            pathbuf = kasprintf(GFP_KERNEL, "/dev/fd/%d/%s", fd, filename->name);
        if (close_on_exec(fd, rcu_dereference_raw(current->files->fdt)))
            bprm->interp_flags |= BINPRM_FLAGS_PATH_INACCESSIBLE;
        bprm->filename = pathbuf;
    }
    bprm->interp = bprm->filename;
    bprm_mm_init(bprm);
    prepare_arg_pages(bprm, argv, envp);
    prepare_binprm(bprm);
    copy_strings_kernel(1, &bprm->filename, bprm);
    bprm->exec = bprm->p;
    copy_strings(bprm->envc, envp, bprm);
    copy_strings(bprm->argc, argv, bprm);
    exec_binprm(bprm);
    current->fs->in_exec = 0;
    current->in_execve = 0;
    return retval;
}
```

为了解释这个函数，我们必须先理解用于描述一个可执行文件的数据结构 struct linux_binprm（有精简）。

```
struct linux_binprm {
    struct file * file;
    const char * filename;
    const char * interp;
    struct mm_struct *mm;
    struct vm_area_struct *vma;
```

```
    int argc, envc;
    char buf[BINPRM_BUF_SIZE];
    ……
};
```

这里的 bprm 或者 binprm 全称是 Binary Program，也就是二进制可执行程序的意思。在 linux_binprm 中，file 是可执行程序对应的文件对象；filename 是可执行程序的文件名；interp 是解释器的文件名，正常的二进制程序（如 a.out 或者 elf 类型文件）就等同于 filename，如果是脚本则是外壳解释程序（Shell，即命令解释器）的文件名；mm 是新程序的内存描述符（此时子进程不能再共享父进程的地址空间了）；vma 是新程序临时栈所使用的进程 VMA；argc 和 envc 分别是新程序的命令参数个数和环境变量个数；buf 是一块长度为 128 字节的可以被复用的缓冲区。

回头再看 do_execveat_common() 和 __do_execve_file() 就比较清楚了。首先，不管子进程在创建时是否设置了 CLONE_FILES，既然已经开始了 exec()，子进程就不可以再共享父进程的 files 字段（打开的文件描述符信息），因此需要 unshare_files()，其具体内容是在必要的情况下通过 dup_fd() 复制父进程的 files 字段；然后，当前进程的 in_exec 字段置 1，表示 exec() 过程已经启动；然后，根据输入参数中的相对路径起始点 fd 和文件名 filename，通过 do_open_execat() 打开可执行程序文件，其文件对象保存到局部变量 file；接下来，sched_exec() 将完成一些调度相关的工作，主要是选择新程序的运行队列（RunQueue，每个逻辑 CPU 有一个运行队列），即检查是否需要进行负载均衡处理，如果需要（目标 CPU 不是当前 CPU）则触发进程迁移；后面是设置局部变量 bprm 的一些字段，file 字段被设置成局部变量 file，filename 字段则跟输入参数有关（如果 filename 为空则取值为“none”；如果 fd 是 AT_FDCWD 或者 filename 是绝对路径则直接取 filename 的 name 字段；否则相对于 /dev/fd/ 进行查找），interp 字段暂时设置成跟 filename 相同。

接下来 __do_execve_file() 将调用第一个重要子函数 bprm_mm_init()。该函数首先通过 mm_alloc() 分配一个内存描述符（在内部通过 mm_init() 调用 init_new_context() 来初始化 ASID 数组）并赋值给 bprm 的 mm 字段，然后调用 __bprm_mm_init() 对其初始化。在有内存管理单元 MMU 的情况下（符合龙芯的情况），__bprm_mm_init() 的主要工作包括通过 vm_area_alloc() 分配一个 VMA 并赋值给 bprm 的 vma 字段，初始化将分配的 VMA 并通过 insert_vm_struct() 插入 bprm 的地址空间，最后调用体系结构相关的 arch_bprm_mm_init()（在龙芯上面该函数定义为空）。

在通过 prepare_arg_pages() 根据输入参数 argv/envp 计算出 bprm 的 argc/envc 字段之后，__do_execve_file() 将调用第二个重要子函数 prepare_binprm()。该函数首先通过 bprm_fill_uid() 设置进程的用户 ID（UID）、用户组 ID（GID）、有效用户 ID（EUID）和有效用户组 ID（EGID），然后通过 kernel_read() 将可执行程序的前 128 字节（文件头）读入 bprm 的 buf 字段。

接下来的 copy_strings_kernel()/copy_strings() 分别将文件路径名、命令行参数和环境变量复制到临时分配的页中（最后会分配到进程地址空间）。完成之后，__do_execve_file() 将调用第三个也是最重要的子函数 exec_binprm() 来装入并执行新程序。最后将当前进程的 in_execve 置 0 表示 exec() 完成，再返回 retval。

（二）exec_binprm()

__do_execve_file() 的子函数 exec_binprm() 基本上是 search_binary_handler() 的封装。Linux 内核支持多种格式的可执行程序文件，主要包括旧的 a.out 二进制可执行文件格式，新的 elf 二进制可执行文件格式和 Shell 脚本程序。这些可执行文件格式由数据结构 struct linux_binfmt 描述。

```
struct linux_binfmt {
        struct list_head lh;
        struct module *module;
        int (*load_binary)(struct linux_binprm *);
        int (*load_shlib)(struct file *);
        int (*core_dump)(struct coredump_params *cprm);
        unsigned long min_coredump;
} __randomize_layout;
```

其中最重要的字段是 3 个函数指针：load_binary() 函数负责装入并执行新程序；load_shlib() 函数负责装入共享库；core_dump() 函数负责崩溃时的内存转储。所有内核所支持的可执行文件格式保存在双向链表 formats 中，search_binary_handler() 的主要功能就是遍历 formats 链表，找到与新程序对应的格式并执行其 load_binary() 函数指针。

elf 格式是 Linux 内核支持的标准二进制可执行格式，定义如下。

```
static struct linux_binfmt elf_format = {
        .module                 = THIS_MODULE,
        .load_binary            = load_elf_binary,
        .load_shlib             = load_elf_library,
        .core_dump              = elf_core_dump,
        .min_coredump           = ELF_EXEC_PAGESIZE,
};
```

对于 elf 格式，sys_execve()/sys_execveat() → do_execve()/do_execveat() → do_execveat_common() → exec_binprm() → search_binary_handler() → fmt->load_binary() 的调用链最终会执行到 load_elf_binary()，该函数定义在 fs/binfmt_elf.c 中，非常复杂。此处不详细展开其代码，仅作如下综述。

elf 可执行文件分静态链接和动态链接两种：静态链接的 elf 文件不需要共享库，所有的代码和数据都在同一个文件里面；动态链接的 elf 文件除了主程序文件以外，还需要若干个 .so 格式的共享库。一般来说以动态链接的 elf 文件居多，这些程序文件所需的共享库至少有两个：ld.so

和 libc.so。ld.so 是加载器（有时也叫动态链接程序），它和主程序文件都是内核通过 load_elf_binary() 加载的，新程序执行时的第一条指令也是在 ld.so 当中；ld.so 开始执行以后，会加载 libc.so（最常用的运行时共享库）和其他共享库，最后跳转到主程序文件的入口点 main() 函数。

函数 load_elf_binary() 的主要步骤如下。

1. 检查主程序文件的前 128 字节文件头，确定其格式，格式不匹配则返回 -ENOEXEC。

2. 读主程序文件的文件头确定各种程序段和共享库。

3. 获取动态链接程序（ld.so）的路径名，打开并读入前 128 字节的文件头。

4. 调用 flush_old_exec() 释放从父进程继承的几乎所有资源（比如杀死线程组中的其他线程，释放旧程序的虚拟地址空间，关闭所有必须关闭的文件）。

5. 调用 setup_new_exec() 建立新的执行环境。具体包括调用 arch_pick_mmap_layout() 来确定地址空间布局（传统布局 / 灵活布局），调用 __set_task_comm() 设置进程名（task_struct::comm）将虚拟地址空间大小（current->mm->task_size）设置为 TASK_SIZE。

6. 调用 setup_arg_pages() 建立最终的栈区 VMA，并将命令行参数和环境变量拷贝到最终位置。

7. 通过 elf_map() 调用 do_mmap() 来分配 VMA 并映射主程序文件的正文段（即代码段）和数据段。

8. 通过 set_brk() 调用 do_brk_flags() 来分配初始堆区 VMA（用于 bss），然后将进程地址空间的初始 start_brk 和 brk 字段设置为初始堆区 VMA 的结束地址。

9. 如果有需要，通过 load_elf_interp() 调用 elf_map() 等函数装入动态链接程序（ld.so），其返回值为入口地址 elf_entry。

10. 调用 arch_setup_additional_pages() 创建一些体系结构相关的特殊 VMA 映射，如 VDSO 区等。

11. 调用 create_elf_tables() 创建程序表并存放在栈中。

12. 设置进程地址空间的 start_code、end_code、start_data、end_data、start_brk、brk 和 start_stack 等字段。

13. 调用体系结构相关的 start_thread()，参数为进程内核栈中的寄存器上下文指针 regs、新程序的入口地址 pc（就是动态链接程序 ld.so 的入口地址 elf_entry）和初始栈指针 sp。MIPS 版的 start_thread() 定义在 arch/mips/kernel/process.c 中，其主要工作是调整寄存器上下文中的 EPC（设置为参数 pc 的值）、SP（设置为参数 sp 的值）和 Status（主要是清除特权，比如清零 KSU 域然后设置成 U 态，清零 CU0/CU1/FR 域等）。

当 exec() 系统调用返回到用户态时，新程序开始执行动态链接程序（ld.so）中的代码。动态链接程序的主要工作是加载 libc.so（最常用的运行时共享库）和其他共享库，最后跳转到主程序文件的入口函数 main()。从此，通常意义上的新程序开始执行。

5.3 进程销毁

进程销毁和进程创建是相对的：创建时，父进程通过 fork() 复制出新进程，子进程通过 exec() 执行新程序；销毁时，子进程通过 exit() 退出程序执行，父进程通过 wait() 清理相关进程资源。

5.3.1 退出程序执行

退出程序执行分为主动退出和被迫退出（被杀死）两类。

主动退出程序执行的 exit() 实际上包括 sys_exit() 和 sys_exit_group() 两个系统调用，其函数原型分别如下。

```
asmlinkage unsigned long sys_exit(int error_code);
asmlinkage unsigned long sys_exit_group(int error_code);
```

前者是退出单个线程的执行，后者是退出整个线程组的执行。这两个系统调用分别是 do_exit() 和 do_group_exit() 的简单封装，而 do_group_exit() 的主要步骤也是 do_exit()[1]。该系统调用的参数是错误码，可任意取值。其中 Glibc 定义了两个标准常量 EXIT_SUCCESS 和 EXIT_FAILURE，分别表示正常退出和异常退出。而传递给 do_exit() 的参数不是原始的 error_code，而是 error_code 的低 8 位左移 8 位的结果（code = (error_code&0xff)<<8）。

一个进程除了主动退出，还可以被内核或者其他进程通过信号杀死。杀死进程的系统调用有 sys_kill()、sys_tkill() 和 sys_tgkill() 这 3 个函数，其函数原型分别如下。

```
asmlinkage long sys_kill(int pid, int sig);
asmlinkage long sys_tkill(int pid, int sig);
asmlinkage long sys_tgkill(int tgid, int pid, int sig);
```

其中，sys_kill() 系统调用使用 sig 所指定的信号杀死 pid 所指定的进程（严格来说是线程组）或者进程组[2]；sys_tkill() 系统调用使用 sig 所指定的信号杀死 pid 所指定的线程；sys_tgkill() 系统调用使用 sig 所指定的信号杀死 pid 所指定的线程，目标线程必须属于 tgid 所指定的线程组。

严格来说，kill() 类系统调用可以向目标进程发送任意信号，这些信号并不一定会导致目标进程退出。可能杀死目标进程的常用信号主要有 SIGINT（中止）、SIGTERM（终止）、SIGQUIT（退出）和 SIGKILL（强杀）。目标进程在收到这类信号以后，在信号处理过程中如果选择退出执行，

---

1 如果是单线程程序，do_group_exit() 直接执行 do_exit()。如果是多线程程序并且整个线程组都需要退出，do_group_exit() 先通过调用 zap_other_threads() 向别的线程发送 KILL 信号，然后自己执行 do_exit()；接收到 KILL 信号的其他线程也会执行 do_exit()。

2 正常情况下，进程的 pid 是 0 或正整数，但 sys_kill() 系统调用里的 pid 参数可以是任意值。当 pid 参数大于 0 时，sys_kill() 向 pid 所指定的进程发送信号；当 pid 参数等于 0 时，sys_kill() 向当前进程的同组进程发送信号（注意不是向 0 号进程发送信号，因为 0 号进程代表内核）；当 pid 参数等于 −1 时，sys_kill() 向 0 号进程、1 号进程和当前进程以外的所有用户态进程发送信号；当 pid 参数小于 −1 时，sys_kill() 向 |pid| 所指定的进程组发送信号。

就会调用 do_group_exit()，而 do_group_exit() 又会调用 do_exit()。

于是，不管是主动退出还是被迫退出，不管是线程退出还是线程组退出，最后的核心函数都是 do_exit()。该函数定义在 kernel/exit.c 中，其代码展开如下（有精简）。

```
void __noreturn do_exit(long code)
{
    struct task_struct *tsk = current;
    set_fs(USER_DS);
    exit_signals(tsk);  /* sets PF_EXITING */
    if (unlikely(in_atomic())) {
        preempt_count_set(PREEMPT_ENABLED);
    }
    group_dead = atomic_dec_and_test(&tsk->signal->live);
    if (group_dead) {
        hrtimer_cancel(&tsk->signal->real_timer);
        exit_itimers(tsk->signal);
    }
    audit_free(tsk);
    tsk->exit_code = code;
    exit_mm(tsk);
    exit_sem(tsk);
    exit_shm(tsk);
    exit_files(tsk);
    exit_fs(tsk);
    if (group_dead)
        disassociate_ctty(1);
    exit_task_namespaces(tsk);
    exit_task_work(tsk);
    exit_thread();
    cgroup_exit(tsk);
    exit_notify(tsk, group_dead);
    proc_exit_connector(tsk);
    mpol_put_task_policy(tsk);
    tsk->flags |= PF_EXITPIDONE;
    if (tsk->io_context)
        exit_io_context(tsk);
    preempt_disable();
    exit_rcu();
    do_task_dead();
```

```
}
void __noreturn do_task_dead(void)
{
    set_special_state(TASK_DEAD);
    current->flags |= PF_NOFREEZE;
    __schedule(false);
    BUG();
    for (;;)
        cpu_relax();
}
```

该函数第一步是获得当前进程 current 的引用，将其保存到局部变量 tsk 中。接下来的 set_fs(USER_DS) 将线程信息结构中的 addr_limit 字段设置成 USER_DS，表示当前进程的地址访问被限制在用户空间（32 位表示 USEG，64 位表示 XUSEG 中被 vmbits 限定的部分）。

后续有一系列形如 exit_xyz() 的函数。这些函数主要的功能就是将相应子系统里面的各种资源引用计数减一，减一之后如果计数为零（没有共享），就调用相关函数释放资源。这其中的部分函数随后会做解析。

函数 exit_signals() 负责信号有关的清理工作：它的主要操作是将进程置上状态标志 PF_EXITING，声明本进程已经进入退出执行的过程，然后调用 retarget_shared_pending() 处理待决的共享信号。信号的接收者通常是特定的线程，但也可以是线程组中的任意线程。如果是后者，那这样的信号就是共享信号。由于当前线程已经进入退出流程，因此不能处理信号，于是共享信号将由同一线程组中的其他线程来处理，这就是重定向（retarget）。

接下来，如果本进程处于不可调度的原子上下文，那么调用 preempt_count_set (PREEMPT_ENABLED) 无条件启用抢占。这是因为后续的过程可能会有阻塞 / 睡眠，如果不允许抢占，整个系统就可能被冻结。

Pthread 线程库创建的线程同属于一个线程组，它们共享同一个 signal_struct，因而 signal_struct 中的 live 字段可用于表示线程组中活动线程的个数，atomic_dec_and_test(&tsk->signal->live) 表示计数器减一并判断是否为 0。如果为 0，则表示当前线程是线程组中最后一个退出的线程，于是 group_dead 被赋值为真。如果 group_dead 为真，则接下来将调用 hrtimer_cancel() 和 exit_itimers() 删除该 signal_struct 中的所有高分辨率定时器和普通 Posix 定时器。随后，进程的 exit_code 被赋值为输入参数 code（其中可能包括 EXIT_SUCCESS 或者 EXIT_FAILURE）。

之后，exit_mm() 负责按需释放内存描述符资源（当前进程的 mm 字段）；exit_sem() 负责按需释放信号量资源（当前进程的 sysvsem 字段）；exit_shm() 负责按需释放共享内存资源（当前进程的 sysvshm 字段）；exit_files() 负责按需释放打开的文件描述符信息（当前进程的 files 字段）；exit_fs() 负责按需释放文件系统相关资源（当前进程的 fs 字段）。

如果 group_dead 为真，调用 disassociate_ctty() 脱离线程组与控制台的关联。

之后，exit_task_namespaces() 负责按需释放命名空间资源（当前进程的 nsproxy 字段）；exit_task_work() 负责执行 NUMA_BALANCING 有关的回调函数；exit_thread() 是体系结构相关的函数，在 MIPS 上用于处理分支延迟槽模拟有关的事情（对于龙芯实质上为空操作，因为龙芯不是 MIPS R6）。cgroup_exit() 负责断开当前进程与所在控制组的关联。

接下来的 exit_notify() 是一个比较重要的函数。首先调用 forget_original_parent() 更新父子进程的亲属关系，如果当前进程所在的线程组还有别的线程在运行，那么当前进程的子进程都会成为其中某个线程的子进程；否则，当前进程的子进程将变成 1 号进程（init 进程）的子进程。然后判定当前退出的进程是“自动收割”还是“被动收割”：线程组中的非组长并且未被跟踪的线程总是“自动收割”；组长线程或者被跟踪的线程会调用 do_notify_parent() 向父进程发送 task->exit_signal 所指定的信号（通常是 SIGCHLD 信号，被跟踪的线程则必然是 SIGCHLD 信号），如果父进程忽略 SIGCHLD 信号，则当前进程也属于“自动收割”；否则为“被动收割”。“自动收割”意味着进程最后的残留资源由内核负责清理，autoreap 变量为真；而“被动收割”意味着进程最后的残留资源由父进程负责清理，autoreap 变量为假。“自动收割”的进程，其退出状态为 EXIT_DEAD；“被动收割”的进程，其退出状态为 EXIT_ZOMBIE（僵尸进程）。对于“自动收割”的进程，exit_notify() 将调用 release_task() 来试图释放进程的数据结构（进程描述符 task_struct 及其二级数据结构）。

mpol_put_task_policy() 仅在定义了 CONFIG_NUMA 时才有意义，用于递减当前进程 mempolicy 的引用计数并按需释放其资源（通过 mpol_put() 完成）；同时当前进程的 mempolicy 字段被重置为 NULL。如果当前进程的 io_context 字段不为空，则调用 exit_io_context() 释放其资源。然后，调用 preempt_disable() 关闭抢占，因为后面的过程我们不希望再被干扰。

接下来，exit_rcu() 负责退出 RCU 临界区（如果处于临界区的话），do_task_dead() 负责完成最后的死亡宣告操作。

do_task_dead() 首先将进程状态置为 TASK_DEAD，宣告当前进程已经死亡；然后调用 __schedule() 切换到其他进程。如果内核一切正常，当前进程不会再有任何机会运行。因此 __schedule() 后面放置了一个 BUG()，意味着如果执行到了此处，必定是内核有缺陷。BUG() 后面是一个执行 cpu_relax() 空操作的无限循环，这是为了保证万一内核 BUG 真的存在，也不会继续往后执行导致更严重的后果。

5.3.2 清理进程资源

从上一小节可知，子进程在退出的时候会向父进程发送 task->exit_signal 所指定的信号（通常是 SIGCHLD 信号）。父进程对 SIGCHLD 的处理有 3 种方式：忽略该信号，或者通过注册信号处理函数捕获并进一步处理该信号，或者保持其缺省行为。如果父进程忽略 SIGCHLD，则如上一小节所述，子进程是“自动收割”进程，其退出后的残留资源由内核直接处理。如果父进程捕获 SIGCHLD，则在父进程信号处理函数里面完成有关清理工作。如果保持其默认行为，那么父进程一般应当调用 wait() 函数族来完成子进程的残留资源清理（即收割，在本小节中，“等待”和“收割”基本可以视为同义词）；否则，子进程将一直处于僵尸状态。

Glibc 里面的 wait() 函数族主要有以下 4 个。

- pid_t wait(int *status);
- pid_t waitpid(pid_t pid, int *status, int options);
- pid_t wait3(int *status, int options, struct rusage *rusage);
- pid_t wait4(pid_t pid, int *status, int options, struct rusage *rusage);

这里，wait() 等待任意一个子进程结束，status 是子进程的退出状态，返回值为子进程的 pid。waitpid() 等待 pid 所指定的特定子进程结束[1]，status 是子进程的退出状态，options 为过滤器选项，返回值为子进程的 pid。wait3() 等待任意一个子进程结束，它与 wait() 的区别是可以指定过滤器选项 options，并且可由 rusage 返回子进程的资源摘要信息；status 是子进程的退出状态，函数返回值同样是子进程的 pid。wait4() 等待 pid 所指定的特定子进程结束，它与 waitpid() 的区别是不仅可以指定过滤器选项 option，而且可由 rusage 返回子进程的资源摘要信息；status 是子进程的退出状态，函数返回值同样是子进程的 pid。

为什么需要僵尸进程和 wait() 函数族呢？因为在某些情况下，我们需要在进程结束以后从“尸体”中获得某些信息。如果没有僵尸进程的设计则意味着进程都是“自动收割”的，那么“尸体”会被内核即时销毁，也就失去了获取信息的源头；而如果没有 wait() 函数族，那么即便有“尸体”也没有获得信息的方法。wait() 函数族里的输出参数 status 和 rusage，就是用于保存从“尸体”获得的那些信息。

在 wait() 函数族中，只有 waitpid() 和 wait4() 有对应的系统调用，其他都是 Glibc 进行的包装。实际上，wait4() 可以实现其他所有函数的功能。

1. wait(status) 等价于 wait4(-1, status, 0, NULL)。
2. waitpid(pid, status, options) 等价于 wait4(pid, status, options, NULL)。
3. wait3(status, options, rusage) 等价于 wait4(-1, status, options, rusage)。

wait() 函数族的系统调用原型如下。

```
asmlinkage long sys_waitpid(pid_t pid, int __user *stat_addr, int options);
asmlinkage long sys_wait4(pid_t pid, int __user *stat_addr,
                          int options, struct rusage __user *ru);
```

Glibc 从 2.12 版本开始，提供了一个新的 wait() 类函数。

```
int waitid(idtype_t idtype, id_t id, siginfo_t *infop, int options);
```

1 正常情况下，进程的 pid 是 0 或正整数，但 wait() 函数族里面的 pid 参数可以是任意值。当 pid 参数大于 0 时，waitpid() 等待 pid 所指定的子进程结束；当 pid 参数等于 0 时，waitpid() 等待当前进程的同组进程结束（注意不是等待 0 号进程，因为 0 号进程代表内核）；当 pid 参数等于 -1 时，waitpid() 等待任意子进程结束；当 pid 参数小于 -1 时，waitpid() 等待 |pid| 的同组进程结束。wait4() 与 waitpid 类似。

其对应的系统调用如下。

```
asmlinkage long sys_waitid(int which, pid_t pid, struct siginfo __user *infop,
                                          int options, struct rusage __user *ru);
```

sys_waitid() 中的参数 which 来自库函数 waitid() 中的参数 idtype，有 P_ALL、P_PID 和 P_PGID 这 3 种取值，其含义分别是等待任意子进程、等待参数 pid 所指定的子进程和等待参数 pid 所指定的进程组中的子进程。sys_waitid() 用 struct siginfo 类型的输出参数 infop 代替了 sys_wait4() 中的 int 类型输出参数 stat_addr，因此能够从等待对象中获得更丰富的信息。siginfo 的主要成员字段（一部分是二级成员）如下。

- 进程标识 si_pid：对于 wait() 类函数通常取值为退出进程的 pid。
- 用户标识 si_uid：对于 wait() 类函数通常取值为退出进程的 uid。
- 信号编号 si_signo：对于 wait() 类函数通常取值为 SIGCHLD。
- 错误编号 si_errno：对于 wait() 类函数通常取值为 0。
- 信号编码 si_code：表示进程退出的原因，取值可为 CLD_EXITED（调用 exit() 正常退出）、CLD_KILLED（被信号杀死）、CLD_DUMPED（被信号杀死并且产生了内存转储 CoreDump）、CLD_TRAPPED（被跟踪）、CLD_STOPPED（被 SIGSTOP 信号停止）和 CLD_CONTINUED（被 SIGCONT 信号继续）。
- 信号状态 si_status：如果 si_code 是 CLD_EXITED，则 si_status 是 exit() 系统调用传入的错误码；否则 si_status 根据 si_code 的不同而具备不同的含义。

sys_waitpid() 和 sys_wait4() 都是 kernel_wait4() 的简单包装，分别对应 kernel_wait4(pid, stat_addr, options, NULL) 和 kernel_wait4(upid, stat_addr, options, ru ? &r : NULL)。而 sys_waitid() 和 sys_wait4() 的逻辑也大同小异（最后都会调用到 do_wait()）。因此，只需要看看 kernel_wait4() 的实现就可以知道 wait() 函数族的原理了（定义在 kernel/exit.c 中）。

```
asmlinkage long kernel_wait4(pid_t upid, int __user *stat_addr,
                          int options, struct rusage __user *ru)
{
    if (upid == -1)
        type = PIDTYPE_MAX;
    else if (upid < 0) {
        type = PIDTYPE_PGID;
        pid = find_get_pid(-upid);
    } else if (upid == 0) {
        type = PIDTYPE_PGID;
        pid = get_task_pid(current, PIDTYPE_PGID);
    } else /* upid > 0 */ {
        type = PIDTYPE_PID;
        pid = find_get_pid(upid);
    }
```

```
    wo.wo_type      = type;
    wo.wo_pid       = pid;
    wo.wo_flags     = options | WEXITED;
    wo.wo_info      = NULL;
    wo.wo_stat      = 0;
    wo.wo_rusage    = ru;
    ret = do_wait(&wo);
    put_pid(pid);
    put_user(wo.wo_stat, stat_addr);
    return ret;
}
```

需要指出的是，wait() 函数族可以用于等待子进程退出，但也可以用于等待子进程发生别的一些状态改变，这些行为取决于参数 options。

- WEXITED：用于等待子进程退出（缺省行为）。
- WSTOPPED：用于等待子进程被 SIGSTOP 信号停止运行。
- WCONTINUED：用于等待子进程被 SIGCONT 信号恢复运行（之前被停止过）。

其他常用的 options 还包括以下两个。

- WNOHANG：如果子进程尚未退出则系统调用立即结束。
- WNOWAIT：继续保持子进程状态（就像没被 wait() 过一样），以便可以再次被 wait()。

这个系统调用函数大部分的工作在于 pid 的处理，用户态传递下来的 upid 参数有 4 种情况，分别代表普通子进程、任意子进程、当前进程组和特定进程组（上文已有介绍）。sys_wait4() 将 upid 处理后生成 PID 结构（类型为 struct pid 的局部变量 pid），再用 PID 结构初始化一个类型为 struct wait_opts 的结构体 wo，最后以 wo 为参数调用核心函数 do_wait()。结构体 wo 里面，wo_type、wo_pid 和 wo_flags 是输入参数，分别表示 PID 类型、PID 值和输入的 options；wo_info、wo_stat 和 wo_rusage 是输出参数，分别对应系统调用参数传下来的 infop、stat_addr 和 ru。

下面从 do_wait() 开始逐级解析 wait() 类系统调用涉及的重要函数。

（一）do_wait()

do_wait() 定义在 kernel/exit.c 中，展开如下（有精简）。

```
static long do_wait(struct wait_opts *wo)
{
    init_waitqueue_func_entry(&wo->child_wait, child_wait_callback);
    wo->child_wait.private = current;
    add_wait_queue(&current->signal->wait_chldexit, &wo->child_wait);
repeat:
    wo->notask_error = -ECHILD;
```

```
    if ((wo->wo_type < PIDTYPE_MAX) &&
       (!wo->wo_pid || hlist_empty(&wo->wo_pid->tasks[wo->wo_type])))
        goto notask;
    set_current_state(TASK_INTERRUPTIBLE);
    tsk = current;
    do {
        retval = do_wait_thread(wo, tsk);
        if (retval)    goto end;
        retval = ptrace_do_wait(wo, tsk);
        if (retval)    goto end;
        if (wo->wo_flags & __WNOTHREAD)    break;
    } while_each_thread(current, tsk);
notask:
    retval = wo->notask_error;
    if (!retval && !(wo->wo_flags & WNOHANG)) {
        retval = -ERESTARTSYS;
        if (!signal_pending(current)) {
            schedule();
            goto repeat;
        }
    }
end:
    __set_current_state(TASK_RUNNING);
    remove_wait_queue(&current->signal->wait_chldexit, &wo->child_wait);
    return retval;
}
```

该函数首先调用函数 init_waitqueue_func_entry() 初始化一个等待队列项，然后调用函数 add_wait_queue() 将该项挂接到等待队列 current->signal->wait_chldexit 中。为什么需要等待队列呢？因为父进程在调用 wait() 函数族的时候，子进程不一定已经退出，因此父进程会睡眠（阻塞），直到条件满足时，父进程才会被唤醒并从等待队列移除。init_waitqueue_func_entry() 的第二个参数 child_wait_callback() 就是唤醒回调函数，而 wo->child_wait.private 则是唤醒对象，也就是父进程（当前进程）。

接下来是 repeat 标号后的代码。首先将 wo->notask_error 赋值为 -ECHILD。这是因为 sys_wait4() 的调用者可能会提供一个无效 pid，导致没有与之匹配的进程，若果真如此，则 -ECHILD 将成为 sys_wait4() 的返回值。后面条件语句的含义是，如果不是等待任意子进程并且没有与 pid 匹配的进程，那么跳转到 notask 标号；反之，如果存在匹配进程，则将当前进程状态置为 TASK_INTERRUPTIBLE（可中断睡眠）并开始一个 do-while 循环。该循环会遍历当前进程的每个线程 tsk，在 tsk 上面依次调用核心函数 do_wait_thread() 和 ptrace_do_wait()。这两个函数如果返回非零值，则退出循环，否则继续后面的流程；如果两个函数均返回零，则除非设置了 __WNOTHREAD 标志，否则继续下一轮循环。

接下来是 notask 标号后的代码。首先将 wo->notask_error 赋值给返回变量 retval，然后在返回变量为 0（意味着有与 pid 匹配的进程）并且 WNOHANG 标志未被设置（子进程未退出时不立即终止系统调用）的情况下，将返回值变量赋值为 -ERESTARTSYS，表示系统调用需要重新开始。代码到达此处时有两种可能，一种是自然到达，另一种是被信号打断。如果是前者，则 signal_pending(current) 为假，因此调用 schedule() 产生调度，当前进程进入睡眠状态。等到睡眠唤醒之后，跳转至 repeat 标号重新开始。如果上述 if 条件没有满足，则继续执行后面 end 标号处的代码。

end 标号处的代码非常简单，把当前进程状态设置为 TASK_RUNNING（可运行），调用 remove_wait_queue() 将等待项移除，然后返回 retval。

（二）do_wait_thread()/ptrace_do_wait()

刚才提到，do_wait() 里面的核心函数是 do_wait_thread() 和 ptrace_do_wait()，下面就来继续解析。

```
static int do_wait_thread(struct wait_opts *wo, struct task_struct *tsk)
{
    list_for_each_entry(p, &tsk->children, sibling) {
        int ret = wait_consider_task(wo, 0, p);
        if (ret)    return ret;
    }
    return 0;
}

static int ptrace_do_wait(struct wait_opts *wo, struct task_struct *tsk)
{
    list_for_each_entry(p, &tsk->ptraced, ptrace_entry) {
        int ret = wait_consider_task(wo, 1, p);
        if (ret)    return ret;
    }
    return 0;
}
```

我们发现，这两个函数非常类似：输入参数都是等待选项和等待的对象；内部逻辑都是遍历链表并在链表元素上调用 wait_consider_task()；返回值都是有等待对象退出时返回非零。不一样的地方在于：前者遍历当前进程的 children 链表，后者遍历当前进程的 ptraced 链表；前者调用 wait_consider_task() 时 ptrace 参数为 0，后者调用 wait_consider_task() 时 ptrace 参数为 1。

它们各自的功能也是不言自明的，前者是普通的父进程等待子进程，后者是调试跟踪器等待被调试跟踪的进程。

（三）wait_consider_task()

下面就来继续解析公共函数 wait_consider_task()。

```
static int wait_consider_task(struct wait_opts *wo, int ptrace, struct task_struct *p)
{
    int exit_state = READ_ONCE(p->exit_state);
    if (unlikely(exit_state == EXIT_DEAD))    return 0;
    if (unlikely(exit_state == EXIT_TRACE))   return 0;
    if (exit_state == EXIT_ZOMBIE) {
         if (!delay_group_leader(p)) {
            if (unlikely(ptrace) || likely(!p->ptrace))
                return wait_task_zombie(wo, p);
         }
    }
    ret = wait_task_stopped(wo, ptrace, p);
    if (ret)   return ret;
    return wait_task_continued(wo, p);
}
```

为了让主体逻辑更加清晰，这个函数经过了高度简化。子进程的退出状态被赋值给 exit_state，使用 READ_ONCE() 是为了确保编译器不做优化，以便取得确切的最新状态。如果子进程状态为 EXIT_DEAD，说明子进程是“自动收割”类型，或者虽然是“被动收割”类型，但是已经被 wait() 过了。在这种情况下，wait_consider_task() 将直接返回 0（没有等待对象）。如果子进程状态为 EXIT_TRACE，说明子进程是一个正在被调试器跟踪的进程。这种情况下，调试器退出的时候会通知真正的父进程，因此现在可以忽略不计，也将返回 0。如果子进程的退出状态为 EXIT_ZOMBIE，说明子进程是一个等待“被动收割”的普通僵尸进程。普通僵尸进程的代码块中有 if (!delay_group_leader(p)) 条件，其含义是如果子进程是线程组组长并且线程组不为空，那么该进程会被延迟收割。对于非延迟收割的僵尸子进程，还需要判定是不是正在被跟踪，如果没有被跟踪，或者虽然被跟踪但跟踪者就是其真正的父进程，那么调用 wait_task_zombie() 对子进程进行收割。此后的代码，exit_state 为 0，意味着 wait() 函数族的调用者使用的不仅仅是 WEXITED 选项（不仅仅等待退出的子进程），还有 WSTOPPED 或者 WCONTINUED，在这两种情况下，wait_consider_task() 将分别调用 wait_task_stopped() 和 wait_task_continued() 完成等待。

（四）wait_task_zombie()

在本章中，我们关心的是已退出进程的残留资源清理，因此重点关注 wait_task_zombie()，该函数定义在 kernel/exit.c 中，展开如下（有精简）。

```
static int wait_task_zombie(struct wait_opts *wo, struct task_struct *p)
{
    pid_t pid = task_pid_vnr(p);
    uid_t uid = from_kuid_munged(current_user_ns(), task_uid(p));
    if (!likely(wo->wo_flags & WEXITED))  return 0;
    if (unlikely(wo->wo_flags & WNOWAIT)) {
        status = p->exit_code;
        get_task_struct(p);
        if (wo->wo_rusage)  getrusage(p, RUSAGE_BOTH, wo->wo_rusage);
        put_task_struct(p);
        goto out_info;
    }
    state = (ptrace_reparented(p) && thread_group_leader(p)) ?
        EXIT_TRACE : EXIT_DEAD;
    if (cmpxchg(&p->exit_state, EXIT_ZOMBIE, state) != EXIT_ZOMBIE)
        return 0;
    if (state == EXIT_DEAD && thread_group_leader(p)) {
        struct signal_struct *sig = p->signal;
        struct signal_struct *psig = current->signal;
        thread_group_cputime_adjusted(p, &tgutime, &tgstime);
        psig->cutime += tgutime + sig->cutime;
        psig->cstime += tgstime + sig->cstime;
        psig->cgtime += task_gtime(p) + sig->gtime + sig->cgtime;
        psig->cmin_flt += p->min_flt + sig->min_flt + sig->cmin_flt;
        psig->cmaj_flt += p->maj_flt + sig->maj_flt + sig->cmaj_flt;
        psig->cnvcsw += p->nvcsw + sig->nvcsw + sig->cnvcsw;
        psig->cnivcsw += p->nivcsw + sig->nivcsw + sig->cnivcsw;
        psig->cinblock += task_io_get_inblock(p) + sig->inblock + sig->cinblock;
        psig->coublock += task_io_get_oublock(p) + sig->oublock + sig->coublock;
        maxrss = max(sig->maxrss, sig->cmaxrss);
        if (psig->cmaxrss < maxrss) psig->cmaxrss = maxrss;
        task_io_accounting_add(&psig->ioac, &p->ioac);
        task_io_accounting_add(&psig->ioac, &sig->ioac);
    }
    if (wo->wo_rusage)  getrusage(p, RUSAGE_BOTH, wo->wo_rusage);
    status = (p->signal->flags & SIGNAL_GROUP_EXIT)
        ? p->signal->group_exit_code : p->exit_code;
    wo->wo_stat = status;
    if (state == EXIT_TRACE) {
```

```
        ptrace_unlink(p);
        state = EXIT_ZOMBIE;
        if (do_notify_parent(p, p->exit_signal)) state = EXIT_DEAD;
        p->exit_state = state;
    }
    if (state == EXIT_DEAD) release_task(p);
out_info:
    infop = wo->wo_info;
    if (infop) {
        if ((status & 0x7f) == 0) {
            infop->cause = CLD_EXITED;
            infop->status = status >> 8;
        } else {
            infop->cause = (status & 0x80) ? CLD_DUMPED : CLD_KILLED;
            infop->status = status & 0x7f;
        }
        infop->pid = pid;
        infop->uid = uid;
    }
    return pid;
}
```

该函数用于等待进入僵尸状态的进程，因此如果 wo_flags 中没有 WEXITED 则立即返回。接下来，如果 wo_flags 中有 WNOWAIT，则首先通过 get_task_struct() 增加死亡进程的引用计数，防止 wait() 系统调用退出后相关数据结构被释放。接下来，如果 wo_rusage 不为空（意味着调用者是 wait3() 或者 wait4()），则通过 getrusage 传递资源摘要信息。完成后调用 put_task_struct() 恢复死亡进程的引用计数并跳转到 out_info 标号处。这种情况不改变进程状态，因此可以再次被 wait()。

在 wo_flags 中没有 WNOWAIT 的情况下，目标进程的退出状态（task_struct::exit_state）将被改变成 EXIT_TRACE 或者 EXIT_DEAD。如果死亡进程被跟踪并且是线程组组长，则局部变量 state 被赋值为 EXIT_TRACE，否则赋值为 EXIT_DEAD。进而通过 cmpxchg 原子性地把 state 赋值给死亡进程的 exit_state（退出状态）并返回旧值。如果死亡进程之前的退出状态不是 EXIT_ZOMBIE，则函数返回 0；否则，继续执行。

如果局部变量 state 值为 EXIT_DEAD 并且死亡进程是线程组组长，则需要处理一系列 signal_struct 相关的工作，比如累积包括用户态时间 utime、内核态时间 stime 和客户态时间 gtime 在内的各种统计信息，此处不再一一解释其含义。

接下来，如果 wo_rusage 不为空（意味着调用者是 wait3() 或者 wait4()），则通过 getrusage 传递资源摘要信息。如果是线程组退出，则局部变量 status 被赋值为整个线程组的退出码

p->signal->group_exit_code；如果是单个线程退出则 status 被赋值为死亡进程的退出码 p->exit_code。然后，将退出码 status 赋值给 wo->wo_stat。

如果局部变量 state 值为 EXIT_TRACE，则通过 ptrace_unlink() 断开死亡进程与跟踪器的连接并将 state 赋值为 EXIT_ZOMBIE。然后通过 do_notify_parent() 通知死亡进程的真正父进程，如果真正的父进程忽略通知，则 state 再次赋值为 EXIT_DEAD。

至此，如果局部变量 state 已经变成了 EXIT_DEAD，则调用 release_task() 试图释放死亡进程的数据结构（进程描述符 task_struct 及其二级数据结构）；如果 state 不是 EXIT_DEAD 则这些数据结构将继续保留。随后，执行流也将来到 out_info 标号处。

out_info 标号处的代码首先将 wo->wo_info 赋值给局部变量 infop（类型为 waitid_info）。如果 infop 为空，意味着调用者不是 waitid()，直接返回；否则继续执行。如果退出码 exit_code 的低 7 位为全零，表示死亡进程是通过调用 exit() 主动退出的。在这种情况下，退出原因 infop->cause 被设置为 CLD_EXITED，退出状态 infop->status 被赋值为 exit_code >> 8，也就是当初调用 exit() 时传入的错误码（EXIT_SUCCESS 或者 EXIT_FAILURE）。反之，如果 exit_code 并非低 7 位全零，则表示死亡进程不是通过调用 exit() 主动退出的。在这种情况下，根据退出码 exit_code 的第 8 位决定退出原因 infop->cause 是 CLD_DUMPED 还是 CLD_KILLED，退出状态 infop->status 则是退出码 exit_code 的低 7 位。而 infop->pid 和 infop->uid 则分别被赋值为死亡进程的 pid 和 uid。

最后，返回 pid（死亡进程的 pid）。

（五）release_task()

最后一个重要函数是 release_task()，这是一个公共函数。对于“自动收割”的进程，该函数由 sys_exit() 系统调用直接调用；对于“被动收割”的进程，该函数在 sys_exit() 系统调用退出以后由 sys_wait() 类系统调用来调用。release_task() 定义在 kernel/exit.c 中，展开如下。

```
void release_task(struct task_struct *p)
{
    struct task_struct *leader;
    int zap_leader;
repeat:
    proc_flush_task(p);
    cgroup_release(p);
    ptrace_release_task(p);
    __exit_signal(p);
    zap_leader = 0;
    leader = p->group_leader;
    if(leader != p && thread_group_empty(leader) && leader->exit_state == EXIT_ZOMBIE){
        zap_leader = do_notify_parent(leader, leader->exit_signal);
        if (zap_leader)    leader->exit_state = EXIT_DEAD;
```

```
    }
    release_thread(p);
    put_task_struct_rcu_user(p);
    p = leader;
    if (unlikely(zap_leader))   goto repeat;
}
```

该函数的参数 p 是需要释放数据结构的死亡进程，两个局部变量中 leader 表示 p 所在的线程组组长，zap_leader 表示是否需要顺便销毁线程组组长的数据结构（初始值为 0，表示不要销毁）。

repeat 标号后的代码，首先调用 proc_flush_task() 清除 p 的 procfs 缓存数据结构，然后调用 cgroup_release() 释放控制组的一些资源，再调用 ptrace_release_task() 清除 ptrace 有关的信息。后面的 __exit_signal() 负责计算死亡进程中 signal_struct 的一些字段，清空待决信号以及信号处理有关的数据结构。接下来，如果死亡进程不是线程组组长，并且同组中已经没有活动进程且线程组组长也已经进入僵尸状态，则调用 do_notify_parent() 通知组长的父进程；如果父进程忽略通知，则 zap_leader 赋值为 1 并且组长的退出状态被设置为 EXIT_DEAD。后续的 release_thread() 在龙芯上是空操作。而 put_task_struct_rcu_user() 则是本函数一个重要的步骤：先递减进程描述符中的 RCU 使用者计数，然后在计数器变成 0 以后调用 call_rcu(&p->rcu, delayed_put_task_struct)。该步骤注册了一个 RCU 回调函数 delayed_put_task_struct()，以便在退出 RCU 临界区后执行它。

至此，p 被重新赋值为线程组组长，如果 zap_leader 为 1，则跳转到 repeat 标号的起始处，按照同样的逻辑销毁线程组组长，否则直接返回。

RCU 回调函数 delayed_put_task_struct() 的主要步骤是 put_task_struct()，而后者是递减进程的引用计数并且在变成 0 以后调用 __put_task_struct()。__put_task_struct() 也很简单，依次调用 cgroup_free()、task_numa_free()、put_signal_struct() 等函数销毁尚未释放的几个二级数据结构，最后调用 free_task()。而 free_task() 调用几个体系结构相关的函数（在龙芯上面大都为空操作）release_task_stack()、arch_release_task_struct() 等后，再调用 free_task_struct() 释放 task_struct 本身。值得注意的是，进程创建时进程描述符的初始 RCU 使用者计数为 2，因此不管是“自动收割”还是“被动收割”，通过 release_task() 调用的 put_task_struct_rcu_user() 仅仅是将 RCU 使用者计数变成 1，尚未真正释放进程描述符等数据结构。

5.4 进程调度

即便是在多核处理器的计算机上，进程的数量通常也是远远多于处理器数量的。因此，宏观上并行运行的多个进程在微观上往往属于分时复用。进程调度的本质是让进程更好地分时复用处理器资源。概括地说，进程调度包括调度策略和进程切换两个重要话题。针对一个处理器来说，分时复用无非就是 A 进程的时间配额用完以后换到 B 进程。在这个场景下，“如何选择 B 进程”就是调度策略，“如何运行 B 进程”就是进程切换。

5.4.1 基本概念

在讨论进程调度策略之前有几个必须明确的重要概念：一是时间片，二是优先级，三是抢占调度。另外，为了使用不同的调度策略满足不同的需求，我们还对进程进行了分类。

（一）时间片

时间片（TimeSlice）指的是分时复用过程中每个进程允许持续运行的**最大时间配额单位**。也就是说，如果 A 进程持续运行了一个 TimeSlice，那么它必须考虑让出 CPU 资源给 B 进程。不过有两点值得注意：一是进程持续运行时间可以小于 TimeSlice，比如当某个进程请求的资源得不到满足时，主动睡眠（因此上文描述中强调了最大）；二是进程持续运行时间也可以大于 TimeSlice，比如当某个进程时间片用完，考虑让出 CPU 时并没有别的可运行进程，那么这个进程会继续运行（因此上文描述中强调了单位）。在周期性计时模式中，一般时间片是一个节拍（一个 tick，即 1/HZ）的整数倍，在无节拍计时模式中，时间片的长度可以更加自由。

（二）优先级

优先级（Priority）指的是在所有进程中，谁更有资格优先获得处理器资源。一般来说，现代的进程调度器都是基于优先级的调度，也就是说都是倾向于先运行优先级高的进程，再运行优先级低的进程，同优先级之间轮转调度。不过凡事皆有例外，确实会存在某些高优先级进程挂起而低优先级进程运行的情况，称为“优先级倒挂”。Linux 内核中的优先级分静态优先级和动态优先级。静态优先级一般是进程创建时确定的，也可以通过特定的系统调用改变。动态优先级的初始值决定于静态优先级，但是随着进程的运行在不断地调整改变。调度策略选择进程时考虑的是动态优先级。

（三）抢占调度

抢占调度（Preemptible Scheduling）指的是一个高优先级进程是否可以强行夺取低优先级进程的处理器资源。如果可以强行夺取，就是可抢占的调度。但值得注意的是，抢占调度也并非一个简单的“是”与“否”的命题，而更多地表现为“某些时候可以抢占，某些时候不可以抢占”。因此，根据可抢占的程度，大致可以将抢占调度分为以下几类。

不可抢占： 完全不可抢占的调度器称为协作式调度，A 进程切换到 B 进程的唯一情况是 A 进程主动放弃。不可抢占常见于协程调度，协程是一种完全在用户态创建并管理的线程，没有内核参与。几乎不可能有完全不可抢占调度的现代操作系统内核，因为系统级的完全不可抢占是很危险的，一个简单的无限循环的应用程序就可以导致系统死机。

用户态抢占： Linux-2.4 以及更早版本的内核的调度器只允许用户态抢占，指的是当某个进程运行在用户态时，一个更高优先级的进程可以抢占该进程的时间片。然而，内核不可能随时随地检测是否有更高优先级的进程产生，而是在特定的时间点检测，这些时间点不妨称为检查点（CheckPoint）。对于用户态抢占，其检查点是“异常、中断或者系统调用处理完成后返回用户态的时候”。允许用户态抢占是现代操作系统内核设计的底线，Linux 内核配置选项中的“不抢占”（CONFIG_PREEMPT_NONE）实际上指的是用户态抢占。

内核态抢占： Linux-2.6 以及更新版本的内核的调度器允许内核态抢占，指的是某个进程不管是运行在用户态还是内核态，一个更高优先级的进程都可以抢占该进程的时间片。同样，随时随地的检查是不可能的，允许内核态抢占无非是在用户态抢占的基础上，又增加了更多的抢占检查点而已。一般来说，内核态抢占的检查点是“异常、中断或者系统调用处理完成后返回的时候”。请注意，异常中断或系统调用处理完成后，既可以返回到内核态，也可以返回到用户态，因此内核态抢占是用户态抢占的超集。

Linux 的内核态抢占还可以细分成以下 3 种。

○ 内核态自愿抢占：内核配置选项中的 CONFIG_PREEMPT_VOLUNTARY。采用白名单机制，在用户态基础上增加了一些特定的内核态检查点，通过显式调用 might_resched() 来决定要不要调度到更高优先级的进程。应该说这不算严格意义上的内核态抢占。

○ 内核态完全抢占：内核配置选项中的 CONFIG_PREEMPT。采用黑名单机制，除非是在临界区里面，其他任意时刻都允许内核态抢占。临界区指的是关中断的区间（包括硬中断和软中断）以及 preempt_disable() 和 preempt_enable() 所包含的区间。Linux 内核态抢占通常指的是这一种。

○ 内核态实时抢占：内核配置选项中的 CONFIG_PREEMPT_RT。这是最彻底的内核态抢占，取消了所有临界区，即便是在中断处理过程中也允许抢占。标准的 Linux 内核从 5.3 版本开始加入了这种模式初步支持，但到目前为止 PREEMPT_RT 尚不完整（需要更多的增强支持）。

内核抢占程度越高，对交互式应用的响应性越好；但它带来了更多的进程切换代价，对吞吐率有较大的影响。因此，一般桌面系统建议启用内核态抢占，而服务器系统建议关闭内核态抢占。

所有的调度器都围绕着这 3 个基本概念进行设计，调度器之间的区别，无非是时间片的长短定义不一样、优先级的计算以及围绕优先级对进程的组织不一样、允许抢占的程度不一样。

（四）进程分类

从调度器的角度来看，进程可以分成以下三大类。

交互式进程： 此类进程有大量的人机交互，因此进程不断地处于睡眠状态，等待用户输入。典型的应用如编辑器。此类进程对系统响应时间要求比较高，否则用户会感觉系统反应迟缓。

批处理进程： 此类进程不需要人机交互，在后台运行，需要占用大量的系统资源。但是能够忍受响应延迟，比如编译器和各种服务器程序。

实时进程： 实时进程对调度延迟的要求最高（有最后期限即 Deadline 的约束），这些进程往往执行非常重要的操作，要求立即响应并执行，比如视频播放软件（软实时）或飞机飞行控制系统（硬实时）。很明显这类程序不能容忍长时间的调度延迟（超过 Deadline 约束），软实时进程超过 Deadline 会影响用户体验，而硬实时进程超过 Deadline 会导致灾难。

在 Linux 内核中，交互式进程和批处理进程统称为普通进程（与实时进程相对）。内核对实时进程和普通进程采用了不同的调度策略，前者相对简单，自 Linux 问世以来没有本质的变化（主要是先进先出算法 FIFO 和时间片轮转算法 Round-Robin，基于优先级调度。前者在相同优先级的进程之间使用先进先出，后者在相同优先级的进程之间使用轮转调度）；后者更为复杂，需要兼顾交互式进程和批处理进程的需求，经过了多次革命性的变化，也是本书所关注的重点。

5.4.2 发展历史

我们先来看看 Linux 内核针对普通进程的调度策略的发展历史[1]。

（一）古代：Linux-1.0 ~ Linux-2.4.x

很早的 Linux-1.2 版本的调度器使用环形队列用于可运行的任务管理，使用循环调度策略。此调度器添加和删除进程效率很高（具有保护结构的锁）。简而言之，该调度器并不复杂但是简单快捷。Linux-2.2 版本引入了调度类的概念，允许针对实时进程和普通进程使用不同的调度策略。Linux-2.2 版本的调度器还包括对称多处理器 (SMP) 支持。

Linux-2.4.x 版本内核使用基于优先级的 O(n) 调度算法，其主要逻辑与之前相比没有太大区别。该调度器使用一个全局的运行队列（RunQueue，是 Linux 内核中保存所有就绪进程的队列，全局意味着被所有 CPU 共享）。O(n) 算法非常简单，对 Runqueue 中所有进程的优先级依次进行比较，选择最高优先级的进程作为下一个被调度的进程。该算法的时间复杂度是 O(n)。

每个进程被创建时都被赋予一个时间片。时钟中断递减当前运行进程的时间片，当进程的时间片被用完时，它必须等待重新赋予时间片才能有机会运行。O(n) 调度器保证只有当所有可运行（TASK_RUNNING 状态）进程的时间片都被用完之后，才对所有进程重新分配时间片。这段时间被称为一个 epoch。这种设计保证了每个进程都有机会得到执行。每个 epoch 中，每个进程允许执行到其时间切片用完。如果某个进程没有使用其所有的时间切片，那么剩余时间切片的一半将被添加到新时间切片，使其在下个 epoch 中可以执行更长时间。调度器只是迭代进程，应用 goodness() 函数决定下面执行哪个进程（进程的 nice 值为静态优先级，goodness() 的返回值为动态优先级）。

该调度器的主要缺点如下。

- 可扩展性不好：算法的时间复杂度为 O(n)，进程规模越大，调度效率越低。
- 交互式优化不好：识别交互式进程的原理基于一个假设，即交互式进程比批处理进程更频繁地处于睡眠状态。然而现实情况往往并非如此，有些批处理进程虽然没有用户交互，但是也会频繁地进行 I/O 操作，比如编译程序经常进行磁盘 I/O，虽然它们并不需要快速的用户响应，还是被提高了优先级。当系统中这类进程的负载较重时，会影响真正的交互式进程的响应时间。
- 实时进程支持不好：Linux-2.4 版本内核是非抢占的，当进程处于内核态时不会发生抢占，这对于真正的实时应用是不能接受的。

（二）近代：Linux-2.6.0 ~ Linux-2.6.22

Linux-2.6.0 版本开始引入的调度器叫 O(1) 调度算法。O(1) 调度算法所花费的时间为常数，

1 参考资料：博客文章《Linux 调度器发展简述》，作者刘明；博客文章《使用完全公平调度程序（CFS）进行多任务处理》，作者 Avinesh Kumar。

与当前系统中的进程个数无关。此外 Linux 2.6 版本内核支持内核态抢占，因此更好地支持了实时进程。相对于前任，O(1) 调度器还更好地区分了交互式进程和批处理式进程。O(1) 调度器在两个方面修改了 Linux-2.4.x 版本调度器：一是进程优先级的计算方法；二是候选进程选择算法。O(1) 取消了全局运行队列，每个 CPU 核各有一套数据结构管理自己的进程。调度器使用长度为 140 的优先级数组来组织进程（实际上，每个优先级有两个运行队列，一个用于活动任务，另一个用于过期任务），这意味着要确定接下来执行的任务，调度器只需按优先级将下一个任务从特定活动的运行队列中取出即可。

1. 普通进程的优先级计算

不同类型的进程应该有不同的优先级。每个进程与生俱来（即从父进程那里继承而来）都有一个优先级，我们将其称为静态优先级（static_prio）。普通进程的静态优先级范围从 100 到 139，100 为最高优先级，139 为最低优先级，0 ~ 99 保留给实时进程。当进程用完了时间片后，系统就会为该进程分配新的时间片（即基本时间片），静态优先级本质上决定了时间片分配的大小。静态优先级和基本时间片的关系如下（单位为毫秒）。

- 静态优先级 <120，基本时间片 =max((140- 静态优先级) × 20, MIN_TIMESLICE)。
- 静态优先级 ≥ 120，基本时间片 =max((140- 静态优先级) × 5, MIN_TIMESLICE)。

其中，MIN_TIMESLICE 为系统规定的最小时间片。从该计算公式可以看出，静态优先级越高（值越低），进程得到的时间片越长。其结果是，优先级高的进程会获得更长的时间片，而优先级低的进程得到的时间片则较短。进程除了拥有静态优先级外，还有动态优先级（prio），其取值范围是 100 ~ 139。当调度程序选择新进程运行时就会使用进程的动态优先级，动态优先级和静态优先级的关系可参考下面的公式。

动态优先级 =max(100 , min(静态优先级 - bonus + 5) , 139)

从上面可以看出，动态优先级的生成是以静态优先级为基础，再加上相应的惩罚或奖励（bonus）。这个 bonus 并不是随机产生的，而是根据进程过去的平均睡眠时间（sleep_avg）做相应的惩罚或奖励。所谓平均睡眠时间就是进程在睡眠状态所消耗的总时间数，这里的平均并不是直接对时间求平均数。平均睡眠时间随着进程的睡眠而增长，随着进程的运行而减少。因此，平均睡眠时间记录了进程睡眠和执行的时间，它是用来判断进程交互性强弱的关键数据。如果一个进程的平均睡眠时间很大，那么它很可能是一个交互性很强的进程。反之，如果一个进程的平均睡眠时间很小，那么它很可能一直在执行。另外，平均睡眠时间也记录着进程当前的交互状态，有很快的反应速度。比如一个进程在某一小段时间交互性很强，那么 sleep_avg 就有可能暴涨（当然它不能超过 MAX_SLEEP_AVG），但如果之后都一直处于执行状态，那么 sleep_avg 就又可能一直递减。交互性强的进程会得到调度程序的奖励（bonus 为正），而那些一直霸占 CPU 的进程会得到相应的惩罚（bonus 为负）。其实 bonus 相当于平均睡眠时间的缩影，此时只是将 sleep_avg 调整成 bonus 数值范围内的大小。可见平均睡眠时间可以用来衡量进程是否是一个交互式进程。如果满足下面的公式，进程就被认为是一个交互式进程。

动态优先级≤ 3× 静态优先级 /4 + 28

2. 实时进程的优先级计算

实时进程的优先级可通过系统调用设置。该值不会动态修改，而且总是比普通进程的优先级高。在进程描述符中用 rt_priority 域表示。

3. 候选进程的选择算法

普通进程的调度选择算法基于进程的动态优先级，拥有最高优先级的进程被调度器选中。时间片用任务描述符中的 time_slice 域表示，而动态优先级用 prio（普通进程）或者 rt_priority（实时进程）表示。调度器为每一个 CPU 维护了两个进程队列数组：指向活动运行队列的 active 数组和指向过期运行队列的 expire 数组。数组中的元素保存着某一优先级的进程队列指针。系统一共有 140 个不同的优先级，因此这两个数组大小都是 140。它们是按照先进先出的顺序进行服务的。被调度执行的任务都会被添加到各自运行队列优先级列表的末尾。每个进程都有一个时间片，这取决于系统允许执行这个进程多长时间。运行队列的前 100 个优先级列表保留给实时进程，后 40 个用于普通进程。

当需要选择当前最高优先级的进程时，O(1) 调度器不用遍历整个运行队列，而是直接从 active 数组中选择当前最高优先级队列中的第一个进程。假设当前所有进程中最高优先级为 50，则调度器直接读取 active[49]，得到优先级为 50 的进程队列指针。该队列头上的第一个进程就是被选中的进程。这种算法的复杂度为 O(1)，从而解决了前任调度器的扩展性问题。为了实现 O(1) 算法，active 数组维护了一个由 5 个 32 位的字（140 个优先级）组成的 bitmap，当某个优先级别上有进程被插入列表时，相应的比特位就被置位。位设置、位清除和位查找基本上都是固定时间的，因此插入、删除或查找一个进程来执行所需要的时间并不依赖于活动任务的个数，而是依赖于优先级的数量。这使得 2.6.0 版本的调度器成为一个时间复杂度为 O(1) 的过程，因为调度时间既是固定的，而且也不会受到活动任务个数的影响。

为了提高交互式进程的响应时间，O(1) 调度器不仅动态地提高该类进程的优先级，还采用以下方法：每次时钟中断时，进程的时间片 (time_slice) 被减一。当 time_slice 为 0 时，表示当前进程的时间片用完，调度器判断当前进程的类型，如果是交互式进程或者实时进程，则重置其时间片并重新插入 active 数组。如果不是交互式进程则从 active 数组中移到 expired 数组，并根据上述公式重新计算时间片。这样实时进程和交互式进程就总能优先获得 CPU。然而这些进程不能始终留在 active 数组中，否则进入 expire 数组的进程就会产生饥饿现象。当进程占用 CPU 时间超过一个固定值后，即使它是实时进程或者交互式进程也会被移到 expire 数组中。当 active 数组中的所有进程都被移到 expire 数组中后，调度器交换 active 数组和 expire 数组。因此新的 active 数组又恢复了初始情况，而 expire 数组为空，从而开始新的一轮调度。

Linux-2.6.0 版本调度器改进了前任调度器的可扩展性问题，时间复杂度为 O(1)。引入了内核抢占，因此对实时进程的支持也大有改进。但在区分交互式进程和批处理进程方面，O(1) 调度器虽有改进，但在很多情况下仍然会失效。而且 O(1) 调度器对 NUMA 支持也不完善。为了解决这些问题，大量难以维护和阅读的复杂代码被加入 Linux-2.6.0 版本的调度器，虽然很多性能问题因此得到了解决，可是另一个严重问题始终困扰着许多内核开发者，那就是很多基于经验的魔术数和复杂的代码难以管理，并且对于纯粹主义者而言未能体现算法的本质。

（三）现代：Linux-2.6.23 ~ Linux-4.x

O(1) 调度算法的主要复杂性来自动态优先级的计算，调度器根据平均睡眠时间和一些很难理解的经验公式来修正进程的优先级以及区分交互式进程。这样的代码很难阅读和维护。为了解决这些问题，Con Kolivas 设计了“完全公平”的楼梯算法（SD）和它的的改进版轮转楼梯算法（RSDL）。这些算法思路简单，但是实验证明它们对交互式进程的响应比 O(1) 更好，而且极大地简化了代码。虽然这两个算法并没有被 Linux 内核采纳，但 Ingo Molnar 在吸收其公平调度的思想后，设计了完全公平调度（CFS）算法并集成在 2.6.23 及以后的版本中。

1. 楼梯（Staircase Deadline，SD）算法

和 O(1) 算法一样，楼梯算法也同样为每一个优先级维护一个进程列表，并将这些列表组织在 active 数组中。当选取下一个被调度进程时，SD 算法也同样从 active 数组中直接读取。与 O(1) 算法的不同在于：当进程（仅指普通进程，实时进程的调度策略同 O(1) 算法）用完了自己的时间片后，并不是被移到 expire 数组中，而是被加入 active 数组的低一级优先级列表中，即将其降低一个级别（相当于动态优先级）。不过请注意这里只是将该任务插入低一级优先级任务列表中，任务本身的优先级（静态优先级）并没有改变。当时间片再次用完，任务被再次放入更低一级优先级任务队列中。就像一部楼梯，任务每次用完了自己的时间片之后就下一级楼梯。任务下到最低一级楼梯时，如果时间片再次用完，它会回到初始优先级的下一级任务队列中。比如某进程的优先级为 100，当它到达最后一级台阶 139 后，再次用完时间片时将回到优先级为 101 的进程队列中，即第二级台阶。不过此时分配给该任务的 time_slice 将变成原来的 2 倍。比如原来该任务的时间片 time_slice 为 10 毫秒，则现在变成了 20 毫秒。基本的原则是，当任务下到楼梯底部时，再次用完时间片就回到上次下楼梯的起点的下一级台阶，并给予该任务相同于其最初分配的时间片。总结如下，设任务本身优先级为 P，当它从第 N 级台阶开始下楼梯并到达底部后，将回到第 N+1 级台阶。并且赋予该任务 N+1 倍的时间片。

楼梯算法能避免进程饥饿现象，高优先级的进程会最终和低优先级的进程竞争，使得低优先级进程最终获得执行机会。对于交互式应用，当进入睡眠状态时，与它同等优先级的其他进程将一步一步地走下楼梯，进入低优先级进程队列。当该交互式进程再次唤醒后，它还留在高处的楼梯台阶上，从而能更快地被调度器选中，加速了响应时间。

楼梯算法的优点：从实现角度看，SD 算法基本上还是沿用了 O(1) 算法的整体框架，只是删除了 O(1) 调度器中动态修改优先级的复杂代码，还淘汰了 expire 数组，从而简化了代码。它最重要的意义在于证明了完全公平这个思想的可行性。

2. 轮转楼梯（Rotating Staircase Deadline，RSDL）算法

RSDL 是对 SD 算法的改进，核心的思想还是“完全公平”。RSDL 没有复杂的动态优先级调整策略，但重新引入了 expire 数组。它为每一个优先级都分配了一个“组时间配额”，记为 T_g；同一优先级的每个进程都拥有同样的“优先级时间配额”，用 T_p 表示。当进程用完了自身的 T_p 时，就下降到下一优先级进程组中。这个过程和 SD 相同，在 RSDL 中这个过程叫作次轮转（Minor Rotation）。请注意 T_p 不等于进程的时间片，而是小于进程的时间片。

在 SD 算法中，处于楼梯底部的低优先级进程必须等待所有的高优先级进程执行完才能获

得 CPU，因此低优先级进程的等待时间无法确定。RSDL 中，当高优先级进程组用完了它们的 T_g 时，无论该组中是否还有进程 T_p 尚未用完，所有属于该组的进程都被强制降低到下一优先级进程组中。这样低优先级任务就可以在一个可以预计的未来得到调度，从而改善了调度的公平性。

进程用完了自己的时间片 time_slice 时，将放入 expire 数组指向的对应初始优先级队列中。当 active 数组为空，或者所有的进程都降低到最低优先级时就会触发主轮转（Major Rotation）。Major Rotation 交换 active 数组和 expire 数组，所有进程都恢复到初始状态，再一次重新开始 Minor Rotation 的过程。

RSDL 对交互式进程的支持：和 SD 同样的道理，交互式进程在睡眠时间时，它所有的竞争者都因为 Minor Rotation 而降到了低优先级进程队列中；当它重新进入 RUNNING 状态时，就获得了相对较高的优先级，从而能被迅速响应。

3. 完全公平调度（Completely Fair Scheduling，CFS）算法

完全公平调度器自进入 2.6.23 版本内核以后，在 2.6.24 版本中又添加了组调度功能，在之后 3.x、4.x 和 5.x 的版本迭代中不断改进演化，如今 5.4.x 版本中的调度器与 2.6.23 版本已经有了很大的不同，但依旧基于 CFS 的主体结构。本章后续的几节将详细讲解 5.4.x 版本的调度器框架设计以及 CFS 调度策略。

5.4.3 公平调度策略

当前 Linux-5.4.x 版本内核的进程调度器采用模块化设计，其框架结构如图 5-4 所示。

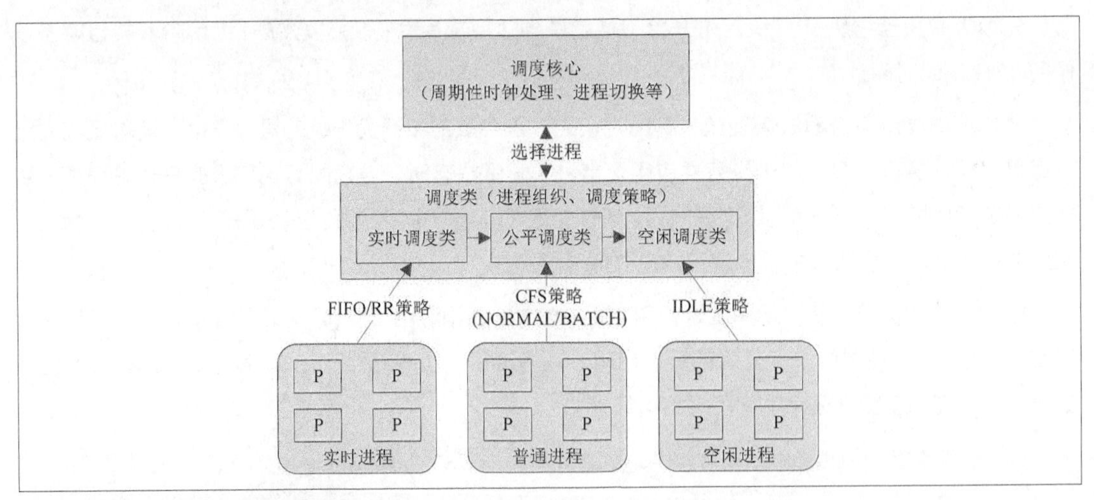

图 5-4 Linux 内核的调度器框架图

调度核心主要负责周期性时钟处理和进程切换，而调度类（目前主要包括实时调度类 rt_sched_class、公平调度类 fair_sched_class 和空闲调度类 idle_sched_class）主要负责进程组织和调度策略。其他诸如负载均衡（多处理器系统中用于避免一个处理器过于繁忙而另一个处理器过于空闲的机制）、进程迁移等的话题则是调度核心和调度类协同操作的结果。调度核心的

代码主要位于 kernel/sched/core.c 中，而调度类的代码主要位于 kernel/sched/rt.c、kernel/sched/fair.c 和 kernel/sched/idle_task.c 中。不同的调度类之间具有绝对的优先顺序：实时进程永远优先于普通进程，而普通进程永远优先于空闲进程[1]。

本书主要介绍公平调度类和与之相对应的 CFS 调度策略。

CFS 调度器从 SD 和 RSDL 中吸取了完全公平的思想，不再跟踪进程的睡眠时间，也不再基于经验算法去识别交互式进程。它将所有的进程都按相同的方式统一对待，这就是公平的含义。CFS 的算法和实现都相当简单，众多的测试表明其性能在大多数情况下非常优越。

按照作者 Ingo Molnar 的说法，“CFS 百分之八十的工作可以用一句话概括：CFS 在真实的硬件上模拟了完全理想的多任务处理器”。在“完全理想的多任务处理器”下，每个进程都能同时获得 CPU 的执行时间。当系统中有两个进程时，CPU 的计算时间被分成两份，每个进程获得 50%。然而在实际的硬件上，当一个进程占用 CPU 时，其他进程就必须等待。这就产生了不公平。

假设运行队列中有 n 个进程，当前进程运行了 10 毫秒。在“完全理想的多任务处理器”中，10 毫秒应该平分给 n 个进程（不考虑各个进程的 nice 值），因此当前进程应得的时间是 $(10/n)$ 毫秒，但是它却运行了 10 毫秒。所以 CFS 将惩罚当前进程，使其他进程能够在下次调度时尽可能取代当前进程，最终实现所有进程的公平调度。下面将介绍 CFS 实现的一些重要思想，以便深入地理解 CFS 的工作原理。

（一）优先级设计

CFS 中，进程的优先级延续了以前的设计：一共 140 个优先级，数值越小代表优先级越高，0 ~ 99 用于实时进程（rt_sched_class 类），100 ~ 139 用于普通进程（包括 fair_sched_class 类和 idle_sched_class 类，缺省优先级为 120）[2]。一个跟普通进程优先级有关的常见概念叫 nice 值，其取值范围为 -20 ~ 19，nice 值越小优先级越高。从 include/linux/sched/prio.h 中可以清晰地看到这些值的定义和换算关系。

```
#define MAX_NICE        19                                   // 最大 nice 值
#define MIN_NICE        -20                                  // 最小 nice 值
#define MAX_USER_RT_PRIO 100                                 // 实时优先级最大（低）值
#define MAX_RT_PRIO         MAX_USER_RT_PRIO
#define MAX_PRIO           (MAX_RT_PRIO + 40)                // 总体优先级最大（低）值
#define DEFAULT_PRIO       (MAX_RT_PRIO + 20)                // 缺省优先级
#define NICE_TO_PRIO(nice) (MAX_RT_PRIO + (nice) + 20)       //nice 值转优先级
#define PRIO_TO_NICE(prio) ((prio) - MAX_RT_PRIO - 20)       // 优先级转 nice 值
```

1　CFS 调度器进入内核之初就有了实时调度类、普通调度类和空闲调度类，这 3 种调度类都是基于优先级的调度。从 Linux-2.6.38 版本开始引入了停机迁移调度类 stop_sched_class，用于处理 CPU 热插拔等需要“全局停机及进程迁移”的特殊进程。从 Linux-3.14 版本开始又引入了最后期限调度类 dl_sched_class，用于比一般实时（软实时）进程更需要及时响应的硬实时进程。最后期限调度类不使用通常的优先级调度，而是使用 [运行时间 runtime，运行周期 period，最后期限 deadline] 的三元组对进程进行限定，使用 EDF（Earliest Deadline First，最后期限最早的进程优先）算法作为调度策略。在总体优先顺序上，停机迁移调度类 > 最后期限调度类 > 实时调度类 > 公平调度类 > 空闲调度类。

2　stop_sched_class 的优先级无限高，dl_sched_class 的优先级固定为 -1。

（二）如何选择候选进程

CFS 抛弃了运行队列中的 active、expire 数组，而使用红黑树选取下一个被调度进程。所有状态为 TASK_RUNNING 的进程都被插入红黑树。在每个调度点，CFS 调度器都会选择红黑树的最左边的叶子节点作为下一个将获得 CPU 的进程。红黑树是一种自平衡二叉排序树，其插入、删除和查找的时间复杂度均为 O(LogN)。因此，CFS 调度策略的时间复杂度也是 O(LogN)，虽然稍高于 O(1) 调度策略，但总体来说扩展性还是很好的。

（三）时钟节拍中断处理

在 CFS 中，时钟节拍中断首先更新调度信息；然后调整当前进程在红黑树中的位置，调整完成后如果发现当前进程不再是最左边的叶子，就标记 need_resched 标志。异常 / 中断返回时检查 need_resched 标志，如果置位就会调用 schedule() 完成进程切换，否则当前进程继续占用 CPU。从这里可以看到 CFS 抛弃了传统意义上的时间片概念。时钟节拍中断只需要更新红黑树，而以前的所有调度器都在时钟中断中递减时间片，当时间片或者配额被用完时才触发优先级调整并重新调度。

（四）红黑树键值计算

理解 CFS 的关键就是了解红黑树键值的计算方法。在 Linux-2.6.23 版本中，该键值由 3 个因子计算而得：一是进程已经占用的 CPU 时间；二是当前进程的 nice 值；三是当前的 CPU 负载。进程已经占用的 CPU 时间对键值的影响最大，因此该值越大，键值越大，从而使得当前进程向红黑树的右侧移动。nice 值为 n+1 的进程比 nice 值为 n 的进程少获得 10% 的 CPU 时间，因此 nice 值越大，键值也越大。

CFS 为每个进程都维护两个重要变量：fair_clock 和 wait_runtime。fair_clock 是一个进程应获得的 CPU 时间，即等于进程已占用的 CPU 时间除以当前运行队列中的进程总数（要算上 nice 的修正）；wait_runtime 是进程的等待时间。它们的差值代表了一个进程的公平程度。该值越大，代表当前进程相对于其他进程越不公平。

进程插入红黑树的键值 key = fair_clock - wait_runtime。

应该说上述计算方法的原理并不是那么简明直观，因此从 Linux-2.6.24 版本开始重新定义了基于“虚拟运行时间”的“公平程度”作为红黑树键值。进程从创建开始到目前为止所累积的运行时间是“实际运行时间”，然后根据优先级（或者说 nice 值）进行加权修正，得到“虚拟运行时间”。加权修正的规则同之前一样，也是“nice 值为 n+1 的进程比 nice 值为 n 的进程少获得 10% 的 CPU 资源”。因此，优先级越高的进程，其虚拟运行时间的增长越慢，越容易处于红黑树的左边，从而更容易获得 CPU 资源。对于交互式任务，持续运行时间短，因此 vruntime 增长慢，唤醒后更靠近红黑树的左边，从而能够得到快速响应。公平的含义在于：每个进程都应当得到一样多的虚拟运行时间。

CFS 为每个进程（严格来讲是调度实体 sched_entity）维护一个重要变量 vruntime，即虚拟运行时间；同时为每个运行队列（cfs_rq）维护另一个变量 min_vruntime，用来记录队列中所有进程（也包括当前进程）的最小虚拟运行时间。

进程插入红黑树的键值 key = sched_entity::vruntime - cfs_rq::min_vruntime。

实际上使用调度实体的虚拟运行时间作为键值已经足够了，减去运行队列的最小虚拟运行时间主要是为了防止不断累加的 vruntime 发生整数溢出。Linux-3.2 版本以前的内核提供一个辅助函数 entity_key() 来获取一个调度实体的键值，该函数现在不再使用，但其概念并没有变化。

（五）CFS 组调度

CFS 组调度是随着控制组（CGROUP，在 2.6.24 版本内核中引入，用于从各个视角对进程进行分组）一起引入内核的。组调度是另一个层面为调度带来公平性的方式，尤其是在处理派生很多子进程的任务时。假设一个产生了很多子进程的服务器要并行化进入的连接（HTTP 服务器的典型架构），不是所有子进程都会被统一公平对待，因此 CFS 引入了组来处理这种行为。产生子进程的服务器进程在整个组中（在一个层次结构中）共享它们的虚拟运行时间，而单个进程维持其独立的虚拟运行时间。这样单个进程会得到与进程组大致相同的调度时间。有了控制组，你可以通过 /proc 接口管理进程层次结构，可以对组的形成方式有完全的控制。使用控制组，你还可以跨用户、跨进程或其变体分配公平性。

举一个两用户的例子，用户 A 和用户 B 在使用同一台机器工作。用户 A 只有一个进程正在运行（单线程办公文档），而用户 B 正在运行 24 个进程（多线程并行编译程序）。适当的组调度配置可以使 CFS 能够对用户 A 和用户 B 进行公平调度，而不是对系统中运行的 25 个进程进行公平调度。这样，每个用户拥有 50% 的 CPU 资源，用户 B 只使用属于自己的 50% 的 CPU 资源运行它的 24 个进程，而不会占用属于用户 A 的另外 50% 的 CPU 资源。

> **注意：**
> 组调度中的进程组是从控制组的视角划分的，与上文提到的命名空间中的进程组（线程、线程组、进程组、会话、命名空间的层次关系）不是同一概念。不过两种划分也是可以统一的，比如从 Linux-2.6.38 版本开始引入了自动进程分组（AutoGroup），它就是基于会话创建进程组进行组调度。AutoGroup 是组调度的一种最佳缺省用法，大幅度改善了 Linux 系统的流畅性（如果不启用 AutoGroup，那么组调度的分组方法依赖于系统管理员的设定，而缺省设定就是不做进程组划分，因此上面的例子中 CFS 调度器在非 AutoGroup 配置下缺省会对两个用户的 25 个进程执行公平调度）。

接下来开始分析代码。我们以重要数据结构为中心，然后围绕这些数据结构来阐述原理。

（六）进程描述符：task_struct

重新回顾一下进程描述符 task_struct，其与调度相关的主要成员字段如下。

```
struct task_struct {
    int prio, static_prio, normal_prio;
    unsigned int rt_priority;
    const struct sched_class *sched_class;
    struct sched_entity se;
    struct sched_rt_entity rt;
    struct sched_dl_entity dl;
```

```
    unsigned int policy;
    int nr_cpus_allowed;
    cpumask_t cpus_mask;
};
```

static_prio 是普通进程的静态优先级，是在进程创建时分配的优先级，在运行过程中一般保持不变，但是可以通过 nice 命令或者 sched_setscheduler() 系统调用改变。取值范围 100 ~ 139，数值越小优先级越高。

rt_priority 是实时进程的静态实时优先级，取值范围 0 ~ 99，数值越大优先级越高。

normal_prio 是进程的动态优先级（正常优先级），可以随着进程的运行由调度器动态改变。一般普通进程的正常优先级就等于静态优先级，而实时进程的正常优先级是 99 - rt_priority。传统上，正常优先级的取值范围是 0 ~ 139，数值越小优先级越高（最后期限调度类中的进程优先级为 -1，停机迁移调度类中的进程优先级无限高）。

prio 是进程的临时优先级（调度优先级），也就是调度器选择进程的时候参照的数值，通常等于 normal_prio 但在特殊情况下会使用优先级提升。

sched_class 是进程的调度类，即 stop_sched_class、dl_sched_class、rt_sched_class、fair_sched_class 和 idle_sched_class 中的一个。

policy 是进程的调度策略。stop_sched_class 中的停机迁移内核线程不需要策略（优先级无限高并且同一时刻同一逻辑 CPU 仅有一个本类内核线程）；dl_sched_class 中的硬实时进程使用 SCHED_DEADLINE 策略；rt_sched_class 中的软实时进程使用 SCHED_FIFO 或者 SCHED_RR 策略；fair_sched_class 中的普通进程使用 SCHED_NORMAL 或者 SCHED_BATCH 策略（统称为 CFS 策略，两种子策略分别用于交互式进程和批处理进程）；idle_sched_class 中的空闲进程使用 SCHED_IDLE 策略。内核提供辅助函数 dl_policy()、rt_policy()、fair_policy() 和 idle_policy() 分别用于判定某种策略是不是硬实时策略、软实时策略、公平策略和空闲策略。

cpus_mask 是描述进程的 CPU 亲和性的位掩码，标识了这个进程可以在哪些 CPU 上运行。nr_cpus_allowed 是 cpus_mask 里面包含的 CPU 个数。

se 是“调度实体”（sched_entity），即调度对象的基本单位，包含许多跟 CFS 调度器有关的成员变量。虽然很多情况下进程就是调度对象的单位，但目前的 Linux 内核也实现了“组调度”（调度的对象是一组进程）。因此，虽然每个进程内嵌了一个调度实体，但一个调度实体也可以跟一个进程组进行关联。rt 是“实时调度实体”（sched_rt_entity），dl 是“最后期限调度实体”（sched_dl_entity），分别包含了和 rt_sched_class、dl_sched_class 调度类相关的一些数据结构。

（七）调度实体：sched_entity

调度实体 sched_entity 是 CFS 调度器中一个比较重要的数据结构，定义在 include/linux/sched.h 中，内容如下（有精简）。

```
struct sched_entity {
    struct load_weight          load;
    struct rb_node              run_node;
    unsigned int                on_rq;
    u64                         exec_start;
    u64                         sum_exec_runtime;
    u64                         vruntime;
    u64                         prev_sum_exec_runtime;
    struct sched_avg            avg;
#ifdef CONFIG_FAIR_GROUP_SCHED
    int                         depth;
    struct sched_entity         *parent;
    struct cfs_rq               *cfs_rq;
    struct cfs_rq               *my_q;
#endif
};
```

run_node 是红黑树节点，用于将调度实体组织在红黑树中。on_rq 标识该调度实体是否处于运行队列中（一般来说处于可运行状态的调度实体都在运行队列中）。

每当一个调度实体获得 CPU 资源开始运行时，其 exec_start 便更新为当前时间；换句话说，exec_start 记录了调度实体最近一次获得 CPU 的起始运行时间。vruntime 是累计虚拟运行时间。sum_exec_runtime 是调度实体自创建以来到目前为止的累计实际运行时间。prev_sum_exec_runtime 是调度实体自创建以来到上次离开 CPU 为止的累计实际运行时间。也就是说，sum_exec_runtime 随着 CPU 的运行不断累积；每次调度实体被调度出去、离开 CPU 的时候，prev_sum_exec_runtime 的值就会被更新成 sum_exec_runtime；而 sum_exec_runtime 与 prev_sum_exec_runtime 的差值经过加权修正，就成为 vruntime 的增量。

load 是负荷权重，用于对调度实体的运行时间做加权修正。load 的类型是 struct load_weight，其定义在 include/linux/sched.h 中，内容如下。

```
struct load_weight {
    unsigned long weight;
    u32 inv_weight;
};
```

两个成员字段中，weight 为权重（正向权重），inv_weight 为乘数因子（逆向权重）。实际运行时间增量、虚拟运行时间增量以及负荷权重的计算关系为

$$\Delta vruntime = \Delta runtime \times NICE\_0\_LOAD / Curr\text{->}load.weight$$

这里，NICE_0_LOAD 是 nice 值为 0（优先级为 120）的调度实体的负荷权重，传统上取值为 1024，但是为了提高计算精度，从 Linux-4.7 版本开始，64 位内核将其提高到 1024×1024（32

位内核依然使用 1024）。Curr->load.weight 就是当前调度实体的负荷权重中的正向权重。正向权重与逆向权重的关系为

inv_weight = 2^32 / weight

在概念上正向权重和逆向权重互为倒数，但两者都是整数表示，所以将分子放大为 2 的 32 次方。这样在计算虚拟运行时间增量的时候就可以用乘法和移位运算来代替除法：

Δvruntime = (Δruntime × NICE_0_LOAD × Curr->load.inv_weight) >> 32

优先级 100 ~ 139（对应 nice 值 -20 ~ 19）的正向权重和逆向权重（严格来说是乘数因子）都是预先计算好的，可以当常数使用。

```
const int sched_prio_to_weight[40] = {
 /* -20 */     88761,     71755,     56483,     46273,     36291,
 /* -15 */     29154,     23254,     18705,     14949,     11916,
 /* -10 */      9548,      7620,      6100,      4904,      3906,
 /*  -5 */      3121,      2501,      1991,      1586,      1277,
 /*   0 */      1024,       820,       655,       526,       423,
 /*   5 */       335,       272,       215,       172,       137,
 /*  10 */       110,        87,        70,        56,        45,
 /*  15 */        36,        29,        23,        18,        15,
};
const u32 sched_prio_to_wmult[40] = {
 /* -20 */     48388,     59856,     76040,     92818,    118348,
 /* -15 */    147320,    184698,    229616,    287308,    360437,
 /* -10 */    449829,    563644,    704093,    875809,   1099582,
 /*  -5 */   1376151,   1717300,   2157191,   2708050,   3363326,
 /*   0 */   4194304,   5237765,   6557202,   8165337,  10153587,
 /*   5 */  12820798,  15790321,  19976592,  24970740,  31350126,
 /*  10 */  39045157,  49367440,  61356676,  76695844,  95443717,
 /*  15 */ 119304647, 148102320, 186737708, 238609294, 286331153,
};
```

空闲进程（0 号进程）的权重是最低的（乘数因子最高），因此它的虚拟运行时间增长最快，只有在真正无事可做的时候才会把空闲进程调入运行。空闲进程的权重和乘数因子定义如下。

```
#define WEIGHT_IDLEPRIO         3
#define WMULT_IDLEPRIO          1431655765
```

在 2.6.29 版本之前，WEIGHT_IDLEPRIO 的值一直为 2，这个值太小了，以至于计算精度的损失造成了空闲进程的 vruntime 增长忽快忽慢的问题，于是后续版本调整成了 3。

设置进程负荷权重的函数是 set_load_weight()，0 号进程的初始负荷权重通过 start_kernel() → sched_init() → set_load_weight() 设置，其他进程的初始负载权重通过 fork() →

sched_fork() → set_load_weight() 设置。

细心的读者可能已经发现，负荷权重取值的级差是 1.25 倍（nice 值为 *n* 的进程的负荷权重是 nice 值为 *n*+1 的进程的负荷权重的 1.25 倍）。为什么这样设置呢？因为 CFS 的原则是 nice 值为 *n* 的进程相比 nice 值为 *n*+1 的进程，要多获得 10% 的 CPU 资源。在考虑两个进程的情况下，如何才能满足一个进程获得 45% 而另一个进程获得 55%（相差 10%）的 CPU 资源？根据如下推导过程。

$$1/(1+1 \cdot X) = 45\% \Rightarrow X = 55/45 = 1.222$$

为了计算方便，便取了 1.25 倍作为级差（由于要用整数表示，实际的级差在 1.24 ~ 1.25 倍之间浮动）。

avg 是调度实体的 CPU 负载因子，描述了该调度实体对整个 CPU 负载的贡献，是负荷权重与可运行时间综合计算的结果。

前面提到，CFS 支持组调度，因此调度实体是允许嵌套的。于是在定义了 CONFIG_FAIR_GROUP_SCHED 的情况下，调度实体又多出了一些字段。其中，parent 是指向其父实体（上级实体）的引用，depth 是本实体在整个调度实体层次树中的深度，cfs_rq 是本实体所在的 CFS 运行队列，而 my_q 是本实体的子实体（下级实体）所组成的 CFS 运行队列。CFS 运行队列中的调度实体按红黑树的方式组织，其大致结构如图 5-5 所示（运行队列的详细数据结构稍后展开）。

图 5-5 中，一个 CPU 关联一个 CFS 总队列，总队列中用红黑树组织了许多个调度实体，其中包括若干个进程实体和一个组实体。从组实体的放大图可以看到实体内又包括了一个 CFS 子队列，同样用红黑树的方式将组实体的子实体组织在一起。总队列中的调度实体都是顶级实体，即独立进程实体或者顶级进程组实体（从属于进程组的进程实体不在顶级队列中）。每个进程组实体拥有一个子队列，子队列中的调度实体是构成该进程组实体的次级实体。进程组允许多级嵌套，因此 CFS 运行队列也可以是多级嵌套的（图中只展示了单级情形）。值得注意的是，**组实体的子队列并不是总队列红黑树中以组实体自身为根节点的子树。**

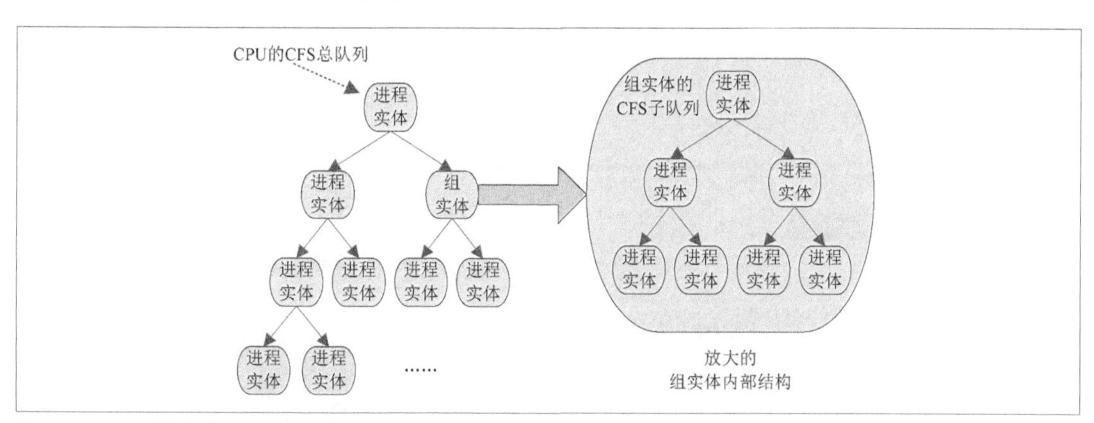

图 5-5　CFS 调度器的红黑树组织

（八）运行队列：rq 与 cfs_rq

下一个重要的数据结构是运行队列 rq，其定义在 kernel/sched/sched.h 中，非常庞大，主要内容如下。

```
struct rq {
    unsigned int nr_running;
    unsigned long nr_uninterruptible;
    #define CPU_LOAD_IDX_MAX 5
    unsigned long cpu_load[CPU_LOAD_IDX_MAX];
    struct load_weight load;
    struct cfs_rq cfs;
    struct rt_rq rt;
    struct dl_rq dl;
    struct task_struct *curr, *idle, *stop;
    u64 clock;
    u64 clock_task ____cacheline_aligned;
    u64 clock_pelt;
    int cpu;
};
DECLARE_PER_CPU_SHARED_ALIGNED(struct rq, runqueues);
#define cpu_rq(cpu)     (&per_cpu(runqueues, (cpu)))
#define this_rq()        this_cpu_ptr(&runqueues)
#define task_rq(p)       cpu_rq(task_cpu(p))
#define cpu_curr(cpu)    (cpu_rq(cpu)->curr)
```

每个 CPU 有一个运行队列，定义在每 CPU 变量数组 runqueues 中。内核提供了几个宏用于方便地访问运行队列：cpu_rq() 用于获取指定 CPU 的运行队列；this_rq() 用于获取当前 CPU 的运行队列；task_rq() 用于获取指定进程所在的运行队列；cpu_curr() 用于获取指定 CPU 的运行队列中的当前进程。

运行队列中的重要变量及其作用如下。

cpu： 本队列所关联的 CPU。

nr_running： 队列上可运行进程的总数，不管属于哪个优先级，也不管调度类和调度策略。

nr_uninterruptible： 队列上进行不可中断睡眠的进程（包括 TASK_KILLABLE 和 TASK_UNINTERRUPTIBLE）的总数，基本等同于等待块设备 I/O 的进程数（但并非严格相等）。真正进入睡眠状态的进程是会脱离运行队列的，这里记录的实际上是“曾经在本运行队列上，后来进入睡眠的进程的总数”。

load： 队列上所有进程的负荷权重的总和，注意只累加正向权重，而逆向权重则恒为 0。该值越大，说明该 CPU 上可运行的进程越大，负载越高。该字段从 Linux-5.3 版本开始移除，因为只有 CFS 进程使用负荷权重，rq::load 与 rq::cfs_rq::load 本质上等价，直接使用 CFS 子队列的负荷权重即可。

cpu_load： 用于跟踪过去一段时间的 CPU 整体负载水平，其数据来源是调度实体的 CPU 负载因子（sched_entity::avg）。和调度实体的负载因子一样，CPU 整体负载水平是队列上全体调度实体的负荷权重与可运行时间综合计算的结果。该字段从 Linux-5.3 版本开始移除，因为只有 CFS 进程使用 cpu_load[]，同时随着 PELT（Per-Entity Load Tracking，每实体负载跟踪）机制的成熟和广泛应用，旧的 CPU 负载水平记录方法逐渐淘汰，直接使用 CFS 子队列的 CPU 负载水平（即 rq::cfs_rq::avg::runnable_load_avg）即可。

clock/clock_task/clock_pelt： clock 是运行队列的本地时钟。该时钟单调递增，可以认为就是自开机以来运行队列中所有进程的实际运行时间总和（包括处理硬中断和软中断的时间）。在多数情况下，中断处理是为整个系统服务的，并不只是针对当前进程。因此将中断处理时间计入当前进程在某种程度上破坏了调度的公平性，而 clock_task 正是运行队列本地时钟里扣除中断处理时间所剩余的部分。考虑到动态变频等机制，一个逻辑 CPU 的处理能力是在动态变化的，clock_pelt 就是 clock_task 根据 CPU 处理能力进行缩放的结果。举个例子，在 50% 的处理能力下 clock_task 的增量为 20，换算成 clock_pelt 的增量就是 10（相当于 100% 处理能力下 clock_task 的增量为 10）。

此外，curr、idle 和 stop 分别是运行队列所关联的 CPU 上的当前进程、空闲线程和停机迁移内核线程。cfs、rt 和 dl 分别是 cfs_sched_class、rt_sched_class 和 dl_sched_class 这 3 种调度类的子队列。其中 cfs 子队列的类型为 cfs_rq，其主要内容如下。

```
struct cfs_rq {
    struct load_weight load;
    unsigned int nr_running, h_nr_running;
    u64 min_vruntime;
    struct rb_root_cached tasks_timeline;
    struct sched_entity *curr, *next, *last, *skip;
    struct sched_avg avg;
};
```

nr_running 是队列中可运行进程的总数，h_nr_running 是包含层级关系的可运行进程的总数。后者不太好理解，但回想一下，CFS 支持组调度，因此调度实体的层级关系是一种树形结构。当一个新进程加入 cfs_rq 时，nr_running 要增加 1，而 h_nr_running 可能会增加 1 或者更多。一般来说，如果该进程的调度实体深度为 n，h_nr_running 就会增加 n+1（每一级父实体都要增加 1）。

load 是 CFS 队列所有进程的负荷权重总和。该值越大，说明该 CPU 上可运行的进程越大，负载越高。avg 是 CFS 队列的 CPU 负载因子，是队列上所有调度实体的 CPU 负载因子的总和。和调度实体的负载因子一样，CFS 队列的负载因子是队列上全体调度实体的负荷权重与可运行时间综合计算的结果。队列负载因子中 load_sum（可运行时间总和）和 load_avg（负载平均值贡献总和）的来源既包括可运行实体也包括阻塞（睡眠）的实体，而 runnable_load_sum 和 runnable_load_avg 则是队列负载因子中仅由可运行实体贡献的“可运行时间总和”和“负载平均值贡献总和”（详见 5.5.1 小节）。

可运行进程总数决定了调度周期（或者说调度延迟），调度周期、队列负荷权重总和以及调度实体自身的负荷权重共同决定了调度实体的时间片。在不考虑组调度的情况下，调度周期和时间片的计算如下。

- 调度周期：进程数少于 sched_nr_latency（缺省值为 8）时，调度周期长度为 sysctl_sched_latency（单 CPU 时，缺省值为 6 毫秒，多 CPU 时随 CPU 数目增加而增加）；进程数多于 sched_nr_latency（缺省值为 8）时，调度周期长度为 nr_running × sysctl_sched_min_granularity（单 CPU 时，sysctl_sched_min_granularity 的缺省值为 0.75 毫秒，多 CPU 时随 CPU 数目增加而增加）。内核提供了 __sched_period() 函数来获取调度周期长度。
- 时间片 = 调度周期 × 调度实体的负荷权重 / CFS 队列的负荷权重总和

内核提供的 sched_slice() 函数就是根据上述公式来计算调度实体的时间片，注意这里的时间片是实际运行时间。用虚拟运行时间表示的时间片则需要在此基础上根据负荷权重进行缩放，可通过内核函数 sched_vslice() 来获取，计算方法为

虚拟时间片 = 实际时间片 × NICE_0_LOAD / 调度实体的负荷权重

min_vruntime 记录队列中所有进程（也包括当前进程）的最小虚拟运行时间，它是单调递增的。

tasks_timeline 的类型是 struct rb_root_cached，里面包括 rb_root 和 rb_leftmost 两个字段。其中 rb_root 是红黑树的根节点，所有的调度实体组织在这个红黑树下面，所以严格来说 CFS 运行队列应该称为“CFS 可运行调度实体树”。红黑树是一种自平衡二叉排序树，其排序的键值是调度实体的虚拟运行时间。rb_leftmost 则是红黑树的最左节点，用来优化 CFS 的时间复杂度。因为在大多数情况下最左边的节点就是最需要被调度的实体，选择候选进程的时候可以直接选择 rb_leftmost 而不用搜索整个红黑树。

curr 是当前正在运行的调度实体，next、last 和 skip 是当前实体的伙伴实体（buddies）。在 Linux-2.6.23 版本的经典 CFS 调度器中，选择下一个调度实体时总是使用 rb_leftmost，但这并不总是最优的，比如以下两点。

1. 两个关联实体频繁睡眠 / 唤醒时[1]，各自运行的时间都很短，但是频繁切换代价很大，对 Cache 利用率也不友好。

2. 当一个实体主动放弃 CPU 时，如果其虚拟运行时间很小，则在红黑树中的位置很可能就是最左端的 rb_leftmost，而我们通常并不希望立即运行它。

Linux-2.6.25 版本引入了 next 伙伴，用于记录关联实体中新唤醒的那个实体；Linux-2.6.28 版本引入了 last 伙伴，用于记录关联实体中刚刚运行过的那个实体；Linux-2.6.39 版本引入了 skip 伙伴，用于记录主动放弃 CPU 的那个实体。

> **注意：**
> 伙伴实体并非总是存在，如果不存在则为 NULL。

1　多见于本地 C/S 模式的应用，比如 XServer 和当前活跃的 XClient，绘图时会频繁互相切换。

在 Linux-5.4.x 版本中选择下一个调度实体的过程如下。

1. 先取红黑树最左端的调度实体 rb_leftmost 作为候选实体 se。

2. 如果 rb_leftmost 为空或者当前实体 curr 的虚拟运行时间更小，则 curr 成为新的候选实体 se。

3. 如果此时候选实体 se 等于 skip 伙伴，那么在不显著破坏公平性的情况下，虚拟运行时间排第二的调度实体成为新的候选实体 se。

4. 如果 last 伙伴存在，那么在不显著破坏公平性的情况下，last 伙伴成为新的候选实体 se。

5. 如果 next 伙伴存在，那么在不显著破坏公平性的情况下，next 伙伴成为新的候选实体 se。

由此可见，last 伙伴和 next 伙伴是为了解决第一个问题的，而 skip 伙伴是为了解决第二个问题的。那么“不显著破坏公平性”又是什么意思呢？我们知道，CFS 的基本原则是选择虚拟运行时间最小的实体（即 rb_leftmost 或者当前实体），而在特殊情况下会选择虚拟运行时间排第二的实体或者 last 伙伴或者 next 伙伴。显然，特殊情况下的候选实体会大于虚拟运行时间最小的实体，但是我们不允许它大太多，否则就是显著破坏了公平性。这之间所允许的最大虚拟运行时间的差额就是全局参数 sysctl_sched_wakeup_granularity 的值，单 CPU 时缺省值为 1 毫秒，多 CPU 时随 CPU 数目增加而增加。

（九）调度类：sched_class

最后一个重要的数据结构是调度类 sched_class，其定义在 kernel/sched/sched.h 中，内容如下。

```
struct sched_class {
    const struct sched_class *next;
    void (*enqueue_task) (struct rq *rq, struct task_struct *p, int flags);
    void (*dequeue_task) (struct rq *rq, struct task_struct *p, int flags);
    void (*yield_task) (struct rq *rq);
    bool (*yield_to_task) (struct rq *rq, struct task_struct *p, bool preempt);
    void (*check_preempt_curr) (struct rq *rq, struct task_struct *p, int flags);
    struct task_struct * (*pick_next_task) (struct rq *rq, struct task_struct *prev);
    void (*put_prev_task)(struct rq *rq, struct task_struct *p);
    void (*set_next_task)(struct rq *rq, struct task_struct *p);
#ifdef CONFIG_SMP
    int (*balance)(struct rq *rq, struct task_struct *prev, struct rq_flags *rf);
    int (*select_task_rq)(struct task_struct *p, int task_cpu, int sd_flag, int flags);
    void (*migrate_task_rq)(struct task_struct *p);
    void (*task_woken) (struct rq *this_rq, struct task_struct *task);
    void (*set_cpus_allowed)(struct task_struct *p, const struct cpumask *newmask);
    void (*rq_online)(struct rq *rq);
    void (*rq_offline)(struct rq *rq);
#endif
```

```
    void (*task_tick) (struct rq *rq, struct task_struct *p, int queued);
    void (*task_fork) (struct task_struct *p);
    void (*task_dead) (struct task_struct *p);
    void (*switched_from) (struct rq *this_rq, struct task_struct *task);
    void (*switched_to) (struct rq *this_rq, struct task_struct *task);
    void (*prio_changed) (struct rq *this_rq, struct task_struct *task, int oldprio);
    unsigned int (*get_rr_interval) (struct rq *rq, struct task_struct *task);
    void (*update_curr) (struct rq *rq);
#ifdef CONFIG_FAIR_GROUP_SCHED
    void (*task_change_group)(struct task_struct *p, int type);
#endif
};
```

一个调度类提供一系列操作（回调函数），可以用来在一个通用的框架下实现不同的进程调度策略，这些回调函数中比较重要的列举如下。

- enqueue_task()：向运行队列添加一个进程。当一个进程从睡眠状态被唤醒以后，就离开等待队列进入运行队列，发生 enqueue_task() 操作。
- dequeue_task()：从运行队列移除一个进程。当一个进程进入不可运行状态以后，就会离开运行队列，发生 dequeue_task() 操作。在 Linux-2.6.23 版本中，当前进程处于运行队列当中；从 Linux-2.6.24 版本开始，当前进程被调度运行时会离开运行队列，被调度出去之后再回到运行队列。
- yield_task()：当进程自愿放弃 CPU 资源时，发生 yield_task() 操作。
- put_prev_task()：停止引用上一个进程时调用该操作。
- set_next_task()：设置下一个进程（新的当前进程）时调用该操作。
- pick_next_task()：这是调度算法里最重要的一个操作，就是选择下一个候选进程的回调函数。
- task_fork()：创建进程时调用该操作。
- task_dead()：销毁进程时调用该操作。
- task_tick()：调度核心中有周期性时钟处理，即每个时钟节拍都会调用一次 scheduler_tick() 函数，而 scheduler_tick() 会调用 task_tick() 处理一些进程的调度相关信息。
- update_curr()：更新进程的调度相关信息，其调用者包括但不限于周期性时钟处理。

公平调度类的具体操作实现如下（kernel/sched/fair.c），其中一部分函数在下文中会进行展开分析。

```
const struct sched_class fair_sched_class = {
    .next                          = &idle_sched_class,
    .enqueue_task                  = enqueue_task_fair,
    .dequeue_task                  = dequeue_task_fair,
    .yield_task                    = yield_task_fair,
    .yield_to_task                 = yield_to_task_fair,
```

```
    .check_preempt_curr                = check_preempt_wakeup,
    .pick_next_task                    = pick_next_task_fair,
    .put_prev_task                     = put_prev_task_fair,
    .set_next_task                     = set_next_task_fair,
#ifdef CONFIG_SMP
    .balance                           = balance_fair,
    .select_task_rq                    = select_task_rq_fair,
    .migrate_task_rq                   = migrate_task_rq_fair,
    .rq_online                         = rq_online_fair,
    .rq_offline                        = rq_offline_fair,
    .set_cpus_allowed                  = set_cpus_allowed_common,
#endif
    .task_tick                         = task_tick_fair,
    .task_fork                         = task_fork_fair,
    .task_dead                         = task_dead_fair,
    .prio_changed                      = prio_changed_fair,
    .switched_from                     = switched_from_fair,
    .switched_to                       = switched_to_fair,
    .get_rr_interval                   = get_rr_interval_fair,
    .update_curr                       = update_curr_fair,
#ifdef CONFIG_FAIR_GROUP_SCHED
    .task_change_group                 = task_change_group_fair,
#endif
};
```

5.4.4 调度核心解析

本小节开始解析调度核心。调度核心中有两类重要函数：周期性时钟处理函数 scheduler_tick() 和调度器主函数 schedule()/__schedule()。

（一）调度核心之 scheduler_tick()

回想一下内核启动过程，time_init() 调用了一个函数 r4k_clockevent_init() 来初始化 MIPS 的 ClockEvent 时钟源，该函数注册了时钟中断的处理函数 c0_compare_interrupt()。如果选定了 MIPS 时钟源，那么每当时钟中断到达就会通过 handle_int() → plat_irq_dispatch() → mach_irq_dispatch() → do_IRQ() 的链条调用 c0_compare_interrupt()。而 c0_compare_interrupt() 则会调用 ClockEvent 的 event_handler() 回调函数。根据不同的内核配置，event_handler() 有不同的实现。

○ 低分辨率定时器 + 周期性模式：tick_handle_periodic()。
○ 低分辨率定时器 + 无节拍模式：tick_nohz_handler()。
○ 高分辨率定时器 + 周期性模式：hrtimer_interrupt()。
○ 高分辨率定时器 + 无节拍模式：hrtimer_interrupt()。

高分辨率定时器模式指的是启用 CONFIG_HIGH_RES_TIMERS 配置，反之为低分辨率定时器模式；无节拍模式指的是启用 CONFIG_NO_HZ 配置，反之为周期性模式（启用 CONFIG_HZ_PERIODIC 配置）。从 Linux-3.10 版本开始，无节拍模式还可以细分为空闲无节拍（CONFIG_NO_HZ_IDLE）和完全无节拍（CONFIG_NO_HZ_FULL）两种子模式，大多数情况下无节拍模式指的是空闲无节拍模式。

龙芯总是启用高分辨率定时器，因此 event_handler() 的实现使用的是 hrtimer_interrupt()。该函数会调用各个到期高分辨率定时器的回调函数，其中包括跟调度相关的 tick_cpu_sched::sched_timer()，其具体实现为 tick_sched_timer()。tick_sched_timer() 的主要步骤是通过 tick_sched_handle() 调用 update_process_times() 来更新当前进程跟调度有关的时间信息，而 update_process_times() 的一个重要步骤就是调用 scheduler_tick()。严格来说，只有在周期性时钟模式下才会周期性地调用 scheduler_tick()，无节拍时钟模式下需要做一些特殊处理以便在调度器中达到相同的结果。也就是说：c0_compare_interrupt() → clock_event_device::event_handler() → hrtimer_interrupt() → tick_cpu_sched::sched_timer() → tick_sched_timer() → update_process_times() → scheduler_tick()。

函数 scheduler_tick() 定义在 kernel/sched/core.c 中，主要逻辑如下。

```
void scheduler_tick(void)
{
    int cpu = smp_processor_id();
    struct rq *rq = cpu_rq(cpu);
    struct task_struct *curr = rq->curr;
    sched_clock_tick();
    update_rq_clock(rq);
    curr->sched_class->task_tick(rq, curr, 0);
#ifdef CONFIG_SMP
    trigger_load_balance(rq);
#endif
}
```

scheduler_tick() 的主要步骤分别如下：sched_clock_tick()，更新调度时钟；update_rq_clock()，根据调度时钟更新本地运行队列时钟，即运行队列 rq 的 clock、clock_task 和 clock_pelt 字段；curr->sched_class->task_tick(rq, curr, 0)，根据不同的调度类更新各自特定的调度信息； trigger_load_balance()，在必要的时候触发负载均衡操作，仅在多处理器系统上有效[1]。这里面最重要的步骤是 curr->sched_class->task_tick()，具体到公平调度类就是 task_tick_fair()。task_tick_fair() 定义在 kernel/sched/fair.c 中，主要逻辑如下。

```
static void task_tick_fair(struct rq *rq, struct task_struct *curr, int queued)
{
    struct sched_entity *se = &curr->se;
    for_each_sched_entity(se) {
        cfs_rq = cfs_rq_of(se);
        entity_tick(cfs_rq, se, queued);
    }
    if (static_branch_unlikely(&sched_numa_balancing))  task_tick_numa(rq, curr);
}
```

CFS 是支持组调度的，for_each_sched_entity() 以当前调度实体为起点，以 parent 指针为方向遍历其所在的每一级父实体，在每个实体上调用 entity_tick() 完成具体的工作。函数 task_tick_numa() 是 NUMA 均衡调度机制使用的，此处暂不展开（可参阅下文 5.5.3 小节）。函数 entity_tick() 定义在 kernel/sched/fair.c 中，主要逻辑如下。

```
static void entity_tick(struct cfs_rq *cfs_rq, struct sched_entity *curr, int queued)
{
    update_curr(cfs_rq);
    update_load_avg(curr, 1);
    update_cfs_group(curr);
    if (cfs_rq->nr_running > 1)
        check_preempt_tick(cfs_rq, curr);
}
```

update_curr() 更新 CFS 运行队列中跟虚拟运行时间有关的调度信息；update_load_avg() 更新当前实体和所在 CFS 运行队列的 CPU 负载因子；update_cfs_group() 在不启用组调度时为空函数，启用组调度时根据已经更新的调度信息调整调度组的 CPU 资源的分享，必要时调整调度实体的负荷权重。如果 CFS 运行队列中的可运行进程不止一个，则调用 check_preempt_tick() 检查是否需要执行抢占调度。

entity_tick() 中的第一个重要函数 update_curr() 定义在 kernel/sched/fair.c 中，其主要逻辑如下。

```
static void update_curr(struct cfs_rq *cfs_rq)
{
    struct sched_entity *curr = cfs_rq->curr;
```

1 trigger_load_balance() 会根据需要触发 SCHED_SOFTIRQ 软中断，软中断处理函数 run_rebalance_domains() 负责根据各个 CPU 上 rq::cpu_load[] 记录的负载水平来执行具体的负载均衡操作。

```
    u64 now = rq_clock_task(rq_of(cfs_rq));
    delta_exec = now - curr->exec_start;
    curr->exec_start = now;
    curr->sum_exec_runtime += delta_exec;
    curr->vruntime += calc_delta_fair(delta_exec, curr);
    update_min_vruntime(cfs_rq);
}
```

首先，当前时间戳 now 被更新成不包含中断处理时间的运行队列本地时钟 rq::clock_task。然后，实际运行时间增量 delta_exec 乃是当前时间戳 now 和当前实体本次调度的开始时间 exec_start 之差。实际运行时间增量计算完成之后 exec_start 也被更新成当前时间戳 now。接下来，当前实体的累计运行时间 sum_exec_runtime 增加 delta_exec；而虚拟运行时间 vruntime 的增量则用 calc_delta_fair() 根据实际运行时间增量和当前实体的负荷权重计算得出（计算方法见上文）。最后，update_min_vruntime() 更新 CFS 运行队列的 min_vruntime。

entity_tick() 中的第二个重要函数 check_preempt_tick() 也定义在 kernel/sched/fair.c 中，其主要逻辑如下。

```
static void check_preempt_tick(struct cfs_rq *cfs_rq, struct sched_entity *curr)
{
    ideal_runtime = sched_slice(cfs_rq, curr);
    delta_exec = curr->sum_exec_runtime - curr->prev_sum_exec_runtime;
    if (delta_exec > ideal_runtime) {
        resched_curr(rq_of(cfs_rq));
        clear_buddies(cfs_rq, curr);
        return;
    }
    if (delta_exec < sysctl_sched_min_granularity)  return;
    se = __pick_first_entity(cfs_rq);
    delta = curr->vruntime - se->vruntime;
    if (delta < 0)   return;
    if (delta > ideal_runtime)   resched_curr(rq_of(cfs_rq));
}
```

首先计算理想运行时间 ideal_runtime，也就是当前实体在一个调度周期内的时间片 sched_slice(cfs_rq, curr)；然后计算当前实体本次的实际运行时间 delta_exec，即 sum_exec_runtime 与 prev_sum_exec_runtime 的差值。如果实际运行时间已经超过理想运行时间，那么说明当前实体的时间片已经用完，需要被别的进程替换了。在这种情况下，先通过 resched_curr() 调用 test_tsk_need_resched() 来设置当前进程的 TIF_NEED_RESCHED 标志以便稍后执行抢占操作；然后调用 clear_buddies()，其作用是如果当前运行实体是 CFS 运行队列的 last 伙伴、next 伙伴或者 skip 伙伴的话，清除这些伙伴关系；最后返回。如果当前实体的时间片没有用完，那么判断本次实际运行时间是否小于最小调度时间粒度 sysctl_sched_min_granularity，如果满足条件的话不管是不是发生重调度都不会显著影响公平性，为了避免过于频繁的进程切换，直接返回。如果实际运行时间超过了 sysctl_sched_min_granularity，则通过 __pick_first_entity() 取出运行队列红黑树中最需要调度的调度实体（即最左边的实体）se；然后计算当前实体和 se 的虚拟运行时间之差 delta。如果 delta 小于 0，那么当前实体依旧是虚拟运行时间最小的实体，自然不需要重调度，直接返回；否则，如果 delta 大于 ideal_runtime，说明当前实体虽然时间片还没有用完，但是已经运行了太长时间，需要重新调度（需要被抢占）了，因此也需要调用 resched_curr() 设置当前进程 TIF_NEED_RESCHED 标志。

调度核心除了周期性地调用 check_preempt_tick() 来检查当前进程是否需要被运行队列中的进程抢占以外；每当一个进程被唤醒时也都会调用 check_preempt_curr() 来检查当前进程是否需要被正在唤醒的进程抢占。check_preempt_curr() 会调用每个调度类的 sched_class:: check_preempt_curr() 函数指针，具体到 CFS 调度类的实现就是 check_preempt_wakeup()。如果需要抢占，check_preempt_wakeup() 就会调用 resched_curr() 设置当前进程的 TIF_NEED_ RESCHED 标志。为了让交互式进程能够快速得到响应而不受批处理进程影响，check_preempt_wakeup() 除了考虑虚拟运行时间以外，还加入了一个规则：SCHED_NORMAL 的进程可以抢占 SCHED_BATCH 和 SCHED_IDLE 的进程；SCHED_BATCH 的进程可以抢占 SCHED_IDLE 的进程，但不可以抢占 SCHED_NORMAL 的进程；SCHED_IDLE 的进程不可以抢占 SCHED_NORMAL 和 SCHED_BATCH 的进程。

（二）调度核心之 schedule()/__schedule()[1]

调度器的主函数是 schedule()/__schedule()，主函数的调用分直接调用和延迟调用两种。一般来说，直接调用意味着自愿调度（主动调度），而延迟调用意味着抢占调度（强制调度）。

1. 自愿调度

直接调用调度器主函数的场景有 3 种：一是当前进程需要等待某个条件满足才能继续运行时，调用一个 wait_event() 类函数将自己的状态设为 TASK_INTERRUPTIBLE 或者 TASK_UNINTERRUPTIBLE，挂接到某个等待队列，然后根据情况设置一个合适的唤醒定时器，最后调用 schedule() 发起调度；二是当前进程需要睡眠一段特定的时间（不等待任何事件）时，调用一个 sleep() 类函数将自己的状态设为 TASK_INTERRUPTIBLE 或者 TASK_UNINTERRUPTIBLE 但不进入任何等待队列，然后设置一个合适的唤醒定时器，最后调用 schedule() 发起调度；三是当前进程单纯地想要让出 CPU 控制权时，调用 yield() 函数将自己的状态设为 TASK_RUNNING 并依旧处于运行队列，然后执行特定调度类的 yield_task() 操作，最后调用 schedule() 发起自愿调度。

内核提供了一个 schedule_timeout() 函数，把“设置唤醒定时器”和“调用 schedule() 函数”

1　在 Linux-3.0 或者更早的版本中，自愿调度和抢占调度的主函数都是 schedule()。在新内核中，__schedule() 成为调度器的公共主函数，自愿调度通过 schedule() 调用 __schedule()；而抢占调度则通过 preempt_schedule()/ preempt_schedule_irq() 调用 __schedule()。

两个步骤封装在一起，供带超时的 wait_event() 类函数和 sleep() 类函数调用。针对文件系统块设备 I/O，schedule() 和 schedule_timeout() 函数有一种专门的变体：io_schedule() 和 io_schedule_timeout() 函数。schedule()/schedule_timeout() 和 io_schedule()/io_schedule_timeout() 的主要区别是后者增加了一些 I/O Wait 相关的统计信息处理，比如在调度过程中将当前进程的 in_iowait 字段设为 1，并对运行队列中的等待块设备 I/O 的进程数（即 nr_iowait 变量）加一[1]。

自愿调度的主函数定义在 kernel/sched/core.c 中，内容如下。

```
asmlinkage __visible void __sched schedule(void)
{
    struct task_struct *tsk = current;
    sched_submit_work(tsk);
    do {
        preempt_disable();
        __schedule(false);
        sched_preempt_enable_no_resched();
    } while (need_resched());
    sched_update_worker(tsk);
}
```

为了解析这个函数我们需要大致了解 Linux 的块设备 I/O 模型。

（1）每个进程有一个 I/O 请求队列（plug_list），进程自己发出的 I/O 请求在这个队列里面合并 / 排序以便优化对块设备的访问。

（2）在一些合适的时间点上，进程请求队列里面的 I/O 请求会被成批刷入 I/O 调度器[2] 内部的一个或者多个 I/O 请求队列。I/O 调度器也称电梯算法（具体实现有 CFQ/DEADLINE/ NOOP 等算法），I/O 调度器的内部请求队列也称电梯队列（elevator_list）。每个块设备运行一个自己的 I/O 调度器，会对来自不同进程的 I/O 请求进一步合并 / 排序以便优化对块设备的访问。

（3）在一些合适的时间点上，电梯队列里面的 I/O 请求会被成批刷入块设备的分派队列（dispatch_list），通过底层块设备驱动与硬件进行交互。传统上，每个块设备有一个分派队列；从 Linux-3.13 版本开始引入了多队列块设备模型，一个块设备可以有多个分派队列。龙芯平台缺省使用传统的单队列模型。

发生自愿调度的时候就是一个 I/O 请求从进程请求队列刷入电梯队列的合适时间点。因此，schedudle() 的第一步就是调用 sched_submit_work()，以便在必要的时候通过 blk_schedule_flush_plug() 清空当前进程的 I/O 请求队列（如果当前进程是内核工作者线程，则还要调用 wq_worker_sleeping() 标记当前进程进入睡眠状态）。接下来进入一个由 need_

1　进程处于 I/O Wait 时不占用 CPU 资源，因此 I/O Wait 本质上是一种“空闲”状态，但与普通空闲状态不一样的是，I/O Wait 告诉我们并非真的无事可做，而是因为 I/O 太慢而不得不等待。

2　注意：进程调度和 I/O 调度是两个完全不同的子系统，虽然两者之间存在互动。

resched() 给定条件的循环，也就是说，只要当前进程的重调度标志为真，就一直循环。循环结束以后，调用 sched_update_worker()，其作用是如果当前进程是内核工作者线程，则调用 wq_worker_running() 标记当前进程回到运行状态。

在循环内部，首先通过 preempt_disable() 关闭抢占以防止递归；然后调用调度公共主函数 __schedule(false)，这里传递给公共主函数的参数为 false，表示这是一次自愿调度；最后调用 sched_preempt_enable_no_resched() 打开抢占但不立即发起重调度。公共主函数 __schedule() 的细节下文再展开。

2. 抢占调度

延迟调用调度器主函数分两步：设置调度标志和发起调度。设置调度标志的典型场景是本进程时间配额用完（在 CFS 的理论体系里面就是本进程的虚拟运行时间累积过高以至于显著影响了公平性），或者有高优先级进程需要运行的时候，设置当前进程的 TIF_NEED_RESCHED 标志。发起调度的检查点有两种：一种是在抢占临界区结束时，比如 preempt_enable() 开中断的时候，检查调度标志，如果为真就调用 preempt_schedule() 发起抢占调度；另一种是在异常、中断或者系统调用处理完成后返回的时候检查调度标志，如果该标志为真就调用 preempt_schedule_irq() 发起抢占调度。

以异常、中断或者系统调用处理完成后的检查点为例，发起延迟调度的代码位于 arch/mips/kernel/entry.S 中，主要逻辑如下（启用完全内核抢占的情况）。

```
FEXPORT(ret_from_irq)
        LONG_S                  s0, TI_REGS($28)
FEXPORT(ret_from_exception)
        LONG_L                  t0, PT_STATUS(sp)
        andi                    t0, t0, KU_USER
        beqz                    t0, resume_kernel
resume_userspace:
        local_irq_disable
        ......
resume_kernel:
        local_irq_disable
        ......
need_resched:
        LONG_L                  t0, TI_FLAGS($28)
        andi                    t1, t0, _TIF_NEED_RESCHED
        beqz                    t1, restore_all
        LONG_L                  t0, PT_STATUS(sp)
        andi                    t0, 1
        beqz                    t0, restore_all
```

```
        PTR_LA                    ra, restore_all
        j                         preempt_schedule_irq
FEXPORT(ret_from_kernel_thread)
        jal                       schedule_tail
        move                      a0, s1
        jal                       s0
        j                         syscall_exit
FEXPORT(ret_from_fork)
        jal                       schedule_tail
FEXPORT(syscall_exit)
       local_irq_disable
        ……
FEXPORT(syscall_exit_partial)
       local_irq_disable
        ……
syscall_exit_work:
        LONG_L                    t0, PT_STATUS(sp)
        andi                      t0, t0, KU_USER
        beqz                      t0, resume_kernel
        ……
        b                         resume_userspace
```

这里不做逐行解析，只做如下总体概括。

（1）异常处理完成后，返回时将执行 ret_from_exception；中断处理完成后，返回时将执行 ret_from_irq；系统调用处理完成后，返回时将执行 syscall_exit/syscall_exit_partial（创建内核线程和普通进程的系统调用相对特殊，父进程跟别的系统调用一样直接执行 syscall_exit/syscall_exit_partial，而子进程通过 ret_from_fork/ret_from_kernel_thread 间接执行 syscall_exit）。

（2）根据异常、中断或者系统调用发生之前的状态不同（发生前是什么状态，返回后就是什么状态），这 3 种情况都有两种去向：返回用户态时执行 resume_userspace，返回内核态时执行 resume_kernel。两种去向的第一个操作都是用 local_irq_disable 关本地中断，确保重调度标志 TIF_NEED_RESCHED 从现在开始到返回原状态为止的过程中不会发生变化。

（3）不管是 resume_userspace，还是 resume_kernel 都会执行到 need_resched（Linux-5.4.x 版本已经移除了 need_resched 标号，但是原理并没有改变），在这里检查当前进程的重调度标志 TIF_NEED_RESCHED 和之前是否已经关中断[1]。如果 TIF_NEED_

---

1 注意：这里说的是“之前是否关中断”而不是“当前是否关中断”。之前状态指的是异常、中断或者系统调用发生之前的状态，也是异常、中断或者系统调用返回恢复上下文之后的状态。如果之前状态是关中断，那么现在发生重调度是会破坏系统数据的（永远记住：原子上下文里面不允许调度）。至于当前状态则必然是关中断的，因为不管是 resume_userspace 还是 resume_kernel，第一个操作都是 local_irq_disable。

RESCHED 没有被设置，或者 TIF_NEED_RESCHED 虽然被设置但是之前中断已经关闭，那么跳转到 restore_all 恢复当前进程的上下文（不发生调度）。否则意味着 TIF_NEED_RESCHED 已经被设置并且之前中断处于打开状态，那么调用 preempt_schedule_irq()。返回地址被设置为 restore_all，因此 preempt_schedule_irq() 完成以后也会跳转到 restore_all 恢复上下文。

preempt_schedule() 和 preempt_schedule_irq() 非常相似，其主要区别是前者在开中断上下文里面调用，而后者在关中断上下文里面调用。以 preempt_schedule_irq() 为例，代码如下（有精简）。

```
asmlinkage __visible void __sched preempt_schedule_irq(void)
{
    do {
        preempt_disable();
        local_irq_enable();
        __schedule(true);
        local_irq_disable();
        sched_preempt_enable_no_resched();
    } while (need_resched());
}
```

该函数的主体逻辑跟 schedule() 非常相似，也是在一个由 need_resched() 给定条件的循环里首先关抢占，然后调用公共主函数 __schedule(true)，最后开抢占但不立即发起重调度。其主要区别有两点：一是调用 __schedule() 之前开中断，而 __schedule() 返回之后关中断，这是为了保证调度器公共主函数 __schedule() 在开中断上下文里面执行并且返回后依旧保持关中断状态；二是给 __schedule() 传递的参数是 true，表示这是一次抢占调度。

调度器公共主函数 __schedule() 定义在 kernel/sched/core.c 中，展开如下（有精简）。

```
static void __sched notrace __schedule(bool preempt)
{
    struct task_struct *prev, *next;
    cpu = smp_processor_id();
    rq = cpu_rq(cpu);
    prev = rq->curr;
    update_rq_clock(rq);
    if (!preempt && prev->state) {
        if (unlikely(signal_pending_state(prev->state, prev)))
            prev->state = TASK_RUNNING;
        else
            deactivate_task(rq, prev, DEQUEUE_SLEEP | DEQUEUE_NOCLOCK);
    }
    next = pick_next_task(rq, prev);
```

```
    clear_tsk_need_resched(prev);
    clear_preempt_need_resched();
    if (likely(prev != next)) {
        rq->nr_switches++;
        RCU_INIT_POINTER(rq->curr, next);
        rq = context_switch(rq, prev, next, &rf);
    }
    balance_callback(rq);
}
```

__schedule() 的输入参数 preempt 标识本次调度是自愿调度（preempt 为假）还是抢占调度（preempt 为真）；函数里面有两个重要的局部变量 prev 和 next，分别表示上下文切换之前的进程和切换之后的进程。一般来说，prev 就是当前进程，next 则是调度算法所选择的下一个进程，进程调度就是 prev 让出 CPU 控制权而 next 获得 CPU 控制权。

然后需要更新一些调度相关的统计信息，于是调用 update_rq_clock()，根据调度时钟来更新本地运行队列时钟，即运行队列 rq 的 clock、clock_task 和 clock_pelt 字段。

这时，如果 preempt 为假并且 prev 的状态不是 TASK_RUNNING，那么意味着本次调度是自愿调度，并且 prev 进程是通过 wait_event() 系列函数或者 sleep() 系列函数发起的自愿调度。在这种情况下，通过 signal_pending_state() 判断 prev 是否有需要处理的信号：状态为 TASK_INTERRUPTIBLE 并且有任意待处理信号时返回 1；状态为 TASK_KILLABLE 并且有致命待处理信号（即 SIGKILL 信号）时返回 1；状态为 TASK_UNINTERRUPTIBLE 或者没有待处理信号时返回 0。如果 signal_pending_state() 返回 1 则将 prev 的状态重新设置为 TASK_RUNNING 以便获得再次运行的机会，否则调用 deactivate_task() 将 prev 移出运行队列。因此我们可以看到，抢占调度时 prev 进程不会离开运行队列。

接下来调用 __schedule() 中的第一个重要函数 pick_next_task()，其输入参数是本地运行队列 rq 和当前进程 prev，返回值是候选进程 next。选定 next 后，通过 clear_tsk_need_resched() 和 clear_preempt_need_resched() 清除当前进程的重调度标志。然后看 prev 和 next 是不是同一个进程：如果是则无需任何操作；否则调用 __schedule() 中的第二个重要函数，即 context_switch()，完成上下文切换。

最后，调用 balance_callback() 处理多处理器之间的负载均衡事宜。

__schedule() 是一个神奇的函数。其神奇之处在于可能在执行过程中发生上下文切换，因而调用者跟返回者不是同一个进程（前一半属于 prev，后一半属于 next）。为了理解这些神奇的地方，我们来展开讲解 pick_next_task() 和 context_switch()。

pick_next_task() 是 __schedule() 中的第一个重要函数，定义在 kernel/sched/core.c 中。该函数非常简单（不考虑负载均衡和针对常见情况的优化），就是先调用 prev 进程所属调度类的 put_prev_task() 回调函数，试图停止对 prev 进程的引用，然后按优先级从高到低依次遍历每个调度类，调用它们的 pick_next_task() 回调函数。在仅考虑公平调度类的情况下，等价于调用 fair_sched_class.pick_next_task()。fair_sched_class.pick_next_task() 的具体实现是 pick_next_task_fair()，其定义在 kernel/sched/fair.c 中，展开如下（有精简，不考虑组调度）。

```
static struct task_struct *pick_next_task_fair(struct rq *rq, struct task_struct *prev)
{
    struct cfs_rq *cfs_rq = &rq->cfs;
again:
    if (!sched_fair_runnable(rq))    goto idle;
    if (prev)  put_prev_task(rq, prev);
    do {
        se = pick_next_entity(cfs_rq, NULL);
        set_next_entity(cfs_rq, se);
        cfs_rq = group_cfs_rq(se);
    } while (cfs_rq);
    p = task_of(se);
    return p;
idle:
    new_tasks = newidle_balance(rq, rf);
    if (new_tasks < 0)    return RETRY_TASK;
    if (new_tasks > 0)    goto again;
    return NULL;
}
```

首先，局部变量 cfs_rq 取值为顶级 CFS 运行队列。在 again 标号处，如果发现队列中的可运行进程数为 0（sched_fair_runnable(rq) 返回假），则跳转到 idle 标号；否则在 prev 非空的情况下（如果上层调用者已经调用过 put_prev_task() 则此处 prev 为空）调用 put_prev_task() → put_prev_task_fair() → put_prev_entity()，将 prev 进程重新插入运行队列的适当位置，并暂时将 CFS 运行队列的 curr 实体设置为 NULL。

然后进入一个 do-while 循环：pick_next_entity() 选取最适合运行的调度实体 se；set_next_entity() 将选中的目标实体移出运行队列，将 CFS 运行队列的 curr 实体设置成目标实体，并更新目标实体的 prev_sum_exec_runtime；group_cfs_rq() 获取目标实体的子队列。在不考虑组调度的情况下，所有的调度实体都是进程实体（也是顶级实体），该循环只运行一次。循环结束后，通过 task_of() 把目标实体 se 转换成目标进程 p，最后返回 p。

如果代码执行到了 idle 标号处，说明本地 CPU 的运行队列里面没有可运行的进程，于是调用 newidle_balance() 启动负载均衡处理。负载均衡机制试图从别的 CPU 那里拉取一些可运行的进程。如果 newidle_balance() 返回值小于 0，说明在高优先级调度类里面存在可运行的进程，于是返回 RETRY_TASK；如果 newidle_balance() 返回值大于 0，说明成功拉取到一些进程，因此跳转到 again 标号处再次选取目标实体；如果 newidle_balance() 返回值等于 0，说明没有拉取到任何进程，返回 NULL。返回 RETRY_TASK 将指示调用者从高优先级调度类（stop_sched_ class/dl_sched_class/rt_sched_class）里面选取目标进程；返回 NULL 将指示调用者从低优先级调度类（idle_sched_class）里面获取目标进程。

pick_next_entity() 是 pick_next_task_fair() 的核心步骤，定义在 kernel/sched/fair.c 中，展开如下。

```
static struct sched_entity *pick_next_entity(struct cfs_rq *cfs_rq, struct sched_entity *curr)
{
    struct sched_entity *left = __pick_first_entity(cfs_rq);
    if (!left || (curr && entity_before(curr, left)))   left = curr;
    se = left;
    if (cfs_rq->skip == se) {
        struct sched_entity *second;
        if (se == curr) {
            second = __pick_first_entity(cfs_rq);
        } else {
            second = __pick_next_entity(se);
            if (!second || (curr && entity_before(curr, second)))  second = curr;
        }
        if (second && wakeup_preempt_entity(second, left) < 1)  se = second;
    }
    if (cfs_rq->last && wakeup_preempt_entity(cfs_rq->last, left) < 1)
        se = cfs_rq->last;
    if (cfs_rq->next && wakeup_preempt_entity(cfs_rq->next, left) < 1)
        se = cfs_rq->next;
    clear_buddies(cfs_rq, se);
    return se;
}
```

该函数逻辑简明且前文已有介绍，这里再重述一遍：（1）先调用 __pick_first_entity() 取红黑树最左端的调度实体 rb_leftmost 赋值给 left；（2）如果 left 为空或者当前实体 curr 的虚拟运行时间更小，则把 curr 赋值给 left 并使之成为临时候选实体 se；（3）如果此时候选实体 se 等于 skip 伙伴，调用 __pick_first_entity() 或 __pick_next_entity() 将虚拟运行时间排第二的调度实体赋值给 second，并且在不显著破坏公平性的情况下将 second 作为新的候选实体 se；（4）如果 last 伙伴存在，那么在不显著破坏公平性的情况下，last 伙伴成为新的候选实体 se；（5）如果 next 伙伴存在，那么在不显著破坏公平性的情况下，next 伙伴成为新的候选实体 se；（6）调用 clear_buddies() 清除 se 的伙伴信息并返回 se。

context_switch() 是 __schedule() 中的第二个重要函数，定义在 kernel/sched/core.c 中，展开如下（有精简）。

```
static inline struct rq *context_switch(struct rq *rq,
                  struct task_struct *prev, struct task_struct *next, struct rq_flags *rf)
{
    prepare_task_switch(rq, prev, next);
    arch_start_context_switch(prev);
    if (!next->mm) {
        enter_lazy_tlb(prev->active_mm, next);
        next->active_mm = prev->active_mm;
        if (prev->mm)
            mmgrab(prev->active_mm);
        else
            prev->active_mm = NULL;
    } else {
        switch_mm_irqs_off(oldmm, mm, next);
        if (!prev->mm) {
            rq->prev_mm = prev->active_mm;
            prev->active_mm = NULL;
        }
    }
    switch_to(prev, next, prev);
    barrier();
    return finish_task_switch(prev);
}
```

上下文切换函数 context_switch() 的输入参数有 4 个：运行队列 rq、切换前的进程 prev、切换后的进程 next 和运行队列标志 rf。该函数首先调用 prepare_task_switch() 进行一些进程切换的准备工作，其主要内容是调用 prepare_task() 将 next 的 on_cpu 字段设为 1，然后调用体系结构相关的 prepare_arch_switch()，后者在龙芯平台上是空操作。prepare_task_ switch() 返回后，另一个体系结构相关的 arch_start_context_switch() 函数在龙芯平台上也是空操作。

接下来的代码主要处理内存描述符相关的问题，先简单回顾一下原理：（1）一个内存描述符代表一个地址空间，进程有独立的地址空间而同一进程内部的线程共享同一个地址空间；（2）每个进程描述符拥有一个 mm 字段和一个 active_mm 字段，前者是拥有的内存描述符而后者是实际有效的内存描述符；（3）用户进程的 mm 和 active_mm 取值相同，而内核线程的 mm 为空，active_mm 沿用之前进程的内存描述符。于是代码就容易理解了：大 if 条件（next->mm 为空）所包含的代码块意味着 next 是一个内核线程，而大 else 所包含的代码块意味着 next 是一个用户进程；同样，prev->mm 是否为空也可以用来指示 prev 是内核线程还是用户进程。

关于内存描述符的整体逻辑分为以下 4 种情况。

- 内核线程 prev 切换到内核线程 next：执行体系结构相关的 enter_lazy_tlb() 函数（在

龙芯平台上为空操作）；next 的 active_mm 沿用 prev 的 active_mm；将 prev 的 active_mm 赋值给运行队列的 prev_mm 然后清空 prev 的 active_mm。

- 用户进程 prev 切换到内核线程 next：执行体系结构相关的 enter_lazy_tlb() 函数（在龙芯平台上为空操作）；next 的 active_mm 沿用 prev 的 active_mm；用 mmgrab() 增加 prev->active_mm 的主引用计数。
- 内核线程 prev 切换到用户进程 next：通过调用 switch_mm_irqs_off() → switch_mm() 切换内存上下文（mm_struct 中的 context 字段，主要就是 asid[] 数组）；将 prev 的 ative_mm 置空。
- 用户进程 prev 切换到用户进程 next：通过调用 switch_mm_irqs_off() → switch_mm() 切换内存上下文（mm_struct 中的 context 字段，主要就是 asid[] 数组）。

然后就是上下文切换的核心操作 switch_to()，这是一个体系结构相关的宏，负责从 prev 的上下文切换到 next 的上下文。细节容后再议。

最后是与 prepare_task_switch() 相对的 finish_task_switch()。它负责一些收尾工作，主要内容如下（注意此时已经进入了 next 进程的上下文）：调用 finish_task() 将 prev 的 on_cpu 字段设为 0；调用体系结构相关的 finish_arch_post_lock_switch()，当然，该函数在龙芯平台上也是空操作；如果运行队列的 prev_mm 非空（意味着从内核线程切换到用户进程），则调用与 mmgrab() 相对的 mmdrop() 减少 prev->active_mm 的主引用计数；如果 prev 的状态是 TASK_DEAD，调用 put_task_struct_rcu_ user() 清理其进程描述符结构（回忆一下：进程描述符在创建时的初始 RCU 使用者计数为 2，退出时 sys_exit()/sys_wait() 通过 release_task() → put_task_struct_rcu_user() 将其变成 1，此处再次调用 put_task_struct() 将彻底释放其数据结构）。

下一小节将解析上下文切换的核心操作。

5.4.5 进程切换解析

本小节将进入体系结构相关的代码，深入理解上下文切换中一个神奇的核心操作 switch_to()。switch_to 是一个宏，定义在 arch/mips/include/asm/switch_to.h 中，展开如下（有精简）。

```
#define switch_to(prev, next, last)                          \
do {                                                         \
    lose_fpu_inatomic(1, prev);                              \
    if (tsk_used_math(next))                                 \
        __sanitize_fcr31(next);                              \
    if (cpu_has_dsp) {                                       \
        __save_dsp(prev);                                    \
        __restore_dsp(next);                                 \
    }                                                        \
```

```
    if (cop2_present) {                                              \
        set_c0_status(ST0_CU2);                                      \
        if ((KSTK_STATUS(prev) & ST0_CU2)) {                         \
            if (cop2_lazy_restore)                                   \
                KSTK_STATUS(prev) &= ~ST0_CU2;                       \
            cop2_save(prev);                                         \
        }                                                            \
        if (KSTK_STATUS(next) & ST0_CU2 && !cop2_lazy_restore) {     \
            cop2_restore(next);                                      \
        }                                                            \
        clear_c0_status(ST0_CU2);                                    \
    }                                                                \
    __clear_software_ll_bit();                                       \
    if (cpu_has_userlocal)                                           \
        write_c0_userlocal(task_thread_info(next)->tp_value);        \
    (last) = resume(prev, next, task_thread_info(next));             \
} while (0)
```

这里我们需要强调 switch_to() 是一个宏而不是函数，它有 3 个参数：prev、next 和 last。其中 prev 和 next 是输入参数，而 last 是输出参数（宏才能使用真正的输出参数）。在 switch_to() 中，prev 就是当前进程（我是谁？）；next 就是被选中的下一个进程（我切换到谁？）；last 则是切换到当前进程的进程（谁切换到我？）。注意：context_switch() 对这个宏的调用方式是 switch_to(prev, next, prev)，这说明调用者希望在上下文切换之前和之后的 prev 变量都总能指向切换前的进程。

讨论了这么久的上下文，那么到底什么是“上下文”？上下文是 Context 的译文，有时候也翻译成“现场”。从概念上理解，上下文就是“CPU 的运行时状态及其环境”；具体地说，上下文基本上等价于“CPU 寄存器内容和堆栈内容”。具体到 MIPS 体系结构上面，上下文主要包括通用上下文（主处理器上下文）、CP0 上下文（系统控制协处理器上下文）、CP1 上下文（浮点协处理器上下文，亦即 FPU 上下文）、CP2 上下文（具体到龙芯平台指的是多媒体协处理器上下文）和其他上下文（如 DSP 上下文和 Watch 上下文等）。上下文内容的切换模式有“立即模式”（Eager 模式）和“懒惰模式”（Lazy 模式）之分。每个进程必然使用的上下文，如通用上下文和 CP0 上下文，通常使用立即模式切换；而每个进程选择使用的上下文，如 CP1 上下文和 CP2 上下文，通常使用懒惰模式切换（当然也可以选择立即模式）。在立即模式下，prev 进程的上下文被保存到 prev 进程的 thread_struct，然后立即从 next 进程的 thread_struct 中恢复 next 进程的上下文。在懒惰模式下，prev 进程的上下文虽然同样会被保存到 prev 进程的 thread_struct，但不会立即从 next 进程的 thread_struct 中恢复 next 进程的上下文；直到 next 进程运行到需要相应上下文的时候，才会触发异常（比如“协处理器不可用”异常）并在异常处理程序里面恢复可选上下文。

理解原理以后再回来看 switch_to() 的代码就很容易了。CP1 上下文的切换总是使用懒惰模式，其保存和恢复函数分别是 lose_fpu() 和 own_fpu()[1]；CP2 上下文的切换可以根据 cop2_lazy_restore 的值来选择使用立即模式还是懒惰模式，其保存和恢复函数分别是 cop2_save() 和 cop2_restore()[2]；DSP 上下文的切换总是使用立即模式，其保存和恢复函数分别是 __save_dsp() 和 __restore_dsp()[3]；通用上下文和 CP0 上下文总是使用立即模式，具体实现在 resume() 函数当中。

核心中的核心是 resume() 函数，其原型定义是 task_struct *resume(task_struct *prev, task_struct *next, struct thread_info *next_ti)，为了实现上下文切换中的神奇操作，该函数使用的是汇编语言。resume() 函数的 3 个参数分别是 prev 进程、next 进程和 next 进程的 thread_info，返回值是 next 进程上下文中的 last 进程。

为了理解 resume() 函数，我们先考虑图 5-6 所示的一个场景：A 进程切换到 B 进程再到 C 进程再到 A 进程再到 B 进程再到 C 进程，总共发生了 5 次上下文切换。图中 prev 和 next 的取值是我们在各个进程上下文中的期望状态。

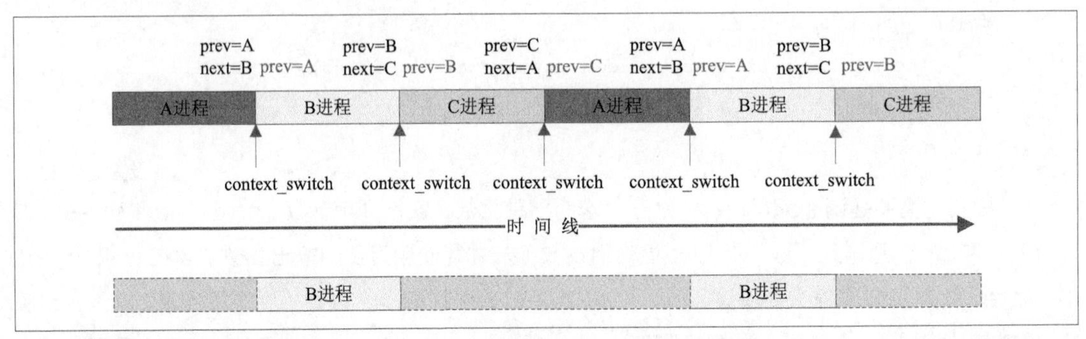

图 5-6 进程上下文切换示意图

那么实际状态是怎样的呢？让我们重点关注一下第 4 次上下文切换，这是一次从 A 进程到 B 进程的切换。在切换之前，prev = A，next = B，因此在 A 进程的上下文中，A 进程是可以通过 next 引用到 B 进程的，或者说 A 进程是能感知 B 进程的。而在切换之后，进入了 B 进程的上下文，此时 B 进程所记录的是上次离开 CPU 的状态，即 prev = B，next = C，可我们所期望的却是 prev = A。也就是说现在 B 进程丢失了对 A 进程的引用，不知道自己是从哪个进程切换过来的。如果将 schedule()/__schedule()/contex_switch() 理解成一个个普通的函数，prev 似乎总应该指向 A 进程，但是这些函数的神奇之处在于前半部分和后半部分实际上根本不属于同一个进程的上下文，因此在 B 进程的上下文当中并不能通过 prev 引用到 A 进程。对于一次完整的进程切换，next 进程必须有办法引用到 prev 进程才能完成一些善后收尾工作。为了解决这个问题，我们需要一个巧妙构造的 switch_to()，它带有一个叫作 last 的输出参数，将其传递到 context_switch()

---

1 这里保存 CP1 上下文用的是 lose_fpu() 的变体 lose_fpu_inatomic()，因为我们知道现在是处于原子上下文中；lose_fpu()/own_fpu() 内部实现保存 / 恢复的核心函数是 _save_fp()/_restore_fp()。注意：首次使用 FPU 的进程不能通过 own_fpu() 来恢复 lose_fpu() 保存的 CP1 上下文，而是通过 init_fpu() 来初始化一个 CP1 上下文。

2 龙芯的 CP2 上下文切换总是使用立即模式，但由于多媒体协处理器实际与 FPU 共享同一套寄存器，因此 cop2_save()/cop2_restore() 在龙芯上是空操作。

3 DSP 是可选指令集，因此在做上下文切换时需要用 cpu_has_dsp 来判断 CPU 是否支持 DSP；__save_dsp()/__restore_dsp() 有一套带条件判断的包装函数 save_dsp()/restore_dsp()。

函数中后半部分的 prev 指针；更需要一个精心设计的 resume() 函数，它可以在完成上下文切换的同时将原 prev 值返回给 last 变量。

龙芯的上下文切换与 MIPS R4000 兼容，因此龙芯版的汇编函数 resume() 定义在 arch/mips/kernel/r4k_switch.S 中，展开如下（有精简）。

```
        LEAF(resume)
        mfc0                    t1, CP0_STATUS
        LONG_S                  t1, THREAD_STATUS(a0)
        cpu_save_nonscratch a0
        LONG_S                  ra, THREAD_REG31(a0)
        move                    $28, a2
        cpu_restore_nonscratch a1
        PTR_ADDU                t0, $28, _THREAD_SIZE - 32
        set_saved_sp            t0, t1, t2
        mfc0                    t1, CP0_STATUS
        li                      a3, 0xff01
        and                     t1, a3
        LONG_L                  a2, THREAD_STATUS(a1)
        nor                     a3, $0, a3
        and                     a2, a3
        or                      a2, t1
#ifdef CONFIG_CPU_LOONGSON3
        or                      a2, ST0_MM
#endif
        mtc0                    a2, CP0_STATUS
        move                    v0, a0
        jr                      ra
        END(resume)
```

这里，A0 寄存器的初值是函数的第一个参数，即 prev 进程；A1 寄存器的初值是函数的第二个参数，即 next 进程；A2 寄存器的初值是函数的第三个参数，即 next 进程的 thread_info 指针。函数的前两行是将当前 CP0 硬件中的 Status 寄存器值取出来，保存到 prev 进程的 thread_struct::cp0_status 中。然后，通过 cpu_save_nonscratch 宏将大部分的通用上下文（S0~S7、SP 和 FP）保存到 prev 进程的 thread_struct::reg16~thread_struct::reg23、thread_struct::reg29 和 thread_struct::reg30 中，同时将 RA 寄存器的值保存到 prev 进程的 thread_struct::reg31 中。到此为止，GP 寄存器（$28）中的值一直是当前进程（即 prev 进程）的 thread_info 指针，因此之前的代码总是能够正确地访问到 prev 进程的上下文。现在 prev 进程的上下文已经保存完毕，于是通过 move 伪指令将 A2 寄存器的值，即 next 进程的 thread_info 指针复制到 GP 寄存器当中，之后的代码操作的就是 next 进程的上下文了。

GP 寄存器切换之后，首先通过 cpu_restore_nonscratch 宏恢复 next 进程的大部分通用上下文（S0~S7、SP 和 FP），然后计算栈顶指针并通过 set_saved_sp 保存到 kernelsp[] 数组。接下来的一段代码处理 next 进程的 CP0 上下文中的 Status 寄存器。其基本原则是中断有关的部分（Status.IM 和 Status.IE）取自当前 CP0 硬件中的 Status 寄存器，中断无关的部分取自 next 进程之前保存的 CP0 上下文（为了保证内核态多媒体指令可用，在龙芯上还要打开 ST0_MM 位）。最后，通过 move 伪指令把 A0 寄存器的值复制到 V0，保证返回值 last 指向正确的 prev 进程。

至此，龙芯 Linux 内核中有关进程管理的重要话题全部解析完毕。

5.5 其他话题

本章已经解析了 Linux 内核中进程描述、进程创建、进程销毁、进程调度等重要话题，但是对于内核的进程管理来说这些还远远谈不上全面覆盖。本节将补充几个常见的话题，但重在机理描述，不过多涉及代码细节。

5.5.1 CPU 负载

CPU 负载（CPU Load）和 CPU 利用率（CPU Usage）有区别也有联系。如果 CPU 的处理能力处于非饱和状态，那么意味着所有可运行的进程都能及时获得 CPU 资源，此时 CPU 负载就是 CPU 利用率，负载范围是 0 ~ 100%。如果 CPU 的处理能力处于过饱和状态，那么意味着一部分可运行的进程不能及时获得 CPU 资源而必须排队，此时 CPU 利用率已经是 100%，而 CPU 负载则超过 100%。只有实实在在的运行时间（running 时间）才会对 CPU 利用率有贡献（因此不超过 100%），而运行时间和可运行时间（runnable 时间）都会对 CPU 负载有贡献（因此可超过 100%）。这里说的 CPU 负载是“原始负载”，仅和进程的可运行时间有关，而调度器考虑的 CPU 负载通常还会考虑进程的负荷权重。这就意味着，同样多的可运行时间，调度器认为负荷权重高的进程贡献了更多的 CPU 负载，这样有利于让权重高的进程获得更多的 CPU 资源。

关于 CPU 利用率和 CPU 负载的直观感受可以通过图 5-7 中 top 命令的输出来了解。

```
top - 14:46:03 up 44 days,  4:20,  1 user,  load average: 0.03, 0.04, 0.05
Tasks: 204 total,   1 running, 187 sleeping,   3 stopped,  13 zombie
%Cpu(s):  0.0 us,  0.0 sy,  0.0 ni,100.0 id,  0.0 wa,  0.0 hi,  0.0 si,  0.0 st
KiB Mem:   8074588 total,  7937676 used,   136912 free,   745576 buffers
KiB Swap:  8364028 total,    51412 used,  8312616 free,  6120672 cached

  PID USER      PR  NI  VIRT  RES  SHR S  %CPU %MEM     TIME+  COMMAND
    1 root      20   0 15456  296  288 S   0.0  0.0   0:25.97 init
    2 root      20   0     0    0    0 S   0.0  0.0   0:00.19 kthreadd
    3 root      20   0     0    0    0 S   0.0  0.0   5:24.40 ksoftirqd/0
    5 root       0 -20     0    0    0 S   0.0  0.0   0:00.00 kworker/0:0H
```

图 5-7　top 命令的输出（包含 CPU 利用率和 CPU 负载）

此时 CPU 处于非常空闲的状态中，因此图 5-7 下半部分中每个进程的 CPU 利用率（%CPU 一列）都是 0.0。命令输出的第三行 %Cpu(s) 是 CPU 的全局利用率，其中包括了每种状态的时间所占用的百分比（其数据来源是内核导出的 /proc/stat 文件）。图中第一行的 load average 后面的 3 个数字分别是过去 1 分钟、5 分钟和 15 分钟的平均负载。

先来看看内核中 CPU 利用率的跟踪和计算，进程描述符里面有几个字段跟此有关。

```
struct task_struct {
    cputime_t utime, stime, utimescaled, stimescaled;
    cputime_t gtime;
    ……
};
```

这里 utime 和 stime 分别代表进程运行在用户态和内核态的累积时间，utimescaled 和 stimescaled 是这两个时间根据 CPU 频率进行缩放的结果。如果进程是一个表征虚拟机中虚拟 CPU 的 VCPU 进程，则 gtime 代表进程的客户机时间（Guest OS 运行的时候，时间计入 VCPU 进程的 gtime，Host OS 运行的时候，时间计入 VCPU 进程的 utime/stime）。

接下来看看 CPU 的运行状态划分，其代码定义如下。

```
enum cpu_usage_stat {
    CPUTIME_USER,
    CPUTIME_NICE,
    CPUTIME_SYSTEM,
    CPUTIME_SOFTIRQ,
    CPUTIME_IRQ,
    CPUTIME_IDLE,
    CPUTIME_IOWAIT,
    CPUTIME_STEAL,
    CPUTIME_GUEST,
    CPUTIME_GUEST_NICE,
    NR_STATS,
};
struct kernel_cpustat {
    u64 cpustat[NR_STATS];
};
DECLARE_PER_CPU(struct kernel_cpustat, kernel_cpustat);
```

内核维护了一个每 CPU 数组 kernel_cpustat，里面记录了 10 种状态的累积时间。这 10 种状态分别如下。

- CPUTIME_USER：普通用户态，对应 top 命令中的 us 态。
- CPUTIME_NICE：降权用户态，对应 top 命令中的 ni 态。

○ CPUTIME_SYSTEM：普通系统态，对应 top 命令中的 sy 态。

○ CPUTIME_SOFTIRQ：软中断态，对应 top 命令中的 si 态。

○ CPUTIME_IRQ：硬中断态，对应 top 命令中的 hi 态。

○ CPUTIME_IDLE：普通空闲态，对应 top 命令中的 id 态。

○ CPUTIME_IOWAIT：I/O 等待态，对应 top 命令中的 wa 态。

○ CPUTIME_STEAL：偷盗态，对应 top 命令中的 st 态。

○ CPUTIME_GUEST：普通客户态，未在 top 命令中显示。

○ CPUTIME_GUEST_NICE：降权客户态，未在 top 命令中显示。

这些状态的分类如图 5-8 所示。

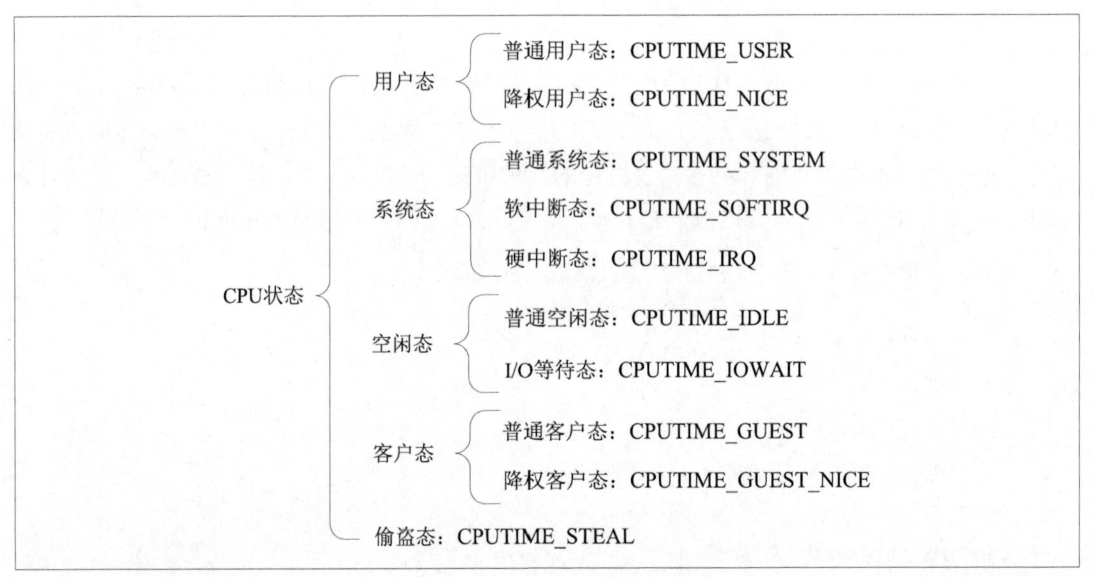

图 5-8　CPU 状态分类

这些状态分类的来龙去脉和设计目的是什么呢？我们从 CPU 开始介绍。MIPS 的设计规范里面包括 3 种执行模式：K（内核态）、S（管理态）和 U（用户态）。因为 Linux 没有使用管理态，所以实际使用的 CPU 硬件层面的状态有内核态和用户态两种。软件层面的用户态就是硬件层面的用户态，而软件层面的系统态就是硬件层面的内核态。那么空闲态又是什么呢？其实就是 0 号进程（Idle 进程）执行时所处的状态。由于 0 号进程是内核线程，因此空闲态硬件层面也属于内核态，只不过为了方便计算 CPU 利用率就把空闲态独立了出来（0 号进程执行的时候代表 CPU 空闲，有充足的资源执行有效工作）。

如果是不启用虚拟机的本征环境（Native 环境），软件层面的 CPU 状态就是用户态、系统态和空闲态三大类了。这三大类状态又有以下不同的细分。

1．用户态分为普通用户态和降权用户态。普通用户态指的是处于正常优先级或者高于正常优先级的用户态（优先级范围 100 ~ 120），而降权用户态指的是低于正常优先级的用户态（优先级范围 121 ~ 139，因 nice 值为正数而得名）。

2．系统态分为普通系统态、软中断态和硬中断态，指代硬件处于内核态，而执行上下文分别处于非空闲进程上下文、软中断上下文和硬中断上下文的 3 种子状态（通过当前进程的抢占计数器区分子状态）。

3．空闲态分为普通空闲态和 I/O 等待态。普通空闲态指的是 CPU 和外设都没有有效工作的“真”空闲状态，而 I/O 等待态指的是因外设太慢 CPU 不得不等待 I/O 完成的“假”空闲状态（判断是不是 I/O 等待态的标志是运行队列的 nr_iowait 是否为 0，如果有进程通过 io_schedule()/io_schedule_timeout() 发起自愿调度则 nr_iowait 大于 0）。

在本征环境中，CPU 利用率的计算方法为

CPU 利用率 =（用户态时间 + 系统态时间）/（用户态时间 + 系统态时间 + 空闲态时间）

启用虚拟机以后，一台计算机上就会出现主机操作系统（Host OS）和客户机操作系统（Guest OS）。Host OS 运行在真实的机器上，而 Guest OS 运行在虚拟机上。以 Linux 内建的 KVM 虚拟机为例，通常 Guest OS 里面的每个虚拟 CPU（VCPU）都会映射到 Host OS 里面的一个进程，也就是前面提到的 VCPU 进程（严格来说是 VCPU 内核线程）。Host OS 可以和多个 Guest OS 同时运行，这就引入了客户态和偷盗态两类新的 CPU 状态。

1． Guest OS 的虚拟 CPU 映射到 Host OS 的 VCPU 进程，因此 VCPU 进程的运行时间除了一些管理工作属于 Host OS 以外，大部分都理应计入 Guest OS。于是从 Host OS 的视角来看，VCPU 进程的运行时间划分成系统态和客户态两部分，前者计入 Host OS 运行时间，后者计入 Guest OS 运行时间。VCPU 进程跟普通进程一样可以设置优先级，因此客户态也包括普通客户态和降权客户态两种子状态。

2．偷盗态则是从 Guest OS 视角引入的。Guest OS 假定自己是独占物理 CPU 的，但事实上并不成立，因此在统计上就会出现问题。对一个特定的 Guest OS 来说，Host OS 与其他 Guest OS 运行的时间不属于自己，其具体表现就像是被偷走了一部分时间，这部分时间就被归入偷盗态（Guest OS 主动出让 CPU 资源的归入空闲态，被强制剥夺 CPU 资源的才归入偷盗态）。

偷盗态是从 Linux-2.6.11 版本开始引入的，客户态是从 Linux-2.6.24 版本开始引入的，降权客户态是从 Linux-2.6.33 版本开始引入的。在引入之前，偷盗态和客户态分别被处理成 Guest OS 的系统态和 Host OS 的系统态。在这两种引入之后，Host OS 计算 CPU 利用率时一般会将客户态处理成用户态，而 Guest OS 计算 CPU 利用率时一般会将偷盗态处理成系统态。

看完了 CPU 利用率再来看 CPU 负载。top 命令中的 load average 采用的是一种非常粗粒度的负载计算方法：把所有处于可运行状态的（TASK_RUNNING）进程数和处于不可中断睡眠状态（TASK_KILLABLE 和 TASK_UNINTERRUPTIBLE）的进程数加起来即可。先不谈计量的精确性，top 命令中的负载实际上是 CPU 负载和 I/O 负载的混合体，因为只有可运行状态的进程才真正对 CPU 负载有贡献，不可中断睡眠主要反映的是 I/O 负载。因此，top 命令给出的负载水平仅供参考。

调度器考虑的纯粹是 CPU 的负载。在 Linux-3.8 版本引入 PELT 机制（Per-Entity Load Tracking，每实体负载跟踪）之前，一个 CPU 的负载就是其队列上所有调度实体的负荷权重总和。相比于 top 命令中的进程数总和，采用负荷权重总和来表示 CPU 负载是有进步的，因为它认为权

重高的进程对 CPU 负载贡献大，所以在调度的时候高优先级的进程（优先级高则权重高）能够有机会获得更多的 CPU 资源。但单纯采用负荷权重总和也有其局限性：CPU 密集型的进程显然应该比 I/O 密集型进程有更大的 CPU 负载贡献。

PELT 跟踪每个调度实体的 CPU 负载，而运行队列的总 CPU 负载是所有调度实体的 CPU 负载的总和。PELT 的计算方法相对科学，因为它会同时考虑到调度实体的 CPU 利用率和负荷权重。然而，Linux-3.8 版本使用的第一版 PELT 存在一定缺陷，主要是对运行队列的总负载计算不是原子性的，因此会造成一些局部失真。从 Linux-4.3 版本开始重新设计了第二版 PELT，解决了第一版存在的问题并且优化了性能，Linux-5.4.x 版本与之基本相同。

第二版 PELT 的基本原理如下。

1．设置 1024 微秒（约 1 毫秒，使用 1024 而不是 1000 是为了方便移位运算）为观察周期，统计每个调度实体在一个周期内的 CPU 使用状况，注意此处统计的是调度实体处于 TASK_RUNNING 状态的时间（也就是说，包括可运行时间和真正的运行时间）。这个 CPU 使用状况就是调度实体在一个观察周期内的原始 CPU 负载。

2．整个历史上每个观察周期内的 CPU 负载都对平均 CPU 负载有贡献，但只有当前观察周期的贡献度是 100%，历史观察周期的贡献度是随着时间衰减的。我们定义衰减因子 y，y 的取值满足 y^32 = 0.5。也就是说，y 是 0.5 的 32 次方根，32 个周期以前的负载贡献与当前周期相比要衰减一半。于是，平均负载 L 的计算方法是

$$L = L0 + L1 \cdot y + L2 \cdot y^2 + L3 \cdot y^3 + \cdots + L32 \cdot y^{32} + \cdots$$

其中，L0 是当前观察周期的负载，L1 是上一个观察周期的负载，依此类推。

3．要考虑负荷权重对 CPU 负载的不同贡献，原始 CPU 负载根据负荷权重进行比例缩放后得到最终的 CPU 负载。

PELT 所使用的一个主要数据结构是 CPU 负载因子 struct sched_avg，其定义在 include/linux/sched.h 中，主要内容如下。

```
struct sched_avg {
    u64 load_sum;
    u64 runnable_load_sum;
    u32 util_sum;
    unsigned long load_avg;
    unsigned long runnable_load_avg;
    unsigned long util_avg;
    ......
};
struct sched_entity {
    struct sched_avg avg;
    ......
```

```
};
struct cfs_rq {
    struct sched_avg avg;
    ......
};
```

调度实体 CPU 负载因子里的 load_sum 就是该实体整个历史上的可运行时间总和（衰减因子作用下的总和），load_avg 就是该实体的平均 CPU 负载（整个历史上的原始 CPU 负载在衰减因子与负荷权重共同作用下的结果）。调度实体 CPU 负载因子里面的 util_sum 与 load_sum 类似，其区别是 util_sum 是调度实体真正运行的时间（不包括可运行的排队时间）；util_avg 与 load_avg 类似，其区别是 util_avg 只统计调度实体真正运行的时间并且不需要根据负荷权重进行缩放。CFS 运行队列的 CPU 负载因子则是队列上所有实体的 CPU 负载因子总和。

运行队列是动态变化的，随时可能有实体入队或出队。平均负载考虑了历史因素，因此一些处于睡眠状态的进程也会对 CFS 运行队列的 CPU 负载因子有所贡献。CFS 运行队列中 CPU 负载因子的 runnable_load_sum 和 runnable_load_avg 分别是 CPU 负载因子的 load_sum 和 load_avg 中仅由可运行进程贡献的部分（在 Linux-4.15 版本之前，runnable_load_sum 和 runnable_load_avg 直接记录在 cfs_rq 中）。

在 Linux-5.3 版本之前，调度器最终评估的 CPU 负载水平用的是通用运行队列 rq 中的 cpu_load[] 数组。

```
struct rq {
    #define CPU_LOAD_IDX_MAX 5
    unsigned long cpu_load[CPU_LOAD_IDX_MAX];
    ......
}
```

该数组一共有 5 项，每个时钟节拍更新一次（龙芯一般配置成 HZ=256，因此一个时钟节拍约 4 毫秒）。cpu_load[0] 是当前节拍的 CPU 负载水平，cpu_load[1] 是上一个时钟节拍的 CPU 负载水平，依此类推。在内核启动阶段，start_kernel() 会通过 sched_init() 将每个 CPU 的 cpu_load[] 数组初始值赋为 0（参阅第 2 章）。在运行过程中，一般每个时钟节拍都会在 scheduler_tick() 中通过 __update_cpu_load() 更新一次 cpu_load[] 数组。更新时，当前节拍的 CPU 负载水平 cpu_load[0] 等于 CFS 运行队列中可运行进程贡献的平均 CPU 负载（cfs_rq::runnable_load_avg）[1]，cpu_load[1] ~ cpu_load[4] 则是各自旧值与当前 cpu_load[0] 按一定比例混合的结果。

- cpu_load[1]=(cpu_load[1]*(2-1)+cpu_load[0])/2：旧值贡献 1/2，cpu_load[0] 贡献 1/2。
- cpu_load[2]=(cpu_load[2]*(4-1)+cpu_load[0])/4：旧值贡献 3/4，cpu_load[0] 贡献 1/4。
- cpu_load[3]=(cpu_load[3]*(8-1)+cpu_load[0])/8：旧值贡献 7/8，cpu_load[0] 贡

1 在使用 PELT 机制之前，cpu_load[0] 会直接等待 rq 中 load.weight 的值，即运行队列中所有调度实体的负荷权重总和。

献 1/8。

○ cpu_load[4]=(cpu_load[4]*(16-1)+cpu_load[0]/16：旧值贡献 15/16，cpu_load[0] 贡献 1/16。

内核在 CPU 之间进行负载均衡操作的时候，主要考虑的就是 cpu_load[] 数组中记录的 CPU 负载水平。

旧版内核之所以使用 cpu_load[] 数组，主要是因为该数组考虑了历史贡献和衰减效应，变化相对平稳。但是，自从 PELT 机制引入以后，CPU 负载因子（struct sched_avg）中记录的平均 CPU 负载水平本来就是考虑了历史贡献和衰减效应的，在 cpu_load[] 里面再处理一遍只会带来额外的复杂度而并没有太大的实际意义。因此，现在 Linux-5.4.x 版本内核在 CPU 之间进行负载均衡操作的时候，直接考虑 cpu_runnable_load() 就可以了，该函数返回的是 CFS 运行队列中可运行进程贡献的平均 CPU 负载（cfs_rq::avg::runnable_load_avg），相当于旧内核的 cpu_load[0]。

5.5.2 调度域与调度组

在讨论调度域和调度组之前先看一个 Linux 内核中最完整的 CPU 拓扑结构定义。图 5-9 是 Linux 内核中预设的 CPU 拓扑结构示意图。

在现在 CPU 其实是一个很有歧义的词，它可以是一个线程、一个核、一个物理芯片或者是一个 NUMA 节点。我们来看一看这个复杂的拓扑结构图是如何一步步发展起来的。

1. 在最早的单核单线程处理器时代，CPU 是没有歧义的，就是一个物理上的处理器芯片，里面只有一个核、一个线程。这个处理器芯片称为一个物理 CPU，物理 CPU 在不同的场合有不同的叫法，比如一个封装（Package）、一个芯片单元（DIE）或者一个座（Socket），其含义都是一样的。

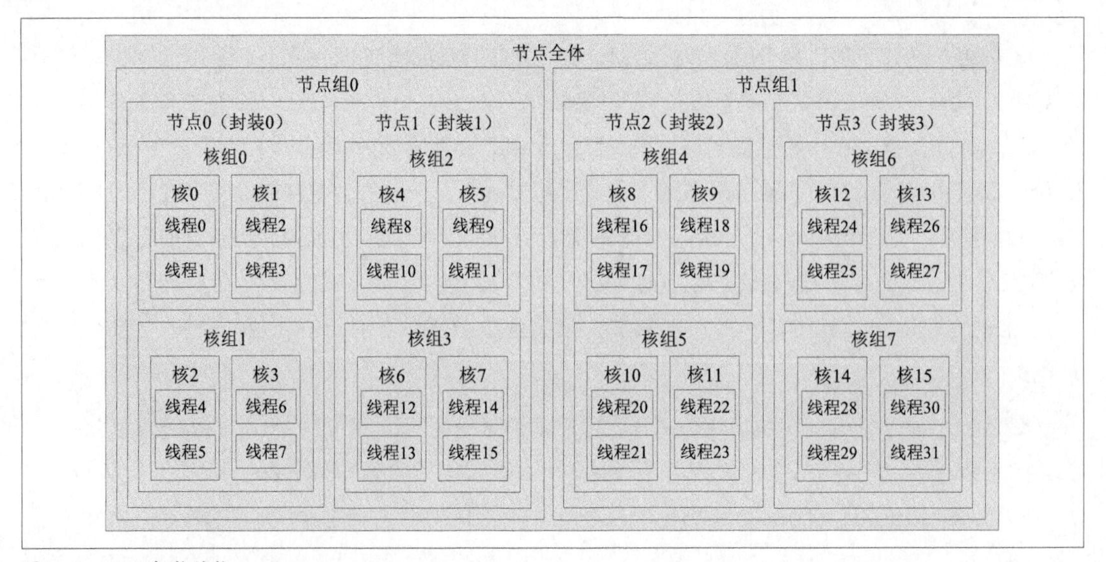

图 5-9 CPU 拓扑结构

2. 后来出现了同时多线程技术（Symmetric Multi-Threading，SMT，在 Intel 的术语中称为 HT，全称是 Hyper-Threading），一个处理器芯片里面可以包括多个线程（Thread，注意不是进程管理里面所称的线程）。SMT 是一种出现最早的 CPU 并行技术，线程之间共享执行流水线，但是每个线程有一套自己的寄存器，因此在软件层面看起来是两个 CPU。这时候，一般称一个线程为一个逻辑 CPU，把整个处理器芯片称为物理 CPU。

3. 后来又出现了多核（Multi-Core，MC）技术。多个处理器核（Core）之间会共享最后一级 Cache（Last Level Cache，LLC），但是每个核有自己完整的执行流水线和寄存器。因此，处理器核之间共享的资源要比多线程之间少，因而独立性要比多线程之间更强。处理器可以仅使用多线程、仅使用多核或者既使用多线程也使用多核。这时候，一般最低级的执行单元（可能是线程也可能是核）称为逻辑 CPU，整个处理器芯片称为物理 CPU。

4. 随着多核的核数变多，后来的多核处理器不一定再继续使用共享最后一级 Cache 的设计，这时候又会划分出核组（Core-Group，有时也叫簇，即 Cluster）。一个处理器芯片可以包括多个核组，一个核组内部共享最后一级 Cache，但是核组之间不共享。

5. 以上都是处理器芯片内的 CPU 并行技术，除此之外还有芯片间的并行技术。通常每个芯片有自己的内存控制器和内存总线，因此属于 NUMA 架构（主动维护 Cache 一致性的 NUMA 称为 CC-NUMA）。NUMA 的组成单元是节点（Node），早期的 NUMA 节点一般就是一个处理器芯片（Node = DIE）。但是现在处理器芯片越做越大，可以在芯片内部包含一个或多个节点（Node <= DIE）。比如龙芯 3A 一个芯片包含一个节点，而龙芯 3B 一个芯片包含两个节点。

6. NUMA 的规模可以很大，因此整个系统内的节点又可以分组（Node-Group）。分组的依据是“节点间距离”，即跨节点的访存代价。节点内访存最快，节点组内的跨节点访存次之，跨节点组访存最慢。在 Linux-3.5 版本之前，内核只支持一级节点组划分，Linux-3.5 及更新版本的内核支持多级的节点组划分（一个大的节点组包含若干个小的节点组）。

总结如下，整个处理器域（节点全体）可以包含若干个节点组，节点组可以包含若干个节点，节点一般等于封装，节点（封装）可以包含若干个核组，核组可以包含若干个核，核可以包含若干个线程。用英文术语表达就是 AllNodes > Node-Group > Node ≈ Package/DIE/Socket > Core-Group/Cluster > Core > Thread[1]。图 5-9 的处理器域包括两个节点组，每个节点组包括两个节点（封装），每个封装包括两个核组，每个核组包括两个核，每个核包括两个线程。在一台计算机里面，并不是每个层级都必须具备的。不管拓扑结构如何，最基本的那一级处理单元就是常说的逻辑 CPU，而通常 Linux 内核里面不加说明的 CPU 就代表逻辑 CPU。

在充分认识了 CPU 拓扑结构以后，调度域和调度组就很容易理解了。调度域就是 CPU 拓扑中某一层级里面，与某个逻辑 CPU 关联（该 CPU 称为主权 CPU）的所有逻辑 CPU 的集合；调度组就是某一层级调度域中所包括的下级实体（一个逻辑 CPU 的集合）。尽管两者都有一定程度上的“CPU 集合”概念，但调度域和调度组是有区别的。调度域是一个有主的容器，调度组是容器中的实体内容；调度域允许重叠交叉，调度组不允许重叠交叉；一个调度域包含一个或多个调

1 S390/S390X 架构比较特殊，在 Package 和 Core-Group 之间还有一级叫 BOOK。

度组，一个调度组从属于一个或多个调度域（大多数情况下一个调度组只从属于一个调度域，但多级 NUMA 节点组有时候结构复杂，允许重叠）；同属于一个逻辑 CPU 的各级调度域通过 parent/child 指针组织成双向链表，同一级调度域的所有调度组通过 next 指针形成一个单向链表。一句话概括：从一个主权 CPU 出发，该 CPU 在每个拓扑层级拥有一个调度域（每个调度域覆盖一个目标 CPU 集合），该调度域拥有若干个调度组（每个调度组包含一个目标 CPU 集合）。

调度域和调度组所使用的主要数据结构如下。

```
struct sched_domain {
    struct sched_domain __rcu *parent;
    struct sched_domain __rcu *child;
    struct sched_group *groups;
    unsigned long span[0];
    ......
}
struct sched_group {
    struct sched_group *next;
    unsigned long cpumask[0];
    ......
};
struct sd_data {
    struct sched_domain **__percpu sd;
    struct sched_group **__percpu sg;
    ......
};
struct sched_domain_topology_level {
    sched_domain_mask_f mask;
    struct sd_data         data;
    ......
};
```

调度域就是 struct sched_domain。由于同一个逻辑 CPU 的调度域组织成双向链表，因此 sched_domain 有指向父域的指针 parent 和子域节点链表 child。调度域包含若干个调度组，这些调度组组织在 groups 中。调度域所覆盖的逻辑 CPU 集合就是 span。

调度组就是 struct sched_group。其中 next 是指向同一个调度域中的下一个调度组，cpumask 是调度组所包含的逻辑 CPU 集合。

调度域的一个拓扑结构层级由 struct sched_domain_topology_level（简称 SDTL）描述。其中，mask 是一个函数指针，用于获取该层级调度域的 CPU 集合；而 data 是一个类型为 sd_data 的数据结构，里面包括一个每 CPU 数组 sd（该层级每个主权 CPU 所拥有的调度域）和一个每 CPU 数组 sg（该层级每个 CPU 所归属的调度组）。

缺省的 CPU 拓扑结构是 default_topology[] 数组，其定义如下。

```
static struct sched_domain_topology_level default_topology[] = {
#ifdef CONFIG_SCHED_SMT
    { cpu_smt_mask, cpu_smt_flags, SD_INIT_NAME(SMT) },
#endif
#ifdef CONFIG_SCHED_MC
    { cpu_coregroup_mask, cpu_core_flags, SD_INIT_NAME(MC) },
#endif
    { cpu_cpu_mask, SD_INIT_NAME(DIE) },
    { NULL, },
};
```

可见，缺省拓扑只描述了线程域/线程组（SMT）、多核域/多核组（MC）和封装域/封装组（DIE）3 个层级，而芯片以上的 NUMA 层级（各种级别的节点域 / 节点组）是根据每种体系结构所定义的 NUMA 距离矩阵动态构建的。

综上所述，每个逻辑 CPU 在每一个拓扑层级都关联了一个调度域和调度组。从调度域的角度看，一个主权 CPU 拥有一个调度域，但一个逻辑 CPU 可以被同一层级的多个调度域覆盖（覆盖范围并不仅仅是主权 CPU）；从调度组的角度看，一个逻辑 CPU 只可以被同一层级的一个调度组包含。图 5-10 描述了图 5-9 中一个节点（节点 0，包括 1 个封装、2 个核组、4 个核、8 个线程）的调度域和调度组结构。

图 5-10 的左边部分是同一个主权 CPU 的各级调度域的父子双向链表关系（其中 NUMA 节点组只画了一个层级，而实际上允许更多的层级），右边部分是各级调度域所包含的调度组。上级调度域必须是下级调度域的超集，而在 NUMA 层级里面，一个物理封装内部可以包含多个 NUMA 节点（比如龙芯 3B），如何解决这个问题呢？其实，内核在构建调度域的时候，封装域所覆盖的逻辑 CPU 范围实际上是当前节点所包含的 CPU，而不是真正的当前物理封装所包含的 CPU（可参阅 cpu_cpu_mask() 函数的具体实现）。因此，虽然封装域在代码里面的名称确实是 DIE，但将其称为节点域更加符合事实。

现在已经将 CPU 拓扑结构、调度域和调度组的概念阐述得非常清楚了，那么它们到底有什么用呢？其实调度域和调度组的设计主要用于 CPU 负载均衡。CPU 负载均衡的含义是最大化全局性能，使各个 CPU 的负载维持在一个基本相同的水平。负载均衡的时候必然牵涉到进程迁移（从相对繁忙的逻辑 CPU 迁移到相对空闲的逻辑 CPU），而进程迁移是有代价的，这种代价就是性能损失。逻辑 CPU 之间共享的资源越少，迁移的代价就越大。也就是说，线程组内的迁移代价最小（共享流水线、高速缓存和内存通道），多核组内的迁移代价次之（共享高速缓存和内存通道），封装组内再次（共享内存通道），而跨 NUMA 节点的代价通常是很大的。于是，负载均衡时优先考虑低级调度域内部的均衡（在同一级调度域的各个调度组之间比较负载，如果负载相差过大就迁移进程），然后再逐级往上用同样的方式操作每一级调度域，直到最终达到全局的负载均衡。

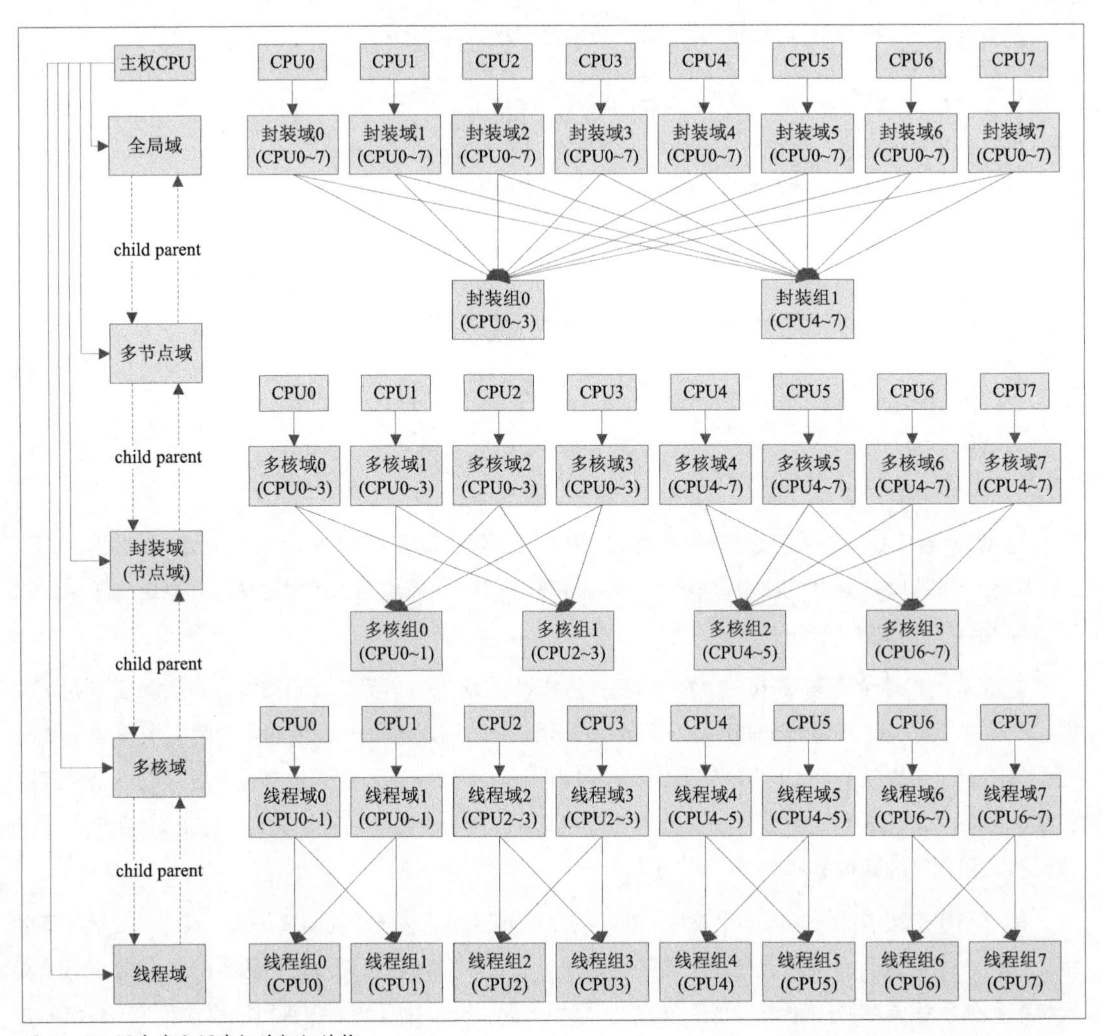

图 5-10　调度域和调度组的组织结构

5.5.3　NUMA 均衡调度

现在我们已经知道，在 NUMA 架构里面，CPU 访问本地节点的内存很快，访问远程节点的内存很慢。那么，要如何提高性能呢？可以肯定的是，进程和进程所使用的内存位于同一个节点时是最好的，这就是 NUMA 均衡调度（NUMA Balancing）的出发点。在深入理解 NUMA 均衡调度之前，我们先要知道以下一些基本事实。

1. 内核的可执行代码和静态数据大都放置在 0 号节点上面。

2. 绝对保证“进程与内存位于同一节点”几乎是做不到的。原因主要有几点：节点可以无内存，可执行文件和动态链接库会被多个进程共享，进程间通信会使用共享内存，CPU 负载均衡机制会让进程在不同节点之间来回迁移。

3. 各种内存分配函数都有一个可以指定 NUMA 节点号的版本，如果使用不指定节点号的版本或者指定为 NUMA_NO_NODE，则会根据预设的 NUMA 内存分配策略来分配，NUMA 策略有以下几种。

- MPOL_LOCAL：优先在本地节点上内存分配，如果失败就降低要求在最接近的节点上分配，功能上等同于 MPOL_DEFAULT（默认策略）。
- MPOL_PREFERRED：优先在指定节点上内存分配，如果失败就降低要求在最接近的节点上分配。
- MPOL_BIND：必须在指定节点上内存分配，如果失败就将错误返回给调用者。
- MPOL_INTERLEAVE：在指定的节点上交错内存分配，尽量保证均匀分布。

内核启动完成以后，默认的策略是 MPOL_DEFAULT，也就是优先在本地节点上分配。但是可以通过 numactl 等命令进行运行时修改，每个进程甚至每个进程的 VMA 都可以有不同的策略（优先使用 VMA 的策略，其次使用进程的策略，最后使用全局缺省策略）。

因此，单纯的内存管理方法和进程调度方法无法达到“进程与其使用的内存位于同一节点”的效果，因此 NUMA 均衡调度必然是一种横跨内存管理和进程管理的复合机制。

NUMA 均衡调度的基本原理是很简单的，即“扫描标记 + 内存迁移 + 进程迁移”，分别介绍如下。

扫描标记： 周期性扫描进程的 VMA 并将页表项的权限设置为 PAGE_NONE，意味着该页将不可读、不可写、不可执行，并且 PN 位（即 _PAGE_PROTNONE 位，见 4.4 节页表权限位的介绍）置位。

内存迁移： 进程访问到权限为 PAGE_NONE 的页时会触发缺页异常，处理这个缺页异常时，如果发现页表中 PN 位置位，则根据 VMA 的权限位来恢复页表的正常权限位。然后，根据一系列规则来判断该页是否处于合适的 NUMA 节点上，如果不是，则迁移到合适的节点。这种 PN 位置位的缺页异常不同于传统意义上的缺页异常，特称为带 NUMA 提示的缺页异常（NUMA Hinting Fault，可简称为 NUMA 缺页或 NUMA Fault）。

进程迁移： 内存迁移（让内存跟着进程跑）相对来说代价较大，只有在非常必要的时候才会使用。相比之下进程迁移代价较小，因此调度器考察进程的内存分布以后，如果发现进程与其使用的大部分内存不在同一 NUMA 节点时，就会迁移进程（让进程跟着内存跑）。

实际情况比这要复杂一点，我们一步步来分析，先从数据结构设计开始。

页描述符中的 flags 字段被复用了，在龙芯上面除了低位部分的 22 个标志以外，高位部分包括区段编号（Section ID）、节点编号（Node ID）、管理区编号（Zone ID）和 CPUPID 标识等。有关常量的定义如下（64 位龙芯、启用稀疏内存模型和 NUMA 均衡调度的结果）。

```
#define ZONES_SHIFT          1
#define ZONES_WIDTH          ZONES_SHIFT
#define SECTIONS_SHIFT       (MAX_PHYSMEM_BITS - SECTION_SIZE_BITS)
#define SECTIONS_WIDTH       SECTIONS_SHIFT
#define NODES_WIDTH          NODES_SHIFT
```

```
#define LAST__PID_SHIFT         8
#define LAST__PID_MASK          ((1 << LAST__PID_SHIFT)-1)
#define LAST__CPU_SHIFT         NR_CPUS_BITS
#define LAST__CPU_MASK          ((1 << LAST__CPU_SHIFT)-1)
#define LAST_CPUPID_SHIFT       (LAST__PID_SHIFT+LAST__CPU_SHIFT)
#define LAST_CPUPID_WIDTH       LAST_CPUPID_SHIFT
```

由于龙芯上配置最大 CPU 数（NR_CPUS）为 16，节点位移（NODES_SHIFT）为 6，物理地址空间位数（MAX_PHYSMEM_BITS）为 48，稀疏内存模型中的区段位数（SECTION_SIZE_BITS）为 28。得到的结果是区段编号位宽（SECTIONS_WIDTH）为 20，节点位宽（NODES_WIDTH）为 6，管理区位宽（ZONES_WIDTH）为 1，CPUPID 标识位宽（LAST_CPUPID_WIDTH）为 12。最后的 flags 布局如图 5-11 所示。

63　　　44	43　　　38	37　　36	36　　　25	24　　　22	21　　　0
20位区段编号（Section ID）	6位节点编号（Node ID）	1位管理区编号（Zone ID）	12位CPUPID标识	未使用	权限标志

图 5-11　页描述符中 flags 字段的位域功能定义

权限标志在第 4 章中已有介绍，而区段编号、节点编号和管理区编号是用来描述页帧归属地的。我们这里的重点是 CPUPID 标识，它是 NUMA 均衡调度引入的一个概念，将最近访问该页帧的逻辑 CPU 和进程 PID 打包成一个 12 位的整数，描述页帧的使用者。有关的几个 API 定义如下。

1. 通过 CPU 和 PID 构造 CPUPID 标识

```
static inline int cpu_pid_to_cpupid(int cpu, int pid)
{
    return ((cpu & LAST__CPU_MASK) << LAST__PID_SHIFT) | (pid & LAST__PID_MASK);
}
```

2. 通过 CPUPID 标识获取 PID

```
static inline int cpupid_to_pid(int cpupid)
{
    return cpupid & LAST__PID_MASK;
}
```

3. 通过 CPUPID 标识获取 CPU 编号

```
static inline int cpupid_to_cpu(int cpupid)
{
    return (cpupid >> LAST__PID_SHIFT) & LAST__CPU_MASK;
}
```

4. 通过 CPUPID 标识获取节点编号

```
static inline int cpupid_to_nid(int cpupid)
{
    return cpu_to_node(cpupid_to_cpu(cpupid));
}
```

> **注意：**
> CPUPID 标识中只打包了 PID 的低 8 位而不是完整的 PID。

有了 CPUPID 标识，我们就能够获得一个页帧最近的用户了，但是 NUMA 均衡调度还需要在进程描述符中加入更多的信息。

```
struct task_struct {
#ifdef CONFIG_NUMA_BALANCING
    unsigned int numa_scan_period;
    unsigned int numa_scan_period_max;
    int numa_preferred_nid;
    struct callback_head numa_work;
    struct numa_group __rcu *numa_group;
    unsigned long *numa_faults;
    unsigned long numa_faults_locality[3];
#endif
    ……
};
enum numa_faults_stats {
    NUMA_MEM = 0,
    NUMA_CPU,
    NUMA_MEMBUF,
    NUMA_CPUBUF
};
static inline int task_faults_idx(enum numa_faults_stats s, int nid, int priv)
{
    return NR_NUMA_HINT_FAULT_TYPES * (s * nr_node_ids + nid) + priv;
}
```

在进程描述符中 NUMA 均衡调度主要引入了扫描周期（numa_scan_period 与 numa_scan_period_max 字段），最佳运行节点（numa_preferred_nid 字段），NUMA 组（numa_group 字段），缺页异常分布情况（numa_faults 字段）和缺页异常本地性（numa_faults_locality[] 字段）。

1. NUMA 均衡调度的“扫描标记”是周期性进行的，进程的扫描周期长度为 numa_scan_period 并且运行时会动态调整，但调整的上限由 numa_scan_period_max 字段指定。扫描周期的最小值和最大值可通过 sysctl 命令改变，在内核中由 sysctl_numa_balancing_scan_period_min 和 sysctl_numa_balancing_scan_period_max 两个全局变量记录，其缺省值分别为 1000 毫秒（1 秒）和 60 000 毫秒（1 分钟）。每次扫描的地址空间最大范围也可通过 sysctl 命令改变，在内核中由全局变量 sysctl_numa_balancing_scan_size 记录，缺省值为 256 MB。

2. NUMA 均衡调度在进行进程迁移时，其目标节点就是最佳运行节点，即 numa_preferred_nid 字段。

3. NUMA 组是共享内存页的一组（可执行文件和动态链接库被大规模共享，不适合用来构建 NUMA 组，因此这里的共享内存主要是可写的数据内存页）进程，如果这些进程分布在不同的节点上，那么被共享的那些内存页不管怎么迁移都无法满足所有进程的需求，因此 NUMA 均衡调度将试图将同一个 NUMA 组内的进程放置在同一个节点上。

4. NUMA 均衡调度使用了周期性扫描标记机制，因此缺页异常分布情况可以用来描述一个进程所使用的内存在各个节点上的分布。numa_faults 字段的内容实际上是一个计数器构成的三维数组：第一维是 NUMA 节点，有多少个节点就有多少“段”；第二维是内存类型，分共享内存和私有内存两种类型，因此一段里面有两“行”；第三维是统计方式，一共有 NUMA_MEM、NUMA_CPU、NUMA_MEMBUF 和 NUMA_CPUBUF 这 4 种统计方式，因此一行里面有四“项”。NUMA_MEMBUF 和 NUMA_CPUBUF 分别是当前观察周期的内存统计项和当前观察周期的 CPU 统计项，NUMA_MEM 和 NUMA_CPU 是考虑历史情况的平均内存统计项和平均 CPU 统计项。给定一种统计方式 s、一个节点编号 nid 和内存类型 priv，可以用 task_faults_idx() 函数来计算计数器数组中的特定统计项的索引。进程描述符中 numa_faults[] 数组的内部结构示意可参阅图 5-12。

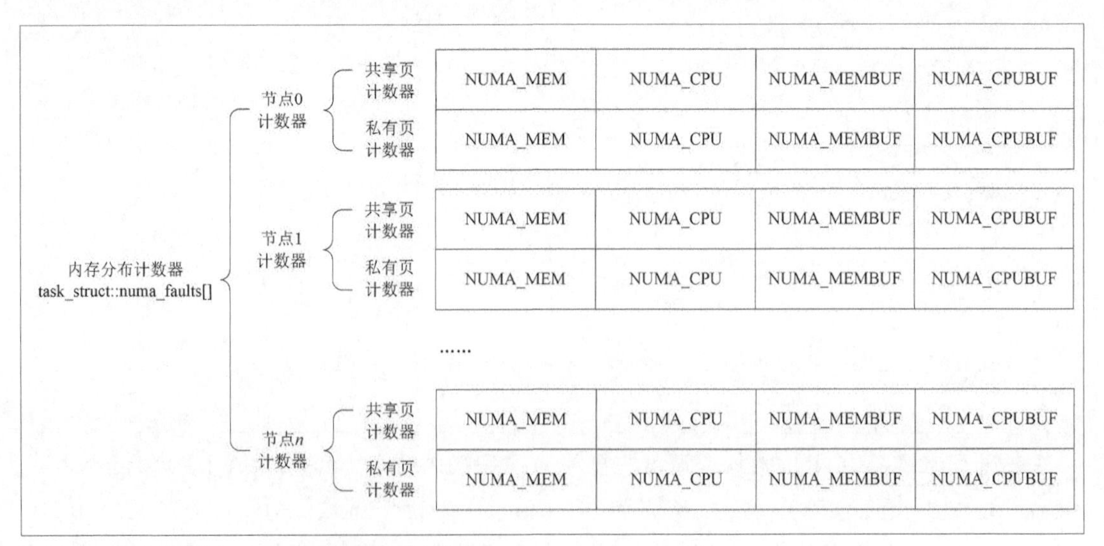

图 5-12　进程描述符中 numa_faults[] 数组的内部结构

可以通过一个例子来说明缺页异常分布情况的使用方法：节点 0 上的进程发生了一次 NUMA

缺页，页帧所在的节点是节点1，该页为共享页。那么设cpu_node=0，mem_node=1，priv=0；然后该进程的numa_faults[task_faults_idx(NUMA_CPUBUF, cpu_node, priv)]和numa_faults[task_faults_idx(NUMA_MEMBUF, mem_node, priv)]两个统计项都将增加。NUMA_MEMBUF和NUMA_CPUBUF统计项在进行指数衰减计算以后会累加到NUMA_MEM和NUMA_CPU统计项。

5. 缺页本地性是一个长度为3项的计数器数组，分别统计最近一个观察周期内的远程内存访问计数、本地内存访问计数和内存迁移失败计数。

> **注意：**
> NUMA组也有缺页异常分布计数器数组(numa_group::faults[])，是组中所有进程的计数器累加和。

接下来看“扫描标记—内存迁移—进程迁移”三部曲的具体实现。

1. 扫描标记。扫描标记从调度器核心中的周期性时钟处理函数scheduler_tick()开始，调用链为scheduler_tick() → sched_class::task_tick() → task_tick_numa()。如果当前时间距上次扫描标记已经经历了一个周期，就会调度一个工作项（就是进程描述符中的numa_work，通过调用链sys_fork() → _do_fork() → copy_process() → sched_fork() → __sched_fork() → init_numa_balancing() → init_task_work(&p->numa_work, task_numa_work)完成初始化），最后导致回调函数task_numa_work()被执行。task_numa_work()扫描当前进程的VMA，将映射共享库以外的页表项通过change_prot_numa()更改成PAGE_NONE权限。

2. 内存迁移。权限为PAGE_NONE的内存页被访问时，触发NUMA缺页异常，导致如下调用链被执行：do_page_fault() → handle_mm_fault() → handle_pte_fault() → do_numa_page()。在do_numa_page()里面，通过pte_modify()恢复页表项的原有权限；通过page_mapcount()和VMA标志来判定当前页是不是共享页；通过page_cpupid_last()取出页表项的CPUPID标识；通过numa_migrate_prep()来决定是否需要迁移（根据NUMA内存策略、CPUPID标识和当前进程的内存分布情况来查看当前页是否处于合适的节点上），并确定内存页迁移的目标节点（同时更新当前页的CPUPID标识）；如果目标节点是有效节点（不是NUMA_NO_NODE），就通过migrate_misplaced_page()试图完成内存页迁移；最后，调用task_numa_fault()进入调度器的世界。

3. 进程迁移。在task_numa_fault()函数中，如果当前页是共享页并且使用当前页的上一个进程和当前进程不是同一个进程，就通过task_numa_group()尝试将这两个进程合并到一个NUMA组；通过task_numa_placement()分析当前进程与其所在NUMA组的内存分布情况，决定当前进程最合适的运行节点并用sched_setnuma()标记；通过numa_migrate_preferred()试图将当前进程迁移到目标节点；最后，更新当前进程的统计信息，即task_struct::numa_faults[]数组和task_struct::numa_faults_locality[]数组。

5.6 本章小结

本章主要讲述了操作系统内核三大核心功能中的进程管理，其中主要包括进程创建、进程销毁和进程调度三大话题。与“异常中断”和“内存管理”相比，“进程管理”与体系结构的总体结合程度没那么紧密，但进程调度中上下文切换的部分还是跟龙芯平台高度相关的。本章内容主要围绕 Linux-5.4.x 版本内核展开，同时为了让大家了解进程管理的发展进化也涉及一些过去的历史版本。掌握了三大核心功能之后，基本上对龙芯和 Linux 内核的理解已经可以得心应手了。

第 06 章

显卡驱动解析

显示子系统是计算机系统中一种最重要的输出设备。从硬件上说，显示子系统包括显示卡（简称显卡）和显示器。本章主要解析显卡驱动，其他概念只顺带介绍。

6.1 显卡概述

本节简单介绍显卡的发展历史、有关概念和硬件结构。

6.1.1 发展简史及有关概念

网络上有篇题目是“从 VGA 到 GPU！细数二十年显卡发展历程”的文章[1]，该文章详细介绍了显卡的发展历史。简单来说，显卡发展到今天，大概经历了以下六代。

- 第一代显卡：VGA 卡，支持 256 色 VGA 显示，不支持图形运算。
- 第二代显卡：2D 加速卡，同时支持图形显示和图形计算，也就是支持 2D 图形加速。
- 第三代显卡：视频加速卡，在 2D 加速卡的基础上支持视频加速。
- 第四代显卡：3D 加速卡，在上一代显卡的基础上支持 3D 图形加速。
- 第五代显卡：图形处理器（GPU），显卡上升到了与 CPU 同等级的高度，包括完整的“转换、光照、三角形设置、渲染”流水线。
- 第六代显卡：通用图形处理器（GPGPU），在 GPU 的基础上引入了通用计算、物理加速等功能。

基本上目前所使用的都是第五代或者第六代显卡，因此 GPU 在一定程度上成了显卡的代名词。大部分的显卡把“图形处理器”（GPU）和“显示控制器”（Display Controller，DC）封装在一起，但也有采用分离式设计的。比如，龙芯平台上 LS2H/LS7A 芯片组的集成显卡，GPU 和 DC 是两个独立的设备，各有各的设备驱动（当然，互相有关联）。早期的显卡可以看作不带图形处理器的纯 DC 设备。

1. VGA

VGA 全称 Video Graphic Array，中文是视频图形阵列。本来指的是一个显示模式（640×480 的分辨率），同时也指那个 15 针的图形信号输出接口（DE-15）。后来由于第一代显卡被称为 VGA 卡，导致 VGA 在某些情况下也当成了显卡的代名词。

在 VGA 之前的显示模式主要有 MDA、CGA 和 EGA，其中 MDA（Monochrome Display Adapter）是黑白显示，CGA（Color Graphics Adaptor）和 EGA（Enhanced Graphics Adapter）是彩色显示。MDA、CGA、EGA 和 VGA 都既是显示模式，也是电气接口（MDA/CGA/EGA 使用 DE-9 接口，VGA 使用 DE-15 接口）。

VGA 之后的显示模式在电气接口上都兼容 VGA（现代显卡的模拟接口依旧兼容 VGA，但越

1 博客文章《从 VGA 到 GPU！细数二十年显卡发展历程》，作者孙敏杰。

来越多的显卡已经广泛使用 DVI、HDMI、DP 等数字接口，因为数字接口可以支持更高的分辨率和画面质量），主要包括以下几类。

（1）VGA 类

- VGA，640×480。
- QVGA，Quarter VGA，320×240。
- SVGA，Super VGA，800×600。

（2）XGA 类

- XGA，Extended Graphic Array，1024×768。
- SXGA，Super XGA，1280×1024。
- SXGA+，Super XGA+，1400×1050。
- UXGA，Ultra XGA，1600×1200。
- WXGA，Wide XGA，1280×800。
- WXGA+，Wide XGA+，1440×900。
- WSXGA，Wide Super XGA，1600×1024。
- WSXGA+，Wide Super XGA+，1680×1050。
- WUXGA，Wide Ultra XGA，1920×1200。

（3）QXGA 类

- QXGA，Quad XGA，2048×1536。
- QSXGA，Quad Super XGA，2560×2048。
- QUXGA，Quad Ultra XGA，2560×2048。
- WQXGA，Wide Quad XGA，2560×1600。
- WQSXGA，Wide Quad Super XGA，3200×2048。
- WQUXGA，Wide Quad Ultra XGA，3840×2400。

（4）HXGA 类

- HXGA，Hexadecatuple XGA，4096×3072。
- HSXGA，Hexadecatuple Super XGA，5120×4096。
- HUXGA，Hexadecatuple Ultra XGA，6400×4800。
- WHXGA，Wide Hexadecatuple XGA，5120×3200。
- WHSXGA，Wide Hexadecatuple Super XGA，6400×4096。
- WHUXGA，Wide Hexadecatuple Ultra XGA，7680×4800。

更完整的分辨率列表如图 6-1 所示。

2. VESA

VESA 全称 Video Electronics Standards Association，有多层含义。首先它是一个国际标准化组织，制定了许多显式相关的标准；其次它是一种局部总线，出现在 PCI 之前，主要是为显卡服务的；再次它也可以代指一种分辨率，等价于 SVGA；最后，Linux 的显卡驱动里面常常有一

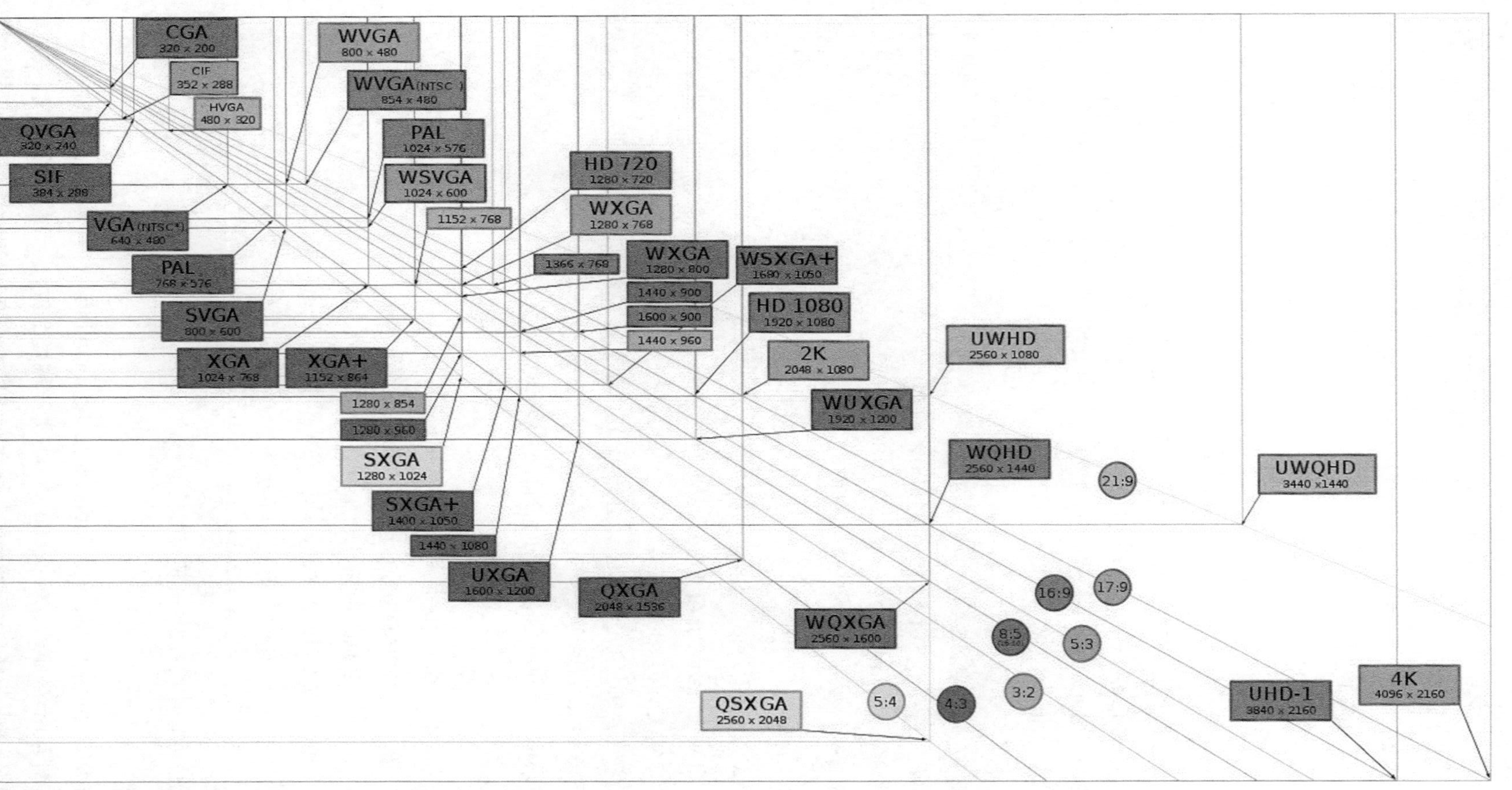

图 6-1　显示模式（分辨率）总览图

种 VESA 驱动，可以理解为一种支持 SVGA 分辨率的缺省通用驱动（因为任何现代显卡都会支持 VGA 和 VESA 显示模式）。

6.1.2 现代显卡的硬件结构

这里所说的现代显卡，指的是第五代（GPU）及其以后的显卡。现在主流的显卡不外乎都是 NVidia、AMD（ATI）和 Intel 这 3 个公司制造的，龙芯平台主要使用 AMD 的 Radeon 系列显卡，因此本书主要结合 Radeon 显卡进行探讨。AMD 的 Radeon 系列显卡型号众多，可以分为若干个子系列，如表 6-1 所示。

表 6-1 AMD Radeon 系列显卡一览表

子系列	核心代号	主要型号
R100	R100	7xxx
R200	R200	8xxx
R300	R300、RS4xx	9xxx
R400	R400、RS6xx	X7xx、X8xx
R500	R520、RV515	X1xxx
R600（TeraScale1）	R600、RS780、RS880、RV6xx	HD2xxx、HD3xxx
R700（TeraScale1）	RV7xx	HD4xxx
Evergreen（TeraScale2）	CEDAR、REDWOOD、JUNIPER、CYPRESS、PALM、SUMO、SUMO2	HD5xxx
NorthernIslands（TeraScale3）	CAICOS、TURKS、BARTS、CAYMAN、ARUBA	HD6xxx
SouthernIslands（GCN1）	CAPE_VERDE、PITCAIRN、TAHITI、OLAND、HAINAN	HD7xxx
SeaIslands（GCN2）	BONAIRE、KAVERI、KABINI、HAWAII、MULLINS	HD8xxx、R5 2xx、R7 2xx、R9 2xx
VolcanicIslands（GCN3）	TOPAZ、TONGA、FIJI、CARRIZO、STONEY	R5 3xx、R7 3xx、R9 3xx
ArcticIslands（GCN4）	POLARIS10、POLARIS11、POLARIS12	RX 4xx、RX 5xx
Vega（GCN5）	VEGAM、VEGA10、VEGA12、VEGA20、ARCTURUS、RAVEN、RENOIR	RX 5xx、RX Vega
Navi（RDNA1）	NAVI10、NAVI12、NAVI14	RX 5xxx

RS780 芯片组自带有集成显卡，属于 R600 子系列，其具体型号是 Radeon HD3200。早期的 Radeon 显卡没有具体的架构名字，R600 ~ NorthernIslands 属于 TeraScale 架构，Southern Islands ~ Vega 属于 Graphics-Core-Next（简称 GCN）架构，而最新的 Navi 子系列属于 Radeon-DNA（简称 RDNA）架构。

图 6-2 是 R600 子系列显卡的基本结构。

简单来说，R600 的 GPU 包括命令处理器（Command Processor，CP）、超线程分发处理器（Ultra-threaded Dispatch Processor，UDP）、数据并行处理器（Data-Parallel Processor，DPP）、内存控制器（Memory Controller，MC）和各种内部 Cache，其中内存控制器还包括 DMA 控制器。与 GPU 相关的存储器主要有系统内存（RAM）和显示内存（VRAM，即 Local Memory），它们都需要通过 MC 来访问。

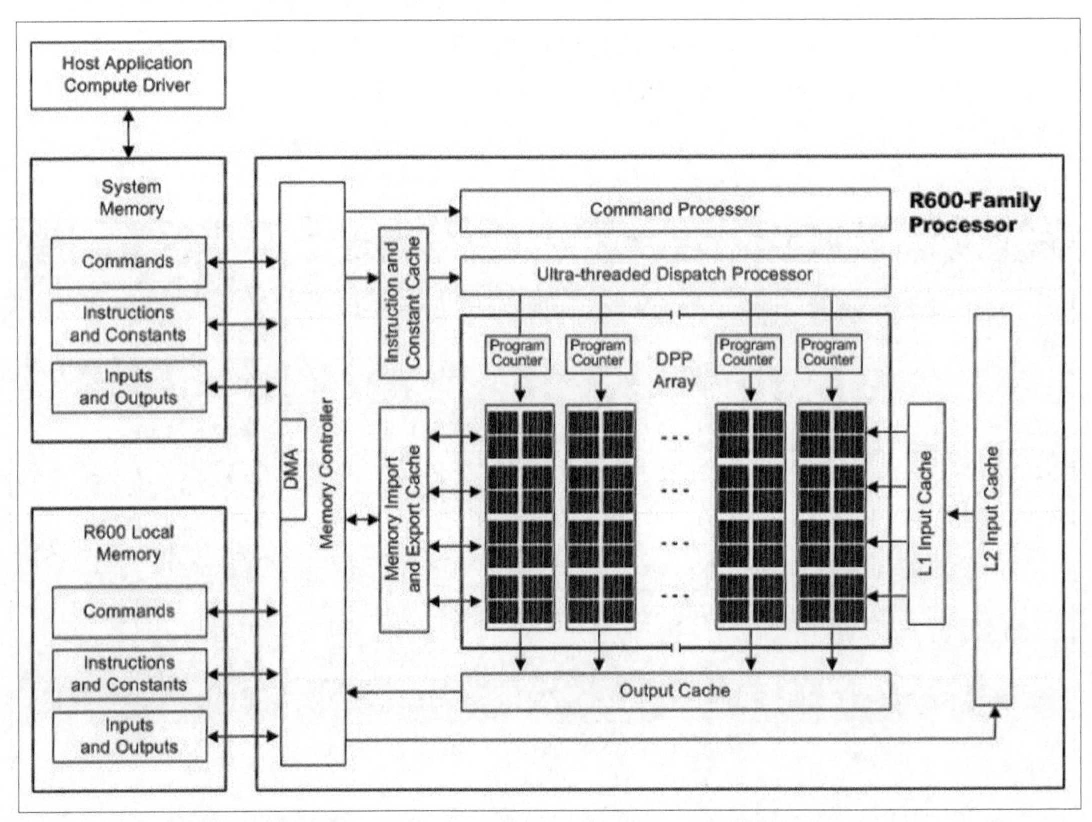

图 6-2 R600 子系列显卡结构图

R600 显卡的大致工作过程是这样的：运行在 CPU 上的主机程序将命令写入内存（有特殊需要也可写入显存）中的一个环形缓冲区（Ring Buffer，RB），将原始数据写入内存和显存。GPU 中的 CP 通过 MC 从 RB 中获取命令，UDP 通过 MC 从内存和显存获取原始数据。然后 UDP 将命令和数据分发给许多 DPP 组成的阵列。DPP 是 GPU 最核心的部分，也叫管线或流水线（pipeline），在结构上类似于 CPU 的多核情形。DPP 处理完以后，将最终数据输出到显存。

1. 存储区域

GPU 主要访问自己的显存（VRAM），但同时也需要访问系统内存。GPU 并不能访问所有的系统内存区域，只有被 GART（Graphics Address Remapping Table）表映射的部分才可以，所以通常把存储区域分为以下 3 个部分。

- SYSTEM 域：位于系统内存，CPU 可以直接访问，GPU 不可访问。
- GTT 域：位于系统内存，CPU 可以直接访问，GPU 通过 GART 表访问。

○ VRAM 域：位于显存，CPU 通过 I/O 映射访问，GPU 可以直接访问。

图 6-2 中的 System Memory 实际上指的是 GTT 域，Local Memory 指的是 VRAM 域。GTT 和 VRAM 域都可以存放显卡的命令和数据。一般来说，显卡处理的原始数据分两类：顶点数据和纹理数据。顶点数据总是放在 VRAM 域，纹理数据既可放在 GTT 域，也可放在 VRAM 域。显卡处理过后的最终数据叫帧数据，放在帧缓存（Frame Buffer，FB）中，FB 属于 VRAM 的一部分。

2. GPUVM

GPUVM 即 GPU 虚拟内存，可以看作加强版的 GART，Radeon 系列里面从 CAYMAN 开始的所有显卡都支持 GPUVM。在概念上 GPUVM 类似于内存管理中的虚拟内存，只是一个是 CPU 视角而另一个是 GPU 视角。传统的 GART 表是一个全局的地址映射表，相当于只有一个虚拟地址空间。而 GPUVM 支持多个地址空间，每个虚拟地址空间用一个唯一的 VMID 来标识，并且 GPUVM 不仅可以映射系统内存还可以映射显存，也就是说将系统内存和显存放在统一的地址空间中管理。在多进程的现代操作系统中，不同的进程使用不同的命令流，而不同的命令流可以关联不同的 VMID。

3. 共享显存

共享显存是指显卡内部不带存储器，使用内存的一部分当作显存的情形，多见于集成显卡。虽然共享显存在物理上处于内存中，但在使用上和独立显存一样。也就是说，它属于 VRAM 域，GPU 不需要 GART 表即可直接访问，而 CPU 则需要通过 I/O 映射才能访问。共享显存一般称为 UMA（Unified Memory Architecture），而独立显存称为 SP（Side Port）。

4. Shader/Shading

Shading 通常翻译成“着色”，可以看作 GPU 流水线中的一个阶段，也叫 Stage。而 Shader 则是运行在 GPU 上某个 Shading 的程序，有时也叫 kernel（注意，此处不是指操作系统内核），即“着色器”。通常来说，有以下几种 Shading（以 R600 系列为例）。

VS： 全称 Vertex Shading，即顶点处理阶段，主要是坐标变换与光照处理。如果启用了 GS，则 VS 也称 ES（Export Shading）。

GS： 全称 Geometry Shading，即几何处理阶段，主要是将顶点装配成图元（图元即 Primitive，可以是顶点，也可以是线段或者多边形面片）。

Rasterizer： 栅格化处理阶段，用于确定顶点的像素平面坐标，也叫 ROP（Rasterization Operation）。

PS： 全称 Pixel Shading，即像素着色处理阶段（有时也叫 FS，即 Fragment Shading），包括纹理映射（Texture Mapping）。

CS： 全称 Compute Shading，即通用计算引擎（R600 没有 CS，更先进的 GPU 才有）。

DPP 的内部结构，也就是流水线结构，大致如图 6-3 所示。这里的方框和云框 [VS、GS、DC（DMA Copy）、Rasterizer 和 PS] 表示流水线的阶段，圆圈表示存储区域。VSRB 表示 VS 阶段所用的 RB（Ring Buffer），GSRB 同理；PoC 和 PaC 分别是位置缓存（Position Cache）和属性缓存（Parameter Cache）。

早期的 GPU 流水线采用不可编程的逻辑电路，称为固定渲染管线；而现在使用的一般是可编程渲染管线，主机可对其编程；更先进的 GPU 流水线则称为统一可编程渲染管线，所有的 Shader 一律称为 US（Unified Shader），可通过编程来实现 VS、GS、PS 等功能。GPU 的编程语言有高级着色语言 [包括基于 DirectX 的 HLSL（High Level Shader Language）和基于 OpenGL 的 GLSL（OpenGL Shader Language）等]、汇编着色语言（Assembly Shader Language）和机器指令语言之分 [6]。

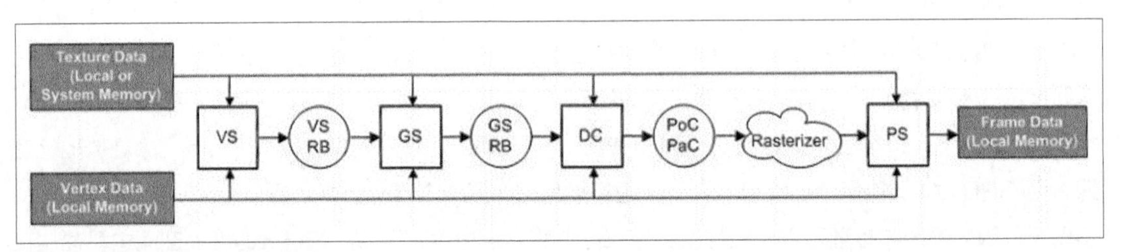

图 6-3　R600 显卡流水线结构图

5. FB

帧缓存（FrameBuffer）是个有歧义的词，广义的 FB 就等于 VRAM，而狭义的 FB 只是被 DPP 处理后的最终数据，对应于送往显示控制器（CRTC），最终在显示器屏幕（Monitor）上显示的数据（暂不考虑 Overlay）。显示数据从帧缓存到显示器屏幕之间大概经历几个阶段（细节暂不展开）：FrameBuffer → CRTC → Encoder → Transmitter → Connector → Monitor。因此，如果显卡上启用了多个显示控制器（CRTC），那么 FB（狭义）里面的内容将是分区的，每个区对应一个显示控制器。另外，Linux 里面提供了一种不带图形加速的通用显示驱动也叫 FB，通过 FB 驱动，应用程序就可以像读写普通内存一样去操作 FB（狭义的 FB）。

6. Overlay

一般情况下帧缓存的内容就是最后的显示输出，但实际上显卡还可以有 Overlay 功能。Overlay 指的是不通过 GPU 流水线处理也不被放入 FB 和 CRTC 的数据，但最终 FB 中的数据会一起通过显示器显示出来。比如，视频卡（或者显卡附带的视频解码功能）所解码的视频数据就属于 Overlay。FB 是被多个程序所共享的缓冲区，因此显卡需要对来自各个程序的数据做叠加、混合；而 Overlay 使用的是专门的缓冲区，在输出的最后阶段直接覆盖在 FB 的内容上面（不需要叠加、混合）。FB 的内容可以通过系统截屏程序保存下来，而 Overlay 的内容使用通常的方法是不行的。

6.2 Linux 图形系统架构

本节主要介绍 Linux 的图形系统架构。

6.2.1 X-Window 和 Wayland

目前，Linux 的图形系统是基于 X11 协议的 X-Window 系统。X-Window 系统包括 X

Server 和 X Client，X Client 是使用图形的应用程序，而 X Server 接收多个 X Client 的命令和数据，经过混合，然后调用显卡驱动去操作显卡。传统上，X Server 只处理 2D 数据，而 3D 效果需要“混合”（Composite），图 6-4 展示了 X-Window 的架构。

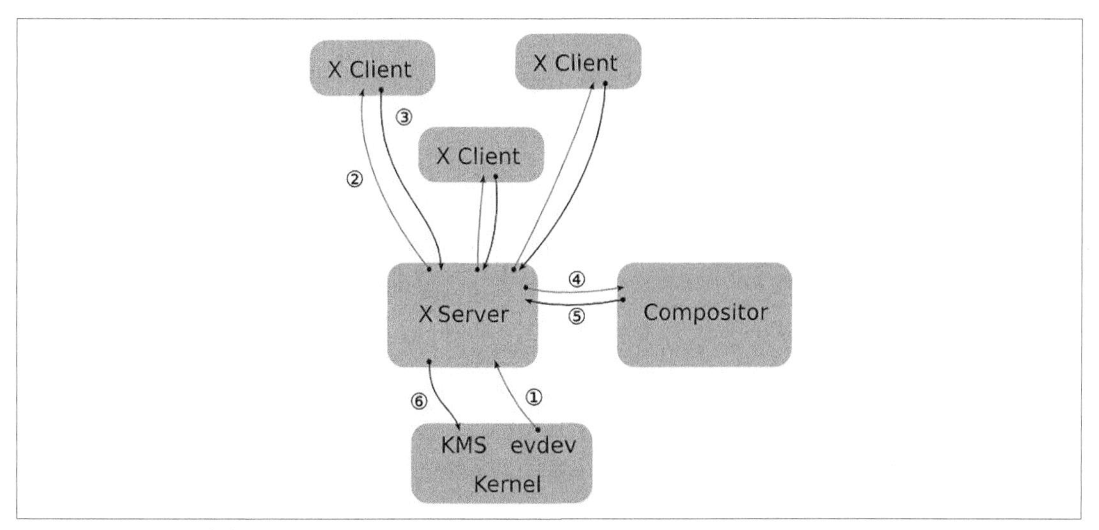

图 6-4　X-Window 架构

这里假设 Firefox 是其中一个 X Client，简单解释一个应用场景。

1. 你用鼠标点击了 Firefox 的“刷新”按钮，这时内核收到了鼠标发来的事件，并将其通过 evdev 输入驱动发送至 X Server。这时内核实际上做了很多事情，包括将不同品牌的鼠标发出的不同信号转换成了标准的“evdev”输入信息。

2. 这时 X Server 可以判断哪个 Window 该收到这个消息，并将某坐标按下按钮的消息发往 X Client——Firefox。但事实上 X Server 并不知道它得到的窗口信息是不是正确！为什么呢？因为 Compositor（如 Compiz）管理窗口的一切，X Server 只能知道屏幕的某个点收到了鼠标消息，却不知道这个点下面到底有没有窗口——谁知道 Compiz 是不是正在搞一个漂亮的、缓慢的动画，把窗口收缩起来了呢？

3. 假设应用场景没这么复杂，Firefox 顺利地收到了消息，这时 Firefox 要决定该如何做：按钮要有按下的效果。于是 Firefox 再发送请求给 X Server，说：“麻烦画一下按钮按下的效果”。

4. 当 X Server 收到消息后，它就准备开始做具体的绘图工作了。首先它告诉显卡驱动，要画怎样一个效果，然后它也计算了被改变的那块区域，同时告诉 Compiz 那块区域需要重新合成一下。

5. Compiz 收到消息后，它将从缓冲里取得显卡渲染出的图形并重新合成至整个屏幕——当然，Compiz 的“合成”动作，也属于“渲染（render）”，也是需要请求 X Server，我要画这块，然后 X Server 回复，你可以画了。

6. 请求和渲染的动作，从 X Client->X Server，再从 X Server->Compositor，而且是双向的，比较耗时，但是事实还不尽如此。鉴于 X-Window 已有的机制，尽管 Compiz 已经掌管了全部最终桌面呈现的效果，但 X Server 在收到 Compiz 的“渲染”请求时，还会做一些“本职工作”，如窗口的重叠判断、被覆盖窗口的剪裁计算等（不然它怎么知道鼠标按下的坐标下是 Firefox 的窗口呢）——这些都是无意义的重复工作，而且 Compiz 不会理会这些，Compiz 依然会在自己的全屏幕“画布”上，画着自己的动画效果……

由此可以看出 X-Window 系统的以下缺点。

1. X Client ←→ X Server ←→ Compositor，这三者请求渲染的过程，不是很高效。

2. X Server 和 Compositor，这两者做了很多不必要的重复工作和上下文切换。

为了改进 X-Window，开源社区提出了 Wayland 架构，这一架构很有可能会成为 Linux 的下一代图形系统（最新的 Fedora Linux 已经启用了 Wayland）。Wayland 的结构大致如图 6-5 所示。

在 Wayland 架构中，应用程序变成了 Wayland Client，同时把 X Server 和 Compositor 合二为一，称为 Wayland Compositor。这样减少了许多重复劳动，简单、优雅而又高效。依旧以 Firefox 为例，其工作过程如下。

1. 内核收到了鼠标发出的信息，经过处理后转发到了 Wayland Compositor，就像之前发往 X Server 一样。

2. Compositor 收到消息后，立马能知道哪个窗口该收到这个消息，因为它就是总控制中心，它掌握窗口的层级关系、动画效果，所以它知道该坐标产生的鼠标点击信息应该发送给谁，就这样，Compositor 将鼠标的点击信息发送给了 Firefox。

3. Firefox 收到了消息，这时如果是 X-Window，Firefox 会向 X Server 请求绘制按钮被按下的效果。然而在 Wayland 里，Firefox 可以自行进行绘制而不需要再请求 Compositor 的许可！这就是传说中的直接渲染机制（Direct Render）。Wayland 不管 Client 的绘制工作，整个过程变得十分简单而且高效！当 Firefox 自行完成了按钮状态的绘制后，它只需要通知 Compositor，某块区域已经被更新了。

4. Compositor 收到 Firefox 发来的信息，再重新合成更新的那块区域，将最终桌面效果呈现给用户。这个过程主要是跟内核、显卡驱动打交道了。

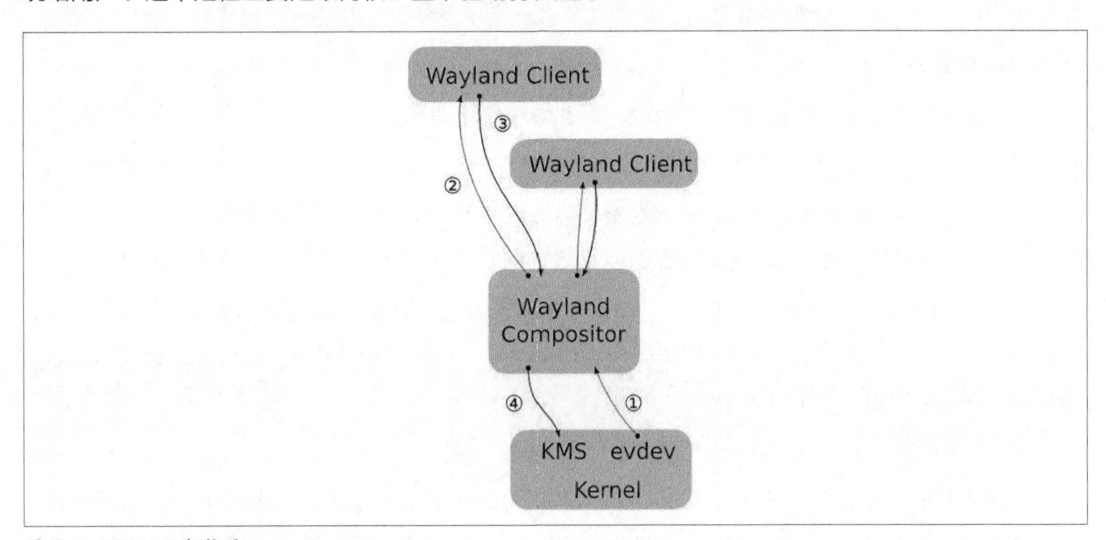

图 6-5 Wayland 架构图

6.2.2 直接渲染、间接渲染和显卡驱动

从开发者角度看来，X-Window 所提供的 XLib 只提供 2D 渲染功能，3D 功能是由 Mesa 提供的。Mesa 最初只是一个软件实现的 OpenGL 库，它将 3D 数据转换成 2D 数据，然后依旧通过 XLib 进行渲染。现在的 Mesa 实现了 DRI（Direct Rendering Infrastructure）功能[1]，不通过 X Server，直接与内核 / 硬件进行交互。通常把经过 X Server 的叫作间接渲染，不经过的叫作直接渲染。Wayland Compositor 虽然也管理窗口并提供显示服务，但它不包含 2D 驱动，而是通过 EGL 与 3D 驱动交互，因此可以认为 Wayland 架构里面都是直接渲染。

X-Window 和 Wayland 中直接 / 间接渲染的各功能模块调用关系如图 6-6 所示。Linux 的显卡驱动分为用户态部分和内核态部分，而用户态部分又分为 2D 部分和 3D 部分。2D 用户态驱动叫 DRV 驱动，由 Xorg 提供，通常放置在 /usr/lib/xorg/modules/drivers/ 目录，以 xxx_drv.so 命名（xxx 表示显卡的名字，如 radeon_drv.so）；3D 用户态驱动叫 DRI 驱动，由 OpenGL 库（Mesa 是 OpenGL 库的一种实现）提供，通常放置在 /usr/lib/dri/ 目录，以 xxx_dri.so 命名（xxx 表示显卡的名字，如 radeon_dri.so）；内核态驱动叫 DRM（Direct Rendering Manager，直接渲染管理器）驱动，如果编译成模块，通常放置在 /lib/modules/ <kernel_version>/kernel/drivers/gpu/drm/ 目录，以 xxx.ko 命名（xxx 表示显卡的名字，如 radeon.ko）。另外，内核 DRM 驱动的调用接口在用户态有一个包装库叫作 LibDRM(提供 /usr/lib/libdrm.so)，DRV 驱动和 DRI 驱动都会通过 LibDRM 来调用内核功能。虽然 X Server 和 Wayland Compositor 都会直接调用 LibDRM，但前者包含 2D 加速和模式设置，后者只有模式设置（2D 加速和 3D 加速在 Wayland 中都用 3D 驱动来实现）。

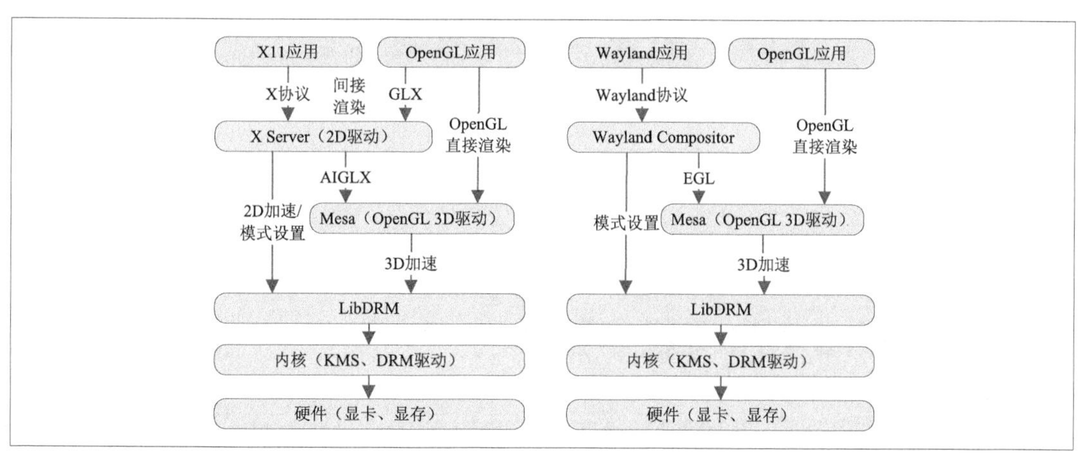

图 6-6 X-Window 和 Wayland 的直接 / 间接渲染示意图

简单来说，Linux 应用程序到显卡驱动的调用关系如下。

○ X 图形应用程序（2D）→ X Server（提供 DRV 驱动）→ LibDRM → Kernel（提供

[1] DRI 的实现有三代，即 DRI1、DRI2 和 DRI3。DRI1 是原始的 DRI，所有的 DRI 应用共享同一个渲染缓冲区，因此并发性不好；后来的 DRI2 依赖 KMS/GEM，每个 DRI 应用使用单独的渲染缓冲区（支持重定向操作），性能上有所改善；最新的 DRI3 依赖 DMA_BUF，改进了缓冲区对象的传递和共享方式（从 GEM 名称改成了 PRIME DMA_BUF），性能和安全性都有所增强。

DRM 驱动）→ 显卡（硬件）。

- X 图形应用程序（3D）→ X Server（提供 DRV 驱动）→ Mesa（提供 DRI 驱动）→ LibDRM → Kernel（提供 DRM 驱动）→ 显卡（硬件）。
- Wayland 图形应用程序 → Wayland Compositor → Mesa（提供 DRI 驱动）→ LibDRM → Kernel（提供 DRM 驱动）→ 显卡（硬件）。
- OpenGL 图形应用程序 → Mesa(提供 DRI 驱动)→ LibDRM → Kernel(提供 DRM 驱动)→ 显卡（硬件）。

1. TTM/GEM

TTM 全称 Translation-Table Maps，是早期 DRM 驱动使用的内存管理器。从 Linux-2.6.28 版本开始，逐渐被更加先进的 GEM（Graphics Execution Manager）代替。现在，Intel 显卡已经完全转向了 GEM，而 NVidia 和 AMD 的显卡虽然也使用了 GEM 框架，但在内部最终还是用 TTM 实现的。

2. XAA/EXA/UXA/SNA/Glamor

XAA 全称 XFree86 Acceleration Architecture，是 X Server 最初使用的图形加速方法，逐渐被更为先进的 EXA 取代，而随着 GEM 对 TTM 的替代，Intel 显卡中的 EXA 又依次被更新的 UXA/SNA 取代（NVidia 和 AMD 显卡只有 EXA）。最后，X Server 采用了类似 Wayland 的方法，所有的图形加速全部使用 3D 驱动实现，将 2D 驱动精简成一个包装层，这就是 Glamor 加速方法。

3. KMS/UMS

KMS 全称 Kernel Mode Setting（内核模式设置），内核在启动的时候需要对显卡做基本的初始化，这就是原始的 Mode Setting。但是由于在进入 X 之前，加载 X 的驱动的时候，X 会再进行一次 Mode Setting，重置显示设定，所以会有屏幕闪烁的情况出现。KMS 的作用就是全部由内核来完成这个工作，所以从启动内核到进入 X 不会有闪烁，一切都很平滑，并且可以做很多视觉效果。与 KMS 相对的是 UMS（User Mode Setting），就是由用户态来完成模式设置，是引入 KMS 之前传统的设置方法。

6.3 Linux 内核显卡驱动

Linux 内核显卡驱动叫 DRM 驱动，而 Radeon 显卡是基于 TTM 内存管理器的，因此，本章的许多东西将涉及 DRM 和 TTM。目前 Linux 内核中有两种用于 Radeon 显卡的 DRM 驱动：一种是 radeon 驱动，支持 R100 ~ GCN2 的各个子系列的显卡，代码位于 drivers/gpu/drm/radeon/ 目录；另一种是 amdgpu 驱动，支持 GCN1 ~ GCN5 以及 RDNA 的各个子系列的显卡，代码位于 drivers/gpu/drm/amd/ 目录。GCN1 和 GCN2 子系列的显卡属于两种驱动的交叉部分，缺省使用 radeon 驱动。本章主要关注 R600 系列的 radeon 驱动。

上文提到，现代显卡实际上包括“图形处理器”（GPU）和“显示控制器”（Display Controller，DC）两大功能模块，前者负责“图形渲染加速”（显示无关），后者负责“显示模式设置”（显示有关）。在硬件层面，GPU 和 DC 可以封装在一起，也可以采用分离式设计；在内核驱动层面，从 Linux-3.12 版本开始对“图形渲染节点”和“模式设置节点”进行了分离设计。模式设置节点采用传统的 /dev/dri/cardX 设备文件（X=0 ~ 63），而图形渲染节点采用 /dev/dri/renderDX 设备文件（X=128 ~ 191）。新的内核驱动框架对分离式设计的硬件更加友好。

6.3.1 寄存器读写

Radeon 显卡的寄存器主要包括以下几类：映射在内存空间的寄存器（MMIO 寄存器）、映射在 I/O 空间的寄存器（PIO 寄存器）、PCI Express 寄存器（PCIE 寄存器）、内存控制器寄存器（MC 寄存器）和时钟相关寄存器（PLL 寄存器）。CPU 读写这些寄存器的函数定义在文件 drivers/gpu/drm/radeon/radeon.h 中，主要如下。

```
#define RREG8(reg) readb((rdev->rmmio) + (reg))                    //8 位 MMIO 读
#define WREG8(reg, v) writeb(v, (rdev->rmmio) + (reg))             //8 位 MMIO 写
#define RREG16(reg) readw((rdev->rmmio) + (reg))                   //16 位 MMIO 读
#define WREG16(reg, v) writew(v, (rdev->rmmio) + (reg))            //16 位 MMIO 写
#define RREG32(reg) r100_mm_rreg(rdev, (reg), false)               //32 位 MMIO 读
#define WREG32(reg, v) r100_mm_wreg(rdev, (reg), (v), false)       //32 位 MMIO 写
#define RREG32_IDX(reg) r100_mm_rreg(rdev, (reg), true)            //32 位 MMIO 间接读
#define WREG32_IDX(reg, v) r100_mm_wreg(rdev, (reg), (v), true)    //32 位 MMIO 间接写
#define RREG32_PLL(reg) rdev->pll_rreg(rdev, (reg))                //32 位 PLL 读
#define WREG32_PLL(reg, v) rdev->pll_wreg(rdev, (reg), (v))        //32 位 PLL 写
#define RREG32_MC(reg) rdev->mc_rreg(rdev, (reg))                  //32 位 MC 读
#define WREG32_MC(reg, v) rdev->mc_wreg(rdev, (reg), (v))          //32 位 MC 写
#define RREG32_PCIE(reg) rv370_pcie_rreg(rdev, (reg))              //32 位 PCIE 读
#define WREG32_PCIE(reg, v) rv370_pcie_wreg(rdev, (reg), (v))      //32 位 PCIE 写
#define RREG32_PCIE_PORT(reg) rdev->pciep_rreg(rdev, (reg))        //32 位 PCIE 读，R600+
#define WREG32_PCIE_PORT(reg, v) rdev->pciep_wreg(rdev, (reg), (v)) //32 位 PCIE 写，R600+
#define RREG32_IO(reg) r100_io_rreg(rdev, (reg))                   //32 位 PIO 读
#define WREG32_IO(reg, v) r100_io_wreg(rdev, (reg), (v))           //32 位 PIO 写
```

如果某类寄存器不存在或者驱动暂不支持该类寄存器访问，则其访问函数被设置为 radeon_invalid_rreg() 和 radeon_invalid_wreg()，比如 R600 系列的 PLL 寄存器读写函数（实际上 R600 的 PLL 寄存器可通过 MMIO 方式访问）。

对于 MMIO 寄存器的访问，还有另一套操作函数，比较少用，常见于通用 DRM 层代码。这些函数定义在 include/drm/drm_os_linux.h 中，列举如下。

```
#define DRM_READ8(map, offset)          readb(((void __iomem *)(map)->handle) + (offset))
```

```
#define DRM_READ16(map, offset)        readw(((void __iomem *)(map)->handle) + (offset))
#define DRM_READ32(map, offset)        readl(((void __iomem *)(map)->handle) + (offset))
#define DRM_WRITE8(map, offset, val)   writeb(val, ((void __iomem *)(map)->handle) + (offset))
#define DRM_WRITE16(map, offset, val)  writew(val, ((void __iomem *)(map)->handle) + (offset))
#define DRM_WRITE32(map, offset, val)  writel(val, ((void __iomem *)(map)->handle) + (offset))
#define DRM_READ64(map, offset)        readq(((void __iomem *)(map)->handle) + (offset))
#define DRM_WRITE64(map, offset, val)  writeq(val, ((void __iomem *)(map)->handle) + (offset))
```

6.3.2 常用数据结构

表示一块 Radeon 显卡的数据结构是 radeon_device。由于各个系列的显卡有不同的结构，这个结构并不能表示一切，因此其中有一个名为 radeon_asic_config 的联合体，不同的系列在这个联合体里有不同的 ASIC 成员。对于 R600 系列的显卡，这个成员就是 r600_asic。常用的数据结构列在表 6-2 中，它们大部分定义在文件 drivers/gpu/drm/radeon/radeon.h 和 include/drm/ttm/ttm_bo_driver.h 中。

表 6-2 Radeon 显卡驱动常用的数据结构

数据结构	含义
struct radeon_device	描述一块 Radeon 显卡
struct radeon_mc	描述 Radeon 显卡的内存控制器
struct radeon_ring	描述 Radeon 显卡的命令处理器（命令环）
radeon_sa_manager	描述 Radeon 显卡的对象分配管理器，用于分配间接缓冲区、信号量等对象
struct radeon_ib	描述 Radeon 显卡的间接缓冲区
struct radeon_gart	描述 Radeon 显卡的 GART 表
union radeon_asic_config	对应每个系列显卡 ASIC 的联合体
struct r600_asic	R600 系列显卡用的 ASIC
struct radeon_asic	Radeon 显卡 ASIC 的操作函数表
struct radeon_asic_ring	Radeon 显卡 ASIC 中命令环的操作函数表
struct radeon_bo	Radeon 显卡使用的缓冲区对象（BO = Buffer Object），内嵌一个 ttm_buffer_object
struct radeon_fence	Radeon 显卡使用的命令屏障
struct radeon_mman	Radeon 显卡的内存管理器，它是连接 Radeon 驱动和 TTM 内存管理器的主要桥梁
struct ttm_bo_device	用于 TTM BO 对象的抽象设备，每个显卡设备对应一个

续表

数据结构	含义
struct ttm_bo_driver	BO 对象的驱动，主要是操作函数表
struct ttm_mem_type_manager	TTM 内存管理器，每个 ttm_bo_device 拥有若干个 TTM 内存管理器，用于管理不同类型的内存区域
struct ttm_buffer_object	通用的 TTM 缓冲区对象
struct ttm_bo_kmap_obj	通常是 radeon_bo 的成员，记录 BO 对象中存储页面的映射关系
struct ttm_tt	通常是 ttm_buffer_object 的成员，包含了 BO 对象中的存储页面
struct ttm_mem_reg	通常是 ttm_buffer_object 的成员，描述一段内存区域，其成员 mem_type 描述了内存区域类型（TTM_PL_SYSTEM/ TTM_PL_GTT/TTM_PL_VRAM）
struct drm_mm	DRM 内存管理器，包含于 TTM 内存管理器中
struct drm_mm_node	drm_mm 所管理的节点，这些节点用来存放 BO 对象
struct drm_driver	内核 DRM 驱动，主要是操作函数表，Radeon 显卡的驱动实现是定义在 drivers/gpu/drm/radeon/radeon_drv.c 中的 kms_driver
struct drm_mode_config	显示模式设置使用的一个重要数据结构，包含了有关 FrameBuffer、CRTC、Encoder、Connector、显示分辨率等在内的有关信息
struct radeon_mode_info	显示模式设置中 drm_mode_config 的补充，包含一些 Radeon 显卡特有的信息
struct drm_display_mode	描述一个显示模式
struct fb_info	FrameBuffer 描述信息

接下来看看这些数据结构的逻辑关系，图 6-7 展示了一个大致的脉络。

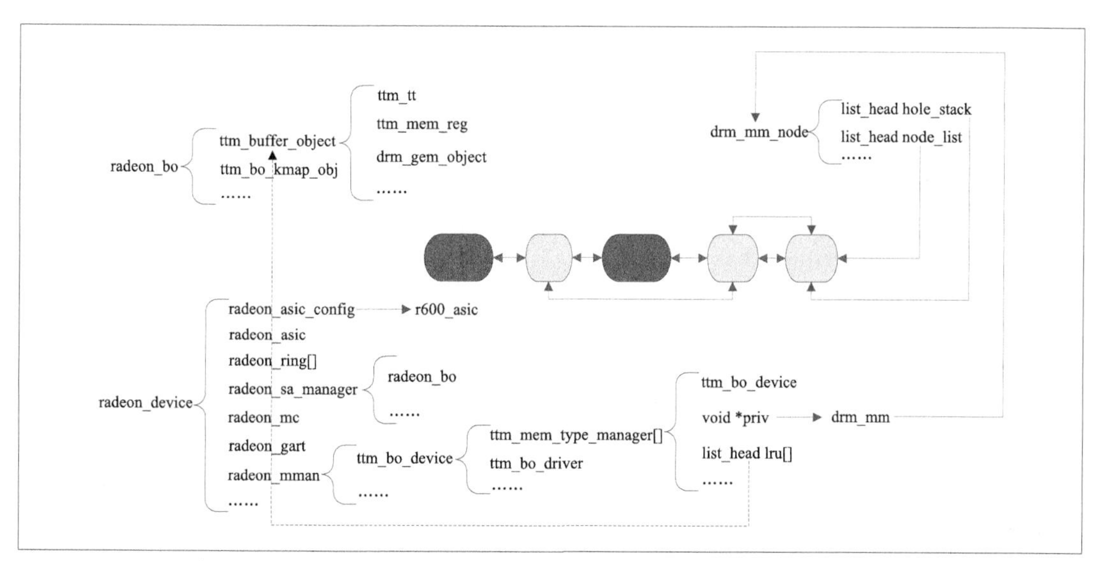

图 6-7　Radeon 显卡驱动中主要数据结构的逻辑关系

这里挑选其中一部分重要的略加讲解。

（一）radeon_device

首先是 radeon_device，其定义在文件 drivers/gpu/drm/radeon/radeon.h 中，为了方便此处做了必要的精简和顺序调整。

```
struct radeon_device {
        struct device                         *dev;
        struct drm_device                     *ddev;
        struct pci_dev                        *pdev;
        union radeon_asic_config              config;
        struct radeon_mc                      mc;
        struct radeon_gart                    gart;
        struct radeon_ring                    ring[RADEON_NUM_RINGS];
        struct radeon_sa_manager              ring_tmp_bo;
        struct radeon_asic                    *asic;
        struct radeon_mman                    mman;
        radeon_rreg_t                         mc_rreg;
        radeon_wreg_t                         mc_wreg;
        radeon_rreg_t                         pll_rreg;
        radeon_wreg_t                         pll_wreg;
        radeon_rreg_t                         pciep_rreg;
        radeon_wreg_t                         pciep_wreg;
        const struct firmware *me_fw;         /* all family ME firmware */
        const struct firmware *pfp_fw;        /* r6/700 PFP firmware */
        const struct firmware *rlc_fw;        /* r6/700 RLC firmware */
        const struct firmware *mc_fw;         /* NI MC firmware */
        const struct firmware *ce_fw;         /* SI CE firmware */
        const struct firmware *mec_fw;        /* CIK MEC firmware */
        const struct firmware *mec2_fw;       /* KV MEC2 firmware */
        const struct firmware *sdma_fw;       /* CIK SDMA firmware */
        const struct firmware *smc_fw;        /* SMC firmware */
        const struct firmware *uvd_fw;        /* UVD firmware */
        const struct firmware *vce_fw;        /* VCE firmware */
        ......
};
```

因为 Radeon 显卡是一个设备，也是一个 DRM 设备，同时还是一个 PCI 设备，所以里面分别含有 device、drm_device 和 pci_device 的指针。接下来是显卡里面所包含的物理结构，如 ASIC、MC、GART 表和 RING。然后是连接 Radeon 显卡驱动和 TTM 内存管理器的桥梁 mman。接下来是操作函数表，包括跟芯片系列相关的 radeon_asic 和寄存器读写用的 6 个函数。

最后是各种固件（通常是一些微代码，由 CPU 填入硬件，由 GPU 负责执行），对于 R600 系列主要是 ME、PFP、RLC 和 UVD 这 4 个。ME、PFP 和 RLC 固件跟命令流处理有关，其中 ME 全称是 Microcode Engine、PFP 全称是 PreFetch Parser；UVD 固件用于高清视频解码，其全称是 Unified Video Decoder。

（二）radeon_mc

接下来看 radeon_mc，其定义在 drivers/gpu/drm/radeon/radeon.h 中。

```
struct radeon_mc {
    resource_size_t   aper_size;
    resource_size_t   aper_base;
    u64               gtt_size;
    u64               gtt_start;
    u64               gtt_end;
    u64               mc_vram_size;
    u64               visible_vram_size;
    u64               active_vram_size;
    u64               real_vram_size;
    u64               vram_start;
    u64               vram_end;
    ......
};
```

可见，该结构记录了 GTT 和 VRAM 的有关信息（起始地址、结束地址、大小）。不过为了表示 VRAM 的大小，用了 4 个变量，它们之间有什么关系呢？ mc_vram_size 表示显卡芯片上真实的显存大小。real_vram_size 的初始值等于 mc_vram_size，但如果通过启动参数 radeon.vramlimit 对显存用量做了限定的话，则 real_vram_size 的值会取 mc_vram_size 和 radeon.vramlimit 中较小的那个。visible_vram_size 表示程序可见的显存大小，通常小于或等于真实值。active_vram_size 表示实际中使用的显存大小，初始化时等于 visible_vram_size，运行过程中可以重新设置[1]。显卡的显存可以很大，比如大到 2 GB，但 CPU 并不能通过 PCI BAR 映射所有的显存，常见的 BAR 长度范围是 64 MB ~ 512 MB。这里的 aper 是 aperture 的缩写，就是孔洞（PCI BAR 的范围在物理地址空间里面类似于一个孔洞）的意思。aper_base 就是映射在 CPU 地址空间的显存基址，而 aper_size 则是允许映射到 CPU 地址空间的显存大小。通常情况下，visible_vram_size 就等于 aper_size。因此，mc_vram_size ≥ real_vram_size ≥ visible_vram_size (aper_size) ≥ active_vram_size。

（三）radeon_ring

然后是 radeon_ring，它也定义在 drivers/gpu/drm/radeon/radeon.h 中。

1 从 Linux-2.6.38 版本开始弃用了 active_vram_size 变量，改为使用 radeon_ttm_set_active_vram_size() 函数来实现同样的功能。

```
struct radeon_ring {
        struct radeon_bo            *ring_obj;
        volatile uint32_t           *ring;
        unsigned                    rptr;
        unsigned                    wptr;
        unsigned                    wptr_old;
        unsigned                    ring_size;
        unsigned                    ring_free_dw;
        int                         count_dw;
        uint64_t                    gpu_addr;
        ……
};
#define RADEON_RING_TYPE_GFX_INDEX          0  //图形命令环
#define CAYMAN_RING_TYPE_CP1_INDEX          1  //计算命令环 1
#define CAYMAN_RING_TYPE_CP2_INDEX          2  //计算命令环 2
#define R600_RING_TYPE_DMA_INDEX            3  //DMA 命令环 1
#define CAYMAN_RING_TYPE_DMA1_INDEX         4  //DMA 命令环 2
#define R600_RING_TYPE_UVD_INDEX            5  //UVD 命令环
#define TN_RING_TYPE_VCE1_INDEX             6  //VCE 命令环 1
#define TN_RING_TYPE_VCE2_INDEX             7  //VCE 命令环 2
#define RADEON_NUM_RINGS                    8
```

该结构表示一个"命令环"，也就是一个环形缓冲区。命令环通常位于 GTT 中，CPU 往里面写命令，而 GPU 从里面读命令。通常一个显卡有多个命令环（早期内核只有一个 GFX 命令环，从 Linux-3.3 版本开始支持多个命令环），因此 radeon_device 中的 ring[] 是一个数组。不同的命令环具有不同的功能，从其索引值定义的宏即可看出其功能：RADEON 前缀表示所有的显卡都支持；R600 前缀表示 R600 及以上的显卡支持；CAYMAN 前缀表示 CAYMAN 及以上的显卡支持；TN 前缀表示 ARUBA 及以上的显卡支持；UVD 是高清视频解码功能模块；VCE 是高清视频编码模块。RADEON_NUM_RINGS 取值为 8，意味着 Radeon 显卡的命令环最多可达 8 个，其中 R600 有 3 个命令环，分别是图形命令行、DMA 命令环和 UVD 命令环。每个命令环在硬件上都有一个读指针寄存器和写指针寄存器，用来记录 CPU 和 GPU 操作的位置（radeon_ring 中 ring 的索引）；同时 radeon_ring 里面也有一个读指针变量和一个写指针变量，用作寄存器值的临时副本。radeon_ring 这个结构主要就是记录命令环的信息：ring_obj 是缓冲区对应的 BO 对象，里面包含了实际的存储页面；ring 记录了 ring_obj 中存储页面映射的虚地址；rptr 是读指针[1]；wptr 是写指针；ring_size 是缓冲区大小（字节数）；ring_free_dw 是可自由使用的字数（字长 32 位）；count_dw 是某一次操作中的临时计数器；等等。

1 Linux-3.15 版本开始移除了 rptr 变量，每次需要获知读指针的时候都直接从寄存器里面获取最新值，这样有利于更加准确地检测 GPU 死锁。

另外，有必要提一下间接缓冲区（Indirect Buffer，IB）。命令环缓冲区的空间是有限的，因此在多数情况下，命令流并不是直接写入命令缓冲区，而是放在间接缓冲区里面，尤其是对于来自用户程序的命令。通常，将命令流放入IB后，需要在命令环形缓冲区中写入起始命令和结束命令（见6.3.4小节）。Radeon显卡的间接缓冲区池包含16个IB。

（四）radeon_asic_config/radeon_asic

再来看ASIC，它同样定义在drivers/gpu/drm/radeon/radeon.h中。

```
union radeon_asic_config {
    struct r100_asic                r100;
    struct r300_asic                r300;
    struct r600_asic                r600;
    struct rv770_asic               rv770;
    struct evergreen_asic           evergreen;
    struct cayman_asic              cayman;
    struct si_asic                  si;
    struct cik_asic                 cik;
};
```

R100～R200子系列使用r100_asic；R300～R500子系列使用r300_asic；R600子系列使用r600_asic；R700子系列使用rv770_asic；Evergreen子系列和NorthernIslands子系列的部分低端型号使用evergreen_asic；NorthernIslands子系列的主要型号和SouthernIslands的部分低端型号使用cayman_asic；SouthernIslands子系列的主要型号使用si_asic；SeaIslands子系列使用cik_asic。

```
struct radeon_asic {
    int (*init)(struct radeon_device *rdev);
    void (*fini)(struct radeon_device *rdev);
    int (*resume)(struct radeon_device *rdev);
    int (*suspend)(struct radeon_device *rdev);
    void (*vga_set_state)(struct radeon_device *rdev, bool state);
    int (*asic_reset)(struct radeon_device *rdev);
    bool (*gui_idle)(struct radeon_device *rdev);
    int (*mc_wait_for_idle)(struct radeon_device *rdev);
    u32 (*get_xclk)(struct radeon_device *rdev);
    uint64_t (*get_gpu_clock_counter)(struct radeon_device *rdev);
    ......
    struct {
        void (*tlb_flush)(struct radeon_device *rdev);
        uint64_t (*get_page_entry)(uint64_t addr, uint32_t flags);
```

```
        void (*set_page)(struct radeon_device *rdev, unsigned i, uint64_t entry);
    } gart;
    struct {
        int (*init)(struct radeon_device *rdev);
        void (*fini)(struct radeon_device *rdev);
        void (*copy_pages)(struct radeon_device *rdev, struct radeon_ib *ib, uint64_t pe,
                  uint64_t src, unsigned count);
        void (*write_pages)(struct radeon_device *rdev, struct radeon_ib *ib, uint64_t pe,
                  uint64_t addr, unsigned count, uint32_t incr, uint32_t flags);
        void (*set_pages)(struct radeon_device *rdev, struct radeon_ib *ib, uint64_t pe,
                  uint64_t addr, unsigned count, uint32_t incr, uint32_t flags);
    } vm;
    struct radeon_asic_ring *ring[RADEON_NUM_RINGS];
    struct {
        int (*set)(struct radeon_device *rdev);
        int (*process)(struct radeon_device *rdev);
    } irq;
    struct {
        void (*bandwidth_update)(struct radeon_device *rdev);
        u32 (*get_vblank_counter)(struct radeon_device *rdev, int crtc);
        void (*wait_for_vblank)(struct radeon_device *rdev, int crtc);
        void (*set_backlight_level)(struct radeon_encoder *radeon_encoder, u8 level);
        u8 (*get_backlight_level)(struct radeon_encoder *radeon_encoder);
        ……
    } display;
    struct {
        struct radeon_fence *(*blit)(struct radeon_device *rdev,
                     uint64_t src_offset, uint64_t dst_offset,
                     unsigned num_gpu_pages, struct reservation_object *resv);
        u32 blit_ring_index;
        struct radeon_fence *(*dma)(struct radeon_device *rdev,
                    uint64_t src_offset, uint64_t dst_offset,
                    unsigned num_gpu_pages, struct reservation_object *resv);
        u32 dma_ring_index;
        struct radeon_fence *(*copy)(struct radeon_device *rdev,
                     uint64_t src_offset, uint64_t dst_offset,
                     unsigned num_gpu_pages, struct reservation_object *resv);
        u32 copy_ring_index;
```

```
	} copy;
	struct {
		int (*set_reg)(struct radeon_device *rdev, int reg, uint32_t tiling_flags,
					   uint32_t pitch, uint32_t offset, uint32_t obj_size);
		void (*clear_reg)(struct radeon_device *rdev, int reg);
	} surface;
	struct {
		void (*init)(struct radeon_device *rdev);
		void (*fini)(struct radeon_device *rdev);
		bool (*sense)(struct radeon_device *rdev, enum radeon_hpd_id hpd);
		void (*set_polarity)(struct radeon_device *rdev, enum radeon_hpd_id hpd);
	} hpd;
	struct {
		void (*prepare)(struct radeon_device *rdev);
		void (*finish)(struct radeon_device *rdev);
		void (*init_profile)(struct radeon_device *rdev);
		void (*get_dynpm_state)(struct radeon_device *rdev);
		uint32_t (*get_engine_clock)(struct radeon_device *rdev);
		void (*set_engine_clock)(struct radeon_device *rdev, uint32_t eng_clock);
		uint32_t (*get_memory_clock)(struct radeon_device *rdev);
		void (*set_memory_clock)(struct radeon_device *rdev, uint32_t mem_clock);
		void (*set_clock_gating)(struct radeon_device *rdev, int enable);
		int (*set_uvd_clocks)(struct radeon_device *rdev, u32 vclk, u32 dclk);
		int (*set_vce_clocks)(struct radeon_device *rdev, u32 evclk, u32 ecclk);
		int (*get_temperature)(struct radeon_device *rdev);
	  ……
	} pm;
	struct {
		int (*init)(struct radeon_device *rdev);
		void (*setup_asic)(struct radeon_device *rdev);
		int (*enable)(struct radeon_device *rdev);
		int (*late_enable)(struct radeon_device *rdev);
		void (*disable)(struct radeon_device *rdev);
		int (*pre_set_power_state)(struct radeon_device *rdev);
		int (*set_power_state)(struct radeon_device *rdev);
		void (*post_set_power_state)(struct radeon_device *rdev);
		void (*display_configuration_changed)(struct radeon_device *rdev);
		void (*fini)(struct radeon_device *rdev);
```

```
        u32 (*get_sclk)(struct radeon_device *rdev, bool low);
        u32 (*get_mclk)(struct radeon_device *rdev, bool low);
        int (*force_performance_level)(struct radeon_device *rdev,
                                       enum radeon_dpm_forced_level level);
        void (*powergate_uvd)(struct radeon_device *rdev, bool gate);
        void (*enable_bapm)(struct radeon_device *rdev, bool enable);
        void (*fan_ctrl_set_mode)(struct radeon_device *rdev, u32 mode);
        u32 (*fan_ctrl_get_mode)(struct radeon_device *rdev);
        int (*set_fan_speed_percent)(struct radeon_device *rdev, u32 speed);
        int (*get_fan_speed_percent)(struct radeon_device *rdev, u32 *speed);
        u32 (*get_current_sclk)(struct radeon_device *rdev);
        u32 (*get_current_mclk)(struct radeon_device *rdev);
    } dpm;
    ……
};
```

这是一个跟具体显卡型号有关的庞大的操作函数表，除了全局的 init()、fini()、suspend()、resume() 等函数外，还有若干个二级结构体。比如，和 GART 有关的 gart 函数表，和 GPUVM 有关的 vm 函数表，和中断处理有关的 irq 函数表，和显示输出有关的 display 函数表，和命令环有关的 ring[] 函数表（数组），和内存数据交换有关的 copy 函数表，和显示器热插拔有关的 hpd 函数表，和电源管理有关的 pm/dpm 函数表等。RS780 集成显卡的函数表记录在 rs780_asic 中。

（五）radeon_bo/radeon_fence

再来看看 radeon_bo 和 radeon_fence。一个缓冲区对象（BO）可以理解成一块内存，其中包括了 GPU 的命令和数据，GPU 从 BO 中获取命令和数据，然后处理。而命令屏障 Fence 则是保证命令的按序执行，一个 Fence 后面的操作必须等待 Fence 前面的操作执行完成以后才能开始。下面以内存区域间的数据拷贝为例，描述一次典型的 GPU 处理过程，期间主要涉及 BO 与 Fence 的操作。

```
radeon_bo_create();      // 创建 BO 对象，创建后可用 radeon_bo_ref() 增加引用计数
radeon_bo_reserve();     // 保留 BO 对象，即从 ttm_mem_type_manager 的 lru 链表中移出
radeon_bo_pin();         // 将 BO 对象绑定到某个内存区域（SYSTEM、GTT 或 VRAM）
radeon_bo_kmap();        // 为 BO 对象的内存页面映射一个虚拟地址
……进行一些需要用到 BO 对象虚拟地址的操作……
radeon_bo_kunmap();      // 解除为 BO 对象映射的虚拟地址
radeon_copy();           // 内存拷贝的主要操作：CPU 的工作是将命令写入环形缓冲区
    ↳ radeon_fence_emit();//CPU 操作结束后，创建并发射 Fence，GPU 开始工作
radeon_fence_wait();     // 等待 Fence，等待成功后销毁 Fence
radeon_bo_unpin();       // 将 BO 对象解除绑定
radeon_bo_unreserve();   // 将 BO 对象归还到 ttm_mem_type_manager 的 lru 链表
radeon_bo_unref();       // 解除对 BO 对象的引用并且在引用计数变为 0 时销毁 BO 对象
```

接下来是显示模式设置所用到的数据结构。

（六）drm_mode_config/radeon_mode_info/drm_fb_helper/fb_info

显示模式设置所用到的数据结构中首先要介绍的是 drm_mode_config 及其补充，这是模式设置的主要数据结构，通常每个显卡（drm_device）都会关联一个 drm_mode_config，其定义在文件 include/drm/drm_mode_config.h 中。

```
struct drm_mode_config {
    int num_fb;
    struct list_head fb_list;
    int num_crtc;
    struct list_head crtc_list;
    int num_encoder;
    struct list_head encoder_list;
    int num_connector;
    struct list_head connector_list;
    int min_width, min_height;
    int max_width, max_height;
    const struct drm_mode_config_funcs *funcs;
    resource_size_t fb_base;
    struct delayed_work output_poll_work;
    uint32_t preferred_depth;
    uint32_t cursor_width, cursor_height;
    ......
};
```

这里包括的信息有，FrameBuffer 的数量 num_fb 和列表 fb_list，CRTC 的数量 num_crtc 和列表 crtc_list，Encoder 的数量 num_encoder 和列表 encoder_list，Connector 的数量 num_connector 和列表 connector_list；支持显示器的最小宽度 min_width，最小高度 min_height，最大宽度 max_width，最大高度 max_height；模式设置操作函数表 funcs；FrameBuffer 基地址 fb_base；轮询显示器热插拔的工作队列项 output_poll_work；首选色深 preferred_depth；光标宽度 cursor_width，光标高度 cursor_height；等等。FB、CRTC、Encoder 和 Connector 的关系见后文。

radeon_mode_info 是显示模式设置中 drm_mode_config 的补充，包含一些 Radeon 显卡特有的信息。其中比较重要的是类型为 struct radeon_fbdev 的 rfbdev，描述了 Radeon 显卡的 FrameBuffer 设备。而 radeon_fbdev 则展开如下。

```
struct radeon_fbdev {
    struct drm_fb_helper helper;
    struct radeon_framebuffer rfb;
```

```
    struct radeon_device *rdev;
};
struct drm_fb_helper {
    struct drm_framebuffer *fb;
    struct drm_client_dev client;
    const struct drm_fb_helper_funcs *funcs;
    struct fb_info *fbdev;
    ……
};
```

这里，helper 是一个类型为 struct drm_fb_helper 的 FrameBuffer 帮手，其中主要包括类型为 struct drm_client_dev 的 DRM FrameBuffer 核内用户 client（用于实现基于 GEM 的通用 FrameBuffer 构造器），类型为 struct fb_info 的 FrameBuffer 描述信息 fbdev，以及类型为 struct drm_fb_helper_funcs 的辅助操作函数集 funcs；rfb 是 Radeon 显卡的 FrameBuffer，内嵌一个类型为 struct drm_framebuffer 的通用 FrameBuffer 结构 base；rdev 是指向 radeon_device 的引用。

FrameBuffer 描述信息（struct fb_info）包含了 FrameBuffer 所需的各种参数和操作函数集，定义在 include/linux/fb.h 中。

```
struct fb_info {
    struct fb_var_screeninfo var;
    struct fb_fix_screeninfo fix;
    struct fb_videomode *mode;
    struct fb_ops *fbops;
    union {
        char __iomem *screen_base;
        char *screen_buffer;
    };
    unsigned long screen_size;
    void *fbcon_par;
    ……
};
struct fb_var_screeninfo {
    __u32 xres;
    __u32 yres;
    __u32 xres_virtual;
    __u32 yres_virtual;
    __u32 xoffset;
    __u32 yoffset;
```

```
    __u32 bits_per_pixel;
    __u32 grayscale;
    struct fb_bitfield red;
    struct fb_bitfield green;
    struct fb_bitfield blue;
    struct fb_bitfield transp;
    __u32 nonstd;
    __u32 activate;
    __u32 height;
    __u32 width;
    __u32 pixclock;
    __u32 left_margin;
    __u32 right_margin;
    __u32 upper_margin;
    __u32 lower_margin;
    __u32 hsync_len;
    __u32 vsync_len;
    __u32 sync;
    __u32 vmode;
    __u32 rotate;
    __u32 colorspace;
    __u32 reserved[4];
};
struct fb_fix_screeninfo {
    char id[16];
    unsigned long smem_start;
    __u32 smem_len;
    __u32 type;
    __u32 type_aux;
    __u32 visual;
    __u16 xpanstep;
    __u16 ypanstep;
    __u16 ywrapstep;
    __u32 line_length;
    unsigned long mmio_start;
    __u32 mmio_len;
    __u32 accel;
    __u16 capabilities;
```

```
    __u16 reserved[2];
};
struct fb_videomode {
    const char *name;
    u32 refresh;
    u32 xres;
    u32 yres;
    u32 pixclock;
    u32 left_margin;
    u32 right_margin;
    u32 upper_margin;
    u32 lower_margin;
    u32 hsync_len;
    u32 vsync_len;
    u32 sync;
    u32 vmode;
    u32 flag;
};
```

struct fb_info包括屏幕信息、模式信息和操作函数集。屏幕信息中的参数又分为“固定参数”和“可变参数”两类，前者对于一个具体的设备是不可变的，而后者是可变的。固定屏幕参数就是struct fb_fix_screeninfo，其主要成员有FrameBuffer的起始物理地址smem_start，FrameBuffer的长度smem_len（对应的起始虚拟地址和长度就是struct fb_info中的screen_base和screen_size，如果FrameBuffer处于系统内存而不是显示内存，则用screen_buffer代替screen_base）。可变屏幕参数就是struct fb_var_screeninfo，其主要成员有可视水平分辨率xres、可视垂直分辨率yres、虚拟水平分辨率xres_virtual、虚拟垂直分辨率yres_virtual、画面宽度width、画面高度height、色深bits_per_pixel、左边界宽度left_margin、右边界宽度right_margin、上边界高度upper_margin、下边界高度lower_magin、水平同步量hsync_len、垂直同步量vsync_len等。模式信息就是struct fb_videomode，是显示器所支持的显示模式，其主要成员包括水平分辨率xres、垂直分辨率yres、左边界宽度left_margin、右边界宽度right_margin、上边界高度upper_margin、下边界高度lower_magin、水平同步量hsync_len、垂直同步量vsync_len、刷新率refresh等。操作函数集主要是类型为struct fb_ops的fbops，提供FrameBuffer的打开、关闭、读写等功能；除fbops以外，fbcon_par通常指向一个类型为struct fbcon_ops的操作函数集，作为连接VTConsole和FrameBuffer的桥梁，用于实现FBConsole的各种功能（比如提供从VTConsole屏幕缓冲区到显卡FrameBuffer的数据拷贝功能）。

这里引入了一大堆概念，甚至显得有点冗余，为了清楚地理解，先来了解一下显示器的背景。早期的显示器是CRT（阴极射线管）显示器，其显示原理是电子枪轰击显示屏发光，黑白显示器有一根电子枪，彩色显示器有红、绿、蓝 3 根电子枪。虽然人眼看到的显示画面是一幅整体的图像，似乎是同一时间并行显示出来的，但实际上是由电子枪一个个像素串行点亮的。像素的点亮顺序类似于一个 Z 字形，从左上角开始进行水平扫描，扫描完一行后，电子枪会收到水平同步信号（HSYNC），然后回到左边开始扫描第二行；整个屏幕扫描完毕后，电子枪会收到垂直同步信号（VSYNC），然后回到左上角开始下一帧图像。于是，电子枪在扫描一帧图像的整个时间里面分成“点亮时间”与“消隐时间”，点亮时间是扫描可视区域的时间，消隐时间包括水平同步时间、垂直同步时间和过渡时间。后来的 LCD 显示器虽然工作原理不一样，但是沿用了 CRT 的一套参数。

在一个给定的刷新率限制下，“时间”和“像素分辨率”存在一个恒定的对应关系，因此时间和长度可以互相换算。图 6-8 展示了 struct fb_videomode 中各个成员的含义。

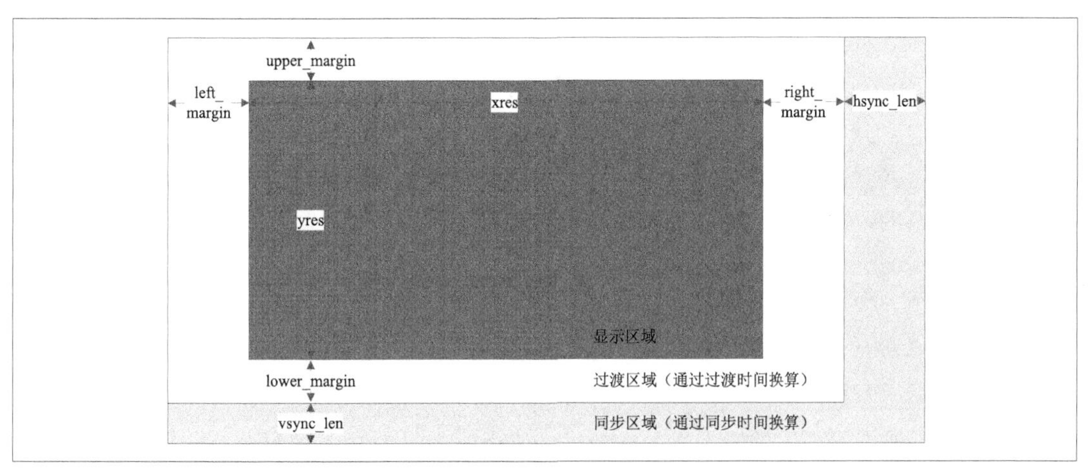

图 6-8　显示模式中各个参数的含义

struct fb_var_screeninfo 和 struct fb_videomode 用在不同的场合，但其中的成员几乎可以一一等价，内核甚至提供了 fb_var_to_videomode() 和 fb_videomode_to_var() 来对它们进行相互转换。但值得注意的是，struct fb_videomode 通常来自显示器的 EDID（Extended Display Identification Data）数据，其成员通常只能取一些特定的值，而 struct fb_var_screeninfo 中的成员取值则相对比较自由。

除了以上介绍的这些，struct fb_var_screeninfo 里还包括 red、green、blue、transp 这 4 个类型为 struct fb_bitfield 的成员。它们分别表示色彩空间里面红色分量、绿色分量、蓝色分量和透明度分量各自的位数 length 和偏移 offset。比如，在 32 位色深下面，4 个分量的 length 均为 8，offset 分别为 0（blue）、8（green）、16（red）和 24（transp）。

（七）drm_display_mode

drm_display_mode 描述一个具体的显示模式，与 fb_videomode 基本上等价，定义在 include/drm/drm_modes.h 中。

```
struct drm_display_mode {
    char name[DRM_DISPLAY_MODE_LEN];
    int clock;
```

```
    int hdisplay;
    int hsync_start;
    int hsync_end;
    int htotal;
    int hskew;
    int vdisplay;
    int vsync_start;
    int vsync_end;
    int vtotal;
    int vscan;
    int crtc_clock;
    int crtc_hdisplay;
    int crtc_hblank_start;
    int crtc_hblank_end;
    int crtc_hsync_start;
    int crtc_hsync_end;
    int crtc_htotal;
    int crtc_hskew;
    int crtc_vdisplay;
    int crtc_vblank_start;
    int crtc_vblank_end;
    int crtc_vsync_start;
    int crtc_vsync_end;
    int crtc_vtotal;
    int vrefresh;
    ……
};
```

主要成员变量中，name 是显示模式的名称，vrefresh 是刷新率。其他的参数分两类：无 crtc 前缀的是标称参数，有 crtc 前缀的是需要写入硬件的参数。标称参数中，hdisplay 是可视区域的水平分辨率，vdisplay 是可视区域的垂直分辨率；htotal 是总的水平分辨率，vtotal 是总的垂直分辨率……

struct drm_display_mode 与 struct fb_videomode 的主要成员换算关系如下。

```
hdisplay = xres;
vdisplay = yres;
hsync_start = xres+right_margin;
vsync_start = yres+lower_margin;
hsync_end = xres+right_margin+hsync_len;
```

```
vsync_end = yres+lower_margin+vsync_len;
htotal = xres+left_margin+right_margin+hsync_len;
vtotal = yres+upper_margin+lower_margin+vsync_len;
```

> **注意：**
> 显卡支持多路输出（多路通常指的是多个 CRTC，但是每个 CRTC 又可以连接多个显示器），而每个显示器可以具有相同的或不同的宽高和分辨率，多个 CRTC 之间还可以支持镜像模式输出和扩展模式输出（镜像模式也称克隆模式，同一个 CRTC 上的多个显示器之间大都只能使用镜像模式）。为了处理这些问题，内核专门引入了两个数据结构 struct drm_fb_helper_surface_size 和 struct drm_mode_set。

（八）drm_fb_helper_surface_size/struct drm_mode_set

drm_fb_helper_surface_size 定义在 include/drm/drm_fb_helper.h 中。

```
struct drm_fb_helper_surface_size {
    u32 fb_width;
    u32 fb_height;
    u32 surface_width;
    u32 surface_height;
    u32 surface_bpp;
    u32 surface_depth;
};
```

大体上，FrameBuffer 输出到多个 CRTC 时，每个 CRTC 有一个期望的显示模式，在内核启动阶段一般采用准镜像模式输出（每个显示器上显示相同的内容，对应 FrameBuffer 中的同一块区域，但各自使用自己的首选分辨率）。显示平面（Surface）的宽度 surface_width 和高度 surface_height 是所有 CRTC 的期望模式的最大宽度和最大高度，对应 struct fb_var_screeninfo 中的虚拟水平分辨率 xres_virtual 和虚拟垂直分辨率 yres_virtual，因此按照这两个值来分配 FB 缓冲区就可以足够容纳每个显示器的完整显示。而显示帧（Frame）的宽度 fb_width 和高度 fb_height 是所有 CRTC 的期望模式的最小宽度和最小高度，对应 struct fb_var_screeninfo 中的可视水平分辨率 xres 和可视垂直分辨率 yres，因此每个显示器上都可以显示完整的画面（各显示器首选分辨率不同时可能存在黑边）。这些变量的关系如图 6-9 所示（假设每个 CRTC 上只有一个显示器，图中重叠的部分是有效显示内容区域，不重叠的部分显示为黑边）。

surface_bpp 和 surface_depth 分别表示每个像素的数据位数（bits per pixel，bpp）和色深。这两个变量通常是一致的，但有时候也有差异，因为 surface_bpp 必须是 8 的倍数而 surface_depth 在多数情况下最大值是 24。于是便有以下常见的情形。

- 8 位色：surface_bpp = 8，surface_depth = 8。
- 15 位色：surface_bpp = 16，surface_depth = 15。

- 16 位色：surface_bpp = 16，surface_depth = 16。
- 24 位色：surface_bpp = 24，surface_depth = 24。
- 32 位色：surface_bpp = 32，surface_depth = 24。

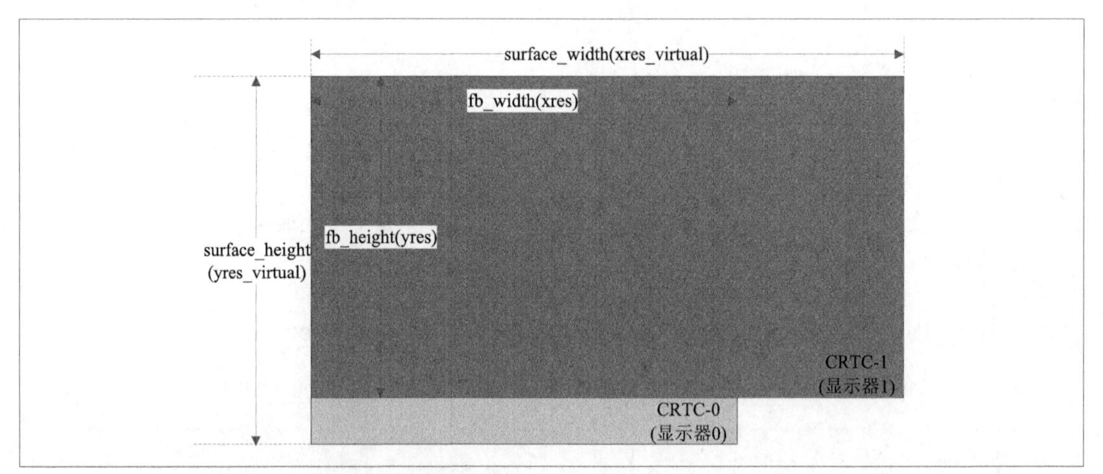

图 6-9　drm_fb_helper_surface_size 中各个变量的含义

struct drm_mode_set 定义在 include/drm/drm_crtc.h 中。

```
struct drm_mode_set {
    struct drm_framebuffer *fb;
    struct drm_crtc *crtc;
    struct drm_display_mode *mode;
    uint32_t x;
    uint32_t y;
    struct drm_connector **connectors;
    size_t num_connectors;
};
```

struct drm_mode_set 通常与一个 CRTC 进行关联，自然也包含了指向 FrameBuffer 的指针，其内部除了包含显示模式 drm_display_mode 外，还包含该 CRTC 的屏幕起始点（即屏幕左上角）在 FrameBuffer 中的横坐标 x 和纵坐标 y。使用镜像模式显示时，每个 CRTC 对应 FrameBuffer 中的同一块区域，因此所有 CRTC 的起始点坐标都是 x=0、y=0（与图 6-8 中的准镜像模式不同，真正的镜像模式下每个显示器上显示相同的内容，对应 FrameBuffer 中的同一块区域，并且使用相同的公共分辨率，因此显示画面完整且无黑边）；使用扩展模式显示时，每个 CRTC 对应 FrameBuffer 中的不同区域，因此每个 CRTC 具有不同的起始点坐标，如图 6-10 所示。

图 6-10 是扩展模式的常用方法，两个 CRTC 水平拼接并且上边界对齐（起始点纵坐标相等），但需要注意的是，多个 CRTC 的扩展模式是可以按任意方式拼接的（对各自的起始点坐标不做约束，但通常不会有重叠）。FrameBuffer 的宽度与高度反映在数据结构里面就是 drm_framebuffer::width 和 drm_framebuffer::height。两个 CRTC 各自的分辨率（宽度与高度）反映在数据结构里面就是 drm_mode_set::drm_display_mode::hdisplay 和 drm_mode_ set::drm_display_mode::vdisplay。起始点坐标反映在数据结构里面就是 drm_mode_set::x 和 drm_mode_set::y。

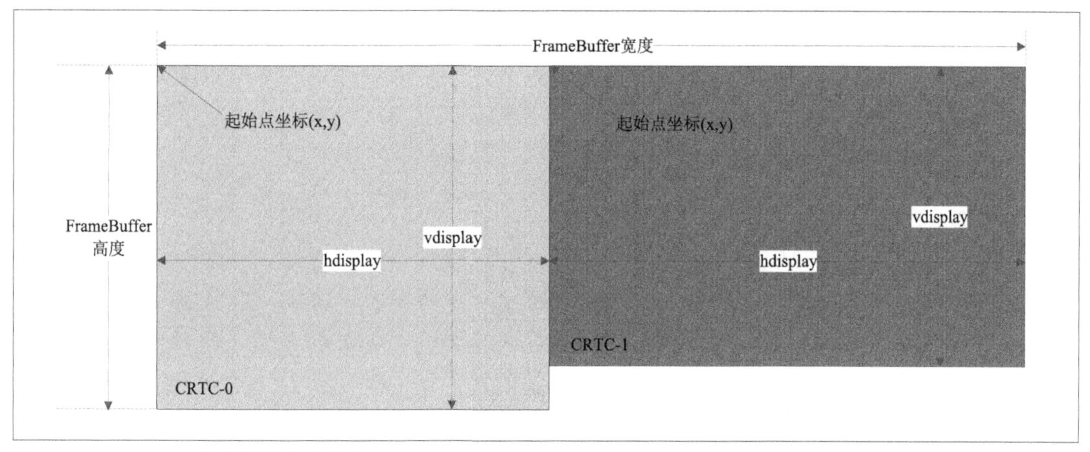

图 6-10　双 CRTC 的扩展模式示意图

即便只有一个显卡（即一个 FrameBuffer 设备，对应 /dev/fbX，X 为 fbdev 的编号），在整个 Linux 操作系统里面 FrameBuffer 通常也并不是唯一的。内核启动时会创建一个系统级 FrameBuffer，就是启动过程中采用准镜像模式和首选分辨率输出的那个 FrameBuffer。在进入图形界面以后 X-Window 或者 Wayland 通常会创建新的用户级 FrameBuffer（是否创建以及如何创建跟具体的显卡驱动有关），专门为图形系统服务（支持镜像模式和扩展模式，支持各种分辨率设置，支持动态创建和销毁）。

> **注意：**
> 在文本控制台模式下，每个虚拟终端（即 tty）都有一个自己的屏幕缓冲区，这个缓冲区并不是 FrameBuffer；VTConsole 的具体功能实现（如 FBConsole）负责将当前 tty 的屏幕缓冲区复制输出到 FrameBuffer。

6.3.3 显卡初始化

对于 Radeon 显卡，其初始化包括 DRM 核心的初始化和 Radeon 显卡本身的初始化，这是两个相对独立的模块，当然，后者依赖前者。

DRM 核心的初始化函数是 drm_core_init()，对应的退出函数为 drm_core_exit()。它们都定义在文件 drivers/gpu/drm/drm_drv.c 中，此处不予细说。Radeon 显卡本身的初始化函数是 radeon_init()，对应的退出函数为 radeon_exit()，两者均定义在文件 drivers/gpu/drm/radeon/ radeon_drv.c 中。其中 radeon_init() 的主要调用关系如下。

```
radeon_init()
    |--driver = &kms_driver;
```

```
    |--pdriver = &radeon_kms_pci_driver;
    \--pci_register_driver(pdriver);
        \--radeon_pci_probe(pdev, ent);
            \--drm_get_pci_dev(pdev, pid, driver);
                |-- dev = drm_dev_alloc(driver, &pdev->dev);
                \-- drm_dev_register(dev, ent->driver_data);
                    \-- dev->driver->load(dev, flags);
```

Radeon 显卡驱动可以通过启动参数 radeon.modeset=1/0 来决定采用 KMS 还是 UMS（缺省为 KMS）。在使用 KMS 的情况下，初始化函数先给静态全局变量 driver 和 pdriver 赋值，然后通过 drm_pci_init() 注册了一个类型为 struct drm_driver 的 DRM 驱动（kms_driver）和类型为 struct pci_driver 的 PCI 驱动（radeon_kms_pci_driver）。PCI 驱动管理显卡设备的总线端，主要负责 PCI ID 与驱动的匹配；DRM 驱动管理显卡设备的功能端，主要负责显卡的显示与图形加速功能。Radeon 显卡支持旧的 AGP 总线和新的 PCIE 总线，本书只关注龙芯所使用的 PCIE 类型。

kms_driver 的 driver_features 字段设置了 DRIVER_RENDER 特征，标明 Radeon 驱动具有 GPU 功能（图形渲染）；如果使用 KMS，则还会加上 DRIVER_MODESET 特征，标明 Radeon 驱动具有 DC 功能（模式设置）。

从调用关系看来，初始化最核心的部分是 kms_driver 中的 load() 函数指针。这个函数指针的实现，就是 radeon_driver_load_kms()，其定义在文件 drivers/gpu/drm/radeon/radeon_kms.c 中。下面看其调用关系树（有精简）。

```
radeon_driver_load_kms()
    |-- 数据结构初始化;
    |--radeon_device_init();            /*第 1 步*/
    |    |-- radeon_gem_init(rdev);
    |    |-- radeon_asic_setup(rdev);
    |    |    |-- radeon_register_accessor_init(rdev);
    |    |    \-- rdev->asic = &rs780_asic;
    |    |-- dma_set_mask_and_coherent(&rdev->pdev->dev, DMA_BIT_MASK(dma_bits));
    |    |-- rdev->rmmio = ioremap(rdev->rmmio_base, rdev->rmmio_size);
    |    |-- vga_client_register(rdev->pdev, rdev, NULL, radeon_vga_set_decode);
    |    |-- radeon_asic_init(rdev);
    |    |    \-- (rdev)->asic->init((rdev));
    |    \-- radeon_ib_ring_tests(rdev);
    |        \-- for (i = 0; i < RADEON_NUM_RINGS; ++i) radeon_ib_test(rdev, i, ring);
    |            \-- r600_ib_test();
    |--radeon_modeset_init();           /*第 2 步*/
    \--radeon_acpi_init();              /*第 3 步*/
```

这个函数分三大步骤：第一步 radeon_device_init() 是显卡相关（图形渲染）的部分，第二步 radeon_modeset_init() 是显示器相关（模式设置）的部分，第三步 radeon_acpi_init() 是 ACPI 相关的部分。龙芯不支持 ACPI，所以本书将不展开 radeon_acpi_init()。

（一）radeon_device_init()

radeon_device_init() 是 radeon_driver_load_kms() 中最重要的第一大步，又主要包括以下若干小步。

radeon_gem_init(): 初始化 GEM 内存管理器的对象链表。

radeon_asic_setup(): 负责初始化显卡的各种回调操作函数，其中顶级结构体 radeon_device 中的 MC 寄存器读写函数、PLL 寄存器读写函数和 PCIE 寄存器读写函数由 radeon_register_accessor_init() 负责；二级结构体 radeon_asic 被赋值为 rs780_asic，而 rs780_asic 中的操作函数已经被静态赋值。

dma_set_mask_and_coherent(): 设置显卡的 DMA 掩码和一致性 DMA 掩码。DMA 掩码决定了设备可访问的物理内存范围，一致性 DMA 掩码决定了设备可访问的一致性物理内存范围。“一致性”指的是不管从 CPU 视角还是设备视角来看，其内存内容都是一致的。在龙芯平台上，DMA 掩码和一致性 DMA 掩码是相同的，都是通过 BIOS- 内核传参规范里面的 irq_source_routing_table::dma_mask_bits 给定。对于使用 LS2H 芯片组的机器，DMA 掩码一般是 32 位（设备可访问 0 ~ 4 GB 地址范围的系统内存）；对于使用 LS7A 和 RS780+SB700 芯片组的机器，DMA 掩码一般是 64 位（设备可访问 0 ~ 16 EB 地址范围的系统内存）。

ioremap(): 将显卡 PCI BAR 里的 MMIO 寄存器映射到 CPU 地址空间。

vga_client_register(): 注册一个 VGA Client，这是多显卡切换用的。

radeon_asic_init(): 这是最核心的一个步骤，是一个宏。展开以后的内容就是 rs780_asic 中的 init() 回调函数，即 r600_init()，稍后详细展开。

radeon_ib_ring_tests(): 调用 radeon_ib_test() 测试每个命令环的间接缓冲区功能是否正常。

r600_init() 是 RS780 显卡的一个核心函数。这个函数定义在文件 drivers/gpu/drm/radeon/r600.c 中，其实现如下（有精简）。

```
r600_init()
    |-- radeon_get_bios();
    |-- radeon_atombios_init();
    |-- if (!radeon_card_posted(rdev))  atom_asic_init();
    |-- r600_scratch_init();
    |-- radeon_surface_init();
    |-- radeon_get_clock_info();
```

```
|-- radeon_fence_driver_init();
|-- r600_mc_init();
|-- radeon_bo_init();
|     \--radeon_ttm_init();
|          |-- ttm_bo_device_init(radeon_bo_driver);
|          |    |-- bdev->driver = driver;
|          |    \-- ttm_bo_init_mm(TTM_PL_SYSTEM);
|          |          \--bdev->driver->init_mem_type();
|          |-- ttm_bo_init_mm(TTM_PL_VRAM);
|          |          \--bdev->driver->init_mem_type();
|          \-- ttm_bo_init_mm(TTM_PL_TT);
|                     \--bdev->driver->init_mem_type();
|-- r600_init_microcode(rdev);
|-- radeon_pm_init(rdev);
|-- r600_ring_init(rdev, &rdev->ring[RADEON_RING_TYPE_GFX_INDEX], SZ_1M);
|-- r600_uvd_init(rdev);
|     |-- radeon_uvd_init(rdev);
|     \-- r600_ring_init(rdev, &rdev->ring[R600_RING_TYPE_UVD_INDEX], 4096);
|-- r600_ih_ring_init();
|-- r600_pcie_gart_init();
|     |-- radeon_gart_init();
|     \-- radeon_gart_table_vram_alloc();
\--r600_startup();
```

r600_init() 的各个子步骤解释如下。

radeon_get_bios(): 使用多种方法试图加载显卡 BIOS（VBIOS）。对于支持 ACPI 的系统，优先使用 ACPI 方法，具体有 radeon_atrm_get_bios() 和 radeon_acpi_vfct_bios() 两种；在集成显卡 + 独立显卡的双显卡配置下，集成显卡的 VBIOS 被放在 VRAM 里面，可以通过 igp_read_bios_from_vram() 加载；在最普遍的情况下，可以通过 radeon_read_bios() 从 PCI ROM 里面加载；接下来，被禁用的显卡可以通过 radeon_read_disabled_bios() 加载；最后，通过平台设备接口提供的 VBIOS 可以通过 radeon_read_platform_bios() 加载。值得注意的是：（1）即便是最常见的 radeon_read_bios() 这种情况，VBIOS 也不一定非要从真正的 PCI ROM 里读取，可以直接编译在内核代码中然后从内核加载，或者放在系统 BIOS 中通过特定的参数传递（比如现在的龙芯平台上就是通过 BIOS- 内核传参规范里的 smbios_tables::vga_bios 传递，然后通过一些 PCI Fixup 操作伪装成 PCI ROM）；（2）VBIOS 有两种格式，传统格式叫 COMBIOS，体系结构无关的新格式叫 ATOMBIOS，R600 系列大多使用后者。VBIOS 成功加载以后，将对其合法性进行校验。

radeon_atombios_init(): ATOM VBIOS 相关的初始化，包括一些读写函数的赋值和寄存器填充。

atom_asic_init(): 执行 ATOM VBIOS，如果系统 BIOS 已经执行过 VBIOS 则这一步不会发生。

r600_scratch_init(): Scratch 寄存器初始化。Scratch 寄存器一般指的是没有规定用途、可随意使用的一些自由寄存器，这一步会确定 Scratch 寄存器的基地址和数量。

radeon_surface_init(): Surface 寄存器初始化。主要就是将 Surface 寄存器清零，R600 以及更新的显卡一般不再需要清空。

radeon_get_clock_info(): 从 VBIOS 获取时钟信息（如 PLL、显卡核心频率、显存频率等）。

radeon_fence_driver_init(): Fence 驱动相关的初始化。为了填充 radeon_device 的二级结构体 fence_drv 数组，在每个命令环上调用 radeon_fence_driver_init_ring()。

r600_mc_init(): 内存控制器初始化。该函数的主要功能是确定显存的通道数、每通道位宽、显存总量（包括 mc_vram_size、real_vram_size 和 visible_vram_size），然后还会调用 r600_vram_gtt_location() 确定 VRAM 和 GTT 内存在 GPU 地址空间的布局（VRAM 通过 radeon_vram_location() 确定，GTT 内存通过 radeon_gtt_location() 确定）。RS780 集成显卡的典型配置是使用 128 MB 的显存和 512 MB 的 GTT 内存，在 r600_vram_gtt_location() 完成以后，龙芯平台上其 CPU 地址空间和 GPU 地址空间的布局如图 6-11 所示。

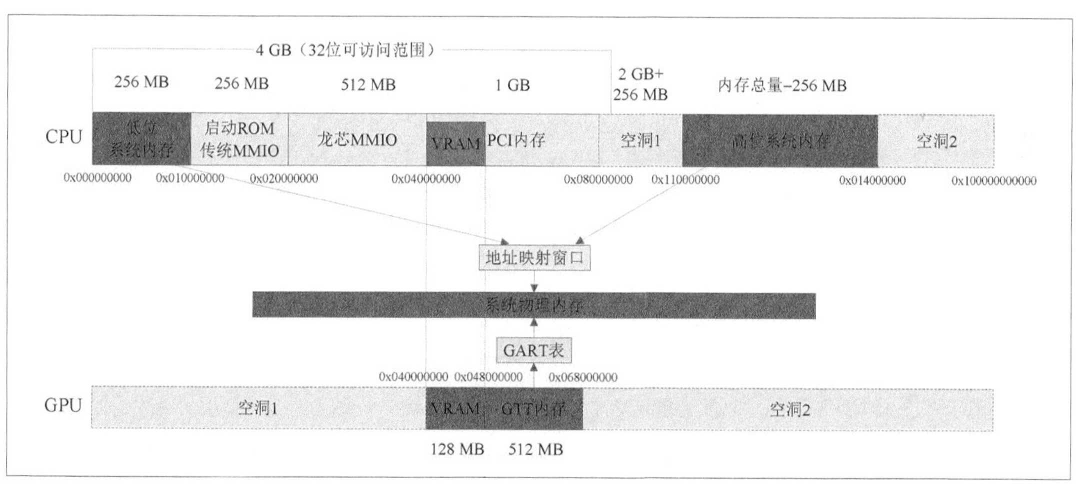

图 6-11 龙芯平台的 CPU 与 GPU 的地址空间布局

为了方便，通常 VRAM 在 CPU 地址空间和 GPU 地址空间保持相同的地址范围，紧接着 VRAM 的地址范围给 GTT 内存使用，GTT 内存地址类似于虚地址，通过类似页表的 GART 表映射到系统内存（GART 表自身存放在 VRAM 中）。

radeon_bo_init(): BO 对象管理器初始化。对于 Radeon 显卡，radeon_bo_init() 通过 ttm_bo_device_init() 和 ttm_bo_init_mm() 注册了 BO 操作函数集 radeon_bo_driver，并最终调用了函数集中的 init_mem_type() 函数指针。bdev->driver->init_mem_type() 函数指针的具体功能由 radeon_init_mem_type() 实现。该函数调用了 3 次，其 type 参数分别是 TTM_PL_SYSTEM、TTM_PL_VRAM 和 TTM_PL_TT，其主要功能是设置系统

内存、VRAM 和 GTT 这 3 种内存区域的属性（即 ttm_mem_type_manager 的属性标志 flags、可用 Cache 属性 available_caching 和缺省 Cache 属性 default_caching）。

主要的属性标志有以下 3 个。

```
#define TTM_MEMTYPE_FLAG_FIXED          (1 << 0);
#define TTM_MEMTYPE_FLAG_MAPPABLE       (1 << 1);
#define TTM_MEMTYPE_FLAG_CMA            (1 << 3)。
```

其含义分别是固定 PCI 内存、可以映射、不能通过孔洞映射（CMA 全称 Can't Map Aperture，即位于系统内存，约等于 TTM_MEMTYPE_FLAG_FIXED 的反义词）。对于 SYSTEM 域，其属性标志为 TTM_MEMTYPE_FLAG_MAPPABLE，表示它不是 PCI 内存并且能够用来映射 GPU 数据；对于 GTT 域，其属性标志为 TTM_MEMTYPE_FLAG_MAPPABLE | TTM_MEMTYPE_FLAG_CMA，表示它不是 PCI 内存而是位于系统内存，并且可以映射 GPU 数据；对于 VRAM 域，其属性标志为 TTM_MEMTYPE_FLAG_FIXED | TTM_MEMTYPE_FLAG_MAPPABLE，表示它是 PCI 内存并且可以映射 GPU 数据。

Cache 属性有以下几种。

```
#define TTM_PL_FLAG_CACHED          (1 << 16)
#define TTM_PL_FLAG_UNCACHED        (1 << 17)
#define TTM_PL_FLAG_WC              (1 << 18)
#define TTM_PL_MASK_CACHING         (TTM_PL_FLAG_CACHED | \
                                    TTM_PL_FLAG_UNCACHED | \
                                    TTM_PL_FLAG_WC)
```

其含义分别是缓存、非缓存与写合并（在龙芯上写合并就是非缓存加速）。对于 SYSTEM 域和 GTT 域，可用缓存属性为 TTM_PL_MASK_CACHING（3 种均可用），缺省缓存属性为 TTM_PL_FLAG_CACHED；对于 VRAM 域，可用缓存属性为 TTM_PL_FLAG_UNCACHED | TTM_PL_FLAG_WC，缺省缓存属性为 TTM_PL_FLAG_WC。其原因是 SYSTEM 域和 GTT 域都是系统内存，由硬件自动维护一致性，因此可以使用 TTM_PL_FLAG_CACHED；而 VRAM 是 PCI 内存，硬件不维护一致性，但优先使用 TTM_PL_FLAG_WC，因为性能要比 TTM_PL_FLAG_UNCACHED 好。

r600_init_microcode(): 根据显卡型号加载必需的固件，对于 RS780 就是 RS780_me.bin、RS780_pfp.bin 和 R600_rlc.bin。注意可选固件（UVD/VCE 固件）并不在这里加载。

radeon_pm_init(): 电源管理初始化。Radeon 显卡的电源管理方法分 PROFILE、DYNPM 和 DPM 共 3 种，其中 DPM 是从 Linux-3.11 版本开始才引入的。因此前两种统称为“旧方法”，第三种称为“新方法”。代码定义如下。

```
enum radeon_pm_method {
        PM_METHOD_PROFILE,
```

```
        PM_METHOD_DYNPM,
        PM_METHOD_DPM,
};
```

包括 RS780 在内的大部分 R700 以前的显卡缺省使用旧方法（旧方法中又缺省使用 PROFILE 方法），而其他较新的显卡缺省使用新方法。然而，通过启动参数 radeon.dpm=1/0 可以强制使用新方法或者旧方法。旧方法 PROFILE 方法和 DYNPM 方法可以通过 sysfs 互相动态切换，而新方法和旧方法不能动态切换。

PROFILE 方法有几种策略，性能从低到高（节能程度从高到低）分别是 LOW、MID 和 HIGH，DEFAULT 是 VBIOS 选择的策略，而 AUTO 是内核根据供电方式在 MID 和 HIGH 之间选择。

```
enum radeon_pm_profile_type {
        PM_PROFILE_DEFAULT,
        PM_PROFILE_AUTO,
        PM_PROFILE_LOW,
        PM_PROFILE_MID,
        PM_PROFILE_HIGH,
};
```

DPM 方法也有几种策略，性能从低到高（节能程度从高到低）分别是 POWERSAVE、BATTERY、BALANCED 和 PERFORMANCE，DEFAULT 是 VBIOS 选择的策略。

```
enum radeon_pm_state_type {
        POWER_STATE_TYPE_DEFAULT,
        POWER_STATE_TYPE_POWERSAVE,
        POWER_STATE_TYPE_BATTERY,
        POWER_STATE_TYPE_BALANCED,
        POWER_STATE_TYPE_PERFORMANCE,
};
```

如果使用旧方法，radeon_pm_init() 调用 radeon_pm_init_old() 完成初始化，将选择使用 PROFILE 方法中的 AUTO 策略；如果使用新方法，radeon_pm_init() 调用 radeon_pm_init_dpm() 完成初始化，将选择 DPM 方法中的 BALANCED 策略。不同的策略可以通过 sysfs 互相动态切换。

r600_uvd_init()/radeon_uvd_init(): UVD（高清视频解码）功能初始化，主要包括加载 UVD 固件（对于 RS780 就是 RS780_uvd.bin），创建并映射一个 UVD 专用的 BO 等。

r600_ring_init(): 命令环初始化，主要是填充命令环的各个字段。每初始化一个命令环就调用一次该函数。RS780 有 3 个命令环，但是只使用了 GFX 和 UVD 两个命令环（RS780 的 DMA 命令环有硬件缺陷，Linux-3.14 及更新的版本禁用了 DMA 命令环）。

r600_ih_ring_init(): 中断处理环初始化，主要是填充中断处理环的各个字段。这里的 IH 全称是中断处理器（Interrupt Handler），它和命令环一样有一个环形缓冲区（保存待决的中断事件），不过方向相反。命令环缓冲区是 CPU 写（生产）、GPU 读（消费），而中断处理环缓冲区是 GPU 写（生产）、CPU 读（消费）。

r600_pcie_gart_init(): GART 表初始化。首先调用 radeon_gart_init() 填充 radeon_gart 的各个字段，包括用 radeon_dummy_page_init() 创建一个哑页（dummy page）并将初始的 GART 表项指向这个哑页（指向哑页的 GART 表项被视为无效项）。然后调用 radeon_gart_table_vram_alloc() 在 VRAM 里面创建一个 BO，用于存放 GART 表本身。

r600_startup(): 启动R600显卡。在r600_init()当中，r600_startup()是比较特殊的一部分，它不仅会在初始化时候执行，也会在待机（STR）/ 休眠（STD）的恢复过程中执行，甚至还会在 GPU 重置（Reset）的时候执行。

r600_startup() 定义在 drivers/gpu/drm/radeon/r600.c 中，下面是其实现（有精简）。

```
r600_startup()
    |-- r600_mc_program(rdev);
    |-- r600_pcie_gart_enable(rdev);
    |-- r600_gpu_init(rdev);
    |-- radeon_wb_init(rdev);
    |-- r600_uvd_start(rdev);
    |     \-- uvd_v1_0_resume(rdev);
    |-- radeon_irq_kms_init(rdev);
    |-- r600_irq_init(rdev);
    |-- r600_irq_set(rdev);
    |-- ring = &rdev->ring[RADEON_RING_TYPE_GFX_INDEX];
    |-- radeon_ring_init(ring);
    |-- r600_cp_load_microcode();
    |-- r600_cp_resume(rdev);
    |     |-- r600_cp_start();
    |     \-- radeon_ring_test(RADEON_RING_TYPE_GFX_INDEX);
    |-- r600_uvd_resume(rdev);
    |     |-- ring = &rdev->ring[R600_RING_TYPE_UVD_INDEX];
    |     |-- radeon_ring_init(ring);
    |     |-- uvd_v1_0_init();
    |         |-- uvd_v1_0_start();
    |         \-- radeon_ring_test(R600_RING_TYPE_UVD_INDEX);
    |-- radeon_ib_pool_init();
    \-- radeon_audio_init();
```

r600_startup() 的主要子步骤解释如下。

r600_mc_program(): 对 GPU 内存控制器的各个寄存器进行初始化编程。比如填入 VRAM、GTT 的起始地址和结束地址，FrameBuffer 的地址等。

r600_pcie_gart_enable(): 启用 PCIE GART 表。包括用 radeon_gart_table_vram_pin() 将 GART 表绑定到 VRAM 域，用 radeon_gart_restore() 设置 GART 表项，编程 GPU TLB 表项寄存器，刷新 GPU TLB 等。

r600_gpu_init(): 初始化 radeon_asic_config 的各个字段并编程一大批控制寄存器。

radeon_wb_init(): 回写缓冲区（WriteBack Buffer）初始化。回写缓冲区是 GTT 域中的一块缓冲区，如果启用了回写功能，那么 GPU 在写一部分寄存器（包括 Scratch 寄存器、命令环读写指针、中断处理环读写指针等）的时候会同时写入回写缓冲区中。CPU 可以通过普通的内存读写得到寄存器值而不用发起 I/O 操作，在性能上有一定的优势。

r600_uvd_start(): 主要是调用 uvd_v1_0_resume() 初始化内存控制器的 UVD 相关部分。

radeon_irq_kms_init(): 主要是初始化热插拔工作队列项（处理函数为 radeon_hotplug_work_func()），以及通过 drm_irq_install() 注册中断处理函数 radeon_driver_irq_handler_kms()。

r600_irq_init(): 通过 r600_ih_ring_alloc() 在 GTT 中分配中断处理环的 BO，然后关闭显卡中断总开关，编程中断处理环有关的寄存器（其中包括将 RLC 固件中的微代码通过寄存器写操作填入 GPU），最后打开显卡中断总开关。

r600_irq_set(): 通过配置寄存器设置各种类型的中断。

radeon_ring_init(): 命令环初始化，主要是在 GTT 中分配命令环的 BO。每初始化一个命令环就调用一次该函数。RS780 有 3 个命令环，但是由于 DMA 命令环存在硬件缺陷，现在只使用了 GFX 和 UVD 两个命令环。

r600_cp_load_microcode(): 将 ME 和 PFP 固件中的微代码通过寄存器写操作填入 GPU。

r600_cp_resume(): 编程 GFX 命令环的有关寄存器，调用 r600_cp_start() 启动 GFX 命令环，再调用 radeon_ring_test() 测试 GFX 命令环。

r600_uvd_resume(): 主要操作是初始化 UVD 命令环然后通过 uvd_v1_0_init() 调用 uvd_v1_0_start() 启动 UVD 命令环，再调用 radeon_ring_test() 测试 UVD 命令环。

radeon_ib_pool_init(): 初始化 IB 池（间接缓冲区池）。IB 池通过 sub-allocator（子分配器）实现。该函数主要步骤是调用 radeon_sa_bo_manager_init() 初始化子分配器，然后调用 radeon_sa_bo_manager_start() 启动子分配器。

radeon_audio_init(): 支持 HDMI 或 DP 的显卡在显示之外还具有音频功能，该函数初始化音频有关的组件。

这里看显卡初始化过程中有两个自测函数：radeon_ring_test() 和 radeon_ib_test()/r600_ib_test()。前者在 r600_startup() 中调用，测试命令环缓冲区的可用性；后者在 r600_startup() 返回后，于 radeon_device_init() 中调用，测试间接缓冲区的可用性。其中只要有一个不通过，都代表显卡的图形功能不能正常工作。在从待机（STR）状态或者休眠（STD）状态返回时，这两个自测函数也会被调用。

（二）radeon_modeset_init()

radeon_driver_load_kms() 的第二大步骤是 radeon_modeset_init()，其负责显示器有关（模式设置）的初始化。从显卡的帧缓存到最后的显示器，所经历的数据通路大致是 FrameBuffer → CRTC → Encoder → Transmitter → Connector → Monitor。有几点需要说明：一是同一个显卡可以接多个显示控制器（CRTC），多路分屏显示时不同的 CRTC 读 FrameBuffer 的不同部分；二是同一个 CRTC 可以通过 Encoder/Transmitter 的转换连接多个 Connector，但连接在同一个 CRTC 上的多路显示输出的内容是一样的；三是 Encoder 和 Transmitter 可以合并在一起，作用是信号转换（比如将数字信号转换成模拟信号）；四是 Encoder 和 Connector 有多种类型，如 LVDS/TMDS/HDMI/DVI/DP/eDP/VGA/TV 等，其完整列表如下。

```
Encoder 的类型：
#define DRM_MODE_ENCODER_NONE           0
#define DRM_MODE_ENCODER_DAC            1
#define DRM_MODE_ENCODER_TMDS           2
#define DRM_MODE_ENCODER_LVDS           3
#define DRM_MODE_ENCODER_TVDAC          4
#define DRM_MODE_ENCODER_VIRTUAL        5
#define DRM_MODE_ENCODER_DSI            6
#define DRM_MODE_ENCODER_DPMST          7
#define DRM_MODE_ENCODER_DPI            8

Connector 的类型：
#define DRM_MODE_CONNECTOR_Unknown      0
#define DRM_MODE_CONNECTOR_VGA          1
#define DRM_MODE_CONNECTOR_DVII         2
#define DRM_MODE_CONNECTOR_DVID         3
#define DRM_MODE_CONNECTOR_DVIA         4
#define DRM_MODE_CONNECTOR_Composite    5
#define DRM_MODE_CONNECTOR_SVIDEO       6
#define DRM_MODE_CONNECTOR_LVDS         7
#define DRM_MODE_CONNECTOR_Component    8
#define DRM_MODE_CONNECTOR_9PinDIN      9
#define DRM_MODE_CONNECTOR_DisplayPort  10
#define DRM_MODE_CONNECTOR_HDMIA        11
#define DRM_MODE_CONNECTOR_HDMIB        12
#define DRM_MODE_CONNECTOR_TV           13
```

```
#define DRM_MODE_CONNECTOR_eDP                  14
#define DRM_MODE_CONNECTOR_VIRTUAL              15
#define DRM_MODE_CONNECTOR_DSI                  16
#define DRM_MODE_CONNECTOR_DPI                  17
#define DRM_MODE_CONNECTOR_WRITEBACK            18
#define DRM_MODE_CONNECTOR_SPI                  19
```

下面是定义在文件 drivers/gpu/drm/radeon/radeon_display.c 中的 radeon_modeset_init() 的具体实现（有针对 RS780 的精简）。

```
radeon_modeset_init()
    |-- drm_mode_config_init();
    |-- rdev->ddev->mode_config.funcs = &radeon_mode_funcs;
    |-- rdev->ddev->mode_config.max_width = 8192;
    |-- rdev->ddev->mode_config.max_height = 8192;
    |-- rdev->ddev->mode_config.preferred_depth = 24;
    |-- rdev->ddev->mode_config.fb_base = rdev->mc.aper_base;
    |-- radeon_modeset_create_props();
    |-- radeon_i2c_init();
    |-- for (i = 0; i < rdev->num_crtc; i++)  radeon_crtc_init();
    |    |-- drm_crtc_init(dev, &radeon_crtc->base, &radeon_crtc_funcs);
    |    |-- radeon_crtc->max_cursor_width = CURSOR_WIDTH;
    |    |-- radeon_crtc->max_cursor_height = CURSOR_HEIGHT;
    |    |-- dev->mode_config.cursor_width = radeon_crtc->max_cursor_width;
    |    |-- dev->mode_config.cursor_height = radeon_crtc->max_cursor_height;
    |    \-- CaseA: radeon_legacy_init_crtc();
    |                \-- drm_crtc_helper_add(legacy_helper_funcs);
    |          CaseB: radeon_atombios_init_crtc();
    |                \-- drm_crtc_helper_add(atombios_helper_funcs);
    |-- radeon_setup_enc_conn();
    |    |-- for (i = 0; i < max_device; i++)  radeon_add_atom_encoder();
    |    |     \-- CaseA: drm_encoder_init(DRM_MODE_ENCODER_DAC);
    |    |                drm_encoder_helper_add(radeon_atom_dac_helper_funcs);
    |    |         CaseB: drm_encoder_init(DRM_MODE_ENCODER_TMDS);
    |    |                drm_encoder_helper_add(radeon_atom_dig_helper_funcs);
    |    |         CaseC: drm_encoder_init(DRM_MODE_ENCODER_LVDS);
    |    |                drm_encoder_helper_add(radeon_atom_dig_helper_funcs);
    |    |         CaseD: drm_encoder_init(DRM_MODE_ENCODER_TVDAC);
    |    |                drm_encoder_helper_add(radeon_atom_dac_helper_funcs);
    |    |         ……
```

```
|    \-- for (i = 0; i < max_device; i++)  radeon_add_atom_connector();
|          \-- CaseA: drm_connector_init(radeon_vga_connector_funcs);
|                     drm_connector_helper_add(radeon_vga_connector_helper_funcs);
|              CaseB: drm_connector_init(radeon_dvi_connector_funcs);
|                     drm_connector_helper_add(radeon_dvi_connector_helper_funcs);
|              CaseC: drm_connector_init(radeon_lvds_connector_funcs);
|                     drm_connector_helper_add(radeon_lvds_connector_helper_funcs);
|              CaseD: drm_connector_init(radeon_dp_connector_funcs);
|                     drm_connector_helper_add(radeon_dp_connector_helper_funcs);
|              CaseE: drm_connector_init(radeon_edp_connector_funcs);
|                     drm_connector_helper_add(radeon_dp_connector_helper_funcs);
|              CaseE: drm_connector_init(radeon_tv_connector_funcs);
|                     drm_connector_helper_add(radeon_tv_connector_helper_funcs);
|              ……
|-- if (rdev->is_atom_bios)  radeon_atom_encoder_init(rdev);
|-- radeon_hpd_init();
|     \-- (rdev)->asic->hpd.init((rdev));
|           \-- r600_hpd_init();
|-- radeon_fbdev_init();
|-- drm_kms_helper_poll_init();
\-- radeon_pm_late_init();
```

顶级数据结构 radeon_device 内嵌了一个 drm_device，而 drm_device 又包含了一个类型为 struct drm_mode_config 二级数据结构 mode_config。radeon_modeset_init() 的第一个步骤是调用 drm_mode_config_init() 来初始化 mode_config 的各个字段，然后给操作函数表赋值为 radeon_mode_funcs，将支持分辨率的最大宽高设为 8192（针对 RS780 显卡的情况），将首选色深设为 24，给 FrameBuffer 基地址赋值为 rdev->mc.aper_base（显存基地址）。

然后，radeon_modeset_init() 调用 radeon_modeset_create_props()，其功能是初始化 radeon_device 内嵌的类型为 radeon_mode_info 的二级数据结构 mode_info，该结构是 mode_config 的一些补充，是 Radeon 显卡所特有的信息。radeon_i2c_init() 根据 VBIOS 类型来决定调用 radeon_combios_i2c_init() 或者 radeon_atombios_i2c_init()，用于初始化内置 I2C 总线信息。显卡内置的 I2C 总线是用来获取显示器 EDID 信息的（里面包含了显示器所支持的分辨率列表）。

接下来，根据 CRTC 的个数调用 radeon_crtc_init()，完成 CRTC 的初始化。其中通用部分由 drm_crtc_init() 完成，每个 CRTC 的主操作函数集（strut drm_crtc_funcs）被赋值为 radeon_crtc_funcs。Radeon 特有的部分根据 VBIOS 类型由 radeon_legacy_init_crtc() 或者 radeon_atombios_init_crtc() 完成，它们会将每个 CRTC 的辅助操作函数集（struct drm_crtc_ helper_funcs）赋值为 legacy_helper_funcs 或者 atombios_helper_funcs。radeon_ crtc_init() 还设置了 radeon_device::ddev::mode_config 中光标的最大宽高，对于 RS780 显卡来说就是 CURSOR_WIDTH 和 CURSOR_HEIGHT（值为 64）。

接下来，radeon_setup_enc_conn() 用于初始化 Encoder 和 Connector。在仅考虑 ATOMBIOS 的情况下，由 radeon_add_atom_encoder() 来添加每个 Encoder，由 radeon_add_atom_connector() 来添加每个 Connector。Encoder 的初始化由 drm_encoder_init() 完成，每个 Encoder 的主操作函数集（struct drm_encoder_funcs）均被赋值为 radeon_atom_enc_funcs，而辅助操作函数集（struct drm_encoder_helper_funcs）可能是 radeon_atom_dac_helper_funcs（模拟信号）或者 radeon_atom_dig_helper_funcs（数字信号）。Connector 的初始化由 drm_connector_init() 来完成，其主操作函数集（struct drm_connector_funcs）和辅助操作函数集（struct drm_connector_helper_funcs）根据类型不一样可能取值为 radeon_vga_connector_funcs / radeon_vga_connector_helper_funcs、radeon_dvi_connector_funcs / radeon_dvi_connector_helper_funcs、radeon_lvds_connector_funcs / radeon_vga_connector_helper_funcs、radeon_dp_connector_funcs / radeon_dp_connector_helper_funcs、radeon_edp_connector_funcs / radeon_dp_connector_ helper_funcs、radeon_tv_connector_funcs / radeon_tv_connector_helper_funcs 等。

如果 VBIOS 采用 ATOMBIOS，还会进一步调用 radeon_atom_encoder_init() 对 Encoder 进行初始化。

后面的 radeon_hpd_init() 是一个宏，在 RS780 上实际会调用 r600_hpd_init()。HPD 是 Hot-Plug Detection 的缩写，用于探测显示器热插拔，该函数会设置相关的寄存器并调用 radeon_irq_kms_enable_hpd() 使能 HPD 中断。并非所有类型的显示器都支持 HPD，比如 VGA 显示器就不支持 HPD。

接下来的 radeon_fbdev_init() 会初始化 FrameBuffer，创建 /dev/fbX 设备文件（如果只有一个显卡，则 X=0）。该函数比较重要，稍后详细展开讲述。

再后面的 drm_kms_helper_poll_init() 也是处理显示器热插拔的。VGA 等类型的显示器不支持 HPD 中断，因此采取定时器触发的轮询方式来处理。该函数的主要操作是设置 radeon_device::ddev::mode_config 中的工作队列项 output_poll_work，将处理函数设置为 output_poll_execute()，然后调用 drm_kms_helper_poll_enable() 启用轮询（轮询周期为 10 秒）。

最后是 radeon_pm_late_init()，其主要功能是创建电源管理有关的 sysfs 接口。

radeon_modeset_init() 中的重要函数 radeon_fbdev_init() 定义在 drivers/gpu/drm/radeon/ radeon_fb.c 中，展开如下（有精简）。

```
int radeon_fbdev_init(struct radeon_device *rdev)
{
    rfbdev = kzalloc(sizeof(struct radeon_fbdev), GFP_KERNEL);
    rfbdev->rdev = rdev;
    rdev->mode_info.rfbdev = rfbdev;
```

```
    drm_fb_helper_prepare(rdev->ddev, &rfbdev->helper, &radeon_fb_helper_funcs);
    drm_fb_helper_init(rdev->ddev, &rfbdev->helper, rdev->num_crtc, RADEONFB_CONN_LIMIT);
    drm_fb_helper_single_add_all_connectors(&rfbdev->helper);
    drm_helper_disable_unused_functions(rdev->ddev);
    drm_fb_helper_initial_config(&rfbdev->helper, bpp_sel);
    return 0;
}
```

这里，drm_fb_helper_prepare() 的主要功能是将 radeon_device::rfbdev::helper（FrameBuffer 帮手）赋值为 radeon_fb_helper_funcs。drm_fb_helper_init() 初始化 FrameBuffer 帮手的一些字段，其中包括用 drm_client_init() 对 DRM FrameBuffer 核内用户（drm_client）进行初始化。drm_fb_helper_single_add_all_connectors() 添加所有的 Connector，主要就是填充 FrameBuffer 的 connector_info。drm_helper_disable_unused_functions() 禁用所有未使用的功能，主要指的是没有连接显示器的 CRTC 和 Encoder。drm_fb_helper_initial_config() 是最重要的函数，会探测、创建 FrameBuffer 设备并进行首次模式设置。

函数 drm_fb_helper_initial_config() 定义在 drivers/gpu/drm/drm_fb_helper.c 中，其调用关系树如下。

```
drm_fb_helper_initial_config()
    \--__drm_fb_helper_initial_config_and_unlock();
        |--width = dev->mode_config.max_width;
        |--height = dev->mode_config.max_height;
        |--drm_client_modeset_probe(&fb_helper->client, width, height);
        |    |--for (i = 0; i < connector_count; i++)
        |    |      connectors[i]->funcs->fill_modes(connectors[i], width, height);
        |    |          \--drm_helper_probe_single_connector_modes();
        |    |              |--connector->funcs->detect(connector, true);
        |    |              |    \--radeon_vga_detect()/radeon_dvi_detect()/…
        |    |              |--(*connector_funcs->get_modes)(connector);
        |    |              |    \--radeon_vga_get_modes()/radeon_dp_get_modes()/…
        |    |              \--drm_helper_probe_add_cmdline_mode(connector);
        |    |--drm_client_connectors_enabled(connectors, connector_count, enabled);
        |    |--drm_client_firmware_config();
        |    |--drm_client_target_cloned()/drm_client_target_preferred();
        |    |--drm_client_pick_crtcs();
        |    \--for (i = 0; i < connector_count; i++) {
        |            struct drm_display_mode *mode = modes[i];
        |            struct drm_crtc *crtc = crtcs[i];
        |            struct drm_client_offset *offset = &offsets[i];
```

```
|               modeset->mode = drm_mode_duplicate(dev, mode);
|               modeset->connectors[modeset->num_connectors++] = connector;
|               modeset->x = offset->x;
|               modeset->y = offset->y;
|       }
|--drm_fb_helper_single_fb_probe(fb_helper, bpp_sel);
|     |-- 初始化 sizes;
|     \--(*fb_helper->funcs->fb_probe)(fb_helper, &sizes);
|         \--radeonfb_create();
|--drm_setup_crtcs_fb(fb_helper);
|     \--drm_client_for_each_modeset(modeset, client)
|         \--modeset->fb = fb_helper->fb;
|--info = fb_helper->fbdev;
\--register_framebuffer(info);
```

函数 drm_fb_helper_initial_config() 是 __drm_fb_helper_initial_config_and_unlock() 的简单封装。__drm_fb_helper_initial_config_and_unlock() 首先给局部变量 width 和 height 赋值，然后调用第一个重要函数 drm_client_modeset_probe()。

drm_client_modeset_probe() 首先通过一个循环探测所有显示器的显示模式，实际工作由每个 Connector 的主操作函数集中的 fill_modes() 回调函数完成，对于 Radeon 显卡就是 drm_helper_probe_single_connector_modes()。drm_helper_probe_single_connector_modes() 分三小步：（1）调用 Connector 主操作函数集中的 detect() 回调函数探测显示器是否已连接，具体实现根据 Connector 类型的不同而不同，对于 VGA 显示器就是 radeon_vga_detect()；（2）对于连接了显示器的 Connector，调用 Connector 辅助操作函数集中的 get_modes() 回调函数探测显示模式，具体实现同样根据 Connector 类型的不同而不同，对于 VGA 显示器就是 radeon_vga_get_modes()[1]；（3）对于连接了显示器的 Connector，调用 drm_helper_probe_add_cmdline_mode() 加入内核启动参数“video=”所指定的显示模式。

drm_client_modeset_probe() 接下来将设置各个 CRTC。该函数里面有一些比较重要的局部变量数组：一个类型为 struct drm_display_mode 的 modes[] 数组，用于保存每个 Connector 所期望的显示模式；一个类型为 bool 的 enabled[] 数组，用于指示每个 Connector 是否启用；一个类型为 struct drm_fb_offset 的 offsets[] 数组，用于记录每路 CRTC 在 FrameBuffer 中的偏移（即屏幕起始点在整个 FB 缓冲区中的坐标，同一个 CRTC 上各个 Connector 的输出内容是完全相同的）。该函数中的主要操作有，通过 drm_client_connectors_enabled() 填充 enabled[] 数组，“启用”基本上等同于连接了显示器；执行 drm_client_firmware_config() 试图获取并使用 BIOS 所建立的初始显示模式；通过 drm_client_target_

1 大多数情况下是通过 EDID（Extended Display Identification Data）数据获取显示模式，其具体获取方法为 radeon_connector_get_edid() + radeon_ddc_get_modes()。获取到所有显示模式以后，通过 radeon_get_native_ mode() 选定最优显示模式。

cloned() 判断是否能够在所有的显示器上使用镜像模式（即克隆模式，每个显示器使用相同的显示模式，该显示模式要么是内核启动参数指定，要么是符合 1024×768 的分辨率），如果可以则 modes[] 数组被填充为相同的公共显示模式；如果不能使用镜像模式，则通过 drm_client_target_preferred() 选择每个显示器的最优显示模式并填充到 modes[] 数组；通过 drm_client_pick_crtcs() 在多路显示输出（多个 CRTC）里面选择最优的一路，该函数逻辑比较复杂，其基本原则是有显示器连接的优先、符合内核启动参数配置的优先、符合最优分辨率的优先。

然后 __drm_fb_helper_initial_config_and_unlock() 开始调用第二个重要函数 drm_fb_helper_single_fb_probe()。该函数先初始化一个类型为 drm_fb_helper_surface_size 的局部变量 sizes（包括显示平面的宽高、显示帧的宽高和色深等信息），然后探测并创建一个系统级 FrameBuffer。探测和创建 FrameBuffer 由 FB 辅助函数集中的 fb_probe() 回调函数负责，具体到 Radeon 显卡其实现是 radeonfb_create()。

接下来 __drm_fb_helper_initial_config_and_unlock() 调用 drm_setup_crtcs_fb() 完成一些 FrameBuffer 相关的赋值操作，然后注册刚刚创建的 FrameBuffer 设备 (/dev/fbX)。注册 FrameBuffer 设备和首次模式设置由第三个重要函数 register_framebuffer() 负责。sizes 的内部信息是通过各个 CRTC 上的显示器特征汇总而来的，因此当内核启动时如果没有连接任何显示器，则显示平面和显示帧的分辨率都会设置成 1024×768。

接下来继续展开 radeonfb_create() 和 register_framebuffer()。

radeonfb_create() 是 drm_fb_helper_initial_config() 中的一个重要函数，定义在 drivers/gpu/ drm/radeon/radeon_fb.c 中，展开如下（有精简）。

```
static int radeonfb_create(struct drm_fb_helper *helper, struct drm_fb_helper_surface_size *sizes)
{
    mode_cmd.width = sizes->surface_width;
    mode_cmd.height = sizes->surface_height;
    if ((sizes->surface_bpp == 24) && ASIC_IS_AVIVO(rdev)) sizes->surface_bpp = 32;
    mode_cmd.pixel_format = drm_mode_legacy_fb_format(sizes->surface_bpp,
                                                      sizes->surface_depth);
    ret = radeonfb_create_pinned_object(rfbdev, &mode_cmd, &gobj);
    rbo = gem_to_radeon_bo(gobj);
    info = drm_fb_helper_alloc_fbi(helper);
    ret = radeon_framebuffer_init(rdev->ddev, &rfbdev->rfb, &mode_cmd, gobj);
    fb = &rfbdev->rfb.base;
    rfbdev->helper.fb = fb;
    memset_io(rbo->kptr, 0x0, radeon_bo_size(rbo));
    info->fbops = &radeonfb_ops;
    tmp = radeon_bo_gpu_offset(rbo) - rdev->mc.vram_start;
```

```
    info->fix.smem_start = rdev->mc.aper_base + tmp;
    info->fix.smem_len = radeon_bo_size(rbo);
    info->screen_base = rbo->kptr;
    info->screen_size = radeon_bo_size(rbo);
    drm_fb_helper_fill_info(info, &rfbdev->helper, sizes);
    info->apertures->ranges[0].base = rdev->ddev->mode_config.fb_base;
    info->apertures->ranges[0].size = rdev->mc.aper_size;
    vga_switcheroo_client_fb_set(rdev->ddev->pdev, info);
    return 0;
}
```

过程比较复杂，这里只挑重要的讲解。

1. radeonfb_create_pinned_object() 在显存 VRAM 里分配一块 BO，用来作为帧缓存 FrameBuffer，BO 的大小取决于 mode_cmd 中的宽度 width（显示平面宽度，即所有 CRTC 期望分辨率的最大宽度）、高度 height（显示平面高度，即所有 CRTC 期望分辨率的最大高度）和包括色深信息在内的 pixel_format。

2. drm_fb_helper_alloc_fbi() 分配一个类型为 struct fb_info 的 FB 描述信息 info。

3. radeon_framebuffer_init() 初始化 radeon_fbdev 中的各个成员；其中 radeon_framebuffer_ init() 的子函数 drm_framebuffer_init() 会初始化一个通用的 FrameBuffer（即 radeon_framebuffer 中的 base 字段，类型为 drm_framebuffer）并加入到 drm_mode_config 的 FrameBuffer 列表（即 drm_device::mode_config::fb_list）。此处创建的是永久存在的系统级 FrameBuffer，后续每次创建新的用户级 FrameBuffer 都会调用 drm_framebuffer_init() 往列表里添加，每次删除旧的用户级 FrameBuffer 都会调用 drm_framebuffer_cleanup() 从列表里删除。

4. drm_fb_helper_fill_fix() 填充 FB 描述信息中的固定参数；drm_fb_helper_fill_var() 填充 FB 描述信息中的可变参数（比如帧缓存 FrameBufer 的宽度 xres_virtual 和高度 yres_virtual，来自 sizes 的 surface_width 和 surface_height；显示内容区域的宽度 xres 和高度 yres，来自 sizes 的 fb_width 和 fb_height），这两个函数都在 drm_fb_helper_fill_info() 中被调用。

5. 其他大多是一些简单的赋值操作，其中比较重要的有帧缓存的起始物理地址 info->fix.smem_start、起始虚拟地址 info->screen_base 及其各自的长度（等于 FrameBuffer BO 的大小）。

register_framebuffer() 是 drm_fb_helper_initial_config() 中的另一个重要函数，定义在 drivers/video/fbdev/core/fbmem.c 中，其函数调用树如下。

```
register_framebuffer()
    \-- do_register_framebuffer();
        |-- fb_info->dev = device_create();
        |-- fb_init_device(fb_info);
```

```
        |-- fb_var_to_videomode(&mode, &fb_info->var);
        |-- fb_add_videomode(&mode, &fb_info->modelist);
        \-- fbcon_fb_registered();
                |-- fbcon_select_primary();
                \-- do_fbcon_takeover();
                        \-- do_take_over_console();
                                |-- do_register_con_driver();
                                \-- do_bind_con_driver();
                                        |-- csw->con_startup();
                                        |    \-- fbcon_startup();
                                        \-- visual_init();
                                                \-- vc->vc_sw->con_init();
                                                        \-- fbcon_init();
```

函数 register_framebuffer() 只是 do_register_framebuffer() 的简单封装，后者首先用 device_create() 创建 /dev/fbX 设备，然后用 fb_init_device() 创建 sysfs 下面的控制接口，接下来用 fb_var_to_videomode() 将 fb_var_screeninfo 转换成 FB 显示模式 fb_videomode，再通过 fb_add_videomode() 添加这个显示模式，最后调用 fbcon_event_notify() 函数（龙芯的控制台是基于 FrameBuffer 的 fbcon[1]，旧版内核通过激活事件类型为 FB_EVENT_FB_REGISTERED 的通知块间接调用 fbcon_fb_registered()，Linux-5.4.x 版本里面是直接调用）。在大多数情况下，Radeon 显卡是系统的首选显卡，因此注册的这个 fb 设备就是主 fb 设备（通常就是 /dev/fb0），那么，fbcon_fb_registered() 经过层层调用，最后会调到 fb_con 结构体的 con_startup() 函数指针和 con_init() 函数指针。其具体实现是 fbcon_startup() 和 fbcon_init()。fbcon_startup() 进行一些打开设备文件、设置字体之类的准备工作，而 fbcon_init() 则会调用 radeonfb_ops 的 fb_set_par() 函数指针进行首次模式设置。

radeonfb_ops 中 fb_set_par() 的具体实现是 drm_fb_helper_set_par()，该函数定义在 drivers/gpu/drm/drm_fb_helper.c 中，其调用树如下。

```
drm_fb_helper_set_par()
    \-- drm_fb_helper_restore_fbdev_mode_unlocked();
            \-- drm_client_modeset_commit_force();
                    |-- CaseA: drm_client_modeset_commit_atomic();
```

1 Console 指的是控制台，对应的设备名是 /dev/console。在内核中，控制台主要包括基于“键盘 + 鼠标 + 显示器”的 VTConsole（用类似于 console=tty0 的内核启动参数指定），基于串口的 SerialConsole（用类似于 console=ttyS0,115200 的内核启动参数指定）和基于 IP 网络的 NetConsole（用类似于 netconsole=4444@10.0. 0.1/eth0 的内核启动参数指定）。其中 VTConsole 又包括系统级 Console 和模块级 Console。系统级 Console 是内核在第一时间使用的 Console，其实现可能是 DummyConsole 或者 VGAConsole，龙芯电脑使用的是 DummyConsole，所以在启动的最初阶段是没有显示的。FBConsole 是一种模块级 Console，要等到 Frame-Buffer 设备注册以后才能使用，这时候龙芯电脑也就可以正常显示了。FBConsole 替换系统级 Console 的过程就是内核代码里面 TakeOver，通过启动参数可以让 /dev/console 与 /dev/ttyX 建立关联，通过 TakeOver 可以让 /dev/ttyX 再与 /dev/fbX 建立关联。

```
        \-- CaseB: drm_client_modeset_commit_legacy();
            \-- drm_client_for_each_modeset(mode_set, client) {
                    crtc->funcs->cursor_set()/crtc->funcs->cursor_set2();
                    drm_mode_set_config_internal();
                        \-- __drm_mode_set_config_internal();
                            \-- crtc->funcs->set_config();
                                \-- radeon_crtc_set_config();
                                    \-- drm_crtc_helper_set_config();
                }
```

drm_fb_helper_set_par() 只是 drm_fb_helper_restore_fbdev_mode_unlocked() 的简单包装，而后者的主要工作又由 drm_client_modeset_commit_force() 完成。从 Linux-3.19 版本开始，DRM 子系统开始引入原子 KMS（Atomic KMS），其基本概念就是把模式设置所需要完成的各项工作按“全或无”的原子方式一次性完成，避免画面分裂现象。DRM 核心中的原子 KMS 在 Linux-4.2 版本中已经完善，但目前三大桌面显卡厂商中只有 Intel 完整地实现了原子 KMS，Nvidia 和 AMD 还在使用旧 API。如果实现了原子 KMS，drm_client_modeset_commit_force() 的工作会由 drm_client_modeset_commit_atomic() 子函数完成；否则 drm_client_modeset_commit_force() 需要通过 drm_client_modeset_commit_legacy() 调用若干个子函数，其中最重要的步骤是在每个 CRTC 上调用 drm_mode_set_config_internal()。drm_mode_set_config_internal() 的关键步骤是调用 CRTC 操作函数集的 set_config()，具体到 Radeon 显卡就是 radeon_crtc_set_config()，而关键步骤中的关键步骤就是 drm_crtc_helper_set_config()。

drm_crtc_helper_set_config() 定义在 drivers/gpu/drm/drm_crtc_helper.c 中，展开如下（有精简）。

```
int drm_crtc_helper_set_config(struct drm_mode_set *set)
{
    crtc_funcs = set->crtc->helper_private;
    dev = set->crtc->dev;
    count = 0;
    drm_for_each_encoder(encoder, dev) {
        save_encoder_crtcs[count++] = encoder->crtc;
    }
    count = 0;
    drm_for_each_connector_iter(connector, &conn_iter) {
        save_connector_encoders[count++] = connector->encoder;
    }
    save_set.crtc = set->crtc;
```

```
    save_set.mode = &set->crtc->mode;
    save_set.x = set->crtc->x;
    save_set.y = set->crtc->y;
    save_set.fb = set->crtc->primary->fb;
    if (set->crtc->primary->fb != set->fb) {
        if (set->crtc->primary->fb == NULL) {
            mode_changed = true;
        } else if (set->fb->pixel_format != set->crtc->primary->fb->pixel_format) {
            mode_changed = true;
        } else
            fb_changed = true;
    }
    if (set->x != set->crtc->x || set->y != set->crtc->y) fb_changed = true;
    if (!drm_mode_equal(set->mode, &set->crtc->mode)) mode_changed = true;
    count = 0;
    drm_for_each_connector_iter(connector, &conn_iter) {
        const struct drm_connector_helper_funcs *connector_funcs = connector->helper_private;
        new_encoder = connector->encoder;
        for (ro = 0; ro < set->num_connectors; ro++) {
            if (set->connectors[ro] == connector) {
                new_encoder = connector_funcs->best_encoder(connector);
                if (connector->dpms != DRM_MODE_DPMS_ON) mode_changed = true;
                break;
            }
        }
        if (new_encoder != connector->encoder) {
            mode_changed = true;
            if (connector->encoder) connector->encoder->crtc = NULL;
            connector->encoder = new_encoder;
        }
    }
    count = 0;
    drm_for_each_connector_iter(connector, &conn_iter) {
        if (!connector->encoder)  continue;
        if (connector->encoder->crtc == set->crtc)
            new_crtc = NULL;
        else
            new_crtc = connector->encoder->crtc;
```

```
        for (ro = 0; ro < set->num_connectors; ro++) {
            if (set->connectors[ro] == connector)
                new_crtc = set->crtc;
        }
        if (new_crtc != connector->encoder->crtc) {
            mode_changed = true;
            connector->encoder->crtc = new_crtc;
        }
    }
    if (fb_changed && !crtc_funcs->mode_set_base) mode_changed = true;
    if (mode_changed) {
        if (drm_helper_crtc_in_use(set->crtc)) {
            set->crtc->primary->fb = set->fb;
            drm_crtc_helper_set_mode(set->crtc, set->mode, set->x, set->y, save_set.fb);
        }
        __drm_helper_disable_unused_functions(dev);
    } else if (fb_changed) {
        set->crtc->x = set->x;
        set->crtc->y = set->y;
        set->crtc->primary->fb = set->fb;
        crtc_funcs->mode_set_base(set->crtc, set->x, set->y, save_set.fb);
    }
    return 0;
}
```

该函数初看起来十分复杂，但实际上有规可循。首先我们要记住，该函数的操作对象是一个 CRTC，而一个 FrameBuffer 上可以连接多个 CRTC（多路输出）。采用镜像模式显示时，每个 CRTC 对应 FrameBuffer 中的同一块区域；采用扩展模式显示时，每个 CRTC 对应 FrameBuffer 中的不同区域。输入参数 set 中的 x 和 y 就是本 CRTC 在 FrameBuffer 中的相对位置。函数中有两个重要的局部变量: mode_changed 和 fb_changed，其基本含义分别是“CRTC 显示模式发生改变”和“CRTC 在 FrameBuffer 中相对位置发生改变”。当 mode_changed 为真时（包括两者均为真）需要执行一次“完全模式设置”；而仅当 fb_change 为真（mode_changed 为假）时，可以仅执行一次“基本模式设置”；两者均为假时，无需任何操作。该函数的大部分逻辑都是在处理这两个变量的取值，举例如下。

1. 如果该 CRTC 所关联的 FrameBuffer 发生改变，那么不管是该 CRTC 之前未关联 FrameBuffer 或之后不再关联 FrameBuffer，mode_changed 均为真；如果像素格式有变，mode_changed 同样为真；其他情况下 fb_changed 为真。

2. 如果该 CRTC 在 FrameBuffer 中的相对位置发生改变，则 fb_changed 为真。

3. 如果分辨率或者刷新率（时钟）发生改变，则 mode_changed 为真。

4. 如果该 CRTC 上的最优 Connector 发生改变，或者最优 Connector 没有启用，则 mode_change 为真。

5. 如果 fb_change 为真但是该 CRTC 没有提供基本模式设置的方法，则视同为 mode_changed 为真。

基本模式设置由 CRTC 辅助函数集的 mode_set_base() 回调函数完成，具体到 Radeon 显卡和 ATOMBIOS 就是 atombios_crtc_set_base()，由于基本模式设置是完全模式设置的子集，此处不再展开讲述。完全模式设置由 drm_crtc_helper_set_mode() 完成，该函数定义在 drivers/gpu/drm/drm_crtc_helper.c 中，展开如下（有精简）。

```
bool drm_crtc_helper_set_mode(struct drm_crtc *crtc, struct drm_display_mode *mode,
                              int x, int y, struct drm_framebuffer *old_fb)
{
    struct drm_device *dev = crtc->dev;
    const struct drm_crtc_helper_funcs *crtc_funcs = crtc->helper_private;
    saved_enabled = crtc->enabled;
    crtc->enabled = drm_helper_crtc_in_use(crtc);
    adjusted_mode = drm_mode_duplicate(dev, mode);
    saved_mode = crtc->mode;
    saved_hwmode = crtc->hwmode;
    saved_x = crtc->x;
    saved_y = crtc->y;
    crtc->mode = *mode;
    crtc->x = x;
    crtc->y = y;
    drm_for_each_encoder(encoder, dev) {
        if (encoder->crtc != crtc)  continue;
        encoder_funcs = encoder->helper_private;
        encoder_funcs->mode_fixup(encoder, mode, adjusted_mode);
    }
    crtc_funcs->mode_fixup(crtc, mode, adjusted_mode);
    crtc->hwmode = *adjusted_mode;
    drm_for_each_encoder(encoder, dev) {
        if (encoder->crtc != crtc) continue;
        encoder_funcs = encoder->helper_private;
        encoder_funcs->prepare(encoder);
    }
```

```
    drm_crtc_prepare_encoders(dev);
    crtc_funcs->prepare(crtc);
    crtc_funcs->mode_set(crtc, mode, adjusted_mode, x, y, old_fb);
    drm_for_each_encoder(encoder, dev) {
        if (encoder->crtc != crtc) continue;
        encoder_funcs = encoder->helper_private;
        encoder_funcs->mode_set(encoder, mode, adjusted_mode);
    }
    crtc_funcs->commit(crtc);
    drm_for_each_encoder(encoder, dev) {
        if (encoder->crtc != crtc) continue;
        encoder_funcs = encoder->helper_private;
        encoder_funcs->commit(encoder);
    }
    drm_calc_timestamping_constants(crtc, &crtc->hwmode);
    drm_mode_destroy(dev, adjusted_mode);
    return ret;
}
```

函数参数 crtc 指定了目标 CRTC，而 mode 指定了目标显示模式。函数内部的局部变量 adjusted_mode 是以 mode 为模板，根据具体的硬件时序要求进行微调后的硬件目标显示模式。mode 和 adjusted_mode 会赋值给目标 CRTC 的 mode 字段（新显示模式）和 hwmode 字段（新硬件显示模式），而局部变量 saved_mode 和 saved_hwmode 保存目标 CRTC 的原显示模式和原硬件显示模式，以便模式设置失败时可以恢复回来。

整个函数的过程比较长，但是主干比较清晰，梳理一下基本上就是以下几点（旧版本内核还有 Bridge 相关的部分，但实际上只有 Atomic KMS API 支持 Bridge，因此 Linux-5.4.x 版本的 Legacy API 里面已经没有了 Bridge 相关的部分）。

1. 对于 CRTC 上的每个 Encoder，执行 Encoder 辅助函数集的 mode_fixup() 回调函数，对于使用 ATOMBIOS 的 Radeon 显卡一般就是 radeon_atom_mode_fixup()，负责在 Encoder 层面对硬件目标显示模式 adjusted_mode 进行必要的修正（主要是时序信息）。

2. 对于 CRTC 本身，执行 CRTC 辅助函数集的 mode_fixup() 回调函数，对于使用 ATOMBIOS 的 Radeon 显卡就是 atombios_crtc_mode_fixup()，负责在 CRTC 层面对硬件目标显示模式 adjusted_mode 进行必要的修正（主要是时序信息）。

3. 对于 CRTC 上的每个 Encoder，执行 Encoder 辅助函数集的 prepare() 回调函数，对于使用 ATOMBIOS 的 Radeon 显卡一般就是 radeon_atom_encoder_prepare()，负责一些 Encoder 层面的准备工作，比如一些必要的加锁。

4. 对于 CRTC 本身，执行 CRTC 辅助函数集的 prepare() 回调函数，对于使用 ATOMBIOS 的 Radeon 显卡就是 atombios_crtc_prepare()，负责一些 CRTC 层面的准备工作，比如一些必要的加锁和关闭供电（DPMS OFF）。

5. 对于 CRTC 本身，执行 CRTC 辅助函数集的 mode_set() 回调函数，对于使用 ATOMBIOS 的 Radeon 显卡就是 atombios_crtc_mode_set()，负责 CRTC 层面的核心模式设置工作。

6. 对于 CRTC 上的每个 Encoder，执行 Encoder 辅助函数集的 mode_set() 回调函数，对于使用 ATOMBIOS 的 Radeon 显卡一般就是 radeon_atom_encoder_mode_set()，负责 Encoder 层面的核心模式设置工作。

7. 对于 CRTC 本身，执行 CRTC 辅助函数集的 commit() 回调函数，对于使用 ATOMBIOS 的 Radeon 显卡就是 atombios_crtc_commit()，负责一些 CRTC 层面的交付操作，比如一些必要的解锁和重新供电（DPMS ON）。

8. 对于 CRTC 上的每个 Encoder，执行 Encoder 辅助函数集的 commit() 回调函数，对于使用 ATOMBIOS 的 Radeon 显卡一般就是 radeon_atom_encoder_commit()，负责一些 Encoder 层面的交付操作，比如一些必要的解锁和重新供电（DPMS ON）。

这里最重要的是第 5 步，即 CRTC 层面上的核心模式设置操作函数 atombios_crtc_mode_set()。该函数定义在 drivers/gpu/drm/radeon/atombios_crtc.c 中，展开如下（有针对 RS780 显卡的精简）。

```
int atombios_crtc_mode_set(struct drm_crtc *crtc, struct drm_display_mode *mode,
    struct drm_display_mode *adjusted_mode, int x, int y, struct drm_framebuffer *old_fb)
{
    atombios_crtc_set_pll(crtc, adjusted_mode);
    CaseA: atombios_crtc_set_timing(crtc, adjusted_mode);
    CaseB: atombios_set_crtc_dtd_timing(crtc, adjusted_mode);
    atombios_crtc_set_base(crtc, x, y, old_fb);
    atombios_overscan_setup(crtc, mode, adjusted_mode);
    atombios_scaler_setup(crtc);
    radeon_cursor_reset(crtc);
    radeon_crtc->hw_mode = *adjusted_mode;
    return 0;
}
```

大部分的代码都是根据新的显示模式调整各个功能部件的时钟 / 时序，当然还有 atombios_crtc_set_base() 和 radeon_cursor_reset()。前者调整 FrameBuffer（相当于一次基本模式设置，在 RS780 上具体功能由 avivo_crtc_do_set_base() 实现，涉及大量显卡特定寄存器的设置，不再详细展开），后者重置光标。

总结一下初始化时首次模式设置的核心调用链。

```
radeon_init() → radeon_driver_load_kms() → radeon_modeset_init() → radeon_fbdev_init() → drm_fb_helper_initial_config() → drm_fb_helper_single_fb_probe() → register_framebuffer() → do_register_framebuffer() → fbcon_fb_registered() → do_fbcon_takeover() → do_take_over_console() → do_bind_con_driver() → visual_init() → fbcon_init() → drm_fb_helper_set_par() → drm_fb_helper_restore_fbdev_mode_unlocked() → drm_client_modeset_commit_force() → drm_client_modeset_commit_legacy() → drm_mode_set_config_internal() → __drm_mode_set_config_internal() → crtc->funcs->set_config() → radeon_crtc_set_config() → drm_crtc_helper_set_config() → drm_crtc_helper_set_mode()。
```

虽然显卡初始化的时候会进行首次模式设置，但系统运行过程中同样会做一些模式设置的工作，最典型的一种情况就是切换分辨率。运行时模式设置通过类型为 DRM_IOCTL_MODE_SETCRTC 的 ioctl() 系统调用完成，其具体实现函数为 drm_mode_setcrtc()。因为内部逻辑跟首次模式设置基本相同，该函数不再展开讲解。此处仅给出一个核心调用链，有兴趣的读者可自行阅读内核代码。

```
ioctl(DRM_IOCTL_MODE_SETCRTC) → sys_ioctl(DRM_IOCTL_MODE_SETCRTC) → drm_ioctl(DRM_IOCTL_MODE_SETCRTC) → drm_mode_setcrtc() → __drm_mode_set_config_internal() → crtc->funcs->set_config() → radeon_crtc_set_config() → drm_crtc_helper_set_config() → drm_crtc_helper_set_mode()。
```

至此，显卡初始化过程解析完毕。

6.3.4 命令流处理

Radeon 显卡的命令流由一个个 PM4 命令包组成。PM4 命令包就是由 CPU 写入环形缓冲区，由 GPU 读取并处理的那些命令。PM4 命令的格式有 4 种类型，分别为 Type0 ~ Type3。命令包由若干个 32 位的字组成，第一个字为命令头，后面为命令体。

Type1 类型是一种弱化的 Type0（可用 Type0 完全代替），在 R600 子系列显卡中通常不用。其他 3 种类型的命令格式如图 6-12 所示。

Type0: 命令头为 2 位类型前缀（00）+ 14 位命令包长度（字数）+ 16 位寄存器编号，然后是命令体，用于连续写 *N* 个寄存器。

Type2: 命令头为 2 位类型前缀（10）+ 30 位零填充，无命令体，用于填充命令缓冲区以便对齐，没有实质性功能。

Type3: 命令头为 2 位类型前缀（11）+ 14 位命令包长度（字数）+ 8 位操作码 + 7 位零填充 + P 位，然后是命令体，用于执行各种绘图命令。

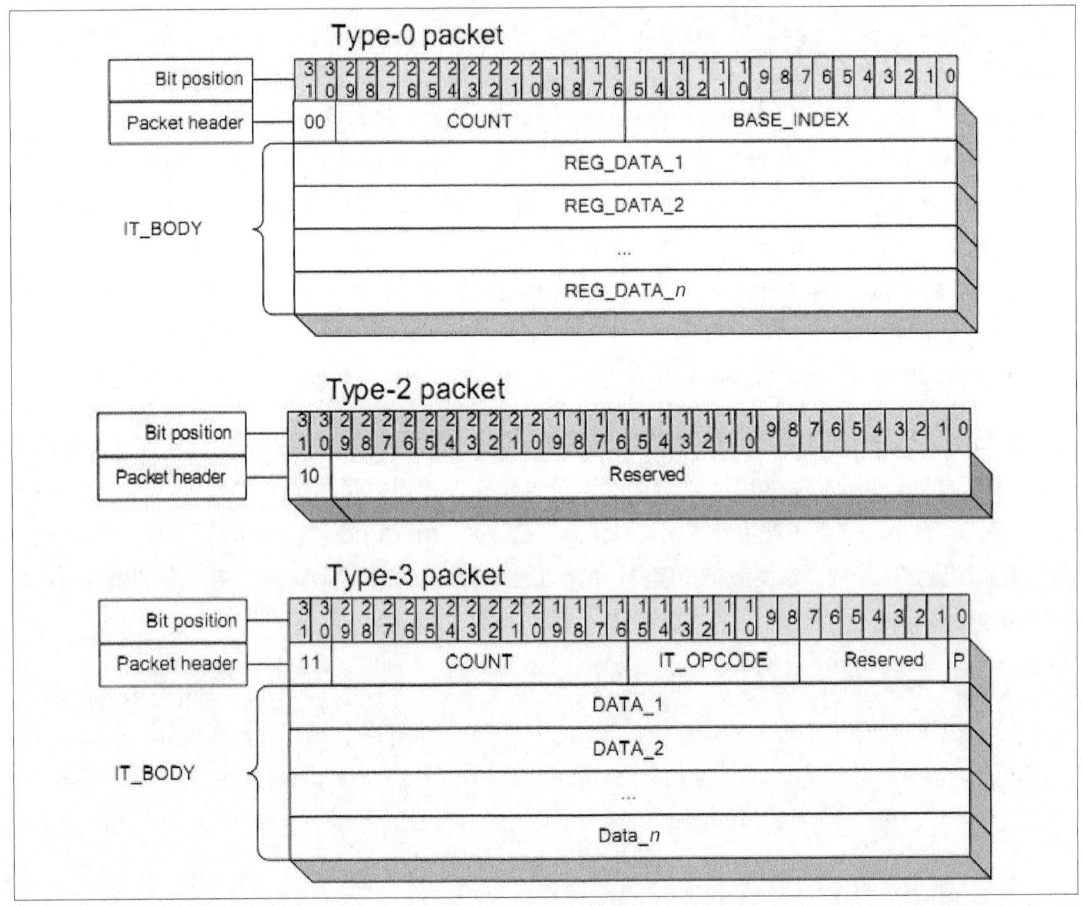

图 6-12　PM4 命令包的格式

Type3 的命令使用得最多，绘图的主要功能就是靠它实现的。R600 显卡里面有数十种 Type3 命令包的操作码，定义在 drivers/gpu/drm/radeon/r600d.h 中，分别列举如下。

```
#define  PACKET3_NOP                          0x10
#define  PACKET3_INDIRECT_BUFFER_END          0x17
#define  PACKET3_SET_PREDICATION              0x20
#define  PACKET3_REG_RMW                      0x21
#define  PACKET3_COND_EXEC                    0x22
#define  PACKET3_PRED_EXEC                    0x23
#define  PACKET3_START_3D_CMDBUF              0x24
#define  PACKET3_DRAW_INDEX_2                 0x27
#define  PACKET3_CONTEXT_CONTROL              0x28
#define  PACKET3_DRAW_INDEX_IMMD_BE           0x29
#define  PACKET3_INDEX_TYPE                   0x2A
#define  PACKET3_DRAW_INDEX                   0x2B
#define  PACKET3_DRAW_INDEX_AUTO              0x2D
```

```
#define PACKET3_DRAW_INDEX_IMMD                    0x2E
#define PACKET3_NUM_INSTANCES                      0x2F
#define PACKET3_INDIRECT_BUFFER                    0x32
#define PACKET3_STRMOUT_BUFFER_UPDATE              0x34
#define PACKET3_INDIRECT_BUFFER_MP                 0x38
#define PACKET3_MEM_SEMAPHORE                      0x39
#define PACKET3_MPEG_INDEX                         0x3A
#define PACKET3_COPY_DW                            0x3B
#define PACKET3_WAIT_REG_MEM                       0x3C
#define PACKET3_MEM_WRITE                          0x3D
#define PACKET3_CP_DMA                             0x41
#define PACKET3_PFP_SYNC_ME                        0x42
#define PACKET3_SURFACE_SYNC                       0x43
#define PACKET3_ME_INITIALIZE                      0x44
#define PACKET3_COND_WRITE                         0x45
#define PACKET3_EVENT_WRITE                        0x46
#define PACKET3_EVENT_WRITE_EOP                    0x47
#define PACKET3_ONE_REG_WRITE                      0x57
#define PACKET3_SET_CONFIG_REG                     0x68
#define PACKET3_SET_CONTEXT_REG                    0x69
#define PACKET3_SET_ALU_CONST                      0x6A
#define PACKET3_SET_BOOL_CONST                     0x6B
#define PACKET3_SET_LOOP_CONST                     0x6C
#define PACKET3_SET_RESOURCE                       0x6D
#define PACKET3_SET_SAMPLER                        0x6E
#define PACKET3_SET_CTL_CONST                      0x6F
#define PACKET3_STRMOUT_BASE_UPDATE                0x72
#define PACKET3_SURFACE_BASE_UPDATE                0x73
```

前面提到，使用 IB 的时候需要往命令环形缓冲区写起始命令和结束命令。如果说“将命令流写入命令环形缓冲区”这种方式叫作使用直接缓冲区的话，那么间接缓冲区的使用如下。

1. 将命令流写入间接缓冲区（IB）。

2. 往命令环形缓冲区写入一个操作码为 PACKET3_INDIRECT_BUFFER 的 PM4 命令包，其中包括了 IB 的起始地址和长度。这一步可以看作 IB 命令流的起始命令。

3. 发射 Fence，其中主要是往命令缓冲区写入一个操作码为 PACKET3_SURFACE_SYNC 的 PM4 命令包。这一步可以看作是 IB 命令流的结束命令。

跟 PM4 命令有关的函数是 radeon_cs_ioctl()，该函数定义在 drivers/gpu/drm/radeon/radeon_cs.c 中。CS 的含义是命令流（Command Stream），该函数用于处理一个来自用户

态的命令流。通过阅读该函数代码可以了解更多关于 PM4 命令的细节，下面是其主要调用逻辑（drivers/gpu/drm/radeon/radeon_cs.c）。

```
radeon_cs_ioctl()
    |-- radeon_cs_parser_init();
    |-- radeon_cs_ib_fill();
    |-- radeon_cs_parser_relocs();
    |-- radeon_cs_ib_chunk();
    |    |-- radeon_cs_parse()
    |    |     \-- (rdev)->asic->ring[(r)]->cs_parse();
    |    |         \--r600_cs_parse();
    |    |             |-- radeon_cs_packet_parse();
    |    |             \-- r600_cs_parse_packet0()/r600_packet3_check();
    |    \-- radeon_ib_schedule();
    |         |--radeon_ring_ib_execute();
    |         \--radeon_fence_emit();
    |-- radeon_cs_ib_vm_chunk();
    |    |-- radeon_ring_ib_parse()
    |    |     \-- (rdev)->asic->ring[(r)]->ib_parse();
    |    \-- radeon_ib_schedule();
    |         |--radeon_ring_ib_execute();
    |         \--radeon_fence_emit();
    \-- radeon_cs_parser_fini();
```

这里涉及一个叫作命令流解析器的数据结构，其定义在 drivers/gpu/drm/radeon/radeon.h 中。

```
struct radeon_cs_parser {
        struct device                *dev;
        struct radeon_device         *rdev;
        struct drm_file              *filp;
        unsigned                     nchunks;
        struct radeon_cs_chunk       *chunks;
        struct radeon_cs_chunk       *chunk_ib;
        struct radeon_cs_chunk       *chunk_relocs;
        struct radeon_cs_chunk       *chunk_flags;
        struct radeon_cs_chunk       *chunk_const_ib;
        unsigned                     nrelocs;
        struct radeon_bo_list        *relocs;
        struct radeon_ib             ib;
        struct radeon_ib             const_ib;
```

```
    u32                         cs_flags;
    unsigned                    idx;
    u32                         ring;
    ......
};
```

命令流解析器中包括若干（nchunks）个类型为radeon_cs_chunk的片段（chunks）。主要有4种类型的chunk：RADEON_CHUNK_ID_RELOCS、RADEON_CHUNK_ID_FLAGS、RADEON_CHUNK_ID_IB和RADEON_CHUNK_ID_CONST_IB，其含义分别是重定位结构（relocs chunk）、标志结构（flags chunck）、间接缓冲区（ib chunk）和常量间接缓冲区（const ib chunk，在支持GPUVM的显卡上才能使用这种chunk）。其中重定位结构和间接缓冲区必须至少有一个，标志结构和常量间接缓冲区是可有可无的。chunk_relocs、chunk_flags、chunk_ib和chunk_const_ib分别表示chunks数组中relocs chunk、flags chunk、ib chunk和const ib chunk的指针。relocs chunk又可以包括nrelocs个reloc，解析过后存放在relocs数组中；flags chunk包含一些标志，指示命令流使用哪个命令环、是否启用GPUVM等，解析过后存放在cs_flags中；ib chunk包含了命令流，经过解析后放置在ib；const ib chunk包含了一些常量数据，经过解析后放在const_ib。最后，idx表示ib chunk中当前PM4命令包的索引，ring表示即将使用的命令环的索引。

在radeon_cs_ioctl()中，radeon_cs_parser_init()是一些准备工作，比如确定各种chunk的地址、确定命令环索引ring、确定标志cs_flags等。radeon_cs_ib_fill()负责分配和初始化ib与const_ib（如果存在的话），而radeon_cs_parser_relocs()负责解析relocs chunk。如果支持并已使用GPUVM，ib chunk和const ib chunk将由radeon_cs_ib_vm_chunk()来处理；否则的话交给radeon_cs_ib_chunk()。这两个函数内容比较相似，都是先解析ib，再调度ib。

radeon_cs_ib_chunk()通过radeon_cs_parse()解析ib，而radeon_cs_ib_vm_chunk()则使用radeon_ring_ib_parse()。这些解析函数实际上都是跟具体显卡有关的宏，其定义分别是radeon_asic_ring操作表中的cs_parse()和ib_parse()回调函数。对于R600显卡，因为不支持GPUVM，所以使用的是radeon_cs_ib_chunk()和radeon_cs_parse()，而后者的实际实现是r600_cs_parse()。r600_cs_parse()在一个循环中依次调用了radeon_cs_packet_parse()和r600_cs_parse_packet0()/r600_packet3_check()，前者从IB中获取一个命令包，后者根据类型（Type0/Type3）来解析该命令包是否合法并在必要的情况下应用来自chunk_relocs的重定位信息。如果整个命令流合法，则通过radeon_ib_schedule()来调度这个命令流（调度包括发送命令的radeon_ring_ib_execute()和发射Fence的radeon_fence_emit()）。

最后，radeon_cs_ioctl()调用radeon_cs_parser_fini()完成善后收尾工作。

6.3.5 存储区域间数据交换

上文提到，显卡内存区域分3种：VRAM域、GTT域和SYSTEM域。这三者之间经常要进行数据交换，比如，挂起到内存（STR）时，除了内存以外所有的部件都会断电，因此显存里面的内容需要转移到内存之中，等唤醒以后再恢复回去。一般来说，SYSTEM 域和 GTT 域之间的数据交换由 CPU 完成；GTT 域和 VRAM 域之间的交换既可由 CPU 完成，也可由 GPU 完成，通常后者效率比较高；而 SYSTEM 域和 VRAM 域之间是不能直接交换的，需要用 GTT 域作为中转。

SYSTEM 域和 GTT 域在物理上都位于系统内存，因此两者之间的“数据交换”并不真正涉及数据移动，而只需要修改一些元数据。具体地说，从 SYSTEM 域交换到 GTT 域需要执行一次 ttm_tt_bind() 操作，而从 GTT 域交换到 SYSTEM 域需要执行一次 ttm_tt_unbind() 操作。

GPU 在 VRAM 域和 GTT 域之间的内存拷贝通常叫做 Blit，是一种基于 DMA 的操作。一般来说，CPU 读写 I/O 内存的性能比较低，因此在 VRAM 域和 GTT 域之间交换数据的时候，GPU 要比 CPU 的效率更高。

对于数据交换，可从定义在 drivers/gpu/drm/ttm/ttm_bo.c 中的 ttm_bo_move_buffer() 开始。先看看它的调用关系。

```
ttm_bo_move_buffer()
    |--ttm_bo_mem_space();
    \--ttm_bo_handle_move_mem();
|--CaseA: ttm_bo_move_ttm();
|         \-- ttm_tt_bind()/ttm_tt_unbind();
|--CaseB: bdev->driver->move();
|         \--radeon_bo_move();
|              |--CaseB1: radeon_move_null();
|              |--CaseB2: radeon_move_vram_ram();
|              |         |--radeon_move_blit();
|              |         |   \--radeon_copy();
|              |         |       \--r600_copy_blit();
|              |         \--ttm_bo_move_ttm();
|              |--CaseB3: radeon_move_ram_vram();
|              |         |--ttm_bo_move_ttm();
|              |         \--radeon_move_blit();
|              |             \--radeon_copy();
|              |                 \--r600_copy_blit();
|              |--CaseB4: radeon_move_blit();
|              |         \--radeon_copy();
|              |             \--r600_copy_blit();
|              \--CaseB5: ttm_bo_move_memcpy();
         \--CaseC: ttm_bo_move_memcpy();
```

接下来对其进行详细讲解，ttm_bo_move_buffer() 的函数原型定义如下。

```
int ttm_bo_move_buffer(struct ttm_buffer_object *bo, struct ttm_placement *placement,
                      struct ttm_operation_ctx *ctx);
```

这里面最重要的参数有两个：bo 和 placement。前者是缓冲区对象，后者是放置策略。结构体 ttm_placement 有一个叫 placement 的成员，描述 BO 所归属的区域。placement 属性标志的取值主要有3种：TTM_PL_SYSTEM、TTM_PL_GTT和TTM_PL_VRAM，其含义不言自明。也就是说，这个函数将把缓冲区对象 bo 移动到 placement 所指定的内存区域中。这个函数的主要步骤有两个。

```
ttm_bo_mem_space(bo, placement, &mem, ctx);
ttm_bo_handle_move_mem(bo, &mem, false, ctx);
```

这里，mem 的类型是 struct ttm_mem_reg，也就是一段内存区域的描述。第一步，ttm_bo_mem_space() 根据 placement 的要求在 mem 里面分配足够的空间；第二步，ttm_bo_handle_move_mem() 将 bo 对象移到 mem 里面，其关键部分的代码逻辑如下。

```
if (!(old_man->flags & TTM_MEMTYPE_FLAG_FIXED) &&
    !(new_man->flags & TTM_MEMTYPE_FLAG_FIXED))
        ttm_bo_move_ttm(bo, ctx, mem);
else if (bdev->driver->move)
        bdev->driver->move(bo, evict,ctx, mem);
else
        ttm_bo_move_memcpy(bo, ctx, mem);
```

可见，这里分 3 种情况，即前面提到的 CaseA ~ CaseC：（1）如果是 SYSTEM 域和 GTT 域互相交换（旧域或者新域都不是固定 PCI 内存），用 ttm_bo_move_ttm()，主要操作由 ttm_tt_bind()/ttm_tt_unbind() 完成；（2）除情况 1 以外，如果显卡的 BO 驱动实现了 move() 函数指针，则使用 BO 驱动的 move()；（3）如果显卡的 BO 驱动没有实现 move()，则使用 ttm_bo_move_memcpy() 函数（根据不同的情况调用 ttm_copy_ttm_io_page()/ttm_copy_io_ ttm_page()/ttm_copy_io_page()，其实现方式类似于普通的 memcpy() 函数）。这里情况 2 和情况 3 是等价的，不过通常情况 2 效率更高，因为它尽可能地利用了 GPU 资源，而情况 3 完全是由 CPU 执行的。

绝大多数Radeon显卡的BO驱动都实现了move()，其函数为radeon_bo_move()。其内部实现又分为 5 种情况，即前面提到的 CaseB1 ~ CaseB5：（1）如果是 SYSTEM 域与 GTT 域交换，使用 radeon_move_null()，该函数没有实质性的作用，因为该种情况已经被 ttm_tt_bind()/ttm_tt_unbind() 处理过；（2）如果是从 VRAM 域到 SYSTEM 域，使用 radeon_move_vram_ram()；（3）如果是从 SYSTEM 域到 VRAM 域，使用 radeon_move_ram_vram()；（4）如果是 GTT 域和 VRAM 域交换，使用 radeon_move_blit()；（5）情况 2 ~ 情况 4 中，如果显卡驱动没有实现相关功能，则都可以通过与 CaseC 相同的办法处理，即由 CPU 执行移动的 ttm_bo_move_memcpy()。

另外还可以看到，如果要充分利用 GPU 的功能（不使用情况 5），VRAM 域和 SYSTEM 域之间一般是不能直接交换数据的，因此 radeon_move_vram_ram() 和 radeon_move_ram_vram() 实际上都是 ttm_bo_move_ttm() 和 radeon_move_blit() 的组合。

在众多的交换函数中，最重要的一个莫过于 radeon_move_blit()。对于 RS780 显卡，它由定义在文件 drivers/gpu/drm/radeon/r600.c 中的 r600_copy_cpdma() 实现[1]。

```
struct radeon_fence *r600_copy_cpdma(struct radeon_device *rdev, uint64_t src_offset,
            uint64_t dst_offset, unsigned num_gpu_pages, struct reservation_object *resv)
{
    int ring_index = rdev->asic->copy.blit_ring_index;
    struct radeon_ring *ring = &rdev->ring[ring_index];
    radeon_sync_create(&sync);
    size_in_bytes = (num_gpu_pages << RADEON_GPU_PAGE_SHIFT);
    num_loops = DIV_ROUND_UP(size_in_bytes, 0x1fffff);
    radeon_ring_lock(rdev, ring, num_loops * 6 + 24);
    radeon_sync_resv(rdev, &sync, resv, false);
    radeon_sync_rings(rdev, &sync, ring->idx);
    radeon_ring_write(ring, PACKET3(PACKET3_SET_CONFIG_REG, 1));
    radeon_ring_write(ring, (WAIT_UNTIL - PACKET3_SET_CONFIG_REG_OFFSET) >> 2);
    radeon_ring_write(ring, WAIT_3D_IDLE_bit);
    for (i = 0; i < num_loops; i++) {
        cur_size_in_bytes = size_in_bytes;
        if (cur_size_in_bytes > 0x1fffff) cur_size_in_bytes = 0x1fffff;
        size_in_bytes -= cur_size_in_bytes;
        tmp = upper_32_bits(src_offset) & 0xff;
        if (size_in_bytes == 0) tmp |= PACKET3_CP_DMA_CP_SYNC;
        radeon_ring_write(ring, PACKET3(PACKET3_CP_DMA, 4));
        radeon_ring_write(ring, lower_32_bits(src_offset));
        radeon_ring_write(ring, tmp);
        radeon_ring_write(ring, lower_32_bits(dst_offset));
        radeon_ring_write(ring, upper_32_bits(dst_offset) & 0xff);
        radeon_ring_write(ring, cur_size_in_bytes);
        src_offset += cur_size_in_bytes;
        dst_offset += cur_size_in_bytes;
    }
    radeon_ring_write(ring, PACKET3(PACKET3_SET_CONFIG_REG, 1));
```

1 早期 Linux 内核通过 GFX 命令环用 r600_copy_blit() 实现，从 Linux-3.8 版本开始改用 DMA 命令环的 r600_copy_dma() 实现。R600 系列的 DMA 命令环不完善，因此 Linux-3.11 版本开始再次改用 GFX 命令环的 r600_copy_ cpdma() 实现。r600_copy_cpdma() 和 r600_copy_blit() 一样使用了 GFX 命令环但前者不需要动用 3D 渲染引擎，因此更加轻量级。

```
    radeon_ring_write(ring, (WAIT_UNTIL - PACKET3_SET_CONFIG_REG_OFFSET) >> 2);
    radeon_ring_write(ring, WAIT_CP_DMA_IDLE_bit);
    radeon_fence_emit(rdev, &fence, ring->idx);
    radeon_ring_unlock_commit(rdev, ring, false);
    radeon_sync_free(rdev, &sync, fence);
    return fence;
}
```

这个函数包括以下 3 个主要阶段。

1. for 循环前是准备阶段，首先用 radeon_sync_create() 创建一个同步对象；然后根据要拷贝的页数计算拷贝所需的循环次数；接下来用 radeon_ring_lock() 锁住命令环并用 radeon_sync_resv()/radeon_sync_rings() 同步命令环；最后的 3 个 radeon_ring_write() 语句开始往命令环里面写命令，告诉 GPU 等待 3D 引擎空闲后再开始后面的拷贝动作（拷贝开始标志）。

2. for 循环是真正的拷贝过程，在 CPU 这一侧，就是往命令环中写入 PM4 命令流，主要有命令操作码 PACKET3_CP_DMA 和每次循环的源地址偏移、目标地址偏移、拷贝长度。

3. for 循环后是完成阶段，先通过 3 个 radeon_ring_write() 语句往命令环里面写命令，告诉 GPU 等待 CPDMA 引擎空闲（拷贝结束标志）；然后通过 radeon_ring_write 发射 Fence，再用 radeon_ring_unlock_commit() 解锁命令环并将命令流提交给 GPU；最后用 radeon_sync_free() 释放同步对象。

6.3.6 GPU 重置（Reset）

GPU 重置是当 GPU 发生某种故障（如 CP 死锁）的时候通过重置（Reset）来试图恢复正常。这里，最常见的一种故障就是 GPU 死锁，而 GPU 死锁通常是通过命令环死锁来判断的。于是，GPU 重置主要涉及两个函数：GPU 死锁检测的 radeon_ring_is_lockup()[1] 和真正完成重置的 radeon_gpu_reset()。

先来看死锁检测，radeon_ring_is_lockup() 是一个宏，定义在 drivers/gpu/drm/radeon/radeon.h 中，调用关系如下。

```
radeon_ring_is_lockup() → (rdev)->asic->ring[(r)].is_lockup()
    \--r600_gfx_is_lockup()/r600_dma_is_lockup()/radeon_ring_test_lockup();
         \-- radeon_ring_test_lockup();
               |-- uint32_t rptr = radeon_ring_get_rptr(rdev, ring);
               |-- uint64_t last = atomic64_read(&ring->last_activity);
```

1 Linux-3.5 之前版本检测死锁的函数是 radeon_gpu_is_lockup()。但自从引入多个命令环以后，针对特定命令环的 radeon_ring_is_lockup() 能够检测得更加精确。

```
|-- if (rptr != atomic_read(&ring->last_rptr)) {
|         radeon_ring_lockup_update(rdev, ring);
|             |-- atomic_set(&ring->last_rptr, radeon_ring_get_rptr
                (rdev, ring));
|             \-- atomic64_set(&ring->last_activity, jiffies_64);
|      return false;
|  }
|-- elapsed = jiffies_to_msecs(jiffies_64 - last);
|-- if (radeon_lockup_timeout && elapsed >= radeon_lockup_timeout) {
|         return true;
|  }
\--return false;
```

从调用关系看来，所有的 Radeon 显卡都是用相似的方式来完成死锁检测的。RS780 有 GFX、DMA 和 UVD 这 3 个命令环，因此 radeon_ring::is_lockup() 有 3 种实现，但最后的主体函数均为 radeon_ring_test_lockup()。radeon_ring_test_lockup() 当中，局部变量 rptr 表示命令环的当前读指针，局部变量 last 表示最近一次死锁检测的时间戳。第一个 if 表示命令环缓冲区的当前读指针和最近一次调用死锁检测时候的读指针不一样，满足条件则没有死锁。也就是说，连续两次检测发现读指针未动才可能是真的死锁。如果这里没有死锁，radeon_ring_lockup_update() 将更新最近一次检测死锁的命令环读指针与时间戳。第二个 if 表示连续两次检测显示读指针未动，同时这种状态已经持续了 radeon_lockup_timeout 毫秒（缺省为 10 000，相当于 10 秒）以上，表示发生了死锁。最后一个 return 语句表示读指针未动，但持续时间还没有达到超时阈值 radeon_lockup_timeout，那么再等等，给 GPU 一个机会（但这种情况不更新命令环读指针和时间戳）。

传统上，死锁检测通常是在 radeon_fence_wait() 里面调用的。我们知道，基本上每个 IB 就是一段 PM4 命令流，而这个命令流的起始命令（INDIRECT_BUFFER）和结束命令（Fence）都是放在环形缓冲区（Ring Buffer）的，Fence 的存在保证了多个 IB 不会被交叉执行。如果 IB 很多，GPU 处理不过来，会发生什么情况呢？那就是许多的起始命令和结束命令被积压在 Ring Buffer 中。当 Ring Buffer 已经被填满，CPU 就不得不暂停来等待 GPU，也就是执行 radeon_fence_wait()。然而用这种方法检测死锁具有比较明显的滞后性，因此从 Linux-3.18 版本开始改变了策略：在 Fence 驱动初始化（radeon_fence_driver_init() 函数）时创建了一个用于检测死锁的工作队列项（delayed_work），队列项的处理函数为 radeon_fence_check_lockup()，内部会调用 radeon_ring_is_lockup()；然后，在首次发射 Fence 的时候激活这个队列项，直到最后一个 Fence 等待成功再取消这个队列项。换句话说，只要有 Fence 没有处理完毕，死锁检测就一直在工作队列里执行，并且不会阻塞当前的流程。

再来看 GPU 重置的过程，其定义在 drivers/gpu/drm/radeon/radeon_device.c 中。

```
radeon_gpu_reset()
    |-- radeon_save_bios_scratch_regs();
```

```
|-- radeon_suspend();
|      \-- (rdev)->asic->suspend();
|            \--r600_suspend();
|-- radeon_asic_reset();
|      \-- (rdev)->asic->asic_reset();
|            \--r600_asic_reset();
|                  |-- if (hard) r600_gpu_pci_config_reset();
|                  |      |-- 禁用命令处理器
|                  |      |--rv515_mc_stop();
|                  |      \--radeon_pci_config_reset();
|                  |-- reset_mask = r600_gpu_check_soft_reset(rdev);
|                  |-- r600_gpu_soft_reset(reset_mask);
|                  |      |-- 禁用命令处理器
|                  |      |--rv515_mc_stop();
|                  |      |-- 根据 reset_mask 重置渲染引擎（流水线）
|                  |      \--rv515_mc_resume();
|                  |-- reset_mask = r600_gpu_check_soft_reset(rdev);
|                  \-- if (reset_mask && radeon_hard_reset) r600_gpu_pci_config_reset();
|                         |-- 禁用命令处理器
|                         |--rv515_mc_stop();
|                         \--radeon_pci_config_reset();
|-- radeon_resume();
|      \-- (rdev)->asic->resume();
|            \--r600_resume();
|-- radeon_restore_bios_scratch_regs();
\--radeon_ib_ring_tests();
      \-- radeon_ib_test();
```

由此可见，重置的大致思路就是先挂起 GPU（保存必要的内部状态），然后通过写 GPU 寄存器来重置渲染引擎，最后恢复 GPU（恢复之前保存的内部状态）。GPU 内部有多个组件，哪个组件死锁就重置哪个，需要重置的组件通过 r600_gpu_check_soft_reset() 来获取，保存在变量 reset_mask 中。如果输入参数 hard 为真，就直接调用 r600_gpu_pci_config_reset() 进行硬重置；否则先调用 r600_gpu_soft_reset() 进行软重置，但如果软重置失效（重置后 reset_mask 仍然非零）并且全局变量 radeon_hard_reset 为真则会进一步尝试硬重置 r600_gpu_pci_config_reset()。从概念上讲，软重置是显卡功能层的重置，而硬重置是显卡总线层的重置（自然也会触发功能层的重置），因而更加彻底。

GPU 重置的挂起和恢复类似于待机（STR）与休眠（STD）时候的操作，不过后者更为全面彻底（因为后者需要保存恢复的状态更多）。如前所述，r600_resume() 会调用 r600_startup()，因此会通过 radeon_ring_test() 来检测命令环的可用性；另外，r600_startup()

返回以后，radeon_gpu_reset() 也和 radeon_device_init() 一样会调用 radeon_ib_test()/r600_ib_test() 来检测间接缓冲区的可用性。这意味着，GPU 重置并不能保证图形功能一定恢复正常，除非重置后这两个测试都能顺利通过。

最后，附上待机（STR）时 Radeon 显卡的挂起 / 恢复，便于比较（其中字体加粗部分是 GPU 重置也要做的）。

挂起流程如下。

```
pci_pm_suspend()
    \-- dev->driver->pm->suspend();
         \-- radeon_pmops_suspend();
               \--radeon_suspend_kms();
                       |--radeon_save_bios_scratch_regs();
                       |--radeon_suspend();
                       |    \--(rdev)->asic->suspend((rdev));
                       |        \--r600_suspend();
                       |--radeon_agp_suspend();
                       \--pci_save_state();
```

恢复流程如下。

```
pci_pm_resume()
    \-- dev->driver->pm->resume();
         \-- radeon_pmops_resume();
               \--radeon_resume_kms();
                       |--pci_restore_state();
                       |--radeon_agp_resume();
                       |--radeon_resume();
                       |    \--(rdev)->asic->resume();
                       |        \--r600_resume();
                       \--radeon_restore_bios_scratch_regs();
```

6.4 本章小结

显卡是现代计算机系统中的一种重要外设。图形处理器（GPU）越来越强大，其复杂度已经与 CPU 不相上下，甚至已经远远超出了图形显示的范畴。本章以 Radeon 显卡为例，概括地解析了显卡驱动中的重要话题，以期让大家理解显卡的主要工作原理。

第 07 章

网卡驱动解析

网卡和显卡一样是现代计算机系统中最重要的输出设备。对服务器系统来说，网卡甚至比显卡更加重要。本章以一款具体的网卡为例，解析网卡驱动的主要工作原理。

7.1 网络子系统概述

当今时代，没有网络是不可想象的。网络是干什么的？是计算机通信的工具。什么是通信？简言之，发送数据和接收数据。

按 TCP/IP 的说法，网络协议层自底向上分为网络接口层、网络层（IP）、传输层（TCP/UDP）和应用层。其中，网络接口层又包括物理层和数据链路层。

一般来说，网络接口层主要在网卡硬件里实现，网络层和传输层在操作系统里实现，应用层在应用程序和库里实现，如图 7-1 所示。实际上，网络接口层也不是完全没有软件的事情，这一层属于软件的部分就叫网卡驱动。

<table>
<tr><td colspan="3">应用层</td><td>应用程序
和库</td></tr>
<tr><td colspan="3">传输层
（TCP/UDP）</td><td rowspan="2">操作系统
（网络核心）</td></tr>
<tr><td colspan="3">网络层
（IP）</td></tr>
<tr><td rowspan="3">网络接口层</td><td rowspan="2">数据链路层</td><td>LLC子层</td><td>网卡驱动</td></tr>
<tr><td>MAC子层</td><td rowspan="2">硬件</td></tr>
<tr><td colspan="2">物理层</td></tr>
</table>

图 7-1　网络协议架构及其实现

根据物理层协议的不同，网卡分很多种，比如以太网卡（又包括有线以太网卡和无线以太网卡）、令牌总线网卡、令牌环网卡等，目前以太网卡有着绝对优势。

本章主要讲述 Linux 内核中的有线以太网卡驱动，顺带提及网络核心层（也就是网络层和传输层的 Linux 实现），主要结合的硬件是 Intel 的 E1000E 网卡族。

Linux 内核中网络相关的代码主要有以下两处。

- linux-5.4.x/net/：网络核心层代码。
- linux-5.4.x/driver/net/：网卡驱动层代码，其中以太网卡驱动在 ethernet 子目录下面。

图 7-2 是 E1000E 网卡的结构图，Link 是网线，PHY 是物理层实现，MAC 是链路层的硬件部分实现，RMII 和 SMBus 所联接的部分跟管理功能有关，PCIe 总线联接的部分属于数据发送 / 接收功能相关的部分。Rx/Tx FIFO 是存放收发数据的队列（Rx 表示接收，Tx 表示发送），它们通过对应的 Rx/Tx DMA 控制器与系统内存进行数据交换。DMA 控制器里面有 Rx/Tx 环形缓冲区（Ring），Ring 里面存放的是一系列描述符，不是具体的数据。环形缓冲区和描述符的结构及用法在后续章节详述。

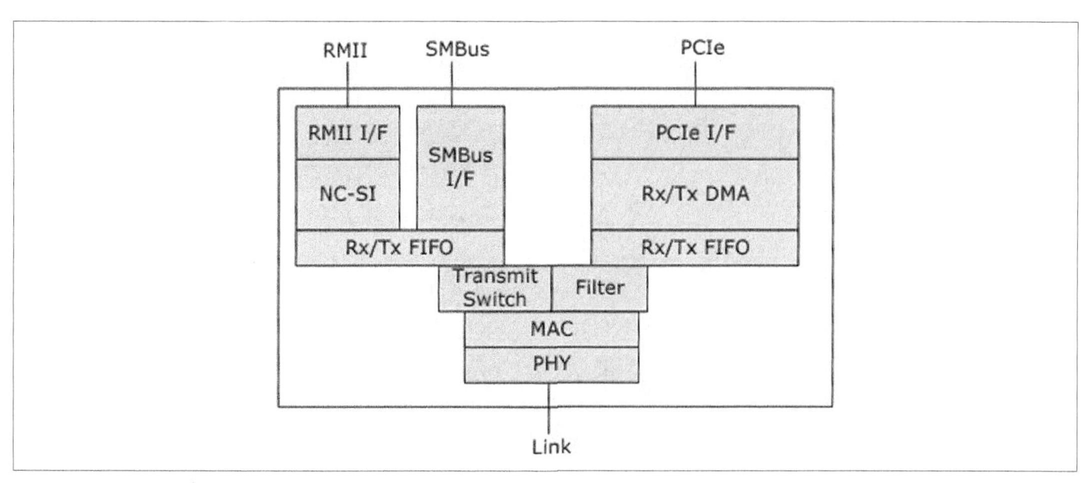

图 7-2　E1000E 网卡结构图

Intel 主要的以太网卡型号归类如下。

- E100：100Mbps-PCI 接口 (Intel 8255X)。
- E1000：1Gbps-PCI 接口 (Intel 8254X)。
- E1000E：1Gbps-PCIe 接口 (Intel 8256X/82574/82583)。
- IGB：1Gbps-PCIe 接口 (Intel 82575/82576/82580/I210/I350)。
- IXGB：10Gbps-PCI 接口 (Intel 82597)。
- IXGBE：10Gbps-PCIe 接口 (Intel 82598/82599)。

7.2 Linux 以太网卡驱动

如前所述，本章讲述 Linux-5.4.x 版本中的 E1000E 网卡驱动，在涉及具体型号时，将以 Intel 82574 网卡为例。

7.2.1 常用数据结构

E1000E 网卡驱动常用的数据结构如表 7-1 所示，之后再加以讲解。

表 7-1　E1000E 网卡驱动常用的数据结构

数据结构	含义
struct e1000_adapter	描述一块 E1000E 网卡
struct net_device	描述一个网络设备
struct pci_driver	PCI 设备的通用驱动框架
struct net_device_ops	网络设备的通用操作函数集
struct e1000_hw	描述 E1000E 网卡的寄存器

续表

数据结构	含义
struct e1000_info	描述 E1000E 网卡驱动层面的一些信息
struct e1000_ring	描述一个 Tx/Rx 环形缓冲区（Ring）
struct e1000_tx_desc	描述一个发送描述符
union e1000_rx_desc_packet_split	描述一个分片型接收描述符
union e1000_rx_desc_extended	描述一个非分片型接收描述符
struct e1000_buffer	Tx/Rx 描述符所包含的数据缓冲区
struct socket	描述一个网络套接字，里面包含类型为 struct sock 的套接字核心 sk 和类型为 struct proto_ops 的协议操作函数集 ops
struct sk_buff	网络核心层使用的缓冲区结构，通常简称 skb

（一）e1000_adapter

一切从 struct e1000_adapter 开始。其定义在 drivers/net/ethernet/intel/e1000e/e1000.h 中，这里只讲述重要的字段，并且根据讲述方便进行了排序。

```
struct e1000_adapter {
        struct net_device *netdev;
        struct pci_dev *pdev;
        const struct e1000_info *ei;
        struct e1000_hw hw;
        int int_mode;
        unsigned int num_vectors;
        struct msix_entry *msix_entries;
        struct e1000_ring *tx_ring;
        struct e1000_ring *rx_ring;
        u16 tx_ring_count;
        u16 rx_ring_count;
        unsigned int total_tx_bytes;
        unsigned int total_tx_packets;
        unsigned int total_rx_bytes;
        unsigned int total_rx_packets;
        struct timer_list watchdog_timer;
        struct work_struct reset_task;
        struct delayed_work watchdog_task;
        struct workqueue_struct *e1000_workqueue;
};
```

E1000E 网卡首先是个网络设备，因此包含 net_device 的指针；其次它是一个 PCI 设备（在软件层面上，内核中的 PCIe 设备也是 PCI 设备，不过带有一些扩展功能），因此包含一个 pci_dev 指针。接下来包括了驱动信息 e1000_info 和硬件寄存器描述 e1000_hw。后面的 int_mode 是中断模式，支持传统 Legacy 中断（E1000E_INT_MODE_LEGACY）、MSI 中断（E1000E_INT_ MODE_MSI）和 MSI-X 中断（E1000E_INT_MODE_MSIX）。接下来的 num_vectors 是中断向量个数，使用 Legacy 中断和 MSI 中断时，num_vectors 为 1；使用 MSI-X 中断时，num_vectors 为 3。如果使用了 MSI-X 中断模式，则 msix_entries 包含了所有的中断向量；否则 msix_entries 为空。后面是发送和接收的唤醒缓冲区以及环形缓冲区中容纳的描述符个数。然后是用于统计的收发数据量。最后是看门狗定时器、看门狗工作项和重置网卡的工作项（看门狗定时器和看门狗工作项封装在一个延期工作项 watchdog_task 中并通过工作队列 e1000_workqueue 运行）。

（二）e1000_ring

接下来看 e1000_ring，它定义在 drivers/net/ethernet/intel/e1000e/e1000.h 中，描述一个 Tx/Rx 环形缓冲区。

```
struct e1000_ring {
        struct e1000_adapter *adapter;
        unsigned int size;
        unsigned int count;
        void *desc;
        struct e1000_buffer *buffer_info;
        u16 next_to_use;
        u16 next_to_clean;
        void __iomem *head;
        void __iomem *tail;
};
```

环形缓冲区（Ring）本身在网卡里面，网卡驱动创建若干个描述符，每个描述符指向一片内存区（就是数据缓冲区）。其工作原理如下。

- 对于发送：驱动将数据缓冲区准备好，把相应的描述符填入 Ring，然后网卡根据 Ring 里面描述符的信息将数据缓冲区 DMA 到网卡并发送出去，再把处理完毕的描述符移出 Ring，最后驱动将这些描述符装填数据缓冲区后再度填入 Ring。
- 对于接收：驱动事先将空的描述符填入 Ring，然后网卡接收数据，根据 Ring 里面描述符的信息将数据 DMA 到数据缓冲区，再把处理完毕的描述符移出 Ring，驱动在处理中断时，将数据缓冲区移交给网络核心层，移交完毕的描述符再度填入 Ring。

Ring 的数据结构里包含其拥有者的 adapter 指针；然后是 Ring 的大小，分别有以字节为单位的 size 和以描述符个数为单位的 count；接着是描述符数组 desc 和数据缓冲区数组 buffer_info；后面是 4 个指针，分别是 next_to_use（简称 NTU）、next_to_clean（简称 NTC）、HEAD

和 TAIL。这几个指针的作用如图 7-3 所示。

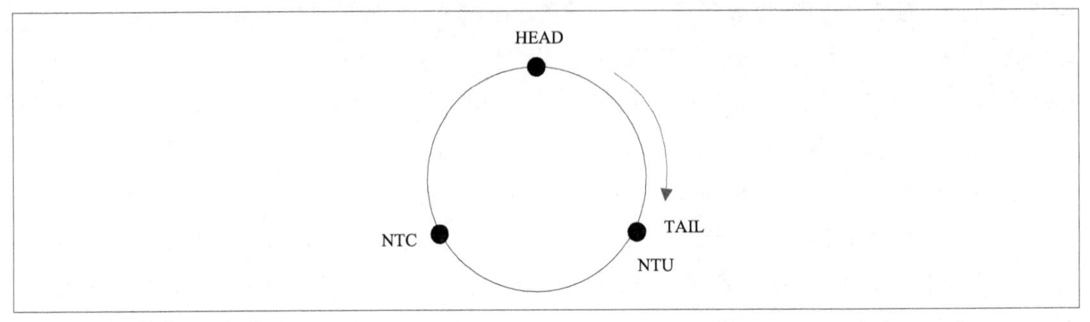

图 7-3　环形缓冲区示意图

HEAD 和 TAIL 两个指针是硬件维护的，对于发送，其值保存在 TDH/TDT 寄存器，对于接收，其值保存在 RDH/RDT 寄存器。HEAD 指针指向网卡处理完毕，即将移出 Ring 的描述符，TAIL 指针指向驱动即将往 Ring 里面填入的描述符，因此 HEAD 和 TAIL 之间的描述符是硬件拥有的，同理，之外的是软件拥有的。NTU 和 NTC 两个指针是软件维护的，NTU 指向驱动即将填入 Ring 的描述符，NTC 表示驱动即将处理的描述符。

在绝大多数情况下，TAIL 等于 NTU（一般驱动会先更新 NTU，然后通过写寄存器同步到 TAIL）。因此，描述符所组成的这个环分为 3 段：HEAD 与 TAIL（NTU）之间的，已被填入 Ring，等待硬件处理；NTU（TAIL）与 NTC 之间的，已被软件处理过，等待填入 Ring；NTC 与 HEAD 之间的，刚从 Ring 里面移出来，等待软件处理。

一些特殊条件说明如下。

- HEAD=TAIL：Ring 为空。
- TAIL+1=HEAD：Ring 已满。
- NTU=NTC：软件没有待处理的描述符。
- NTU+1=NTC：软件没有可用的描述符。

> **注意：**
>
> 对于发送，Ring 为空一般代表空闲，Ring 为满一般代表忙；但对于接收则相反，Ring 为满代表空闲（内存充足，无数据包接收），Ring 为空代表忙（内存紧张，有大量数据包待接收）。了解了 Ring 的工作原理，也就了解了这些特殊条件。

7.2.2　网卡初始化

E1000E 网卡初始化大致分为三个阶段。

（一）e1000_init_module()

E1000E 网卡驱动模块的总入口（初始化的第一阶段）是 e1000_init_module()，其定义在 drivers/net/ ethernet/intel/e1000e/netdev.c 中，主要调用关系如下。

```
e1000_init_module() → pci_register_driver(&e1000_driver);
```

调用很简单，用 e1000_driver 作参数注册了一个 PCI 驱动。那么接下来看看 e1000_driver 的定义。

```
static struct pci_driver e1000_driver = {
        .name = e1000e_driver_name,
        .id_table = e1000_pci_tbl,
        .probe = e1000_probe,
        .remove = e1000_remove,
        .driver = {
                .pm = &e1000_pm_ops,
        },
        .shutdown = e1000_shutdown,
        .err_handler = &e1000_err_handler
};
```

（二）e1000_probe()

根据PCI驱动框架可知，如果机器上确实存在E1000E网卡，那么实际的初始化动作（第二阶段）会在 e1000_probe() 里面完成（定义在 drivers/net/ethernet/intel/e1000e/netdev.c 中）。

```
e1000_probe(struct pci_dev *pdev, const struct pci_device_id *ent)
    |--const struct e1000_info *ei = e1000_info_tbl[ent->driver_data];
    |--dma_set_mask_and_coherent();
    |--netdev = alloc_etherdev(sizeof(struct e1000_adapter));
    |--SET_NETDEV_DEV(netdev, &pdev->dev);
    |--netdev->irq = pdev->irq;
    |--pci_set_drvdata(pdev, netdev);
    |--adapter = netdev_priv(netdev);
    |--adapter->netdev = netdev;
    |--adapter->pdev = pdev;
    |--adapter->ei = ei;
    |--adapter->hw.adapter = adapter;
    |--adapter->hw.mac.type = ei->mac;
    |--adapter->max_hw_frame_size = ei->max_hw_frame_size;
    |--mmio_start = pci_resource_start(pdev, 0);
    |--mmio_len = pci_resource_len(pdev, 0);
    |--adapter->hw.hw_addr = ioremap(mmio_start, mmio_len);
    |--netdev->netdev_ops = &e1000e_netdev_ops;
    |--e1000e_set_ethtool_ops(netdev);
```

```
|--netdev->watchdog_timeo = 5 * HZ;
|--netif_napi_add(netdev, &adapter->napi, e1000e_poll, 64);
|--strlcpy(netdev->name, pci_name(pdev), sizeof(netdev->name));
|--netdev->mem_start = mmio_start;
|--netdev->mem_end = mmio_start + mmio_len;
|--e1000_sw_init(adapter);
|     |--adapter->rx_buffer_len = VLAN_ETH_FRAME_LEN + ETH_FCS_LEN;
|     |--adapter->rx_ps_bsize0 = 128;
|     |--adapter->max_frame_size = netdev->mtu + VLAN_ETH_HLEN + ETH_FCS_LEN;
|     |--adapter->min_frame_size = ETH_ZLEN + ETH_FCS_LEN;
|     |--adapter->tx_ring_count = E1000_DEFAULT_TXD;
|     |--adapter->rx_ring_count = E1000_DEFAULT_RXD;
|     |--e1000e_set_interrupt_capability(adapter);
|     |--e1000_alloc_queues(adapter);
|     \--set_bit(__E1000_DOWN, &adapter->state);
|--hw->mac.ops.get_bus_info(&adapter->hw);
|     \--e1000e_get_bus_info_pcie();
|--adapter->hw.mac.ops.reset_hw(&adapter->hw);
|     \--e1000_reset_hw_82571();
|--adapter->e1000_workqueue = alloc_workqueue("%s", WQ_MEM_RECLAIM, 0, e1000e_driver_name);
|--INIT_DELAYED_WORK(&adapter->watchdog_task, e1000_watchdog_task);
|--queue_delayed_work(adapter->e1000_workqueue, &adapter->watchdog_task, 0);
|--INIT_WORK(&adapter->reset_task, e1000_reset_task);
|--e1000e_reset(adapter);
|     |--mac->ops.reset_hw(hw);
|     |     \--e1000_reset_hw_82571();
|     |--mac->ops.init_hw(hw);
|     |     \--e1000_init_hw_82571();
|     \--e1000e_reset_adaptive(hw);
|--strlcpy(netdev->name, "eth%d", sizeof(netdev->name));
\--register_netdev(netdev);
      \-- register_netdevice(netdev);
            |--dev_get_valid_name(net, dev, dev->name);
            |--dev->netdev_ops->ndo_init(dev);
            |--netdev_register_kobject(dev);
            |--__netdev_update_features(dev);
            |--set_bit(__LINK_STATE_PRESENT, &dev->state);
            \--dev_init_scheduler(dev);
                  \--setup_timer(&dev->watchdog_timer, dev_watchdog, (unsigned long)dev);
```

大多数代码都是不言自明的，该函数的主要动作如下。

1. 根据 PCI ID 匹配驱动数据，然后从 e1000_info_tbl[] 数组中得到类型为 struct e1000_info 的网卡驱动信息 ei（比如 Intel 82574 网卡将得到 e1000_82574_info）。

2. 通过 dma_set_mask_and_coherent() 设置 DMA 掩码，先尝试 64 位；如果平台不支持这么大的 DMA 地址范围或者其他原因导致失败，就降级为 32 位。

3. 通过 alloc_etherdev() 动态分配一个 net_device 并进行各种必要的赋值操作；设置网卡的操作函数集为 e1000e_netdev_ops（包括网卡打开函数 e1000_open() 和网卡关闭函数 e1000_close()）；设置网络设备通用看门狗定时器的超时为 5 秒；设置 NAPI 的轮询函数为 e1000e_poll()，轮询权重为 64（轮询权重就是每次轮询处理的最大数据包个数）。

4. 调用 e1000_sw_init() 进行一些软件数据结构的初始化，包括初始化中断模式、中断向量和初始化发送 / 接收环形缓冲区。

5. 初始化 E1000E 专用工作队列（adapter->e1000_workqueue），E1000E 专用看门狗延期工作项（处理函数为 e1000_watchdog_task()）和重置网卡工作项（处理函数为 e1000_reset_task()）；通过 e1000e_reset() 对网卡进行硬件重置，最后将网络设备命名为 ethX（X 为系统中的以太网卡编号）并通过 register_netdev() 注册该网络设备。注册网络设备时有一个步骤是注册适用于所有网络设备的通用看门狗定时器（处理函数为 dev_watchdog()）。

（三）e1000_open()

要让网卡真正开始工作，会对网络设备进行“打开”（比如执行 ifconfig eth0 up 命令），这里会触发初始化的第三个阶段，即网络设备操作函数集的 ndo_open() 函数指针。具体到 E1000E 网卡，操作函数集就是定义在 drivers/net/ethernet/intel/e1000e/netdev.c 中的 e1000e_netdev_ops，其中 ndo_open() 的实现就是 e1000e_open()。

```
e1000e_open()
    |--e1000e_setup_tx_resources(adapter->tx_ring);
    |--e1000e_setup_rx_resources(adapter->rx_ring);
    |--e1000_configure(adapter);
    |     |--e1000_configure_tx(adapter);
    |     \--e1000_configure_rx(adapter);
    |--e1000_request_irq(adapter);
    |     \--CaseA: request_irq(e1000_intr);
    |        CaseB: request_irq(e1000_intr_msi);
    |        CaseC: e1000_request_msix(adapter);
    |               |--request_irq(e1000_intr_msix_rx);
    |               |--request_irq(e1000_intr_msix_tx);
    |               |--request_irq(e1000_msix_other);
    |               \--e1000_configure_msix(adapter);
```

```
    |--clear_bit(__E1000_DOWN, &adapter->state);
    |--napi_enable(&adapter->napi);
    \--e1000_irq_enable(adapter);
```

该函数首先建立发送与接收所需要的资源，主要就是通过 e1000e_setup_tx_resources()/e1000e_setup_rx_resources() 分配 Tx/Rx Ring 的 DMA 缓冲区；然后通过 e1000_configure() 对网卡进行“配置”，也包括 Tx/Rx 两个部分 e1000_configure_tx()/e1000_configure_rx；接着通过 e1000_request_irq() 注册中断，优先使用 MSI-X 中断（会注册专门用于发送中断的 e1000_intr_msix_tx()、专门用于接收中断的 e1000_intr_msix_rx() 和专门用于其他中断的 e1000_msix_other() 这 3 个中断处理函数），其次是 MSI 中断（注册 e1000_intr_msi() 一个中断处理函数），再次才是 Legacy 中断（注册 e1000_intr() 一个中断处理函数）；再然后通过 napi_enable() 开启 NAPI；最后通过 e1000_irq_enable() 打开中断。

来看 NAPI 和 NetPoll。传统上，网卡的数据收发是基于中断的，但随着收发速率的提高，中断越来越密集，对于千兆及以上的网卡，如果每收到一个数据包都触发一次中断，会极大地消耗 CPU 资源，因此 Linux 内核从 2.5.7 版本开始引入 NAPI。其基本思想是限制中断速率（一批数据包产生一次中断），同时在处理中断时，暂时关闭中断，用轮询方式接收一批数据包，处理完毕后再重新打开中断。从 2.6.35 版本开始，NAPI 成为 Linux 内核的标准配置，旧方法不再使用。虽然 NAPI 使用了轮询机制，但它跟 NetPoll 并不是一个概念。NAPI 实际上是中断 + 轮询组合使用，并且主要针对数据接收（在机理上发送与接收都可以使用）；NetPoll 是纯粹的轮询，主要用于 NetConsole（通过网络使用的虚拟控制台，作用类似于本机控制台 tty）。

7.2.3 网卡的开与关

网卡设备有多个层次的“打开”与“关闭”动作，本节从“重”到“轻”略加介绍。

第一层次：也是最重最彻底的一个层次，就是网卡模块的安装和卸载。打开动作由模块初始化函数 e1000_init_module() 完成，实际完成的工作包括驱动加载、设备探测、设备启用、链路开启等；关闭动作由相应的模块退出函数 e1000_exit_module() 完成。

第二层次：在这个层次上，网卡模块一直处于加载状态。打开动作由上节提到的 e1000_probe() 完成，实际完成的工作包括设备探测、设备启用、链路开启；关闭动作由对应的 e1000_remove() 完成。

第三层次：该层次是常规意义上的打开与关闭，不会引发对设备存在性的重新探测。打开动作由 e1000e_open() 完成，包括设备启用和链路开启；关闭动作由对应的 e1000e_close() 完成。

第四层次：这是最轻量级的一个层次，设备实际上一直处于打开状态，只对链路（设备的一部分）进行操作。打开动作由 e1000e_up() 完成，从下面函数的调用关系可以看到，该函数就是 e1000e_open() 的一部分；相应的关闭动作由 e1000e_down() 完成。

用于“打开网卡”的函数 e1000_init_module()、e1000_probe() 和 e1000e_open() 在上

文中已经介绍，这里只展开 e1000e_up()。

```
e1000e_up()
    |--e1000_configure(adapter);
    |--clear_bit(__E1000_DOWN, &adapter->state);
    |--if (adapter->msix_entries) e1000_configure_msix(adapter);
    \--e1000_irq_enable(adapter);
```

之所以提到 4 个层次的网卡开关动作，是因为某些网卡故障情况下，需要对网卡进行重新初始化才能恢复。所谓重新初始化，实际上就是在设备处于打开状态时，先关闭再重新打开。有 4 个层次的开关，自然就有 4 个层次的重新初始化，其中第四个层次的重新初始化使用最多，有一个专门的函数予以封装。

```
e1000e_reinit_locked()
    |--might_sleep();
    |--e1000e_down(adapter);
    \--e1000e_up(adapter);
```

以前的内核会在 e1000e_open() 或者 e1000e_up() 的最后一步调用 netif_start_queue() 来启动传输队列。但是这样会导致一个问题：即便网络连接中断，网卡设备依然会从上层应用接受数据包，在使用 NetPoll/NetConsole 的时候就会发生网卡反复 Reset 的现象。最新内核从 e1000e_open()/e1000e_up() 移除了这个步骤，取而代之的是对看门狗处理函数进行了改造。看门狗会周期性地执行，在驱动准备好并且链路连通的时候就会调用 netif_wake_queue() 唤醒并启动传输队列，而在链路中断的时候调用 netif_stop_queue() 停止传输队列。

7.2.4 数据发送与接收

网络数据的发送与接收是一个庞大的体系。此处分别给出 TCP 和 UDP 自应用层开始，到网卡驱动为止的一个大致调用过程（采用留主干去枝节的简化方法，网络协议层只考虑 IPv4，网卡驱动层只考虑 E1000E，忽略各种边界情况）。

TCP 发送：

```
send() → sys_send() → __sys_sendto() → sock_sendmsg() → sock_sendmsg_nosec() →
INDIRECT_CALL_INET(sock->ops->sendmsg) → inet_sendmsg() → INDIRECT_CALL_2 (sk->
sk_prot->sendmsg) → tcp_sendmsg() → tcp_sendmsg_locked() → __tcp_push_pending_
frames() / tcp_push_one() → tcp_write_xmit() → tcp_transmit_skb() → __tcp_
transmit_skb() → inet_connection_sock::inet_connection_sock_af_ops::queue_
xmit() → ip_queue_xmit() → __ip_queue_xmit() → ip_local_out() → __ip_local_
out() → dst_output() → dst_entry::output() → ip_output() → ip_finish_output() →
```

__ip_finish_output() → ip_finish_output2() → neigh_output() → neigh_hh_output() / neighbour::output() → dev_queue_xmit() → __dev_queue_xmit() → __dev_xmit_skb() → __qdisc_run() → qdisc_restart() → sch_direct_xmit() → dev_hard_start_xmit() → xmit_one() → netdev_start_xmit() → __netdev_start_xmit() → net_device_ops::ndo_start_xmit() → **e1000_xmit_frame()**

TCP 接收：

recv() → sys_recv() → __sys_recvfrom() → sock_recvmsg() → sock_recvmsg_nosec() → INDIRECT_CALL_INET(sock->ops->recvmsg) → inet_recvmsg() → INDIRECT_CALL_2(sk->sk_prot->recvmsg) → tcp_recvmsg() → sk_wait_data() → sk_wait_event()……[进入等待队列睡眠直到中断发生]…… **e1000_intr()** → __napi_schedule() → ____napi_schedule() → __raise_softirq_irqoff(NET_RX_SOFTIRQ) → net_rx_action() → napi_poll() → napi_struct::poll() → **e1000e_poll()** → e1000_adapter::clean_rx() → e1000_clean_rx_irq_ps()/e1000_clean_jumbo_rx_irq()/e1000_clean_rx_irq() → e1000_receive_skb() → netif_receive_skb()/ netif_receive_skb_internal() → __netif_receive_skb() → __netif_receive_skb_one_core() → __netif_receive_skb_core() → deliver_skb() → ip_packet_type::func() → ip_rcv() → ip_rcv_core() + ip_rcv_finish() → ip_rcv_finish_core() + dst_input() → dst_entry::input() → ip_local_deliver() → ip_local_deliver_finish() → ip_protocol_deliver_rcu() → INDIRECT_CALL_2(ipprot->handler) → tcp_v4_rcv() → tcp_v4_do_rcv() → tcp_rcv_established() / tcp_rcv_state_process() → tcp_queue_rcv() / tcp_data_queue() + sock::sk_data_ready() → sock_def_readable() → wake_up_interruptible_sync_poll(&wq->wait)

UDP 发送：

send() → sys_send() → __sys_sendto() → sock_sendmsg() → sock_sendmsg_nosec() → INDIRECT_CALL_INET(sock->ops->sendmsg) → inet_sendmsg() → INDIRECT_CALL_2(sk->sk_prot->sendmsg) → udp_sendmsg() → ip_route_output_flow() + ip_append_data() + udp_push_pending_frames() → udp_send_skb() → ip_send_skb() → ip_local_out() → __ip_local_out() → dst_output() → dst_entry::output() → ip_output() → ip_finish_output() → __ip_finish_output() → ip_finish_output2() → neigh_output() → neigh_hh_output() / neighbour::output() → dev_queue_xmit() → __dev_queue_xmit() → __dev_xmit_skb() → __qdisc_run() → qdisc_restart() → sch_direct_xmit() → dev_hard_start_xmit() → xmit_one() → netdev_start_xmit() → __netdev_start_xmit() → net_device_ops::ndo_start_xmit() → **e1000_xmit_frame()**

UDP 接收：

recv() → sys_recv() → __sys_recvfrom() → sock_recvmsg() → sock_recvmsg_nosec() → INDIRECT_CALL_INET(sock->ops->recvmsg) → inet_recvmsg() → INDIRECT_CALL_2 (sk->sk_prot->recvmsg) → udp_recvmsg() → __skb_recv_udp() → __skb_wait_for_more_packets() ……

```
[进入等待队列睡眠直到中断发生]……e1000_intr() → __napi_schedule() → ____napi_schedule() → __raise_softirq_irqoff(NET_RX_SOFTIRQ) → net_rx_action() → napi_poll() → napi_struct::poll() → e1000e_poll() → e1000_adapter::clean_rx() → e1000_clean_rx_irq_ps()/e1000_clean_jumbo_rx_irq()/e1000_clean_rx_irq() → e1000_receive_skb() → netif_receive_skb()/netif_receive_skb_internal() → __netif_receive_skb() → __netif_receive_skb_one_core() → __netif_receive_skb_core() → deliver_skb() → ip_packet_type::func() → ip_rcv() → ip_rcv_core() + ip_rcv_finish() → ip_rcv_finish_core() + dst_input() → dst_entry::input() → ip_local_deliver() → ip_local_deliver_finish() → ip_protocol_deliver_rcu() → INDIRECT_CALL_2(ipprot->handler) → udp_rcv() → __udp4_lib_rcv() → udp_queue_rcv_skb() → __udp_queue_rcv_skb() → __udp_enqueue_schedule_skb() → __skb_queue_tail() + sock::sk_data_ready() → sock_def_readable() → wake_up_interruptible_sync_poll(&wq->wait)
```

以上整个过程比较复杂，有兴趣的读者可以去阅读网络核心层代码，这里给出几个关键结论。

1．发送在大多数情况下是一个同步过程，send() 的调用关系是从上层到下层（也有异步的，暂不予讨论）。

2．接收总是一个异步过程，recv() 的调用关系一开始是从上层到下层，但随后会发生阻塞，等到中断发生，中断处理程序从下层开始往上层调用，最后唤醒阻塞的 recv()。

3．对于驱动层，最重要的 3 个函数是 e1000_xmit_frame()、e1000_intr() 和 e1000e_poll()。第一个函数 e1000_xmit_frame() 是发送专用的，用于传输数据帧；第二个函数 e1000_intr() 是中断处理函数（采用 Legacy 中断模式，如果是 MSI/MSI-X 中断模式则有相应的变种），发送和接收都会用到；第三个函数 e1000e_poll() 是 NAPI 轮询函数，主要用于接收，但实际上也会间接调用 e1000_xmit_frame() 进行异步发送。

这些重要函数大多定义在 drivers/net/ethernet/intel/e1000e/netdev.c 中。先来看 e1000_xmit_frame()，该函数携带的参数一个是类型为 sk_buff 的网络层缓冲区指针 skb，另一个是网络设备 netdev，其含义是将 skb 通过 netdev 发送出去。

（一）e1000_xmit_frame()

首先我们来看 e1000_xmit_frame()。

```
static netdev_tx_t e1000_xmit_frame(struct sk_buff *skb, struct net_device *netdev)
{
    struct e1000_adapter *adapter = netdev_priv(netdev);
    struct e1000_ring *tx_ring = adapter->tx_ring;
    if (test_bit(__E1000_DOWN, &adapter->state)) {
        dev_kfree_skb_any(skb);
        return NETDEV_TX_OK;
    }
```

```
if (skb->len <= 0) {
    dev_kfree_skb_any(skb);
    return NETDEV_TX_OK;
}
if (skb_put_padto(skb, 17))  return NETDEV_TX_OK;
mss = skb_shinfo(skb)->gso_size;
if (mss) {
    hdr_len = skb_transport_offset(skb) + tcp_hdrlen(skb);
    if (skb->data_len && (hdr_len == len)) {
        pull_size = min_t(unsigned int, 4, skb->data_len);
        if (!__pskb_pull_tail(skb, pull_size)) {
            dev_kfree_skb_any(skb);
            return NETDEV_TX_OK;
        }
        len = skb_headlen(skb);
    }
}
if ((mss) || (skb->ip_summed == CHECKSUM_PARTIAL))   count++;
count++;
count += DIV_ROUND_UP(len, adapter->tx_fifo_limit);
nr_frags = skb_shinfo(skb)->nr_frags;
for (f = 0; f < nr_frags; f++)
    count += DIV_ROUND_UP(skb_frag_size(&skb_shinfo(skb)->frags[f]),
                                      adapter->tx_fifo_limit);
if (adapter->hw.mac.tx_pkt_filtering)   e1000_transfer_dhcp_info(adapter, skb);
if (e1000_maybe_stop_tx(tx_ring, count + 2))   return NETDEV_TX_BUSY;
if (vlan_tx_tag_present(skb)) {
    tx_flags |= E1000_TX_FLAGS_VLAN;
    tx_flags |= (vlan_tx_tag_get(skb) << E1000_TX_FLAGS_VLAN_SHIFT);
}
first = tx_ring->next_to_use;
tso = e1000_tso(tx_ring, skb);
if (tso < 0) {
    dev_kfree_skb_any(skb);
    return NETDEV_TX_OK;
}
if (tso)   tx_flags |= E1000_TX_FLAGS_TSO;
else if (e1000_tx_csum(tx_ring, skb))  tx_flags |= E1000_TX_FLAGS_CSUM;
if (skb->protocol == htons(ETH_P_IP))  tx_flags |= E1000_TX_FLAGS_IPV4;
```

```
    if (unlikely(skb->no_fcs))   tx_flags |= E1000_TX_FLAGS_NO_FCS;
    count = e1000_tx_map(tx_ring, skb, first, adapter->tx_fifo_limit, nr_frags);
    if (count) {
        if (unlikely(skb_shinfo(skb)->tx_flags & SKBTX_HW_TSTAMP) &&
                     (adapter->flags & FLAG_HAS_HW_TIMESTAMP) )
            if (!adapter->tx_hwtstamp_skb) {
                skb_shinfo(skb)->tx_flags |= SKBTX_IN_PROGRESS;
                tx_flags |= E1000_TX_FLAGS_HWTSTAMP;
                adapter->tx_hwtstamp_skb = skb_get(skb);
                adapter->tx_hwtstamp_start = jiffies;
                schedule_work(&adapter->tx_hwtstamp_work);
            } else {
                adapter->tx_hwtstamp_skipped++;
            }
        }
        skb_tx_timestamp(skb);
        netdev_sent_queue(netdev, skb->len);
        e1000_tx_queue(tx_ring, tx_flags, count);
        e1000_maybe_stop_tx(tx_ring, (MAX_SKB_FRAGS *
              DIV_ROUND_UP(PAGE_SIZE, adapter->tx_fifo_limit) + 2));
        if (!netdev_xmit_more() || netif_xmit_stopped(netdev_get_tx_queue(netdev, 0))) {
              if (adapter->flags2 & FLAG2_PCIM2PCI_ARBITER_WA)
                  e1000e_update_tdt_wa(tx_ring, tx_ring->next_to_use);
              else
                  writel(tx_ring->next_to_use, tx_ring->tail);
              mmiowb();
        }
    } else {
        dev_kfree_skb_any(skb);
        tx_ring->buffer_info[first].time_stamp = 0;
        tx_ring->next_to_use = first;
    }
    return NETDEV_TX_OK;
}
```

总体来说，这个函数是比较复杂的，不过其中真正重要的是字体加粗的那两行：e1000_tx_map() 的主要工作是给发送描述符（e1000_tx_desc）的数据缓冲区（就是 skb）进行 DMA 映射；而 e1000_tx_queue() 则是把已经完成 DMA 映射的发送描述符放入网卡的发送队列（Tx Ring）。这两步完成之后，writel(tx_ring->next_to_use, tx_ring->tail) 会更新 Tx Ring 的

TAIL 指针，相当于通知硬件有新的数据帧进入队列，之后的发送工作就交给网卡硬件了。

（二）e1000_intr()

E1000E 的中断处理函数实际上有 3 类：用于传统 Legacy 中断的 e1000_intr()，用于 MSI 中断的 e1000_intr_msi() 和用于 MSI-X 中断的 e1000_intr_msix_tx()/e1000_intr_msix_rx()/ e1000_msix_other()[1]。此处主要讲述 e1000_intr()，其他几种在主要逻辑上是类似的。

```
static irqreturn_t e1000_intr(int irq, void *data)
{
    if (icr & E1000_ICR_LSC) {
        if (!test_bit(__E1000_DOWN, &adapter->state))
            mod_delayed_work(adapter->e1000_workqueue, &adapter->watchdog_task, HZ);
    }
    if (napi_schedule_prep(&adapter->napi)) {
        adapter->total_tx_bytes = 0;
        adapter->total_tx_packets = 0;
        adapter->total_rx_bytes = 0;
        adapter->total_rx_packets = 0;
        __napi_schedule(&adapter->napi);
    }
    return IRQ_HANDLED;
}
```

这是一个精简版，去掉了不太重要的代码分支。首先，如果中断原因寄存器中 E1000_ICR_LSC 被置位（LSC 全称 Link State Change），说明链路状态发生了变化，因为处于“离线”状态的网卡几乎不可能产生中断，所以链路状态变化通常意味着是一个从“在线”变成“离线”的过程。那么在软件状态还没有变成“离线”时，将 E1000E 专用看门狗延期工作项触发时间设置到 1 秒以后，以便 1 秒以后看门狗能够准确地报告链路状态。接下来处理链路状态变化以外的中断，也就是数据收发中断。这里面最重要的一步是 __napi_schedule()，由之前的分析可知，这个函数最终会触发 e1000e_poll() 的执行，在那里面去处理真正的数据收发[2]。

（三）e1000e_poll()

那么，接下来就看 e1000e_poll()。

1　另有一个 e1000_intr_msix() 函数会依次调用这 3 个 MSI-X 中断处理函数，但 e1000_intr_msix() 其实不直接处理中断，而主要是在 NetPoll 中的 e1000_netpoll() 里面使用。注意：要区分 NetPoll 使用的 e1000_netpoll() 函数和 NAPI 使用的 e1000e_poll() 函数。

2　MSI 中断处理函数 e1000_intr_msi() 的总体逻辑与 e1000_intr() 完全相同。MSI-X 则把同样的工作分布到 3 个中断处理函数中：e1000_intr_msix_tx() 处理数据发送中断；e1000_intr_msix_rx() 处理数据接收中断（会触发 NAPI 轮询函数 e1000e_poll()）；e1000_msix_other() 处理其他中断，比如链路状态变化。

```
e1000e_poll()
    |-- if (!adapter->msix_entries || (adapter->rx_ring->ims_val & adapter->tx_ring->ims_val))
    |     tx_cleaned = e1000_clean_tx_irq(adapter->tx_ring);
    |         |--while ((eop_desc->upper.data & cpu_to_le32(E1000_TXD_STAT_DD))
    |         |              && (count < tx_ring->count))
    |         |     for (; !cleaned; count++)  e1000_put_txbuf(tx_ring, buffer_info);
    |         \-- if (count && netif_carrier_ok(netdev) &&
    |                   e1000_desc_unused(tx_ring) >= TX_WAKE_THRESHOLD)
    |             netif_wake_queue();
    |                 \--netif_tx_wake_queue();
    |                     \--__netif_schedule();
    |                         \--net_tx_action();
    |                             \--qdisc_run()
    |                                 \--dev_hard_start_xmit();
    |                                     \--e1000_xmit_frame();
    |-- adapter->clean_rx(adapter->rx_ring, &work_done, budget);
    |    \--CaseA: e1000_clean_rx_irq_ps();
    |       CaseB: e1000_clean_jumbo_rx_irq();
    |       CaseC: e1000_clean_rx_irq();
    |-- if (!tx_cleaned || work_done == budget) return budget;
    |-- if (napi_complete_done(napi, work_done)) {
    |     if (!test_bit(__E1000_DOWN, &adapter->state)) {
    |         if (adapter->msix_entries)
    |             ew32(IMS, adapter->rx_ring->ims_val);
    |         else
    |             e1000_irq_enable(adapter);
    |     }
    |  }
    \-- return work_done;
```

可见，该函数主要有 3 个阶段：第一阶段处理数据发送（Tx）有关的工作，第二阶段处理数据接收（Rx）有关的工作，第三阶段为善后收尾工作。

因为 MSI-X 中断模式下 Tx 和 Rx 通常使用专门的中断，所以一般情况下，只有 Legacy 和 MSI 中断模式时（这两种模式下 adapter->msix_entries 均为空）才会执行第一阶段。MSI-X 模式下 Tx 和 Rx 各自使用专门中断是通过 tx_ring 和 rx_ring 的 ims_val 来进行类型控制的，在缺省配置下两个 ims_val 没有交集，但这并不意味着技术上这两个 ims_val 不可以有交集。因此当它们存在交集的时候，e1000e_poll() 即便在 MSI-X 模式下也需要处理一些 Tx 的工作。函数 e1000_clean_tx_irq() 就是用来处理 Tx 有关工作的，它的主要逻辑是，在一个二重循环里面遍历 tx_ring 中所有的 DMA 描述符，如果该描述符的数据已经被硬件发送出去，那么就调用该 e1000_put_txbuf() 回收它；如果在上述循环中回收了一部分描述符并且可用描述符总数大于 TX_WAKE_THRESHOLD（值为 32），同时设备处于活跃状态的话，就会调用 netif_wake_queue() 唤醒发送队列，这就是前面提到的异步发送（调用链很长，最后会触发到关键函数 e1000_xmit_frame()）。如果所有能清理描述符都被回收，则函数返回 true。

第二阶段处理 Rx 有关的工作，由 adapter->clean_rx() 回调函数负责。具体实现分 3 种情况，分别是分片帧处理（CaseA）、巨帧处理（CaseB）和普通帧处理（CaseC）。3 种情况的接收是根据 MTU（最大传输单元）而选择的：如果 MTU 大于 1500 字节但小于 3 个物理页面并且硬件支持分帧，就选用分片帧；如果 MTU 大于 1500 字节但硬件不支持分帧或者 MTU 比 3 个物理页面更大，就选用巨帧；如果 MTU 小于或等于 1500 字节，就选用普通帧。分片帧的接收描述符类型是 union e1000_rx_desc_packet_split，非分片帧（普通帧和巨帧）则是 union e1000_rx_desc_extended。这里我们只关心使用得最多的普通帧情况。

```
static bool e1000_clean_rx_irq(struct e1000_ring *rx_ring, int *work_done, int work_to_do)
{
    struct e1000_adapter *adapter = rx_ring->adapter;
    struct net_device *netdev = adapter->netdev;
    struct pci_dev *pdev = adapter->pdev;
    struct e1000_hw *hw = &adapter->hw;
    i = rx_ring->next_to_clean;
    rx_desc = E1000_RX_DESC_EXT(*rx_ring, i);
    staterr = le32_to_cpu(rx_desc->wb.upper.status_error);
    buffer_info = &rx_ring->buffer_info[i];
    while (staterr & E1000_RXD_STAT_DD) {
        if (*work_done >= work_to_do)   break;
        (*work_done)++;
        dma_rmb();
        skb = buffer_info->skb;
        buffer_info->skb = NULL;
        prefetch(skb->data - NET_IP_ALIGN);
        i++;
        if (i == rx_ring->count)  i = 0;
        next_rxd = E1000_RX_DESC_EXT(*rx_ring, i);
        prefetch(next_rxd);
        next_buffer = &rx_ring->buffer_info[i];
        cleaned = true;
        cleaned_count++;
        dma_unmap_single(&pdev->dev, buffer_info->dma,
            adapter->rx_buffer_len, DMA_FROM_DEVICE);
```

```
        buffer_info->dma = 0;
        length = le16_to_cpu(rx_desc->wb.upper.length);
        if (unlikely(!(staterr & E1000_RXD_STAT_EOP)))
              adapter->flags2 |= FLAG2_IS_DISCARDING;
        if (adapter->flags2 & FLAG2_IS_DISCARDING) {
            buffer_info->skb = skb;
            if (staterr & E1000_RXD_STAT_EOP)
                  adapter->flags2 &= ~FLAG2_IS_DISCARDING;
            goto next_desc;
        }
        if (unlikely((staterr & E1000_RXDEXT_ERR_FRAME_ERR_MASK)
            && !(netdev->features & NETIF_F_RXALL))) {
            buffer_info->skb = skb;
            goto next_desc;
        }
        if (!(adapter->flags2 & FLAG2_CRC_STRIPPING)) {
            if (netdev->features & NETIF_F_RXFCS)   total_rx_bytes -= 4;
            else    length -= 4;
        }
        total_rx_bytes += length;
        total_rx_packets++;
        if (length < copybreak) {
            struct sk_buff *new_skb = netdev_alloc_skb(netdev, length);
            if (new_skb) {
                skb_copy_to_linear_data_offset(new_skb, -NET_IP_ALIGN,
                    (skb->data - NET_IP_ALIGN), (length + NET_IP_ALIGN));
                buffer_info->skb = skb;
                skb = new_skb;
            }
        }
        skb_put(skb, length);
        e1000_rx_checksum(adapter, staterr, skb);
        e1000_rx_hash(netdev, rx_desc->wb.lower.hi_dword.rss, skb);
        e1000_receive_skb(adapter, netdev, skb, staterr, rx_desc->wb.upper.vlan);
next_desc:
        rx_desc->wb.upper.status_error &= cpu_to_le32(~0xFF);
        if (cleaned_count >= E1000_RX_BUFFER_WRITE) {
            adapter->alloc_rx_buf(rx_ring, cleaned_count, GFP_ATOMIC);
            cleaned_count = 0;
```

```
        }
        rx_desc = next_rxd;
        buffer_info = next_buffer;
        staterr = le32_to_cpu(rx_desc->wb.upper.status_error);
    }
    rx_ring->next_to_clean = i;
    cleaned_count = e1000_desc_unused(rx_ring);
    if (cleaned_count) adapter->alloc_rx_buf(rx_ring, cleaned_count, GFP_ATOMIC);
    adapter->total_rx_bytes += total_rx_bytes;
    adapter->total_rx_packets += total_rx_packets;
    return cleaned;
}
```

这个函数比较长，但主体逻辑并不复杂。该函数的参数中，work_to_do 表示预计要处理的接收描述符个数（即轮询权重，缺省值为 64），work_done 是实际完成的描述符个数。如前所述，rx_ring->next_to_clean 指向的是首个待处理的接收描述符，该函数的主体是一个 while 循环，每循环一次处理一个描述符，这个描述符所包含的数据将通过 e1000_receive_skb() 送往网络核心层。循环的退出条件有两个，要么是已完成预计的工作量，要么是下一个待处理的描述符尚未准备好（E1000_RXD_STAT_DD 标志未设置，表示该描述符的控制权还在网卡手里）。

通过 e1000_receive_skb() 转交给网络核心层以后，一个接收描述符便重新进入未使用状态，这些描述符将会通过 adapter->alloc_rx_buf() 再次填入 Rx Ring。根据 MTU 的不同，alloc_rx_buf() 实际上也有 3 种实现：用于分片帧的 e1000_alloc_rx_buffers_ps()，用于巨帧的 e1000_alloc_jumbo_rx_buffers() 以及用于普通帧的 e1000_alloc_rx_buffers()。在此处，实际使用的是 e1000_alloc_rx_buffers()。如果函数成功地处理掉一些描述符，则返回真。

再次回到 e1000e_poll() 看第三阶段。如果 tx_cleaned 为 0，则表示第一阶段中 Tx 有关的工作并未全部完成，这意味着“本次轮询已经完成了足够的 Tx 工作量”；如果 work_done 等于 budget，意味着“本次轮询已经完成了预定的 Rx 工作量”。这两个条件但凡有一个满足，就会直接返回 budget（依旧处于轮询模式）。如果这两个条件都不满足，意味着所有需要的 Tx/Rx 工作都已经完成（换句话说，所有需要处理的描述符都已经处理过了），那就执行 napi_complete_done() 看是否需要退出轮询模式。如果 napi_complete_done() 返回真，那么启用中断并返回 budget（回到中断模式），否则直接返回 budget（依旧处于轮询模式）。

最后，e1000e_poll() 函数将返回 work_done 的值。如果返回值小于轮询权重，则网卡将回到中断模式；否则继续停留在轮询模式。

7.2.5 故障检测与修复（看门狗）

网卡似乎天生是个容易出故障的设备，网卡驱动一开始就引入了看门狗（Watchdog）机制。

看门狗负责链路的状态报告（Link Up/Link Down），更重要的是负责故障的检测与恢复。

在网卡初始化的时候提到，E1000E 网卡有两个看门狗，一个是所有网卡设备都有的通用看门狗，另一个是 E1000E 网卡专用的看门狗。我们一个个来看。

（一）通用看门狗

通用看门狗定时器的处理函数是 dev_watchdog()，其定义在 net/sched/sch_generic.c 中，展开如下。

```
static void dev_watchdog(struct timer_list *t)
{
    struct net_device *dev = from_timer(dev, t, watchdog_timer);
    netif_tx_lock(dev);
    if (!qdisc_tx_is_noop(dev)) {
        if (netif_device_present(dev) && netif_running(dev) && netif_carrier_ok(dev)) {
            int some_queue_timedout = 0;
            unsigned int i;
            unsigned long trans_start;
            for (i = 0; i < dev->num_tx_queues; i++) {
                struct netdev_queue *txq;
                txq = netdev_get_tx_queue(dev, i);
                trans_start = txq->trans_start ? : dev->trans_start;
                if (netif_xmit_stopped(txq) && time_after(jiffies, (trans_start + dev->watchdog_timeo))) {
                    some_queue_timedout = 1;
                    txq->trans_timeout++;
                    break;
                }
            }
            if (some_queue_timedout) {
                WARN_ONCE(1, KERN_INFO "NETDEV WATCHDOG: %s (%s):
                     transmit queue %u timed out\n", dev->name, netdev_drivername(dev), i);
                dev->netdev_ops->ndo_tx_timeout(dev);
            }
            if (!mod_timer(&dev->watchdog_timer, round_jiffies(jiffies + dev->watchdog_timeo)))
                dev_hold(dev);
        }
    }
    netif_tx_unlock(dev);
    dev_put(dev);
}
```

可见通用看门狗的定时器函数的逻辑是比较简单的。在网卡处于活动状态时，遍历每个发送队列，如果某个队列处于停顿状态（netif_xmit_stopped(txq)）并且距发送开始时间超过了看门狗超时值（dev->watchdog_timeo，对于 E1000E 网卡是 5 秒），则判定为队列超时。如果有发送队列超时，则调用网卡操作函数集中的 ndo_tx_timeout() 回调函数进行故障恢复。最后，重新激活看门狗定时器，超时值再次设置到当前时间的 5 秒以后。

对于 E1000E 网卡，ndo_tx_timeout() 的具体实现就是 e1000_tx_timeout()，该函数非常简单，其关键语句是调度重置网卡的工作项。

```
schedule_work(&adapter->reset_task);
```

（二）专用看门狗

E1000E 专用看门狗包括一个看门狗定时器和一个看门狗工作项，最近的内核将看门狗定时器和看门狗工作项封装在一个延期工作项 e1000_adapter::watchdog_task 中并通过工作队列 e1000_adapter::e1000_workqueue 运行。看门狗每 2 秒激活一次，处理函数为 e1000_watchdog_task()。

为什么不像通用看门狗一样，把 e1000_watchdog_task() 直接作为定时器处理函数呢？这是因为定时器处理处于软中断上下文，这种上下文要能够快速执行，不允许睡眠，不允许调度。而 E1000E 专用看门狗的执行函数 e1000_watchdog_task() 相当复杂，完成的工作量比较大，并且有触发重调度的可能，因此被设计成工作项，挂接到工作队列，在进程上下文中执行。

通用看门狗从宏观视角关注发送队列的状态，而 E1000E 专用看门狗则从微观视角关注各种网卡特有的寄存器和细节，在此不做详细展开。其中比较重要的工作有，如果链路状态从“断”变到“通”，就会调用 netif_wake_queue() 唤醒并启动发送队列；如果链路状态从“通”变到“断”，就会调用 netif_stop_queue() 停止发送队列；如果专用看门狗检测到故障，就会尝试进行故障恢复。具体的故障恢复过程跟通用看门狗一样，就是调度重置网卡的工作项。

```
schedule_work(&adapter->reset_task);
```

重置网卡的工作项即之前提到的 e1000_adapter::reset_task，其执行函数实体为 e1000_reset_task()。该函数很简单，主要就是调用 e1000e_reinit_locked() 对网卡进行第四层次上的重新初始化。

7.3 本章小结

网卡也是现代计算机系统中的一种重要外设，尤其是在服务器上。本章以 E1000E 网卡为例，仅仅蜻蜓点水式地解析了网卡驱动中的重要话题，以期让大家理解网卡的主要工作原理。

第 08 章

电源管理解析

时至今日，性能不再是计算机系统唯一考虑的因素，相比之下，效能（Productivity）则是一个可用于反映计算机系统优劣的综合指标。那么什么是效能，如何衡量效能呢？根据美国国防部先进研究项目局（Defense Advanced Research Projects Agency，DARPA）的定义，效能是效用（Utility）和成本（Cost）的比值：

$$P = U/C = U/(C_S+C_O+C_M)$$

其中，P 是效能，U 是效用，C 是成本。具体来说，效用是一个用户定义的指标，通常包括性能（Performance）、可编程性（Programmablility）、可移植性（Portability）以及健壮性（Robustness）等。而成本则包括软件成本（C_S）、运营成本（C_O）和机器成本（C_M），其中运营成本最重要的组成部分就是电能消耗。在性能（效用）保持恒定的情况下，提高效能的主要方法是降低成本。成本的主要来源是计算过程随时间的增长而增长的持续性投入（运营成本），而电能消耗是最主要的运营成本。

因此，电源管理是操作系统设计的重要话题，本章以龙芯平台为例，介绍 Linux 内核的电源管理设计。

8.1 电源管理概述

电源管理方法主要包括软件和硬件两个方面的机制与策略。硬件提供一些基本功能特征和操作接口，而软件则通过各种策略来利用这些硬件特征，以达到节能的效果。其中，最重要的硬件功能特征便是分级的性能 / 能耗状态，亦即，某个硬件（CPU 或者外设）或整个系统（整机）的状态分为若干个级别，每个级别有着不同的能耗和不同的性能最大值。一般来说，某个级别的能耗越大，所能产出的性能最大值也越大。

计算机常见的电源管理标准有两种：高级电源管理（Advanced Power Management，APM）和高级电源配置接口（Advanced Configuration Power Interface，ACPI）。传统的 APM 是一种基于 BIOS（Basic Input/Output System，基本输入 / 输出系统，属于固化在硬件里面的软件，因此通称固件 Firmware）的电源管理标准，它提供了 CPU 和设备电源管理的功能，但是由于这种电源管理方式主要是由 BIOS 实现的，所以有些缺陷。比如对 BIOS 的过度依赖，新老 BIOS 之间的不兼容性，无法判断电源管理命令是由用户发起的还是由 BIOS 发起的，以及对某些新硬件（如 USB、1394 等）的不支持。为了弥补 APM 的缺陷，新的电源管理标准 ACPI 应运而生，它将电源管理的主要执行者由 BIOS 转换成操作系统，这样可以提供更大的灵活性以及可扩展性。

ACPI 是英特尔公司主导提出的一个电源管理标准，广泛应用于基于 X86 的计算机系统。完整的 ACPI 实现需要软件、硬件和固件的高度协作配合。图 8-1 是 ACPI 所定义的各种电源状态，详细解释如下。

睡眠状态（Sx）与全局状态（Gx）： Sx 和 Gx 是针对整机的状态划分。睡眠状态中的计算机具有很低的功耗，甚至可以接近于零。ACPI 定义了 6 种睡眠状态 S0 ~ S5，值越大睡眠越深，S0 是正常运行，S5 是软关机，S1 ~ S4 是真正的睡眠状态。另外，还定义了 G0 ~ G3 的 4 种全局状态，其中 G0 对应 S0，G1 对应 S1 ~ S4，G2 对应 S5，G3 是彻底的硬关机，切断一切电源。

CPU 状态（Cx）与设备状态（Dx）： Cx 和 Dx 是针对处理器或外围设备的状态划分。当 CPU 或者 I/O 设备空闲时，可以让它们单独进入某种程度的低功耗状态或者停止运行的电源状态。而这时整个系统还是处于运行态。这些状态在 ACPI 里称为 C 状态（也称 Cx 或 C-State，用于 CPU）或 D 状态（也称 Dx 或 D-State，用于设备），从 C0/D0 直到 C*n*/D*n*，*n* 越大表示关闭的子部件越多，功耗越低。所有的 C/D 状态在调节时，全局睡眠状态都处于 S0。

性能状态（Px）： Px 也是针对处理器或外围设备的状态划分。在系统的负载不是很高时，可以让 CPU 或设备处于低于峰值的某种较低性能状态，较低的性能也意味着较低的功耗。ACPI 定义的性能状态称为 P 状态（也称 Px 或 P-State），从 P0 直到 P*n*，*n* 越大表示性能和功耗越低。所有的 P 状态都是 C0/D0 的子状态，在硬件上可以通过调节 CPU 核或者设备的频率和电压实现。

发热状态（Tx）： Tx 主要是针对处理器的状态划分，是对 Px 的补充。当系统出现过热状态时，可以改变系统状态减少发热（被动散热），或者开启风扇等设备进行散热（主动散热）。被动散热可以通过调节 P 状态实现（这种方式叫 TM2），如果到了功耗最低的 P 状态仍然不够，可以调节 T 状态（屏蔽部分时钟周期）进一步降低功耗（这种方式叫 TM1），从 T0 到 T*n*，*n* 值越大功耗越低。

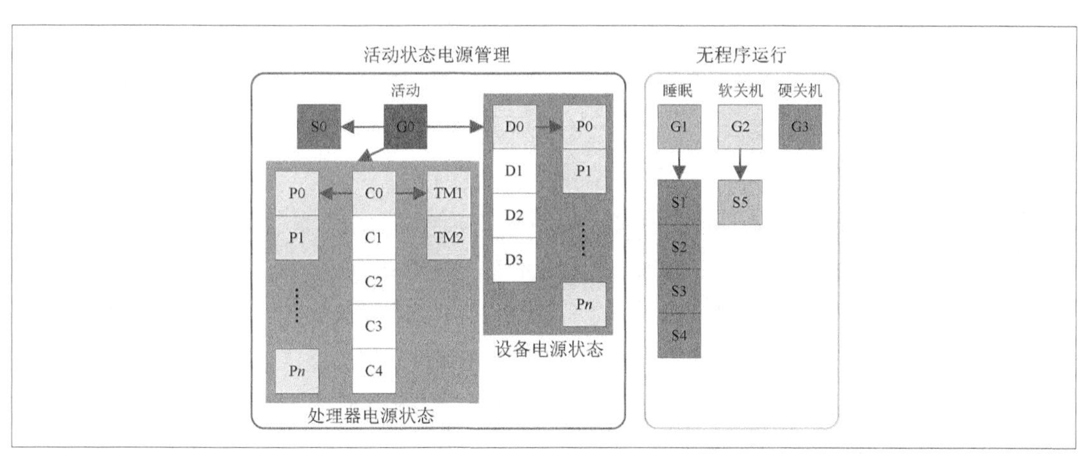

图 8-1　ACPI 状态关系图

Linux 支持 ACPI 电源管理标准，但它并未实现全部的 ACPI 标准。同时，Linux 的电源管理也不一定需要 ACPI 硬件的支持，它在非 ACPI 平台上也同样实现了各种等效的电源管理的功能。比如，龙芯平台就不支持严格意义上的 ACPI 标准，但 ACPI 标准为龙芯树立了一个标杆。因此内核中的电源管理设计上可以参照 ACPI 来类比实现。下面介绍 Linux 内核中主要的电源管理方法。

1. 基本功能管理

一般包括开机，关机和重启等功能实现。

2. 系统待机管理

待机分两种，浅待机和深待机。浅待机通常叫 POS（Power On Suspend）或 Standby，等效于 ACPI S1；深待机通常叫 Suspend To RAM（挂起到内存），等效于 ACPI S3。两者的特征比较如下。

○ 浅待机：CPU 状态置为最深的 Cx，大部分设备状态置为最深的 Dx（除了用于唤醒的设备），内存处于正常工作状态。典型功耗为开机状态的 10% ~ 20%，唤醒时间 1~2 秒。可通过任意预设的设备唤醒（如键盘）。

○ 深待机：CPU 和外设全部断电，内存供电但处于低耗能的自刷新状态（内容保持不变）。典型功耗为开机状态的 1% 左右，唤醒时间 5 ~ 10 秒。必须通过电源按键唤醒。

3. 系统休眠管理

Hibernation，也叫 Suspend To Disk（挂起到硬盘），等效于 ACPI S4。将系统状态全部保存到硬盘以后，切断电源。功耗跟软关机相同（只有电源适配器等部件供电）。唤醒时间通常需要 1 分钟以上。

待机和休眠常统称为系统睡眠管理。睡眠状态时机器不工作，系统能耗很低，回到正常工作状态需要较长的唤醒时间，通常在闲置时间较长时使用。

4. 运行时电源管理

系统运行时等效于 ACPI S0。电源管理方法可以利用硬件提供的 Cx、Dx、Px、Tx 等特征。具体包括 CPU 工作态电源管理、CPU 空闲态电源管理和设备电源管理。

CPU 工作态电源管理：在 Linux 内核中称为 CPUFreq 子系统，是利用 P-State 以达到节能目的的电源管理方法。学术上通常称为电压频率的动态调节（Dynamic Voltage Frequency Scaling，DVFS）。Px 状态间的切换有着极低的延迟，通常感觉不到。CPUFreq 基本原则是根据当前系统负载来选择最合适的 P-State，具体的策略有 6 种：Performance、Powersaving、Ondemand、Conservative、Userspace 和 Schedutil。

CPU 空闲态电源管理：在 Linux 内核中称为 CPUIdle 子系统，是利用 C-State 以达到节能目的的电源管理方法。符合 ACPI 要求的 CPU 提供了多种 C-State，C-State 是 CPU 停止工作的状态，不执行任何指令，有远低于工作状态的功耗，但是在与工作状态间切换时有一定的延迟；越深的 C-State 有越低的功耗和越长的延迟，将 CPU 从某种 C-State 唤醒回到到工作态的事件叫 Cx 阻断事件（通常是硬件中断）。空闲态电源管理的实现方式是采用一定的策略，能够比较精确地预测空闲状态的持续时间，而选择一个比较合适的 C-State 进入。

Linux 操作系统中有特殊的 0 号进程即空闲进程，它在系统没有任何活动进程的时候投入运行。实际上，空闲进程的运行时间就是系统的空闲时间。在 X86 平台上，缺省的空闲进程就是执行 HLT 指令（相当于进入 C1）而暂停 CPU 运行，但如果空闲持续的时间较长，则可以选择更深的 C-State。Linux 的 C-State 管理策略有 Ladder、Menu、Teo 和 Haltpoll 共 4 种。

设备电源管理：Linux 内核直到 2.6.32 版本才引入运行时设备电源管理，利用 D-State 来降低计算机运行过程中外部设备的功耗。因为通常不会所有的外设同时处于工作状态，所以关闭处于非活动状态的设备可以达到省电的目的。D-State 跟 CPU 的 C-State 类似，越深的 D 状态具有越低的功耗，但也有着更长的唤醒时间。通常来说，D3 代表完全关闭，D0 代表正常工作，其他均为中间状态。D 状态管理可以仿照 C 状态管理的方式，根据预测的空闲时间来选择合适的 D 状态，尽量达到省电而不影响性能的目的。从 Linux-3.2 版本开始引入了更加强大的 DEVFreq，相当于外设版的 CPUFreq，但需要平台的额外支持（主要用于 ARM 平台）。DEVFreq 也具有

Performance、Powersaving、Simple_Ondemand、Userspace、Passive 等管理策略。

5. 其他

包括发热管理（过热保护）、屏幕保护等。

本章接下来将介绍龙芯平台上常用的运行时电源管理和系统级睡眠管理两大类方法的设计与实现[7-8]。

8.2 运行时电源管理

大多数日常应用场景都是非饱和的，不需要计算机一直处于性能最好但也是最耗电的状态，而是可以根据系统负载来动态调节计算机的性能状态。运行时电源管理指的就是系统处于正常工作状态，但并非满负荷工作时的电源管理手段。通常包括处理器电源管理和设备电源管理。龙芯计算机的大多数部件都具有多种分级的电源状态，不同状态具有不同的性能和功耗，运行时电源管理的基本方法是根据某些策略来设置处理器或外设的电源状态。

CPU 的运行时电源管理具体包括 CPU 工作态电源管理和 CPU 空闲态电源管理。

CPU 工作态电源管理在 Linux 内核中称为 CPUFreq 子系统（在一些文献中也称 DVFS），它主要适用于 CPU 利用率在 5% ~ 100%（对单个 CPU 核而言）动态变化的场景，基本方法是动态变频和动态变压。CPUFreq 包括 CPUFreq 框架和 CPUFreq 驱动两个部分。其中 CPUFreq 框架是体系结构无关的部分，它包含了动态变频变压的核心与策略，决定什么时候进行变频 / 变压，决定进入哪一种主频 / 电压状态。CPUFreq 策略（Governor）的主要原则是根据当前系统负载来选择最合适的主频 / 电压，根据不同的需求，具体的策略有以下 6 种。

- 性能（Performance）策略：总是将 CPU 置于最高能耗也是最高性能的状态，即硬件所支持的最高频 / 最高压。
- 节能（Powersaving）策略：总是将 CPU 置于最低能耗也是最差性能的状态，即硬件所支持的最低频 / 最低压。
- 按需（Ondemand）策略：设置 CPU 负载的阈值 T，当负载低于 T 时，调节至一个刚好能够满足当前负载需求的最低频 / 最低压；当负载高于 T 时，立即提升到最高性能状态。
- 保守（Conservative）策略：跟 Ondemand 策略类似，设置 CPU 负载的阈值 T，当负载低于 T 时，调节至一个刚好能够满足当前负载需求的最低频 / 最低压；但当负载高于 T 时，不是立即设置为最高性能状态，而是逐级升高主频 / 电压。
- 用户（Userspace）策略：将控制接口通过 sysfs 开放给用户，由用户进行自定义策略。
- 调度信息（Schedutil）策略：这是从 Linux-4.7 版本开始才引入的策略，其原理是根据调度器所提供的 CPU 利用率信息进行电压 / 频率调节，效果上类似于 Ondemand 策略，但是更加精确和自然（因为调度器掌握了最好的 CPU 使用情况）。

一般来说，CPUFreq 主要针对的是变频，变压是在变频基础上进行的。在大多数情况下，更高的主频需要更高的电压才能维持，因此升频就必先升压，而降压则必先降频。当然，有些 CPU（比如龙芯系列 CPU 中比龙芯 3A4000 更老的型号）使用的是运行时恒定电压，不能在降频的同时进行降压。

CPUFreq 驱动是跟具体 CPU 相关的部分，它执行具体的变频 / 变压操作，并且负责调整变频变压所带来的附加效应。对于支持 ACPI 的平台，CPUFreq 通过调节 P-State 来进行变频，但非 ACPI 平台也有相应的等效办法。

CPU 空闲态电源管理在 Linux 内核中称为 CPUIdle 子系统，它主要适用于 CPU 利用率在 5% 以下（对单个 CPU 核而言）动态变化的场景。如果只有 CPUFreq 子系统，在 CPU 利用率低到近乎空闲的时候，CPU 将会一直运行在最低主频 / 电压状态。但即便如此，功耗仍然较高，因此需要更加有效的节能手段，这就是 CPUIdle。CPUIdle 的基本方法是将 CPU 置于空闲等待的状态，该状态下 CPU 停止工作，不执行任何指令，有远低于工作状态的功耗（相当于主频为零），直到被设备中断等事件唤醒。

上文提到，Linux 操作系统中有特殊的 0 号进程即空闲进程，它在系统没有任何活动进程的时候投入运行。实际上，空闲进程的运行时间就是系统的空闲时间。在 X86 平台上，缺省的空闲进程就是执行 HLT 指令而暂停 CPU 运行；在 MIPS 平台（包括龙芯）上，与 HLT 指令等效的操作是 WAIT 指令。

在更为先进的 CPU 上，空闲等待状态也是分级的。比如，符合 ACPI 要求的 CPU 提供了多种 C-State，C-State 与工作状态间切换时有一定的延迟；越深的 C-State 有越低的功耗和越长的延迟，将 CPU 从某种 C-State 唤醒回到工作态的事件叫 Cx 阻断事件（通常是硬件中断）。传统的 HLT/WAIT 指令相当于 C1 状态。

CPUIdle 子系统也分为体系结构无关的 CPUIdle 框架和体系结构相关的 CPUIdle 驱动两部分。对于支持多级空闲等待状态的 CPU，CPUIdle 框架也需要采用一定的策略，才能够比较精确地预测空闲状态的持续时间，从而选择一个比较合适的空闲等待状态进入。目前的框架提供的管理策略有 Ladder、Menu、Teo 和 Haltpoll 这 4 种。其中 Ladder 策略主要用于周期性时钟系统，Menu 和 Teo 策略主要用于无节拍时钟系统，Haltpoll 策略主要用于虚拟机环境。

在支持 ACPI 的平台上，CPUIdle 驱动利用的就是 C-State。在其他平台上则可以使用 HLT、WAIT 指令或者其他等效的办法。

在绝大多数情况下，CPUFreq 和 CPUIdle 是同时启用的。它们的生效范围并没有严格的分界线，只不过 CPU 负载在 5% 以上时，CPUFreq 占主导地位；而低于 5% 时，CPUIdle 占主导地位。

目前使用的大部分龙芯处理器（包括龙芯 2F、2G、2H、3A、3B）在硬件上都支持变频，因此可以实现 CPUFreq 等运行时电源管理方法。除了动态变频，我们还针对龙芯平台的特点引入了自动调核的运行时电源管理方法。这两种方法将在接下来的两个小节中详细介绍。

8.2.1 动态变频

龙芯处理器没有实现完整的 ACPI 功能，但在硬件上也支持多种分级电源状态（有主频调整，但无电压调整），因此可以适用 CPUFreq 子系统。龙芯 2F 和龙芯 3A1000 的主频值是由芯片配置寄存器（ChipConfig）的低三位（分频系数）决定的，详细的分频系数如表 8-1 所示。

表 8-1 龙芯 CPU 的分频系数

分频系数（芯片配置寄存器低三位）	主频与输入频率的关系
000b（P7）[1]	主频 = 1/8 × 输入频率
001b（P6）	主频 = 2/8 × 输入频率
010b（P5）	主频 = 3/8 × 输入频率
011b（P4）	主频 = 4/8 × 输入频率
100b（P3）	主频 = 5/8 × 输入频率
101b（P2）	主频 = 6/8 × 输入频率
110b（P1）	主频 = 7/8 × 输入频率
111b（P0）	主频 = 8/8 × 输入频率

如表 8-1 所示，龙芯 CPU 的分级主频状态虽然不与 ACPI 状态严格等同，但也非常相似。在表 8-1 的第一列中，括号里面的值表示与该状态基本相当的 ACPI 状态，其中 P0 ~ P7 都属于 C0 状态的子状态。在下文中，P0 ~ P7 将直接用来指代对应的龙芯处理器的各级主频。

龙芯 2F 是单核 CPU，芯片配置寄存器的分频系数决定了处理器核的主频。龙芯 3A1000 是四核 CPU，但 4 个核共享一个芯片配置寄存器，分频系数同时决定了 4 个核的主频。也就是说，4 个核的频率不能独立调节。从一般意义上说，多核不能独立调节主频是一种缺陷，因此龙芯 3A1000 在动态变频之外，还需要别的电源管理手段进行辅助。

龙芯 3B1500 以及更新的龙芯 3A2000、龙芯 3A3000 在动态变频上进行了改进，引入了专门的主频控制（FreqCtrl）寄存器。该寄存器一共 32 位，每四位为一个频控域，每个频控域控制一个处理器核。频控域的低三位也是分频系数，其取值和主频的关系与表 8-1 所示完全相同。

龙芯 3A、龙芯 3B 实现了 WAIT 指令，但是在龙芯 3A2000 之前，WAIT 指令是不完善的，没有节能效果（对于龙芯 2F，分频系数中等效于 ACPI 的 C1 状态的零频率可以用于 CPUIdle 子系统，起到节能的作用）。而在龙芯 3A2000、龙芯 3A3000 中，WAIT 指令具有实际的节能效果（相当于 C1）。但龙芯没有多种 Cx 状态，因此 CPUIdle 功能非常简单，可以看作 CPUFreq 的一种极端特例（Ladder、Menu、Teo 等 CPUIdle 策略用于选择合适的 Cx，但在只有一种 Cx 的情况下无需选择）。故有关 CPUIdle 的内容也放在 CPUFreq 子系统里面顺带介绍。

龙芯 3 号系列 CPU 的非零频率一共有 8 档，相当于支持 ACPI 的 P0 ~ P7。这 8 个等级用于实现 CPUFreq 子系统。

前面提到，CPUFreq 包括框架和驱动两大部分。框架是核心和策略，是体系结构无关的部分；驱动是机制，属于 CPU 相关的部分。因此在龙芯上实现动态变频，主要是实现 CPUFreq 驱动。

CPUFreq 框架定义在 drivers/cpufreq/cpufreq.c 等一系列文件中，其核心初始化函数是 cpufreq_core_init()，主要功能是创建 sysfs 目录结构。每种 Governor 的实现都有自己单独的文件和初始化函数，举例如下。

○ Performance Governor：实现在 drivers/cpufreq/cpufreq_performance.c 中，初始

1 龙芯 2F 跟龙芯 3 号不同，在分频系数为 0 时表示暂停执行指令，相当于 WAIT 或者 ACPI 里的 C1。

化函数为 cpufreq_gov_performance_init()。

- Powersave Governor：实现在 drivers/cpufreq/cpufreq_powersave.c 中，初始化函数为 cpufreq_gov_powersave_init()。
- Ondemand Governor：实现在 drivers/cpufreq/cpufreq_ondemand.c 中，初始化函数为 cpufreq_gov_dbs_init()。
- Conservative Governor：实现在 drivers/cpufreq/cpufreq_conservative.c 中，初始化函数为 cpufreq_gov_dbs_init()。
- Userspace Governor：实现在 drivers/cpufreq/cpufreq_userspace.c 中，初始化函数为 cpufreq_gov_userspace_init()。
- Schedutil Governor：实现在 kernel/sched/cpufreq_schedutil.c 中，初始化函数为 sugov_register()。跟其他 Governor 不一样的是，Schedutil 这种 Governor 与调度器紧密结合，因此其代码位于 kernel/sched 目录，并且用 fs_initcall() 包装，在内核启动过程中就完成了初始化（不能用作模块）。

除了各种 Governor 的实现以外，框架还提供注册 Governor、注销 Governor、注册驱动、注销驱动、注册通知块、注销通知块、sysfs 操作接口等辅助函数。

（一）CPUFreq 的机制部分

龙芯 3A、龙芯 3B 的 CPUFreq 驱动程序是 loongson3_cpufreq_driver，其定义在 drivers/cpufreq/ loongson3_cpufreq.c 中，我们从驱动模块初始化函数开始分析。

```
static int __init cpufreq_init(void)
{
    ret = platform_driver_register(&platform_driver);
    for (i = 0; i < MAX_PACKAGES; i++)
         spin_lock_init(&cpufreq_reg_lock[i]);
    cpufreq_register_notifier(&loongson3_cpufreq_notifier_block, CPUFREQ_TRANSITION_NOTIFIER);
    ret = cpufreq_register_driver(&loongson3_cpufreq_driver);
    return ret;
}
```

早在内核初始化过程中，start_kernel() 便通过 do_initcalls() 来执行一些跟龙芯 3 号动态变频有关的操作，比如：调用 loongson3_clock_init() 来初始化龙芯 3 号 CPU 的频率表 loongson3_clockmod_table[]；调用 loongson_cpufreq_init() 创建一个名为 loongson3_cpufreq 的平台设备（platform_device）。这里龙芯 3 号的 cpufreq_init() 首先会注册一个平台驱动（platform_driver），与 loongson3_cpufreq 这个平台设备（platform_device）进行匹配。

龙芯 3A1000 使用同一个寄存器的同一个频控域来控制一个处理器芯片的所有核心，龙芯 3B1500、龙芯 3A2000 和龙芯 3A3000 虽然在频控域上实现了对每个核的单独控制，但是同一个处理器芯片上的核心依旧共享同一个寄存器。因此在多核并发的情况下，必须用锁来保证对频控寄存器的串行访问。龙芯最多支持 4 个处理器芯片互联，因此这里初始化了长度为 4 的自旋锁数组 cpufreq_reg_lock[]。

接下来，注册变频通知块回调函数 loongson3_cpu_freq_notifier()。该回调函数会在每次变频操作完成之后调用，用于调整一些变频所带来的信息变更。

最后，注册龙芯 3A、龙芯 3B 的 CPUFreq 驱动程序 loongson3_cpufreq_driver，注册过程会导致驱动程序的 init 函数指针被调用。

龙芯 3 号的 CPUFreq 驱动 loongson3_cpufreq_driver 的具体内容如下。

```
static struct cpufreq_driver loongson3_cpufreq_driver = {
    .name = "loongson3",
    .init = loongson3_cpufreq_cpu_init,
    .verify = cpufreq_generic_frequency_table_verify,
    .target_index = loongson3_cpufreq_target,
    .get = loongson3_cpufreq_get,
    .exit = loongson3_cpufreq_exit,
    .attr = cpufreq_generic_attr,
};
```

龙芯 3A、龙芯 3B 的 CPUFreq 驱动程序实现了如下功能（函数接口）。

- init()：注册驱动时调用，具体完成的工作是设置最高主频（P0 状态下的频率，终极来源是 BIOS 所传递的参数 efi_cpuinfo_loongson::cpu_clock_freq，龙芯 3A 缺省为 900 MHz，龙芯 3B 缺省为 1 GHz）；提供 8 级频率表（P0 ~ P7 的各个频率值）；初始化 cpufreq_policy 等相关数据结构。值得注意的是，每个 CPU 核都有自己的控制策略（cpufreq_policy），意味着不同的核心允许通过不同的策略来管理（当然，龙芯 3A1000 被设置成每个芯片只能使用同一种策略）。
- exit()：与 init 相反，驱动退出时调用，对于龙芯 3 号 CPU 无需执行任何操作。
- get()：获取当前 CPU 频率。
- verify()：校验 CPUFreq 策略提供的输入频率的有效性。
- target()/target_index()：这是最重要的一个功能，在切换频率时调用。它会将当前 CPU 核的主频设置成 CPUFreq 策略提供的目标频率，具体通过写 ChipConfig 寄存器（龙芯 3A1000）或 FreqCtrl 寄存器（龙芯 3B1500 及更新的 CPU）中的分频系数完成。在 Linux-3.13 版本之前，只有 target() 接口，其参数直接就是目标频率；从 Linux-3.13 版本开始引入了轻量级的 target_index() 接口，其参数为频率表中目标频率的索引。

下面对最重要的 loongson3_cpufreq_cpu_init() 和 loongson3_cpufreq_target() 两个函数展开讲解。

cpufreq_register_driver() 注册龙芯 3 号 CPUFreq 驱动时，会通过调用 cpuhp_setup_state_nocalls_cpuslocked(CPUHP_AP_ONLINE_DYN, “cpufreq:online”, cpuhp_cpufreq_online, cpuhp_cpufreq_offline) 在 CPU 热插拔状态机中注册一个状态点和一对配套的回调函数。每当一个新 CPU 核上线过程达到“cpufreq:online”状态点时，就会调用 cpuhp_cpufreq_online()；同样，每当一个 CPU 核下线过程达到“cpufreq:online”状态点时，就会调用 cpuhp_cpufreq_offline()。展开 CPU 上线的具体过程，我们可以看到一个调用链 cpuhp_ cpufreq_online() → cpufreq_online() → cpufreq_driver::init() + cpufreq_init_policy()。由此可见，loongson3_cpufreq_cpu_init() 会在每个核上调用一次，而其参数（类型为 cpufreq_policy 的 policy）也是一个每 CPU 变量。

```
static int loongson3_cpufreq_cpu_init(struct cpufreq_policy *policy)
{
      if (!cpu_online(policy->cpu))
             return -ENODEV;
      policy->clk = cpu_clk_get(policy->cpu);
      policy->cur = loongson3_cpufreq_get(policy->cpu);
      policy->cpuinfo.transition_latency = 1000;
      policy->freq_table = loongson3_clockmod_table;
      if ((read_c0_prid() & 0xf) == PRID_REV_LOONGSON3A_R1)
             cpumask_copy(policy->cpus, topology_core_cpumask(policy->cpu));
      return 0;
}
```

变频策略 cpufreq_policy 中的 cpu 字段表示该策略所从属的 CPU，cpus 字段表示该策略所影响的 CPU，clk 字段表示该策略所使用的抽象时钟，cur 字段表示该策略的当前频率，freq_table 字段表示该策略所使用的频率表，transition_latency 字段表示状态转换的延迟（单位为纳秒）。于是，loongson3_cpufreq_cpu_init() 的代码几乎是不言自明的：根据 policy->cpu 和元数据来确定其他字段的取值。

> **注意：**
> 龙芯 3A1000 的 cpus 字段是和 cpu 字段共享同一个频控域的所有 CPU 的集合（即一个芯片上的所有核），而在龙芯 3B1500 及以后的处理器中 cpus 等同于 cpu。cpufreq_online() 在 loongson3_cpufreq_cpu_init() 返回以后，会调用 cpufreq_init_policy() 初始化变频策略。

当 CPUFreq 的 Governor 决定调节频率时，它就会调用 CPUFreq 框架中的 cpufreq_driver_target()/__cpufreq_driver_target()。函数 __cpufreq_driver_target() 定义在 drivers/cpufreq/ cpufreq.c 中，展开如下（有精简）。

```
int __cpufreq_driver_target(struct cpufreq_policy *policy,
                  unsigned int target_freq, unsigned int relation)
{
    unsigned int old_target_freq = target_freq;
    if (cpufreq_disabled())                   return -ENODEV;
    target_freq = clamp_val(target_freq, policy->min, policy->max);
    if (target_freq == policy->cur)   return 0;
    policy->restore_freq = policy->cur;
    if (cpufreq_driver->target)
        retval = cpufreq_driver->target(policy, target_freq, relation);
```

```
    if (!cpufreq_driver->target_index)  return -EINVAL;
    index = cpufreq_frequency_table_target(policy, target_freq, relation);
    return __target_index(policy, index);
}
```

该函数带 3 个参数，policy 是当前 CPU 的变频策略，target_freq 是目标频率，relation 是舍入方法。调控策略所给出的目标频率允许与频率表中的有效频率存在一定误差，CPUFreq 核心会在频率表中选择与目标频率最接近的有效频率，这就是舍入方法的作用。当 relation 参数设置为 CPUFREQ_RELATION_H 时，CPUFreq 核心选择频率表中不高于目标频率的所有有效频率的最大者；当 relation 参数设置为 CPUFREQ_RELATION_L 时，CPUFreq 核心选择频率表中不低于目标频率的所有有效频率的最小者；当 relation 参数设置为 CPUFREQ_RELATION_C 时，CPUFreq 核心选择频率表中目标频率附近最接近的有效频率。

__cpufreq_driver_target() 完成各种例行检查以后，开始执行关键操作。如果 CPUFreq 驱动提供了 target() 接口则优先调用 target()，如果没有 target() 但有 target_index()，就会调用 target_index()。

注意：

target() 是旧的重量级接口，直接接受了 target_freq 和 relation 参数，自己负责选择最合适的有效目标频率；而 target_index() 是新的轻量级接口，使用新接口时 __cpufreq_driver_target() 首先在框架中通过 cpufreq_frequency_table_target() 选择了最合适的有效目标频率并返回频率表的索引，然后调用 __target_index()。

__target_index() 也定义在 drivers/cpufreq/cpufreq.c 中，其精简版展开如下（龙芯的 CPUFreq 驱动没有 get_intermediate()，忽略相关分支）。

```
static int __target_index(struct cpufreq_policy *policy, int index)
{
    struct cpufreq_freqs freqs = {.old = policy->cur, .flags = 0};
    unsigned int newfreq = policy->freq_table[index].frequency;
    if (newfreq == policy->cur)   return 0;
    notify = !(cpufreq_driver->flags & CPUFREQ_ASYNC_NOTIFICATION);
    if (notify) {
        freqs.new = newfreq;
        cpufreq_freq_transition_begin(policy, &freqs);
    }
    retval = cpufreq_driver->target_index(policy, index);
    if (notify) {
        cpufreq_freq_transition_end(policy, &freqs, retval);
    }
    return retval;
}
```

__target_index() 很简单，其主体是调用 CPUFreq 的 target_index() 函数指针。但在需要执行通知块的情况下，该函数必须在调节频率之前执行 cpufreq_freq_transition_begin()，调节频率之后执行 cpufreq_freq_transition_end()。这两个函数的主要内容分别是 cpufreq_notify_transition(policy, freqs, CPUFREQ_PRECHANGE) 和 cpufreq_notify_transition(policy, freqs, CPUFREQ_POSTCHANGE)。

```
static int loongson3_cpufreq_target(struct cpufreq_policy *policy, unsigned int index)
{
    unsigned int freq;
    unsigned int cpu = policy->cpu;
    unsigned int package = cpu_data[cpu].package;
    if (!cpu_online(cpu))
        return -ENODEV;
    freq = ((cpu_clock_freq / 1000) * loongson3_clockmod_table[index].driver_data) / 8;
    spin_lock(&cpufreq_reg_lock[package]);
    clk_set_rate(policy->clk, freq);
    spin_unlock(&cpufreq_reg_lock[package]);
    return 0;
}
```

龙芯 3 号 CPUFreq 驱动的 loongson3_cpufreq_target() 函数带两个参数，policy 是当前 CPU 的变频策略，index 是频率表的索引。局部变量 cpu 是当前逻辑 CPU，局部变量 package 是当前 CPU 所在的处理器芯片编号（即封装包编号），局部变量 freq 是根据最高频率 cpu_clock_freq 和频率表索引计算出来的目标频率。如前所述，由于共享寄存器，调频的关键操作需要用锁来保证串行化，因此在 clk_set_rate() 前后需要加锁。而 clk_set_rate() 十分简单，其主要操作就是根据 CPU 型号通过写 ChipConfig 或 FreqCtrl 寄存器来设置频率。

如果 __target_index() 确实在 loongson3_cpufreq_target() 中变更了频率，就会通知 CPUFreq 核心，进而通过 cpufreq_notify_transition() 调用通知块回调函数 loongson3_cpu_freq_notifier()。该函数主要完成的工作是时钟源参数的修正，用来防止计时系统出现问题，因为计时系统是跟 CPU 主频相关的。

（二）CPUFreq 的策略部分

机制已经探讨完毕，接下来介绍策略。这里我们选用的是应用较多的 Ondemand Governor，其内核模块初始化函数 cpufreq_gov_dbs_init() 非常简单，就是通过 cpufreq_register_governor(&cpufreq_gov_ondemand) 注册了一个类型为 struct cpufreq_governor、名称为 CPU_FREQ_GOV_ONDEMAND 的 Governor。该 Governor 及其相关数据结构定义在 drivers/cpufreq/cpufreq_ondemand.c 中。

```
static struct dbs_governor od_dbs_gov = {
    .gov = CPUFREQ_DBS_GOVERNOR_INITIALIZER("ondemand"),
```

```
    .kobj_type = { .default_attrs = od_attributes },
    .gov_dbs_update = od_dbs_update,
    .alloc = od_alloc,
    .free = od_free,
    .init = od_init,
    .exit = od_exit,
    .start = od_start,
};
#define CPU_FREQ_GOV_ONDEMAND    (&od_dbs_gov.gov)
#define CPUFREQ_DBS_GOVERNOR_INITIALIZER(_name_)                 \
    {                                                            \
        .name = _name_,                                          \
        .dynamic_switching = true,                               \
        .owner = THIS_MODULE,                                    \
        .init = cpufreq_dbs_governor_init,                       \
        .exit = cpufreq_dbs_governor_exit,                       \
        .start = cpufreq_dbs_governor_start,                     \
        .stop = cpufreq_dbs_governor_stop,                       \
        .limits = cpufreq_dbs_governor_limits,                   \
    }
```

Ondemand 跟 Conservative 两种 Governor 属于 dbs 类型的 Governor，因此包装在一个类型为 struct dbs_governor 的数据结构中（dbs 全称是 demand based switching，意思是按需调节）。Ondemand Governor 里面最重要的是 init()、exit()、start()、stop() 和 limits() 这 5 个函数指针，而下面就将开始分析这些函数指针的调用过程。如前所述，每当新 CPU 上线的时候，会调用 cpufreq_online() 函数并形成如下调用链：cpuhp_cpufreq_online() → cpufreq_online() → cpufreq_init_policy() → cpufreq_set_policy()。函数 cpufreq_set_policy() 的功能是设置一个 CPU 的调频策略，其中会调用上述几个函数指针来设置策略中的 Governor，关键步骤如下。

1. 停止旧 Governor：cpufreq_stop_governor(policy)。
2. 退出旧策略：cpufreq_exit_governor(policy)。
3. 更新 Governor：policy->governor = new_policy->governor。
4. 初始化新策略：cpufreq_init_governor(policy)。
5. 启动新 Governor：cpufreq_start_governor(policy)。
6. 施加限制：cpufreq_governor_limits(policy)。

如果新策略使用的是 Ondemand Governor，在执行新策略的过程中 cpufreq_set_policy() 会触发如下调用树。

```
int cpufreq_set_policy(struct cpufreq_policy *policy, struct cpufreq_policy *new_policy)
    |--cpufreq_init_governor(policy);
    |    \--policy->governor->init(policy);
    |        \--cpufreq_dbs_governor_init(policy);
    |            |--alloc_policy_dbs_info(policy, gov);
    |            |    |--policy_dbs = gov->alloc();
    |            |    |--policy_dbs->policy = policy;
    |            |    |--init_irq_work(&policy_dbs->irq_work, dbs_irq_work);
    |            |    \--INIT_WORK(&policy_dbs->work, dbs_work_handler);
    |            \--gov->init(dbs_data);
    |                \--od_init(dbs_data);
    \--cpufreq_start_governor(policy);
         \--policy->governor->start(policy);
             \--cpufreq_dbs_governor_start();
                 |--gov->start(policy);
                 |    \--od_start(policy);
                 \--gov_set_update_util(policy_dbs, sampling_rate);
```

初始化新策略的 cpufreq_dbs_governor_init() 会触发 dbs_governor::alloc() 和 dbs_governor::init()，即 od_alloc()/od_init() 函数的执行，其主要内容是填充一些初始数据。注意这其中用 init_irq_work() 初始化了一个 IRQ 工作项（policy_dbs_info 的 irq_work 字段，处理函数为 dbs_irq_work()）并用 INIT_WORK() 初始化了一个工作队列工作项（policy_dbs_info 的 work 字段，处理函数为 dbs_work_handler()）。IRQ 工作项即 IRQ_WORK，类似于工作队列的工作项，但其回调函数可以在中断上下文中执行。这两个工作项的作用随后将会看到。

启动新策略的 cpufreq_dbs_governor_start() 会触发 dbs_governor::start()，即 od_start() 函数的执行。cpufreq_dbs_governor_start() 定义在 drivers/cpufreq/cpufreq_governor.c 中，其主要内容展开如下。

```
static int cpufreq_dbs_governor_start(struct cpufreq_policy *policy, struct dbs_data *dbs_data)
{
    struct dbs_governor *gov = dbs_governor_of(policy);
    struct policy_dbs_info *policy_dbs = policy->governor_data;
    struct dbs_data *dbs_data = policy_dbs->dbs_data;
    policy_dbs->is_shared = policy_is_shared(policy);
    policy_dbs->rate_mult = 1;
    sampling_rate = dbs_data->sampling_rate;
    ignore_nice = dbs_data->ignore_nice_load;
    io_busy = dbs_data->io_is_busy;
```

```
    for_each_cpu(j, policy->cpus) {
        struct cpu_dbs_info *j_cdbs = &per_cpu(cpu_dbs, j);
        j_cdbs->prev_cpu_idle = get_cpu_idle_time(j, &j_cdbs->prev_update_time, io_busy);
        j_cdbs->prev_load = 0;
        if (ignore_nice) j_cdbs->prev_cpu_nice = kcpustat_cpu(j).cpustat[CPUTIME_NICE];
    }
    gov->start(policy);
    gov_set_update_util(policy_dbs, sampling_rate);
    return 0;
}
```

Ondemand Governor 定义了一个类型为 struct cpu_dbs_info 的每 CPU 变量 cpu_dbs，用于保存 Ondemand Governor 专用的一些每个 CPU 的本地数据。

```
static DEFINE_PER_CPU(struct cpu_dbs_info, cpu_dbs);
```

数据类型 struct cpu_dbs_info 定义如下。

```
struct cpu_dbs_info {
    u64 prev_cpu_idle;
    u64 prev_update_time;
    u64 prev_cpu_nice;
    unsigned int prev_load;
    struct update_util_data update_util;
    struct policy_dbs_info *policy_dbs;
};
```

该数据结构主要用来跟踪 CPU 利用率，prev_cpu_idle、prev_update_time 和 prev_cpu_nice 分别表示上一个截止到上一个采样周期所累积的空闲时间、总体时间和 NICE 时间（低优先级任务运行的时间），成员 prev_load 是上一个采样周期的 CPU 负载。它们的基本关系如下。

总体时间 = 空闲时间 + 运行时间

CPU 负载 = 运行时间 / 总体时间

运行时间包含 NICE 时间。

成员 update_util 内包含一个函数指针，是用于更新 CPU 利用率信息的回调函数；成员 policy_dbs 则是共享同一策略的所有 CPU 所共享的公用策略信息的指针（类型为 struct policy_dbs *）。

公用策略信息的主要内容如下。

```
struct policy_dbs_info {
    struct cpufreq_policy *policy;
```

```
    struct irq_work irq_work;
    struct work_struct work;
    ......
};
```

其中 policy 是调频策略，irq_work 是前面提到的 IRQ 工作项，work 是前面提到的工作队列工作项，这两个工作项将会与 cpu_dbs_info::update_util 中的回调函数形成联动。对于 Ondemand Governor，struct policy_dbs_info 还有一个类型为 struct od_policy_dbs_info 包装器，它包含了公用策略信息和 Ondemand Governor 的专用策略信息。

回到 cpufreq_dbs_governor_start() 函数。局部变量 policy_dbs 是当前的公用策略信息，j_cdbs 是在 for() 循环里面遍历的与当前 CPU 共享同一策略的 CPU 的 cpu_dbs_info。在循环里面，cpufreq_dbs_governor_start() 遍历与当前 CPU 共享调频策略的每个 CPU，计算它们 cpu_dbs_info 中的 prev_cpu_idle、prev_update_time、prev_cpu_nice 和 prev_load。循环结束以后，cpufreq_dbs_governor_start() 调用 dbs_governor::start()，即 od_start() 来初始化包装器（即 struct od_policy_dbs_info）。最后，cpufreq_dbs_governor_start() 调用 gov_set_update_util() 建立 cpu_dbs_info::update_util 中回调函数与公用策略信息中两个工作项的联动。

具体的联动过程如下。

1. gov_set_update_util() 遍历共享同一策略的所有 CPU，在其上面调用 cpufreq_add_update_util_hook(cpu, &cdbs->update_util, dbs_update_util_handler)，其作用就是将 cpu_dbs_info::update_util 中的回调函数设置为 dbs_update_util_handler()。

2. 调度器核心通过 scheduler_tick() → sched_class::task_tick() → task_tick_fair() → entity_tick() → update_load_avg() → cpufreq_update_util() 的调用链最终调用到 dbs_update_util_handler()。

3. dbs_update_util_handler() 中有一个重要步骤是通过调用 irq_work_queue(&policy_dbs->irq_work) 激活公用策略信息中的 IRQ 工作项，这会触发其处理函数 dbs_irq_work() 的执行。

4. IRQ 工作项在中断上下文里面执行，所以必须精简高效。dbs_irq_work() 的主要工作就是调用 schedule_work_on(smp_processor_id(), &policy_dbs->work) 激活公用策略信息中的工作队列项，这会触发其处理函数 dbs_work_handler() 在当前 CPU 上的执行。

所有 dbs 类的 Governor（如 Ondemand 和 Conservative）的工作队列项处理函数都是 dbs_work_handler()。但不同的 Governor 其原理是不一样的，因此 dbs_work_handler() 的关键步骤 gov_update_sample_delay(policy_dbs, gov->gov_dbs_update(policy)) 会调用到特定 Governor 的 gov_dbs_update() 函数指针，对于 Ondemand Governor 就是 od_dbs_update()。

函数 od_dbs_update() 在旧版内核中称为 od_dbs_timer()，之所以改名是因为现在的内核是通过调度器触发的（以前是通过定时器触发的）。od_dbs_update() 定义在 drivers/cpufreq/cpufreq_ondemand.c 中，展开如下。

```
static unsigned int od_dbs_update(struct cpufreq_policy *policy)
{
    struct policy_dbs_info *policy_dbs = policy->governor_data;
    struct dbs_data *dbs_data = policy_dbs->dbs_data;
    struct od_policy_dbs_info *dbs_info = to_dbs_info(policy_dbs);
    int sample_type = dbs_info->sample_type;
    dbs_info->sample_type = OD_NORMAL_SAMPLE;
    if (sample_type == OD_SUB_SAMPLE && policy_dbs->sample_delay_ns > 0) {
        __cpufreq_driver_target(policy, dbs_info->freq_lo, CPUFREQ_RELATION_H);
        return dbs_info->freq_lo_delay_us;
    }
    od_update(policy);
    if (dbs_info->freq_lo) {
        dbs_info->sample_type = OD_SUB_SAMPLE;
        return dbs_info->freq_hi_delay_us;
    }
    return dbs_data->sampling_rate * policy_dbs->rate_mult;
}
```

在 Linux-2.6.18 及更早版本的内核中，od_dbs_timer() 是相对简单的，主要就是调用 dbs_check_cpu()，而 dbs_check_cpu() 则会根据 CPU 负载计算出目标频率然后通过 __cpufreq_driver_target() 调用到 CPUFreq 驱动的 target() 函数指针。但正如前文所述，Ondemand Governor 比较激进，所以相对来说有点浪费性能。因此从 2.6.19 版本开始引入了 powersave_bias（默认值为 0，可通过 sysfs 修改），试图进一步降低功耗。Powersave_bias 的单位是千分点（0.1%），用于在目标频率上进行折扣：powersave_bias 最低为 0，表示没有折扣；最高为 1000，表示 100% 的折扣。举个例子，如果目标频率为 2.0 GHz，powersave_bias 为 100，那么需要进行 10% 的折扣，因此最后得到新的目标频率为 1.8 GHz。折扣后的频率未必是硬件所支持的有效频率，因此新的 Ondemand Governor 在引入 powersave_bias 的同时引入了辅助函数 generic_powersave_bias_target()，并且在 od_cpu_dbs_info_s 中加入了几个新的字段：freq_lo、freq_lo_jiffies 和 freq_hi_jiffies（freq_hi 只存在于计算过程中）。

在一个采样周期中，如果周期的总节拍数为 jiffies_total，那么有如下关系。

```
jiffies_total = freq_hi * dbs_info->freq_hi_jiffies + freq_lo * dbs_info->freq_lo_jiffies
```

这里 freq_hi 和 freq_lo 分别是新的目标频率附近比其高的最低有效频率和比其低的最高有效频率，od_cpu_dbs_info_s 中的 freq_hi_jiffies 和 freq_lo_jiffies 分别是一个采样周期内 freq_hi 和 freq_lo 所持续的节拍数。通过这种方法，可以用 freq_hi 和 freq_lo 在一个采样周期内各使用一段时间来模拟所需的目标频率。generic_powersave_bias_target() 的输入值是原始的目标频率，返回值是 freq_hi，而 freq_lo 则记录在 od_cpu_dbs_info_s 中。如果新的目标频率是有效频率，则 freq_lo 为 0，od_cpu_dbs_info_s 中的 sample_type 为 OD_NORMAL_SAMPLE；否则，freq_lo 非 0，od_cpu_dbs_info_s 中的 sample_type 为 OD_SUB_SAMPLE。

在 Linux-5.4.x 版本中，generic_powersave_bias_target() 的原理并没有发生变化，但数据结构有所调整：一个是 od_cpu_dbs_info_s 被重新命名成了 od_policy_dbs_info，另一个是时间的计算单位从节拍（jiffy）改成了微秒（μs）。

```
struct od_policy_dbs_info {
    struct policy_dbs_info policy_dbs;
    unsigned int freq_lo;
    unsigned int freq_lo_delay_us;    /* 对应原来的 freq_lo_jiffies */
    unsigned int freq_hi_delay_us;    /* 对应原来的 freq_hi_jiffies */
    unsigned int sample_type:1;       /* OD_NORMAL_SAMPLE 或 OD_SUB_SAMPLE */
};
```

现在再回过头来看 od_dbs_update() 就容易理解了，该函数的输入参数是调配策略，返回值是目标频率的持续时间。缺省的采样类型为 OD_NORMAL_SAMPLE，在这种情况下会调用 od_update() 根据 CPU 负载计算目标频率并进行调节。如果目标频率不是有效频率而是模拟频率，则 dbs_info->freq_lo 非零，采样类型切换到 OD_SUB_SAMPLE，返回取值为 freq_hi 的持续时间（dbs_info->freq_lo_delay_us）；如果目标频率是有效频率，则返回采样周期的长度（严格来说是 dbs_data->sampling_rate * policy_dbs->rate_mult，大多数情况下 rate_mult 为 1）。如果采样类型为 OD_SUB_SAMPLE，那么说明之前的目标频率是模拟的，并且 freq_hi 的持续时间已经结束了，现在可以直接调用 __cpufreq_driver_target() 将频率设置到 freq_lo，返回值为 freq_lo 的持续时间（dbs_info->freq_lo_delay_us）。

od_dbs_update() 中的一个重要步骤是 od_update()，其定义在 drivers/cpufreq/cpufreq_ondemand.c 中，展开如下（有精简）。

```
static void od_update(struct cpufreq_policy *policy)
{
    struct policy_dbs_info *policy_dbs = policy->governor_data;
    struct od_policy_dbs_info *dbs_info = to_dbs_info(policy_dbs);
    struct dbs_data *dbs_data = policy_dbs->dbs_data;
    struct od_dbs_tuners *od_tuners = dbs_data->tuners;
    unsigned int load = dbs_update(policy);
    dbs_info->freq_lo = 0;
    if (load > dbs_data->up_threshold) {
        if (policy->cur < policy->max)
```

```
            policy_dbs->rate_mult = dbs_data->sampling_down_factor;
        dbs_freq_increase(policy, policy->max);
    } else {
        unsigned int freq_next, min_f, max_f;
        min_f = policy->cpuinfo.min_freq;
        max_f = policy->cpuinfo.max_freq;
        freq_next = min_f + load * (max_f - min_f) / 100;
        policy_dbs->rate_mult = 1;
        if (od_tuners->powersave_bias)
            freq_next = od_ops.powersave_bias_target(policy,
                                    freq_next, CPUFREQ_RELATION_L);
        __cpufreq_driver_target(policy, freq_next, CPUFREQ_RELATION_C);
    }
}
```

有了前面的基础知识，理解这个函数并不难。函数 dbs_update() 返回的是共享当前调频策略的所有 CPU 的最高负载，保存在局部变量 load 中。如果 if 条件满足，意味着 CPU 负载超过了阈值（缺省为 80%），立即调用 dbs_freq_increase() 升至允许的最高频率。否则，通过以下公式计算目标频率。

目标频率 = 最低有效频率 + CPU 负载 ×（最高有效频率 - 最低有效频率）

接下来，如果 powersave_bias 不为零，就先通过 od_ops.powersave_bias_target()，也就是前面提到的 generic_powersave_bias_target() 计算经过折扣的新目标频率（当新目标频率是模拟频率时，返回的是 freq_hi）。然后，调用 __cpufreq_driver_target() 设置新的目标频率。

负责计算 CPU 负载的 dbs_update() 定义在 drivers/cpufreq/cpufreq_governor.c 中，展开如下（有精简）。

```
unsigned int dbs_update(struct cpufreq_policy *policy)
{
    struct policy_dbs_info *policy_dbs = policy->governor_data;
    struct dbs_data *dbs_data = policy_dbs->dbs_data;
    unsigned int ignore_nice = dbs_data->ignore_nice_load;
    unsigned int max_load = 0, idle_periods = UINT_MAX;
    sampling_rate = dbs_data->sampling_rate * policy_dbs->rate_mult;
    io_busy = dbs_data->io_is_busy;
    for_each_cpu(j, policy->cpus) {
        struct cpu_dbs_info *j_cdbs = &per_cpu(cpu_dbs, j);
        cur_idle_time = get_cpu_idle_time(j, &update_time, io_busy);
        time_elapsed = update_time - j_cdbs->prev_update_time;
        j_cdbs->prev_update_time = update_time;
```

```
        idle_time = cur_idle_time - j_cdbs->prev_cpu_idle;
        j_cdbs->prev_cpu_idle = cur_idle_time;
        if (ignore_nice) {
            u64 cur_nice = kcpustat_cpu(j).cpustat[CPUTIME_NICE];
            idle_time += div_u64(cur_nice - j_cdbs->prev_cpu_nice, NSEC_PER_USEC);
            j_cdbs->prev_cpu_nice = cur_nice;
        }
        if (unlikely(!time_elapsed))
            load = j_cdbs->prev_load;
        else if (unlikely((int)idle_time > 2 * sampling_rate && j_cdbs->prev_load)) {
            load = j_cdbs->prev_load;
            j_cdbs->prev_load = 0;
        } else {
            if (time_elapsed >= idle_time)
                load = 100 * (time_elapsed - idle_time) / time_elapsed;
            else
                load = (int)idle_time < 0 ? 100 : 0;
            j_cdbs->prev_load = load;
        }
        if (unlikely((int)idle_time > 2 * sampling_rate)) {
            unsigned int periods = idle_time / sampling_rate;
            if (periods < idle_periods)  idle_periods = periods;
        }
        if (load > max_load)  max_load = load;
    }
    policy_dbs->idle_periods = idle_periods;
    return max_load;
}
```

虽然该函数较长，但关于负载的计算与 cpufreq_dbs_governor_start() 中的首次计算并无二致。遍历共享当前策略的所有 CPU，计算最近一个采样周期各自的负载，再更新各自 cpu_dbs_info 中的 prev_cpu_idle、prev_update_time、prev_cpu_nice 和 prev_load。循环结束以后，max_load 记录了所有共享当前策略的 CPU 的最高负载（单位为百分点），作为返回值给调用者（即 od_update() 函数）用来当调频的依据。

8.2.2 自动调核

CPUFreq 是一种非常优秀的运行时电源管理方法，但是在龙芯平台上却存在一定的局限性。

上文提到，龙芯 3A1000 是多核 CPU，但它只有一个芯片控制寄存器，其分频系数同时控制 4 个核。也就是说，4 个核的频率只能同时升高或降低，不能单独控制。在这种情况下，如果几个核的负载不均衡，动态变频方法不能很好地发挥节能效果。如果根据高负载核的需求使用高主频，会增加功耗；如果根据低负载核的请求使用低主频，则会造成性能损失，如图 8-2 所示。

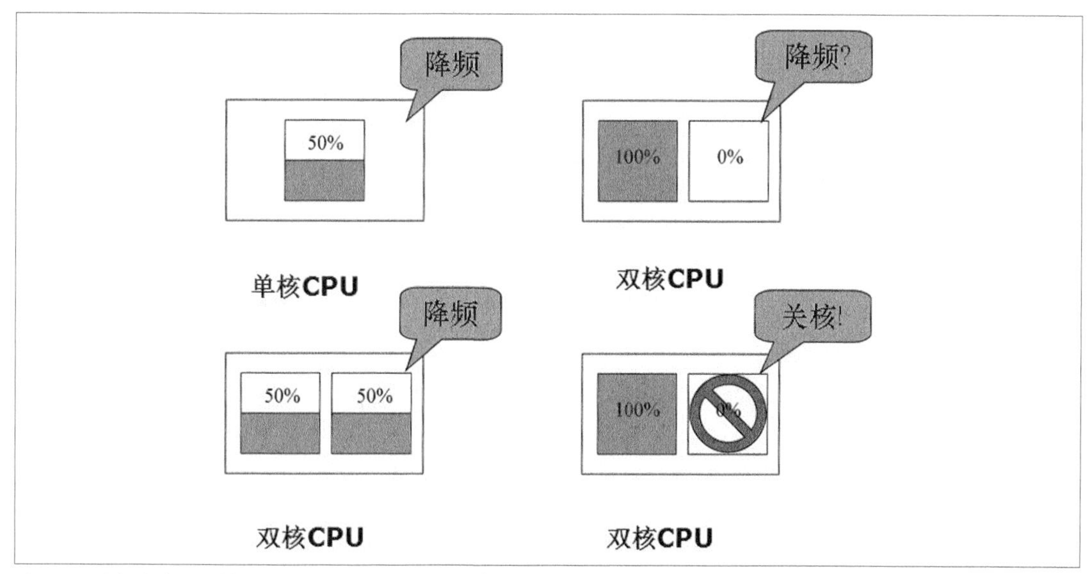

图 8-2　多核共享调频策略时 CPUFreq 的局限性及解决方法

从上一节的 od_update() 可以看出，共享调频策略的多个核最终会根据负载最高的那个核的要求来进行调频。这也就相当于，在龙芯 3A1000 中，为了解决跨核依赖所产生的矛盾，如果多个核的负载不均衡，那么动态变频很可能只在单核状态下才会生效。然而，在大多数应用场景下，用户是不会主动将系统设置成单核模式的，因此龙芯 3A1000 的这种硬件设计严重限制了 CPUFreq 的应用范围。龙芯 3B1500 以及更新的处理器没有跨核依赖，但所有的龙芯 CPU 的调频机制都是时钟门限而不是平滑变频，并且不能动态升降电压，因此 CPUFreq 的节能效果相对有限。为了解决这些问题，软件不得不做更多的事情。于是，运行时电源管理在动态变频的基础上，又引入了自动调核。

自动调核的基本思想是根据全局 CPU 负载来动态开关核，以此在保证性能基本不受损失的情况下降低系统能耗。它的设计出发点主要是弥补龙芯 3A1000 上动态变频的缺陷，但其应用并不局限于龙芯 3A1000。为了方便描述，自动调核方法被命名为 CPUAutoplug。和 CPUFreq 一样，CPUAutoplug 也包括机制和策略两部分，其中，机制部分就是 CPU 热插拔。

（一）CPUAutoplug 的机制部分

CPU 热插拔（CPU Hotplug）是指在系统运行过程中增加或减少 CPU 核数。处于打开状态的核称为“在线”，而处于关闭状态的核称为“离线”。一个在线的核处于工作状态，执行各种指令；一个离线的核则不执行任何指令，其时钟也处于关闭状态（时钟关闭以后，其耗电比前面提到的 WAIT 状态，即 C1 状态更低）。值得注意的是，除非关机，编号为零的核（主核）永远处于在线状态，编号非零的核（辅核）才能进行 CPU 热插拔。这是因为主核有特殊的功能，它是系统初始化时首先启动的核，也是执行开、关辅核动作的核，还是用来处理外部中断的核。X86 上的 Linux 内核从 3.8 版本开始支持主核的热插拔，但龙芯尚不支持。

Linux 内核已经具备 CPU 热插拔的框架，每种具体的 CPU 要支持 CPU 热插拔，就需要实现一系列接口，龙芯 3 号实现了如下接口。

1. 开核接口

- boot_secondary()：在主核上执行。具体工作包括打开目标辅核的时钟，准备好目标辅核的初始执行入口、初始进程和初始堆栈，设置目标辅核的 IPI 寄存器，让目标辅核开始执行。
- init_secondary()：在目标辅核上执行，主频计算之前的工作都必须在此完成，具体包括 CP0（协处理器 0）中断掩码设置和 Count 寄存器校准。一个时钟输入被关闭的核，其 Count 寄存器也是停止的，因此在支持 CPU 热插拔的系统中，新上线的辅核的 Count 寄存器显然不会与主核同步，但系统时间的维护以及主频的计算都需要它们处于同步状态，因此 Count 寄存器需要校准。
- smp_finish()：在目标辅核上执行，完成主频计算之后剩余的工作，主要是设置本核的在线状态并打开本地中断。

2. 关核接口

- cpu_disable()：在目标辅核上执行，进程迁移之前的工作都必须在此完成，主要包括清空本核的在线状态并完成中断迁移。一个核心被关闭后，其负责的中断必须有其他核心来接管。
- play_dead()：在目标辅核上执行，完成进程迁移之后的工作，主要包括 TLB 刷回、Cache 刷回和声明本核已进入可关闭状态。
- cpu_die()：在主核上执行，等待目标辅核进入可关闭状态后，关闭辅核时钟。

除 play_dead() 是在空闲进程（0 号进程）中调用外，其他的接口都定义在 loongson3_smp_ops 中（有精简）。

```
struct plat_smp_ops loongson3_smp_ops = {
    .smp_setup = loongson3_smp_setup,
    .prepare_cpus = loongson3_prepare_cpus,
    .boot_secondary = loongson3_boot_secondary,
    .init_secondary = loongson3_init_secondary,
    .smp_finish = loongson3_smp_finish,
    .cpu_disable = loongson3_cpu_disable,
    .cpu_die = loongson3_cpu_die,
};
```

在 Linux-4.9 版本之前，CPU 热插拔机制是基于通知块的，从 Linux-4.9 版本开始全面改造成了基于状态机的。新的机制更为健壮但相对来说更为复杂，因此我们首先来了解一下旧机制（源代码来自 Linux-4.4.x 版本）。

旧机制的热插拔过程中 CPU 的状态定义如下。

```
#define CPU_ONLINE                    0x0002
#define CPU_UP_PREPARE                0x0003
#define CPU_UP_CANCELED               0x0004
#define CPU_DOWN_PREPARE              0x0005
#define CPU_DOWN_FAILED               0x0006
#define CPU_DEAD                      0x0007
#define CPU_DYING                     0x0008
#define CPU_POST_DEAD                 0x0009
#define CPU_STARTING                  0x000A
#define CPU_DYING_IDLE                0x000B
#define CPU_BROKEN                    0x000C
#define CPU_TASKS_FROZEN              0x0010
#define CPU_ONLINE_FROZEN             (CPU_ONLINE | CPU_TASKS_FROZEN)
#define CPU_UP_PREPARE_FROZEN         (CPU_UP_PREPARE | CPU_TASKS_FROZEN)
#define CPU_UP_CANCELED_FROZEN        (CPU_UP_CANCELED | CPU_TASKS_FROZEN)
#define CPU_DOWN_PREPARE_FROZEN       (CPU_DOWN_PREPARE | CPU_TASKS_FROZEN)
#define CPU_DOWN_FAILED_FROZEN        (CPU_DOWN_FAILED | CPU_TASKS_FROZEN)
#define CPU_DEAD_FROZEN               (CPU_DEAD | CPU_TASKS_FROZEN)
#define CPU_DYING_FROZEN              (CPU_DYING | CPU_TASKS_FROZEN)
#define CPU_STARTING_FROZEN           (CPU_STARTING | CPU_TASKS_FROZEN)
```

从定义来看并不十分直观，需要我们总结归纳。

首先，所有的状态分两类：一类是不带 FROZEN 后缀的，用于运行时 CPU 热插拔，不会冻结进程；另一类是带 FROZEN 后缀的，用于系统级睡眠时的开关核，会冻结进程。

其次，根据时间顺序来看开核过程的状态：CPU_UP_PREPARE（准备开核），CPU_STARTING（正在开核），CPU_ONLINE（开核成功），CPU_UP_CANCELED（开核失败）。

再次，根据时间顺序来看关核过程的状态：CPU_DOWN_PREPARE（准备关核），CPU_DYING（正在关核），CPU_DYING_IDLE（正在关核并已进入 Idle 循环），CPU_DEAD（关核成功），CPU_POST_DEAD（关核成功并已释放资源），CPU_DOWN_FAILED（关核失败）。

最后，剩下一个状态：CPU_BROKEN（出错了）。

这些状态的主要用途是在开关核的特定阶段执行一些通知块回调函数。

下面开始从代码层面分析开核与关核。为了方便起见，假设被打开和关闭的都是1号核（目标核），执行开核与关核的都是 0 号核（主控核）。

开核过程（0 号核）：

```
int cpu_up(unsigned int cpu)
    |--cpu_maps_update_begin();
```

```
  |     \--mutex_lock(&cpu_add_remove_lock);
  |--_cpu_up(cpu, 0);
  |     |--cpu_hotplug_begin();
  |     |--idle = idle_thread_get(cpu);
  |     |--smpboot_create_threads(cpu);
  |     |--__cpu_notify(CPU_UP_PREPARE | mod, hcpu, -1, &nr_calls);
  |     |     \--loongson3_enable_clock(cpu);
  |     |--__cpu_up(cpu, idle);
  |     |     |--mp_ops->boot_secondary(cpu, tidle);
  |     |     |     \--loongson3_boot_secondary(); /*设置目标核起始执行点 smp_bootstrap*/
  |     |     \--synchronise_count_master(cpu);
  |     |--cpu_notify(CPU_ONLINE | mod, hcpu);
  |     \--cpu_hotplug_done();
  \--cpu_maps_update_done();
      \--mutex_unlock(&cpu_add_remove_lock);
```

开核过程（1号核）：

```
start_secondary()  /*从 smp_bootstrap 跳转至此*/
  |--cpu_probe();
  |--per_cpu_trap_init(false);
  |     |--configure_status();
  |     |--if (!is_boot_cpu)  cpu_cache_init();
  |     |--tlb_init();
  |     |     \--build_tlb_refill_handler();
  |     \--TLBMISS_HANDLER_SETUP();
  |           \--TLBMISS_HANDLER_SETUP_PGD(swapper_pg_dir);
  |--mips_clockevent_init();
  |--mp_ops->init_secondary();
  |     \--loongson3_init_secondary();
  |--calibrate_delay();
  |--notify_cpu_starting(cpu);
  |--synchronise_count_slave(cpu);
  |--set_cpu_online(cpu, true);
  |--set_cpu_sibling_map(cpu);
  |--set_cpu_core_map(cpu);
  |--mp_ops->smp_finish();
  |     \--loongson3_smp_finish();
  \--cpu_startup_entry(CPUHP_ONLINE);
      \--cpu_idle_loop();
```

```
            \--cpuidle_idle_call();
                \--arch_cpu_idle();
                    \--cpu_wait();
```

这两棵代码树并不复杂且前文内核启动解析一章已有涉及，此处不做全面阐述，仅说一些关键点：（1）开核由主控核通过 cpu_up() 发起，主控核上的执行主线是 cpu_up() → _cpu_up() → __cpu_up() → mp_ops->boot_secondary() → loongson3_boot_secondary()；（2）在正常情况下，主控核上会先执行 CPU_UP_PREPARE 通知块，然后目标核会执行 CPU_STARTING 通知块，最后主控核会执行 CPU_ONLINE 通知块；（3）执行 CPU_UP_PREPARE 通知块时，有一个重要的回调函数是 loongson3_enable_clock()，通过它打开目标核主时钟；（4）主控核与目标核需要校准计时时钟源，方法是主控核执行 synchronise_count_master()，同时目标核执行 synchronise_count_slave()，校准完成以后就可以确认目标核进入了 CPU_ONLINE 状态。龙芯相关的 3 个开核函数 loongson3_boot_secondary()、loongson3_init_secondary()、loongson3_smp_finish() 在内核启动过程一章已经分析过，不再展开。

关核过程（0 号核）：

```
int cpu_down(unsigned int cpu)
    |--cpu_maps_update_begin();
    |    \--mutex_lock(&cpu_add_remove_lock);
    |--_cpu_down(cpu, 0);
    |    |--cpu_hotplug_begin();
    |    |--__cpu_notify(CPU_DOWN_PREPARE | mod, hcpu, -1, &nr_calls);
    |    |--stop_machine(take_cpu_down, &tcd_param, cpumask_of(cpu));
    |    |    \--stop_cpus(cpu_online_mask, multi_cpu_stop, &msdata);
    |    |        \--queue_stop_cpus_work(cpumask, fn, arg, &done);
    |    |            \--for_each_cpu(cpu, cpumask) cpu_stop_queue_work(cpu, work);
    |    |                |--list_add_tail(&work->list, &stopper->works);
    |    |                \--wake_up_process(stopper->thread);
    |    |                    \--cpu_stopper_thread(); /*控制权转移到停机内核线程*/
    |    |                        \--multi_cpu_stop();
    |    |                            \--ack_state(msdata);
    |    |--while (!per_cpu(cpu_dead_idle, cpu))  cpu_relax();
    |    |-- __cpu_die(cpu);
    |    |    \--mp_ops->cpu_die(cpu);
    |    |        \--loongson3_cpu_die();
    |    |            |--while (per_cpu(cpu_state, cpu) != CPU_DEAD) cpu_relax();
    |    |            \--mb();
```

```
    |     |--cpu_notify_nofail(CPU_DEAD | mod, hcpu);
    |     |--cpu_hotplug_done();
    |     \--cpu_notify_nofail(CPU_POST_DEAD | mod, hcpu);
    |         \--loongson3_disable_clock(cpu);
    \--cpu_maps_update_done();
        \--mutex_unlock(&cpu_add_remove_lock);
```

关核过程（1号核）：

```
static void cpu_stopper_thread(unsigned int cpu)
    |--work->fn();
    |     \--multi_cpu_stop();
    |          |--msdata->fn(msdata->data);
    |          |     \--take_cpu_down();
    |          |          |--__cpu_disable();
    |          |          |     \--mp_ops->cpu_disable();
    |          |          |          \--loongson3_cpu_disable();
    |          |          |               |--unsigned int cpu = smp_processor_id();
    |          |          |               |--set_cpu_online(cpu, false);
    |          |          |               |--cpumask_clear_cpu(cpu, &cpu_callin_map);
    |          |          |               |--local_irq_save(flags);
    |          |          |               |--fixup_irqs();
    |          |          |               |--local_irq_restore(flags);
    |          |          |               |--flush_cache_all();
    |          |          |               \--local_flush_tlb_all();
    |          |          \--cpu_notify(CPU_DYING | param->mod, param->hcpu);
    |          |              \--migration_call(CPU_DYING);
    |          |                  \--migrate_tasks(rq);
    |          \--ack_state(msdata);
    \--cpu_idle_loop();  /*控制权转移到 Idle 进程*/
        \--arch_idle_loop();
            |--rcu_cpu_notify(NULL, CPU_DYING_IDLE, (void *)(long)smp_processor_id());
            |--smp_mb();
            |--this_cpu_write(cpu_dead_idle, true);
            \--arch_cpu_idle_dead();
                \--play_dead();
                    |--idle_task_exit();
                    \--play_dead_at_ckseg1(state_addr);
```

关核过程相比于开核过程更加复杂，主要因为这里涉及 StopMachine（停机迁移）机制。

StopMachine的概念和原理如下。

1. 在内核启动过程中通过cpu_stop_init()为每个CPU创建一个停机迁移内核线程，名为[migration/n]，n在这里代表CPU编号。停机迁移线程的执行实体是cpu_stopper_thread()函数。

2. 内核调度器专门设计了停机迁移调度类stop_sched_class，其具有至高无上的优先级。

3. 在需要执行停机迁移的时候，主控CPU调用stop_machine(cpu_stop_fn_t fn, void *data, const struct cpumask *cpus)函数。这将导致所有CPU停止当前任务，切换至优先级最高的停机迁移线程，在cpu_stopper_thread()中执行multi_cpu_stop()。

4. StopMachine机制通过multi_cpu_stop()函数维护一个简单的顺序状态机，其状态有MULTI_STOP_NONE（开始）、MULTI_STOP_PREPARE（准备）、MULTI_STOP_DISABLE_IRQ（关中断）、MULTI_STOP_RUN（执行）和MULTI_STOP_EXIT（退出）这几种。所有CPU必须进入同一种状态后才一起往前推进。

5. 在MULTI_STOP_RUN阶段，函数stop_machine()的cpus参数所指定的CPU（目标CPU）将会执行fn参数所指定的函数，所需参数通过data传递；cpus以外的CPU（主控CPU和无关CPU）仅做状态同步（等待）。

6. 所有CPU都进入MULTI_STOP_EXIT状态后，multi_cpu_stop()返回，停机迁移内核线程的当前工作完成，进入睡眠状态并发生自愿调度。主控CPU和无关CPU通常会回到原来的执行上下文；目标CPU会进入预设的执行上下文。

现在再来看关核过程的主控核流程就容易理解了。第一个关键步骤是通过StopMachine机制让目标核执行take_cpu_down()，代码树详细展示了stop_machine()函数的主要执行流。在wake_up_process(stopper->thread)之后，停机迁移内核线程将会被唤醒。由于它具有最高的优先级，主控核的控制权将会转移到cpu_stopper_thread()并执行multi_cpu_stop()。主控核不需要执行take_cpu_down()，只需要通过ack_state()完成状态同步。函数stop_machine()返回以后主控核就回到了原来的执行上下文。第二个关键步骤是状态等待，首先在while()循环里面等待目标核进入CPU_DYING_IDLE状态，然后通过__cpu_die()调用loongson3_cpu_die()等待目标核进入CPU_DEAD状态。第三个关键步骤是执行CPU_DEAD和CPU_POST_DEAD通知块，其中CPU_POST_DEAD通知块中有一个回调函数是loongson3_disable_clock()，用于关闭目标核的主时钟。

现在关核过程的目标核流程也同样容易理解了。目标核原来的上下文并不重要，重要的是主控核执行stop_machine()将同样导致目标核的停机迁移内核线程被唤醒。因而目标核也会进入cpu_stopper_thread()并执行multi_cpu_stop()，并在MULTI_STOP_RUN阶段执行take_cpu_down()。take_cpu_down()的第一个关键步骤是__cpu_disable()，这将导致loongson3_cpu_disable()的执行，在里面完成状态设置、中断修正和Cache/TLB的刷新。take_cpu_down()的第二个关键步骤是执行CPU_DYING通知块，其中一个重要的回调函数是migration_call()，其主要功能是调用migration_tasks()将目标核上除停机迁移内核线程和Idle进程以外，所有能迁移的进程全部迁移出去，避免目标核被关闭以后这些进程得不到执行机会。multi_cpu_stop() 返回以后，停机迁移内核线程的当前工作完成，进入睡眠状态并发生自愿调度，这几乎无可争议地会切换到 Idle 进程。由于目标核已经处于离线状态，因此 Idle 进程会执行到 arch_cpu_idle_dead()，最后进入 play_dead()。play_dead() 首先通过 idle_task_exit() 释放对内存描述符的引用（意味着最后的上下文其实跟 Idle 进程也没什么关系了），然后调用 play_dead_at_ckseg1() 在 CKSEG1 的地址空间执行最后的代码。由于不同的龙芯 CPU 具有不同的 Cache 组织方式，play_dead_at_ckseg1() 有 loongson3_type1_play_ dead()、loongson3_type2_play_dead()、loongson3_type3_play_dead() 这 3 种实现（分别用于龙芯 3A1000，龙芯 3B1000/3B1500 和龙芯 3A2000+）。它们所完成的工作是类似的：刷回本地 Cache（即包括 I-Cache、D-Cache 和 V-Cache 在内的各种一级 Cache），通过将参数 state_addr 的状态设成 CPU_DEAD 来“宣告死亡”，最后进入一个轮询 IPI 寄存器的循环。主控核收到“死亡宣告”以后，会在 CPU_POST_DEAD 通知块中执行 loongson3_disable_clock() 关闭主时钟，进而让目标核真正进入关核状态（事实死亡）。

出于性能考虑，内核执行的代码和数据是通过 Cache 地址访问的；为了维持 32 位内核与 64 位内核的基本兼容，内核正文段（代码段）和数据段的实际链接地址都是在 CKSEG0。但是在关核的最后阶段，我们要把本地 Cache 全部刷回来避免 CPU 的一致性维护功能异常（一致性维护功能是通过一级本地 Cache 和二级共享 Cache 之间的状态通信完成的，如果核的主时钟被关闭而一级 Cache 里面仍有脏数据，一级 Cache 就无法响应二级 Cache 的请求，导致死锁）。所以，我们需要通过 play_dead_at_ckseg1 在 CKSEG1 的地址空间来执行最后的代码，避免 Cache 污染。

新的 CPU 热插拔机制基于状态机，兼容原来定义的 CPU 状态已经减少到 6 个：CPU_UP_PREPARE、CPU_ONLINE、CPU_DEAD、CPU_DEAD_FROZEN、CPU_POST_DEAD 和 CPU_BROKEN。并且这些状态定义并不用于 CPU 热插拔，仅用于跟踪内部状态。

基于状态机的 CPU 热插拔机制引入了比旧机制更多的状态，为了与前述定义相区别，这些新定义的状态特称为“热插拔状态”，定义在 include/linux/cpuhotplug.h 中，用枚举类型 enum cpuhp_state 表示。新的热插拔状态是动态可扩展的，既包括预定义状态，也允许动态增加 / 减少新的状态。状态机全程可逆，每个热插拔状态都带有一个 startup() 函数和一个 teardown() 函数（这些函数可以为空），在开核过程中经历一个热插拔状态就会调用其 startup() 函数，在关核过程中经历一个热插拔状态就会调用其 teardown() 函数。热插拔状态非常多，不一一列举，下面仅做简单概述。

开核过程所经历的状态如下（按时间顺序，包括主控 CPU 和目标 CPU）。

```
CPUHP_OFFLINE
CPUHP_CREATE_THREADS
CPUHP_*_PREPARE
CPUHP_BP_PREPARE_DYN..CPUHP_BP_PREPARE_DYN_END
CPUHP_BRINGUP_CPU
CPUHP_AP_IDLE_DEAD
CPUHP_AP_OFFLINE
```

```
CPUHP_AP_*_STARTING
CPUHP_AP_ONLINE
CPUHP_AP_ONLINE_IDLE
CPUHP_AP_SMPBOOT_THREADS
CPUHP_AP_*_ONLINE
CPUHP_AP_ONLINE_DYN..CPUHP_AP_ONLINE_DYN_END
CPUHP_AP_ACTIVE
CPUHP_ONLINE
```

关核过程所经历的状态如下（按时间顺序，包括主控 CPU 和目标 CPU）。

```
CPUHP_ONLINE
CPUHP_TEARDOWN_CPU
CPUHP_AP_ACTIVE
CPUHP_AP_ONLINE_DYN..CPUHP_AP_ONLINE_DYN_END
CPUHP_AP_*_ONLINE
CPUHP_AP_SMPBOOT_THREADS
CPUHP_AP_ONLINE_IDLE
CPUHP_AP_ONLINE
CPUHP_AP_*_DYING
CPUHP_AP_OFFLINE
CPUHP_AP_IDLE_DEAD
CPUHP_BP_PREPARE_DYN..CPUHP_BP_PREPARE_DYN_END
CPUHP_*_DEAD
CPUHP_CREATE_THREADS
CPUHP_OFFLINE
```

这些状态里面：* 表示这一类状态有若干种，同属于一个阶段；带 AP 字样的状态只出现在被热插拔的核上（被热插拔的核就叫 AP，全称 Application Processor，与 BP 即 Boot Processor 相对）；从 CPUHP_BP_PREPARE_DYN 到 CPUHP_BP_PREPARE_DYN_END、从 CPUHP_AP_ONLINE_DYN 到 CPUHP_AP_ONLINE_DYN_END 是两段可以动态增减的状态范围。若用热插拔的术语，AP 就是目标 CPU，BP 就是主控 CPU（并不必然是启动 CPU），一次完整的热插拔需要控制 CPU 和目标 CPU 共同参与。

值得注意的是，由于状态机全程可逆，后缀为 PREPARE 的状态跟后缀为 DEAD 的状态实际上是同一个阶段，后缀为 STARTING 的状态跟后缀为 DYING 的状态实际上也是同一阶段。只不过 PREPARE 和 STARTING 用于开核过程，而 DYING 和 DEAD 用于关核过程。

下述 API 可用于在热插拔状态机中动态增加一个状态。

```
int cpuhp_setup_state(enum cpuhp_state state, const char *name,
              int (*startup)(unsigned int cpu), int (*teardown)(unsigned int cpu));
```

```
int cpuhp_setup_state_cpuslocked(enum cpuhp_state state, const char *name,
            int (*startup)(unsigned int cpu), int (*teardown)(unsigned int cpu));
int cpuhp_setup_state_nocalls(enum cpuhp_state state, const char *name,
            int (*startup)(unsigned int cpu), int (*teardown)(unsigned int cpu));
int cpuhp_setup_state_nocalls_cpuslocked(enum cpuhp_state state, const char *name,
            int (*startup)(unsigned int cpu), int (*teardown)(unsigned int cpu));
int cpuhp_setup_state_multi(enum cpuhp_state state, const char *name,
            int (*startup)(unsigned int cpu, struct hlist_node *node),
            int (*teardown)(unsigned int cpu, struct hlist_node *node))。
```

其中，cpuhp_setup_state() 是基本款，所带的 4 个参数分别是状态值、状态名、startup() 函数和 teardown() 函数。其他变种里，cpuhp_setup_state_cpuslocked() 表示调用者已经持有 cpu_hotplug_lock 锁；cpuhp_setup_state_nocalls() 表示增加状态时不执行 startup() 函数；cpuhp_setup_state_nocalls_cpuslocked() 表示调用者已经持有 cpu_hotplug_lock 锁并且增加状态时不执行 startup() 函数；cpuhp_setup_state_multi() 表示增加的是一个多实例状态。

多实例状态常用于设备驱动，因为一个驱动可以管理多个设备实例。在多实例状态中增加一个实例可以用下述两个 API（带 nocalls 后缀的表示增加实例时不调用 startup() 函数）。

```
int cpuhp_state_add_instance(enum cpuhp_state state, struct hlist_node *node);
int cpuhp_state_add_instance_nocalls(enum cpuhp_state state, struct hlist_node *node);
```

下述 API 可用于在热插拔状态机中动态减少一个状态。

```
void cpuhp_remove_state(enum cpuhp_state state);
void cpuhp_remove_state_cpuslocked(enum cpuhp_state state);
void cpuhp_remove_state_nocalls(enum cpuhp_state state);
void cpuhp_remove_state_nocalls_cpuslocked(enum cpuhp_state state);
void cpuhp_remove_multi_state(enum cpuhp_state state);
```

cpuhp_remove_state() 是基本款。其他 4 个 API 里，cpuhp_remove_state_cpuslocked() 表示调用者已经持有 cpu_hotplug_lock 锁；cpuhp_remove_state_nocalls() 表示减少状态时不执行 teardown() 函数；cpuhp_remove_state_nocalls_cpuslocked() 表示调用者已经持有 cpu_hotplug_lock 锁并且减少状态时不执行 teardown() 函数；cpuhp_remove_multi_state() 表示减少的是一个多实例状态。

在多实例状态中减少一个实例可以用下述两个 API（带 nocalls 后缀的表示增加实例时不调用 teardown() 函数）。

```
int cpuhp_state_remove_instance(enum cpuhp_state state, struct hlist_node *node);
int cpuhp_state_remove_instance_nocalls(enum cpuhp_state state, struct hlist_node *node);
```

对于一个特定的平台，其完整的 CPU 热插拔状态机可查看 /sys/devices/system/cpu/

hotplug/states。

下面开始从代码层面分析新机制的开核与关核。为了方便起见，同样假设被打开和被关闭的都是 1 号核（目标核），执行开核与关核的都是 0 号核（主控核）。

开核过程（0 号核）：

```
int cpu_up(unsigned int cpu)
    \--do_cpu_up(cpu, CPUHP_ONLINE);
        |--cpu_maps_update_begin();
        |    \--mutex_lock(&cpu_add_remove_lock);
        |--_cpu_up(cpu, 0, target);
        |    |--cpus_write_lock();
        |    |--idle = idle_thread_get(cpu);
        |    |--cpuhp_set_state(st, target);
        |    |--target = min((int)target, CPUHP_BRINGUP_CPU);
        |    |--cpuhp_up_callbacks(cpu, st, target);
        |    |    \--while (st->state < target)
        |    |        cpuhp_invoke_callback(cpu, st->state, true, NULL, NULL);
        |    |            |--STEP-1: smpboot_create_threads(cpu);
        |    |            |--STEP-2: loongson3_enable_clock(cpu);
        |    |            \--STEP-3: bringup_cpu(cpu);
        |    |                |--idle = idle_thread_get(cpu);
        |    |                |--__cpu_up(cpu, idle);
        |    |                |    |--mp_ops->boot_secondary(cpu, tidle);
        |    |                |    |    \--loongson3_boot_secondary();
        |    |                |    \--synchronise_count_master(cpu);
        |    |                \--bringup_wait_for_ap(cpu);
        |    \--cpus_write_unlock();
        \--cpu_maps_update_done();
            \--mutex_unlock(&cpu_add_remove_lock);
```

开核过程（1 号核）：

```
start_secondary()  /* 从 smp_bootstrap 跳转至此 */
    |--cpu_probe();
    |--per_cpu_trap_init(false);
    |    |--configure_status();
    |    |--configure_hwrena();
    |    |--configure_exception_vector();
    |    |--if (!is_boot_cpu)  cpu_cache_init();
    |    |--tlb_init();
```

```
|    |    \--build_tlb_refill_handler();
|    \--TLBMISS_HANDLER_SETUP();
|         \--TLBMISS_HANDLER_SETUP_PGD(swapper_pg_dir);
|--mips_clockevent_init();
|--mp_ops->init_secondary();
|    \--loongson3_init_secondary();
|--calibrate_delay();
|--notify_cpu_starting(cpu);
|    \--sched_cpu_starting(cpu);
|--synchronise_count_slave(cpu);
|--set_cpu_online(cpu, true);
|--set_cpu_sibling_map(cpu);
|--set_cpu_core_map(cpu);
|--mp_ops->smp_finish();
|    \--loongson3_smp_finish();
\--cpu_startup_entry(CPUHP_AP_ONLINE_IDLE);
    \--while(1) do_idle();
        \--cpuidle_idle_call();
            \--default_idle_call();
                \--arch_cpu_idle();
                    \--cpu_wait();
```

从代码树可以看出，新旧机制开核的主要区别集中在主控核上。一些重要的关键点如下：（1）主控核的执行主线是 cpu_up() → do_cpu_up() → _cpu_up() → cpuhp_up_callbacks() → bringup_cpu() → __cpu_up() → mp_ops->boot_secondary() → loongson3_boot_secondary()，该主线会设置目标核的起始执行点 smp_bootstrap，这跟旧机制基本相同；（2）do_cpu_up(cpu, CPUHP_ONLINE) 将本次热插拔状态机的目标状态定为 CPUHP_ONLINE；（3）状态机的目标状态设置具体由子函数 cpuhp_set_state(st, target) 完成，而主控核自己的目标状态被设置为 CPUHP_BRINGUP_CPU；（4）最重要的子函数 cpuhp_up_callbacks() 通过一个 while() 循环依次调用所有到达目标状态之前的每个状态的 startup() 函数，其中比较重要的状态有 CPUHP_CREATE_THREADS、CPUHP_MIPS_SOC_PREPARE 和 CPUHP_BRINGUP_CPU，其 startup() 函数分别是 smpboot_create_threads()、loongson3_enable_clock() 和 bringup_cpu()；（5）目标核的目标状态为 CPUHP_AP_ONLINE_IDLE。

关核过程（0 号核）：

```
int cpu_down(unsigned int cpu)
    \--do_cpu_down(cpu, CPUHP_OFFLINE)
        |--cpu_maps_update_begin();
```

```
|     \--mutex_lock(&cpu_add_remove_lock);
|--_cpu_down(cpu, 0, target);
|     |--cpus_write_lock();
|     |--cpuhp_set_state(st, target);
|     |--st->target = max((int)target, CPUHP_TEARDOWN_CPU);
|     |--cpuhp_down_callbacks(cpu, st, target);
|     |     \--for (; st->state > target; st->state--)
|     |          cpuhp_invoke_callback(cpu, st->state, false, NULL, NULL);
|     |               |--STEP-1: takedown_cpu(cpu);
|     |               |     |--stop_machine(take_cpu_down, NULL, cpumask_of(cpu));
|     |               |     |     \--stop_cpus(cpu_online_mask,multi_cpu_stop,…);
|     |               |     |          \--queue_stop_cpus_work(cpumask, fn, …);
|     |               |     |               \--for_each_cpu(cpu, cpumask)
|     |               |     |                     cpu_stop_queue_work(cpu, work);
|     |               |     |                          \--cpu_stopper_thread();
|     |               |     |                               \--multi_cpu_stop();
|     |               |     |                                    \--ack_state(msdata);
|     |               |     |--wait_for_ap_thread(st, false);
|     |               |     \--__cpu_die(cpu);
|     |               |          \--mp_ops->cpu_die(cpu);
|     |               |              \--loongson3_cpu_die();
|     |               |                   |--while(per_cpu(cpu_state,cpu)!=CPU_DEAD)
|     |               |                   |         cpu_relax();
|     |               |                   \--mb();
|     |               \--STEP-2: loongson3_disable_clock(cpu);
|     \--cpus_write_unlock();
\--cpu_maps_update_done();
    \--mutex_unlock(&cpu_add_remove_lock);
```

关核过程（1号核）：

```
static void cpu_stopper_thread(unsigned int cpu)
     |--work->fn();
     |     \--multi_cpu_stop();
     |          |--msdata->fn(msdata->data);
     |          |     \--take_cpu_down();
     |          |          |--__cpu_disable();
     |          |          |     \--mp_ops->cpu_disable();
     |          |          |          \--loongson3_cpu_disable();
```

```
|        |        |              |--unsigned int cpu = smp_processor_id();
|        |        |              |--set_cpu_online(cpu, false);
|        |        |              |--calculate_cpu_foreign_map();
|        |        |              |--local_irq_save(flags);
|        |        |              |--fixup_irqs();
|        |        |              |--local_irq_restore(flags);
|        |        |              |--flush_cache_all();
|        |        |              \--local_flush_tlb_all();
|        |       |--target = max((int)st->target, CPUHP_AP_OFFLINE);
|        |       \--for (; st->state > target; st->state--)
|        |            cpuhp_invoke_callback(cpu, st->state, false, NULL, NULL);
|        |                \--sched_cpu_dying(cpu);
|        |                    \--migrate_tasks(rq);
|        \--ack_state(msdata);
\--do_idle();  /*控制权转移到 Idle 进程*/
    \--arch_idle_loop();
        |--__current_set_polling();
        \--arch_cpu_idle_dead();
             \--play_dead();
                 |--idle_task_exit();
                 \--play_dead_at_ckseg1(state_addr);
```

从代码树可以看出，新旧机制关核的主要区别也集中在主控核上。整个状态机的目标状态为 CPUHP_OFFLINE，主控核的目标状态为 CPUHP_TEARDOWN_CPU，目标核的目标状态为 CPUHP_AP_OFFLINE。最重要的子函数 cpuhp_down_callbacks() 通过一个 while() 循环依次调用所有到达目标状态之前的每个状态的 teardown() 函数，其中比较重要的状态有 CPUHP_TEARDOWN_CPU 和 CPUHP_MIPS_SOC_PREPARE，其 teardown() 函数分别是 takedown_cpu() 和 loongson3_enable_clock()。至于 StopMachine 机制以及控制权的转移过程与旧版内核相比并无本质区别。

自动调核的机制探讨完毕，下面开始解析策略。

（二）CPUAutoplug 的策略部分

自动调核的核心是全局负载的概念，它是电源调节的依据。就动态变频来说，系统负载水平指的是本地负载，也就是每个核心自己的 CPU 利用率。如果把一个运行在最高主频的核心的计算能力看作 100%，那么该核心的负载水平变化范围就是 0 ~ 100%，动态变频实际上就是选择一个与当前负载水平最匹配的主频值。对于自动调核，全局负载指的是系统中所有核心的 CPU 利用率的总和，如果存在 N 个核心，那么全局负载水平的变化范围就是 0 ~ 100%×N。自动调核实际上就是选择一个与当前全局负载水平最匹配的核心数目。负载水平（CPU 利用率）的计算来源于内核调度器的统计数据，采样周期为毫秒级，具有相当高的精确度。

自动调核的策略是一种按需策略，类似于动态变频的 Ondemand/Conservative Governor。它对全局系统负载进行周期性采样，根据负载水平的变化，按需动态开关核，核心数目在 1 和最大值之间变化（核数变化的上限和下限都可以设置，当然也可以关闭自动调核策略，使用多少个核心由用户自己决定）。如果当前全局负载水平为 L，当前核数为 C，预设的上调阈值为 U，下调阈值为 D，那么自动调核策略可以表述如下。

- 增核条件：L > (C − 1) + U。
- 减核条件：L < (C − 1) − D。

以四核龙芯 3A 平台为例，负载变化范围为 0 ~ 400%，预设上调阈值为 95%，下调阈值为 10%。所有的调节情况都可以在表 8-2 中得到体现。

表 8-2　自动调核中平衡模式调节（四核平台）

当前核数	增核条件	减核条件
4	无（最大值）	负载 < 290%
3	负载 > 295%	负载 < 190%
2	负载 > 195%	负载 < 90%
1	负载 > 95%	无（最小值）

从表 8-2 中可以看出，给定一个全局负载水平，并不能总是确定一个唯一的最合适核心数目。比如，当负载水平处于 90% ~ 95% 之间时，不会触发任何开关核调节，而是保持原样（该负载范围没有确定的最合适数目）。如果这时候核数为 1 并且负载变化趋势是上升，那么当上升到 95% 以后，会触发增核条件（1 核到 2 核）；反之，如果核数为 2 并且负载变化趋势是下降，那么当下降到 90% 以后，会触发减核条件（2 核到 1 核）；但如果负载一直在该范围内徘徊，则保持当前核数不变（1 核或 2 核）。不触发开关核动作的负载范围称为“缓冲带”。

为什么要引入缓冲带呢？因为相对于主频调节来说，CPU 热插拔涉及进程迁移，是一种比较昂贵的条件动作；如果没有缓冲带，当负载水平徘徊于阈值附近时，就会导致频繁开关核，发生严重影响性能的颠簸现象。为了防止这种颠簸现象，除了缓冲带以外还使用了另外两种手段：一是将负载采样周期设定到秒级（缺省为 1 秒，比动态变频的采样周期高一个数量级），尽量降低调核的频度；二是强化减核条件，连续 3 个采样周期都发出减核请求时，才真正执行关核动作。强化减核条件的另一个目的是性能优先，即先满足性能需求，后考虑节能问题（类似于变频策略 Ondemand 与 Conservative 的区别）。

龙芯平台的运行时电源管理是变频与调核的结合。对于龙芯 3B1500 及以后的 CPU，变频和调核策略是互不干扰的，因此同时启用两者本身就是合理的，是一种有机的集成，协作非常良好。但是对于龙芯 3A1000 需要稍作分析：由于硬件的限制，动态变频大多数情况下只在单核状态下生效（除非 4 个核的负载比较均匀且都不太高）；在启用自动调核并且变频策略使用 Ondemand Governor 的情况下，图 8-3 展示了龙芯 3A1000 的四核平台上运行时电源管理进行按需调节的曲线（理想状态曲线，假设 4 个核负载不均衡）。通过实测，我们发现实际调节曲线与理想状态非常接近，因此，即便是在硬件受限的平台上，动态变频与自动调核的组合也可以适用于大多数应用场景。

图 8-3 中横坐标为全局负载水平，纵坐标为计算能力，也就是等效核数。如果把一个运行在最高频率的核心计算能力看作 1，那么核心处于降频状态时，计算能力便小于 1。在不要求十分精确的情况下，频率正比于性能，因此一个运行在 7/8 主频下的核心，其等效核数为 7/8 个。从图中可以看出，动态变频的生效范围（分隔线以左）大约是全局负载水平处于 [0, 90%] 的区间；自动调核的生效范围（分隔线以右）大约是负载水平处于 [90%, 400%] 的区间。

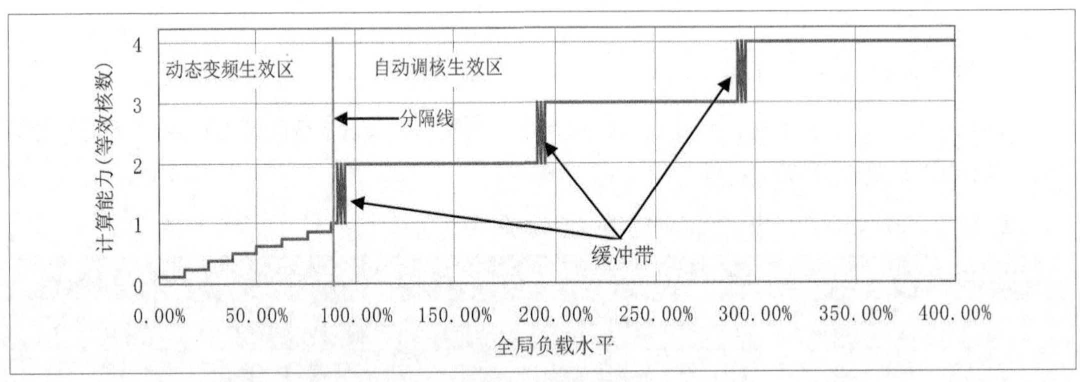

图 8-3　运行时电源管理在理想状态下的按需调节（龙芯 3A1000 平台）

自动调核的实现几乎全部位于 arch/mips/loongson64/loongson-3/loongson3_cpuautoplug.c 中。其初始化函数是 cpuautoplug_init()，相应的退出函数是 cpuautoplug_exit()。我们先来分析初始化入口函数。

```
static int __init cpuautoplug_init(void)
{
    ret = sysfs_create_group(&cpu_subsys.dev_root->kobj, &cpuclass_attr_group);
    ret = platform_driver_register(&platform_driver);
    ap_info.maxcpus = setup_max_cpus > nr_cpu_ids ? nr_cpu_ids : setup_max_cpus;
    ap_info.mincpus = 1;
    ap_info.dec_reqs = 0;
    ap_info.sampling_rate = 720;
    if (setup_max_cpus == 0) {
        ap_info.maxcpus = 1;
        autoplug_enabled = 0;
    }
    if (setup_max_cpus > num_possible_cpus())
        ap_info.maxcpus = num_possible_cpus();
#ifndef MODULE
    delay = msecs_to_jiffies(ap_info.sampling_rate * 24);
#else
    delay = msecs_to_jiffies(ap_info.sampling_rate * 8);
#endif
    INIT_DEFERRABLE_WORK(&ap_info.work, do_autoplug_timer);
```

```
    schedule_delayed_work_on(0, &ap_info.work, delay);
    return ret;
}
```

初始化函数首先创建了自动调核的 sysfs 目录结构，位于 /sys/device/system/cpu/cpuautoplug，主要的节点有 enabled（用于控制自动调核的总开关）、mincpus（自动调核的最小核数）、maxcpus（自动调核的最大核数）、sampling_rate（采样周期长度，单位为毫秒）。然后注册一个 platform_driver 与 platform_device 进行匹配。接下来初始化类型为 struct cpu_autoplug_info 的全局数据结构 ap_info，该数据类型定义如下。

```
struct cpu_autoplug_info {
    u64 prev_idle;
    u64 prev_wall;
    struct delayed_work work;
    unsigned int sampling_rate;
    int maxcpus;
    int mincpus;
    int dec_reqs;
};
```

其中，mincpus、maxcpus 和 sampling_rate 与 sysfs 下的同名节点含义相同（总开关可用内核启动参数 autoplug=on/off 来控制）；prev_idle 和 prev_wall 与动态变频中的相应变量类似，记录的是截止到最近一个采样周期所累积的空闲时间（每个 CPU 空闲时间的总和）和总体时间（绝对时间）；成员 work 则是用于挂接到系统工作队列的延迟工作项。

初始化函数将 do_autoplug_timer() 设置为 cpu_autoplug_info::work 的回调函数，然后通过 schedule_delayed_work_on() 激活其首次运行。如果动态调核功能编入内核则首次延迟为 24 个采样周期，如果编成模块则首次延迟为 8 个采样周期，采样周期的缺省长度为 720 毫秒。

几乎整个自动调核的策略都在 do_autoplug_timer() 函数中得到体现，该函数定义如下。

```
static void do_autoplug_timer(struct work_struct *work)
{
    int nr_cur_cpus = num_online_cpus();
    int nr_all_cpus = num_possible_cpus();
    delay = msecs_to_jiffies(ap_info.sampling_rate);
    if (!autoplug_enabled || system_state != SYSTEM_RUNNING)  goto out;
    autoplug_adjusting = 1;
    if (nr_cur_cpus > ap_info.maxcpus) {
        decrease_cores(nr_cur_cpus);
        autoplug_adjusting = 0;
        goto out;
```

```
    }
    if (nr_cur_cpus < ap_info.mincpus) {
        increase_cores(nr_cur_cpus);
        autoplug_adjusting = 0;
        goto out;
    }
    cur_idle_time = get_idle_time(&cur_wall_time);
    if (cur_wall_time == 0) {
        cur_wall_time = jiffies64_to_nsecs(get_jiffies_64());
        cur_wall_time = div_u64(cur_wall_time, NSEC_PER_USEC);
    }
    wall_time = (unsigned int)(cur_wall_time - ap_info.prev_wall);
    ap_info.prev_wall = cur_wall_time;
    idle_time = (unsigned int)(cur_idle_time - ap_info.prev_idle);
    idle_time += wall_time * (nr_all_cpus - nr_cur_cpus);
    ap_info.prev_idle = cur_idle_time;
    if (unlikely(!wall_time || wall_time * nr_all_cpus < idle_time)) {
        autoplug_adjusting = 0;
        goto out;
    }
    load = 100 * (wall_time * nr_all_cpus - idle_time) / wall_time;
    if (load < (nr_cur_cpus - 1) * 100 - DEC_THRESHOLD) {
        if (ap_info.dec_reqs <= 2)
            ap_info.dec_reqs++;
        else {
            ap_info.dec_reqs = 0;
            decrease_cores(nr_cur_cpus);
        }
    }
    else {
        ap_info.dec_reqs = 0;
        if (load > (nr_cur_cpus - 1) * 100 + INC_THRESHOLD)
            increase_cores(nr_cur_cpus);
    }
    autoplug_adjusting = 0;
out:
    schedule_delayed_work_on(0, &ap_info.work, delay);
}
```

该函数中，nr_cur_cpus 记录在线的 CPU 数目，nr_all_cpus 记录所有的 CPU 数目，autoplug_adjusting 表征正在调核过程中。如果自动调核没有启用，或者全局系统状态不是正常的 SYSTEM_RUNNING，直接跳转至 out 标号处。如果当前核数超过 ap_info 中规定的上限，那么调用 decrease_cores() 关一个核；如果当前核数低于 ap_info 中规定的下限，那么调用 increase_cores() 开一个核，完成以后跳转至 out 标号处。接下来调用 get_idle_time() 获取当前累积的全局空闲时间 cur_idle_time 和全局总体时间 cur_wall_time。然后根据如下公式计算全局负载。

wall_time = cur_wall_time - ap_info.prev_wall

idle_time = cur_idle_time - ap_info.prev_idle + wall_time × (nr_all_cpus - nr_cur_cpus)

load = 100 × (wall_time × nr_all_cpus - idle_time) / wall_time

注意：

wall_time 是总体时间的增量，是每个 CPU 共有的绝对时间而不是累积时间；idle_time 是全局空闲时间的增量，是所有 CPU 的空闲时间增量的累积，在线 CPU 所贡献的部分是 cur_idle_time - ap_info.prev_idle，而离线 CPU 所贡献的部分是 wall_time × (nr_all_cpus - nr_cur_cpus)；最后计算出来的 load 的单位是百分点，其取值范围是 0 到 100 × nr_all_cpus。

接下来就是比较全局负载和预设阈值，满足 load > (nr_cur_cpus - 1) × 100 + INC_THRESHOLD 时，调用 increase_cores() 增核；连续 3 次满足 load < (nr_cur_cpus - 1) × 100 - DEC_THRESHOLD 时，调用 decrease_cores() 减核。

最后，也就是 out 标号处，通过 schedule_delayed_work_on() 激活本函数的下一次运行（延迟值为一个采样周期）。

增核函数 increase_cores() 和减核函数 decrease_cores() 都比较简单：前者选择编号最小的离线核当目标核并调用 cpu_up() 开核；后者选择编号最大的在线核当目标核并调用 cpu_down() 关核。两个函数都必须考虑 ap_info 中规定的核数上限与下限。

在龙芯平台上，动态变频和自动调核这两种运行时电源管理方法协作得非常良好：如果负载比较均衡且负载不高，则动态变频起主动作用；如果负载不太均衡但总体负载不高，则自动调核起主导作用。即便是对于龙芯 3A1000 这种存在变频跨核依赖的 CPU 也会遵循一个设定：动态变频在全局负载低于一个核心的处理能力时生效，自动调核在负载接近或超过一个核心的处理能力时生效；两者的作用范围基本不重合，但其总范围又刚好覆盖了整个全局负载水平（0 ~ 400%）。因此，龙芯平台上的运行时电源管理方法，包括实现动态变频和自动调核在内，实现了无缝、有机的集成。

8.3 系统级睡眠管理

当计算机需要闲置较长的时间时，最节能的办法莫过于关机，然后在需要的时候再重新开机。但关机中断了工作状态，重新手动建立关机前的工作状态需要花费比较可观的时间。如果人们需要快速回到中断前的工作状态，那么关机再开机就显得不适宜了。系统级睡眠管理就是用来解决这种问题的电源管理方法：当进入睡眠状态时，计算机功耗接近或等于关机；而在重新唤醒以后，计算机能够自动快速地恢复到睡眠前的工作状态。根据不同的需求，系统睡眠状态也是分级的，常见的包括睡眠到内存（STR）和睡眠到磁盘（STD）。本节主要解析龙芯 /Linux 平台的 STR 和 STD。

在 Linux 操作系统中，系统睡眠（Sleep）也常称为挂起（Suspend，但在某些场合 Suspend 特指 Suspend To RAM），在 ACPI 标准的定义中，系统睡眠状态总称 Sx，包括不同的级别，分别为 S0 ~ S5。S0 实际上是运行时的活动状态，而 S5 实际上是软关机状态，剩下的 S1 ~ S4 则是不同程度的睡眠状态。各种睡眠状态遵循一个总的原则：睡眠状态越深，功耗越低，唤醒时间也越长。下面详细介绍。

S0（Full On）： 正常工作状态。处理器和所有设备全开，功耗取决于外设和系统的负载，主要的节能方法是运行时电源管理。

S1（Power On Suspend）： 带电待机或 POS，最浅的一种睡眠状态。处理器的所有寄存器被刷新，非 0 号 CPU 被关闭，0 号 CPU 停止执行指令，处于空闲等待状态（最深的 Cx）。CPU 和内存的电源一直维持着，没有被使用的设备则被停止供电（最深的 Dx）。该状态下，能耗取决于外设工作状态，S1 是最耗电的睡眠状态（为 S0 状态的 10% ~ 20%），但是恢复到系统正常工作状态的时间很短（1 ~ 3 秒）。在不支持 S3 的操作系统中，S1 被称为“待机（Standby）”。为了区分，一般将 S1 称为“浅待机”，将 S3 称为“深待机”。

S2（Deeper Suspend）： 一个比 S1 更深的睡眠状态。该状态下，不再给 CPU 供电。基本上所有的计算机系统都没有采用过这种模式。

S3（Suspend To RAM）： 比 S2 更深的睡眠状态。通常被称为挂起到内存（STR），在 Windows/Linux 中称为“待机（Standby）”。除主存储器仍然供电保存资料（处于自刷新模式）外，其余的 CPU、Cache、芯片组等内容均丢失，因为电源上的其他供电都会关掉。此时，主存储器的内容由硬件维护。唤醒事件发生后，首先由 CPU 的复位信号开始动作。STR 功能是指在进入该状态之前，把操作系统、所有应用程序和被打开文件等状态都保存在主存储器中，下次恢复时，直接从主存储器中读取信息，并恢复到之前的工作状态。其优点是恢复速度特别快，而且可以保留上下文工作状态；其缺点是不能断开电脑电源，否则内存数据就会完全丢失。在该状态下，电源仍然为主存储器和相关的必要设备供电，以确保数据不被丢失，而无关的设备则关断电源，这样系统的耗电量极低（约为 S0 状态的 1%），而且从主存储器读取信息远比从硬盘快得多，恢复到正常工作状态也迅速（5 ~ 8 秒）。

S4（Suspend To Disk）： 比 S3 更深的睡眠状态。通常被称为挂起到磁盘（STD），在 Windows/Linux 中叫“休眠（Hibernation）”。所有主存储器的内容被存储到硬盘之类的非易失性存储器上，包括操作系统状态、应用程序和被打开的文档等。STD 与 STR 的原理是类似的，只不过数据保存在硬盘上，恢复时也从硬盘上读取。由于硬盘的读写速度比内存要慢很多，恢复起来自然没有 STR 模式快。在 S4 状态下，所有设备电源均被关闭，系统的主电源也关闭，因此该状态功耗最低（接近于 0，与软关机相同），但唤醒的时间也最长（20 秒 ~ 1 分钟）。在 S3 状态下，如果停电了，所有主存储器上的数据都会丢失，包括所有没有保存的文件，而在 S4 状态下则不受影响。

S5（Soft Off）： 功耗上类似于 S4 休眠状态。连电源在内的所有设备全部关闭，但操作系统不维护工作状态的任何内容。该状态下，需要一个完整彻底的启动过程来重新“唤醒”系统。“唤醒”以后，工作状态需用户手工重建。

综上所述，S0 状态的电源管理实际上属于运行时电源管理，S2 基本不用，而 S5 则属于开关机等基本功能管理的范畴。因此系统级睡眠管理真正关注的是 S1、S3 和 S4，即浅待机、深待机和休眠。

ACPI 是一个规模宏大的电源管理框架，其完整实现包括硬件、软件和固件方面的相关支持。龙芯平台虽然没有完整的 ACPI 支持，但 Linux 的电源管理并不局限于 ACPI。因此，使用 Linux 操作系统的龙芯计算机同样可以实现待机与休眠等系统级睡眠管理方法。

从 Linux-3.9 版本开始，内核引入了比 S1 更浅的待机状态，叫 Freeze，跟 S1 的主要区别就是所有 CPU 都不会被关闭而是处于执行 0 号空闲进程的状态，因此功耗比 S1 更高。但其优点是这种睡眠是与体系结构完全无关的。

接下来的两个小节分别介绍龙芯平台的待机方法与休眠方法。

8.3.1 睡眠到内存（待机）

前面提到，待机分为浅待机（POS，ACPI S1，Shallow Suspend）和深待机（STR，ACPI S3，Deep Suspend），本节主要介绍深待机的设计与实现。

Linux 是跨平台的操作系统，其待机方法的实现已有成熟的框架。在这个框架里面有一些平台相关的钩子操作（hook ops，即一系列回调函数组成的操作集），不同的平台通过实现这些钩子操作来实现完整的待机过程。

Linux 实现待机的主要流程如图 8-4 所示，网格线填充的方框表示跟固件（BIOS）相关的步骤，小圆点填充的方框（第 6 步的各个子步骤）表示操作系统中跟平台相关的部分（即钩子操作），要在龙芯平台上实现待机，这两处是与其他诸如 X86 平台差异最大的地方。

从图 8-4 中可以看出，浅待机（S1）一般不需要 BIOS 的参与，而深待机（S3）需要 BIOS 参与。这主要是因为在进入 S3 睡眠状态之后，CPU 已经停止供电，操作系统的执行流已经冻结。当再次上电以后，计算机类似于一次开机过程，最开始执行的是 BIOS。当 BIOS 检测到本次上电是一次 STR 唤醒以后，才会将控制权转交给操作系统。

在 BIOS 相关步骤和平台相关的操作系统步骤之外，其他的睡眠 / 唤醒步骤大多是平台无关的过程，已经在待机框架中实现。这些框架中的步骤对于睡眠和唤醒基本上是对称的：对于睡眠过程主要是冻结所有应用进程、停止外设工作、关闭设备电源并且关闭所有辅核（如果是多核或多处理器系统的话）；而对于唤醒过程主要是打开所有辅核（如果是多核或多处理器系统的话）、打开设备电源、开始外设工作以及恢复所有应用进程。严格来说，冻结 / 恢复应用进程以及打开 / 关闭主核也是平台相关的操作，但进程相关的操作在 Linux 内核中已经实现，而开关核的操作（CPU 热插拔）已经在 8.2.2 小节中予以介绍，因此此处不再赘述。

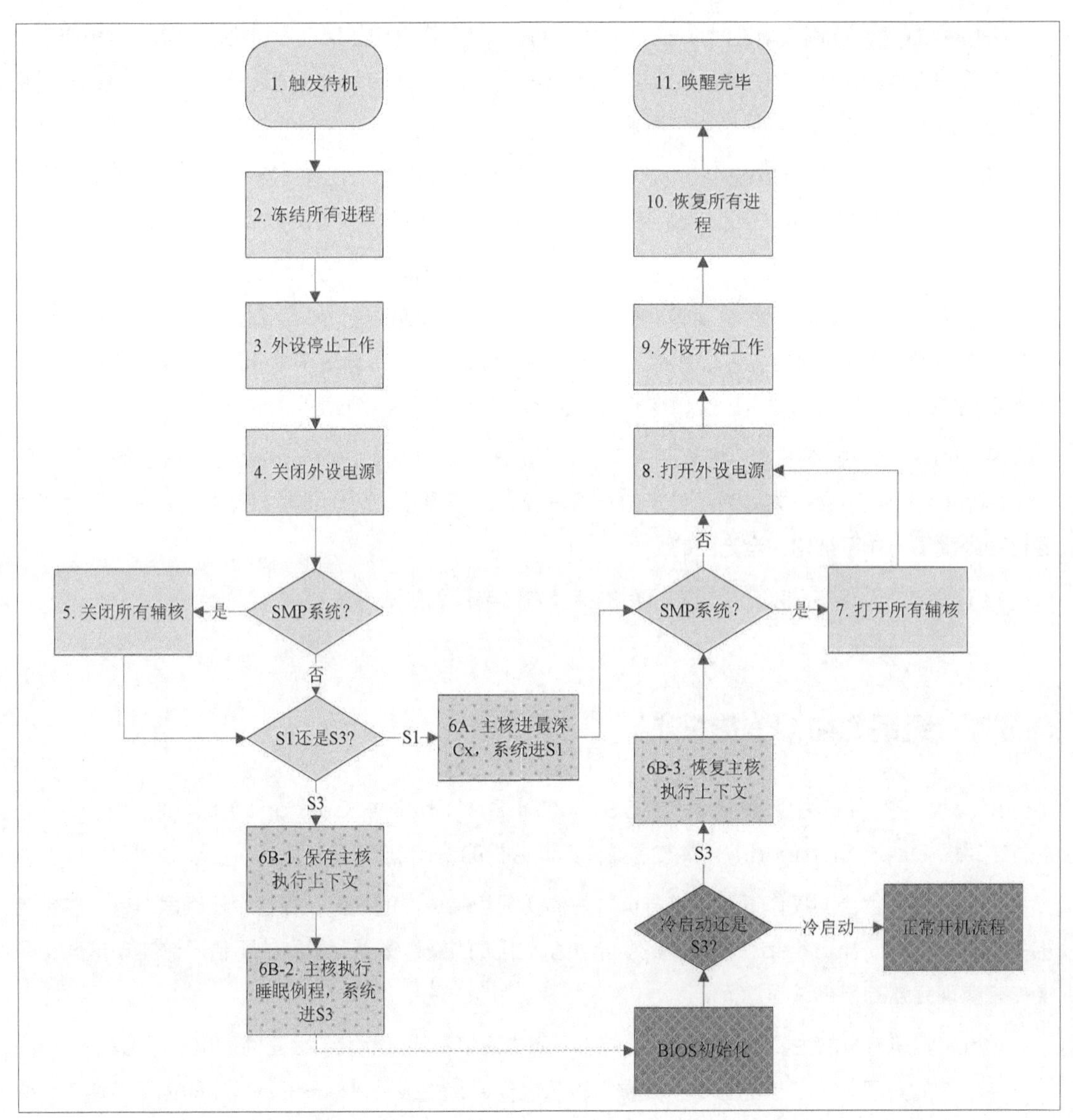

图 8-4　龙芯 /Linux 平台的待机流程

表 8-3 列出了图 8-4 中各个步骤所对应的实现函数，其中第 6 步是平台相关的主要部分。

表 8-3　待机流程主要步骤的实现函数

步骤	描述	实现函数	备注
1	触发待机	enter_state() 进入	依次调用 suspend_prepare(), suspend_devices_and_enter(), suspend_finish() 等函数
2	冻结所有进程	suspend_prepare()	主要调用 suspend_freeze_processes()
3	外设停止工作	dpm_suspend_start()	对每个列表中的设备执行 device_prepare() 和 device_suspend()
4	关闭外设电源	dpm_suspend_noirq()	对每个列表中的设备执行 device_suspend_noirq()

续表

步骤	描述	实现函数	备注
5	关闭所有辅核	disable_nonboot_cpus()	对每个辅核执行 _cpu_down()
6A	进入 S1	X86：acpi_enter_sleep_state() 龙芯：loongson_suspend_enter()	X86：被 acpi_suspend_enter() 调用 龙芯：被 loongson_pm_enter() 调用
6B	进入 S3	X86：do_suspend_lowlevel() 龙芯：loongson_suspend_enter()	X86：被 acpi_suspend_enter() 调用 龙芯：被 loongson_pm_enter() 调用
7	打开所有辅核	enable_nonboot_cpus()	对每个辅核执行 _cpu_up()
8	打开外设电源	dpm_resume_noirq()	对每个列表中的设备执行 device_resume_noirq()
9	外设开始工作	dpm_resume_end()	对每个列表中的设备执行 device_resume() 和 device_complete()
10	恢复所有进程	suspend_finish()	主要调用 suspend_thaw_processes()
11	唤醒完毕	enter_state() 返回	—

在用户态操作接口上，可以通过 echo standby > /sys/power/state 进入浅待机状态，通过 echo mem > /sys/power/state 进入深待机状态。

在 Linux 内核中，写入 /sys/power/state 节点的处理函数是定义在 kernel/power/main.c 中的 state_store()。在 state_store() 中，待机（包括 S1 和 S3）的总入口函数是 pm_suspend()，其主要步骤是调用 enter_state ()。函数 enter_state() 定义在 kernel/power/ suspend.c 中，其主要调用关系如下。

```
enter_state(state)
  |--valid_state();
  |    \--suspend_ops->valid();
  |--ksys_sync_helper();
  |--suspend_prepare();
  |    |--pm_prepare_console();
  |    |--pm_notifier_call_chain(PM_SUSPEND_PREPARE);
  |    \--suspend_freeze_processes();
  |--suspend_devices_and_enter();
  |    |--platform_suspend_begin();
  |    |--suspend_console();
  |    |--dpm_suspend_start();
  |    |    |--dpm_prepare();
  |    |    |    \--while (!list_empty(&dpm_list)) device_prepare();
  |    |    \--dpm_suspend();
```

```
|    |         \--while (!list_empty(&dpm_prepared_list)) device_suspend();
|    |--suspend_enter();
|    |    |--dpm_suspend_late();
|    |    |    \--while (!list_empty(&dpm_suspended_list)) device_suspend_late();
|    |    |--dpm_suspend_noirq();
|    |    |    |--suspend_device_irqs();
|    |    |    \--dpm_noirq_suspend_devices();
|    |    |         \--while (!list_empty(&dpm_late_early_list)) device_suspend_noirq();
|    |    |-- suspend_disable_secondary_cpus();
|    |    |    \--for_each_online_cpu(cpu) _cpu_down(cpu, 1, CPUHP_OFFLINE);
|    |    |--syscore_suspend();
|    |    |--suspend_ops->enter();  /*平台相关*/
|    |    |    \--loongson_pm_enter();
|    |    |--syscore_resume();
|    |    |-- suspend_enable_secondary_cpus();
|    |    |    \--for_each_cpu(cpu, frozen_cpus) _cpu_up(cpu, 1, CPUHP_ONLINE);
|    |    |--dpm_resume_noirq();
|    |    |    |--dpm_noirq_resume_devices();
|    |    |    |    \--while (!list_empty(&dpm_noirq_list)) device_resume_noirq();
|    |    |    \--resume_device_irqs();
|    |    \--dpm_resume_early();
|    |         \-- while (!list_empty(&dpm_late_early_list)) device_resume_early();
|    |--dpm_resume_end();
|    |    |--dpm_resume();
|    |    |    \--while (!list_empty(&dpm_suspended_list)) device_resume();
|    |    \--dpm_complete();
|    |         \--while (!list_empty(&dpm_prepared_list)) device_complete();
|    |--resume_console();
|    \--platform_resume_end();
\--suspend_finish()
     |--suspend_thaw_processes();
     |--pm_notifier_call_chain(PM_POST_SUSPEND);
     \--pm_restore_console();
```

这棵代码树非常对称且可读性良好，且表 8-3 已进行了初步解释，因此不再过多涉及细节，仅把外围设备相关的部分单独提出来讲解一下。每个支持电源管理的设备都会直接或间接地关联一个叫作 struct struct dev_pm_ops 的数据结构，该结构定义如下（为方便而对顺序有所调整）。

```
struct dev_pm_ops {
    int (*prepare)(struct device *dev);
    void (*complete)(struct device *dev);
    int (*suspend)(struct device *dev);
    int (*suspend_late)(struct device *dev);
    int (*suspend_noirq)(struct device *dev);
    int (*resume_noirq)(struct device *dev);
    int (*resume_early)(struct device *dev);
    int (*resume)(struct device *dev);
    int (*freeze)(struct device *dev);
    int (*freeze_late)(struct device *dev);
    int (*freeze_noirq)(struct device *dev);
    int (*thaw_noirq)(struct device *dev);
    int (*thaw_early)(struct device *dev);
    int (*thaw)(struct device *dev);
    int (*poweroff)(struct device *dev);
    int (*poweroff_late)(struct device *dev);
    int (*poweroff_noirq)(struct device *dev);
    int (*restore_noirq)(struct device *dev);
    int (*restore_early)(struct device *dev);
    int (*restore)(struct device *dev);
    int (*runtime_suspend)(struct device *dev);
    int (*runtime_resume)(struct device *dev);
    int (*runtime_idle)(struct device *dev);
};
```

对于一个特定的设备，在整个 STR 的睡眠—唤醒过程中大概要经历 dev_pm_ops 中的以下步骤：prepare() → suspend() → suspend_late() → suspend_noirq() → [进入 STR 状态] → resume_noirq() → resume_early() → resume() → complete()。其中，prepare() 是准备阶段，主要功能是禁止新设备注册以避免死锁；complete() 是完成阶段，主要功能是重新开放新设备注册。在 prepare() 和 complete() 之外，早期内核的睡眠过程只需要 suspend()，唤醒过程只需要 resume()；从 Linux-2.6.27 版本开始，把 suspend() 中需要关中断运行的部分（比如关闭电源）拆分成 suspend_noirq()，把 resume() 中需要关中断运行的部分（比如打开电源）拆分成 resume_noirq()；从 Linux-3.4 版本开始，suspend() 中只保留停止工作的部分，状态保存的部分被进一步拆分到 suspend_late()，而 resume() 中也只保留开始工作的部分，状态恢复的部分被进一步拆分到 resume_early()。当然，以上拆分原则只是内核电源管理框架的建议，具体的设备驱动可以选择拆分或者不拆分，只要能够正常工作就行。

除了上述外设相关的部分，enter_state() 中最重要的步骤就是代码树中字体加粗的部分。在 X86 平台（目前支持 ACPI 最完善的平台）中，suspend_ops 的具体实现是 acpi_suspend_ ops，其中 enter() 回调函数是 acpi_suspend_enter()，龙芯平台上则通过 loongson_pm_enter() 实现。

下面我们来看看整个 suspend_ops 的类型定义，也就是待机设计中与平台相关的最重要的数据结构，include/linux/suspend.h 中的 platform_suspend_ops，其定义如下。

```
struct platform_suspend_ops {
    int (*valid)(suspend_state_t state);    /* 检测某状态是否可用 */
    int (*begin)(suspend_state_t state);
    int (*prepare)(void);
    int (*prepare_late)(void);
    int (*enter)(suspend_state_t state);    /* 进入某种睡眠状态 */
    void (*wake)(void);
    void (*finish)(void);
    bool (*suspend_again)(void);
    void (*end)(void);
    void (*recover)(void);
};
```

上文提到，在 X86 平台上，实现该结构的通常是 acpi_suspend_ops，而在龙芯平台上我们使用 loongson_pm_ops。在内核启动过程，do_initcalls() 会调用 loongson_pm_init() 来注册 loongson_pm_ops。这个操作集里面，最重要的回调函数是 enter()，由 loongson_pm_enter() 负责实现。龙芯没有严格意义上的 C-State，因此实现真正意义上的浅待机实际上价值不大（节能效果不佳）。为了保持用户态接口的正常工作，形式上的浅待机和深待机最后都会进入深待机状态。在 loongson_pm_enter() 里面的关键过程是 loongson_suspend_enter()，用于实现深待机（ACPI S3）。

函数 loongson_pm_enter() 定义在 arch/mips/loongson64/common/pm.c 中，展开如下。

```
static int loongson_pm_enter(suspend_state_t state)
{
    mach_suspend();
    loongson_suspend_enter();
    pm_set_resume_via_firmware();
    mach_resume();
    return 0;
}
```

这个函数分以下 4 步：mach_suspend() 是机型相关的睡眠操作；loongson_suspend_enter() 是核心睡眠操作，执行完成后就进入了睡眠状态；pm_set_resume_via_firmware() 宣告我们是从固件（BIOS）唤醒回来的；mach_resume() 是机型相关的唤醒操作，属于 mach_suspend() 的反操作。64 位的龙芯处理器（包括龙芯 2 号和龙芯 3 号）的待机都是通过 loongson_pm_enter() 完成的，但龙芯 2 号和龙芯 3 号具有较大的差别，因此内部几个步骤的实现是有区别的。

龙芯3号的mach_suspend()和mach_resume()定义在arch/mips/loongson64/loongson-3/pm.c中，展开如下。

```
void mach_suspend(void)
{
    acpi_sleep_prepare();
    if (cpu_has_ftlb) {
        loongson_regs.config4 = read_c0_config4();
        loongson_regs.config6 = read_c0_config6();
    }
    if (cpu_has_ldpte) {
        loongson_regs.pgd = read_c0_pgd();
        loongson_regs.kpgd = read_c0_kpgd();
        loongson_regs.pwctl = read_c0_pwctl();
        loongson_regs.pwbase = read_c0_pwbase();
        loongson_regs.pwsize = read_c0_pwsize();
        loongson_regs.pwfield = read_c0_pwfield();
    }
    if (cpu_has_userlocal) {
        loongson_regs.hwrena = read_c0_hwrena();
        loongson_regs.userlocal = read_c0_userlocal();
    }
    loongson_nr_nodes = loongson_sysconf.nr_nodes;
    loongson_suspend_addr = loongson_sysconf.suspend_addr;
    loongson_pcache_ways = cpu_data[0].dcache.ways;
    loongson_scache_ways = cpu_data[0].scache.ways;
    loongson_pcache_sets = cpu_data[0].dcache.sets;
    loongson_scache_sets = cpu_data[0].scache.sets*4;
    loongson_pcache_linesz = cpu_data[0].dcache.linesz;
    loongson_scache_linesz = cpu_data[0].scache.linesz;
}

void mach_resume(void)
{
    local_flush_tlb_all();
    cmos_write64(0x0, 0x40);
    cmos_write64(0x0, 0x48);
    if (cpu_has_ftlb) {
```

```
        write_c0_config4(loongson_regs.config4);
        write_c0_config6(loongson_regs.config6);
    }
    if (cpu_has_ldpte) {
        write_c0_pgd(loongson_regs.pgd);
        write_c0_kpgd(loongson_regs.kpgd);
        write_c0_pwctl(loongson_regs.pwctl);
        write_c0_pwbase(loongson_regs.pwbase);
        write_c0_pwsize(loongson_regs.pwsize);
        write_c0_pwfield(loongson_regs.pwfield);
    }
    if (cpu_has_userlocal) {
        write_c0_hwrena(loongson_regs.hwrena);
        write_c0_userlocal(loongson_regs.userlocal);
    }
    loongson_pch->early_config();
    loongson_pch->init_irq();
    acpi_registers_setup();
    acpi_sleep_complete();
}
```

该函数逻辑简明，此处简单介绍。mach_suspend() 中的 acpi_sleep_prepare() 负责清除遗留的 ACPI 事件，然后在 RS780 桥片的机器上打开睡眠闪烁灯；mach_resume() 中有其反操作 acpi_registers_setup()/acpi_sleep_complete()，其负责在初始化 ACPI 寄存器以后关闭睡眠闪烁灯。mach_suspend() 中根据 CPU 特征（是否支持 FTLB，是否支持 LDPTE，是否支持 UserLocal）选择性地将一些特殊寄存器保存至 loongson_regs，然后在 mach_resume() 中也会根据这些特征选择性地予以恢复。另外 mach_suspend() 和 mach_resume() 中也有一些不对称的操作。比如 mach_suspend() 里面会给一些重要的全局变量赋值：loongson_pcache_ways 是一级 Cache 的组相联路数，loongson_scache_ways 是二级 Cache 的组相联路数，loongson_pcache_sets 是一级 Cache 的组相联组数，loongson_scache_sets 是二级 Cache 的组相联组数，loongson_ pcache_linesz 是一级 Cache 的行大小，loongson_scache_linesz 是二级 Cache 的行大小，loongson_nr_nodes 是 NUMA 节点总数，loongson_suspend_addr 是最后内核完成所有操作以后跳转至 BIOS 的入口地址。而 mach_resume() 会通过 local_flush_tlb_all() 刷新所有的 TLB 项，通过 cmos_write64() 清除记录在 CMOS RTC RAM 里的唤醒向量，通过 loongson_pch-> early_config() 和 loongson_pch-> init_irq() 完成一些必要的配置。

深待机（STR）的 loongson_suspend_enter() 子过程主要包括 3 个步骤：保存主核上下文、执行睡眠例程和恢复主核上下文（图 8-4 中步骤 6B 的 3 个子步骤）。其代码定义在 arch/mips/

loongson64/loongson-3/sleep.S 中，展开如下。

```
.macro  SETUP_SLEEP
        ......
.endm
LEAF(loongson_suspend_enter)
        SETUP_SLEEP
        li a0, 0x80000000
        lw a1, loongson_pcache_sets
        lw a2, loongson_pcache_ways
        lw a3, loongson_pcache_linesz
flushL1:
        move  t0, a2
1:      cache 0, (a0)
        cache 1, (a0)
        addiu a0, a0, 1
        addiu t0, t0, -1
        bnez  t0, 1b
        subu  a0, a0, a2
        addu  a0, a0, a3
        addiu a1, a1, -1
        bnez  a1, flushL1
        lw   a0, loongson_nr_nodes
        dli a1, 0x9800000000000000
        lw   a3, loongson_scache_ways
        lw   t8, loongson_scache_linesz
flushL2_all:
        lw   a2, loongson_scache_sets
        dli t9, 0x100000000000
flushL2_node:
        move   t0, a3
1:      cache  3, (a1)
        daddiu a1, a1, 1
        addiu  t0, t0, -1
        bnez   t0, 1b
        dsubu  a1, a1, a3
        daddu  a1, a1, t8
        addiu  a2, a2, -1
        bnez   a2, flushL2_node
```

```
        daddu  a1, a1, t9
        addiu  a0, a0, -1
        bnez   a0, flushL2_all
        daddi   a1, sp, 0
        dla     a0, wakeup_start
        ld      v0, loongson_suspend_addr
        jr      v0
        nop
END(loongson_suspend_enter)
LEAF(wakeup_start)
        ……
END(wakeup_start)
```

因为汇编代码相对烦琐，所以此处不再逐句解析。原理上，其详细操作过程如下。

1. 保存主核执行上下文（SETUP_SLEEP）

- 调整堆栈指针（SP 寄存器），目的是留出一个栈帧来保存上下文。
- 将 1 ~ 7 号通用寄存器（用于汇编器的 AT 寄存器、用于存放函数返回值的 V 系列寄存器以及用于存放函数参数的 A 系列寄存器）保存到栈帧。
- 将 16 ~ 23 号通用寄存器（函数调用时需要调用者保存的 S 系列寄存器）保存到栈帧。
- 将 26 ~ 31 号通用寄存器（内核专用的 K 系列寄存器、全局指针 GP，帧指针 FP 和返回地址 RA 寄存器）保存到栈帧，但 29 号寄存器（堆栈指针 SP）除外。
- 将协处理器 0 的部分寄存器（状态寄存器、配置寄存器、上下文寄存器和页面掩码寄存器等）保存到栈帧。

2. 主核执行睡眠例程进入待机状态（loongson_suspend_enter 主体）

- 将堆栈指针 SP 的当前值（等于唤醒后的 SP）写入非易失性存储器。
- 将唤醒入口地址 wakeup_start（等于唤醒后的 PC）写入非易失性存储器。
- 刷回并无效化一级高速缓存（L1 Cache）。
- 刷回并无效化二级高速缓存（L2 Cache）。
- 通过 BIOS 调用接口，将控制权转交给 BIOS（跳转至 loongson_suspend_addr）。
- BIOS 将内存设置成自刷新模式。
- BIOS 通知嵌入式控制器（EC）或南桥芯片关闭除内存以外所有部件的电源。

3. 恢复主核执行上下文（wakeup_start）

- 从栈帧恢复协处理器 0 的部分寄存器（如状态寄存器、配置寄存器、上下文寄存器和页面掩码寄存器等）。
- 从栈帧恢复 1 ~ 7 号通用寄存器（用于汇编器的 AT 寄存器、用于存放函数返回值的 V 系列寄存器以及用于存放函数参数的 A 系列寄存器）。
- 从栈帧恢复 16 ~ 23 号通用寄存器（函数调用时需要调用者保存的 S 系列寄存器）。
- 从栈帧恢复 26 ~ 31 号通用寄存器（内核专用的 K 系列寄存器、全局指针 GP，帧指针

FP 和返回地址 RA 寄存器），但 29 号寄存器（堆栈指针 SP）除外。

○ 调整堆栈指针（SP 寄存器），目的是丢弃已经没有用处的栈帧。

可以看出，深待机的睡眠例程实现需要操作系统内核与固件（BIOS，在龙芯平台一般是 PMON 或者基于 UEFI 的昆仑固件）的协作。除了前面提到的主要原因（进入睡眠状态后 CPU 已经断电，再次上电后首先执行 BIOS）之外，还有另一个重要原因是 loongson_suspend_enter() 完全依靠内核代码实现是不可能的。简单地说，该函数要严格按照顺序完成以下几件工作。

1. 将主核的执行上下文保存到内存。

2. 将唤醒后内核的起始执行点 PC（即 wakeup_start 的地址）和堆栈指针 SP 保存到系统内存（System RAM）空间之外的特定区域（目前使用 CMOS RTC RAM）。

3. 刷回 L1 Cache 和 L2 Cache。

4. 操作内存控制器使之进入自刷新模式。

5. 通知嵌入式控制器（EC）或配套的桥片，使之关闭除内存以外的所有电源。

问题在于，第 4 步完成以后，内存已经不可访问，因此第 5 步无法进行，因为代码在内存里面，而之前已经将 Cache 进行了无效化。某些 MIPS CPU 可以将指定地址的内存预取到指令 Cache 中，但龙芯不支持该种操作。

解决办法就是将第 4 步和第 5 步的实现放在固件中，并且最好是放置到固定的地址（通过 BIOS- 内核接口规范中的 efi_reset_system_t::DoSuspend 传递，缺省使用 0xbfc00500），loongson_suspend_enter() 完成前三步之后，直接跳转到该地址，进入深待机状态。

深待机唤醒以后首先执行固件中的代码，固件需要判断是冷启动还是待机唤醒，判断方法是检查“唤醒向量”。唤醒向量由内核起始执行点 PC（wakeup_start 函数的地址）和堆栈指针 SP 组成，如果值为 0，则表示是冷启动。

对于 STR，操作系统内核与固件的互操作需要解决两个重要问题：一个是唤醒向量如何保存，另一个是操作系统与固件如何在内存中共存。

先来看唤醒向量的保存问题。首先，它不可以放在系统内存中，因为很难在内核的地址空间使用一个固定的地址来进行存放，而 BIOS 又不容易访问浮动的内存地址。其次，不可以放在 BIOS 的 Flash 芯片中，因为内核读写 Flash 芯片空间需要调用设备驱动，而通过设备驱动的读写是异步的，并且涉及定时器操作。在进入 loongson_suspend_enter() 以后，定时器都已经停止，设备驱动也无法使用。于是，我们最终选定了 CMOS RTC 内存空间的 0x40 和 0x48 两个地址来进行存放，这个地方既是固定地址，BIOS 又可以直接访问。

再来看 BIOS 与操作系统的共存问题。BIOS 代码保存在非易失性的只读存储器（Flash ROM）芯片中，但是为了提高性能（执行效率）和灵活性（如动态分配内存），通常会加载并解压到系统内存（RAM）中执行。待机唤醒和冷启动不同，此时内存里面的内容是有用的，不能让 BIOS 随意使用，否则就会破坏操作系统的数据。因此 BIOS 必须能够和操作系统共存而不互相干扰。

在 X86 平台上，BIOS 会向操作系统提供一张物理内存空间的映射表——E820 图。其中某些区段被标记为 BIOS 专用或者保留，于是系统内核就不会使用这些区段。因此，内核与固件可以实现共存而不会破坏对方的内容。

龙芯的 BIOS 不提供 E820 图，但是我们可以仿照 E820 图的原理，通过专用内存区实现 BIOS 与操作系统的共存（通过 BIOS- 内核接口规范中的 efi_memory_map_loongson::mem_map）。龙芯电脑的最低物理内存配置是 256 MB，因此我们可以将 240 MB ~ 256 MB 之间的 16 MB 范围划分给 BIOS 专用。假设系统有 2 GB 内存，那么划分如下。

○ 0 MB ~ 240 MB：操作系统使用。

○ 240 MB ~ 256 MB：BIOS 专用。

○ 256 MB ~ 2 GB：操作系统使用。

为了配合专用内存区的设计，BIOS 也需要进行调整，不仅要把解压后的可执行代码放置在专用区域，而且要把执行时使用的动态数据（堆和栈）分配在专用区域内。

8.3.2 睡眠到磁盘（休眠）

龙芯 /Linux 平台的休眠（STD）与待机（STR）具有一定的相似性，但也有着较大的区别。其相似性表现在它们都是一种“睡眠—唤醒”的过程，意思是它们都将系统的当前状态保存到一个地方（内存或硬盘），然后进入一个低耗电的状态，并且这种低耗电状态可以唤醒。唤醒以后，系统恢复到睡眠前的状态。其区别主要在于：休眠本身一般不需要 BIOS 的介入，一切均由操作系统完成（但是进入休眠状态以后，唤醒时需要从 BIOS 开始执行），但操作系统实现休眠的复杂性大大高于待机，如图 8-5 所示。

为了方便对比，STR 的执行过程在更高维度上可以简化为以下三大步骤。

1. 保存状态（suspend）。

2. 进入睡眠。

3. 恢复状态（resume）。

这里所述的状态包括所有进程的执行状态、所有 CPU 核的寄存器上下文、所有外围设备的内部状态以及所有正在使用的内存内容。那么，第一大步骤大致相当于图 8-5 中的第 1 ~ 5 步；第二大步骤大致相当于图 8-5 中的第 6 步；第三大步骤大致相当于图 8-5 中的第 7 ~ 11 步。

从宏观的角度看，STD 的睡眠 / 唤醒过程分为三大阶段，每个阶段又有若干步骤。

1. 第一阶段

○ 冻结状态（freeze）。

○ 生成状态快照。

○ 解冻状态（thaw）。

2. 第二阶段

○ 将快照写入磁盘。

○ 关机。

○ 开机。
○ 从磁盘读入快照。

3. 第三阶段

○ 静置状态（quiesce）。
○ 状态快照还原。
○ 恢复状态（restore）。

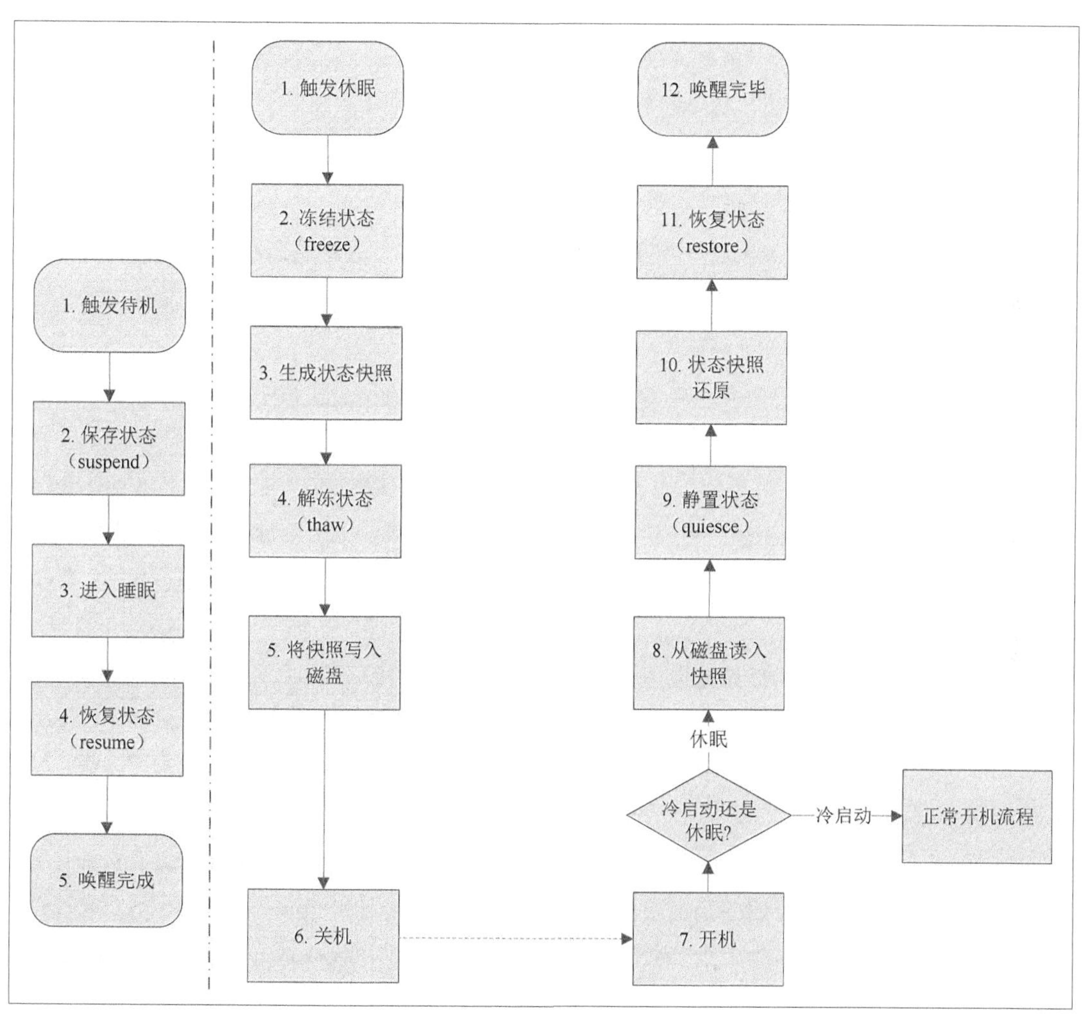

图 8-5　龙芯 /Linux 平台的待机流程（左）与休眠流程（右）对比

第一阶段类似于一次 STR 过程，其中的 freeze 和 thaw 类似于 suspend 和 resume。但 freeze 和 suspend 有少许不同，它会冻结所有应用进程、停止外设工作、关闭所有辅核，但一般并不会关闭设备电源。与之对应，thaw 会开启所有辅核、开始外设工作、恢复所有应用进程，但一般不需要像 resume 那样重新打开设备电源。

该阶段对状态的冻结和解冻的目的就是生成状态快照。所谓状态快照，就是正在使用的内存内容（包括所有进程的执行状态、所有 CPU 核的寄存器上下文、所有外围设备的内部状态都是通过内存内容来体现的），这些内容会在之后的休眠过程中被写入磁盘。之所以要对状态进行冻结，是因为只有在进程和设备停止工作的时候，内存的内容才是一致而稳定的（一致而稳定是一种比较严格的状态要求，例如，许多硬件相关的命令根据某种协议被组合成一个大操作，这个大操作要么整个不做，要么整个做完全，否则就是不一致或者不稳定）。“正在使用的内存内容”通常是离散的，而生成快照时通常会分配一块较大的连续内存，然后将离散的页面拷贝到这块连续内存区，保存到硬盘的也是这块连续区（离散页面不方便保存）。因此，STD 一般要求有 2/5 以上的空闲物理内存，才足以生成完整的快照。

快照在生成以后，其内容不再发生变化，STD 唤醒以后的状态就是快照生成时的状态。快照在生成以后，需要将其写到磁盘才能持久保存，而写盘的过程需要内核线程、设备驱动均处于工作状态。因此，快照生成以后，需要进行状态解冻，才能继续后面的过程。

第二阶段是 STD 的核心阶段，它的主要工作是将第一阶段生成的快照写入磁盘，然后关机。关机以后，STD 睡眠过程即已完成。

STD 的唤醒的早期阶段就是一次正常的开机过程。当开机过程的内核启动阶段完成以后，Linux 会检测硬盘上的 STD 标记，如果它发现这是一次 STD 唤醒而不是全新的冷启动，就会从硬盘状态读入快照，然后进入第三阶段。

第三阶段也类似于一次 STR 过程，其中的 quiesce 和 restore 也类似于 suspend 和 resume。quiesce 和 suspend 也有少许不同，它会冻结所有应用进程、停止外设工作、关闭所有辅核，但一般并不会关闭设备电源，并且状态也不会用来保存，而是直接废弃。与之对应，restore 会开启所有辅核、开始外设工作、恢复所有应用进程，但一般不需要像 resume 重新打开设备电源，并且状态信息来源于快照。quiesce/restore 和 freeze/thaw 的目的非常相似，都是得到一个一致而稳定的内存状态。

内核切换过程是第三阶段最难以理解的一个概念。第二阶段开机时，启动的 Linux 内核是一个全新的内核（Booting Kernel），而状态恢复以后，运行的却是睡眠前的目标内核（Target Kernel）。两个内核的可执行代码是完全相同的，但是运行时的数据却是千差万别的。这些运行时数据实际上就是状态快照的内容，所以快照恢复以后，内核就自然而然地切换过去了。

原理讲述完毕，接下来分析代码。休眠的用户态操作接口是 echo disk > /sys/power/state，因此内核中的起始处理函数跟待机一样是 kernel/power/main.c 中的 state_store()。但进了 state_store() 以后休眠走了和待机不一样的分支，即 hibernate() 函数。该函数定义在 kernel/power/hibernate.c 中，其主要调用关系如下。

```
hibernate()
    |--pm_prepare_console();
    |--ksys_sync_helper();
    |--freeze_processes();
    |--hibernation_snapshot();
    |    |--freeze_kernel_threads();
    |    |--dpm_prepare();
```

```
|    |    \--while (!list_empty(&dpm_list)) device_prepare();
|    |--suspend_console();
|    |--dpm_suspend();
|    |    \--while (!list_empty(&dpm_prepared_list)) device_suspend();
|    |--create_image();
|    |    |--dpm_suspend_end();
|    |    |    |--dpm_suspend_late();
|    |    |    |    \--while (!list_empty(&dpm_suspended_list)) device_suspend_late();
|    |    |    \--dpm_suspend_noirq();
|    |    |        \--while (!list_empty(&dpm_late_early_list)) device_suspend_noirq();
|    |    |--suspend_disable_secondary_cpus();
|    |    |--local_irq_disable();
|    |    |--syscore_suspend();
|    |    |--save_processor_state();
|    |    |--swsusp_arch_suspend();
|    |    |--restore_processor_state();
|    |    |--syscore_resume();
|    |    |--local_irq_enable();
|    |    |--suspend_enable_secondary_cpus();
|    |    \--dpm_resume_start();
|    |        |--dpm_resume_noirq();
|    |        |    \--while (!list_empty(&dpm_noirq_list)) device_resume_noirq();
|    |        \--dpm_resume_early();
|    |            \--while (!list_empty(&dpm_late_early_list)) device_resume_early();
|    |--dpm_resume();
|    |    \--while (!list_empty(&dpm_suspended_list)) device_resume();
|    |--resume_console();
|    |--dpm_complete();
|    |    \--while (!list_empty(&dpm_prepared_list)) device_complete();
|    \--thaw_kernel_threads();
|--if (in_suspend) {
|     swsusp_write();
|       \--save_image()/save_image_lzo();
|     power_down();
|       \--CaseA: hibernation_platform_enter();
|          CaseB: kernel_power_off();
|          CaseC: kernel_restart(NULL);
|          CaseD: suspend_devices_and_enter(PM_SUSPEND_MEM);
```

```
    |  }
    |--thaw_processes();
    \--pm_restore_console();

software_resume()
    |--swsusp_check();
    |--freeze_processes();
    \--load_image_and_restore();
    |--swsusp_read();
    |     \--load_image()/load_image_lzo();
    \--hibernation_restore();
        |--pm_prepare_console();
            |--dpm_suspend_start();
            |     |--dpm_prepare();
            |     |     \--while (!list_empty(&dpm_list)) device_prepare();
            |     \--dpm_suspend();
            |           \--while (!list_empty(&dpm_prepared_list)) device_suspend();
            \--resume_target_kernel();
                |--dpm_suspend_end();
                |--hibernate_resume_nonboot_cpu_disable();
                |     \--suspend_disable_secondary_cpus();
                |--local_irq_disable();
                |--syscore_suspend();
                |--save_processor_state();
                \--swsusp_arch_resume();
```

尽管已经做了高度的简化，跟 STR 相比，STD 还是显得复杂且较难理解。这两棵代码树里面，第一棵代码树包含了睡眠的全过程和唤醒的后半段，而第二棵代码树包含的是唤醒的前半段。具体的一些关键点如下。

1. 设计了一个全局变量 in_suspend，用 __nosavedata 进行标记。该变量在一些睡眠阶段与唤醒阶段都需要执行的公共代码里用作区分标记，标识当前是睡眠阶段（in_suspend=1）还是唤醒阶段（in_suspend=0）。变量 in_suspend 的初始值是 0，睡眠阶段的 create_image() 函数早期会将 in_suspend 设为 1。in_suspend 带有 __nosavedata 标记，因此其内容在睡眠时不会保存到硬盘。上电唤醒之后，Booting Kernel 中的 in_suspend 是 0，上下文恢复到 Target Kernel 之后依旧是 0。

2. 相比 STR，STD 中体系结构相关的代码比较少，主要就是 swsusp_arch_suspend() 和 swsusp_arch_resume() 两个字体加粗的函数。

3. 上电唤醒以后，Booting Kernel 在 start_kernel() → kernel_init() → do_initcalls() 的最后阶段执行 software_resume()，通过 swsusp_check() 等函数检查是一次普通的启动还是需

要 STD 恢复。如果是普通的启动就退出 software_resume() 并执行正常启动的后续流程，否则执行 software_resume() 后面的恢复代码。

4. 睡眠过程中，hibernation_snapshot() 通过 create_image() 来创建状态快照；swsusp_write() 根据是否启用压缩来调用 save_image()/save_image_lzo() 负责将快照写入硬盘；power_down() 负责最后的关机或重启操作。唤醒过程中，swsusp_read() 负责根据是否启用压缩来调用 load_image()/load_image_lzo() 读出快照；hibernation_restore() 通过 resume_target_kernel() 恢复快照回到 Target Kernel。

5. 在第一棵代码树中，睡眠过程执行到 power_down() 就结束了。第二棵代码树中，swsusp_arch_resume() 执行完毕后上下文就切换到了第一棵代码树的 create_image() 函数中，具体就是 swsusp_arch_suspend() 后面那个点，然后继续第一棵代码树的后续流程。

6. 睡眠过程的最后一步 power_down() 的内容具体可分为几种情况：ACPI 系统如果往 /sys/power/disk 中写入了 platform，会调用 hibernation_platform_enter() 进入真正意义上的 ACPI S4 睡眠状态；如果往 /sys/power/disk 中写入了 shutdown，会调用 kernel_power_off() 关机；如果往 /sys/power/disk 中写入了 reboot，会调用 kernel_restart() 重启；如果往 /sys/power/disk 中写入了 suspend，会调用 suspend_devices_and_enter() 进入 STR 状态。ACPI 系统的默认方式是 platform（严格来说是提供了 platform_hibernation_ops 的系统，但目前只有 ACPI 系统提供了 platform_hibernation_ops）；非 ACPI 系统（比如龙芯电脑）的默认方式是 shutdown。

7. 在 STD 的 power_down() 函数中采用 STR 待机的方式叫双重睡眠，是从 Linux-3.6 版本开始引入的一种新功能，它结合了 STR 和 STD 的优点。如果是在较短的时间内唤醒，内存内容尚未丢失，则相当于是待机唤醒，速度很快；反之，如果过了很长时间才唤醒，或者是系统发生了掉电，则唤醒时处于休眠状态，虽然速度较慢，但是功耗和安全性都得到了保障。

接下来我们看设备相关的操作。如果是 ACPI 系统（严格来说是提供了 platform_hibernation_ops 的系统），对于一个特定的设备，在整个 STD 的睡眠—唤醒过程中大概要经历 dev_pm_ops 中的如下步骤：prepare() → freeze() → freeze_late() → freeze_noirq() → thaw_noirq() → thaw_early() → thaw() → complete() → poweroff() → poweroff_late() → poweroff_noirq() → [进入 STD 状态] → prepare() → freeze() → freeze_late() → freeze_noirq() → restore_noirq() → restore_early() → restore() → complete()。如果是非 ACPI 系统（比如龙芯电脑），则会经历如下步骤：prepare() → freeze() → freeze_late() → freeze_noirq() → thaw_noirq() → thaw_early() → thaw() → complete() → [进入 STD 状态] → prepare() → freeze() → freeze_late() → freeze_noirq() → restore_noirq() → restore_early() → restore() → complete()。唤醒过程中的 freeze() 实际上是之前概念描述上的 quiesce 操作，只不过 freeze 和 quiesce 做的事情完全一样而已。另外，ACPI 系统多出来的 poweroff() 等步骤是在 hibernation_platform_enter() 函数中完成的。

最后来看体系结构相关的 swsusp_arch_suspend() 和 swsusp_arch_resume()。它们分别定义在 arch/mips/power/hibernate_asm.S 和 arch/mips/power/hibernate.c 中，展开如下。

```
LEAF(swsusp_arch_suspend)
    PTR_LA t0, saved_regs
    PTR_S ra, PT_R31(t0)
    PTR_S sp, PT_R29(t0)
    PTR_S fp, PT_R30(t0)
    PTR_S gp, PT_R28(t0)
    PTR_S s0, PT_R16(t0)
    PTR_S s1, PT_R17(t0)
    PTR_S s2, PT_R18(t0)
    PTR_S s3, PT_R19(t0)
    PTR_S s4, PT_R20(t0)
    PTR_S s5, PT_R21(t0)
    PTR_S s6, PT_R22(t0)
    PTR_S s7, PT_R23(t0)
    j swsusp_save
END(swsusp_arch_suspend)

LEAF(restore_image)
     PTR_L t0, restore_pblist
0:
     PTR_L t1, PBE_ADDRESS(t0)   /* source */
     PTR_L t2, PBE_ORIG_ADDRESS(t0) /* destination */
     PTR_ADDU t3, t1, _PAGE_SIZE
1:
     REG_L t8, (t1)
     REG_S t8, (t2)
     PTR_ADDIU t1, t1, SZREG
     PTR_ADDIU t2, t2, SZREG
     bne t1, t3, 1b
     PTR_L t0, PBE_NEXT(t0)
     bnez t0, 0b
     PTR_LA t0, saved_regs
     PTR_L ra, PT_R31(t0)
     PTR_L sp, PT_R29(t0)
     PTR_L fp, PT_R30(t0)
     PTR_L gp, PT_R28(t0)
     PTR_L s0, PT_R16(t0)
     PTR_L s1, PT_R17(t0)
     PTR_L s2, PT_R18(t0)
```

```
        PTR_L s3, PT_R19(t0)
        PTR_L s4, PT_R20(t0)
        PTR_L s5, PT_R21(t0)
        PTR_L s6, PT_R22(t0)
        PTR_L s7, PT_R23(t0)
        PTR_LI v0, 0x0
        jr ra
END(restore_image)

int swsusp_arch_resume(void)
{
        local_flush_tlb_all();
        return restore_image();
}
```

swsusp_arch_suspend() 将 T 系列和 K 系列以外的通用寄存器保存到栈帧，然后调用 swsusp_save() 来生成状态快照；swsusp_arch_resume() 首先通过 local_flush_tlb_all() 刷新 TLB 以防止 Booting Kernel 中的 TLB 项污染 Target Kernel，然后调用 restore_image() 来恢复状态快照和栈帧中的 T 系列、K 系列通用寄存器。

8.4 本章小结

Linux 内核中的电源管理博大精深，甚至可以单独成书。本章对各种各样的电源管理方法进行分类综述以后，重点聚焦于龙芯平台运行时电源管理和系统级睡眠管理，其中运行时电源管理又重点关注计算机中耗电最多的处理器部分。从原理设计到代码实现均有较为详实的介绍。

龙芯平台的运行时电源管理主要包括动态变频与自动调核，适用于大多数日常的非饱和应用场景。两者基本思想都是根据系统负载来调整处理器的工作状态（主频或者核数），从而达到节能的目的。动态变频是一种应用广泛的 CPU 运行时电源管理方法，但对于存在跨核依赖性的多核处理器平台，单纯的动态变频并不能达到很好的节能效果，同时还可能带来较大的性能损失。自动调核则是一种新型的电源管理方法，它以全局负载水平为调节依据，在基本不影响性能的情况下，取得了良好的节能效果。对于龙芯 3A1000，由于不能单独调频的硬件局限，自动调核是动态变频的一种有效补充；对于龙芯 3B1500 和更新的处理器，由于不存在硬件限制，自动调核与动态变频能够更加融洽的结合。

龙芯平台的系统级睡眠管理方法主要应用于计算机闲置时间较长的场景，包括待机和休眠两大类，其中待机又分为浅待机和深待机两种。待机将工作状态保存在内存，而休眠将工作状态保存在磁盘，唤醒之后，待机和休眠都能够自动恢复到睡眠前的工作状态。待机唤醒快，但功耗相对较高，安全性稍差；而休眠虽然唤醒慢，但功耗很低，安全性很好。

附录A

并发与同步原语

并发与同步是操作系统设计中的一个核心问题。并发包括两类：一类是真正的同时发生，在宏观尺度和微观尺度上都是并行；另一类是时分复用导致的交错发生，在宏观尺度上是并行但在微观尺度上是串行。不管是哪类并发，都存在一个共享资源（临界区）保护的问题。临界区保护通常采用的手段就是串行化，其中最常见的串行化手段就是锁（但锁并不是唯一手段）。锁分很多种，各有不同的特征和适宜场景，而且有些锁并不绝对禁止并发（如读写自旋锁、读写信号量等）。除了并发控制，锁和其他各种类型的原语也被用于对共享数据的一致性状态控制，即同步控制。在工程实践中，开发者经常碰到并发与同步相关的问题，如各种操作原语的特征、区别、局限性以及使用上的各种权衡。这些问题往往比较微妙并且难以彻底理解，不正确地使用操作原语，往往会导致各种奇奇怪怪并且难以调试的错误。因此，本附录主要从使用的角度介绍各种并发与同步原语，重点关注概念和 API，而对其实现细节不予过多探讨。

A.1 内存屏障

高性能是计算机所追求的一个永恒目标。编译器在优化过程中会对指令重新排序，高性能处理器在执行指令的时候也会引入乱序执行。这些重新排序理论上都是不应该改变源代码行为的，但实际上编译器和处理器只能保证显式的控制依赖和数据依赖没有问题。而源代码中往往存在各种隐式的依赖，这些依赖性如果被破坏就会产生逻辑错误。

举个简单的生产者—消费者案例，生产者和消费者是两个进程，运行在不同的 CPU 上，它们通过一个缓冲区 buffer 交换共享数据，另有一个变量 flag 来标识缓冲区是否准备好。源代码顺序如下。

```
int flag = 0;
char buffer[64] = {0};

void producer()
{
      memset(buffer, 1, 64);
      flag = 1;
}

void consumer()
{
   char x;
   while (!flag) ;
   x = buffer[0];
}
```

按源代码的字面顺序，consumer() 进程应该得到 x=1 的结果，实际上却未必。原因有以下两点：一是 producer() 中 buffer 和 flag 本身没有任何显式的控制依赖和数据依赖，因此 flag 的赋值可能先于 memset() 执行；二是 consumer() 中 buffer 和 flag 本身也没有任何显式的控制依赖和数据依赖，因此 x 的赋值可能先于 while() 循环执行。

很显然，在应用逻辑上 buffer 和 flag 是存在依赖的，但这种依赖无法被编译器和处理器识别。因此，我们必须人工加上屏障来保证顺序，以对抗指令重排和乱序执行（尤其是访存指令的乱序），得到正确的结果。

对抗编译器指令重排的屏障叫优化屏障，对抗处理器乱序执行的屏障叫内存屏障。屏障就像一条界线，禁止屏障前的操作和屏障后的操作乱序。

内存屏障包含了优化屏障的功能，优化屏障也可视为一种弱化的内存屏障。

（一）优化屏障

优化屏障定义如下。

```
#define barrier() __asm__ __volatile__("": : :"memory")
```

优化屏障 barrier() 是一个 __asm__ 内嵌汇编语句，本身并不产生任何额外的指令。但是，内嵌汇编中的 __volatile__ 关键字可以禁止该 __asm__ 语句与其他指令重新组合；而 memory 关键字强制让编译器假定该 __asm__ 语句修改了内存单元，让该语句前后的访存操作生成真实的访存指令而不会通过寄存器来进行优化。优化屏障可以防止编译器对前后的访存指令重新排序，但并不能防止处理器的乱序执行。

在生产者—消费者示例中，如果处理器是顺序执行的，那么插入优化屏障即可保证逻辑正确。

```
int flag = 0;
char buffer[64] = {0};

void producer()
{
   memset(buffer, 1, 64);
   barrier();
   flag = 1;
}

void consumer()
{
   char x;
   while (!flag) ;
   barrier();
   x = buffer[0];
}
```

为了方便对抗单个变量读写的编译器优化，barrier() 还有 3 个变种：READ_ONCE()、

WRITE_ONCE() 和 ACCESS_ONCE()，使用方法如下。

- a = READ_ONCE(x)：功能上等同于 a = x，但保证对 x 生成真实的读指令而不被优化；
- WRITE_ONCE(x, b)：功能上等同于 x = b，但保证对 x 生成真实的写指令而不被优化。
- ACCESS_ONCE()：a = ACCESS_ONCE(x) 等价于 a = READ_ONCE(x)，ACCESS_ONCE(x) = b 等价于 WRITE_ONCE(x, b)，READ_ONCE() 和 WRITE_ONCE() 是从 Linux-3.19 版本开始才引入的，在那之前只能用 ACCESS_ONCE()。

ACCESS_ONCE() 有缺陷，只能针对不超过处理器字长的数据类型，否则无法保证原子性。READ_ONCE() 和 WRITE_ONCE() 没有这样的缺陷，它们在超过处理器字长的数据类型（比如大结构体和大联合体）上会退化成使用 memcpy() 来读写。自从 READ_ONCE() 和 WRITE_ONCE() 被引入，ACCESS_ONCE() 就属于计划淘汰的 API（已从 Linux-4.15 版本开始正式淘汰）。

（二）内存屏障

内存屏障用于解决内存时序一致性（即内存有序性）问题。CPU 的内存时序一致性模型有严格一致性、顺序一致性、处理器一致性、松散一致性（弱一致性）等模型，此处不予展开。现代高性能 CPU，包括龙芯在内，大多使用松散一致性模型，访存指令会存在乱序执行的情况。对抗访存指令在处理器上乱序执行的内存屏障有很多种，主要列举如下。

mb(): 全屏障，可以对抗读内存操作（Load）和写内存操作（Store）的乱序执行。

rmb(): 读屏障，可以对抗读内存操作（Load）乱序执行，不干预写内存操作（Store）。

wmb(): 写屏障，可以对抗写内存操作（Store）乱序执行，不干预写内存操作（Load）。

smp_mb(): 多处理器版全屏障，在多处理器系统上等价于 mb()，可以对抗读内存操作（Load）和写内存操作（Store）的乱序执行；在单处理器上等价于优化屏障 barrier()。

smp_rmb(): 多处理器版读屏障，在多处理器系统上等价于 rmb()，可以对抗读内存操作（Load）乱序执行，不干预写内存操作（Store）；在单处理器上等价于优化屏障 barrier()。

smp_wmb(): 多处理器版写屏障，在多处理器系统上等价于 wmb()，可以对抗写内存操作（Store）乱序执行，不干预写内存操作（Load）；在单处理器上等价于优化屏障 barrier()。

一般来说，单处理器虽然也存在乱序执行，但对于同一个处理器来说是符合内部完全自洽的。也就是说运行在同一个处理器上的两个进程（或者更一般地说，两个内核执行路径）所看到的内存时序应当是一致的，乱序执行也不会导致逻辑问题。正因为如此，多处理器版的内存屏障 smp_mb()/smp_rmb()/smp_wmb() 在单处理器配置上等价于一个优化屏障 barrier()。

然而，除了多处理器之间存在内存一致性问题，处理器与外设之间（主要是 DMA 控制器）也存在内存一致性问题，因此我们需要强制性内存屏障 mb()/rmb()/wmb() 来解决。

读屏障和写屏障应当成对使用，写端 CPU 上必须用写屏障，读端 CPU 上必须用读屏障。也就是说在生产者—消费者示例中，如果处理器是乱序执行的，那么生产者（写端 CPU）插入写屏障，消费者（读端 CPU）插入读屏障才可以保证逻辑正确（缺一不可，用错也不行）。

```
int flag = 0;
char buffer[64] = {0};

void producer()
{
memset(buffer, 1, 64);
smp_wmb();
flag = 1;
}

void consumer()
{
    char x;
    while (!flag) ;
    smp_rmb();
    x = buffer[0];
}
```

当然，强屏障总是可以代替弱屏障。比如全屏障可以代替读屏障和写屏障，而强制性屏障可以代替多处理器版屏障，内存屏障可以代替优化屏障。只不过强屏障一般会比弱屏障更慢，性能损失更多。在龙芯上，读屏障、写屏障和全屏障都是一条sync指令，但在语义上，不同的屏障其功能要求是不一样的。

一般来说，内存屏障仅仅是一条界线，能够保证界线前后的访存指令不会交错执行。比如：读屏障可以保证屏障后Load指令执行之前，所有屏障前的Load指令已经执行完成；写屏障可以保证屏障后Store指令执行之前，所有屏障前的Store指令已经执行完成；全屏障可以保证屏障后Load/Store指令执行之前，所有屏障前的Load/Store指令已经执行完成。**但是，在语义上，内存屏障并不保证在屏障本身执行完成的时候，屏障前的有关访存指令已经执行完成。**尽管处理器可以设计成屏障指令保证访存完成（比如龙芯用于实现内存屏障的sync指令就具有保证访存完成的功能），但内存屏障的语义要求并不需要这样。

多处理器版屏障还有一些变种，比如smp_mb__before_atomic()和smp_mb__after_atomic()，分别用在原子操作的前后，在实现上大都等价于smp_mb()。

在一些内存一致性非常弱的体系结构上，比如Alpha或者国产申威处理器上，需要一种叫数据依赖屏障的特殊内存屏障。Linux内核对数据依赖屏障的定义有两个，分别是强制性屏障read_barrier_depends()和多处理器版屏障smp_read_barrier_depends()，其实现相当于一个弱化版的读屏障（因而也可以用读屏障来代替）。X86、龙芯等大多数架构不需要数据依赖屏障。

另外有一些内存屏障是用来解决CPU与外设之间内存一致性问题的，举例如下。

dma_rmb(): DMA读屏障。在设备→CPU方向（From Device）的DMA中，设备是写端，

CPU 是读端，CPU 在读取标识变量和读取数据之间，必须插入 DMA 读屏障。

dma_wmb(): DMA 写屏障。在 CPU→ 设备方向（To Device）的 DMA 中，CPU 是写端，设备是读端，CPU 在写入数据和写入标识变量之间，必须插入 DMA 读屏障。

mmiowb(): MMIO 寄存器写屏障。对于设备的 MMIO 寄存器的写操作有时候是不允许乱序的，在这些场景下需要用 MMIO 寄存器写屏障。

以上提到的所有内存屏障都是双向的，也就是说，内存屏障既要关注屏障前的访存操作，也要关注屏障后的访存操作。但是内核也提供一些隐式的单向屏障功能，比如 ACQUIRE 操作和 RELEASE 操作。ACQUIRE 的语义是 ACQUIRE 操作后面的访存必须在 ACQUIRE 操作之后完成，但并不关注 ACQUIRE 操作前面的访存；RELEASE 的语义是 RELEASE 操作前面的访存必须在 RELEASE 操作之前完成，但并不关注 RELEASE 操作后面的访存。后面提到的原子操作变种就有带 ACQUIRE 和 RELEASE 语义的版本。另外，加锁操作通常意味着 ACQUIRE 操作，而解锁操作通常意味着 RELEASE 操作。

关于内存屏障的更多信息可参阅内核文档 Documentation/memory-barriers.txt。

A.2 每 CPU 变量

最好的并发控制就是避免不必要的共享，这样根本就不需要控制。每 CPU 变量就是为了达到这种目的而设计的，每个 CPU 都拥有一个同名的本地变量副本。在概念上，每 CPU 变量类似于一个长度为 CPU 个数的普通数组，比如 int var[NR_CPUS]。

每个 CPU 根据自己的编号引用数组里属于自己的元素：CPU0 用 var[0]，CPU1 用 var[1]，CPU2 用 var[2]……。但是每 CPU 变量跟普通数组并不相同：数组的存放是连续的，因此一个 CPU 访问自己元素的时候，会污染 Cache 里面临近 CPU 的元素（因为 Cache 是按行管理的），导致频繁访问的时候性能下降；而每 CPU 变量的设计就是让每个 CPU 的本地副本放在不同的 Cache 行中，因而具有优良的 Cache 友好性。

每 CPU 变量所使用的 API 如下。

1. 静态定义每 CPU 数组：DEFINE_PER_CPU(type, name)。
2. 静态声明每 CPU 数组：DECLARE_PER_CPU(type, name)。
3. 动态分配每 CPU 数组：alloc_percpu(type)。
4. 动态释放每 CPU 数组：free_percpu(pointer)。
5. 引用特定 CPU 的变量：per_cpu(var, cpu)。
6. 引用本地 CPU 的变量：__get_cpu_var(var)，从 Linux-3.19 版本开始已经废弃。
7. 读本地 CPU 变量，返回本地变量原值：

this_cpu_read(pcp)/__this_cpu_read(pcp)/raw_cpu_read(pcp)。

8. 写本地 CPU 变量，本地变量更新成新值 val:

this_cpu_write(pcp, val)/__this_cpu_write(pcp, val)/raw_cpu_write(pcp, val)。

9. 本地 CPU 变量加，新值 = 原值 + val:

this_cpu_add(pcp, val)/__this_cpu_add(pcp, val)/raw_cpu_add(pcp, val)。

10. 本地 CPU 变量加并返回新值，新值 = 原值 + val:

this_cpu_add_return(pcp, val)/__this_cpu_add_return(pcp, val)/raw_cpu_add_return(pcp, val)。

11. 本地 CPU 变量减，新值 = 原值 - val:

this_cpu_sub(pcp, val)/__this_cpu_sub(pcp, val)/raw_cpu_sub(pcp, val)。

12. 本地 CPU 变量减并返回新值，新值 = 原值 - val:

this_cpu_sub_return(pcp, val)/__this_cpu_sub_return(pcp, val)/raw_cpu_sub_return(pcp, val)。

13. 本地 CPU 变量加 1，新值 = 原值 + 1:

this_cpu_inc(pcp)/__this_cpu_inc(pcp)/raw_cpu_inc(pcp)。

14. 本地 CPU 变量加 1 并返回新值，新值 = 原值 + 1:

this_cpu_inc_return(pcp)/__this_cpu_inc_return(pcp)/raw_cpu_inc_return(pcp)。

15. 本地 CPU 变量减 1，新值 = 原值 - 1:

this_cpu_dec(pcp)/__this_cpu_dec(pcp)/raw_cpu_dec(pcp)。

16. 本地 CPU 变量减 1 并返回新值，新值 = 原值 - 1:

this_cpu_dec_return(pcp)/__this_cpu_dec_return(pcp)/raw_cpu_dec_return(pcp)。

17. 本地 CPU 变量与，新值 = 原值 & val:

this_cpu_and(pcp, val)/__this_cpu_and(pcp, val)/raw_cpu_and(pcp, val)。

18. 本地 CPU 变量或，新值 = 原值 | val:

this_cpu_or(pcp, val)/__this_cpu_or(pcp, val)/raw_cpu_or(pcp, val)。

19. 本地 CPU 变量交换，本地变量更新成新值 nval 并返回原值:

this_cpu_xchg(pcp, nval)/__this_cpu_xchg(pcp, nval)/raw_cpu_xchg(pcp, nval)。

20. 本地 CPU 变量比较并交换，本地变量原值若与旧值 oval 相等就更新成新值 nval 并返回原值:

this_cpu_cmpxchg(pcp, oval, nval)/__this_cpu_cmpxchg(pcp, oval, nval)/raw_cpu_cmpxchg (pcp, oval, nval)。

21. 成对本地 CPU 变量比较并交换，同 this_cpu_cmpxchg() 但一次操作一对本地 CPU 变量:

this_cpu_cmpxchg_double(pcp1, pcp2, oval1, oval2, nval1, nval2)/__this_cpu_ cmpxchg_double(pcp1, pcp2, oval1, oval2, nval1, nval2)/raw_cpu_cmpxchg_double(pcp1, pcp2, oval1, oval2, nval1, nval2)。

后面的运算型 API 中，每种 API 都有 3 个变种。其中，this 开头的版本是带抢占 / 中断保护的，可以在任意上下文中使用；__this 开头的版本是不带抢占 / 中断保护的，要么每 CPU 变量不在中断上下文或者可抢占上下文中使用，要么调用者负责保护；raw 开头的版本与 __this 开头的版本一样不带保护，并且还省略了所有关于抢占的检查。

A.3 原子操作

如果共享资源（临界区）非常小，小到只有一个变量，就可以不用重量级的加锁—解锁操作，而是直接使用原子操作。原子操作意味着整个操作的执行过程是原子的（全或无），不可中断的。

（一）通用原子操作

Linux 内核定义了 32 位的原子变量类型 atomic_t 和 64 位的原子变量类型 atomic64_t，另外还有 atomic_long_t，它在 32 位内核中等价于 atomic_t，而在 64 位内核中等价于 atomic64_t。

```
typedef struct {
    int counter;
} atomic_t;

typedef struct {
    s64 counter;
} atomic64_t;

#if CONFIG_64BIT
typedef atomic64_t atomic_long_t;
#else
typedef atomic_t atomic_long_t;
#endif
```

32 位 /64 位原子变量主要的操作 API 如下。

1. ATOMIC_INIT(i)/ATOMIC64_INIT(i)/ATOMIC_LONG_INIT(i)：初始化原子变量的值为 i。

2. atomic_read(v)/atomic64_read(v)/ atomic_long_read(v)：返回原子变量 *v 的值。

3. atomic_set(v, i)/atomic64_set(v, i)/atomic_long_set(v, i)：给原子变量赋值，将 *v 的值设置成 i。

4. atomic_add(i, v)/atomic64_add(i, v)/atomic_long_add(i, v)：给原子变量做加法，*v 的值增加 i。

5. atomic_sub(i, v)/atomic64_sub(i,v)/atomic_long_sub(i, v)：给原子变量做减法，*v 的值减少 i。

6. atomic_add_negtive(i, v)/atomic64_add_negtive(i, v)/atomic_long_add_negtive(i, v)：给原子变量做加法并测试，*v 的值增加 i，若结果为负返回 1，否则为 0。

7. atomic_sub_and_test(i, v)/atomic64_sub_and_test(i, v)/atomic_long_sub_and_test(i, v)：给原子变量做减法并测试，*v 的值减少 i，若结果为 0 返回 1，否则返回 0。

8. atomic_inc(v)/atomic64_inc(v)/atomic_long_inc(v)：给原子变量加一，*v 的值加一。

9. atomic_dec(v)/atomic64_dec(v)/atomic_long_dec(v)：给原子变量减一，*v 的值减一。

10. atomic_inc_and_test(v)/atomic64_inc_and_test(v)/atomic_long_inc_and_test(v)：给原子变量加一并测试，*v 的值加一，若结果为 0 返回 1，否则返回 0。

11. atomic_dec_and_test(v)/atomic64_dec_and_test(v)/atomic_long_dec_and_test(v)：给原子变量减一并测试，*v 的值减一，若结果为 0 返回 1，否则返回 0。

12. atomic_add_return(i, v)/atomic64_add_return(i, v)/atomic_long_add_return(i, v)：给原子变量做加法并返回，*v 的值增加 i，返回 *v 的新值。

13. atomic_sub_return(i, v)/atomic64_sub_return(i, v)/atomic_long_sub_return(i, v)：给原子变量做减法并返回，*v 的值减少 i，返回 *v 的新值。

14. atomic_inc_return(v)/atomic64_inc_return(v)/ atomic_long_inc_return(v)：给原子变量加一并返回，*v 的值加一，返回 *v 的新值。

15. atomic_dec_return(v)/atomic64_dec_return(v)/atomic_long_dec_return(v)：给原子变量减一并返回，*v 的值减一，返回 *v 的新值。

16. atomic_add_unless(v, i, u)/atomic64_add_unless(v, i, u)/atomic_long_add_unless(v, i, u)：给原子变量做条件加法，如果 *v 等于 u 则返回，否则 *v 的值增加 i 并返回 *v 的新值。

17. atomic_sub_if_positive(i, v)/atomic64_sub_if_positive(i, v)/atomic_long_sub_if_positive(i, v)：给原子变量做条件减法，如果 *v 大于 i，则 *v -= i 并返回 *v 的原值。

18. atomic_xchg(v, n)/atomic64_xchg(v, n)/atomic_long_xchg(v, n)：原子变量交换，*v 的值更新为 n，返回 *v 的原值。

19. atomic_cmpxchg(v, o, n)/atomic64_cmpxchg(v, o, n)/atomic_long_cmpxchg(v, o, n)：原子变量比较并交换，如果 *v 的值等于 o，则 *v 的值更新为 n，返回 *v 的原值。

从 Linux-4.3 版本开始，原子操作引入了各种不同内存有序性的变种版本。以 atomic_xchg() 为例，现在有以下 4 个变种。

严格有序版本： atomic_xchg(v, i)，必须先执行原子操作以前的访存操作，然后执行原子操作，然后执行原子操作以后的访存操作。相当于原子操作前后都有内存屏障（同时带有 ACQUIRE 和 RELEASE 语义）。

获取有序版本： atomic_xchg_acquire(v, i)，不关心原子操作以前的访存操作，但必须先执行原子操作，然后执行原子操作以后的访存操作。相当于原子操作后面有内存屏障（带有 ACQUIRE 语义）。

释放有序版本： atomic_xchg_release(v, i)，不关心原子操作以后的访存操作，但必须先执行原子操作以前的访存操作，然后执行原子操作。相当于原子操作前面有内存屏障（带有 RELEASE 语义）。

宽松有序版本： atomic_xchg_relaxed(v, i)，完全不关心内存有序性。相当于原子操作前后都没有内存屏障。

（二）本地原子操作

在通用原子变量以外，内核还提供了本地原子变量类型 local_t 和 local64_t。本地原子变量通常是某个 CPU 的本地变量，允许所有的 CPU 读，但是只允许本地 CPU 写。因此本地原子变量不需要内存屏障，性能更好。

本地原子变量的主要 API 如下。

1. LOCAL_INIT(i)/LOCAL64_INIT(i)：初始化本地原子变量的值为 i。

2. local_read(l)/local64_read(l)：返回本地原子变量 *l 的值。

3. local_set(l, i)/local64_set(l, i)：给本地原子变量赋值，将 *l 的值设置成 i。

4. local_add(i, l)/local64_add(i, l)：给本地原子变量做加法，*l 的值增加 i。

5. local_sub(i, l)/local64_sub(i, l)：给本地原子变量做减法，*l 的值减少 i。

6. local_add_negative(i, l)/local64_add_negative(i, l)：给本地原子变量做加法并测试，*l 的值增加 i，若结果为负返回 1，否则为 0。

7. local_sub_and_test(i, l)/local64_sub_and_test(i, l)：给本地原子变量做减法并测试，*l 的值减少 i，若结果为 0 返回 1，否则返回 0。

8. local_inc(l)/local64_inc(l)：给本地原子变量加一，*l 的值加一。

9. local_dec(l)/local64_dec(l)：给本地原子变量减一，*l 的值减一。

10. local_inc_and_test(l)/local64_inc_and_test(l)：给本地原子变量加一并测试，*l 的值加一，若结果为 0 返回 1，否则返回 0。

11. local_dec_and_test(l)/local64_dec_and_test(l)：给本地原子变量减一并测试，*l 的值减一，若结果为 0 返回 1，否则返回 0。

12. local_add_return(i, l)/local64_add_return(i, l)：给本地原子变量做加法并返回，*l 的值增加 i，返回 *l 的新值。

13. local_sub_return(i, l)/ local64_sub_return(i, l)：给本地原子变量做减法并返回，*l 的值减少 i，返回 *l 的新值。

14. local_inc_return(l)/local64_inc_return(l)：给本地原子变量加一并返回，*l 的值加一，返回 *l 的新值。

15. local_dec_return(l)/local64_dec_return(l)：给本地原子变量减一并返回，*l 的值减一，返回 *l 的新值。

16. local_add_unless(l, i, u)/local64_add_unless(l, i, u)：给本地原子变量做条件加法，如果 *l 等于 u 则返回，否则 *l 的值增加 i 并返回 *l 的新值。

17. local_xchg(l, n)/local64_xchg(l, n)：本地原子变量交换，*l 的值更新为 n，返回 *l 的原值。

18. local_cmpxchg(l, o, n)/local64_cmpxchg(l, o, n)：本地原子变量比较并交换，如果 *l 的值等于 o，则 *l 的值更新为 n，返回 *l 的原值。

（三）位掩码原子操作

位掩码原子操作是第三类原子操作，可以给定一个长整数类型的位掩码地址，原子性地设置、清除或改变指定位的值，其主要 API 如下。

1. int test_bit(int nr, const volatile unsigned long *addr)：返回位掩码 *addr 第 nr 位的值。

2. void set_bit(unsigned long nr, volatile unsigned long *addr)：设置位掩码 *addr 第 nr 位的值（设置为 1）。

3. void clear_bit(unsigned long nr, volatile unsigned long *addr)：清除位掩码 *addr 第 nr 位的值（设置为 0）。

4. void change_bit(unsigned long nr, volatile unsigned long *addr)：转变位掩码 *addr 第 nr 位的值（原值为 0 则设 1，原值为 1 则设 0）。

5. int test_and_set_bit(unsigned long nr, volatile unsigned long *addr)：设置位掩码 *addr 第 nr 位的值并返回其原值（设置为 1）。

6. int test_and_clear_bit(unsigned long nr, volatile unsigned long *addr)：清除位掩码 *addr 第 nr 位的值并返回其原值（设置为 0）。

7. int test_and_change_bit(unsigned long nr, volatile unsigned long *addr)：转变位掩码 *addr 第 nr 位的值并返回其原值（原值为 0 则设 1，原值为 1 则设 0）。

普通原子操作常用于实现引用计数，而位掩码原子操作的主要用途是实现 CPU 位掩码 cpumask 和位图 bitmap 的各种操作。

（四）引用计数原子操作

通用原子操作被广泛应用于引用计数，但是从 Linux-4.11 版本开始引入了专为引用计数服务的新数据类型 refcount_t。引用计数原子操作与通用原子操作相比有两个特点：一是尽量避免不必要的内存屏障，因而性能上有少许优势；二是专门处理了引用计数的溢出问题，当计数器达到 UINT_MAX 以后就停止增长并发出警告，因而避免了回绕所产生的错误（比如错误地释放了数据结构，产生 Use-After-Free 问题）。

引用计数原子变量的主要 API 如下。

1. REFCOUNT_INIT(n)：初始化引用计数原子变量的值为 n。

2. refcount_read(r)：返回引用计数原子变量 *r 的值。

3. refcount_set(r, n)：给引用计数原子变量赋值，将 *r 的值设置成 n。

4. refcount_add(i, r)：给引用计数原子变量做加法，*r 的值增加 i。

5. refcount_sub(i, r)：给引用计数原子变量做减法，*r 的值减少 i。

6. refcount_inc(r)：给引用计数原子变量加一，*r 的值加一。

7. refcount_dec(r)：给引用计数原子变量减一，*r 的值减一。

8. refcount_add_not_zero(i, r)：给引用计数原子变量做条件加法，*r 的值增加等于 0 则返回，否则 *r 的值增加 i 并返回 *r 的新值。

9. refcount_inc_not_zero(r)：给引用计数原子变量做条件加一，*r 的值增加等于 0 则返回，否则 *r 的值加一并返回 *r 的新值。

10. refcount_sub_and_test(i, r)：给引用计数原子变量做减法并测试，*r 的值减少 i，若结果为 0 返回 1，否则返回 0。

11. refcount_dec_and_test(r)：给引用计数原子变量减一并测试，*r 的值减一，若结果为 0 返回 1，否则返回 0。

关于原子操作的更多信息可参阅内核文档 Documentation/core-api/atomic_ops.rst、Documentation/core-api/local_ops.rst 和 Documentation/core-api/refcount-vs-atomic.rst。

A.4 开关抢占

本节主要面向单处理器系统上的并发控制。单处理器上不存在真正的并发执行，宏观上表现出来的并发实际上是交错执行。单处理器系统上的并发主要是异常 / 中断和抢占导致的。异常 / 中断具有高优先级，会打断当前上下文，转入另外一个内核执行路径。即便没有异常 / 中断，进程也有优先级高低之分，高优先级进程抢占低优先级进程同样会导致内核执行路径的切换。如果不同的上下文之间存在共享资源，那么就必须进行并发控制。

在不加控制的情况下，硬中断上下文可以抢占软中断上下文和任意进程上下文，软中断上下文可以抢占任意进程上下文，高优先级进程上下文可以抢占低优先级进程上下文。因此异常 / 中断所导致的上下文切换本质上也可以视为抢占的特例。那么，只要保证临界区在一个不可抢占的上下文里面执行，就实现了单处理器上的并发控制。这种控制就是开关抢占（包括进程抢占和中断抢占）。

开关抢占的常用 API 如下。

1. preempt_enable()：打开进程抢占。

2. preempt_disable()：关闭进程抢占。

3. local_bh_enable()：打开软中断（包括 tasklet）。

4. local_bh_disable()：关闭软中断（包括 tasklet）。

5. local_irq_enable()：打开硬中断。

6. local_irq_disable()：关闭硬中断。

7. local_irq_save(flags)：保存中断标志（同时保证关闭中断）。

8. local_irq_restore(flags)：恢复中断标志（同时可能打开中断）。

如果临界区需要禁止进程抢占，那么就用 preempt_disable() 和 preempt_enable() 将临界区包围起来；如果临界区需要禁止软中断抢占，那么就用 local_bh_disable() 和 local_bh_enable() 将临界区包围起来；如果临界区需要禁止硬中断抢占，那么就用 local_irq_disable() 和 local_irq_enable() 将临界区包围起来。

> **注意：**
> 禁止软中断抢占会同时禁止进程抢占，禁止硬中断抢占会同时禁止软中断抢占和进程抢占。

进程抢占的开关和软中断抢占的开关是通过抢占计数器实现的，因此允许嵌套。硬中断抢占的开关虽然也设计了抢占计数器，但是禁止中断需要操作硬件寄存器（龙芯上面是 CP0 的 Status 寄存器的 IE 位），而硬件寄存器的操作是没办法嵌套的。所以 local_irq_enable() 和 local_irq_disable() 不能通过抢占计数器来实现嵌套（不管连续多少次调用 local_irq_disable() 关闭中断，只要一次调用 local_irq_enable() 就会打开）。为了解决这个问题，Linux 内核提供了另外的 local_irq_save()/local_irq_restore() 原语。local_irq_save() 会关闭中断，同时将当前硬件寄存器中的中断标志保存到 flags；local_irq_restore() 将 flags 中的中断标志恢复到硬件寄存器，会不会打开硬中断取决于 flags 的值。实际使用中，不支持嵌套的 local_irq_enable()/ local_irq_disable() 用得比较少，而支持嵌套的 local_irq_save()/local_irq_restore() 用得比较多。

A.5 自旋锁

自旋锁 Spinlock 是 Linux 内核中使用最广泛的同步原语。它具有以下基本特征。

1. 获取锁的过程（即上锁的过程）是自旋的（自旋就是忙等的意思），不会引起睡眠和调度。也就是说，当前进程（或者更一般地：当前内核执行路径）一直处于活动状态中。

2. 持有自旋锁的临界区中不允许调度和睡眠，因为一旦发生调度，临界区什么时候能够继续运行是不确定的（什么时候解锁是不确定的），这会导致其他竞争者死锁。因此，自旋锁的加锁操作会禁止抢占，解锁操作时再恢复抢占。也因此，自旋锁既可以用于进程上下文，也可以用于中断上下文。

自旋锁的主要用途是多处理器之间的并发控制，适用于锁竞争不太激烈的场景。如果锁竞争非常激烈，那么大量的时间会浪费在加锁自旋上，导致整体性能下降。注意：竞争激烈的场景下使用自旋锁并不会导致逻辑错误，只是说自旋锁不是这种场景下的最优选择。

在功能上，自旋锁分普通自旋锁和读写自旋锁两种。

（一）普通自旋锁

在 Linux-5.4.x 版本中，普通自旋锁的数据结构定义有 3 种：spinlock_t、raw_spinlock_t 和 arch_spinlock_t。

自旋锁的实现是体系结构相关的，因此每种体系结构提供了自己的实现，即体系结构自旋锁 arch_spinlock_t；raw_spinlock_t 是对 arch_spinlock_t 进行包装的原始通用自旋锁，根据不同的配置加入了一些附加信息；spinlock_t 是对 raw_spinlock_t 的进一步包装，是普通通用自旋锁。原始通用自旋锁是符合原始自旋锁定义的，在临界区中不允许抢占，但这不符合实时内核的要求（实时内核是指带 PREEMPT_RT 增强的内核，要求在任意上下文中均可抢占）。从 2.6.33 版本开始，Linux 内核开始区分原始通用自旋锁和普通通用自旋锁，在不启用 PREEMPT_RT 的情况下，spinlock_t 等价于 raw_spinlock_t；在启用 PREEMPT_RT 的情况下，spinlock_t 等价于实时可抢占的自旋锁实现（主线内核暂未引入 PREEMPT_RT 的具体实现）。

普通自旋锁的主要 API 如下（锁类型前缀和 API 前缀一一对应，arch_ 前缀的 API 主要供内部使用）。

1. DEFINE_SPINLOCK(lock)/DEFINE_RAW_SPINLOCK(lock)：静态定义一个名为 lock 的自旋锁。

2. spin_lock_init(lock)/raw_spin_lock_init(lock)：自旋锁初始化（设置为未锁状态）。

3. spin_lock(lock)/raw_spin_lock(lock)/arch_spin_lock(lock)：加锁操作，加锁成功后返回，否则一直自旋。

4. spin_unlock(lock)/raw_spin_unlock(lock)/arch_spin_unlock(lock)：解锁操作，解锁过程无竞争因此必然会成功。

5. spin_trylock(lock)/raw_spin_trylock(lock)/arch_spin_trylock(lock)：尝试加锁操作，加锁成功返回 1，否则返回 0（立即返回不自旋）。

6. spin_is_locked(lock)/raw_spin_is_locked(lock)/arch_spin_is_locked(lock)：判定锁状态操作，未锁状态返回 0，已锁状态返回 1。

在最终实现（即 raw_spinlock_t/arch_spinlock_t 的实现）上面，普通自旋锁又可以分为经典自旋锁（Classical Spinlock）、排队自旋锁（Ticket Spinlock）和快速排队自旋锁（Queued Spinlock，简称 qspinlock）[1]。经典自旋锁是最简单的实现，就是跑一个很小的紧循环反复检查锁的状态。但经典自旋锁面临一个问题，多个竞争者抢锁时，谁会成功是随机的，这就有可能导致某些竞争者饿死的情况。排队自旋锁给每个竞争者分配了一张票据（Ticket），用来保证先开始抢锁的竞争者能够先拿到锁，相当于给所有的竞争者排了一个队，提高了公平性。X86 从 Linux-2.6.25 版本开始支持排队自旋锁，MIPS 从 Linux-2.6.28 版本开始支持排队自旋锁。

1　字面上应该将 Queued Spinlock 翻译成排队自旋锁，但由于排队自旋锁这个词已经用于 Ticket Spinlock 很多年了，本书只能将 Queued Spinlock 翻译成“快速排队自旋锁”。

Ticket Spinlock 虽然比 Classical Spinlock 先进，但存在一个 Cache 颠簸的性能问题。多个竞争者会反复将自旋锁所在的 Cache 行加载到本地 Cache，这在竞争很激烈的情况下（尤其是存在跨节点访问的 NUMA 结构上面），性能会下降得很厉害。Queued Spinlock 比 Ticket Spinlock 更好的地方在于多个竞争者在抢锁的时候首先在自己的本地副本上自旋，直到成功的时候才操作主锁，因而对 Cache 更加友好，提高了性能。X86 从 Linux-4.2 版本开始已经支持快速排队自旋锁，而 MIPS 直到 Linux-4.13 版本才开始支持快速排队自旋锁。

自旋锁解决了多处理器之间的并发问题（并行执行问题），但并没有解决单处理器上由于中断而导致的并发问题（交错执行问题）。如果需要同时解决这两种并发问题，就需要结合自旋锁和开关中断（包括开关硬中断和软中断，而普通的进程抢占问题已经由自旋锁解决了）。普通自旋锁和开关中断结合使用衍生了一套新的 API。

1．spin_lock_bh(lock)/raw_spin_lock_bh(lock)：加锁并关闭软中断（包括 tasklet），加锁成功后返回，否则一直自旋。

2．spin_unlock_bh(lock)/raw_spin_unlock_bh(lock)：解锁并打开软中断（包括 tasklet），解锁过程无竞争因此必然会成功。

3．spin_lock_irq(lock)/raw_spin_lock_irq(lock)：加锁并关闭硬中断，加锁成功后返回，否则一直自旋。

4．spin_unlock_irq(lock)/raw_spin_unlock_irq(lock)：解锁并打开硬中断，解锁过程无竞争因此必然会成功。

5．spin_lock_irqsave(lock, flags)/raw_spin_lock_irqsave(lock, flags)：加锁并保存中断标志（同时保证关闭中断），加锁成功后返回，否则一直自旋。

6．spin_unlock_irqrestore(lock, flags)/raw_spin_unlock_irqrestore(lock, flags)：解锁并恢复中断标志（同时可能打开中断），解锁过程无竞争因此必然会成功。

（二）读写自旋锁

普通自旋锁有一个缺点，就是对所有的竞争者不做区分。实际上，很多情况下有些竞争者并不会修改共享资源（只读不写），但普通自旋锁总是会限制只有一个内核路径持有锁，而实际上这种限制是没有必要的。读写自旋锁进行了改进，允许多个读者同时持有读锁（允许多个读者同时进入读临界区），而只允许一个写者同时持有写锁（只允许一个写者同时进入写临界区），当然也不允许读者和写者同时持有锁。换言之，读锁是共享锁，而写锁是互斥锁。与普通自旋锁相比，读写自旋锁更适合读者多、写者少的应用场景。

和普通自旋锁一样，读写自旋锁的数据结构也有 3 种：rwlock_t、raw_rwlock_t 和 arch_rwlock_t。

和普通自旋锁一样，读写自旋锁的实现也是体系结构相关的，因此每种体系结构提供了自己的实现，即体系结构自旋锁 arch_rwlock_t；raw_rwlock_t 是对 arch_rwlock_t 进行包装的原始通用自旋锁，根据不同的配置加入了一些附加信息；rwlock_t 是对 raw_rwlock_t 的进一步包装，是读写通用自旋锁。raw_rwlock_t 在临界区中不允许抢占，不符合实时内核的要求（带 PREEMPT_RT 增强的内核）。从 2.6.33 版本开始，Linux 内核开始区分 rwlock_t 和 raw_rwlock_t，在不启用 PREEMPT_RT 的情况下，rwlock_t 等价于 raw_rwlock_t；在启用 PREEMPT_RT 的情况下，rwlock_t 等价于实时可抢占的读写自旋锁实现（主线内核暂未引入 PREEMPT_RT 的具体实现）。

读写自旋锁的主要 API 如下（锁类型前缀和 API 前缀一一对应，arch_ 前缀的 API 主要供内部使用）。

1. DEFINE_RWLOCK(lock)：静态定义一个名为 lock 的自旋锁。

2. rwlock_init(lock)：自旋锁初始化（设置为未锁状态）。

3. read_lock(lock)/_raw_read_lock(lock)/arch_read_lock(lock)：加读锁操作，加锁成功后返回，否则一直自旋。

4. write_lock(lock)/_raw_write_lock(lock)/arch_write_lock(lock)：加写锁操作，加锁成功后返回，否则一直自旋。

5. read_unlock(lock)/_raw_read_unlock(lock)/arch_read_unlock(lock)：解读锁操作，解锁过程无竞争因此必然会成功。

6. write_unlock(lock)/_raw_write_unlock(lock)/arch_write_unlock(lock)：解写锁操作，解锁过程无竞争因此必然会成功。

7. read_trylock(lock)/_raw_read_trylock(lock)/arch_read_trylock(lock)：尝试加读锁操作，加锁成功返回 1，否则返回 0（立即返回不自旋）。

8. write_trylock(lock)/_raw_write_trylock(lock)/arch_write_trylock(lock)：尝试加写锁操作，加锁成功返回 1，否则返回 0（立即返回不自旋）。

在最终实现上，读写自旋锁也分为经典读写自旋锁（Classical RWlock）和排队读写自旋锁（Queued RWlock，简称 qrwlock，注意：读写自旋锁的实现里面没有 Ticket RWlock）。和普通自旋锁一样，Queued RWlock 公平性好、对 Cache 更友好、性能也更好。X86 从 Linux-3.16 版本开始已经支持 Queued RWlock，而 MIPS 直到 Linux-4.13 版本才开始支持 Queued RWlock。

和普通自旋锁一样，读写自旋锁也只是解决了多处理器之间的并发问题（并行执行问题），但并没有解决单处理器上由于中断而导致的并发问题（交错执行问题）。如果需要同时解决这两种并发问题，就需要结合读写自旋锁和开关中断（包括开关硬中断和软中断，而普通的进程抢占问题已经由自旋锁解决了）。读写自旋锁和开关中断结合使用也衍生了一套新的 API。

1. read_lock_bh(lock)/_raw_read_lock_bh(lock)：加读锁并关闭软中断（包括 tasklet），加锁成功后返回，否则一直自旋。

2. write_lock_bh(lock)/_raw_write_lock_bh(lock)：加写锁并关闭软中断（包括 tasklet），加锁成功后返回，否则一直自旋。

3. read_unlock_bh(lock)/_raw_read_unlock_bh(lock)：解读锁并打开软中断（包括 tasklet），解锁过程无竞争因此必然会成功。

4. write_unlock_bh(lock)/_raw_write_unlock_bh(lock)：解写锁并打开软中断（包括 tasklet），解锁过程无竞争因此必然会成功。

5. read_lock_irq(lock)/_raw_read_lock_irq(lock)：加读锁并关闭硬中断，加锁成功后返回，否则一直自旋。

6. write_lock_irq(lock)/_raw_write_lock_irq(lock)：加写锁并关闭硬中断，加锁成功后返回，否则一直自旋。

7. read_unlock_irq(lock)/_raw_read_unlock_irq(lock)：解读锁并打开硬中断，解锁过程无竞争，因此必然会成功。

8. write_unlock_irq(lock)/_raw_write_unlock_irq(lock)：解写锁并打开硬中断，解锁过程无竞争，因此必然会成功。

9. read_lock_irqsave(lock, flags)/_raw_read_lock_irqsave(lock, flags)：加读锁并保存中断标志（同时保证关闭中断），加锁成功后返回，否则一直自旋。

10. write_lock_irqsave(lock, flags)/_raw_write_lock_irqsave(lock, flags)：加写锁并保存中断标志（同时保证关闭中断），加锁成功后返回，否则一直自旋。

11. read_unlock_irqrestore(lock, flags)/_raw_read_unlock_irqrestore(lock, flags)：解读锁并恢复中断标志（同时可能打开中断），解锁过程无竞争，因此必然会成功。

12. write_unlock_irqrestore(lock, flags)/_raw_write_unlock_irqrestore(lock, flags)：解写锁并恢复中断标志（同时可能打开中断），解锁过程无竞争，因此必然会成功。

A.6 顺序锁

读写自旋锁是对普通自旋锁的改进，它对锁的竞争者进行了区分，允许多个读者同时进入临界区。但是读写自旋锁并没有区分读者和写者的重要性（优先权），因此带来一个新的问题：大量的读者持有读锁的时候，写者可能需要等待很长时间，直到所有读者都退出临界区以后才能得到写锁。顺序锁就是为了解决这个问题而设计的，它同样适合读者多而写者少的场景，但是赋予了写者比读者高的优先权。

顺序锁的数据类型定义如下。

```
typedef struct {
    struct seqcount seqcount;
    spinlock_t lock;
} seqlock_t;
```

可以看到，顺序锁包含了一个普通自旋锁 lock 和一个序列号 seqcount。在使用上，只需要考虑写者和写者的竞争，不需要考虑读者和写者的竞争。也就是说，多个写者同时试图进入临界区时才需要自旋；读者和写者同时试图进入临界区时，写者可以立即成功；而多个读者之间则允许并发执行。顺序锁方便了写者，因此必然会牺牲读者。每当写者进入临界区以后会对序列号增加 1，而读者必须在临界区的入口和出口比对当前序列号，如果不一致则可以认为是有写者正在临界区里面修改共享资源，因此需要重新执行一次临界区的代码。

顺序锁的主要 API 如下。

1. DEFINE_SEQLOCK(lock)：静态定义一个名为 lock 的顺序锁。

2. seqlock_init(lock)：顺序锁初始化（设置为未锁状态）。

3. read_seqbegin(lock)：读者进入临界区并返回当前序列号。

4. read_seqretry(lock, seq)：读者检查序列号以便决定要不要重新进入临界区（序列号未变返回 0，不要重新进入临界区；序列号已变返回 1，需要重新进入临界区）。

5. write_seqlock(lock)：写者加锁操作，加锁成功后返回，否则一直自旋。

6. write_sequnlock(lock)：写者解锁操作，解锁过程无竞争，因此必然会成功。

下面来看具体的用法。写者的用法跟自旋锁类似，将临界区包含在 write_seqlock() 和 write_sequnlock() 包围的临界区中即可。读者的用法则需要遵循以下模式。

```
do {
    seq = read_seqbegin(&lock);
    …[ 临界区 ]…
} while (read_seqretry(&lock, seq));
```

从用法即可看出，如果写者已经持有锁，那么读者可能会多次执行临界区代码。因此，顺序锁要求读者临界区是可以多次执行而没有副作用的，否则就有逻辑错误（因此，不是每个使用自旋锁的地方都可以使用顺序锁）。另外，写者的写操作应当是不频繁的，否则读者会在临界区多次执行上浪费大量的时间。

和自旋锁一样，顺序锁也只是解决了多处理器之间的并发问题（并行执行问题），但并没有解决单处理器上由于中断而导致的并发问题（交错执行问题）。如果需要同时解决这两种并发问题，就需要结合读写顺序锁和开关中断（包括开关硬中断和软中断，而普通的进程抢占问题已经由顺序锁中包含的自旋锁解决了）。顺序锁和开关中断结合使用同样衍生了一套新的 API。

1. read_seqbegin_irqsave (lock, flags)：已从 Linux-3.9 版本开始淘汰，读者进入临界区并返回当前序列号，同时保存中断标志（保证关闭中断）。

2. read_seqretry_irqrestore(lock, seq, flags)：已从 Linux-3.9 版本开始淘汰，检查序列号以便决定要不要重新进入临界区（序列号未变返回 0，序列号已变返回 1），同时恢复中断标志（可能打开中断）。

3. write_seqlock_bh(lock)：写者加锁并关闭软中断（包括 tasklet），加锁成功后返回，否则一直自旋。

4. write_sequnlock_bh(lock)：写者解锁并打开软中断（包括 tasklet），解锁过程无竞争因此必然会成功。

5. write_seqlock_irq(lock)：写者加锁并关闭硬中断，加锁成功后返回，否则一直自旋。

6. write_sequnlock_irq(lock)：写者解锁并打开硬中断，解锁过程无竞争因此必然会成功。

7. write_seqlock_irqsave(lock, flags)：写者加锁并保存中断标志（同时保证关闭中断），

加锁成功后返回，否则一直自旋。

8. write_seqlock_irqrestore(lock, flags)：写者解锁并恢复中断标志（同时可能打开中断），解锁过程无竞争因此必然会成功。

A.7 信号量

Linux 内核中应用最广泛的同步原语除了自旋锁就是信号量（Semaphore）了。可以说自旋锁和信号量在很大程度上是一种互补的关系，它们有各自适用的场景，两者的场景加起来基本上可以覆盖一切（当然，也有交集）。

信号量可以是多值的（可以有两种以上的取值，后面再详细分析）。当其用作二值信号量时，类似于锁：一个值代表未锁，另一个值代表已锁。其工作原理与自旋锁最大的不同在于获取锁的过程中，若不能立即得到锁，就会发生调度，转入睡眠；另外的内核执行路径释放锁时，唤醒等待该锁的执行路径。

接下来回想一下，自旋锁的使用有什么限制？主要是持有自旋锁的临界区不允许调度和睡眠，其次就是竞争激烈时整体性能不好。而信号量恰好解决这两个问题：因为锁的竞争者不是忙等，信号量的临界区允许调度和睡眠而不会导致死锁；因为锁的竞争者会转入睡眠，从而让出 CPU 资源给别的内核执行路径，所以对锁的竞争不会影响整体性能。有优点就有缺点，中断上下文要求整体运行时间可预测（不能太长），而信号量临界区可能发生调度，因此不能用于中断上下文（只能用于进程上下文）。另外，如果抢锁的过程很短，那么用信号量并不合算，因为进程睡眠—唤醒的代价太大，消耗的 CPU 资源可能远远大于短时间的忙等。

和自旋锁一样，信号量也分为普通信号量和读写信号量两种。

（一）普通信号量

在 Linux-2.6.26 版本以前，普通信号量的实现是体系结构相关的。考虑到信号量的原语并不像自旋锁那样用在对性能要求很高的场景，Linux-2.6.26 版本开始从可读性出发实现了通用的普通信号量。通用普通信号量的数据类型定义如下。

```
struct semaphore {
    raw_spinlock_t     lock;
    unsigned int       count;
    struct list_head   wait_list;
};
```

这里面，count 是最重要的计数器字段，它标识了信号量的状态：值为 0 表示忙（已锁），值为正代表自由（未锁，允许竞争者进入临界区）。因此 count 的初值就是最大允许进入临界区的进程数目，初值为 2 的信号量就是二值信号量。二值信号量类似于一个普通的锁，而多值信号量类似于一个允许一定并发性的锁。wait_list 字段是当信号量为忙时，所有等待信号量的进程列表，而 lock 则是保护 wait_list 的自旋锁。

普通信号量的主要 API 如下。

1. DEFINE_SEMAPHORE(sem)：静态定义一个名为 sem 信号量。

2. void sema_init(struct semaphore *sem, int val)：初始化一个信号量 sem，计数器初值为 val。

3. void up(struct semaphore *sem)：增加信号量 sem 的计数器（类似于释放锁），然后唤醒 wait_list 里面的第一个进程（如果有的话）。

4. void down(struct semaphore *sem)：减少信号量 sem 的计数器（类似于获取锁）。如果失败（计数器已经是 0），那么转入睡眠（状态为 TASK_UNINTERRUPTIBLE，不会被任何信号唤醒）并把当前进程挂到 wait_list；被唤醒后继续尝试获取锁。

5. int down_trylock(struct semaphore *sem)：尝试减少信号量 sem 的计数器（类似于获取锁），如果成功就返回 0，如果失败（计数器已经是 0）就返回 1。

6. int down_killable(struct semaphore *sem): 减少信号量 sem 的计数器（类似于获取锁）。如果失败（计数器已经是 0），那么转入睡眠（状态为 TASK_KILLABLE，会被致命信号唤醒）并把当前进程挂到 wait_list；被唤醒后继续尝试获取锁。正常返回 0，被信号唤醒则返回 -EINTR。

7. int down_interruptible(struct semaphore *sem)：减少信号量 sem 的计数器（类似于获取锁）。如果失败（计数器已经是 0），那么转入睡眠（状态为 TASK_INTERRUPTIBLE，会被任意信号唤醒）并把当前进程挂到 wait_list；被唤醒后继续尝试获取锁。正常返回 0，被信号唤醒则返回 -EINTR。

8. int down_timeout(struct semaphore *sem, long jiffies)：减少信号量 sem 的计数器（类似于获取锁）。如果失败（计数器已经是 0），那么转入睡眠（状态为 TASK_ UNINTERRUPTIBLE，但睡眠时间达到超时值 jiffies 后会被唤醒）并把当前进程挂到 wait_list；被唤醒后继续尝试获取锁。正常返回 0，被超时唤醒则返回 -ETIME。

（二）读写信号量

读写信号量的引入类似于读写自旋锁，是为了区分不同的竞争者（读者和写者），以便允许读者共享而写者互斥。读写信号量既有通用版本，也有各种体系结构自己实现的版本。龙芯使用的是通用版本。

```
struct rw_semaphore {
    atomic_long_t count;
    atomic_long_t owner;
    struct list_head wait_list;
    raw_spinlock_t wait_lock;
#ifdef CONFIG_RWSEM_SPIN_ON_OWNER
    struct optimistic_spin_queue osq;
#endif
};
```

其主要字段 count、wait_list 和 wait_lock 的含义与普通信号量基本相同，而 CONFIG_RWSEM_SPIN_ON_OWNER 是从 Linux-3.16 版本开始引入的，通过 MCS 锁来优化读写信号量的性能，其原理类似于 Queued Spinlock。

读写信号量的主要 API 如下。

1. DECLARE_RWSEM(sem)：静态声明一个名为 sem 信号量。

2. init_rwsem(sem)：初始化一个信号量 sem。

3. up_read(struct rw_semaphore *sem): 读者增加信号量 sem 的计数器(类似于释放锁)。

4. up_write(struct rw_semaphore *sem): 写者增加信号量 sem 的计数器(类似于释放锁)。

5. down_read(struct rw_semaphore *sem): 读者减少信号量 sem 的计数器(类似于获取锁)。

6. down_write(struct rw_semaphore *sem): 写者减少信号量 sem 的计数器(类似于获取锁)。

7. down_read_trylock(struct rw_semaphore *sem)：读者尝试减少信号量 sem 的计数器(类似于获取锁)。

8. down_write_trylock(struct rw_semaphore *sem)：写者尝试减少信号量 sem 的计数器(类似于获取锁)。

9. downgrade_write(struct rw_semaphore *sem)：写者锁降级，即将写锁转换成读锁。

A.8 互斥量

从概念上讲，互斥量就是二值信号量。然而信号量用作互斥量有点大材小用，并且由于信号量的内存足迹(Foot Print)比较大，不利于性能优化。因此，从 Linux-2.6.16 版本开始专门引入了互斥量 mutex。

```
struct mutex {
    atomic_long_t      owner;
    spinlock_t         wait_lock;
    struct list_head   wait_list;
#ifdef CONFIG_MUTEX_SPIN_ON_OWNER
    struct optimistic_spin_queue osq;
#endif
};
```

mutex 在数据结构上与信号量几乎相同(与读写信号量更像，因为从 Linux-3.15 版本开始互斥量也用了 MCS 锁优化)。但是互斥量提供了一套新的 API，这套 API 专为二值的互斥量优化。这些 API 主要如下。

1. DEFINE_MUTEX(mutex)：静态定义一个名为 mutex 的互斥量。

2. mutex_init(mutex)：初始化一个互斥量 mutex，初始状态为未锁。

3. void mutex_lock(struct mutex *lock)：对互斥量加锁，如果失败，那么转入睡眠（状态为 TASK_UNINTERRUPTIBLE，不会被任何信号唤醒）并把当前进程挂到 wait_list。

4. void mutex_unlock(struct mutex *lock)：对互斥量解锁，然后唤醒 wait_list 里面的第一个进程（如果有的话）。

5. int mutex_trylock(struct mutex *lock)：尝试对互斥量加锁，如果成功就返回 0，如果失败（计数器已经是 0）就返回 1。

6. int mutex_lock_killable(struct mutex *lock)：对互斥量加锁。如果失败，那么转入睡眠（状态为 TASK_KILLABLE，会被致命信号唤醒）并把当前进程挂到 wait_list；被唤醒后继续尝试获取锁。正常返回 0，被信号唤醒则返回 -EINTR。

7. int mutex_lock_interruptible(struct mutex *lock)：对互斥量加锁，如果失败，那么转入睡眠（状态为 TASK_INTERRUPTIBLE，会被任意信号唤醒）并把当前进程挂到 wait_list；被唤醒后继续尝试获取锁。正常返回 0，被信号唤醒则返回 -EINTR。

8. int mutex_is_locked(struct mutex *lock)：判定互斥量状态，未锁状态返回 0，已锁状态返回 1。

A.9 RCU 机制

RCU 的全称是 Read-Copy-Update（读—复制—更新），是一种完全不同于锁的并发控制机制。RCU 主要用来保护用指针引用的数据（即动态分配的数据），可以防止在并发读写访问时出现无效指针。RCU 是扩展性最好的并发控制机制，因为它根本就不是像锁那样通过某种程度的串行化来保护共享资源，而是几乎完全允许并发。有利必有弊，在必须串行化才能保护临界区的场景（如有数据一致性要求的场景）下，RCU 是不适用的（RCU 保证每个读者都可以读到有效数据，但是不保证每个读者读到的都是最新数据）。另外，RCU 通过数据复制产生了大量的数据副本，而这些副本常常是被延迟释放的，因此会占用比较多的内存，在某些极端情况下可能会导致内存用尽（Out-Of-Memory，OOM）的问题。

RCU 面向读多写少的场景，因此会区分读者和写者。功能上，与读写自旋锁、读写信号量以及顺序锁的最大不同在于：读写自旋锁、读写信号量只允许读和读并发，并不允许读和写并发；顺序锁虽然允许读和写并发，但它为了方便写者迫使读者做出了牺牲，并且要求读者临界区可重复执行；RCU 则允许读—读并发、读—写甚至写—写并发（写者之间需要用锁或者原子操作之类的同步控制），并且多数情况下读者和写者都不用做出性能上的牺牲（如果写者多或者写频繁则需要写者做出一定的牺牲）。那么 RCU 是如何实现这一点的呢？其关键就是写者会先复制一个数据副本并在副本上进行各种必要的修改，然后把“读—复制—更新”三部曲中的更新步骤拆分成了两个子步骤：第一步是副本删除（删除共享指针对旧副本的引用），第二步是副本回收（对旧副本内存资源的回收）。副本删除可以立即进行并且是并发的，所以不影响性能；副本回收大多是延迟的，所以会使用较多的内存。

广义的 RCU 分为普通 RCU 和可睡眠 RCU（即 SRCU）两大类。

（一）普通 RCU

普通 RCU 的使用要求跟自旋锁类似，可以用于中断上下文和进程上下文，但读者临界区内不允许调度和睡眠（可抢占 RCU 是例外，见下文）。Linux-5.4.x 版本中的普通 RCU 主要有 3 个变种：标准版 RCU、调度版 RCU 和快速版 RCU。标准版 RCU 在非抢占内核里称为 rcu，在抢占内核里称为 rcu_preempt；调度版 RCU 称为 rcu_sched（功能上等价于非抢占标准版的 rcu）；快速版 RCU 称为 rcu_bh。最早的经典 RCU 是非抢占标准版 RCU，其基本原理如下。

1. 读者用 rcu_read_lock() 和 rcu_read_unlock() 包围临界区，临界区中不允许直接引用共享指针的数据，而应当使用 rcu_dereference(p) 获取被保护的指针（为了避免直接引用指针，需要 RCU 保护的共享数据结构在定义时一般会加上 __rcu 标识，如进程描述符 task_struct 里的 parent 和 real_parent 字段）。RCU 读者临界区跟自旋锁临界区一样，不允许调度和睡眠。

2. 写者首先复制一份共享数据的副本，然后根据需要修改副本的内容，用 rcu_assign_pointer(p, v) 给被保护的指针重新赋值（这会导致在共享指针指向关系中删除旧副本并公布新副本，公布的意思是后续的读者读到的将是新副本），然后用 call_rcu() 注册一个回调函数用于在适当的时候回收旧副本。大多数回调函数都比较简单，主要内容是对 kfree() 的包装。

3. 从 call_rcu() 注册回调函数开始（准备回收）到真正执行回调函数为止（执行回收）的这段时间称为宽限期（Grace Period，GP）。执行回收的合适时候指的是所有的读者都退出了临界区，这意味着所有的 CPU 都经历了一个静止状态（Quiescent State，QS）。因为经典 RCU 的读者临界区不允许调度和睡眠，所以 RCU 的静止状态可以认为就是发生一次上下文切换（进程调度、进入空闲循环、进入用户态等）。

4. 传统上，RCU 回调函数是在 tasklet 里面执行的，具体的处理函数是 rcu_tasklet()。从 Linux-2.6.25 版本开始专门设计了一种 RCU_SOFTIRQ 软中断，从此 RCU 回调函数就在 RCU_SOFTIRQ 软中断的处理函数 rcu_process_callbacks() 中执行的，但从 Linux-3.0 版本开始也可以在内核线程 rcu_cpu_kthread() 中执行。

5. 上述使用 call_rcu() 的回收机制叫异步回收，RCU 也为写者提供了一种同步回收机制 synchronize_rcu()，它会阻塞当前内核执行路径，直到所有的 CPU 经历了一个静止状态。同步回收机制只能用于进程上下文，不能用于中断上下文。

RCU 使用的最重要的数据结构之一是 rcu_head，其定义如下。

```
struct callback_head {
    struct callback_head *next;
    void (*func)(struct callback_head *head);
} __attribute__((aligned(sizeof(void *))));

#define rcu_head callback_head
```

如果要使用异步回收，则每个被 RCU 保护的数据结构都应当包含一个 rcu_head，里面包含了一个 next 指针用于将 call_rcu()/call_rcu_sched()/call_rcu_bh() 注册的回调函数组织在链表中（标准版、调度版和快速版各有一个链表），另外就是一个负责内存资源回收的 func 函数指针。同步回收在数据结构和程序逻辑上都更简单，被保护的数据结构不需要包含 rcu_head。

普通 RCU 所使用的主要 API 如下。

1. rcu_read_lock()/rcu_read_lock_sched()/rcu_read_lock_bh(): 标准版 / 调度版 / 快速版 RCU 进入读者临界区。

2. rcu_read_unlock()/rcu_read_unlock_sched()/rcu_read_unlock_bh()：标准版 / 调度版 / 快速版 RCU 退出读者临界区。

3. rcu_dereference(p)/rcu_dereference_sched(p)/rcu_dereference_bh(p)：标准版 / 调度版 / 快速版 RCU 获取一个被保护的指针。

4. rcu_assign_pointer(p, v)：给一个被 RCU 保护的指针 p 赋新值为 v。

5. call_rcu(head, func)/call_rcu_sched(head, func)/call_rcu_bh(head, func)：标准版 / 调度版 / 快速版 RCU 注册一个回收旧副本的异步回调函数。

6. synchronize_rcu()/synchronize_sched()/synchronize_rcu_bh()：标准版 / 调度版 / 快速版 RCU 等待所有读者退出临界区以便同步回收旧副本。

下面简单介绍几种 RCU 变种的特点。

rcu: 非抢占标准版 RCU，从 Linux-2.5.43 版本开始引入，其读者临界区是禁止抢占的。rcu 的保护函数 rcu_read_lock()/rcu_read_unlock() 分别等效于 preempt_disable() 和 preempt_enable()。

rcu_sched: 调度版 RCU，等同于非抢占标准版 RCU，其读者临界区是禁止抢占的。rcu_sched 的保护函数 rcu_read_lock_sched() 和 rcu_read_unlock_sched() 分别等效于 preempt_disable() 和 preempt_enable()。

rcu_bh: 快速版 RCU，从 Linux-2.6.9 版本开始引入，其读者临界区不仅禁止抢占，还会禁止软中断。rcu_bh 的保护函数 rcu_read_lock_bh() 和 rcu_read_unlock_bh() 分别等效于 local_bh_disable() 和 local_bh_enable()。这就相当于在非抢占标准版 RCU 的基础上增加了一种静止状态，即软中断执行完毕，故而可以更快地结束宽限期。

rcu_preempt: 可抢占标准版 RCU，从 Linux-2.6.25 版本开始引入，其读者临界区既不禁止抢占也不禁止软中断，因此允许在读者临界区里发生抢占。rcu_preempt 通过嵌套计数器记录进程的状态，其保护函数 rcu_read_lock() 和 rcu_read_unlock() 分别等效于计数器自增和计数器自减。rcu_preempt 允许抢占并不意味着允许读者临界区发生睡眠，因为抢占调度是一种强制调度，被调出去的进程依旧保持可运行状态（不会睡眠），所以不会让宽限期无限延长。而且从 Linux-3.0 版本开始引入了 RCU 优先级提升（RCU_BOOST），它可以提升 RCU 读者的优先级，促使其快速退出临界区。

> **注意:**
> 由于 rcu_preempt 允许抢占，因此不能用于中断上下文。

从 Linux-3.18 版本开始引入了一个新的变种叫作任务版 RCU（Tasks RCU），将进入 / 退出用户态执行也视为一种 QS。任务版 RCU 复用了标准版 RCU 的数据结构，其读端 API 同标准版 RCU，而写端 API 使用 call_rcu_tasks() 和 synchronize_rcu_tasks()。该变种不常用，因此不详细展开。

普通 RCU 在 Linux 内核发展史上有过多种实现，早期的实现叫经典 RCU（Classical RCU），在数据结构设计上有较多的全局共享，因此 CPU 数量大时扩展性不好[1]。Linux-2.6.29 版本引入了层次树 RCU（Tree RCU），层次树数据结构在全局共享上实现了最小化，可以专门解决大规模多处理器系统的扩展性问题[2]。Linux-2.6.32 版本移除了经典 RCU，全面使用层次树 RCU。Linux-2.6.33 版本又引入了专为单处理器系统优化的微小型 RCU（Tiny RCU）。因此在 Linux-5.4.x 版本中，启用多处理器支持的内核使用 Tree RCU，否则使用 Tiny RCU。

Linux-4.20 版本开始对 RCU 变种进行了大规模改造，虽然现在在 API 层面还是包括 4 个变种，但实际上内部实现都是基于同一种（抢占版内核都基于 rcu_preempt，非抢占版内核都基于 rcu_sched）[3]。改造以后，读端 API 保持不变，而写端 API 除任务版 RCU 保持独立以外，其他 3 个基础变种都统一使用 call_rcu() 和 synchronize_rcu()。

（二）可睡眠 RCU

普通 RCU 有一个很显著的特定是读者临界区不允许调度和睡眠，虽然可抢占 RCU 允许强制调度，但依然不允许主动调度（睡眠）。但内核里面确实需要允许睡眠的 RCU，这就是从 Linux-2.6.19 版本开始引入的可睡眠 RCU（Sleepable RCU，SRCU）。很显然，SRCU 只能用于进程上下文，不能用于中断上下文。

在设计与实现上，SRCU 与普通 RCU 的最大不同之处在于，普通 RCU 只有一个全局 RCU 域，所有的 RCU 临界区都归全局域管理；而 SRCU 包括多个域，每个不同的子系统有自己的 SRCU 域，一个 SRCU 域用一个 struct srcu_struct 来描述。如果跟锁做一个类比，普通 RCU 相当于只有一个全局锁，而 SRCU 相当于每个子系统有自己的局部锁。

SRCU 的主要 API 如下。

1. DEFINE_SRCU(name)/ DEFINE_STATIC_SRCU(name)：静态定义一个 SRCU 域描述符，前者是全局作用域，后者是文件作用域（加 static 标识）。

2. int init_srcu_struct(struct srcu_struct *ssp)：动态初始化一个 SRCU 域描述符。

3. void cleanup_srcu_struct(struct srcu_struct *ssp)：动态清理销毁一个 SRCU 域描述符。

---

1 经典 RCU 使用的主要管理数据结构是 struct rcu_ctrlblk 和 struct rcu_data。每个 CPU 关联一个 rcu_data，在管理每个 CPU 的 GP 时，需要全局共享中的 CPU 位图，该位图的并发访问用自旋锁保护。

2 层次树 RCU 使用的主要管理数据结构是 struct rcu_state、struct rcu_node 和 struct rcu_data。标准版 / 调度版 / 快速版 RCU 各有一个 rcu_state 顶级数据结构 rcu_preempt_state/rcu_sched_state/rcu_bh_state，每个 rcu_state 组织了一棵层次树，树的节点类型是 rcu_node，叶子节点下面直接管理 CPU，每个 CPU 关联一个 rcu_data。根节点和中间节点管理的最大下层节点个数为 RCU_FANOUT，叶子节点管理的最大 CPU 个数为 RCU_FANOUT_LEAF。每个 rcu_node 有一个下级节点位图，同时还有一个自旋锁用来保护该节点下面管理的所有 CPU 的并发访问。这样，相当于在大规模多处理器系统里划分了很多共享域，实现了全局共享的最小化。

3 统一以后，层次树 RCU 的管理数据结构只有一个 struct rcu_state，不过其名字根据内核配置的不同而有所不同（rcu_preempt 或者 rcu_sched）。

4. int srcu_read_lock(struct srcu_struct *ssp)：SRCU 进入读者临界区，参数为 SRCU 域描述符，返回值为临界区 ID。

5. void srcu_read_unlock(struct srcu_struct *ssp, int idx)：SRCU 退出读者临界区，参数为 SRCU 描述符和临界区 ID。

6.void call_srcu(struct srcu_struct *ssp, struct rcu_head *head, void (*func)(struct rcu_head *head))：SRCU 注册一个回收旧副本的异步回调函数。

7. void synchronize_srcu(struct srcu_struct *ssp)：SRCU 等待所有读者退出临界区以便同步回收旧副本。

SRCU 读者在临界区中获取一个被保护的指针可以用 srcu_dereference(p, ssp) 宏，而写者给一个被 SRCU 保护的指针 p 赋新值为 v 可以用 rcu_assign_pointer(p, v) 宏。

每个 SRCU 域包含一个每 CPU 数组，其中包含计数器，srcu_read_lock()/srcu_read_unlock() 的主要内容就是增加或减少这些计数器。

早期的 SRCU 仅支持同步回收，因为 SRCU 允许读者在临界区中睡眠，异步回收很容易导致 OOM 问题。直到 Linux-3.5 版本支持了 SRCU 并发检测后，才开始引入 SRCU 异步回收（即 call_srcu() 之类的方法）。

类似于普通 RCU，SRCU 在 Linux 内核发展史上也有过多种实现，早期的实现叫作经典 SRCU（Classical SRCU），其在 CPU 数量大时扩展性不好。Linux-4.12 版本引入了层次树 SRCU（Tree SRCU）和微小型 SRCU（Tiny SRCU）。层次树 SRCU 可以专门解决大规模多处理器系统的扩展性问题，而微小型 SRCU 专为单处理器系统优化。Linux-4.13 版本开始移除了经典 SRCU，全面使用层次树 SRCU 和微小型 SRCU。在 Linux-5.4.x 版本中，启用多处理器支持的内核使用层次树 SRCU，否则使用微小型 SRCU。

（三）RCU 使用方法示例

RCU 的 API 使用不像自旋锁、信号量那么直观，下面举两个简单的使用方法。这两个例子假设有多个读者但只有一个写者，因此不用考虑写者之间的并发控制。跟 RCU 机制有关的代码进行了字体加粗标记。

1. 同步回收示例

```
struct foo {                          /* 共享数据结构的类型定义 */
       int a;
       long b;
};

struct foo __rcu *gbl_foo;            /* 共享数据结构的指针 */

int initialize(void)                  /* 只执行一次的初始化函数 */
{
```

```
        gbl_foo = kmalloc(sizeof(struct foo), GFP_KERNEL);
        gbl->a = 0;
        gbl->b = 0;
        return 0;
}
int foo_a_reader(void)                    /* 读取 foo::a 的读者 */
{
        int retval;
        rcu_read_lock();
        retval = rcu_dereference(gbl_foo)->a;
        rcu_read_unlock();
        return retval;
}

long foo_b_reader(void)                   /* 读取 foo::b 的读者 */
{
        long retval;
        rcu_read_lock();
        retval = rcu_dereference(gbl_foo)->b;
        rcu_read_unlock();
        return retval;
}

void foo_writer(int x, long y)            /* 更改 foo 的写者 */
{
        struct foo *old_fp, *new_fp;
        old_fp = gbl_foo;
        new_fp = kmalloc(sizeof(struct foo), GFP_KERNEL);
        *new_fp = *old_fp;
        new_fp->a = x;
        new_fp->b = y;
        rcu_assign_pointer(gbl_foo, new_fp);
        synchronize_rcu();
        kfree(old_fp);
}
```

2. 异步回收示例

```
struct foo {                              /* 共享数据结构的类型定义 */
        int a;
```

```
        long b;
        struct rcu_head rcu;
};

struct foo __rcu *gbl_foo;              /* 共享数据结构的指针 */

int initialize(void)                    /* 只执行一次的初始化函数 */
{
        gbl_foo = kmalloc(sizeof(struct foo), GFP_KERNEL);
        gbl->a = 0;
        gbl->b = 0;
        return 0;
}

int foo_a_reader(void)                  /* 读取 foo::a 的读者 */
{
        int retval;
        rcu_read_lock();
        retval = rcu_dereference(gbl_foo)->a;
        rcu_read_unlock();
        return retval;
}

long foo_b_reader(void)                 /* 读取 foo::b 的读者 */
{
        long retval;
        rcu_read_lock();
        retval = rcu_dereference(gbl_foo)->b;
        rcu_read_unlock();
        return retval;
}

void foo_writer(int x, long y)          /* 更改 foo 的写者 */
{
        struct foo *old_fp, *new_fp;
        old_fp = gbl_foo;
        new_fp = kmalloc(sizeof(struct foo), GFP_KERNEL);
        *new_fp = *old_fp;
```

```
    new_fp->a = x;
    new_fp->b = y;
    rcu_assign_pointer(gbl_foo, new_fp);
    call_rcu(&old_fp->rcu, foo_reclaim);
}

void foo_reclaim(struct rcu_head *rp)  /* 回收 foo 旧副本的回调函数 */
{
    struct foo *fp = container_of(rp, struct foo, rcu);
    kfree(fp);
}
```

关于 RCU 机制的更多信息可参阅 Documentation/RCU/ 下的内核文档。

A.10 其他原语

除了前面介绍的那些并发控制机制，Linux 内核还有其他的一些同步原语。其中最常见的就是补充原语，也叫完成变量。

包括自旋锁、信号量在内的各种锁类机制都有一个共同的特点：加锁者和解锁者必须是同一个进程（同一个内核执行路径）。而完成变量是一种 A 进程加锁、B 进程解锁的同步原语，主要用于进程间通信与协作。

完成变量在数据结构设计上跟信号量有点类似。

```
struct completion {
    unsigned int done;
    wait_queue_head_t wait;
};
```

其中，done 字段代表完成状态，wait 字段代表等待队列。工作原理：A 进程将 done 设为“未完成”，然后将自己挂接到 wait 队列上并进入睡眠（类似于信号量的加锁操作 down()）；B 进程在完成所需工作后，唤醒 A 进程（类似于信号量的解锁操作 up()）。很明显，完成变量只能在进程上下文中使用。

完成变量所使用的主要 API 如下。

1. DECLARE_COMPLETION(work)：声明一个完成变量（全局变量）。

2. DECLARE_COMPLETION_ONSTACK(work)：在栈上声明一个完成变量（局部变量）。

3. init_completion(x)：初始化一个完成变量。

4. wait_for_completion(x*)：等待完成变量完成，当前进程进入不可中断睡眠状态（TASK_

UNINTERRUPTIBLE）。

5. wait_for_completion_killable(x)：等待完成变量完成，当前进程进入可杀死睡眠状态（TASK_KILLABLE）。

6. wait_for_completion_interruptible(x)：等待完成变量完成，当前进程进入可中断睡眠状态（TASK_INTERRUPTIBLE）。

7. wait_for_completion_timeout(x, timeout)：等待完成变量完成，当前进程进入带超时值 timeout 的不可中断睡眠状态（TASK_UNINTERRUPTIBLE）。

8. wait_for_completion_killable_timeout(x, timeout)：等待完成变量完成，当前进程进入带超时值 timeout 的可杀死睡眠状态（TASK_KILLABLE）。

9. wait_for_completion_interruptible_timeout(x, timeout)：等待完成变量完成，当前进程进入带超时值 timeout 的可中断睡眠状态（TASK_INTERRUPTIBLE）。

10. complete(x)：执行完成操作并唤醒等待队列上的第一个进程。

11. complete_all(x)：执行完成操作并唤醒等待队列上的所有进程。

12. completion_done(x)：判断完成变量是否已经完成。

除了完成变量，Linux 曾经使用过的其他同步原语还有全局开关中断（所有 CPU 同时开关中断）、大读者锁和大内核锁。

1. 全局开关中断

通过结合使用本地开关中断和自旋锁来实现，主要 API 如下。

- cli()：全局关中断。
- sti()：全局开中断。

2. 大读者锁

对读写自旋锁的改进，将读者所使用的数据结构分开放到不同的 Cache 行上面，避免缓存颠簸。主要 API 如下。

- br_read_lock(x)：读者加锁操作。
- br_read_unlock(x)：读者解锁操作。
- br_write_lock(x)：写者加锁操作。
- br_write_unlock(x)：写者解锁操作。

另外，还有和中断开关结合使用的 br_read_lock_bh()/br_read_unlock_bh()，br_read_lock_irq()/br_read_unlock_irq()，br_read_lock_irqsave()/br_read_unlock_irqrestore()，br_write_lock_bh()/br_write_unlock_bh()，br_write_lock_irq()/br_write_unlock_irq()，br_write_lock_irqsave()/br_write_unlock_irqrestore()，等等。

3. 大内核锁（BKL）

一种特殊的自旋锁 / 信号量，可以将整个内核锁定，任何内核执行路径都必须停下来等待，直到解锁为止。主要 API 如下。

- lock_kernel()：大内核锁加锁操作。
- unlock_kernel()：大内核锁解锁操作。

很明显，全局开关中断和大内核锁都是严重影响并发的性能杀手，因此 Linux 内核不断地进行优化设计以避免使用这两种同步原语。大读者锁虽然在性能上没什么问题，但是它只是静态预定义了一些锁，不能很方便地使用，因而被更为先进的 RCU 取代。于是我们看到，从 Linux-2.5.28 版本开始淘汰了全局开关中断，从 Linux-2.5.70 版本开始淘汰了大读者锁，从 Linux-2.6.39 版本开始淘汰了大内核锁。

附录 B

Linux 内核大事记

如果你和笔者一样同时开发并维护多个版本的 Linux 内核（或者有志于此），那你一定对每个版本的关键特征非常感兴趣。内核的版本号是定义在 Makefile 里面的，因此在技术上完全可以将 Linux-3.10 版本伪装成 Linux-4.0 版本。但是版本号伪装改变不了其本质内涵，Linux-4.0 版本内核之所以是 4.0 版本，不仅仅是因为版本号定义为 4.0，更重要的是因为其具有支持 MIPS R6、LivePatching、DAX 和 KASan 这几个重要特征。本附录是一个 Linux 内核发展大事记，详细记录了自 Linux 内核诞生以来的特征变化，尤其是标识了每个版本所引入的新功能（后文中每个版本仅标明版本号，省略了“版本”二字）。

B.1 史前时代

- 0.01：Linux 内核第一个版本，支持 X86 体系。
- 0.02：Linux 内核第一个公开发布的版本，支持 X86 体系。
- 0.11：《Linux 内核完全注释》使用的内核版本。
- 0.97.3：加入 README 文件。
- 0.98.6：开始支持内核配置系统（make config）。
- 0.99.7：开始支持 ext2 文件系统。
- 0.99.10：开始支持内核压缩（zImage 格式）。
- 0.99.15：开始支持模块化。

B.2 奇偶时代

- 1.0.0：第一个正式版本，是一个具有里程碑意义的版本，开始支持网络。
- 1.0.9：开始支持内核线程。
- 1.1.11：开始支持 fork() 系统调用的写时复制机制（Copy On Write，COW）。
- 1.1.45：开始支持 MIPS 体系。
- 1.1.57：开始支持 Alpha 体系。
- 1.1.71：开始支持 Sparc 和 M68k 体系。
- 1.1.77：开始支持软中断（softirq）。
- 1.2.0：完整支持多种非 X86 体系结构（如 MIPS、Alpha 等）。
- 1.2.1：开始支持 ipfwadm 包过滤机制。
- 1.3.30：开始支持随机数设备驱动。
- 1.3.45：开始支持 PowerPC 体系。
- 1.3.60：开始支持图形化内核配置系统（make menuconfig/make xconfig）。
- 1.3.69：开始支持 RAID0。
- 2.0.0：开始支持对称多处理（SMP）和内核压缩（bzImage 格式）。

- 2.1.0：实现了线程完全可重入。
- 2.1.16：开始支持 Sparc64 体系。
- 2.1.22：开始支持复用原内核配置系统（make oldconfig）。
- 2.1.25：开始支持自旋锁（X86 体系）。
- 2.1.63：开始支持 RAID1 和 RAID5。
- 2.1.68：开始支持网络包调度。
- 2.1.80：开始支持 ARM 体系。
- 2.2.0：开始被各种 Linux 发行版大规模应用，这是 Linux 内核成熟的标志。
- 2.2.10：开始支持 ipchains 包过滤机制。
- 2.2.14：开始支持 S390 体系。
- 2.3.23：开始支持 X86 PAE。
- 2.3.43：开始支持 IA64 体系。
- 2.3.46：开始引入 devfs 机制。
- 2.3.47：开始支持 MIPS64 体系，开始支持 LVM。
- 2.4.0：开始支持 PA-RISC 体系，改进内存回收，引入 SWIOTLB、dnotify、iptables 包过滤等机制。
- 2.4.2：开始支持 S390 体系。
- 2.4.5：开始有“中国制造”的内核代码（如 LVS 等）。
- 2.4.6：MIPS 完全支持 SMP。
- 2.4.15：开始支持 ext3 文件系统。
- 2.4.17：开始支持超线程。
- 2.4.18：《深入理解 Linux 内核（第 2 版）》所使用的内核版本。
- 2.4.19：开始支持 PowerPC64 体系。
- 2.4.20：开始支持 X86_64（64 位的 X86 体系）。
- 2.5.2：开始引入 O(1) 调度器和 USB2.0。
- 2.5.4：开始支持内核抢占。
- 2.5.7：开始支持 ACPI、NAPI、Futex 等机制。
- 2.5.8：开始支持 EFI/GPT 分区。
- 2.5.14：开始支持蓝牙。
- 2.5.18：开始支持电源管理的 S3/S4。
- 2.5.23：开始支持 CPU 热插拔。
- 2.5.27：开始支持内存反向映射（第一代 RMAP）。
- 2.5.28：淘汰全局中断开关。
- 2.5.32：开始支持新的线程模型（NPTL）和异步 IO 机制（AIO）。
- 2.5.35：开始支持串口硬盘（SATA）。
- 2.5.36：开始支持 XFS 文件系统。
- 2.5.39：开始引入 IO 调度器（deadline 调度器）。

- 2.5.40：开始引入 DVFS 电源管理框架（即 CPUFreq）和 NUMA 机制。
- 2.5.42：开始支持 CIFS 和 NFS4（有状态的 NFS）。
- 2.5.43：开始支持 RCU 和 OProfile。
- 2.5.45：开始支持 EPOLL、LVM2 和 IPSEC，采用新的内核配置系统（Kconfig）。
- 2.5.46：开始支持巨页机制（HUGETLBFS），initrd 被更先进的 initramfs 代替。
- 2.5.53：开始引入快速系统调用。
- 2.5.63：开始支持 Posix 定时器。
- 2.5.70：淘汰大读者锁（brlock）。
- 2.5.75：开始引入 Anticipatory IO 调度器。
- 2.6.0：合并 MIPS/MIPS64 体系，完全可抢占内核，全面支持 O(1) 调度器、SYSFS、NPTL、NUMA、LibATA、SELinux 等机制，引入 Noop IO 调度器。从此 Linux 之名响彻天下。
- 2.6.1：开始支持 EFI 和 MSI 中断。
- 2.6.2：开始支持 RAID6。
- 2.6.6：开始引入 CFQ IO 调度器。
- 2.6.7：开始引入调度域和 NUMA 相关的系统调用，基于对象的内存反向映射（第二代 RMAP）。
- 2.6.8：开始支持高精度事件定时器 HPET。
- 2.6.9：开始引入地址空间的灵活线布局，开始支持快速版 RCU，开始支持 Kprobes，CPUFreq 支持 Ondemand 策略，RHEL4 选用的基础内核版本。
- 2.6.10：开始支持动态切换 IO 调度器。

B.3 快速演进时代

- 2.6.11：开始引入 DebugFS，《深入理解 Linux 内核（第 3 版）》所使用的内核版本。
- 2.6.12：开始引入 CPUSETS、SECCOMP 等机制，全面支持 IPv6，开始用 Git 管理代码。
- 2.6.13：开始支持 KEXEC/KDUMP，引入 inotify，开始用 udev 代替 devfs。
- 2.6.14：开始支持 FUSE（用户态文件系统）。
- 2.6.15：MIPS 开始支持 NPTL 和 SECCOMP。
- 2.6.16：开始支持互斥量 Mutex、高分辨率软件定时器 HRTimer，调度策略引入 SCHED_BATCH（批处理进程）
- 2.6.18：开始支持通用时间框架（GTOD），开始引入通用 IRQ 处理层，RHEL5 选用的基础内核版本。
- 2.6.19：开始支持 ext4 文件系统，LibATA 成为 PATA（并口硬盘）和 SATA（串口硬盘）的统一驱动，引入 SRCU。
- 2.6.20：开始支持 KVM 虚拟机，MIPS 开始支持 KEXEC。
- 2.6.21：开始支持 VMI 虚拟化接口，引入 GPIO API，MIPS 开始支持 SmartMIPS。

- 2.6.22：开始引入 kthreadd 内核线程（2 号进程），开始支持 SLUB 内存对象管理算法。
- 2.6.23：开始支持龙芯 CPU（龙芯 2E），开始支持 CFS 调度器， KVM 支持 SMP，文档部分中文化，默认使用 SLUB，开始支持设备树（FDT）。
- 2.6.24：i386 和 X86_64 开始合并为 X86，CFS 引入组调度（基于 cgroups 即 Control Groups），引入 PID 命名空间，全面支持内存热插拔。
- 2.6.25：开始支持抢占式 RCU，RCU 回调函数的执行时机从 tasklet 改为软中断，CFS 引入实时组调度，X86 实现排队自旋锁（FIFO Ticket Spinlock）。
- 2.6.26：笔者的第一个 Linux 内核补丁（关于 RTC）被收录。
- 2.6.27：开始支持 UBIFS、Ftrace 和 LXC，全面支持 DRM 显卡驱动框架（开始支持 Radeon）。
- 2.6.28：MIPS 实现排队自旋锁（FIFO Ticket Spinlock），Ext4 进入完全稳定可用的状态，引入 GEM 内存管理器，引入 X2APIC 支持，内存管理伸缩性改进（活动 / 非活动链表变成 5 个：非活动匿名、活动匿名、非活动文件、活动文件、不可驱逐），源代码总量达到 1000 万行。
- 2.6.29：开始支持快速启动（异步函数调用），引入更具扩展性的 RCU（基于层次树的 Tree RCU），引入稀疏中断模型（SPARSE_IRQ），显卡驱动开始引入 KMS，开始支持 Btrfs 和 Squashfs。
- 2.6.30：开始支持中断线程化，支持 bzip2/lzma 格式的压缩内核，源代码有效量达到 1000 万行（仅包含 *.c、*.h 和 *.S 文件）。
- 2.6.31：MIPS 开始支持 CPU 热插拔和巨页机制（HUGETLBFS），开始支持 USB3.0（xHCI）。
- 2.6.32：龙芯开始支持 Oprofile，开始支持 KSM（Kernel Samepage Merging），全面使用层次树 RCU，开始支持设备运行时电源管理，引入 devtmpfs（devfs v2），RHEL6 选用的基础内核版本。
- 2.6.33：开始支持龙芯 2F、CPUFreq 和 Ftrace，引入单处理器适用的 Tiny RCU，开始支持 Compcache（内存压缩交换，即 ramzswap），开始支持 DRBD。
- 2.6.34：MIPS 开始支持 RIXI 和 VDSO，引入基于对象的分布式内存逆映射（第三代 RMAP）。
- 2.6.35：引入新的进程迁移方法 (cpu_stopper)，开始支持 KDB 调试器，内存管理开始引入内存规整和 MemBlock，引入接收包导向（RPS）和接收流导向（RFS）。
- 2.6.36：开始支持君正处理器，内核线程改进（并行托管的工作队列），引入新的启发式 OOM 杀手，进程 VMA 使用双向链表，ramzswap 更名为 zram。
- 2.6.37：X86 堆栈调整（淘汰 4K 栈，全部使用 8K 栈并且总是使用中断堆栈），引入“停机迁移”调度类，防止高优先级实时任务迁移，MIPS 开始支持 Perf 和 FDT，kmap_atomic() 接口改变（堆栈式临时内核映射）。
- 2.6.38：开始引入自动进程分组（即 AutoGroup，提升交互式操作的流畅度），开始支持透明巨页 THP，引入传输包导向（XPS）。
- 2.6.39：开始支持 UniCore32（北大众志的处理器），卓越内存（Transcendent memory，用于实现 zcache），完全淘汰大内核锁（BKL），开始引入硬件自旋锁。

B.4 极速演进时代

- 3.0：全部完成 i386 和 X86_64 的合并，引入基于卓越内存的 Cleancache/Frontswap，开始支持动态分配调度域 / 调度组，允许在内核线程中执行 RCU 回调函数，开始支持伯克利包过滤器（BPF）的 JIT 引擎，开始支持 PTP 硬件时钟（Precision Time Protocol），开始支持 WLAN 唤醒（WoWLAN）。
- 3.1：开始支持 OpenRISC，MIPS 开始支持地址空间的灵活布局。
- 3.2：开始引入设备 DVFS 电源管理框架（即 devfreq），源代码总量达到 1500 万行。
- 3.3：开始支持 EFI 启动，引入 DMA-BUF（跨设备 DMA 缓冲区共享机制），开始支持 NVMe（PCIe-SSD 存储设备），Radeon 显卡驱动开始支持 GPUVM，开始支持 MPI，开始支持 Open vSwitch（一种虚拟网桥）。
- 3.4：X86 体系引入 X32 ABI，基于 DMA-BUF 的 PRIME API 支持（多显卡交互的 API）。
- 3.5：开始引入自动睡眠 Autosleep/ 唤醒锁，开始引入连续内存分配 CMA，开始引入 CoDel 队列管理（解决 Bufferbloat 问题），Radeon 驱动开始支持 PRIME 和计算命令环。
- 3.6：开始支持龙芯 1B，支持同时睡眠到内存和硬盘，基于 NBD 的网络交换分区。
- 3.7：开始支持适配龙芯 3 号的设备驱动，开始支持通用 ARM 内核和 ARM64（ARMv8），开始支持并行 NFS（客户端），源代码有效量达到 1500 万行（仅包含 *.c、*.h 和 *.S 文件）。
- 3.8：开始引入 Numa Balancing（NUMA 均衡调度），调度器引入 PELT（每实体负载跟踪），开始引入零巨页，MIPS 开始支持透明巨页（THP）和 KDUMP，X86 开始支持主核热插拔（可以关闭零号核），X86 移除 I386 支持（只支持 I486 以上），引入 F2FS（专为 SSD 硬盘优化的文件系统）。
- 3.9：开始支持 Power8 处理器，内核系统配置增加 Load/Save 功能，USB 支持运行时电源管理。
- 3.10：MIPS 允许动态改变 DMA 一致性，MIPS32 支持软件 KVM 虚拟机，ARM 开始支持 big.LITTLE 架构，开始引入 Bcache（SSD 当磁盘 Cache），Radeon 显卡驱动支持 UVD 视频解码，RHEL7 选用的基础内核版本。
- 3.11：MIPS 开始允许内核态使用 COP2，ARM 开始支持巨页，开始引入 WW_MUTEX，Radeon 显卡驱动支持动态电源管理，Zswap 完全成熟。
- 3.12：开始支持多 GPU 自动切换，显卡驱动的模式设置 / 图形渲染功能开始解耦。
- 3.13：NUMA 均衡调度性能改进，PowerPC 开始支持小尾端，引入多队列块设备模型（blk-mq），Radeon 显卡驱动支持自动 GPU 切换、新的电源管理框架以及支持运行时电源管理，开始引入 Nftables 包过滤器。
- 3.14：调度器引入最后期限（deadline）实时调度类，开始支持内核地址空间布局随机化（KASLR），MIPS 开始支持 FP64/O32 和 FTLB，X86 睿频功能（TurboBoost/TurboCore）完全成熟，zram 功能（原 ramzswap）完全成熟。
- 3.15：开始支持龙芯 3A1000，MIPS 开始支持 EVA、MSA 和 CPS，X86 开始支持 AVX512，内存管理引入 Refault-Distance 算法，Radeon 显卡驱动支持 VCE 视频编码，HD-Audio 声卡驱动不再依赖 PCI。
- 3.16：开始统一控制组（CGroup）层次关系，引入快速排队读写锁（qrwlock），MIPS 开始支持 BPF JIT。

- 3.17：开始支持龙芯 3B1000 和龙芯 3B1500，MIPS 支持硬件页表遍历器（HTW），ARM64 支持 48 位地址空间和 4 级页表，开始支持 DMA-BUF 跨设备同步，SCSI 支持多队列模型（blk-mq）， BPF 分为 cBPF 和 eBPF。
- 3.18：开始支持 GCC5 编译内核，MIPS 开始支持 CMA，X86-64 内核栈增加到 16 KB，开始支持模块压缩，开始支持 Overlayfs，引入 Geneve 隧道协议（Generic Network Virtualization Encapsulation）和 FOU 隧道协议（Foo-over-UDP，IPIP/GRE 是 IP 隧道，SIT 是 IPv4-on-IPv6 隧道，SSH 隧道是应用层隧道）。
- 3.19：龙芯 3 号功能增强（统一内核，DMA64，新 LEFI，任意核启动，HPET 等），MIPS 支持混合 FPR 模式和 VDSO 随机化，引入 READ_ONCE()/WRITE_ONCE()，开始引入原子 KMS（Atomic KMS），开始支持动态设备树（FDT）。
- 4.0：开始支持 MIPS R6，开始支持 LivePatching（类似于 kPatch/kGraft），开始支持 DAX（Direct Access eXciting）和 KASan（内核地址净化器），开始支持并行 NFS（服务器端），开始支持 TPM2.0。
- 4.1：龙芯 3 号增加 Perf 功能和基本平台驱动，MIPS 增加 XPA 支持并调整页表项的位域定义，ARM64 开始支持 ACPI，引入 PMEM 驱动（持久性内存），Device-Mapper 支持多队列模型（blk-mq），引入虚拟 GEM（VGEM）。
- 4.2：龙芯 CPU 目录结构调整，引入快速排队自旋锁 qspinlock（Queued Spinlock），原子 KMS 完全成熟，开始引入 AMDGPU 显卡驱动，开始支持虚拟 GPU（VirtIO-GPU），源代码总量达到 2000 万行。
- 4.3：引入 CGroup 的 PID 控制器，原子操作引入各种内存序变种，调度器支持一致性 PELT，内存管理用户态缺页处理（userfaultfd()），移除 ext3 文件系统（ext4 可兼容 ext3）。
- 4.4：MIPS 完全支持 VDSO（VVAR+VDSO），引入 LightNVM（基于 NVMe，用于 OpenChannel SSD）。
- 4.5：MIPS 开始支持 IEEE754-2008 标准，引入 CGroup_V2（统一层次的控制组已经稳定），Radeon 显卡驱动废除 UMS，AMDGPU 显卡驱动支持 PowerPlay 电源管理，开始引入 Vivante GPU 驱动（名为 Etnaviv）。
- 4.6：开始支持 Power9 处理器，开始引入内核连接复用器（KCM），开始引入 Kcov（内核代码覆盖分析器），开始支持 USB3.1。
- 4.7：开始支持龙芯 3A2000，MIPS 开始支持可变长 ASID、48 位虚拟地址空间、可重定位内核和内核地址空间布局随机化（KASLR），CPUFreq 增加 schedutil 策略。
- 4.8：开始支持龙芯 1C，MIPSR6 支持 CPU 热插拔，MIPS64 支持软件 KVM 虚拟机，内存页回收从基于管理区重构为基于 NUMA 节点，开始支持 XDP（eXpress Data Path）和 VirtIO-VSOCKS，源代码有效量达到 2000 万行（仅包含 *.c、*.h 和 *.S 文件）。
- 4.9：MIPS 开始引入通用内核，X86 支持虚拟映射的进程内核栈，构建系统引入精简库归档（Thin Archives），引入 TCP 拥塞控制算法 BBR。
- 4.10：X86 开始支持 Intel CAT（Cache Allocation Technology）技术，PowerPC 开始支持 kexec 签名内核。
- 4.11：MIPS 开始支持中断专用栈，引入 TinyDRM 显卡驱动。
- 4.12：MIPS 支持 48 位虚拟地址空间和硬件虚拟化（KVM/VZ），LivePatching 使用每进程一致性模型（原来是全局一致性模型），引入基于层次树的 Tree SRCU，引入多队列 IO 调度器 BFQ 和 Kyber，支持 USB 的 Type-C 接口。

- 4.13：开始支持龙芯 3A3000，MIPS 开始支持 qspinlock/qrwlock，引入结构体随机化。
- 4.14：MIPS 开始支持 cBPF/eBPF JIT，X86 开始支持五级页表（PGD/P4D/PUD/PMD/ PTE）、128PB 虚拟地址和 4PB 物理地址，集成闭源固件全部清理完毕，开始支持零拷贝网络（TCP 发送），源代码总量达到 2500 万行。
- 4.15: 开始支持 RISC-V 体系，X86 开始引入 KPTI（对付 Meltdown 漏洞）和 Retpoline（对付 Spectre 漏洞），声卡驱动删除 OSS。
- 4.16：开始支持智能任务迁移，Deadline 调度器可以感知 DVFS，引入通用 GPU 调度器。
- 4.17：开始支持兆芯处理器，清理多种过时的体系结构（power4、blackfin、cris、frv、m32r、metag、mn10300、score、tile），开始支持 SM4 中国加密算法。
- 4.18：开始支持海光处理器，开始支持零拷贝网络（TCP 接收），引入 Bpfilter 包过滤机制，RHEL8 选用的基础内核版本。
- 4.19：引入 Cgroup 感知的 OOM 杀手，引入用于异步 I/O 的新内核轮询接口，引入 EROFS 文件系统，引入虚拟 KMS（VKMS），引入基于时间的包传输机制，引入 CAKE 网络调度器，开始支持 WiFi6（802.11ax）。
- 4.20：开始支持中天微 Csky 处理器，引入新的负载指标 PSI（压力与停顿信息），全面淘汰 BootMem（进入 MemBlock 时代），开始支持自动变长数组 XArray 开始支持点对点 DMA，TCP 模型从 AFAP（As Fast As Possible）切换到 EDT/AFAN（Early Departure Time/As Fast as Necessary）。
- 5.0：调度器引入 EAS（节能感知）特征，CgroupV2 支持 cpuset，块设备层全面切换到多队列模型（blk-mq），AMDGPU 显卡驱动支持 FreeSync，开始支持 UDP 零拷贝网络。
- 5.1：LivePatching 支持原子替换和累积补丁，安全信号传递（针对 PID 复用），CPUIdle 增加 TEO 策略（面向定时器事件），高性能异步 I/O（io_uring），全面解决 Y2038 问题，淘汰 a.out 可执行文件格式。
- 5.2：所有体系结构统一 TLB 刷新 API，引入 PIDFDS，可通过 /proc/kheaders.tar.xz 提供内核头文件，开始支持负载指标监视器（PSM），引入新的文件系统挂载 API，ext4 文件系统支持大小写不敏感文件名，IDE 驱动标记为废弃，AMDGPU FreeSync 功能改进，引入 SOF（Sound Open Firmware），开始支持 FieldBus。
- 5.3：调度器初步支持实时抢占（PREEMPT_RT），引入 clone3() 系统调用，控制台适配高分屏（高分屏自动使用大号字体），支持 0.0.0.0/8 的 IPv4 地址段。
- 5.4：开始支持内核符号名称空间，开始支持 exFAT 文件系统和 VirtIOFS 文件系统，源代码有效量达到 2500 万行（仅包含 *.c、*.h 和 *.S 文件）。

后记

从本书开始动笔到今日定稿，断断续续经历了差不多四年的时间。看着这本亲手打造出来的“巨著”，我不禁感慨万千。

一直以来，我在阅读内核源代码时都有做笔记的习惯，而我做笔记的方法以“代码摘抄 + 适度精简 + 注释解析”为主。但是随着时间的推移和内核版本的升级，笔记总量越来越大，不同版本中的同名函数也已经截然不同。于是，我经常不得不在笔记中记录源代码的多个版本，并且在代码片段的开始处加上版本标识。虽然说笔记主要是给自己看的，但正如热力学第二定律所昭示的一样，笔记的可读性不可避免地越来越差了（熵值太大）。于是乎，便萌生了整理笔记并编写成书的想法。最初的想法成形于 2013—2014 年，但真正开始动笔的时候已经是 2015 年了。对龙芯中科和航天龙梦来说，2015 年属于黎明前的“黑暗”时期；但对我个人来说，这正是难得的好时机。于是，在 2015 年和 2016 年上半年的这段时间里，大约完成了本书一半的篇幅。然而，2016 年年中，小女儿出生，满月之后妻子就带着两个孩子从老家赶了过来。全家团聚当然是一件好事，但作为两个女儿的超级奶爸，我的空闲时间迅速减少。紧接着，全国范围内自主创新的呐喊声一浪高过一浪，公司的项目也一天比一天多。于是乎，作为内核组负责人，我只好将写书这种“重要而不紧急”的事情束之高阁。

一晃两年过去了，内核组的几员大将都能独当一面了，妻子也带着全新的精神面貌开始上班了，父母亲也都来帮忙照顾小孩了。一切都在往好的方面发展，继续写书自然正当其时。按原本计划，此书主要用作公司内部的培训教材，是否出版并无定论。突然有一天，龙芯中科技术总监靳国杰博士传来消息，说为了加强自主创新的产业链建设，龙芯中科正在策划出版一套基于龙芯处理器的丛书，涵盖 CPU、内核、操作系统、应用等多个方面。于是，我义不容辞地加入了其中，选择了最为熟悉的 Linux 内核领域。

如今书已成型，但其中的曲折艰辛实在是不足为外人道矣。只有当你写书，当你试图将一个基本原理向读者阐述明白的时候，才会发现其实之前自己只是似懂非懂。甚至可以说，写书最大的受益者是作者自己，因为整个知识体系真正得到了全面的升华。

Linux 内核博大精深，本书虽然洋洋洒洒几百页，但是在两千多万行源代码面前实不过是沧海一粟。本书以龙芯平台为重点，对于其他体系结构大多只是偶尔提及。虽然我试图让内容覆盖更加全面，但也只是涉及了内核启动、异常中断、内存管理、进程管理、设备驱动和电源管理等几个常见话题，而对于文件系统、网络协议等方面的内容几乎只字未提。另外，由于本人才疏学浅，书中难免会有错漏之处，恳请读者指出并深入探讨，我不甚感激。

最后的最后，我要感谢龙芯中科！感谢航天龙梦！感谢我的父母！感谢我的妻子！感谢我的女儿！感谢我的领导！感谢我的同事！

正因为有了你们的支持，本书才能最终面世。谢谢大家！

参考文献

[1] Dominic Sweetman . MIPS 体系结构透视 [M]. 李鹏，鲍峥，石洋，译. 2 版.北京：机械工业出版社，2008 .

[2] John R L .链接器与加载器 [M] .李勇，译.北京：北京航空航天大学出版社，2009 .

[3] 博韦，西斯特.深入理解 Linux 内核 [M] .陈莉君，张琼声，张宏伟，译. 3 版.北京：中国电力出版社，2007 .

[4] 莫尔勒.深入 Linux 内核架构 [M] .郭旭，译.北京：人民邮电出版社，2010 .

[5] 张天飞.奔跑吧　Linux 内核 [M] .北京：人民邮电出版社，2017 .

[6] 冬瓜哥.大话计算机：计算机系统底层架构原理极限剖析 [M] .北京：清华大学出版社，2019 .

[7] 陈华才，张福新，王剑. CPUAutoplug：动态变频与自动调核相结合的电源管理方法 [J] .小型微型计算机系统，2014，35(11)：2586-2592 .

[8] 陈华才.基于 Linux 的龙芯平台电源管理方法研究 [R] .博士后研究工作报告.中国科学院大学，2014 .